TECHI Vol.57

マイクロプロセッサ・アーキテクチャ教科書

MPUの基本からAIプロセッサ, TrustZone, RISC-Vまで

中森 章●著

CQ出版社

はじめに

　本書は2004年に発行された拙著「マイクロプロセッサ・アーキテクチャ入門」をベースに加筆を行ったものである．「マイクロプロセッサ・アーキテクチャ入門」の発行から20年が経過し，この間にコンピュータアーキテクチャはマルチコア化と64ビット化という大きな進化を遂げた．これらの進化を取り込むことが，本書の目的である．特に，64ビット版Armアーキテクチャおよび新興勢力であるRISC-Vアーキテクチャの解説に重点を置き，これまでよりも深く解説するよう努めた．

　本書は一般的なMPUアーキテクチャの解説書の形式を取っているが，裏テーマとして64ビット版ArmアーキテクチャとRISC-Vアーキテクチャの副読本としての役割をも意図している．そのため，もはや入門書の域を超え，より本格的な教科書へと発展したとの判断から，書名を「マイクロプロセッサ・アーキテクチャ教科書」と改題した．

　「マイクロプロセッサ・アーキテクチャ入門」では，気軽に読めるコンピュータアーキテクチャ本を目指していた．しかし，この20年の間にアーキテクチャは一層複雑化し，その解説には，当初の「気楽に読める」というテーマを維持することが難しくなった面もある．それでも，本書を手に取っていただければ，筆者としてこれ以上の幸せはない．

2024年12月　中森 章

マイクロプロセッサ・アーキテクチャ教科書
CONTENTS

Prologue コンピュータの誕生からプロセッサの発展まで

マイクロプロセッサの歴史 10

前史：マイクロプロセッサが産まれる前 10

登場：マイクロプロセッサ 13

進化：さまざまな製品が登場する 14

近代：32ビットMPUの登場 15

発展：RISCの時代へ 17

現代：今使われている技術 17

Column バグの起源 12

Chapter プロセッサの構成要素と動作の基本

1 プロセッサの基礎知識 24

1. コンピュータができること 24

2. MPUの構成要素 25

3. 命令コード，オペランド，アドレッシングモード 30

Column エンディアンの由来 27

Chapter もっとも基本的なプロセッサ高速化技法

2 パイプライン処理の概念と実際 35

パイプライン処理の概念

1. パイプラインとは 35

2. パイプラインの理論 36

3. パイプラインを効率良く動かす各種の方法 42

パイプライン処理の実際

4. R3000のパイプライン 46

5. Arm/StrongARM/XScale 49

6. R4000 51

7. Arm Cortex 52

8. RISC-V Rocket 59

9. Xtensa 60

Column ウェーブパイプライン 62

本書は，中森章 著「マイクロプロセッサ・アーキテクチャ入門」(2004年4月1日初版発行)の各章を加筆/再編集したものです．

CONTENTS

Chapter 3

1クロックで複数の命令を同時に実行する

並列処理の基本とスーパースカラ 64

スーパースカラの基本

1. CPIからIPCへ 64
2. 複数の命令を並列実行するスーパースカラの概念 65
3. スーパースカラの実現 65
4. スーパースカラの命令発行を効率的に行うための「レジスタリネーミング」 ... 70
5. 分岐予測と投機実行 70

スーパースカラの実際

6. Cortex-M7 83
7. R10000 86
8. Cortex-A72 90
9. Cortex-A78 92
10. BOOMv1/BOOMv2 93
11. BOOMv3 95
12. Pentium 98
13. Pentium II 100
14. Pentium4 103
15. Pentium M 106
16. Nehalem 109
17. Alder Lake (Golden CoveとGracemont) 110
18. Hammerのパイプライン 112
19. Ryzen (Zen) 117
20. Alpha21264 119
Column1　スーパースカラという名前の由来 66
Column2　V_R4131のパイプライン 88

Chapter 4

キャッシュ構造の違いから，680x0/i486/R4000のキャッシュの動作まで

キャッシュのメカニズム 123

1. キャッシュの内部構成 124
2. キャッシュへのアクセス方式 128
3. リプレースメント方式 130
4. 書き込み制御 130
5. キャッシュを支える各種機能 132
6. 実際のプロセッサのキャッシュ構成 141
Column　キャッシュのヒット率に関して 129

Appendix I

システムオンチップ時代のデバッグ手法

エミュレーション機能の基礎 145

Chapter

5 仮想記憶 / メモリ保護機能を実現するために

MMUの基礎と実際 152

1. 仮想記憶とは 152
2. アドレス変換 153
3. TLB 154
4. PTE (Page Table Entry) の実例 158
5. メモリ保護 161
6. MMUの実例 162
7. 最近のMPU (プロセッサ) のMMU 169
8. MPU (Memory Protection Unit) とは何か 189
   Column1　アドレス変換の効率化 160
   Column2　セグメント方式 170

Appendix

II 携帯機器ではとくに重要な

低消費電力技術の原理 196

Chapter

6 外的要因と内的要因,
ハードウェア割り込みとソフトウェア割り込みの違いを理解する

割り込みと例外の概念とその違い 206

1. MPUにおける割り込みと例外 206
2. 外部割り込みと例外の動作の概要 208
3. 割り込みと例外処理の実際 213
   Column1　ソフトウェア割り込みとサブルーチンコール 208
   Column2　割り込みとポーリング 215
   Column3　割り込みとタスク切り替え 222
   Column4　コンテキストとは 232

Chapter

7 VLIWの復権はあるのか

VLIWとは何か 244

1. VLIWの概念 244
2. VLIWの実際 (1) — Itanium 246
3. VLIWの実際 (2) — Crusoe 257
   Column1　Itaniumに関する個人的感想 255
   Column2　Crusoeに関する個人的感想 263

Appendix 誤り検出/訂正符号やシステムの多重化など

Ⅲ 高信頼性をサポートする機能 268

Chapter 処理性能を上げるための最後の切り札

8 マルチプロセッサの基礎 272

1. マルチプロセッサの基礎 272
2. マルチプロセッサのキャッシュ制御 274
3. プロセス間の相互通信の方法 278
4. マルチプロセッサを構築する技術 283
5. マルチプロセッサの構造 294

Chapter 浮動小数点演算を高速にこなすための

9 FPUのしくみ 303

1. IEEE 754とは 303
2. 浮動小数点演算命令の処理手順 305
3. 浮動小数点演算で発生する例外 307
4. 演算精度について 309
5. 浮動小数点演算処理の実際 309
6. 浮動小数点に関する最近の話題 316
   Column 開平計算 315

Appendix 演算回路をいかに高速に処理するか

Ⅳ 高速演算器の実際 319

Chapter MPUの新たな用途

10 AIチップの概要 332

AI専用チップに注目が集まる背景
AIチップの歴史 332
AIチップで行う基本計算 332
AIチップの利点の考察…端末側にメリットがある気がする ... 334
AIチップの基礎知識
これからはDSA（ドメイン固有アーキテクチャ）に注目が集まる ... 335
AIチップに求められる計算機能 337
推論用AIチップと学習用AIチップのちがい 338
AIプロセッサ3つの実例 339

AIプロセッサ①：EsperantoのET-SoC-1 ⋯⋯⋯⋯⋯⋯⋯⋯⋯⋯⋯⋯ 339
AIプロセッサ②：Teslaが自社設計したD1チップ ⋯⋯⋯⋯⋯⋯ 341
AIプロセッサ③：インテルのGPU Xe-HPC ⋯⋯⋯⋯⋯⋯⋯⋯⋯ 342
Column1 　筆者と人工知能の関わり ⋯⋯⋯⋯⋯⋯⋯⋯⋯⋯⋯⋯⋯⋯⋯ 335
Column2 　これからのAIチップのゆくえ ⋯⋯⋯⋯⋯⋯⋯⋯⋯⋯⋯⋯ 338
Column3 　大規模な行列同士の掛け算を効率的に行うハードウェア
　　　　　「システリックアレイ」 ⋯⋯⋯⋯⋯⋯⋯⋯⋯⋯⋯⋯⋯⋯⋯ 345

Chapter

11

CISCの反省からRISCへ，そしてRISCもまた複雑化し，その将来は…

命令セットアーキテクチャの変遷 ⋯⋯⋯⋯⋯⋯⋯⋯ 346

1. コンピュータアーキテクチャとは ⋯⋯⋯⋯⋯⋯⋯⋯⋯⋯⋯⋯⋯⋯ 346
2. CISCの命令セット ⋯⋯⋯⋯⋯⋯⋯⋯⋯⋯⋯⋯⋯⋯⋯⋯⋯⋯⋯⋯ 347
3. 崩れた神話─RISCへ至る道 ⋯⋯⋯⋯⋯⋯⋯⋯⋯⋯⋯⋯⋯⋯⋯ 352
4. 誕生初期のRISC ⋯⋯⋯⋯⋯⋯⋯⋯⋯⋯⋯⋯⋯⋯⋯⋯⋯⋯⋯⋯ 354
5. 過渡期のRISC ⋯⋯⋯⋯⋯⋯⋯⋯⋯⋯⋯⋯⋯⋯⋯⋯⋯⋯⋯⋯⋯ 357
6. 少し前のRISC ⋯⋯⋯⋯⋯⋯⋯⋯⋯⋯⋯⋯⋯⋯⋯⋯⋯⋯⋯⋯⋯ 361
7. SIMD命令/暗号化処理命令 ⋯⋯⋯⋯⋯⋯⋯⋯⋯⋯⋯⋯⋯⋯⋯ 362
8. 命令セットアーキテクチャの行く末 ⋯⋯⋯⋯⋯⋯⋯⋯⋯⋯⋯⋯ 368
Column 　現在でも当てはまる（？）CISC命令セットの意義 ⋯⋯⋯ 363

Chapter

12

現在の最新MPU

ArmとRISC-Vの命令セットアーキテクチャ ⋯⋯ 370

レジスタセット ⋯⋯⋯⋯⋯⋯⋯⋯⋯⋯⋯⋯⋯⋯⋯⋯⋯⋯⋯⋯⋯⋯ 370
MOVE（移動）命令 ⋯⋯⋯⋯⋯⋯⋯⋯⋯⋯⋯⋯⋯⋯⋯⋯⋯⋯⋯ 372
ロード/ストア命令 ⋯⋯⋯⋯⋯⋯⋯⋯⋯⋯⋯⋯⋯⋯⋯⋯⋯⋯⋯⋯ 376
論理演算とビット操作 ⋯⋯⋯⋯⋯⋯⋯⋯⋯⋯⋯⋯⋯⋯⋯⋯⋯⋯⋯ 380
シフト命令 ⋯⋯⋯⋯⋯⋯⋯⋯⋯⋯⋯⋯⋯⋯⋯⋯⋯⋯⋯⋯⋯⋯⋯ 383
繰り返し処理と条件判断の実現 ⋯⋯⋯⋯⋯⋯⋯⋯⋯⋯⋯⋯⋯⋯ 386
サブルーチンと関数 ⋯⋯⋯⋯⋯⋯⋯⋯⋯⋯⋯⋯⋯⋯⋯⋯⋯⋯⋯ 391
四則演算 ⋯⋯⋯⋯⋯⋯⋯⋯⋯⋯⋯⋯⋯⋯⋯⋯⋯⋯⋯⋯⋯⋯⋯⋯ 394
高級言語サポート命令 ⋯⋯⋯⋯⋯⋯⋯⋯⋯⋯⋯⋯⋯⋯⋯⋯⋯⋯ 398

Chapter

13

複数のOSを動かすための支援機構

仮想化とハイパーバイザ ⋯⋯⋯⋯⋯⋯⋯⋯⋯⋯⋯⋯⋯ 405

仮想化とは ⋯⋯⋯⋯⋯⋯⋯⋯⋯⋯⋯⋯⋯⋯⋯⋯⋯⋯⋯⋯⋯⋯⋯ 405
マルチタスクと何が違うのか ⋯⋯⋯⋯⋯⋯⋯⋯⋯⋯⋯⋯⋯⋯⋯⋯ 405
ハイパーバイザとスーパーバイザ ⋯⋯⋯⋯⋯⋯⋯⋯⋯⋯⋯⋯⋯⋯ 405

CONTENTS

ハイパーバイザのためのハードウェア要件 ································ **406**

Chapter

14

MPUによる情報保護機能の実装

セキュリティ機能 ································ **408**

Armのセキュリティ機能であるTrustZone

Armv7-A（Armv8-A）でのTrustZone ································ **408**

Armv8-MのTrustZone ································ **412**

Cortex-AとCortex-MのTrustZoneの違い ································ **415**

TrustZoneで何を護るのか？ ································ **416**

そのほかのMPUのセキュリティ機能

MIPSでのセキュリティ機能 ································ **418**

Column ハッキングされたTrustZone ································ **412**

Epilogue

研究段階から実用化へ，そして残っているのは…

マイクロプロセッサ変遷史/2000年代〜現代 ································ **422**

2000年代のCPU事例1：インテルx86 ································ **422**

2000年代のCPU事例2：AMDのx86 ································ **423**

2000年代のCPU事例3：MIPSのその後 ································ **426**

2000年代のCPU事例4：もう1つの典型的RISC SPARC ································ **428**

2000年代のCPU事例5：Armの躍進 ································ **430**

2000年代のCPU事例6：V850の変遷 ································ **434**

2000年代のCPU事例7：SuperHの終焉 ································ **435**

2000年代のCPU事例8：RISC-Vの胎動 ································ **436**

参考文献 ································ **443**

索引 ································ **445**

著者略歴 ································ **447**

本書は，中森章 著「マイクロプロセッサ・アーキテクチャ入門」(2004年4月1日初版発行)の各章を加筆/再編集したものです．

9

コンピュータの誕生からプロセッサの発展まで

Prologue　マイクロプロセッサの歴史

前史：
マイクロプロセッサが産まれる前

　そもそもマイクロプロセッサ（MPU）とは何なのだろうか．多くの人は，MPUがMicro Processing Unit（小型処理装置）の略語であり，コンピュータの中心的な動作を制御するLSIであることを知っている．その意味でCPU（Central Processing Unit：中央処理装置）と呼ばれることもある．本書では一部を除きMPUと呼ぼう．

　では，なぜMPUに8ビット，16ビットあるいは32ビットという種類があるのか，なぜ16ビットMPUよりも32ビットMPUのほうが処理性能が優れているのか，という点について知っている人は意外と少ないのではないだろうか．

　これを明らかにするには，大型計算機の歴史から振り返ってみる必要がある．歴史を探ることで，MPUの未来もおのずと見えてくるのではないだろうか．

● コンピュータ（計算機）という発想はいつから？

　計算の機械化は古くから考案されてきた．16世紀にフランスの数学者のパスカル（Blaise Pascal）が考案したパスカリーヌ（Pascaline）をはじめとして，ドイツの数学者であるライプニッツ（Gottfried Wilhelm Leibniz）がパスカリーヌを拡張した計算機を完成させている．

　現在のイメージに近いコンピュータを最初に構想したのは，19世紀のイギリスの数学者であるバベッジ（Charles Babbage）といわれている．彼は1819年頃から，高信頼度の数表を階差法により作成する歯車式の階差機関の作成に着手した．1832年には試作機が作成されたが，政治的な理由で階差機関の開発は成功しなかった．

　その直後，階差機関の計算能力を上げる目的で，バベッジは解析機関を発案した．その複雑なメカニズムを実現するために，データ（記憶領域）と演算を分離することが考えられた．データから独立した演算器は，一連の指令（プログラム）を与えることで，種々の計算に対応できた．これがプログラム制御のはしりである．

　階差機関は，階差法という計算に特定された専用マシンであったが，解析機関はある程度の汎用性をもっていた．これをもって，解析機関を最初のコンピュータとみなす向きもあるが，プログラム内蔵方式ではなかったし，条件分岐機構をもっていないという意味では，コンピュータではないという意見もある．

　その後，バベッジの業績は何人かの研究者に受け継がれたが，どれも試作程度で終わっている．バベッジ以後，1940年代までコンピュータ開発の表立った動きはなかったというのが定説である．この期間は100年の空白といわれている．

　もっとも，これは米国を中心とした史観であり，実際には1930年代に機械式やリレー式の計算機がドイツのツーゼ（Konrad Zuse）らによって研究／試作され，またシュレイヤー（Schreyer）やアタナソフ（John V. Atanasoff）らが真空管方式によって開発を始めている．ツーゼのコンピュータはZ1，アタナソフのコンピュータはABCとして歴史に名を残している．

　チューリング（Alan Turing）は1936年にチューリング・マシンに関する論文を発表し，これが現代コンピュータの基礎理論となっている．チューリングもまた，第二次世界大戦中に暗号を解読するための「ボンベ」というチューリング・マシンを応用した機械（コンピュータの原点）を開発している．ボンベはリレーを使用していたが，真空管を使用した電子計算機もチューリングの提案で開発された．これも暗号解読用である．

　リレーは電磁石でスイッチをON/OFFするものだが，電気で同様の処理を行う真空管を使用すると1,000倍近い計算速度を得ることができる．これは1943年にCOLOSSUSという計算機として実現している．

　これはイギリスの話であったが，アメリカでも同時期に真空管を使用したENIAC（Electronic Numerical Integrator and Computer）という計算機が開発され

ていた（**写真1**）．ENIACは実戦には間に合わなかったが，COLOSSUSは戦時中稼働していた唯一のコンピュータとして，後世に名を残している．それは，戦後も30年にわたって諜報活動に活用されるが，当時は機密事項として関係者が知るのみであった．

● アタナソフのコンピュータ——ABCマシン

1970年頃までの定説では，世界最初のコンピュータはモークリー（John W. Mauchly）とエッカート（J. Presper Eckert）およびゴールドスタイン（Herman H. Goldstine）によって1945年に開発されたENIACということになっていた．その説に一石を投じたのが，1937年からアタナソフとベリー（Clifford E. Berry）の開発したABC（Atanasoff-Berry-Computer）マシンである．これは，ガウスの消去法を想定した真空管式の計算機で，1942年にはほとんど完成していたといわれる．現在では，このABCマシンこそがENIACに先立つ世界最初のコンピュータといわれることが多い．

もともとアタナソフの業績は世間から忘れ去られていた．それを白日の下に引き戻したのは，1960年代に始まった，ENIACの基本特許に関する係争である．この裁判でENIACの特許が無効になったが，その根拠の一つとして，モークリーがアタナソフからENIACの基本原理を得ていたということが挙げられた．

事実，1941年にモークリーはアタナソフを訪問してABCマシンを見学していた．かくしてアタナソフの名前は一躍クローズアップされることになる．しかし，ABCマシンは29変数までの連立一次方程式の解法機にすぎず，プログラム内蔵という観点から見てもコンピュータと呼ぶにはふさわしくない．

● 真空管のコンピュータ

初期のコンピュータは，人間が手計算でやっていてはとても終了しないほど多量の計算を高速に行わせるために開発された．昔はそれほどの需要があったわけではないが，第二次世界大戦の頃になると大規模な計算の必要性が顕在化してきた．その主たる用途が軍事目的であったことは否めない．

現在のコンピュータのはしりは1945年にペンシルバニア大学で作られたENIACといわれているが，これは大砲の弾道計算をするために作られたコンピュータである．その処理能力は現在のコンピュータと比べてはかわいそうなくらい低く，どちらかというとプログラム電卓といった感が強かったようだ．

ENIACは，ある程度のプログラムを内蔵することもできたし，条件分岐機構ももっていたので，最初のコンピュータという栄誉を受ける資格は十分にある．

写真1　ミシガン大学に展示されているENIAC
（写真提供：近藤和彦氏）

ただし，これを主張する学者はCOLOSSUSの存在を無視しているようにも思える．ただ，COLOSSUSは暗号解読専用という観点から，汎用コンピュータとは認めてもらえないのだ．

1989年，米国のスミソニアン協会がアメリカ歴史博物館でコンピュータ開発の歴史展示を試みたとき，コンピュータの発明者はモークリーとエッカートになっていた．それが政治的な圧力でうやむやな表現に変更された．その中で，アタナソフは最初のコンピュータを発明したが動作させることはできなかった，と説明されたという．

ENIACの本体は，30m×90m×3mの筐体の中に18,000本の真空管と10,000個のコンデンサを詰め込んだものである．このため，ENIACを設置するためにはまるまる一部屋分のスペースが必要だった．また，多くの真空管を動作させるために機関車並みの電力が必要だったという．

それでも，電気式の真空管を使用するため，計算機の処理能力は機械式のリレーに比べると飛躍的に向上した．しかし，真空管を使っているために「図体がでかい」，「熱い」，「壊れやすい」というのが当時のコンピュータの常識だったようだ．この真空管の問題を何とかしない限り，コンピュータの発展はありえなかった．

● フォン・ノイマンに対する誤解

フォン・ノイマン（John von Neumann）は，今日のコンピュータアーキテクチャの基礎を創造した人物として広く知れ渡っている．事実，プログラム内蔵を基本とする今日のコンピュータは「ノイマン型」といわれている．しかし，これはモークリーやエッカートの名誉を著しく傷つけるものである．

1944年の初め，ENIACの設計が始まってから18か

Column	バグの起源

コンピュータのソフトウェアやハードウェアの誤り（不具合）をバグ（虫）というが，この起源をENIACに求める説がある．蛾がコンピュータの真空管の間に紛れ込んで誤動作を誘発させたというのだ．

これは昔よく言われたエピソードであるが，現実は少し事情が異なる．正式には，COBOLの開発者であり世界でもっとも有名なプログラマであるグレース・ホッパー（Grace Murray Hopper）が，初めてバグという言葉を使ったとされている．

彼女がハーバード大学で計算機（Mark-II）の開発に携わっていたとき，電子回路に蛾が迷い込んで故障したのが発端である．その蛾は記録簿に貼り付けられて保存されており，現在はワシントンD.C.のスミソニアン博物館で見ることができるという．

月が過ぎた頃，フォン・ノイマンはゴールドスタインと会う機会を得た．そこで，フォン・ノイマンはゴールドスタインが関わっていた現在進行中のENIACの計画に非常に興味を覚えた．当時フォン・ノイマンは，原子爆弾を開発するマンハッタン計画の顧問をしていたが，この戦争に役立ちそうなコンピュータのことは知らされていなかった．これは，ENIACのスポンサーともいえる国防研究委員会（NDRC：National Defense Research Committee）がENIACを信用しておらず，取るに足らないものと考えていたからである．しかし，フォン・ノイマンは非常に興味を覚え，1944年9月にENIACの開発現場を訪れ，ENIACの秘密情報へのアクセスが許された．

さて，ENIACにはプログラミングが難しい，メモリが少量しかないという欠点があった．関係者の多くはENIACが完成するかなり前から，後継機種のEDVAC（Electronic Discrete Variable Automatic Computer）の議論を始めている．そして，1945年3月，フォン・ノイマン，モークリー，エッカート，ゴールドスタインらがEDVACの設計に関して議論した記録が，いわゆる「EDVACレポート」として，フォン・ノイマンの単独名で，機密事項であるにもかかわらず，世界のコンピュータ技術者の間に広く流布された．

フォン・ノイマンがEDVACの設計に参加する前にプログラム内蔵方式は考案されていた．しかし，この文書により，フォン・ノイマンがプログラム内蔵方式のコンピュータの発明者として誤って伝わってしまったのである．フォン・ノイマンは発明者ではないが，プログラム内蔵方式を論理的に明確にして発展させた業績は認めるべきであろう．

EDVACは，関係者間の意見の対立により大幅に開発が遅れ，ついに頓挫してしまう．一方，フォン・ノイマンはプリンストン大学で新しいコンピュータの開発を指導することになる．そんな中，世界最初のプログラム内蔵方式のコンピュータとしての栄誉を勝ち取ったのは，EDVACの影響下にイギリスのケンブリッジ大学でウィルクス（Maulice Wilkes）により製作され，1949年5月に稼働を始めたEDSAC（Electronic Delay Storage Automatic Calculator）である．この名称はEDVACを意識して付けられたという．なお，ウィルクスはマイクロプログラミングの提唱者としても有名である．

さて，これ以後も計算機の試作は星の数ほど行われ，IBMなどの大型計算機やスーパーコンピュータの開発へとつながっていくのだが，その歴史を追うことは筆者の意図ではない．今後はマイクロプロセッサの進歩を主に見ていこう．

● トランジスタが登場した！

コンピュータにとっての朗報は，1947年も終わりに近付いたクリスマスの2日前に訪れた．ベル研究所のウィリアム・ショックリー（William Shockley），ジョン・バーディーン（John Bardeen），ウォルター・ブラッテン（Walter Brattain）によってトランジスタが発明されたのだ．

言うまでもなくトランジスタは，半導体産業において20世紀最大の発明である．トランジスタは真空管と違って熱をもたないし，壊れにくく，真空管より高速に動作する．そして，サイズが小さいのがなによりの利点だった．このトランジスタは，ラジオや補聴器など多くの電子機器の中心的デバイスとして確固たる地位を築いていくことになる．

当然，トランジスタを用いたコンピュータも作られた．FORTRANやCOBOLといった高級言語のコンパイラが登場したのは，トランジスタのコンピュータが全盛になる1950年代の後半から1960年代にかけてのことだった．この時期の代表的なコンピュータとして，IBMの7070や7090がある．まだ，マイクロプロセッサは誕生していない．

さて，トランジスタを用いてコンピュータを作る場合，最大の問題点は回路規模が大きく複雑であるということだった．数百ものトランジスタやコンデンサをはんだ付けしていく作業は人間の手によっていたが，それでいて十分な信頼性を得るのは至難の技だった．

その障壁を乗り越えてコンピュータを作ったのだから，当時のコンピュータメーカーの頑張りには脱帽する．しかし，力まかせに作るコンピュータにはおのずと限界がある．人類には理論的には可能であっても，実装技術の未熟さゆえに到達できない夢がいくつもあったのだ．

● 集積化の時代

コンピュータにとって第2の転機は，1959年に訪れた．Texas Insturuments (TI) のジャック・キルビー (Jack Killbey) とIntelの創始者の一人であるロバート・ノイス (Robert Noyce) が，シリコンウエハ上に抵抗やコンデンサを作るというアイデアを実現させたからだ．これがIC（集積回路）の誕生である．

それまでは構成要素が独立した多くの部品であったため，それらを接続する困難さが生じる．一つのチップに構成要素を作り込んでやれば接続の手間が省けるばかりでなく，非常に小型化できるというのがその基本的なアイデアである．もちろん，思い付きだけでICを製造できるわけではないが，とにかく，数々の製造上の困難を乗り越えた奇跡のチップとしてICが誕生した．

そして，ICが登場してから10年後の1969年には，月面上に小さいけれど人類にとっては大きな一歩を印すことになった．あのアポロ計画である．しかし，合理的なアメリカ人が道楽(?!)で月まで行くわけはない．その背後に，宇宙の軍事利用という暗い影を宿していたことは厳然たる事実である．

しかし，その技術が民間用に転換されてきて，われわれ一般人もその恩恵に浴すことができたのは一筋の光明かもしれない．ICが初めて応用されたのは補聴器だったというし，ICがなければ現在のように信頼性の高いテレビ，ビデオ，BDプレーヤなどのAV機器を手にすることもなかったはずである．

登場：マイクロプロセッサ

● マイクロプロセッサの鼓動

マイクロプロセッサの誕生には，日本が大きく関わっている．なぜなら，マイクロプロセッサの物語は東京に端を発するからである．

1968年，日本の事務機器メーカーであるビジコン社は画期的なプリンタ付き電卓を作った．この電卓はプログラムをROMから読み出して実行するという，

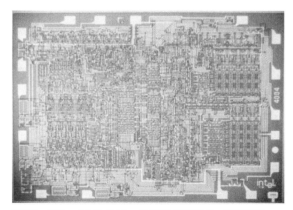

写真2　初のマイクロプロセッサ4004（写真提供：嶋正利氏）

現在のコンピュータに近い形式を採用していた．しかもこの電卓は，ROMの内容を変更するだけでまったく別の電卓を作ることができるようになっていた．

1969年に入ると，電卓の高性能化，多様化，低価格化，高信頼化などの要請から，電卓をLSI化する計画が生まれた．しかし悲しいことに，日本には電卓程度の複雑さをもつ回路をLSI化する技術すらなかった．そこでビジコン社は，Intelに援助を求めた．そのときIntelは，ビジコン社側の示すLSIの規模が他社の電卓用LSIに比べて大きい（約16個の異なるチップを使用する）ので商売にならないと判断し，代わりに4ビットのMPUというアイデアを提示してきた（本音はチップ1個分の開発コストしかなかった）．

これは，電卓のプログラムに使われていた命令をもっと低レベルの機械語レベルに引き下げて，汎用性をもったLSIをねらったものである．ビジコン社はもともとプログラム方式の電卓を作っていた経験から，この新しいアイデアをすんなりと受け入れることができた．結果として，ビジコン社とIntelの折衷案で，世界初の4ビットMPU 4004（写真2）が作られることになったという．

電卓用のLSIに見られるように，当時のLSIの多くはカスタムデザイン（固有の目的のための設計）によって作られていた．特殊な目的をもったLSIを数多く短期間に製造していくためには，プログラム可能な汎用LSIというアプローチは非常に有用な解答だった．これが，ゆくゆくは「部品としてのコンピュータ」という市場を産むことになる．

今ではIntelの主要製品となっているMPUであるが，当初Intelの幹部はその将来性に気付いていなかった．電卓の部品という認識で，メモリ事業が主体のIntelにとっては，サイドビジネスの一環でしかなかった．MPUがIntelの未来を切り開く存在であることに気付くのは，発表から15年も経った後だという．

Intelが4004の所有権をもつようにしたのは，積極的な理由からではなかった．4004の開発中に電卓事業が不振になり，ビジコン社側が契約料の大幅値下げを要求してきたためだ．Intelは，電卓市場以外においても4004の外販権を無料で提供することを条件に，その要求を呑んだ．

かくして，1971年11月15日，Intelは4004を世界初のマイクロプロセッサとして発表した．これがマイクロプロセッサの誕生である．当時のIntelの最高経営責任者は，「人類史上でもっとも革命的な製品の一つ」とコメントしたらしい．しかし，多くの人々は4004のコンセプトを理解できず，Intelを脅威と思う人はほとんどいなかった．革新的な製品の最初は，おしなべてこんなものかもしれない．

4004は750kHzのクロックで動作し，1命令の実行には最低8クロックが必要だった．これは，1クロック実行が当然という現在のRISC技術から見れば隔世の感がある．4004のクロックに関しては，Intelの公式資料では108kHzとなっているが，これは誤りである．4004のニュースリリースで，命令の実行速度が10.8μsとなっていたのを勘違いしたものと思われる．この後に登場する8008の動作周波数も200kHzとなっている文献が多いが，500kHzの誤りである．

進化：さまざまな製品が登場する

● マイクロプロセッサの展開

1972年4月1日，Intelは4004のアーキテクチャを拡張して8ビットデータ（文字データ）を扱えるようにした8ビットMPUの8008を発表した．動作周波数は500kHzだった（後に800kHz品も開発される）．8008は，テキサスの端末メーカーであるデータポイント社からの受注である．しかし，データポイント社が契約料を払えなかったため，Intelは8008の命令セットの使用権とチップの外販権を獲得する．のちのx86命令セットの萌芽である．

8008は4004の後継と説明されることが多いが，実は4004の開発中にその技術者を引き抜いて開発したという．その意味では，4004と同世代の兄弟チップである．

そして1974年，8008の改良版である，同じ8ビットMPUの8080が発表されるにあたって，マイクロプロセッサが本格的に市場に受け入れられるようになった．そして人々は，マイクロプロセッサによって多くの製品に知能を与えることができると考え，無数の新しい応用を夢に描いていった．

約75年前，部屋いっぱいの設置場所と機関車並みの電力を必要としたコンピュータが小指大（現在の規模では親指大というほうが適切か）のマイクロプロセッサへと凝縮されることで，コンピュータは日常生活の基本的な枠組みの中へ浸透していくようになった．

とはいえ，マイクロプロセッサの誕生が電卓用LSIをきっかけとしたように，初期におけるマイクロプロセッサの役割は，既存の制御機器の置き換えが主目的だった．この場合，とにかく動くことが第一で，プログラムの生産性や性能は二の次だった．

小型で動けばよいという時代を過ぎると，当然のことながら，マイクロプロセッサは性能を要求されることになる．そこで，マイクロプロセッサは8，16，32とビット数を増やしながら大型計算機の進歩を大急ぎで追いかけていった．

そして，現在の32ビットマイクロプロセッサの処理能力は大型計算機の処理能力に近づき（ある意味では凌駕し），コンピュータごとに専用のMPUを使用していたミニコンのMPUすら駆逐してしまった感がある．

また，その応用分野もエンジニアリングワークステーション，画像処理システム，音声処理システム，ロボット制御，プロセス制御，人工知能システムなど，多種多様の分野に広がるようになった．

● 「もし」の世界…世界最初のMPUは日本製だったかもしれない

上述したとおり，MPUの歴史は，1971年のIntel 4004の発売に始まったといわれている．しかし，4004に遅れること数か月，日本でもμPD700という2チップ構成のMPUが開発されていることはあまり知られていない．

これは，シャープがコカ・コーラ社から依頼を受けて論理設計を行い，NECが製造した4ビットのプロセッサである．シャープは，最初，三菱電機に製造を依頼したのだが，これが見事に失敗してしまう．そして，NECにお鉢が回ってきて日の目を見たわけだ．もし，シャープが初めからNECに依頼をしていれば，世界最初のMPUは日本製ということになっていたかもしれない．

その後，NECがμPD700の権利を買い取り，1チップのμCOM4として発売された．このMPUはスーパーマーケットのキャッシュレジスタを中心に広く応用されたという．どちらかといえばIntelよりもMotorolaのMPUに近い命令セットで，使い勝手が良かったらしい．

4ビットMPUは，その後の低価格化の要求から，1チップマイコンが市場の中心になっていき，家電製品に採用されるようになる．この分野は日本の独壇上である．1チップマイコンは4ビット，8ビットと独自の進化を遂げていくが，16ビット以降になると米国製

のMPUに置き換えられていく運命をたどった.

　日本の半導体史における国産第一号のマイコンは，1973年に発表された東芝製のTLCS-12ということになっている場合もある．これは最初から12ビットプロセッサであったことが画期的である．Intelでは8ビットの8008が発表されたばかりである．

　TLCS-12は米国フォード社の思惑が絡んで開発された．1970年に米国では自動車の排ガスを規制するマスキー法が成立し，自動車メーカーはその対応を迫られていた．東芝とフォードは，協力してエンジン制御の自動化をマイクロプロセッサに託したのだ．

近代：32ビットMPUの登場

● 32ビットMPUの条件

　MPUにおける8ビット，16ビット，32ビットというビット数の増大は，扱うプログラムの規模が大きくなったことを意味する．プログラムが複雑になるにつれて，コードサイズは大きくなる．また，大量のデータを扱うためには，それぞれのデータにアドレス付けができなければならない．バイトアドレスを採用する場合，アドレス空間の大きさはアドレス長が4ビットで16バイト，8ビットで256バイト，16ビットで64Kバイト，32ビットで4Gバイトである．

　40年前は，32ビット長より大きいアドレスを扱うようなマイクロプロセッサは登場していない．さすがに，MPUのアーキテクチャ設計者たちは，アドレス空間は4Gバイトもあれば十分だと思ったのだろう．32ビットMPUであるx86系のアドレス空間は64Tバイト（48ビット）と言われているが，セグメント切り替えが入るので実質は4Gバイトである．

　アドレス空間は4Gバイトもあれば十分だが，初期の大型計算機は経済的な理由（メモリが高価だった）からMPUのアドレスバスを32本用意することはナンセンスだった．また，MPUのピン数が増えると周辺回路が複雑になるので，MPUチップから出ているアドレスやデータのピン数は必要最小限に抑えられていた．そして，制限されたアドレス空間を有効に使うための技術として仮想記憶という方法が考案された．

　どんなに大規模なプログラムであっても，プログラムのすべての部分を同時に実行することはない．動的に眺めれば，プログラムは主記憶上のある小さな領域でしか実行されていない．データも瞬間瞬間に扱う量はわずかである．

　仮想記憶は，このようなプログラムの局所性を考慮し，プログラムのうち，現在実行していない部分は，ハードディスクなどの2次記憶にしまっておこうとするアイデアである．ディスク上のプログラムは必要があれば主記憶にロードし，その代わり，前に主記憶に

あったプログラムをディスクに退避する．

　そして，この仮想記憶を行う場合に必要になるのがアドレス変換である．アドレス変換は，プログラムの中で使われているアドレス（論理アドレス，または仮想アドレスと言う）を実際の主記憶に収まる範囲のアドレス（物理アドレス，または実アドレスと言う）に見せかけるメカニズムである．

　そして，このアドレス変換を行うデバイスがMMU（Memory Management Unit）である．32ビット以前のMPUでは，MPUに外付けするMMUを使う場合が多かったが，最近の32ビットMPUではMMUを内蔵するのが常識になってきている．

　これはMPUの場合である．マイコン（MCU）の場合は32ビットの場合もMMUを搭載しない．アドレス変換の需要がないからである．

● マルチタスクと仮想記憶

　論理アドレスが32ビット，物理アドレスが32ビットあるMPUに，なぜ仮想記憶が必要か疑問に思う人がいるかもしれない．実は，仮想記憶には少ない記憶容量を大きくみせかけて使用するというほかにも大きな意義がある．

　すなわち，マルチタスクを行う場合，各タスク（プログラム）ごとに4Gバイトのアドレス空間を提供するという役割を果たす．マルチタスクの環境下では，主記憶上には多くのタスクが混在して置かれている．主記憶上にあるプログラムしか実行できないというのは，フォン・ノイマン型MPUの宿命である．すべてのプログラムは，たとえば，0番地（論理アドレス）から開始されているが，そのプログラムが実際にロードされている主記憶は0番地（物理アドレス）とは限らない．アドレス変換によって，それぞれのタスクが置かれている主記憶領域を0番地から始まっているようにみせかけているために，すべてがうまくいっているように見える．

　ここで，プログラムを主記憶上のどの位置に持ってきても動作させることができる，ポジションインディペンデントという言葉がある．これは，規模が小さく，MMUを内蔵していないMPUにおいてマルチタスクを行わせるための苦肉の策とみることもできる．また，セグメント方式もセグメントのベースアドレスに対してはポジションインディペンデントであり，これも広義の仮想記憶といえる．

　とにかく，マルチタスクを行う場合，それぞれのタスクごとに主記憶とディスクの入れ替え（スワッピングという）を行ってやれば，タスクごとに4Gバイトのアドレス空間を割り当てることができるというわけである．

　ここで，スワッピングや論理アドレスと物理アドレ

スを具体的に対応付けるのはOSの役目である．この意味で，32ビットMPUはOSの介在を強要する…というか，OSが必須なMPUである．

● 32ビットMPUに要求されるアーキテクチャ

このように眺めてくると，32ビットMPUに要求される基本的なアーキテクチャが浮き上がってくる．それは次の三つである．

(1) 大規模なプログラムに対応できるように，論理アドレスとして32ビットを提供すること（レジスタはポインタとして使用するので32ビットでなければならない）

(2) 大規模なプログラムは高級言語で記述されることが多いので，高級言語のサポートを容易にすること

(3) 仮想記憶が常識になるので，OSのサポートを容易にすること．

これらは，現在主流のRISCのアーキテクチャとは相容れない部分があるかもしれないが，RISC以前のMPUはこれらに基づいていたことは間違いない．

これらにさらに付け加えるならば，MPUの汎用化が進んでくると，従来の整数演算に加えて浮動小数点演算が行えることも必要になってくる．また，一つのMPUだけで処理を行うのでなく，複数のMPUが協力して処理を行うことで処理性能をあげるマルチプロセッサへの対応も必要になってくる．

今後，32ビットMPUを設計する場合，これらの機能のサポートも重要になってくるに違いない．(2)に関しては，人によっては異論があるだろう．コンパイラの性能がよければ，MPUの命令セットはどうでもよいという考え方である．これは，CISCとRISCの優位性の議論に密接に関係する．

● 32ビットMPUのハードウェアの特徴

以上のようなアーキテクチャの拡張から，自然発生してくる特徴を有しているだけでなく，32ビットMPUでは個々の命令の処理速度を上げるために，従来は大型計算機で使われてきたハードウェア技術を採用していることも大きな特徴である．

8ビットや16ビットMPUの頃は，実装技術の制限によって実現できなかった機能が，32ビットMPUではどんどん取り入れられている．これらの技術は，具体的にはパイプライン制御とキャッシュメモリの内蔵である．

(1) パイプライン制御

MPUの命令の処理を大雑把にみると，「命令フェッチ」，「命令デコード」，「実行」，そしてその命令の動作により「ライトバック」などの処理が発生する．従来の8ビットや16ビットMPUでは，これらの処理を直列的に行っていたので，一つの命令を実行するために三つあるいは四つ以上の段階を経なければならなかった．しかし，ある命令を実行しているときに，次の命令のデコードをすることは可能である．また，ある命令をデコードしているときに，次の命令をフェッチすることも可能である．このように「フェッチ」，「デコード」，「実行」という命令の処理の段階は並列に実行することが可能なのだ．この命令の並列処理をパイプライン制御という．

パイプライン制御を行えば，ある命令のフェッチやデコードは他の命令の実行時間に隠れてしまうので，命令のフェッチとデコードの時間を0にすることができるというわけである．

パイプラインの段階が「フェッチ」，「デコード」，「実行」の三つに分かれているとき，それを3ステージまたは3段パイプラインと呼ぶ．3段パイプラインは，単純に考えれば，パイプラインを行わない場合の3倍の速度で命令の処理をすることができる．しかし，実際の32ビットMPUのパイプラインはそれ以上の5段〜7段のパイプラインを行っており，非常に高性能を実現している．なお，パイプライン制御を行うMPUでは「命令フェッチ」のことを「先取り」をするという意味からプリフェッチと呼ぶ．

ところで，パイプライン制御は流れ作業のバケツリレーみたいなものであるから，どこかの段階で乱れが生じると，その処理効率が極端に低下する．MPUの世界では，パイプラインの乱れは主として分岐命令の実行時に引き起こされる．分岐命令が実行されると，そのときに「フェッチ」，「デコード」している命令がむだになり，分岐先からフェッチし直さなければならないので性能が低下するのである．

このため，分岐命令の高速化と分岐によるパイプラインの乱れの早期回復は，パイプライン制御を行うMPUの課題の一つとなっている．その解答として，最近では分岐先バッファや分岐予測機構を採用するMPUも登場しているが，これらの技術もまた大型計算機の流れを汲むものである．

(2) キャッシュメモリの内蔵

初めて大型計算機に仮想記憶が採用された当時と比較すれば，現在はメモリの値段が格段に安くなっている．しかし，32ビットMPUが最大性能を出すために想定されている高速メモリは，まだまだ高価だ．MPUに実力があっても，MPUがメモリの速度に足を引っ張られていたのではせっかくの32ビットの性能も活かせない．そこでMPU内に，たとえ少量でも高速なメモリを備え，外部の主記憶の内容をMPU内のメモリにコピーして持つというアイデアが考案された．これがキャッシュメモリである．

大型計算機の世界では常識だったキャッシュメモリ

も，MPUに実装するのはかなり困難だったようで，初期の32ビットMPU（68020やZ8000）では256バイト程度の容量しかもつことができなかった．しかし，MPUが進化するにつれ，1Kバイト，2Kバイトの容量は当たり前になり，中期の32ビットMPUのi486や68040では8Kバイトの容量をもつようになった．こうなると，MPUのアーキテクチャにパラダイムシフトが発生する．すなわち，遅いメモリのため命令フェッチのバンド幅が不充分だったので，1命令に多機能をもたせることを余儀なくされたCISCから，高速な命令供給に物を言わせて単純な機能しかない命令を短時間に多量に実行するRISCへの移行が始まったのである．

なお，キャッシュメモリといっても，さすがに256バイトでは「ないよりはまし」といった程度だが，8Kバイトとなるとかなりの手応えがある．仮想記憶のスワッピングの単位が4Kバイトであることが多い現状を考慮すれば，8Kバイトという容量はプログラム実行単位（サブルーチンやモジュール）を格納するのに十分な量ということができる．

現状のLSIの集積技術では，3Mバイト〜30Mバイト以上（昔の1万〜10万倍）のキャッシュメモリを内蔵することも可能になっており，隔世の感がある．

発展：RISCの時代へ

● RISCの台頭

1980年頃，米国スタンフォード大学とカリフォルニア大学のバークレー校において，RISCの研究が行われていた．RISCとは，Reduced Instruction Set Computer（縮小命令セットコンピュータ）の略であり，命令体系を単純化することで，それを実行するハードウェアも単純化し，高い動作周波数で高性能を得るという思想に則ったコンピュータのことである．スタンフォード大学やバークレー校の研究もその例から漏れない．その共通するアーキテクチャは，次のようなものだった．

- ロード／ストアアーキテクチャ
- パイプラインを用い，命令を1サイクルで実行
- 遅延分岐

これは，現在のRISCチップの特徴でもある．RISCでは，インターロック（パイプラインのステージ間の待ち合わせ）などの複雑な制御をハードウェアで行わないことが基本である．それによって，ソフトウェアが複雑になっても，ハードウェアをできるだけ簡単にすることを第一としていた．これは，コンパイラ技術の劇的な進歩をよんだ．RISCが使い物になると世間に認められたのは，コンパイラ技術の向上によるところが大きい．

コンパイラ技術に支えられたRISCの性能は，驚くべきものだった．たとえば，MIPSの最初のRISCであるR2000は1986年に発表されたが，それを採用したSilicon Graphics社のグラフィックスワークステーションはわずか8MHzという低い動作周波数にもかかわらず，当時の32ビットMPUを採用したEWS（エンジニアリング・ワークステーション）以上の性能を発揮していた．

RISCの高性能は徐々に世間に認められるようになり，現在ではほとんどすべてのMPUがRISCになっている．IntelやAMDが開発しているx86プロセッサも命令体系自体は従来どおりのCISCのものを採用しているが，その中身はRISC技術を最大限に採用して高速化を実現したものだ．

現代：今使われている技術

● 新しいハードウェア技術

（1）スーパースカラとアウトオブオーダー実行

MPUがパイプラインを効率的に実現するようになると，1クロックで実行できる命令数が1に近づいてきた．MPUの命令は動作クロックに同期して処理されるため，1クロックで1命令の実行というのが限界である．パイプラインが1系統しかないので，1クロック1命令という壁ができるのである．

しかし，技術者の夢には際限がない．パイプラインを複数系統もち，それらを同時に実行するような構成にすれば，1クロックで1命令以上の処理を実現できる．これがスーパースカラである．

最近のMPUの性能競争のあおりを受けてか，高性能を謳うMPUはスーパースカラ構成が当然のようになっている．複数の命令を同時に実行するためには，命令間に入出力の依存性があってはいけない．その場合は，せっかく複数のパイプラインがあっても，1系統のみの実行となる．

しかし，そのような制限に甘んじていたのでは進歩はない．最初の2命令に依存性があっても，3命令目，4命令目との依存関係を調べると，依存性がなく，同時実行可能な場合がある．そのような条件を自動判別して，プログラムに書かれた命令の順序を無視して実行する方式が考えられた．もちろん，全体的に見て，逐次的に命令を実行する場合と比較して，結果に矛盾がないように考慮されている．これがアウトオブオーダー実行である．

（2）スーパーパイプラインと分岐予測

MPUの処理性能を上げる方法でもっとも簡単に思い付くのは，MPUを動作させるクロック周波数を高速化する方法である．しかし，動作クロックを向上させようと思っても，電気信号の伝わる速度というどう

しても越えられない壁がある.

MPUの内部は無数の論理素子で構成されているが,その素子を電気信号が通過するたびに遅延が生じる. MPUの論理設計は,1クロックの間に所定の数の論理素子を通過するものと仮定して行われる. しかし,動作クロックが高速になると,1クロックの間に電気信号が通過できる素子数が限られてくる. もし,その素子数が設計値よりも多くなると正常に動作をしない. 動作クロックとは,パイプラインを1段処理するための時間を規定するものである. このため,動作周波数が高くなるにつれ,パイプライン1段当たりの処理数が限られてくる.

この論理を逆手に取った手法がスーパーパイプラインである. つまり,処理単位を従来よりも細分化し,それらをパイプラインの1段に割り当てる. 従来と同じ処理をするためにはパイプラインの段数を増やさなければならないが,それだけ速い動作クロックで回路を動かすことが可能になれば,パイプライン処理を行っている限り,1命令の処理時間は1クロックに見えるので,性能が低下することなく高速化を実現できる.

しかし,現実は甘くない. パイプライン処理で1命令の処理時間が1クロックになるのは,分岐がまったく存在しない場合である. もちろん,そのようなプログラムはほとんど存在しない.

分岐するかしないかは,命令の実行段階でなければわからないので,パイプライン動作を乱さないために分岐命令が実行段階になるまで,次のアドレスの命令フェッチやデコード動作は続けられる. つまり,分岐命令を実行する段階では,分岐命令の次の命令がデコード段階に,次の次の命令がフェッチ段階に入っているわけである. ここでの分岐命令の実行が「分岐する」だった場合は,新しく分岐先のアドレスで,パイプラインの最初の命令フェッチからやり直さなければならない.

パイプラインの段数が増加すると,分岐が発生した場合に分岐先の命令を新たにフェッチしデコードするための処理段数が増加することになり,それまでフェッチ,デコードした命令がむだになる. そのための時間的な損失は,最悪ならばパイプラインの総段数を実行するだけの時間にほぼ等しくなる. これでは,いくら周波数を上げて高速化しても実質的な性能に寄与しない.

そこで考えられたのが分岐予測である. それまでの方法は,常に分岐が成立しないものとして予測していると言えないこともない. それを分岐予測により,命令フェッチを行う方向を決定する. 分岐予測が当たれば,パイプライン処理の損失はない. 外れた場合はしかたないと割り切る. そのため,MPUのメーカーは分岐予測がいかに正確に行えるかという技術に心血を注いでいるのである.

(3) 投機実行

どんなにスーパースカラとパイプライン技術を駆使してMPUの性能を向上させたとしても,分岐予測の効率が性能を決定するキーポイントとなっていることに変わりない. しかし,分岐条件が未確定の間,命令のフェッチやデコードまでは可能だが,それを実行してレジスタなどを更新してしまったのでは,分岐予測が外れた場合に取り返しのつかないことになる.

単純な分岐予測だけでは,分岐条件が未確定な間は命令を実行ステージに移行することができないのである. これではパイプライン処理に乱れが生じてしまう. つまり,性能が低下することになる.

これを解決するための技術が投機実行である. 要するに,分岐条件が確定しない場合でも予測した分岐方向にしたがって命令を実行し,結果を一時的な領域に退避しておく. そして,分岐予測が成功した場合に初めて一括してレジスタなどの更新を行う. 投機的に実行した部分は,分岐予測が失敗すればむだになってしまうが,分岐予測が成功した場合は分岐条件確定までの待ち時間がなくなる. これにより,パイプライン処理を真に効率的に実行できるようになる.

最新の高性能MPUでは,スーパースカラ,分岐予測,投機実行のすべてを実現している.

● 64ビットの時代に突入

2000年代は,x86,Armが順次64ビットアーキテクチャに置き換わっていった. これは,インターネットが発達し,多くのデータがビッグデータとしてクラウド経由で扱われるようになった結果である. また,個々のアプリケーションも複雑化し,32ビット(4Gバイト)に収まらないサイズのアプリケーションも増えてきた. 扱うデータ長の64ビット化への要請というより,アドレス空間の64ビット化の要請が高くなったためである. 64ビット長のアドレスを扱うためには,ポインタも64ビットであることが必要だ. おのずと扱うデータ長も64ビットとなり,CPU内のレジスタや汎用レジスタも64ビットになっていった.

▶ x86の64ビット化

インテルのプロセッサが64ビットアーキテクチャに移行したのは,2004年の,インテルのXeonプロセッサとPentium 4プロセッサからだ. これらは,EM64T(Extended Memory 64 Technology)として知られる64ビットアドレッシングおよび演算をサポートしている. 64ビットx86アーキテクチャの技術は,AMDが先行し,AMD64として知られる64ビットアーキテクチャを導入した後に,インテルもそれに続いて64ビット対応プロセッサをリリースした.

AMDのプロセッサが64ビットアーキテクチャに移行したのは，Athlon 64プロセッサからだ．このプロセッサは，2003年に導入され，AMD64として知られる64ビットアーキテクチャを採用した

Athlon 64の登場により，AMDはインテルに先駆けて64ビット対応プロセッサを市場に提供したことになる．x86の産みの親であるインテルを出し抜いた格好だ．

しかし，x86の64ビットアーキテクチャ（x64）をめぐるごたごたは記憶からは薄れ，Netburstアーキテクチャを採用するPentium 4やPrescottの後継のCoreアーキテクチャを採用するプロセッサからという印象が強い．AMDのプロセッサでいえば，やはり，Athlon 64からというイメージが強いだろう．何しろ「64」という名称が付いているのだから．しかし，こちらも，インテルのCoreアーキテクチャに対抗したK8アーキテクチャからだと思う方がすっきりする．筆者個人の感想だが．

▶ Armの64ビット化

Armが64ビットアーキテクチャに移行したのは，Armv8アーキテクチャの登場からだ．Armv8アーキテクチャは，Armが2011年に発表し，64ビットアドレッシングと処理をサポートするよう設計された．これにより，Armプロセッサは従来の32ビットアーキテクチャと並存し，より高性能な計算とメモリアドレッシングが可能になった．

Armv8アーキテクチャの導入により，Armプロセッサはスマートフォン，タブレット，サーバ，組み込みシステムなど幅広いアプリケーションでより注目されるようになった．スマートフォンについては32ビットアーキテクチャのArmv7-Aの時代からArm一色の感があったが，それが加速された格好だ（というか，64ビット化はスマートフォン陣営からの要求だったのではないかと思われる）．

実際には，スマートフォンが64ビットアーキテクチャに切り替わり始めたのは，2013年にアップルがiPhone 5sを発表してからである．これが初の64ビットプロセッサを搭載したスマートフォンとして注目された．これをきっかけにスマートフォン市場が64ビットアーキテクチャへの移行を開始した．その後，2016年ころにはスマートフォンはほぼ64ビットに移行している．

Armv8アーキテクチャは，2012年発表のCortex-A53，Cortex-A57で最初に採用された．Armv8アーキテクチャの後継として，2021年3月にArmv9アーキテクチャが発表されたが，機能的にはSVEというベクトル拡張が追加されただけという感じもする．ということで，Armv8アーキテクチャのエッセンスは今も生き続けている．

ただし，一部の識者から「変態アーキテクチャ」と呼ばれていた32ビットアーキテクチャからは大きく様変わりし，Armv8-Aアーキテクチャでは「普通の」RISCアーキテクチャになってしまい個性を失ってしまった．Armv7-A時代（およびその前から）の「変態」の実体は次のようなものだ．

- ほとんど全ての命令を条件フラグの状態に応じて実行するかしないかを決定する．
- PC（プログラムカウンタ）が汎用レジスタに割り付けられているため，PC相対のロード命令やストア命令を容易に実現できるし，PCに値を書きこむことで分岐もできる．
- 演算実行時に，ソースレジスタの片方をシフトしてから演算できる．
- 除算命令が存在しない．

これらは，Armの命令セットを特徴づけるものである．「変態」どころか，工夫が凝らされていて，筆者には素晴らしいとさえ思える．「変態」と呼ぶ人も親しみを込めてそう呼んでいるのだと解釈している．

2010年ころ登場したRISC-Vについては，最初から64ビットアーキテクチャを考慮しており，32ビットアーキテクチャと共存できるようになっている．

● マルチコアが本格的始動

2000年代は64ビットの時代でもあるが，マルチコアの時代でもある．マルチコアといっても基板上に複数のプロセッサを搭載して，相互にバス結合を行うというのではなく，1チップの中に複数個のプロセッサを集積させるという手法だ．昔はCMP（チップマルチプロセッサ）と呼ばれていた技術だが，それが本格的になってきた．

▶ 1MPUでの限界

MPUは大型計算機の技術を貪欲に採りいれて性能向上を果たしてきた．スーパースカラ，分岐予測，パイプライン，スーパーパイプラインなどがあるが，基本的な技術は1990年代に使い果たしてしまった．これ以上に性能を上げる方式としてはマルチプロセッサ技術しか残っていない．マルチプロセッサも大型計算機の性能向上技術だが，MPUにおいては，それを1チップ上で実現しようというところに違いがある．1チップに複数のMPUを実装するという発想は1963年には既にあったといわれている．筆者達などMPU開発の場にある者にとっては，1チップマルチプロセッサという考えは冗談として，よく話題に上ったことを覚えている．当時はそれほど事情が深刻ではなかったので冗談で済んでいたのだが，1990年ごろからそのアイデアは真剣に実現性を検討されるようになった．

▶ インテルのマルチコア

しかし，マルチプロセッサの実現は，われわれが予

想したのと別の方向から，必然となってきた．それは動作周波数の向上とともに消費電力が増加していうという現象にある．2001年のISSCCの基調講演でIntelの副社長は，Pentium4の周波数を増加し続けていくと，2000年のPrescottが100Wという状況から推測し，2004年には1000W，2008年には10000Wと指数的に増加していくと発表した．CPUチップの平方cmあたりの電力に換算すると，既にホットプレートを超え，原子炉に近づいており，2010年には太陽表面と同じになるという．これではどうにもならないと，動作周波数の向上は諦め，マルチコア化を目指すことになった．

しかし，これは冷静に考えると変な論理である．普通に考えれば，MPUコアの数が2個になれば消費電力も2倍になるはずだ．なぜ，マルチコア化で消費電力が減るという論理になったのだろう．そこには，プロセスの微細化を見込んで，動作周波数を下げると同時に電源電圧も下げるという仕組みを含んでいるからだ．トランジスタの消費電力Pは次の式で表されるのは有名である．

$P = \alpha \times C_L \times V_{dd}^2 \times f +$ リークによる寄与
α ：トランジスタの変化率
C_L ：トランジスタ容量
V_{dd} ：電源電圧
f ：周波数

このとき，リーク電流の寄与は動作電流による電圧に比べると無視できるので，電源電圧を周波数に応じて動作周波数を下げることを考えると，動作周波数の低減効果の3乗に比例して消費電力が下がるという計算になる．「そんな，馬鹿な」と考える向きはPentium4以降のIntelのTDPの値を調べてみて欲しい．動作周波数の3乗に比例してTDPが低下しているのが分かるだろう．

ただ，Intelのシングルコアからマルチコアへの方向転換の公式な理由に胡散臭さを感じるのも確かだ．実際には，Pentium4での動作周波数向上の限界を4GHz程度と睨んで，動作周波数を下げる方便に使ったものではないだろうか．

しかし，マルチコア化による電力削減の効果はIntelの思惑どおりに進み，かつての周波数競争から，AMDやIBMとマルチコアによる全体的な性能競争に移り変わっていった．

しかし，動作周波数を下げれば，動作周波数に比例して，消費電力が下がるのは事実である．例えば，20Wの電力で400MHz動作のCPUと2.8GHz（2800MHz）のPentium4を比べた場合，Pentium4の周波数を400MHzに低下させると，Pentium4の電力は100/7＝14.2Wとなり，優位に立てることになる．

この動作周波数を下げることにより消費電力が下が

るという理論には反論もある．動作周波数が低いということは，ある処理をする時間が遅くなるのだから，処理時間までを考えた消費電力であるWHr（ワット×時間）は，動作周波数を下げても変わらないという主張だ．これはもっともな話である．本当のところは，動作周波数を下げることができるということは電源電圧（V_{dd}）を下げることができるということの影響が大きい．電源電圧は2乗で効いてくるので，それを少し下げるだけでも低消費電力になる．

インテルのプロセッサで最初にマルチコアを採用したのは，2006年に発売されたPentium DおよびCore 2 Duoプロセッサである．これらのプロセッサは，2つの物理的なコア（デュアルコア）を1つのプロセッサパッケージに統合しており，マルチスレッド処理をサポートした．インテルはその後のCoreプロセッサでコア数を着々と増やしていき，最新の13世代のCoreアーキテクチャを採用するRaptor Lakeでは最大24コア（ただし，Pコアのみだと最大8コア）となっている．

同じx86アーキテクチャを採用するAMDのプロセッサで最初にマルチコアを採用したのは，2005年に発売されたAthlon 64 X2プロセッサである．このプロセッサも，2つの物理的なコアを1つのプロセッサパッケージに統合しており，デュアルコアプロセッサとして知られている．そして，AMDもその後のK10アーキテクチャのMagny-Coursで16コアを達成しているし，ZENアーキテクチャのRyzen 7000では最大16コアとなっている．

ここまで，MPUという言葉とCPUという言葉を曖昧にして使ってきたが，以降でのCPUはMPUとは少し異なる．CPUというのはMPUの内部で基本的な処理を実行する単位を示す．

▶組み込み分野もマルチコア化で低消費電力化

組み込み制御分野でのマルチコアによる性能向上はこれと似たような理由がある．2010年には1GHz動作の組み込み向けCPUはざらにあった．それに対抗するには，1GHzのCPUを開発するよりも，400MHzのCPUコアを3個使う方が簡単に高性能を得ることができるといる論理も成立する．実際のところ，CPU開発の困難さは動作周波数で400MHz～600MHzのところに境界があるため，CPU開発のための投資としては，マルチコア化の方が安く上がるのだ．

このせいか，マルチコア指向とはいえ，SMPを構成するホモジニアスなマルチコア構成よりも，いろいろな種類のCPUコアを独立に並列動作させるヘテロジニアスなマルチコア構成の方が流行りの気がする．しかし，例えば，MIPSとSuperHとArmを同時に内蔵するようなCPUは，マルチコアといわれることはあまりない．

Prologue マイクロプロセッサの歴史

ヘテロジニアスなマルチコアは，昔ながらのメイン
CPUとコプロセッサを同じ基板に載せるという意味
と同じであり，何でもかんでもマルチコアという風潮
に乗ったマーティング用語という気もする．

▶Armもマルチコアへ

組み込みの老舗であるArmもマルチコアに向かっ
ているが，Armのマルチコアは2004年に発表された
MPCoreが最初だ．MPCoreはArmv6アーキテクチャ
（Arm11系）に基づいており，最大4プロセッサ対応
だった．Arm11 MPCoreが発表されたときは，その
基本構成がNECの研究成果であるMP98というマル
チコアCPUが基になっているせいか，NEC以外で
MPCoreを使用する例がほとんどなかった．しかし，
ArmもCortex-A9では，MPCore構成を一般的なもの
として発表し，それなりに注力している．2009年10
月に，Armが2GHz動作のCortex-A9のデュアルコア
でIntelのAtomに対抗したプレスリリースを行った．
Armもやっと組み込みの世界にもマルチコアの時代
が来たと確信しているのではないかと思われる．

NVIDIAは，2008年6月にTegraという消費電力と
グラフィックス性能に優れたSoCを発表した．その
CPUは最大800MHz動作のArm11 MPCoreで，（NEC
以外での）Arm11 MPCoreの数少ない使用例といえ
る．TegraはIntelのAtomに対抗しており，Atomの
消費電力が0.6から2Wなのに対して，Tegraの消費
電力は約100mWということだ．

さらにNVIDIAは，2010年には，より消費電力に
優れるTegra2を発表している．このTegra2は，最
大1GHz動作のCortex-A9のデュアルコアを内蔵して
いる．また，Tegra2は，次世代ニンテンドーDSに
搭載される可能性も取り沙汰されていた．しかし，
2010年にはTegraが次世代ニンテンドーDSには搭載
されず，代わりに日本製の3Dアクセラレータが搭載
されるという噂が広まっていた．結局，ニンテンドー
DSの後継機種のSwitchではTegra X1が採用された．
噂は当てにならないようだ．

Armのマルチコア事情は，2011年のbig.LITTLE
技術の発表で複雑になってくる．big.LITTLE技術と
は高性能なbigコアと電力効率の高い（いわば低性能
な）LITTLEコアを用意し，処理するタスクの負荷の
大きさによって，処理を行うコアをbigコアと
LITTLEコアの間で動的に切り替える技術である．こ
れは確かに革新的な技術だが，片方のコアが動いてい
るときには他方のコアが休んでいるという，面積的に
は贅沢な使い方をしていた．bigコアやLITTLEコア
が，それぞれ，4個のCPUを内蔵していても，結局4
コア相当だ．これに不満をもっていた人もいるよう
で，2013年ごろからは，それぞれのタスクを適切に
スケジューリングして，bigコアもLITTLEコアも同

時に動かせるようになった．これが真のマルチコアの
登場である．その後，big.LITTLE技術はクラスタ構
造をもつDynamIQ技術に進化する．これは，各コア
をクラスタ構造で相互結合して，性能を向上させよう
とするものだ．クラスタとはL3キャッシュを共有す
るマルチコア構成のことである．ここでのマルチコア
の1つのコアは最大4個のCPUを内蔵している．なの
でDynamIQ構成でのコア数は最大その4倍になる．
Armv8時代のクラスタは最大8コア（うちbigコアは
最大4コア）だった．Armv9-A時代のクラスタは最大
12コア（bigコア，LITTLEコアの制限なし）になって
いる．つまり，Armは最大12×4で48コア構成を採
ることができるようになったのだ．

▶RISC-Vでのマルチコア化は製造メーカに任されている

RISC-Vについては，基本はISA（命令セットアーキ
テクチャ）の定義なので，マルチコアというイメージ
は薄い．命令セットそのものはマルチコアをサポート
する命令が含まれているので，マルチコア化は実装者
任せになっている．

実際RISC-Vで性能を最大限に出そうと思うと，マ
ルチコア化は最後の砦だ．CPUメーカがマルチコア
化に舵を取るきっかけになった1つが「Cellショック」
である．PLAYSTATION 3（PS3）用に，ソニーと
IBM，東芝で開発していたCell B.E.（Cell Broadband
Engine）の論文がISSCCに提出されたのが2004年で，
この時期からCell B.E.アーキテクチャは研究者の間
で知られる存在になった．ヘテロジニアス
（Heterogeneous：異種混合）マルチコア化によって，
既存のCPUの10倍の浮動小数点演算性能を実現する
Cell B.E.のアプローチは，業界を揺さぶった．Cell
B.E.は，1つの汎用プロセッサ（PowerPC）と8個のオ
リジナルなSPE（Synergistic Processor Element）を
内蔵するマルチコア構成を採用している．このお殿様
（汎用プロセッサ）と複数の家来（SPE）という構造は
今日のAIプロセッサの基本構成と同じだ．

RISC-Vの実装も，Cell B.E.に似たヘテロジニアス
なマルチコアを採用する場合が多いようだ．近年の例
ではDR1000C（NSITEXE）やET-SoC-1（Esperanto）
などがある．前者は1個のメインCPUと4個のサブ
CPUという構成だ．後者は8個の高性能CPU（ET-
Maxion）と1088個のサブCPU（ET-Minion）という構
成だ．

● ちょっと姑息なチックタック戦略

「チックタック（Tick-Tock）戦略」という言葉があ
る．これはインテルが2006年から提唱していたCPU
開発の手法である．チックもタックもCPUの性能を
向上させるための戦略だ．チックは製造プロセスを進

21

化させて，前世代の製品をシュリンクする方式である．基本的に動作周波数が向上し，消費電力が少なくなる．タックはCPUのアーキテクチャの刷新だ．アーキテクチャ（内部構造）を見直すことで，動作クロック1サイクル当たりの性能が向上する．

チックタック戦略は，市場の需要と技術の進歩に対応するために非常に重要であり，多くのCPUメーカが採用している．とはいえ，筆者には，毎年，製造プロセス技術やアーキテクチャを刷新できないCPUメーカの言い訳のように思えて仕方ならない．結局は製造プロセスの進化が2年ごとになってしまっているという苦肉の策だと思われる．

しかし2016年，インテルはチックタック戦略の見直しを余儀なくされた．そこでチック（微細化）とタック（機能向上）に加えて「最適化」というフェーズを追加した．この3フェーズの戦略は，あまり流行ってはいないが，プロセス，アーキテクチャ，最適化（オプティマイズ）の頭文字を取って「PAO戦略」と呼ばれることもある．

チックタック戦略からPAO戦略への転換は，製造プロセスの進化がさらに遅くなってきたことと，新しいアーキテクチャに対するユーザ期待が高くなったことが理由と思われる．また，これは，従来は1本化していた，製造プロセス技術の改善とアーキテクチャの革新を独立して推進することを意味する．これにより，より効率的なプロセッサの開発と市場への導入を目指すものとしているが，姑息な感は否めない．

アーキテクチャしか提供しないArmやRISC-Vはチックタック戦略とは無関係と思われる．そのときに使える最先端の製造プロセス技術に向けてアーキテクチャを刷新して行くだけだからだ．

とはいえ，ArmのCortex-Aシリーズの例を見れば，毎年高性能のbigコアを発表している訳ではなく，bigコアとLITTLEコアを交互に発表しているようにも思える．やはり，新規アーキテクチャの開発だけでも2年は必要ということなのだろう．

● メモリコントローラ内蔵が性能向上の鍵

CPUの性能を最大限に引き上げるためにはCPUに接続されるメモリバスの高速化が必須である．CPUがいくら速く動作しようとしていても，メモリから命令コードやデータがゆっくり供給されていたのでは話にならない．メモリバスに限らず，バス転送速度を最大限高速に設計することはプロセッサ設計の第一段階だ．

例えば，各CPUメーカが発表するベンチマークテストによる性能はメモリアクセスがノーウェイトで行われた場合の結果であることがしばしばで，実際に製品になると「それ程でもない」性能になっている場合

もあった．このようにメモリアクセスのスピード（レイテンシ）はプロセッサの性能に大きな影響を与える．

メモリアクセスのレイテンシを低減（アクセススピードを向上）させるための手段がメモリコントローラの内蔵だ．

メモリコントローラは，メインメモリの制御を行う集積回路だ．従来は，マザーボードのチップセットがメモリコントローラを内蔵していたが，CPUに内蔵することで，メモリアクセスの時間（レイテンシ）が大幅に改善された．

▶ x86のメモリコントローラ

インテルのプロセッサで最初にメモリコントローラを内蔵したのは，Nehalemマイクロアーキテクチャを採用したCore i7（第一世代Coreアーキテクチャ採用）プロセッサである．このプロセッサは2008年に発売された．

AMDのプロセッサで最初にメモリコントローラを内蔵したのは，2003年に発売されたAthlon 64プロセッサだった．

これ以来，インテルやAMDのプロセッサのほとんどにメモリコントローラが内蔵されている．

▶ Armのメモリコントローラ

Armアーキテクチャを採用するプロセッサはほとんど最初からメモリコントローラを内蔵していた．ArmのCPUコアからはAMBAバスしか出ていないので，そのAMBAバスをそのままプロセッサの外部バスとするには問題があるからだ．その大きな理由はAMBAが単方向のバスであるということだ．単方向ゆえに，リード用のアドレスバスとデータバス，ライト用のアドレスバスとデータバスが独立して存在している．この信号線の本数の多さがプロセッサのパッケージサイズを圧迫してしまう．そこで，Armコアを採用するプロセッサメーカは独自に（双方向バスの）メモリコントローラを内蔵せざるを得ないのだ．プロセッサメーカはAMBAバスとメモリコントローラのプロトコル変換を行うユニットを独自に設計している．

▶ RISC-Vのメモリコントローラ

RISC-Vに至っては，もっと単純である．RISC-VはISAのみの定義であり，バスの定義はない．「実装各社がそれぞれ勝手にやってね」というスタンスだ．実際のRISC-Vアーキテクチャのコア部分は，独自のSRAMインターフェースとAMBAバスが多いようだ．これがプロセッサに内蔵されるときには，プロセッサメーカ独自のメモリコントローラとなる．

まとめ

個別のプロセッサの歴史については，エピローグに

まとめたのでそちらを参照してほしい.

　人類は，その夢と理想をマイクロプロセッサという数ミリ角のチップに詰め込んできた. 約50年前に初めて発表されたマイクロプロセッサは4ビットの処理能力しかなかったが，マイクロプロセッサは8ビット，16ビット，32ビット，64ビットと性能向上を達成してきた. いま，コンピュータの世界では32ビットが常識で，64ビットへの転換期にある.

　ここ数年の動向を眺めていると，かつての大型計算機やEWSという単語は死語になり，クラウドにあるサーバでビッグデータを扱うコンピュータが主流になっている. そこで使用されるMPUはx86アーキテクチャのIntelのXeonやAMDのEPYCが主流である. つまり，デスクトップやゲーミング向けのPCのアップグレード版が最高性能のMPUとして使われている. 極端な言い方をすればPC用のMPUもサーバ向けのMPUも差がなくなっている. 後発のArmやRISC-Vは，サーバ向けの用途を目指して日々性能向上に励んでいる. サーバ向けMPUの発展は最終段階に到達しようとしているのかもしれない.

　サーバ向けMPUの進化は終わろうとしているのかもしれないが，スマートフォンや組み込み分野向けのMPUにはまだ進化の余地があるように思える. これらの分野では低消費電力が重要であるが，性能的にはサーバ向けMPUを最終目標にしている感がある. この2律背反を解決するブレークスルーはあるのか. スマートフォンや組み込み分野向けのMPUの到達地点はまだ見えない.

アカルサハホロビノ姿デアラウカ
人モ家モ暗イウチハマダ滅亡セヌ
太宰治『右大臣実朝』より

◆参考文献◆

(1) T・R・リード，チップに組み込め!マイクロエレクトロニクス革命をもたらした男たち，草思社，1986年.

(2) 嶋 正利，マイクロコンピュータの誕生わが青春の4004，岩波書店，1987年.

(3) 星野 力，だれがどうやってコンピュータを創ったのか?，共立出版，1995年.

(4) 伊藤 智義，久保田 眞二，BRAINS -コンピュータに賭けた男たち-(1)，集英社，1996年.

(5) 嶋 正利，「技術開発と教育」，Interface 2002年6月号，CQ出版社.

(6) 嶋 正利，マイクロプロセッサの25年，電子情報通信学会誌，Vol.82 No.10，pp.997-1017，1999年.
https://www.journal.ieice.org/conts/kaishi_wadainokiji/199910/19991001.html

(7) Intelが「チックタック」戦略を廃止して3ステージ制を採用、ユーザーへの影響とは?
https://gigazine.net/news/20160324-intel-tick-tock-dead/

(8) 日本AMD 堺 和夫社長に聞く 64ビットMPU「Athlon」で先行、ブランドイメージ確立に貢献.
https://www.weeklybcn.com/journal/news/detail/20031027_91262.html

(9) big.LITTLEの先をゆくフレキシビリティを高めた「ARM: DynamIQ」.
https://pc.watch.impress.co.jp/docs/news/1050698.html

Chapter 1

プロセッサの構成要素と動作の基本

プロセッサの基礎知識

プロセッサとは何だろう．専門書や教科書を読んでも難しそうだ．しかしMPUとは，そんなに複雑なものだろうか．じつは，その背景にある考え方は単純なのではないだろうか．直感で理解できたら嬉しい．それが本書のテーマである．まずはMPUの基本的な動作について解説する．

1 コンピュータができること

● 数値計算

大規模数値計算，高度な意志決定支援，人工知能など，コンピュータの応用分野は無限にある．しかし，コンピュータ自体ができることは単純である．データの「転送」，「加減乗除」，「論理演算」，「シフト」，「分岐」といった基本操作だけである．その計算結果を，人間が意味付けすること，たとえば，「結果がある値になったらある事象が成立したとみなす」とすることで，さまざまな結論を導き出す．つまり，ある一般的な問題を数値計算の操作に代表させ（これを問題のモデル化という），問題解決を行う．

極端な一例を示す．たとえば「命」と名付けられた記憶領域があり，そこには0または1の値が入るものとする．0は死んだこと，1は生きていることと意味付ける．コンピュータでの操作としたら，起動時に「命」に1を格納し，ある時間が経過したら「命」に0を格納するものとする．これは人の一生を計算していることになる．定期的に「命」の値を調べていれば，「あっ，死んだ」とか「あっ，生き返った」とか言うことができる．

あるいは，論理的な思考を実現するためには，仮定と結論の組み合わせや，ある項目から連想される別の項目を多数記憶しておき，最初の仮定から始まって，そこから得られる結論を次々と連想される項目に置き換えていくことで，最終的な結論を得られる．この操作を実現する基本操作は比較処理である．比較処理は，コンピュータでは排他的論理和という論理演算で実現される．また，連想結果の置き換えは転送処理に他ならない．結局，複雑に見える処理も基本操作の積み重ねで実現されるのである．その意味では，スーパーコンピュータのMPUも，サーバのMPUも，PCのMPUもできることに大差はない．違いは，データの処理速度くらいであろう．

● プログラム内蔵方式

さて，数値計算は定型的な処理であるので，ある程度自動化できる．たとえば，自動数表作成機や微積分装置などは，数値的な定型処理を機械化したものである．これらはコンピュータと呼べるだろうか．答えは否である．コンピュータをコンピュータたらしめる属性はプログラム内蔵方式と条件分岐にあるといわれている．

プログラム内蔵方式とは，コンピュータの動作を規定するプログラム（命令列）をシステムの記憶装置に内蔵していることをいう．命令とデータに区別はなく，命令の実行によって記憶装置にある命令を変更してそれを実行できるのが大きな特長である．このような命令の自己書き換えに関しては，デバッグの難しさや保護の難しさから推奨されない．しかし，これは粒度（書き換えてから実行するまでの時間的空間的距離）の小さい場合である．粒度の大きい場合は，ハードディスクなどの補助記憶装置から記憶装置に命令やデータをロードして，その部分を実行することに等しく，これはコンピュータシステムにおいてごく普通に行われる．

条件分岐とは，途中の計算結果に応じて処理を切り分けることができる機能を指す．プログラムを見ただけでは分岐が発生するか否かは不明である．その条件分岐を処理する段階になって初めて分岐するか否かが決定されるのである．条件分岐のおかげで，繰り返しや複雑な制御構造が実現できる．

以上のコンピュータの属性を一言でいえば，記憶装置にある命令を実行する有限オートマトンである．有

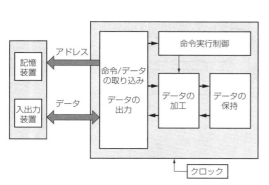

図1 MPUの構成要素

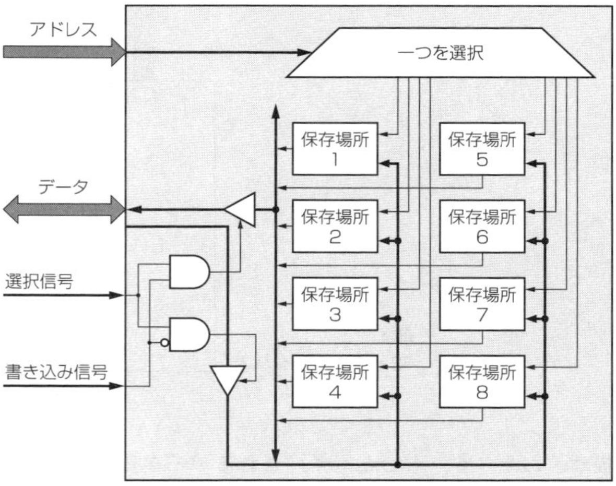

図2 メモリの概念図

限オートマトンの意味に関しては，抽象的で難しい概念なので，ここでは省略する．

そして，マイクロプロセッサ，あるいは，MPUとはコンピュータを1チップに集積したものである．本章ではMPUの具体的な動作原理について説明する．本章では主として「MPU」という単語を使用するが，ここでの議論は，それを「コンピュータ」に置き換えても，そのまま当てはまる．

最近では「MPU」と言われてもピンとこないかもしれない．「プロセッサ」という言葉の方が通りがいい．また，大規模なプロセッサに対して小規模なものは「コントローラ」とか「マイコン」などと呼ばれる．コントローラやマイコンは「MCU」とも呼ばれる．本書では，これらを総合してMPUと呼ぶ．MPUとMCUでは微妙な違いもあるが，それは必要に応じて説明する．

2 MPUの構成要素

現代のMPUは**フォン・ノイマン型**と呼ばれる．これは**プログラム内蔵方式**のことであり，フォン・ノイマンが提唱したということになっているが，最近ではそれは誤りとされている．フォン・ノイマン型とかフォン・ノイマンボトルネックという言葉はやがて消滅するかもしれないが，ここでは慣例にしたがっておこう．

典型的なMPUは，「記憶装置」，「命令やデータを取り込むしくみ」，「命令実行を制御するしくみ」，「データを加工（処理）するしくみ」を基本的な構成要素とする．また周辺機器とデータをやりとりするための「入出力処理」というものもある．**図1**に典型的なMPUの構成要素を示す．

● プログラム内蔵方式には記憶装置が必須

プログラム内蔵方式には，プログラムを内蔵するための記憶装置が必須である．ほかの構成要素はMPUに内蔵されるが，記憶装置は，基本的にMPUの外部にある．この記憶装置は**メモリ**と呼ばれ，その構成によって**ROM**（Read Only Memory）と**RAM**（Random Access Memory）に大別される．

メモリとは複数の保存場所の集合で，各保存場所には位置を特定するための**アドレス**が付けられている．そして，あるアドレスを指定すると，それに対応する保存場所の内容が外部に読み出されるという装置である．RAMでは，アドレスと新しいデータを与えることで，アドレスで指定される保存場所の内容を変更することもできる．**図2**にメモリの概念図を示す．

メモリ内の保存場所の大きさ（ビット数）はいくつでもかまわない．しかし，最近のメモリは一つの保存場所の大きさを8ビット（＝1バイト）とする**バイトアドレス方式**が主流である．つまり，一つのアドレスを与えると1バイトのデータを得ることができる注1．

しかし，MPUの扱うデータは1バイトのみとは限らない．ハーフワード（16ビット），ワード（32ビット），ダブルワード（64ビット）といったデータ注2も

注1：メモリによっては保存場所の大きさが16ビット（×16という），32ビット（×32という）のものも存在する．どちらかといえば，16ビットが一般的かもしれない．ただし，その場合もバイト単位での書き込みは可能になっている．

注2：インテルやモトローラに代表されるCISC時代からMPUを使ってきている人は，16ビットをワード，32ビットをダブルワード，64ビットをクオドワードと呼ぶ．現在は32ビットMPUが主流なので32ビットをワードと呼ぶのが自然だが，16ビットMPU時代の慣習も根強く残っている．CISCメーカーは16ビットをワード，RISCメーカーは32ビットをワードと呼ぶ傾向が強い．

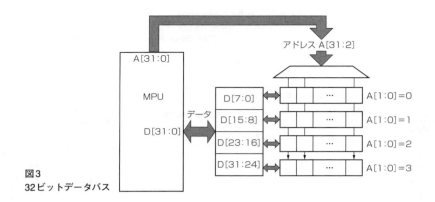

図3 32ビットデータバス

扱う．おそらく，もっとも多用されるデータ長はワード（16ビットまたは32ビット）であろう．「○○ワード」という表現は，ワードが基準になっていることを示す証拠である．このため，MPUはある程度まとまったビット数（あるいはワード単位）のデータをメモリから取り出すほうが効率的である．このため，MPUとメモリ間のデータのインターフェース（データバス）は16ビット幅または32ビット幅であることが多い（アドレスのビット幅はまちまち）．たとえば，データバスが32ビット幅の場合は，1バイト出力のメモリを4個並列につなげて32ビットのデータ供給を実現できる（図3）．

アドレスはバイト位置を示すものである[注3]のに，一つのアドレスから4バイト（32ビット）のデータを取り出そうとすると「バイト並び（エンディアン）」の問題が生じる．複数バイトから構成されるデータに対

注3：昔の大型計算機などではアドレスの割り付けがワード単位になっているものもある．つまり，すべてのデータはワード単位でしか扱わないのが基本である．このような場合にはエンディアンの問題はない．

し，バイトアドレスのより小さい保存場所にデータの上位の値を置くか，データの下位の値を置くかで2通りの方法がある．アドレスの小さい場所にデータの上位を置くのが**ビッグエンディアン**，逆にデータの下位を置くのが**リトルエンディアン**である．メモリでのバイト並びは異なるが，ビッグエンディアンでもリトルエンディアンでも，データバス上では同じイメージになる（図4）．

MPU内の演算器などはデータの下位側から計算をしていくので，その意味で，すべてはリトルエンディアンに集約されるといえなくもない．エンディアンとは，あくまでもメモリ上にデータがどの順序で格納されているかを示しているにすぎず，MPUの内部処理とは直接は関係ない．また，ビッグエンディアンの場合，ビット番号の名付け方がリトルエンディアンと逆順になっていることが多く，惑わされやすいが，実質（バイト内のビットイメージ）は同じである．

● **命令やデータを取り込むしくみ**

MPUがまず行わなければならないことは，メモリに格納された命令やデータを内部に取り込むことであ

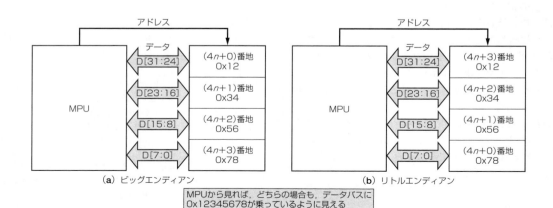

図4 エンディアンとデータバスの関係

Column　エンディアンの由来

　エンディアンという言葉はコンピュータ用語の中ではそれほど古くない．1980年にDanny Cohenが『On Holy Wars and a Plea for Peace』という論文の中で初めて使用したというのが定説である．その語源はジョナサン・スイフトの『ガリバー旅行記』にある．小人国(リリパット)の中に出てくる，ゆで玉子を小さい端から食べる(割る?)主義の人々と大きい端から食べる主義の人々が由来である．「端」を表す「エンド」という単語に，「主義者」を表す「イアン」(例としてベジタリアンなどがある)が合成されてできた．

　昔は，リトルエンディアンをインテル形式，ビッグエンディアンをモトローラ形式と呼んでいた．本来，リトルエンディアンはDECが，ビッグエンディアンはIBMが提唱したものらしいが，エンディアンのことを，ちょっと前のMIPSのドキュメントではSEX(性別)と書かれていた時期もある．なぜか，ビッグエンディアンが男(male)で，リトルエンディアンが女(female)である．

　エンディアンという表現は，日本では坂村健氏が広めたような覚えがある．

る．そのためには，メモリに与えるアドレスを生成し，メモリから出力されたデータを取り込めばよい．

　まず，命令について考えよう．MPUは**PC**(Program Counter：プログラムカウンタ)という記憶機構(レジスタ)を備えている．これは，命令を取り込むメモリのアドレスを保持する．PCの値はアドレスバスを通じてMPUの外部に出力され，これがメモリに入力される．アドレスバスに値を出力すると，データバスを入力状態にしてメモリから出力された値(命令)を取り込む．これを**命令フェッチ**という．

　MPUがリセットされると，ある特定の値がPCの初期値として設定される．そしてPCは，通常はメモリから取り込んだ命令のバイト数だけ値が増加していく．メモリから取り込んだ命令が分岐命令だった場合は，分岐先のアドレスが新たなPCとして設定される注4．

　データバスから取り込まれた命令は，一般に，命令レジスタと呼ばれる記憶機構に保持される．それ以降の命令処理は，命令レジスタの内容にしたがって行われる．

　さて，命令が扱うデータについて考えよう．メモリには命令のほかにデータも格納されている．命令によっては，その実行のためにメモリのデータが必要である．このため，命令の実行にともなって，メモリに格納された値が必要になった場合に活性化される機構を備えている．メモリを参照するアドレスはロード命令やストア命令などを実行(正確にはデコード)する

ことで生成される．このアドレスはオペランドアドレスレジスタ(とりあえず，そう命名する)という記憶機構に保持される．**オペランドアドレスレジスタ**の値はアドレスバスを通じてMPUの外部に出力され，これがメモリに入力される．アドレスバスに値を出力すると，データバスを入力状態にしてメモリから出力された値(データ)を取り込む．これを**オペランドフェッチ**，または，**オペランドリード**という．

　図5にMPUの命令やデータを取り込むしくみを示す．

● 命令実行を制御するしくみ

　MPUは，メモリから取り込んだ命令を解釈し実行する．メモリから取り込まれた命令は**命令レジスタ**に保持され，それが**命令デコーダ**によって解釈(デコー

注4：分岐先のアドレスは，通常，分岐命令の実行によって決定される．つまり，PCを分岐先に設定し直すタイミングは，分岐命令の実行後である．しかし，最近のMPUでは命令のフェッチと実行部分が切り離されている場合もあり，この場合は命令フェッチ部が自律的に分岐命令を処理する．

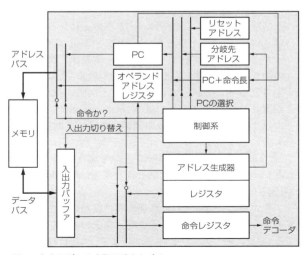

図5　命令やデータを取り込むしくみ

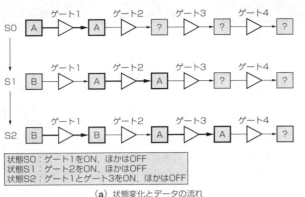
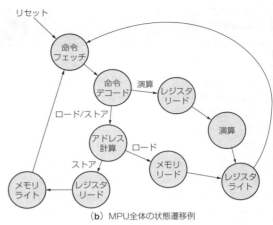

(a) 状態変化とデータの流れ　　(b) MPU全体の状態遷移例

図6　MPU内部の状態遷移

ド）される．デコードとは命令コードに含まれているMPUに対する指令を取り出す機構である．具体的には，命令の種類を判別し，取り出した情報に基づいて，実行すべき演算の種類を決定したり，必要な制御信号を生成したりする．

命令がデコードされると，命令ごとにその後の処理手順が決定される．命令の実行とは，MPUの内部状態が変化することであり，ある状態になると回路が特定の状態（たとえば，入力を演算器に入れるなど）に変化する．またある状態では回路が別の状態（たとえば演算器の出力を取り出すなど）に変化する，ということを繰り返すことで実現される．この命令実行は，一般に，**クロック**と呼ばれる周期的に変化する信号に同期して行われる．クロックが進むにつれて，内部状態は，ある命令では，

S0→S1→S2→S3

と状態変化をし，また，ある命令では，

S0→S4→S5→S5

と状態変化する．ここでいう内部状態とは，具体的には，MPU内の各ゲートをON/OFFする組み合わせを示す．ある内部状態は，命令デコード結果と命令実行の中間結果を受けて，次にどの内部状態になるかが決定される．この状態変化によって，MPU内をデータが流れていく［**図6(a)**］．

以上が命令デコード後の制御であるが，MPU全体も，

命令取り込み→命令デコード→命令実行

という大きな状態遷移をしながら制御されている［**図6(b)**］．

要するに，命令実行は状態遷移の塊なのである．このような状態遷移を司る機構を，**ステートマシン**，あるいは，**シーケンサ**と呼ぶ．つまり，MPUの実行とは，大小さまざまなシーケンサが組み合わされて複雑な状態遷移を行うことで実現されるのである．

● **データを加工(処理)するしくみ**

命令の実行とは，メモリに格納されているデータに対して何らかの加工（何もしないことを含む）をして，メモリに書き戻したり，命令実行の状態を変化させたりすることである．

メモリから取り込まれたデータは，レジスタと呼ばれるMPU内部のメモリに一時的に退避されることもある．MPUは，レジスタ（内部メモリ）やメモリ（外部メモリ）からのデータを**演算器**に適宜与えることでデータを加工する（**図7**）．

演算器のことを**ALU**（算術論理ユニット：Arithmetic Logic Unit）と呼ぶ．これは，加減算を行う算術ユニット（Arithmetic Unit）と論理和，論理積，排他的論理和などを行う論理ユニット（Logic Unit）の総称である．基本的な演算のうち，乗算と除算は専用のユニットで実現される．

どのメモリから演算器の入力をもってくるかという点は，MPUのアーキテクチャ（設計思想）に大きく関係する．基本的には，二つ（同一でもいい）のレジスタから入力データをもってくる．しかし，

メモリ　と　レジスタ
レジスタ　と　メモリ
メモリ　と　メモリ

といった入力の組み合わせも当然考えることができる．ソフトウェアの作りやすさを考慮すれば，すべての組み合わせが可能なほうがプログラミングの自由度が高く嬉しい．ハードウェアの設計しやすさを考慮すれば，メモリから取り込んだデータは必ずレジスタに格納することとし（これは何もしないという処理），演算器の入力はレジスタのみに限定したほうがハードウェア設計が楽で嬉しい．

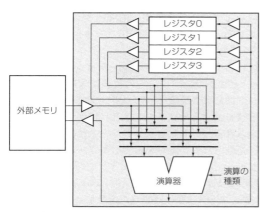

図7　データを加工するしくみ

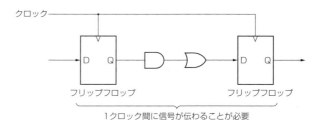

図8　回路の模式図

　前者はCISCの考え方であり，後者はRISCの考え方である．ただ，二つの入力がどちらもメモリというのは，制御がかなり複雑になるため，CISCであっても，入力の少なくとも一方はレジスタに限定されていることが多い．
　演算器での演算の種類は，命令デコードによって決定される．なお，図5にあるアドレス生成器も演算器の一種であり，その実体は加算器である．アドレス生成器は，専用にもつ場合と，通常の演算器で代用する場合がある．

● クロック

　MPUの動作を理解するとき，クロックの存在を忘れることはできない．クロックとは一定の周期で0と1を繰り返しながら自走している特殊な信号である．これは，MPUの動作タイミングの基準となる．1秒間に1回だけクロックが0から1に変化する（1周期）速さを1Hz（ヘルツ）という．最近のMPUは800MHzとか3GHzというクロックで動作するが，800MHzとは1秒間に800×M（メガ：100万）＝8億回，3GHzとは1秒間に3×G（ギガ：10億）＝30億回，クロックが変化することを意味する．
　MPUの内部回路はフリップフロップの集合で構成される．フリップフロップとは，クロックの切り替わり時に新たな状態（0または1という信号）を保持する回路である．フリップフロップを複数個並列に並べたものがレジスタである．
　MPUの回路を，フリップフロップとフリップフロップ間を配線したものとして模式化すると（図8），回路が動作するということは，クロックが1回変化する間に前段のフリップフロップに保持した値が，導線を通じて，後段のフリップフロップに保持し直されることに相当する．レジスタなどを考える場合，フリップフロップ間の配線長は完全には同じでないので，後段のフリップフロップに信号が到達する時間は同一ではない．あるいは，フリップフロップ間には論理積や論理和のゲートが挿入されていて，ゲートを通過するごとに少しずつ信号が遅延する．クロックとは，その信号の到達時間を規定するものである．つまり，1クロック間に信号が伝わらないと誤動作する．全部の信号が正しく伝わるためのクロックの最高周期が，MPUの最高動作周波数である．

● 汎用レジスタ

　MPU内部のメモリをレジスタということはすでに説明した注5．レジスタは演算器の入出力となるデータの一時記憶場所である．レジスタは演算器のデータとなるほかに，アドレッシングモードにおいて，レジスタ間接モード用のベースアドレスやインデックスを与えるためにも用いられる．このようにレジスタの用途はいろいろあるが，すべての用途に使用できるレジスタを**汎用レジスタ**（General Purpose Register）という．
　最近のMPUの提供するレジスタは汎用である．このため，最近のMPUは，**汎用レジスタ方式**と呼ばれる．しかし，昔はハードウェアを簡略化するために，目的別の専用レジスタを用意するものもあった．つまり，ベースアドレス用，インデックス用というようにレジスタの用途が限られていた．このような場合，演算器の入出力となるレジスタも限られている．具体的には，演算器の入力の一つと出力が演算用レジスタ（アキュムレータ）に接続されている．演算器のもう片方の入力が汎用で，ほかの専用レジスタやメモリ，

注5：厳密にはレジスタとメモリは異なる．メモリにはフリップフロップで値を保持するSRAMとコンデンサの容量で値を保持するDRAMがあり，通常，MPU内部に搭載されるのはSRAM（キャッシュメモリなどに使用される）である．その意味で，レジスタもメモリもフリップフロップの集まりであるが，メモリは専用に設計され，小面積で大容量の情報を記憶できる．つまり，レジスタをSRAMで構成すれば面積が縮小できるのだが，SRAMはクロックに同期して動くわけではないので，アクセス時間を規定しにくく回路設計が難しくなる．

アキュムレータ自身に接続されている．このような方式は**アキュムレータ方式**と呼ばれる．

● 入出力

　入出力とは，たとえばx86系のMPUではMOVという転送命令のほかにINやOUTという入出力のための命令が存在する．MOVはメモリやレジスタに対するデータの入出力を司るので，新たに入出力といわれてもピンとこない．ここでいう「入力」と「出力」とは周辺装置からの情報の入力，周辺装置への情報の出力を示す．しかし，これらの命令が実際に行う処理は，あるアドレスからデータを入力すること，あるいは，あるアドレスへデータを出力することである．それではますます，MOVとの違いがわからない．実は「入出力」命令でのアドレスはメモリではなく，周辺装置に直接接続されているのである．メモリと区別する意味で，「入出力」命令でアドレスする（指し示す）対象を**I/Oポート**という．

　通常のMOV命令とIN/OUT命令を区別する場合，アドレスとデータの入出力時には，それがメモリかI/Oポートであるかを示す信号（外部端子）が使われる．MPUを使ったシステムを構築する場合は，このメモリなのかI/Oなのかの信号を見て参照する対象を振り分けられるようにしなければならない．

　MPUによっては専用の「入出力」命令を提供していないものもある．これはメモリ空間の特定位置をI/Oポートとみなす方式である．これを**メモリマップトI/O**という．

　I/Oポートとメモリの差異は，その逐次性にある．メモリに対しては投機実行やアウトオブオーダー実行が考えられるが，I/Oにはそれがない．これらについては，後述する各章で解説する．

3 命令コード，オペランド，アドレッシングモード

● 命令の形式

　ここではMPUが処理する命令に関して考える．上述のように，命令はデコードされることによって処理に関する情報を抽出する．逆にいえば，命令には処理に関する情報が符号化（エンコード）されている．命令は数値の形態でメモリに格納されている．この意味で命令とデータに区別はない．そして，命令を示す数値をビットで表すと，それぞれのビットが意味をもっている（情報がエンコードされている）ことがわかる．命令を示す数値を**命令コード**と呼ぶ．

　一つの命令コードのビット数は何ビットでもかまわないのだが，メモリに効率良く格納できるように1バイト（8ビット）の倍数が用いられる．CISCでは命令の種類によって命令コードのビット長がバイト単位で

可変になっていたりするが，RISCでは命令デコードを簡単に行うために固定長（16ビット，あるいは32ビット）であることが多い．

　一般に命令コードは，**オペレーションコード**（オペコード）と**オペランド**の二つの領域に分けられる．オペコードは命令の種類を示し，オペランドは扱うデータの形態を示す．オペランドは**アドレッシングモード**で規定される．アドレッシングモードとは，データがどこに格納されているかを示す形式である．アドレッシングモードの例としては，

- 即値（イミディエート）
  命令コードに埋め込まれた定数値
- レジスタ
  レジスタにデータがある
- 直接アドレス
  アドレスで示すメモリにデータがある
- レジスタ間接
  レジスタにあるアドレス値であるメモリにデータがある
- インデックスつきレジスタ間接
  レジスタにあるアドレス値にインデックスレジスタの値を加えたアドレスにデータがある
- ディスプレースメント付きレジスタ間接
  レジスタにあるアドレス値にディスプレースメントを加えたアドレスにデータがある

などがある．メモリ参照は，基本的には，

ベースレジスタ＋インデックスレジスタ
　　　　＋ディスプレースメント（オフセット）

ですべてが表せる．このとき，インデックスレジスタの値は参照するデータサイズにしたがってスケーリングされる（バイトなら×1，16ビットなら×2，32ビットなら×4，64ビットなら×8）こともある．つまり，インデックスの値は何番目のデータであるかを示す．これを**自動スケーリング**という．

　また，**メモリ間接アドレッシング**というものもあり，これは，上述のアドレス計算で求められたメモリの内容を新たなベースアドレスとし，ディスプレースメントを加えてメモリアドレスとするものである．

　なお，ベースレジスタとしてプログラムカウンタ（PC）を指定できる場合もある．これを**PC相対アドレッシング**と呼び，ポジションインデペンデントなオブジェクトコードを作成する場合に使用される．**図9**にアドレッシングモードの例を示す．このように，アドレッシングに関してはいろいろな方法が考えられるが，CISCは豊富なアドレッシングモードを特徴とし，RISCは単純なアドレッシングモードを特徴とする．具体的には，CISCは何でもありで，RISCは即値，レジスタ，ディスプレースメント付きレジスタ間接が典型的なアドレッシングモードである．

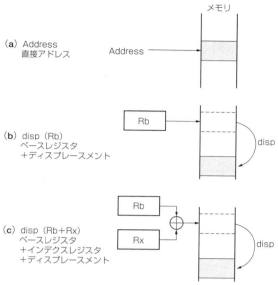

図9 メモリアドレッシングの例

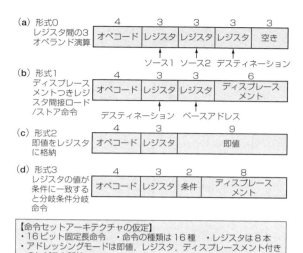

図10 命令形式の例

 ところで，命令の実行は，二つのソースオペランドを入力とする演算を行い，結果をデスティネーションオペランドに格納する．二つのソースオペランドと一つのデスティネーションオペランドを独立に指定することができるのが**3オペランド方式**であり，一つのソースオペランドとデスティネーションオペランドが共通なものが**2オペランド方式**である．3オペランド方式では命令の中に三つのオペランド領域が存在し，2オペランド方式では命令の中に二つのオペランド領域が存在する．
 オペコードのビット数は命令の個数を示す．つまり，2ビットなら4種類，3ビットならは8種類，4ビットならば16種類，5ビットならば32種類……，という具合である．命令コードのオペコード以外のビットはオペランドを示す．このビットが，基本的には，2オペランド方式では二つに，3オペランド方式では三つに分割される．オペランドのうち，アドレッシングモードに含まれるレジスタはレジスタの番号で示される．このレジスタ番号を示す領域のビット数は，MPUが備えるレジスタの本数によって決定される．4本なら2ビット，8本なら3ビット，16本なら4ビット，32本なら5ビット……，という具合にビットが必要である．また，オペランド領域の分割のやり方は，命令の種類やアドレッシングモードによって少しずつ異なる．この違いを**命令形式**（フォーマット）という．命令形式の例を図10に示す．
 以上の説明からわかるように，命令コードのビット長は，オペコードの種類，アドレッシングモードの種類，レジスタの本数，オペランドの数などで決定され

る．これらを総称して**命令セットアーキテクチャ**という．MPUでは，無限に長い命令コードを使用できるわけではないので，その命令セットアーキテクチャで命令コード長が決定される．逆にいえば，固定長の命令コードを採用する場合は，命令セットアーキテクチャを詳細に検討しなければ，情報が命令コードに入りきらなくなってしまう．

● 命令の流れと実行
 MPUの構成要素がわかったところで，それらがどのような係わりをもって動作するのかを見ていこう．図11に模式化したMPUのブロック図と，演算命令/ロード命令/ストア命令に関し，各状態での命令とデータの流れを太線で示す．もちろん，MPUにはこれら以外の命令も存在するが，ここでは省略する．命令フェッチと命令デコードはすべての命令で共通であるが，それ以降は命令デコード結果によって異なる状態遷移をする．
(1) 演算命令（レジスタ−レジスタ演算）
 演算命令は，命令フェッチ[図11(a)]，命令デコード&レジスタリード[図11(b)]，命令実行[図11(d)]という状態遷移を行うことで命令を実行する．
(2) ロード命令
 ロード命令は，命令フェッチ[図11(a)]，命令デコード[図11(c)]，アドレス計算[図11(e)]，メモリアクセス1＝オペランドリード[図11(f)]，メモリアクセス2＝レジスタライト[図11(h)]という状態遷移を行うことで命令を実行する．
(3) ストア命令
 ストア命令は，命令フェッチ[図11(a)]，命令デコード[図11(c)]，アドレス計算[図11(e)]，メ

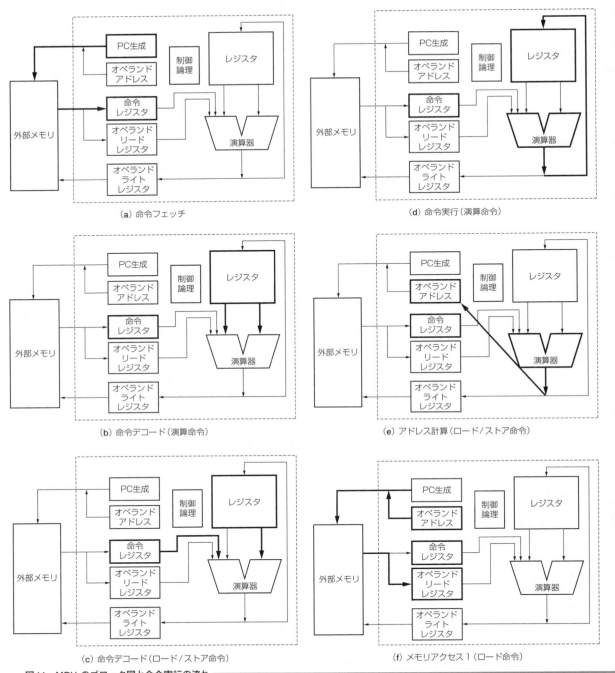

図11 MPUのブロック図と命令実行の流れ

リアクセス1＝レジスタリード［**図11（g）**］，メモリアクセス2＝オペランドライト［**図11（i）**］という状態遷移を行うことで命令を実行する．

● パイプライン

　昔のMPUは一つの命令の実行が終わった後で，次の命令の実行を開始していた．しかし，命令実行に係わる状態遷移において，演算器など多くのハードウェア資源は1回しか使用されない．これでは，あまりにも効率が悪い．命令実行の状態をオーバラップさせることで，クロックごとにハードウェア資源を使用することができ，命令実行のスループット（クロックごと

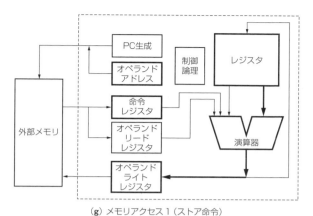

(g) メモリアクセス1（ストア命令）

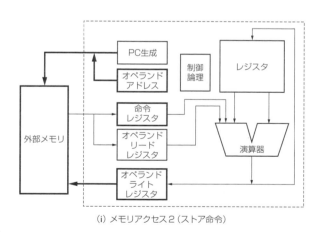

(h) メモリアクセス2（ロード命令）

（i）メモリアクセス2（ストア命令）

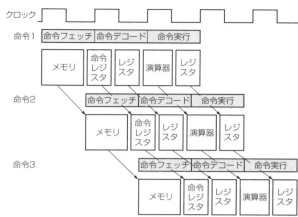

図12　パイプラインとハードウェア資源の供給

に実行が終了する命令の個数）も向上する．これがパイプラインの考え方である．

パイプライン構造でMPUを動作させるためには，各状態で演算結果などのデータを保持しておけばよい．図12に，演算命令をパイプライン構造で実行する場合のハードウェア資源の使用状況を示す．

パイプラインに関しては，第2章で詳細に解説する．

● キャッシュ

これまでの説明は，メモリを1クロックで参照できるものとして話をすすめてきた．しかし，現実的には，メモリのアクセス時間はMPUのクロックと比べて非常に遅い．実際の命令実行では，メモリを参照する状態（命令フェッチ，オペランドリード，オペランドライト）は複数のクロック数を消費する．これでは，命令実行がメモリのアクセス時間に律速されてしまい，高速な実行ができない．

そこで考案されたのが，従来は外部にあったメモリをMPUの内部に取り込むことである．この場合，高速なSRAMを集積することが可能になり，1〜2クロックでメモリを参照できる．これが**キャッシュメモリ**である．

しかし，外部メモリと同じ容量のキャッシュメモリを内蔵することは不可能である．そこで，外部メモリの一部分をコピーしてキャッシュメモリに格納し，外部メモリとの入れ替えを適宜行って，高速な命令実行を維持する．

キャッシュメモリに関しては，第4章で詳細に解説する．

● MMUと仮想記憶

命令やデータを格納する外部メモリの容量には限界がある．しかし，ソフトウェアの高度化にともない，プログラムがメモリに格納しきれない場合も出てきた．これを解決するために，プログラムを分割してハードディスクなどの補助記憶装置に格納し，少しずつメモリの内容と置き換えながら，それを実行するという方式が考えられた．発想はキャッシュメモリと同じである．これを行うためには，プログラムで参照す

るアドレス（仮想アドレス）を実際のメモリのアドレス（物理アドレス）に変換する必要がある．この機能を提供するのが**MMU**（Memory Management Unit：メモリ管理ユニット）である．

MMUには，マルチタスクの実現，メモリ保護の実現という機能も有している．MMUに関しては，第5章で詳細に解説する．

● 割り込み

MPUの処理内容が高度化してくるとソフトウェアも複雑になる．そこで，プログラムの本筋とは直接関係のない処理を独立に行うという発想が生まれた．それを実現するのが割り込みである．割り込みが発生すると，MPUはそれまで実行していた処理をいったん中断し，割り込み処理という別の処理の実行を始める．割り込み処理が終了すると，プログラムの実行は割り込みが発生した時点から再開する．プログラムは本筋のプログラムと割り込み処理用のプログラムを独立に開発できる．割り込みを使用しない場合は，割り込み処理で行うような別処理を本筋のプログラムにサブルーチンコールをさせて実行しなければならず，プログラム開発において，そのための余計な考慮が強いられる．

割り込みに関しては，第6章で詳細に解説する．

● プログラムとは

MPUすなわちコンピュータは，メモリに格納された命令を取り込み，その指示するとおりに動作する．昔から，コンピュータはソフトウェアがなければ只の箱（粗大ゴミとも）といわれる．ソフトウェアとはプログラムのことであるが，それではプログラムとは何だろう．これは，本章の目的ではないので簡単に説明する．

コンピュータが理解できる命令は，コンピュータごとに定義された**機械語**と呼ばれるビット列である．一般的には，ビット列が8ビット（バイト），16ビット（ハーフワード），32ビット（ワード）の塊になってメモリに格納されており（そのほうがメモリにとって都合がよいので），それが機械語の命令として認識される．命令が参照するデータも命令と同じ形式をしており（区別がない），それがコンピュータ自体の属性でもある．

命令をある規則にしたがって並べ，コンピュータに与えると，特定の仕事をさせることができる．プログラムとは，目的の仕事をコンピュータに実行させるために，それに最適な規則（アルゴリズムという）にしたがって，（機械語の）命令を並べたものを意味する．プログラムの実行時には，この命令列をメモリに格納し，コンピュータの動作を開始させる．すると，これ

までに示した手順で命令が処理されていく．命令処理にはデータが必要なので，昔から，プログラムとはアルゴリズムとデータ構造を合わせたものである，とよく説明される．

さて，機械語は0と1のビット列なので人間には理解しにくい．それを人間が理解しやすくするために意味をもった（英語に近い）記号に対応させて扱う．つまり，MOV（転送）とかADD（加算）といった記号で機械語を代表させる．これらの記号をニーモニックと呼ぶ．ニーモニックを使用してプログラムを書くための手段が**アセンブリ言語**である．アセンブリ言語を機械語に変換するしくみ（これも結局はプログラムである）が**アセンブラ**である．

アセンブリ言語は，人間に理解しやすくなっているとはいえ，所詮，機械語とほぼ1対1に対応しているものなので，機械語そのものである．個々の命令機能が単純すぎて複雑なアルゴリズムを記述するためには向いていない．そこで考案されたのが，人間の思考を反映させやすくした**高級言語**である．「高級」というのは「飛び抜けた」という意味ではない．言語仕様が機械語にどの程度近いかの指標であり，アセンブリ言語は低級言語といわれる．その対極としての「高級」である．

まとめ

コンピュータの教科書にはいろいろな知識が詰まっているが，その項目があまりにも多いので，ややもすると本質を見失いがちである．本書の目的はMPUのしくみを直感的に理解しようというものなので，2進数やブール代数といった一般の教科書に載っているような事項は解説しない．

本章は，いわば導入あるいは概説である．次章から各論に入る．

Chapter 2

もっとも基本的なプロセッサ高速化技法

パイプライン処理の概念と実際

パイプラインとはMPUの命令実行を高速化する手法の一つであり，現在では，ほとんどすべてのMPUで採用されている．RISCのパイプライン処理は，見事なまでにヘネシー＆パターソンが提唱した5ステージのパイプラインにしたがっている（『コンピュータアーキテクチャ』，通称ヘネパタ本を参照のこと）．前半では一度に1命令を実行する通常のパイプライン（シングルパイプライン）についての基本概念を説明する．2命令以上を同時実行するものはスーパースカラと呼ぶが，これと対比する場合はユニスカラパイプライン，あるいは単にスカラパイプラインとも呼ばれることもあるようだ．後半ではシングルパイプラインの代表とも言えるMPUやMCUのパイプライン構造を解説する．

パイプライン処理の概念

1 パイプラインとは

● 流れ作業＝パイプライン

コンピュータの性能を向上させる方法については，いろいろ考案されている．**パイプライン**とは，ハードウェアを並列化して性能を向上させるための一般的な手法である．その基本的な考え方は，プログラム内蔵方式を提唱したフォン・ノイマンによってすでに提案されていたという．たとえば，MPUの命令実行に比べて10倍以上も遅いメモリアクセスが存在する状況下で効率的に命令の処理を行うために，命令の実行とメモリアクセスをオーバラップして処理することが考えられた．これが，パイプライン処理の原型である．

パイプラインの基本的な考え方はごく自然なものである．なにもコンピュータの技術に固有なものではない．自動車の製造ラインや電子部品工場などで行われている流れ作業は，パイプラインそのものである．一つの製品が数分ごとに完成していくようすを思い浮かべてほしい．実際，パイプラインの呼び名は，石油が次々とパイプを通過していく石油化学パイプラインと動作が似ていることに由来している．

各工程が1単位時間かかるN工程からなる処理を考える．単純に考えると，この処理を終了するためにはN時間を要する［**図1（a）**］．これをN人の人が流れ作業によって各工程を分担し，前の工程から受け継いだ

製品に1単位時間で加工を施して，後の工程に引き継ぐようにする［**図1（b）**］．この場合，もともとの処理ではN時間に一つしか製品が完成しないが，流れ作業では見かけ上，1単位時間に一つの製品が完成することになる．つまり，処理速度はN倍に改善される．これがパイプラインの原理である．

● ステージ，段数，ハザード

ここで，各工程をパイプラインの**ステージ**という．「段」という表現も使われ，N工程から構成されるパイプラインはNステージパイプライン，またはN段パイプラインと呼ばれる．また，あるステージを分担する人が手間取って，そこでの処理を1単位時間以内に終わらせることができないような場合は，パイプライン処理に乱れが生じ，処理性能が低下する．パイプラインステージでの処理を単位時間内に終わらせることを阻害する要因を**ハザード**という．

パイプライン処理をコンピュータに適用する場合は，各ステージが並列に処理できることが前提である．ハードウェア資源を共有するステージがあると，ハザードが生じ，待ち合わせが必要になる（これを**ストール**という）．逆にいうと，ハードウェア資源が競合しないようにパイプラインステージを分割するのがプロセッサ設計者の腕の見せどころである．

パイプライン処理は，まず大型計算機で採用され

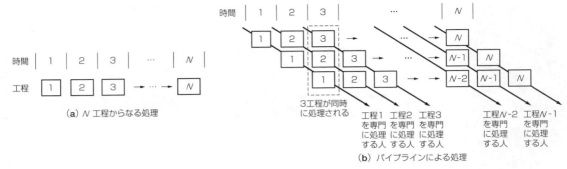

図1 パイプライン処理の概念

た．その後，半導体の集積技術が進み，MPUでも大量のトランジスタが利用可能になると，MPUにも採用されるようになる．パイプライン処理の採用を大々的に表明したMPUは，NECのV60が最初ではないかと筆者は記憶している．それ以前のIntelの8086でもオペランドフェッチと実行をパイプライン化していたが，Intelがパイプラインを明言したのは80386以後（最近のIntelの発言ではPentium以降）となっている．一方，68000系のMPUも古くからバスサイクル同期のパイプライン処理をしていたようである．しかし，こちらもパイプラインを明言したのは68060が初めてだったと思う．68060はすでにスーパースカラ構造になっていたので，シングルパイプライン時代の68000系のパイプライン構造は不明である．

2 パイプラインの理論

● パイプラインステージ

CISC初期においてもパイプライン構造を採用しているものがあった．しかし，それらのMPUにおいてパイプライン処理は有効に機能していたとはいえない．各MPUメーカーがパイプラインを強調しなかったのは，それが性能に寄与していなかったからではないかと考えられる．しかし，RISCの登場によってパイプライン処理はにわかに脚光を浴びる．RISCのパイプラインは，CISCとは異なり，全命令でパイプラインのステージ数は固定であることが多い．筆者だけの感覚かもしれないが，命令フェッチ，命令デコード，実行という処理の流れも，その区切りが明確になっているように感じる．

RISCの存在意義は，パイプライン処理をいかに効率的に実現できるかにかかっているといっても過言ではない．このため，RISCでは命令やオペランドをキャッシュからフェッチすることを前提としている．通常のメモリはアクセス時間が遅いので，メモリアクセス・ステージの処理時間が他のステージに比べて長くなり，効率的なパイプライン処理を行うことはできない．ステージの処理時間を均一化するため，キャッシュの導入は必然だったといえる．キャッシュの導入により，メモリアクセスステージが1または2クロックという固定クロック数で処理できるようになった．

RISCのパイプラインは，コンピュータアーキテクチャの有名な教科書で学ぶことができる．それが，ヘネシーとパターソンによる『コンピュータアーキテクチャ』（通称ヘネパタ本）である．この教科書では，仮想的なMPUとしてDLX（デラックスと発音する）というMPUを定義し，そのパイプラインとして次の5ステージの処理が提案されている．もっともDLXはMIPSのR2000/R3000と非常に近い（同じ？）構造をしており，以下はR3000のパイプラインそのものということもできる．ただし，ヘネパタ本ではメモリがキャッシュであることを特に強調してはいない．

● RISCのパイプライン処理

RISCのパイプライン処理を図2に示す．パイプラインがスムーズに動作する場合は，全ステージ数と同じ数の命令が（理論的には）同時実行できる．

(1) 命令フェッチ（IF）
命令キャッシュから命令を取り出す．

(2) 命令デコード（RF）
フェッチした命令をデコードする．同時にレジスタオペランドをフェッチする．

(3) 命令実行（EX）
デコード結果とフェッチしたレジスタの値を基に命令を実行する．ロード/ストア命令の場合は実効アドレスの計算を行う．分岐命令の場合は分岐先アドレスを計算する．

(4) オペランドフェッチ（MEM）
EXステージで計算したアドレスに対応するメモリの値をデータキャッシュからリードする．

(5) ライトバック（WB）
EXステージで計算した結果，またはMEMステー

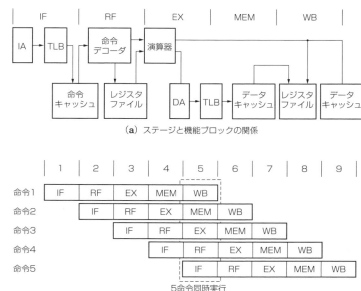

図2 RISCのパイプライン処理
(a) ステージと機能ブロックの関係
(b) スムーズなパイプラインの流れ

ジでフェッチしたオペランドをレジスタに格納する．ストア命令の場合はデータキャッシュにライトする．

　上のパイプラインではアドレス変換のステージがないが，これはIFまたはMEMステージに先立って行われる．この詳しい説明は後半で解説するR3000のパイプラインの実際の項に譲る．
　RISCのパイプラインの特徴は，アドレス計算をする専用のステージがなく，EXステージで代用している点である．このため，アドレス計算用の演算器と命令実行用の演算器（実際は加算器）をそれぞれ別個に用意する必要はない．これはRISCの「ロード/ストアアーキテクチャ」という特徴に由来する．つまり，一つの命令では2回加算を行うことがない，1命令で1回だけ演算器を使用するという制限の下で，レジスタとレジスタ間の加算，または，アドレス計算（ロード/ストア命令）は別の命令に分かれて定義されている．

● データハザードとフォワーディング

　パイプラインの処理が乱れるハザードは，RISCのパイプラインでも発生する．それを詳しく見ていこう．まずはレジスタの依存関係に起因するハザードである．レジスタ間のリード/ライトの前後関係で，次の4種類が考えられる．

(1) RAW (Read After Write) ハザード
　これは，レジスタライトの完了前に後続命令によって同一のレジスタをリードしようとした場合に生じる（図3）．

(a) 前の命令の結果（R3）を直後の命令で使用する場合

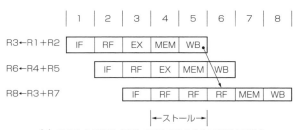

(b) 前の命令の結果（R3）を2命令後の命令で使用する場合

図3 RAW (Read After Write) ハザード

(2) WAR (Write After Read) ハザード
　これは，レジスタから値をリードする前に後続命令によって同一のレジスタにライトをしようとした場合に生じる．

(3) WAW (Write After Write) ハザード
　これは，同一レジスタへのライト順序が狂う場合に生じる．

(4) RAR (Read After Read) ハザード
　一応挙げたが，レジスタへの変更がともなわないので，このようなハザードは存在しない．

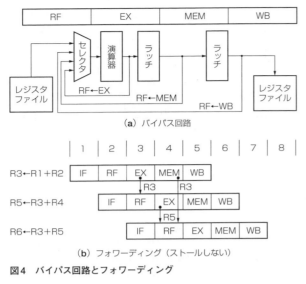

(a) バイパス回路

(b) フォワーディング（ストールしない）

図4　バイパス回路とフォワーディング

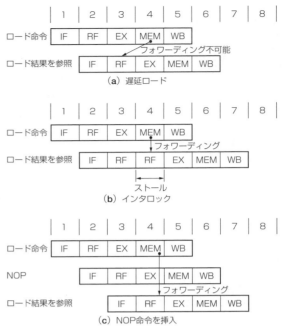

(a) 遅延ロード

(b) インタロック

(c) NOP命令を挿入

図5　遅延ロード

　以上はデータに起因するハザードなので，総称してデータハザードと呼ばれる．しかし，(2)および(3)のハザードは命令の実行順序が狂わない限り発生しない．通常のパイプラインでは発生しないが，スーパースカラ構造では発生することがある．これは後半で説明する．

　当面の課題は(1)のRAWハザードである．これは，フォワーディング，バイパス，または，ショートサーキットと呼ばれる手法で解決可能である．つまり，EX，MEM，WBステージからRFステージへのバイパス回路を設けることで解決できる（**図4**）．RISCでは，パイプライン処理を乱さないために，フォワーディングはなかば常識である．

　しかし，パイプラインのステージ数が多い場合，具体的には，レジスタをフェッチするステージ（RF）とレジスタへの書き込みステージ（WB）の間の段数が多いと，各ステージからRFステージへのバイパス経路がその段数分必要なので，実行ステージ（EX）へ与えるデータのセレクタが巨大になってしまう．これはもちろん動作周波数にも影響を与える．どの程度フォワーディングを行うかは悩むところである．

● **ロード遅延と遅延ロード**

　ロードした値を直後の命令で使用する場合を考える．この場合，MEMステージで値が初めて確定する．このとき後続命令はEXステージにあるのでフォワーディングは不可能である[**図5**(a)]．なにも対処しないと変更前のレジスタの値をフェッチしてしまう．この待ち時間を**ロード遅延**という．

　このため，プログラムの意図どおりに命令を処理するには，パイプラインの**インタロック**が必要とな

る．インタロックとはハザードの有無をテストし，ハザードがある場合はハザード原因が解決するまでパイプラインを停止する機構である．

　また，停止しているサイクルを**パイプラインストール**（パイプラインバブル）と呼ぶ．**図2**で示す5ステージ構成のパイプラインなら1クロックストールさせればよい[**図5**(b)]．

　パイプラインのストールは，処理性能の低下を意味する．それを回避する手法の一つは，プログラムの意図を損なわない範囲で命令の順序を入れ替えることである．いまの場合，1クロック分（1命令分）待ち合わせればいいので，ロードした値を参照する命令と後続の無関係な命令を入れ替えればよい．

　入れ替えるべき適当な命令がない場合は，NOP命令を挿入することになる[**図5**(c)]．この手法はデータハザードの回避にも有効である．このような命令入れ替えや命令挿入を，**命令スケジュール**と呼ぶ．

　RISCのアセンブラは命令スケジュールを当然のように行っている（禁止の設定も可能）．つまり，アセンブラが「勝手に」最適化するので，プログラマが書いたとおりの順序でコード生成が行われるとは限らないのである．この事実を知ったとき，筆者は少々衝撃を受けたが，今では慣れてしまった．

　RISCは制御構造の単純化を目標としているから，インタロックは歓迎すべきものではない．ロード遅延をそのまま許し，アセンブラによる命令スケジュールによってのみストールを回避しようという考えがあ

る．これが**遅延ロード**である．MIPSのR2000/R3000は遅延ロードを許すアーキテクチャを採用している．

ただし，R4000からはインターロックするアーキテクチャに変更された．これは，現実問題として，命令の並び替えができる場合が少なく，多くの場合はNOP命令が挿入されてしまうからであろう．NOP命令の挿入により，全体としての命令処理は1クロック余分にかかるが，これはストールで1クロック間インターロックしても同じである．それならNOP命令がない分，命令コードのサイズを小さくできるという利点がある．

● **制御ハザード**

パイプライン処理を乱すハザードにはデータハザードのほかに**制御ハザード**がある．これは分岐によるハザードである．ブランチハザードともいう．RISCでは，条件分岐は汎用レジスタの値で分岐条件を決定する．MPUによっては，CISCと同じく条件フラグを採用しているものもある．この場合の制御ハザードはフラグハザードともいう．

さて，条件分岐の場合，分岐条件が確定するまで分岐先の命令フェッチができない[図6(a)]．これによるストールは命令スケジュール（条件確定を早くする）で回避できる場合もある．

条件フラグを使用する場合でも命令スケジュール可能だが，そのアルゴリズムは非常に難しい．RISCが条件フラグを採用しない理由の一つは，コンパイラでの命令スケジュールを簡単にするためである．なお，条件分岐で分岐条件が成立して分岐することをTAKEN，分岐条件が成立せず分岐しないことをNOTTAKEN（あるいはNOTAKEN）という．

● **遅延分岐**

パイプライン処理を乱さないため，ストール期間中も（通常は無効化してしまう）分岐命令の後続命令（これを遅延スロットという）を実行させるという考えがある．図2に示すパイプラインでは，EXステージでTAKEN/NOTTAKENが決定される．したがって分岐先の命令フェッチは，1クロックのストール後に実行可能である．

TAKENする場合，通常なら分岐命令の後続命令は実行を禁止しなければならない．しかし，その遅延スロットの命令を実行してから，分岐先の命令をフェッチする構造にすれば，パイプラインはストールする必要はない[図6(b)]．TAKENしない場合は，もともとストールしない．これを**遅延分岐**と呼ぶ．

このような遅延スロットを設ければ，命令スケジュールを行うことができる．分岐命令の前方にある命令を遅延スロットにもってくることで，分岐命令に

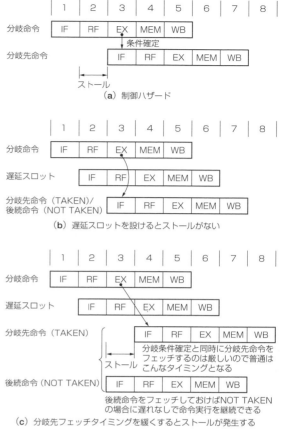

(a) 制御ハザード

(b) 遅延スロットを設けるとストールがない

(c) 分岐先フェッチタイミングを緩くするとストールが発生する

図6 遅延分岐

よるストールはなくなる．ただし，遅延スロットに入れる適当な命令がない場合は，NOP命令を入れることになる．

R2000/R3000のパイプラインはこのようになっているが，現実問題としては，分岐命令の分岐先アドレスもEXステージで計算される（したがって，分岐条件を判断するための専用の演算器が別個に必要である）ため，それとほぼ同時に分岐先を命令フェッチするのはタイミング的に厳しい．動作周波数を向上させるためには，遅延分岐を採用しつつも，もう1クロック遅れさせるのが望ましい[図6(c)]．このあたりをうまく回避するのが回路設計技術であるということもできるが……．一般的には，分岐予測を行うことでストールを解消することが可能である．

さて，制御ハザードではTAKENの決定が遅いほどストール期間が長くなる．これはステージ数の多いパイプラインで顕著になる．たとえば，可変長命令を採用するx86のようなMPUにおいては命令デコードに時間がかかる．一般的には，パイプラインで少なくとも2ステージ分が必要である．

39

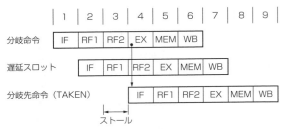

図7 命令デコードが2ステージの場合の制御ハザード

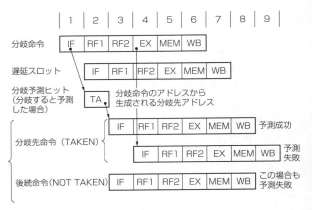

図8 分岐予測

たとえば，

IF RF1 RF2 EX MEM WB

の6ステージからなるパイプラインを考える．TAKENの決定はEXステージなので，これまでの説明より1クロック遅いことになる．このとき分岐命令でのストールは2クロックである（図7）．1クロックを遅延スロットで埋め合わせるとしても，さらに1クロックだけ処理に余計な時間がかかる．あとで述べるスーパーパイプラインでは，EXステージより前のステージ数がさらに増加し，分岐命令のストールによる性能低下は深刻なものとなる．

なお，遅延分岐は最新のMPUではまず採用されない．その理由は第3章で説明するスーパースカラ構造が常識のようになっている昨今のMPUでは，分岐命令がその次の命令と独立して処理されるため，分岐命令の直後に遅延スロットを必ず実行するという仕様は命令処理の足枷になるからである．

● **分岐予測**

分岐命令の処理を高速化するために，**分岐予測**という機構が採用される．これは，分岐先アドレスをパイプラインのより早いステージで生成し，分岐先の命令フェッチを早期に行う手法である．具体的には，分岐ターゲットバッファ（BTB；Branch Target Buffer），または分岐予測テーブル（BPT；Branch Prediction Table，BHT；Branch History Table）と呼ばれるキャッシュを用意し，分岐命令のアドレス，分岐履歴情報，予測される分岐先アドレスを格納しておく．

命令フェッチ時（IFステージ）にBTBを参照し，ヒット（登録してある分岐命令のアドレスと命令フェッチアドレスが一致）すれば，分岐履歴情報にしたがって，分岐先アドレスを出力し，命令フェッチを行いながら，TAKEN/NOTTAKENの判定を待つ．予測が成功すればフェッチした命令をそのままデコードすればよい．

予測が失敗すれば，実際にEXステージで計算されるアドレスから命令フェッチをやり直し，BTBの分岐履歴情報を更新する（図8）．BTBにヒットし予測が成功する場合はストールがなくなる．BTBにヒットしない場合は，分岐予測を行わない場合と同じタイミングで分岐命令が処理される．

しかし，BTBにヒットするのに予測が失敗する場合は，何もしない場合に比べて，パイプラインの回復処理にかえって時間がかかってしまうことがある．これが，分岐予測失敗時のペナルティである．したがって，分岐予測を採用しても予測が失敗ばかりすると，かえって性能が低下するのでヒット率を向上させるための工夫が必要である．

図8のパイプラインのモデルではBTBにヒットすると予測した分岐先アドレスから命令フェッチを行うが，MPUによっては（予測する）分岐先の数命令をBTBに格納しておき，そこから命令をフェッチする方法を採用する．こうすることにより，パイプラインは予測していない方向の命令も同時にフェッチできるので，分岐予測が失敗した場合のペナルティを最小化できる．

また，分岐予測の成功する確率が高いと思われる場合は，TAKEN/NOTTAKENが決定するまで，予測した分岐先から命令をどんどん先取り（プリフェッチ）する手法もある．パイプラインのステージ数が大きく，TAKEN/NOTTAKENの決定がパイプラインの遅い（後段の）ステージで行われる場合，予測が成功すれば効果的である．逆に予測が失敗したときのペナルティは大きくなる．分岐予測の成功率によほどの自信があるか，失敗時の回復処理がかなり高速化されてないと採れない方式であるが，最近のMPUではけっこうポピュラーである．

● **分岐予測の方法**

予測の方法は分岐履歴情報による場合が多い．これは分岐する確率を示す1～2ビットのフラグであり，BTBに登録されている分岐命令ごとに存在する．分岐履歴情報が1ビットの場合は1であるとき「分岐す

40

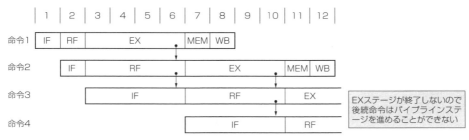

図9 実行ステージが長いパイプライン

る」，0であるとき「分岐しない」と予測する．これは，その分岐命令が過去1回で分岐したか否かを示している．つまり，以前分岐した分岐命令は今回も分岐すると予測するわけである．

　分岐履歴情報が2ビットの場合はもう少し慎重である．ビット列への意味のもたせ方はいろいろ考えられるが，たとえば，11，10で「分岐する」，01，00で「分岐しない」と予測する．これは，その分岐命令が，過去2回において何回「連続して」分岐したかを示す．分岐する傾向が大きい方向に予測するわけだ．

　なお，分岐する（と予測する）分岐命令のみをBTBに登録する方法もある．この場合は分岐履歴情報は不要で，BTBにヒットすれば「分岐する」，ヒットしなければ「分岐しない」と予測する．この場合，分岐予測が成功する確率は，分岐履歴情報が1ビットの場合とほぼ同等であるが，BTBの回路規模は約半分になる．

　分岐予測を行わない場合で，分岐命令を高速化する方法として，分岐先と分岐元の命令を同時にプリフェッチする手法もある．これに関係する特許は，昔は山のようにあった．この方法は回路規模が大きくなるため，あまり現実的でない．といいつつも，Intel系のMPU（とくにIA-64）ではそのような説明をよく目にする．ただし，具体的な実装方法は不明である．米国の特許をよく調べればわかるかもしれない．

● **構造ハザード**

　構造ハザードとは，パイプラインの二つ以上のステージが一つしかないハードウェア資源を取り合うために生じる．たとえば，5ステージで構成されるパイプラインでは，1時刻に5つすべてのステージが実行される可能性がある．もし，各ステージで同一の演算器などを使用する場合は競合するので，優先されるステージ以外は待ち合わせをする必要がある．

　RISCの場合，ほとんどのハードウェア資源は競合しないように設計されているのであまり問題はない．しかし，例外もある．それはキャッシュ（あるいはメモリ）である．図2(b)をもう一度見ていただきたい．

時刻4において命令1のMEMステージと命令4のIFステージが重なっている．もし，命令1がロード/ストア命令であり，命令とデータキャッシュの区別がなく単一のキャッシュしかない場合は，IFステージもMEMステージもキャッシュアクセスなので，資源の競合が生じる．キャッシュが存在しない場合もメモリアクセスの競合が生じる．この場合は，先にある命令1のMEMステージを優先させ，命令4のIFステージをインターロックして待ち合わせることになる．これは，できるだけパイプラインをインターロックさせないというRISCの考え方に反する．

　そこで，多くのMPUでは命令とデータを二つのキャッシュに分割して同時にアクセスできるようにしている．これならアクセスの競合によるインターロックは発生しない．このように命令とデータの供給経路を独立させる方式をハーバードアーキテクチャという．

　なお，命令とデータに関しては，TLBが一つしかない場合，アドレス変換時にも資源の競合が生じる．それを避けるため，命令用とデータ用のTLBを独立に用意するアーキテクチャもある．多くの場合，命令はアクセスするアドレス範囲が小さい（あるいは連続している）ため，命令用のTLBをマイクロTLBとして，仮想アドレスと物理アドレスのペアを本当のTLBからキャッシュして持っているのが普通である．

● **ステージの処理時間が不均一なパイプライン**

　さて，パイプラインのステージ間の実行時間が均一でない場合を考える．RISCは命令を1クロックで実行するのが基本であるが，乗除算や浮動小数点演算など1クロックで実行するのが難しい場合もある．

　いま，実行ステージ（EX）の処理が4単位時間かかるものとする（図9）．この場合，EXステージが終了するまで同時実行中の他のステージも待ち合わせをするので，パイプラインのスループットは実行ステージの処理時間に依存する．ほかのステージの処理時間は実行ステージの処理時間に隠れてしまう．実行ステージの処理時間が長いだけならまだよい．ほかのステー

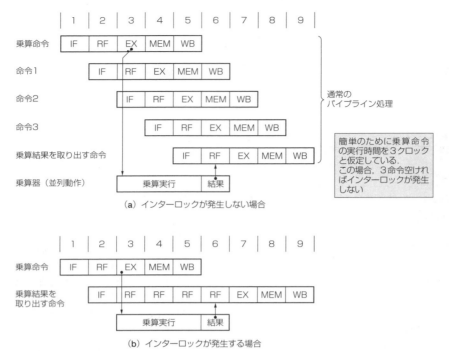

図10 MIPSの乗除算命令

ジもまちまちな処理時間を有する場合はもっと悲惨である．不均一であればあるほど，パイプラインの処理時間は各パイプラインステージの処理時間の総和に近づいていく（パイプラインの意味がなくなる）．このため，実行ステージ以外のステージの処理時間を均一にすることが肝要である．

パイプラインにおいて実行（処理）時間がかかるのは，特定命令の「実行ステージ」のほかに，メモリの速度に依存する「命令フェッチステージ」や「オペランドフェッチステージ」がある．RISCは，キャッシュを採用することで命令フェッチやオペランドフェッチの処理時間を1クロックに押し込めようとしている．典型的なRISCであるMIPSアーキテクチャにおいては，全命令の実行クロックを1クロックとするために，実行時間がかかる乗除算は，通常のパイプラインとは独立して並列実行する．そして，乗除算の結果は汎用レジスタではなく，専用のレジスタに格納される．つまり，乗除算命令では汎用レジスタ間のデータハザードは発生しない．このため，乗除算命令の処理は通常のパイプライン動作に影響を与えない．乗除算が完了した後で，専用レジスタから演算結果を取り出せば（専用レジスタから汎用レジスタへの転送命令が用意されている）インターロックは発生しない．

初期のMIPSプロセッサであるR3000では，乗算と除算の実行時間がそれぞれ12クロックと35クロックである．乗算命令に関していえば，実行を開始してから12クロック後に結果を取り出せばインターロックは発生しない［図10（a）］．プログラム的には乗算命令と結果を取り出す命令の間が12命令分空いていればよい．

一方，12クロック未満で結果を取り出そうとすると，アーキテクチャ的には不本意ながらインターロックしてしまう［図10（b）］．現実的には乗除算命令と結果を取り出す命令の間はせいぜい3命令程度しか空けることができないので，乗除算命令があるとほとんどの場合インターロックしてしまうのだが，コンパイラの頑張りによってはインターロックしない可能性を残している．

3 パイプラインを効率良く動かす各種の方法

● 効率的なパイプライン処理が可能になった理由

歴史的に見れば，キャッシュメモリ（高速なローカルメモリ）がまだ高価で外付けのキャッシュすら現実的でなかった時代，プロセッサの処理はメモリからの命令フェッチにいちばん時間がかかっていた．当然の流れとして，プロセッサの性能を上げるためには，フェッチする命令数を減らすこと，1命令で行う処理を増やすことが考えられた．結果として，上述したように実行ステージが長くなる傾向になるのだが，多くの場合はいちばん時間のかかる命令フェッチと，あまり時間のかからない命令のデコードおよび実行をオー

Chapter 2 パイプライン処理の概念と実際

バラップ（パイプライン処理）させて実行効率を上げることが可能になる．これが，その時代の最適解であった．そして，これこそがCISCの考え方である．

その後RISCという選択肢が現れてきた背景には，キャッシュが一般的になり，命令フェッチがもはやプログラムの実行に支配的でなくなったことがある．命令のデコードや実行時間が命令フェッチ時間の影に隠れなくなり，実行する命令数よりも1命令の実行時間のほうが性能に対し支配的になった．RISCでは，基本的に1クロック実行なので，CISCに比べて命令実行時間が1/3から1/5になる．1命令が単純な分，同じ処理に要するコード量は増加するが，RISCになることによる命令数の増加はわずか30〜50%であるというから，これを差し引いても性能は向上する．

また，RISCでは命令が基本操作に限定されているので，コンパイラによる最適化が行いやすいという利点もある．まあ，現実には，基本的な命令だけで優れた最適化ができるということをMIPSやSPARC用のコンパイラが実証できたためにRISCがメジャーになったともいえるのだが，CISCからRISCの流れは歴史の必然でもあった．

● CPIとMIPS値

パイプライン処理における命令の実行効率を表す指標として，CPI（Clock cycles Per Instruction）がある．これは1命令を実行するのに必要なクロック数である．RISCの当初の目標は，キャッシュと効率的なパイプライン処理でCPIを1にすることにある．実際，RISCはキャッシュにヒットしパイプラインにインターロックがない場合はCPIが限りなく1に近づく．IntelのMPUの平均CPIに関しては，80386やi486を設計した技術者の一人であるPatrick Gelsingerのレポートがある．それによると，**表1**（a）のような値が出ている．

MPUが進化するにつれてパイプラインの効率が上昇しているのがわかる．さすがインテルというところだろうか．i486でCPIが急激に改善したのは，キャッシュの恩恵といわれている．CISCでありながらRISC並みのパイプライン処理を採用したことも一因であろう．その後のPentiumのCPIは0.6〜0.7であるという（ちょっと性能が良すぎる感もあるが）．これは次章で説明するスーパースカラの恩恵である．

CPIはMIPS（Million Instructions Per Second）値と密接な関係がある．MIPS値とは1秒間に実行できる命令数（100万命令単位）だから，動作周波数とCPIが決まれば，

周波数（MHz単位）÷CPI

という計算式で，MIPS値が求まる．この式で，上のx86プロセッサのMIPS値を計算すると**表1**（b）のよう

表1　x86系CPUのCPIとMIPS値

CPU	CPI
8086	15.0
80286	6.0
80386	4.5
i486	1.7

（a）x86系CPUのCPI

CPU	MHz	MIPS
8086	5	0.33
80286	8	1.33
80386	12	2.67
i486	25	14.71
Pentium	66	110

（b）x86系CPUのMIPS値

になる．

実際に公表されるMIPS値は，Dhrystone MIPS（最近ではDMIPSと略記されることもある）なので，もう少し高い値になっているかもしれない．これは，Dhrystoneベンチマークを実行した性能が，1MIPS相当のVAX-11/780の何倍であるかを表すものである．

Dhrystone MIPSでは，コンパイラの性能しだいでシングルパイプラインのMPUのCPIが1を割ることも多く，直感的ではない．しかし，現在実際に使用されているMIPS値はDhrystone MIPSが主流なので，慣れが必要である．

もっとも最近のx86系は，MIPS値の公表をやめてしまっている（表向きの理由はいろいろあるが，発表するとCPIの大きさが問題となるからだろう）ので，性能を比較するためには動作周波数に頼るしかない．各メーカーは独自の基準で従来品との相対性能を公表しているが，異なるメーカー間での性能比較はできない．いくら動作周波数が高くてもCPIが悪ければ何にもならないのだが，メーカーやマスコミはこの点を意図的にうやむやにしているようにも思える．

IntelはPentium4で3GHz以上の動作周波数を実現した．実効性能はPentium4と同等であるが，動作周波数ではPentium4に劣るAthlonXPを有するAMDは，周波数の大きさによる優位性のアピールから実効性能の優位性のアピール（モデル番号の採用）に方針転換した．Intelも後年，動作周波数が頭打ちになると同様のプロセッサ番号を採用した．

● スーパーパイプライン

MPUを高い周波数で動作させるためには，パイプラインの1ステージあたりで実行する論理を減少させる必要がある．単純に考えると従来1ステージで実行していた処理を2ステージに分割することである．つまり，高速な動作周波数になるにつれてパイプラインのステージ数が増加する傾向にある．いま，パイプラインのステージを，

IF1　IF2　RF1　RF2　EX1　EX2　MEM1
　　　　MEM2　WB1　WB2

としてCPIを試算してみよう．**図11**（a）では4命令を8クロックで実行しているのでCPIは2.0である．一

43

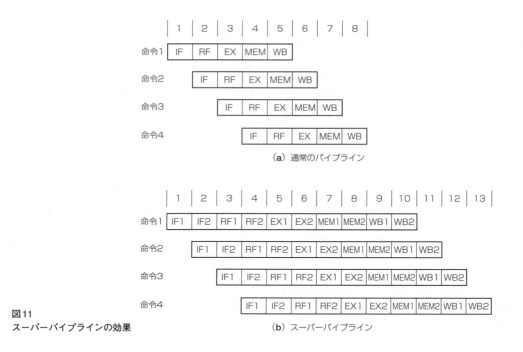

図11 スーパーパイプラインの効果

(a) 通常のパイプライン

(b) スーパーパイプライン

方，図11（b）では4命令を13クロックで実行しているのでCPIは3.25である．スーパーパイプライン構成にすることでCPIは約1.5倍に増加してしまう．しかし，動作周波数を2倍に引き上げることができれば実質的な性能は向上する．これがスーパーパイプラインの考え方である．

　スーパーパイプラインを最初に採用したのはMIPSのR4000である．これは当初100MHz動作であったが，最終的には250MHz動作を達成している．ほぼ同時期に登場したDECのAlpha（21064）は200MHz動作を達成していた．これは1990年代の初めとしては驚異的な動作周波数だった．このため，Alphaは世界最高速のMPUとしてギネスブックに登録された．

　最近では，動作周波数を上げる＝パイプラインのステージ数を増やすという図式が常識のように語られるようになった．IntelのPentium4（Willamette）は20ステージのパイプライン構成で2GHz以上の動作を目指した．そして，Northwoodで3GHzを超えた．IPコアの分野でも，Lexra社がLX4189（MIPS系）でパイプラインを従来の5ステージから6ステージに変更することで，初めて250MHz以上の動作周波数を達成したと発表した．

　動作周波数を上げるためにはパイプラインのステージ数を増やす必要があるのは本当だが，逆は必ずしも真ならずなので，そんな単純なものではない．しかし，これからのMPU設計においては，パイプラインのステージ数を増加して動作周波数をかせぎ，それに

よるCPIの増加は分岐予測を高度にすることで補っていく傾向になるのは間違いないだろう．

● プリフェッチとデカップル（decouple）構成

　命令フェッチが命令キャッシュにヒットする限りは，各サイクルごとに命令デコーダに命令が滞りなく供給されるので，プリフェッチして命令をFIFOなどに蓄えておく必要はない．しかし，命令キャッシュミスが発生すると命令供給が停止するので，パイプラインがストールしてしまう．それを防ぐためにプリフェッチは有効である．命令デコード以降のパイプライン処理とは，命令を絶えず独立にプリフェッチしておけば命令デコードにおいても命令の供給が停止する頻度は少なくなる．

　命令キャッシュのミスが発生した場合，命令キャッシュへの書き込みと同時にデコーダへ命令をバイパスする「命令ストリーミング」もパイプラインのストールを低減させる方法の一つである．しかし，命令ストリーミングでは，（通常は）パイプラインクロックよりも遅いバスクロックに同期して命令供給が行われるので，命令ストリーミング中の命令処理はバスクロック同期に近くなり，効率があまりよくない．プリフェッチは，命令キャッシュミスの発生が契機となるわけではなく，無条件に命令フェッチを行っていくので，命令ストリーミングよりも効率がよい（はずである）．

　シングルパイプラインではあまりお目にかからないが，デカップル方式という構成がある．これは，プリ

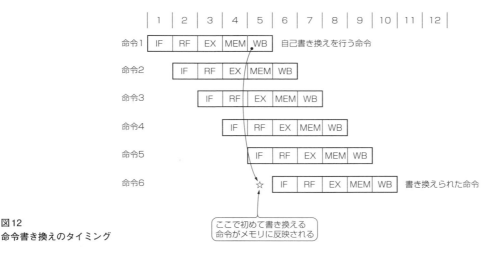

図12
命令書き換えのタイミング

フェッチとよく似た概念であるが，命令デコードと実行ステージの中間にFIFOを置いて，そのFIFOに絶えずデコード済みの命令を格納しておく．こうすることで，ソースオペランドが有効である限り，FIFO内の命令は各サイクルごとに命令実行を開始することが可能になる．つまり，オペランドの依存性による命令デコードステージでのストールが緩衝されて見えなくなる（パイプライン効率が上がる）．

当然，命令フェッチとデコードまでのステージと実行ステージ以降は別のクロックに同期し，独立して動く．パイプラインがデコードまでと実行以降に分離 (decouple) されていることで，デカップル方式と呼ばれている．

デカップル方式の利点は，単純なプリフェッチとは異なり，命令デコードを行うので分岐命令を認識することが可能であること，そして分岐予測をしながら投機的 (speculative) に命令のプリフェッチを行うことができる点である．単なるプリフェッチであれば，分岐する分岐命令以降にある命令をむだにプリフェッチするおそれがある．分岐予測にしたがってプリフェッチを行うことができれば，（分岐予測が当たる限り）命令フェッチのロスはなくなる．

このため，デカップル方式では，分岐予測が有効に働けば，パイプライン処理の中で，命令フェッチと命令デコードステージを無視することができる．たとえば，5ステージのパイプライン処理ならば，2ステージ少ない，3ステージのパイプラインと同等の効率で命令を処理できる．

プリフェッチやデカップル方式での投機的なデコードは，実行ステージ以降で発生するパイプラインストールの合間を縫って行われる．実行ステージ以降にストールがまったく発生しなければ，プリフェッチ機構自身が無意味なものになってしまう．パイプライン効率は落ちないが，プリフェッチをしてもしなくても同じ効率にしかならないので，余分な回路ということになる．

実際問題として，シングルパイプラインではロード遅延とデータキャッシュミス以外では実行ステージ以降でのストールは発生せず，プリフェッチは，その回路規模の割には，性能は向上しないと思われる．しかし，2命令以上を同時に処理するスーパースカラにおいては，命令デコードの倍以上の速度で命令が処理されていくので，プリフェッチや投機的デコードの機構を用意しておかなければ命令供給が命令消費に追いつかなくなる．デカップル構造についてはスーパースカラの解説の章（第3章）で詳しく説明する．

● **自己書き換えとパイプライン**

昔，8086や68000というMPUが全盛だった頃，プログラムのコードサイズを削減するために，命令コード領域をストア命令で書き換えて実行するという技が重宝されていた．これは**自己書き換え**と呼ばれる手法である．

自己書き換えは，パイプラインを採用するMPUでは期待どおりの動作をするとは限らない．それは，パイプラインのステージを考えれば明らかで，書き換えた命令のフェッチ (IF) は書き換える命令のライト (WB) 以降でなければならないためである．たとえば，
IF RF EX MEM WB
という5ステージ構成では，最低5命令以後を書き換えなければ，そこを正しくフェッチできない（**図12**）．また，命令のプリフェッチを行う場合に，一概に何命令後を書き換えれば大丈夫かということは保証できない．書き換えた場所にジャンプしさえすればよいという考えもある．この方法も，分岐予測などで命令フェッチが先行する場合は，うまくいかないことがある．

ところで最近のMPUは，命令キャッシュとデータキャッシュが分離されているので，単純に命令コードを書き換えることはできない．ストア命令を実行してもデータキャッシュの内容が変更されるだけで，命令キャッシュの内容は変わらないからである．

ただし，（OSに限られるが）特権命令を使えば，書き換えたアドレスに対応する命令キャッシュの内容を無効化することで，自己書き換えを実現できる．もし，ライトバックキャッシュ構成ならデータキャッシュを最初に強制的にライトバックさせることも必要である．……と，自己書き換えを推奨するような説明をしてみたが，最近のプログラミングではこの技法は好ましくないとされている．現在はMMUが内蔵され，十分大きなアドレス空間を使ってプログラムを作ることも可能なので，わざわざプログラムの流れを分かりにくくする自己書き換えを行う理由はない．

とはいえ，仮想記憶のデマンドページングで行われるスワップインは壮大な自己書き換えではないかと考えると，OSなら自己書き換えをしてもいいのかという話も出てくる．リアルタイムOSなどのプログラムのダイナミックリンクも，自己書き換えに近い．

もっとも，有限オートマトンとしてのコンピュータを考えれば，自己書き換えができるのは当然の機能／属性である．プログラムで行う自己書き換えとOSのページングは粒度（書き換えから実行までの時間的空間的距離）の大きさの違いとして説明される．つまり，粒度の小さい自己書き換えは推奨されないということだ．

パイプライン処理の実際

4 R3000のパイプライン

● RISCの基本そのままのパイプライン

R3000のパイプラインは，基本的にはp.37の図2で示したRISCのパイプラインと同じである．IF，RF，EX，MEM，WBの5ステージで構成される．実際には$\phi 1$，$\phi 2$の2相クロックで動作し，1クロック間に2ステップの処理を行っている．図13にR3000のパイプラインの詳細を示す．各ステージでの動作は，次のようになっている．

(1) IF$\phi 1$

マイクロTLB（ITLB）を使用して命令の仮想アドレス（IVA）を物理アドレスに変換する．分岐先アドレスはRFステージの$\phi 2$で計算され，EXステージの$\phi 1$でアドレス変換される．

(2) IF$\phi 2$

物理アドレスを命令キャッシュに転送し，命令キャッシュをアクセスする（ICache）．

(3) RF$\phi 1$

命令キャッシュのヒット／ミスがチェックされ，命令キャッシュから命令を読み出す（ICache）．

(4) RF$\phi 2$

命令をデコードする（ID）．分岐命令の場合は分岐先アドレスを計算する．レジスタファイルをリードする（RF）．

(5) EX$\phi 1+\phi 2$

オペランドを他のパイプラインステージからバイパスし，演算する（ALU）．ストアするデータがあれば位置合わせを行う．

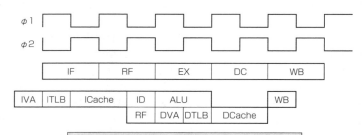

図13
R3000のパイプライン

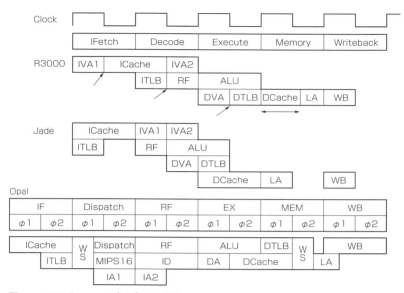

図14　R3000とJadeのパイプライン比較

(6) EXφ1

分岐命令ならTAKEN/NOTTAKENを決定する．ロード/ストア命令ならオペランドの仮想アドレスを計算する（DVA）．

(7) EXφ2

ロード/ストア命令ならTLBを使用してオペランドの仮想アドレスを物理アドレスに変換する（DTLB）．

(8) MEMφ1

ロード/ストア命令なら物理アドレスをデータキャッシュに転送し，データキャッシュをアクセスする（DCache）．

(9) MEMφ2

データキャッシュのヒット/ミスがチェックされ，命令キャッシュからオペランドを読み出す（DCache）．

(10) WBφ1

EXステージでの演算結果をレジスタファイルに書き込む（WB）．ストア命令の場合はデータキャッシュに書き込む．

● 単相クロック動作のR3000

R3000相当のIPコアを提供する目的で後年に発表された，パイプラインを見直した4Kc（Jade），4KEc（Emerald），5K（cOpal）など（これらはコアの名称）は，単相クロック同期に変更しているが，基本的なパイプライン構造に変更はない．図14にR3000とJade，そしてOpalのパイプラインの比較を示す．R3000のパイプラインが図13と一部異なっているが，図13は説明用に簡略化したもので，図14は現実に近いものと理解すればいいだろう．

図14に示すように，単相クロックでの再設計を考えた場合，R3000は多くのクリティカルな操作（命令キャッシュアクセス，レジスタリード，データTLB参照）をパイプラインクロックの立ち下がりエッジに同期して行っている．また，データキャッシュアクセスはクロックの立ち上がり同期であり，データキャッシュからリードしたデータの位置合わせ（図14のLA）を同じパイプラインステージ内で行うので，タイミングはかなり厳しい．命令のアドレス計算も，命令キャッシュアクセスの前後に，二つの1/2サイクルのアクセス（IA1，IA2）に分割して行われるので，制御が複雑になる．これらが，IPコアとして容易に論理合成を行うためのボトルネックになっている．また，SRAM（キャッシュ）のアクセスタイミングも厳しく，キャッシュをメモリコンパイラなどで自動生成するのが困難である．

このため，Jadeではパイプラインが再設計された．具体的には，すべての操作を1フェーズ早めてクロックの立ち上がり同期にした．さらに，命令TLBアクセスとデータキャッシュアクセスを1ステージ早くして，リードデータの位置合わせをキャッシュアクセスと別のステージにもっていった．結果として，すべてのクリティカルな操作は立ち上がりエッジ同期になった．命令のアドレス計算は，命令キャッシュアクセス後の，一つのパイプラインステージに統合された．これらの結果，データキャッシュアクセスのタイミングに余裕ができた．

図14からわかるように，レジスタファイルへのラ

イトを位置合わせの直後(立ち下がり同期)にすることで,パイプラインステージ数を5から4にすることも可能である.しかし,Jadeではクロックの立ち上がり同期にこだわり,結果として5ステージのパイプラインとなっている.

● Jadeパイプラインの利点

Jadeパイプラインは三つの利点があるといわれている.一つ目は,キャッシュアクセスに余裕があること.二つ目は,クリティカルな操作がすべて立ち上がり同期になっているので,ある論理ブロックをユーザーが設計した論理に置き換えることが容易なことである.三つ目は,論理合成ツールによる遅延の調整が容易になることである.本来,論理合成を想定した機能設計は,クロック遅延のばらつき(クロックスキュー)を一定値内に収める操作を容易にするために,クロックの立ち上がりエッジのみを使用する.これを実践したわけだ.

MIPS社の発表によると,$0.25\mu m$プロセスで製造した場合の動作周波数は,最悪の場合(単純な論理合成)で100M ~ 150MHz,典型的な場合(専用設計)で150M ~ 255MHzだそうである.クリティカルな操作を立ち上がり同期にしたとはいえ,パイプライン効率はR3000のそれと大差がないのも事実で,この動作周波数が可能なのか否かは実際に回路設計した人にしかわからないだろう.

MIPS社は,Jadeの拡張版の4KEc(コードネームEmerald)でMIPS16命令セットに対応すると発表した.しかし,その実装方法たるや,1段のデコードステージ内でMIPS16からMIPS32へのコード変換を行ってデコードするという,非常に厳しいタイミングを提唱している.Jade開発当時の理念はどこへ行ってしまったのだろうか.もっとも,4Kcと4KEcの構造的な違いは,低消費電力を実現するゲーテッドクロックを行うか行わないかの違いだけである.

なお,その後発表されたPSP(PlayStationPortable)のCPUコアはR4000系と発表されたが,MIPS32系のフルスクラッチである.4Kcや4KEcと異母兄弟といったところか.

● Opalのパイプライン

Opalではさらにパイプラインが変更された.Opalのパイプラインは IF,Dispatch,RF,EX,MEM,WBの6ステージで構成され,$\phi 1$,$\phi 2$の2相クロックで動作するとされている.しかし,論理合成を容易にするために単相クロックを採用しながらも説明上の方便のため$\phi 1$,$\phi 2$を使用しているのではないかと思われる.

Opal自身はスカラプロセッサだが,スーパースカ

ラへの移行の可能性を残している.つまり,ディスパッチステージが命令フェッチとレジスタリード/命令デコードステージの間に挿入された.このためパイプラインは,Jadeより1ステージ多い6ステージとなる.これは,将来的には,複数の演算ユニットに命令をディスパッチ(発行)するために使用する.命令デコード自体にも余裕ができるので,動作周波数が少し向上する.また,この追加ステージはMIPS16のためのプリデコードステージとしても利用できる.

パイプラインのステージ数が増加することで分岐の性能が悪くなるが,Opalでは静的な分岐予測と命令プリフェッチで対応している.分岐はすべてTAKENするものと仮定し,投機的に6命令をフェッチできる.分岐予測が外れた場合のペナルティは1サイクルにすぎないという(筆者としては懐疑的である).Opalのパイプラインの詳細を以下に示す.

(1) IF $\phi 1 + \phi 2$
命令キャッシュにアクセスする(ICache).命令の仮想アドレスはDispatchステージ(IA1)とRFステージ(IA2)で計算される.

(2) IF $\phi 2$
マイクロTLBにアクセスし,命令の仮想アドレスを物理アドレスに変換する(ITLB).

(3) Dispatch $\phi 1 + \phi 2$
命令キャッシュのヒット/ミスをチェックする(WS:WaySelect).スーパースカラ構成を採るための命令ディスパッチ用のタイミングを提供する(Dispatch).MIPS16をサポートする場合のプリデコードタイミングを提供する(MIPS16).次の命令のための命令の仮想アドレスを用意する(IA1).

(4) RF $\phi 1 + \phi 2$
レジスタをフェッチする(RF).命令をデコードする(ID).

(5) RF $\phi 1$
分岐先の仮想アドレスを計算する(IA2).

(6) EX $\phi 1 + \phi 2$
演算を行う(ALU).

(7) EX $\phi 1$
ロード/ストア命令のオペランドアドレスを計算する(DA).

(8) EX $\phi 2$
データキャッシュへのアクセス(DCache).1段目.

(9) MEM $\phi 1$
オペランドの仮想アドレスを物理アドレスに変換する(DTLB).データキャッシュへのアクセス(DCache).2段目.

(10) MEM $\phi 2$
データキャッシュのヒット/ミスをチェックする

(WS). データキャッシュからフェッチしたデータと, データキャッシュにストアするデータの位置合わせをする (LA).

(11) WBφ1+φ2

EXステージでの演算結果をレジスタファイルに書き込む (WB). ストア命令の場合はデータキャッシュに書き込む.

● JadeとOpalの性能……どちらが高い?

MIPSの発表によると, Opalを0.15μmプロセスで製造した場合の動作周波数は450MHz, 0.18μmプロセスでは375MHzだそうである. Opalでは, Jadeでわざわざ立ち上がり同期に揃えたデータキャッシュアクセスが立ち下がり同期に変更されていることもあり, スーパーパイプライン構造も採用していないので, 本当にこんな高周波数で動作可能なのかは不明である.

さらにMIPSの発表によると, JadeとOpalの性能 (MIPS/MHz) は, どちらもDhrystone MIPSでは1.2であるという. これはR3000とほぼ同じ性能である. Opalに関しては, パイプラインのステージ数が増えているのに, Jadeと同じ性能というのは納得がいかない. 4KEcの発表ではMIPS/MHzは1.7であった. Jadeと実体は同じなのに, この性能アップの理由は不明である. そもそも1.7という値はスーパースカラでないと実現できない.

それはさておき, 同じ性能のIPコアが二つも必要なのかという疑問は残る. MIPSの弁明では, Dhrystoneベンチマークでは真の性能はわからない, 実際のアプリケーションではOpalはJadeの2倍の性能があるという. これはキャッシュ容量を2倍にできる点と, 64ビット演算と32ビット演算の差と説明されているが…….

Jadeにしろ Opalにしろ, 論理合成可能なRTL (Register Transfer Level) 記述で提供されるのだが, 目標動作周波数が達成できるか否かは, LSI製造メーカーの技術力によると思う. しかしMIPS社の説明では, JadeにしろOpalにしろ, 何も特別なことを行っているわけではなく, 誰が作っても200MHz以上の性能は保証するとしている. また, Dhrystoneベンチマークの値が異様に高い理由としては, アーキテクチャをDhrystoneに特化しているらしい. 実アプリケーションではあまり効果がないが, Dhrystone MIPSの値は採用の決め手になることが多いので, あえてそのような構造にしているという.

5 Arm/StrongARM/XScale

● Arm7までとArm8

最初のArmアーキテクチャのMPUが開発された当時, RISCにはスタンフォード大学のMIPSと, カリフォルニア大学バークレー校のRISCI, I (ISPARCの母体) しか例がなかった. Armはバークレー RISCを参考にして設計された. ロード/ストアアーキテクチャ, 32ビット固定長命令, 3オペランドフォーマットという特徴を採り入れたが, レジスタウィンドウ, 遅延分岐, 全命令の1クロック実行は採用しなかった (ほとんどの命令は1クロックで実行するが). 設計目標は, CISCライクな命令セットをRISCに準じた単純なハードウェアで実行することに置いている. 命令セットの特徴はソースオペランドをシフトした後に演算可能なこと, ほとんどすべての命令が条件コードを変更し, 条件コードに応じた処理が可能なことである.

ArmにはArm1 ~ 7, Arm8, StrongARMとアーキテクチャに若干の差異がある. Arm1 ~ 7は単純な3ステージのパイプラインを基本としていたが, その後は改良が重ねられ, Arm8で標準的な5ステージのパイプラインにたどり着く. この様子を図15に示す.

Arm8では, パイプラインへの命令供給のバンド幅を向上させるため, 命令のプリフェッチを行いバッファリングする. 初代のArm8のプリフェッチユニットには静的な分岐予測機能も内蔵されていたという. 図15 (a) に基本であるヘネシー&パターソンのパイプラインを, 図15 (b) にArm8のパイプライン構成を示す. パイプラインは次の5ステージから構成される.

(1) 命令プリフェッチ
(2) 命令デコード, レジスタリード
(3) 実行 (シフトと演算)
(4) メモリアクセス
(5) ライトバック

● Arm9/Arm10

Arm8の後継であるArm9のパイプラインは, Arm8とほとんど同じである. その後継のArm10ではパイプラインに変更が加えられた (図16). つまり, 高い動作周波数を実現するために, デコード部と実行部のステージを2段に分割している. キャッシュアクセスは1.5段分をかけてアクセス時間に余裕をもたせている. また, アドレス計算用の加算器を専用に持ち, ロード/ストアのパイプラインを整数演算系と分離している. これにより, データキャッシュはノンブロッキング (ヒットアンダーミス) が可能になっている. さらにArm10では, パイプラインのステージ数

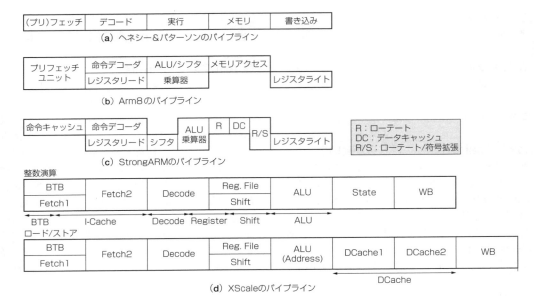

図15 Arm系プロセッサのパイプライン

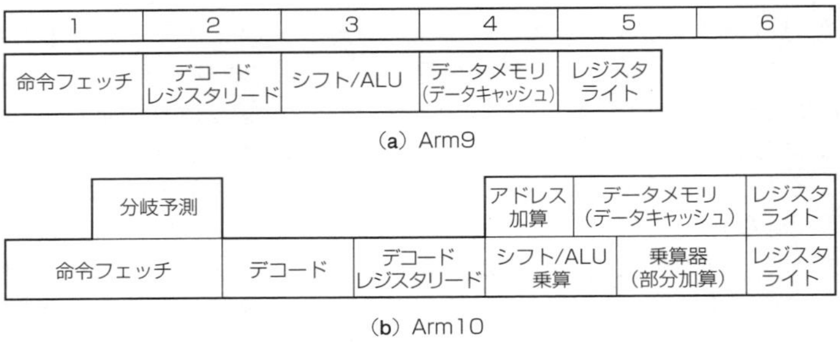

図16 Arm9/Arm10のパイプライン

増加による性能低下（CPIの増加）を低減するため，動的な分岐予測が採用された．Arm社は，これによりArm10はArm9と同等なCPIが得られるとしている．

● StrongARM

　ArmのパイプラインはArm社とDECが共同開発したStrongARM（後年Intelに買収され，その後Marvellに売却された）で一応の完成をみる．キャッシュの構成が命令とデータに分割された（命令とオペランドフェッチで待ち合わせが生じない）こととレジスタのフォワーディング機能が追加されたのが特筆すべき特徴である．パイプラインは次の5ステージで構成される．

(1) 命令フェッチ（命令キャッシュから）
(2) 命令デコードとレジスタリード，分岐先のアドレス計算
(3) オペランドのアドレス計算，またはシフトおよび演算を実行
(4) データキャッシュへのアクセス
(5) レジスタファイルへ結果をライトバック

　図15（c）にStrongARMのパイプライン構成図を示す．

　Armのパイプラインも命令ごとに可変なステージ数から始まり，結果として5ステージに落ち着いたようである．やはり，5ステージというのがRISCのパイプラインの王道といえるのかもしれない（少なくともこれまでは）．

● XScale

　Intelから発表されたXScale（かつてStrongARM2と呼ばれた）では，600MHz（当初の目標）という高い動作周波数を実現するため，再びパイプラインの見直しがされた．結果，整数演算で7ステージ，ロード/ストアで8ステージという構成になった［図15（d）］．ステージ数はそれほど多くはないが，インテルはこれをスーパーパイプラインと呼んでいる．

　パイプラインが2ステージ増えた理由は，おもに2本のクリティカルパス（タイミングネックになる論理

Chapter 2 パイプライン処理の概念と実際

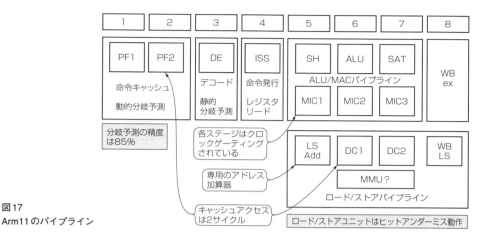

図17
Arm11のパイプライン

経路）対策のためである．一つ目はALU演算である．従来のStrongARMでは1クロックで

シフト→ALU演算→条件コードの生成

を行っていた．これを3ステージに分割して処理する．こうすることにより，命令デコードにも余裕ができた．従来は命令デコードとレジスタアクセスを1クロックで行っていたが，

レジスタアクセス→シフト

のタイミングを，従来より遅らせて，余裕をもたせている．

二つ目はデータキャッシュのアクセスである．従来は，データキャッシュを，

アドレスデコード→キャッシュアクセス→データの整列→ALUへ入力

と1クロックで行っていた．XScaleではデータキャッシュが従来の2倍の32Kバイトになったので，一度に動作する回路が多くなりクリティカルパスになった．そこでデータキャッシュアクセスを2クロック（2ステージ）で行うように改良した．

XScaleではパイプラインのステージが増加したため，分岐命令の性能低下（当然，分岐予測機構は備えている）などを考慮するとCPIが5〜8％増加するが，周波数を1.5倍に向上することで，差し引き40％程度の性能向上となる．なお，分岐ターゲットバッファは128エントリからなるダイレクトマップキャッシュで，2ビットの情報で分岐の履歴を管理する．

● Arm11

一方，Arm社は2002年4月にArm11の概要を発表した．8ステージのシングルパイプラインで350〜500MHz動作を目指す．明らかにXScaleへの対抗策と見てとれる．図17にArm11のパイプラインを示す．Armアーキテクチャのクリティカルパスは，XScaleでも説明したが，シフト＋ALUの同時実行，キャッシュアクセス，そしてMMUにある．これらのステージを独立化することで，高速動作を実現できる．基本的な考え方はXScaleのパイプラインとよく似ている．

なお，Thumb-2をサポートするArm11では，命令キャッシュとデコードステージの間に位置合わせのステージが追加されて9ステージのパイプラインとなっている．Thumb-2では32ビット長と16ビット長の命令の混在を許すので，命令の先頭アドレスを検出するためのステージである．

6 R4000

R4000はスーパーパイプライン構造を採用し，高い動作周波数で動作させることを目的としている．パイプラインはIF, IS, RF, EX, DF, DS, TC, WBの8ステージで構成され，（筆者の予想では）単相クロックに同期して動作する．図18にR4000のパイプラインの詳細を示す．各ステージでの動作は次のようになっている．

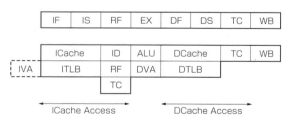

IF : ICache First	IVA : Instruction Virtual Address
IS : ICache Second	ICache : ICache Access
RF : Register File	ITLB : Instruction TLB
EX : Execute	ID : Instruction Decode
DF : DCache First	ALU : ALU Operation
DS : DCache Second	DVA : Data Virtual Address
TC : Cache Tag Check	DCache : DCache Access
WB : Writeback	DTLB : Data TLB

図18　R4000のパイプライン

51

(1) IF
命令フェッチ1段目．命令の仮想アドレスが命令キャッシュとTLBに転送される．

(2) IS
命令フェッチ2段目．命令キャッシュが命令を出力し，同時にTLBは命令の物理アドレスを出力する．

(3) RF
レジスタファイル．次の3動作が並行に行われる．
a) 命令をデコードし，インターロック条件をチェックする
b) 命令キャッシュのヒット/ミスがチェックされる
c) レジスタファイルからオペランドをフェッチする

(4) EX
命令実行．次の3動作の一つが実行される．
a) 命令がレジスタ - レジスタ間命令なら演算を実行する
b) 命令がロード/ストア命令ならオペランドの仮想アドレスを計算する
c) 命令が分岐命令なら，分岐先の仮想アドレスを計算する．同時に分岐のTAKEN/NOTTAKENを決定する

(5) DF
データキャッシュ1段目．オペランドの仮想アドレスがデータキャッシュとTLBに転送される．

(6) DS
データキャッシュ2段目．データキャッシュが値を出力する．同時にTLBはオペランドの物理アドレスを出力する．

(7) TC
タグチェック．ロード/ストア命令の場合，データキャッシュのヒット/ミスをチェックする．

(8) WB
ライトバック．命令の実行結果をレジスタファイルに書き込む．ストア命令の場合はデータキャッシュに書き込む．

R4000の各パイプラインステージは基本的には1クロックであるが，時間がかかるキャッシュアクセスには時間をかけている（タグチェックを含めて3クロック）．R4000の発表当時はスーパーパイプラインとしてクローズアップされたが，現在においてはごく普通のパイプライン構成である．

R4000ではパイプラインが8ステージになったため，分岐命令の実行時に3クロック，ロード命令の実行時に2クロックの遅延スロットが生じる．分岐命令においてはR3000と互換性をもたせるため遅延スロットの1命令分は実行するが，残りの2クロックはバブル（むだな時間）になる．分岐命令の実行時間がR3000の1クロックから3クロックになった（遅延ス

ロットを含まない）と思えばよい．

ロード命令においては遅延スロットに相当する後続2命令がロード命令のデスティネーションオペランドと一致している場合はインターロックが生じる．つまり，R4000では遅延ロードを採用しない．さすがに，ロード命令とその結果を使用する命令の間を2命令分も空けるのは現実的ではないと考えたのであろう．

分岐命令の実行時間を短縮するため，R4000ではLikely分岐（Branch Likely）が導入された．Likely分岐とは，分岐条件が成立するときのみ遅延スロットの命令を実行する条件分岐命令である．分岐条件が成立しなければ遅延スロットは無効化される．遅延スロットにNOP命令があると考えてもよい．分岐命令がループ処理の終わりにあるような場合，分岐命令をLikelyにして分岐先の1命令を遅延スロットに置けば，ループ内の命令が1命令分減少するので，実質的に分岐命令の実行時間を短縮できる．これは一種の（静的な）分岐予測とみなすこともできる．

Likely分岐はR4000以降のMIPSアーキテクチャで採用されているが，スーパースカラ構造では実装が難しいせいか，将来的には削除したい意向だという．その前兆か，MIPS-3Dという拡張アーキテクチャで採用されたbc1any2，bc1any4という条件分岐命令ではLikely分岐が定義されていない（命令コードとしては割り当て可能）．

7 Arm Cortex

● Cortex-A5

2009年10月，ArmはArmv7-Aアーキテクチャを実装するプロセッサであるCortex-A5を発表した．ArmはArmv7アーキテクチャからは，応用分野ごとに A（Application），R（Realtime），M（Microcontroller）の3種類にアーキテクチャを分割した．

Armv7-Aを最初に実装するプロセッサはCortex-A8であるが，このArmv7-Aのシリーズは，基本的に，スーパースカラ構造のパイプラインを採用してる．ここで紹介するCortex-A5は，スカラパイプラインを採用する珍しいプロセッサである．これは，組み込み制御の分野にCortex-Aを持ち込む意図がある．Armは組み込み制御分野向けにはCortex-Mシリーズを展開しているが，そこにCortex-Aを導入する意味は，明らかにMMU（Memory Management Unit）を使用するOSを組み込み制御分野で使うためである．Cortex-Mは，いわゆるマイコンなので，MMUは持っていない．しかし，世の中では組み込み分野でLinuxやAndroidといった，従来はモバイル（携帯）分野で使用されていたOSを使いたいという機

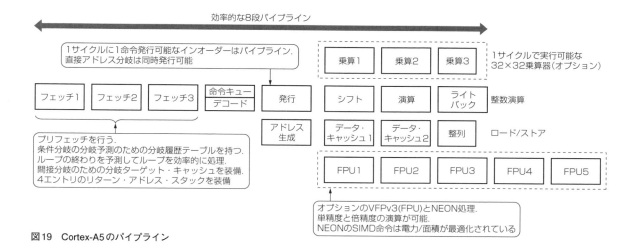

図19 Cortex-A5のパイプライン

運が高まって来た．Cortex-A5はこの要求に応えるプロセッサである．

組み込み制御向けであるので，消費電力は小さくしたい．そのために，Cortex-A5では従来のArmで使用された高性能技術を意図的に削除している．Cortex-A5の性能は，Cortex-A7，Cortex-A9，Cortex-A32といったプロセッサの70～80%にとどまるが，実装面積が小さく（40nmプロセスで0.3mm^{2}以下），超高効率（40nmプロセスで有効電力が100μW/MHz以下）を売りとしている．これにより，Cortex-A以前のアプリケーション向けプロセッサである，Arm1176やArm926からの移行を容易にした．

Cortex-A5のパイプラインを図19に示す．これは8段のスカラ・パイプラインである．この構成は，図17のArm11のパイプラインと酷似している．ただし，Arm11では命令フェッチが2段であったのに対して，Cortex-A5では3段になっている．その代わり，Cortex-A5では飽和処理（SAT）が演算処理（ALU）の中に取り込まれているので，Arm11もCortex-A5も同じ8段パイプラインということになる．

一般的に，デコードより前のパイプライン段数が増加すると，分岐命令の性能が低下するため，性能は低下するのであるが，Cortex-A5はEEMBCベンチマークにおいてArm1176より平均で15%性能がいいらしい．このカラクリは動作周波数の違いにあるのではないかと考えるが，本当のところは分からない．もしかしたら，同じクロック・サイクル数で，Cortex-A5がArm1176の3倍の容量のデータにアクセスできるらしいので，それが効いているのかもしれない．とにかく，Arm1176よりもCortex-A5の方が高性能というのがArmの主張である．

また，Cortex-A5のパイプラインにおいて，命令発行時に直接アドレス分岐は同時発行できるという点が特徴的である．条件分岐はともかく，分岐先が定まっている直接アドレス分岐に関しては，パイプライン処理において性能低下にはならない．さらに，Cortex-A5では分岐予測機能が備わっているため，条件分岐の処理も性能低下にはなりにくい．パイプラインだけを見ると，分岐命令の処理が性能のボトルネックになりそうであるが，上述の分岐高速化の機構があるため，それは杞憂なのかもしれない．

Cortex-A5のパイプラインは，一般的なスカラパイプラインとは異なり，命令キューにデコード済み命令を溜めておいて，準備ができたら実行パイプラインに発行するという手順を取る．これは，命令デコードまでの処理と命令実行が分離（デカップル）されていることを示しており，スーパースカラ・パイプラインを想起させる．恐らくは，Cortex-A9当たりのスーパースカラのパイプラインをダウンサイジングして設計されているのかもしれない．

● **Cortex-M**
▶ **Cortex-M0/M0+/M3/M4**

Cortex-MはArmv6-M，Armv7-M，Armv8-Mというアーキテクチャを実装する組み込み制御向けのマイコンである．一番最初に策定されたのがArmv7-Mであり，それをダウンスケールしてArmv6-Mが生まれ，アップスケールしてArmv8-Mが生まれた．Armv7-Aとの大きな違いは，MMUを持たないことと，命令セットがThumb-2に限定されていることである．ハードウェアの実装面では，Cortex-Mでは，パイプラインの段数が2～3と極端に少なくなった．Cortex-Aでは8～15段程度のパイプラインであるから，もはやCortex-Aとは完全に別物である．世の中にはパイプライン段数が多いほど高性能と思っている人もいる．しかし，それは必ずしも正しくない．パイプライン段

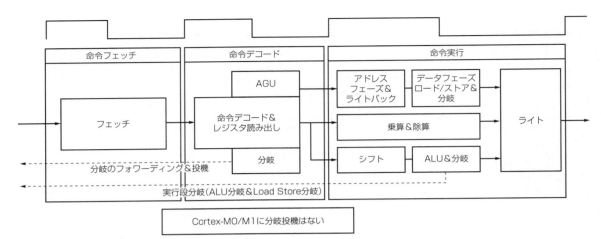

図20 Cortex-M0/M3/M4のパイプライン

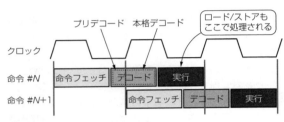

図21 Cortex-M0+のパイプライン

数が多いと動作周波数を高くすることができるので高性能であることは間違いない．しかし，同一動作周波数で見た場合は，パイプライン段数の少ない方が高性能になる．これは，分岐命令が高速に処理できるためである．また，パイプライン段数が少ないということは，命令処理に係る論理が少ない（少ない論理ゲート数やフリップフロップ数で実現できる）ことを意味する．マイコンの消費電力というのは，各論理ゲートや各フリップフロップで消費される電力の総和である．このため，命令処理を行う論理が少ないということは低消費電力に寄与する．

ここでは，Cortex-Mシリーズのマイコンである，Cortex-M0，Cortex-M0+，Cortex-M3，Cortex-M4，Cortex-M33のパイプラインを同時に見ていく．

まずは，図20にCortex-M0/M3/M4のパイプラインを，図21にCortex-M0+のパイプラインを示す．どちらも，「命令フェッチ」，「命令デコード」，「命令実行」という，命令処理では最小限の段階を踏む．この段階を，Cortex-M0/M1/M3/M4では3段（3サイクル）のパイプラインで処理し，Cortex-M0+では2段（2サイクル）のパイプラインで処理する．

Cortex-M0/M1/M3/M4は3段パイプラインで「命令実行ステージ」より前は2段である．Cortex-M0+は2段パイプラインで「命令実行ステージ」より前は1段

相当である．これは，Cortex-M0+では，他のCortex-Mシリーズよりも分岐命令の処理性能が高い（少ないサイクル数で処理できる）ことを意味する．実際には，分岐によるペナルティ（パイプライン遅延＝分岐シャドウという）はCortex-M0/M1/M3/M4では2サイクル，Cortex-M0+では1サイクルとなる（図22）．

ところで，図20のパイプラインには「分岐投機」なる表現が見受けられる．これは，分岐先アドレスがデコード時に決定できる場合（ディスプレースメント付きPC相対分岐，LRレジスタ間接分岐など）に，分岐先アドレスの内容を先取りする機能である．

この機能は諸刃の剣になりかねない．もし投機的な命令フェッチが誤っていた場合は，投機的な命令フェッチにかかったサイクル分のペナルティ（サイクル数はメモリのウェイトに依存）が生じて性能低下になる恐れがある．

しかし，Cortex-M3/M4には内部的な命令プリフェッチ・バッファが搭載されているため，実行されている命令や，メモリのウェイトステートの数によっては，投機的な命令フェッチが誤っていた場合でもペナルティが発生しないこともある．

これは，ウェイトステート数の低いメモリでは，分岐を1サイクルで実行できることを意味する．Cortex-M3/M4では，ウェイトステート数が0（つまり，メモリを1サイクルでアクセス可能）な場合，約10％の性能向上という振れ込みである．

ところで，分岐シャドウのサイクルが少ないことは低消費電力にも寄与する．基本的に，マイコンのCPUはフラッシュメモリに格納され，フラッシュメモリの上で動作（命令フェッチ，命令デコード，命令実行）を行う．フラッシュメモリへのアクセスは結構な電力を消費することが知られている．このため，分

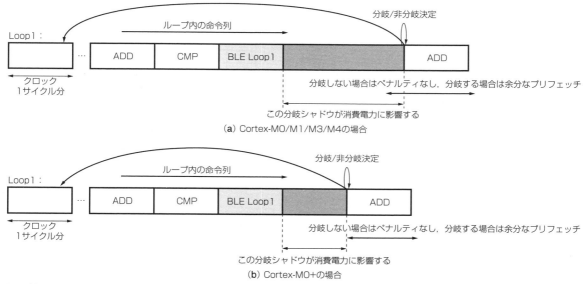

図22[(2)] **Cortex-Mの分岐**

図23 **Armのパイプライン**（3段固定ではない）

岐シャドウによる余分なプリフェッチがない分だけ低消費電力になる．

また，Cortex-M0の3段パイプラインに比べて，Cortex-M0+が2段パイプラインになったことで9%の性能向上があるといわれている．そのココロは，同じ処理を行う場合，動作周波数を9%低減することが可能なので，消費電力も9%少なくなるということを意味する．動作周波数が上がらないことを除けば，パイプラインの段数が少ないことはよいことだらけである．

▶ロード命令，ストア命令の処理

Arm7などの（本来，すなわち誕生当時の）Armのパイプラインは3段であることを知っている方もいると思う．Cortex-Mシリーズは，いわば，Arm7への回帰である．

しかし，Arm7の場合は3段パイプラインの中にメモリ・アクセスが含まれていない．つまり，ロード命令やストア命令の処理では3段パイプラインではなくなってしまう（図23）．

ところが図20のCortex-M3などのパイプラインを見ると「アドレス計算（AGU）」，「ロード/ストア実行」が3段パイプラインの中に含まれている．これは，Cortex-M3などでは，Arm7で5段分（ロード命令時）を3段で実行できてしまうという意味で，少し衝撃的である．

現在の技術では，ロード/ストア命令でも3段で処理できてしまうのだ．Cortex-M0+の2段パイプラインにおいても，ロード/ストア命令を2段で処理できる．これは更に衝撃的である．

しかし，これらは論理上の話である．実は，Cortex-Mプロセッサの内部バスがAHB Liteであることがパイプラインの動作に影響を与える．

▶Cortex-M0/M3/M4のロード命令処理

AHB Liteバスの動作の説明は省略するが，AHB Liteバスはアドレスを先出しするパイプライン構造をしている．これにより，ロード命令の場合には，アドレスを出してから1サイクル後（メモリ・アクセスが0ウェイトの場合）にデータを取り込むことができる．

これが意味するところは，3段パイプラインの中の「実行」ステージが2サイクルを消費するということである．つまり，1サイクルのストール（待ち時間）が入るため，Cortex-M0/M3/M4のロード命令では，4段

55

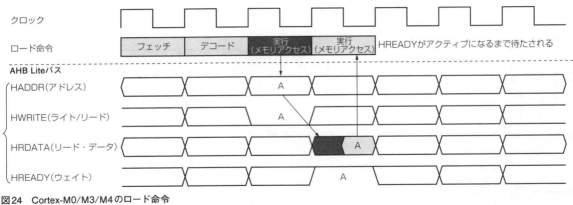

図24 Cortex-M0/M3/M4のロード命令

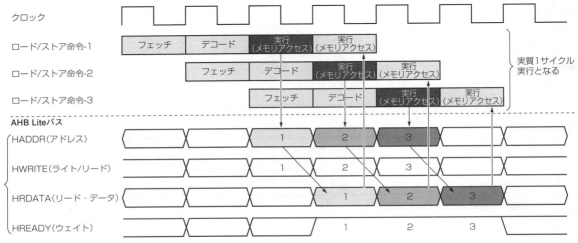

図25 Cortex-M3/M4のロード命令/ストア命令の連続タイミング

パイプライン相当の挙動になる（**図24**）．

しかし，Cortex-M3/M4ではロード命令またはストア命令が連続する場合は，AHB Liteバスのパイプライン構造の特徴を利用して，実質1サイクルで命令処理を行うことができる．つまり，AHB Liteのデータ・フェーズに次のロード/ストア命令のアドレスを発行してパイプライン的にメモリアクセスを行うことができる（**図25**）．つまり，1命令を1サイクルで実行できるため，パイプライン段数が増えることによる性能低下はない．このためには，ロード/ストアがアンアラインアクセスでないこととメモリがウェイトなしでアクセスできることが条件である．また，32ビット長のロード/ストア命令では，命令が32ビット境界のアドレスに整列されていることも条件である．

なお，Armv7-Mのアーキテクチャリファレンスマニュアルでは，ロード/ストア命令の実行時間は（単体時の性能で）2サイクルとなっている．この2サイクルの期間のうち，ロード命令の前半1サイクルとストア命令の後半1サイクルは「バブル」と呼ばれ，単純な1サイクル実行の命令と同時に実行することが可能になっている．ロード命令とストア命令の連続が実質的に1サイクル実行になるのは，この「バブル」をうまく活用しているためである．

このように，Cortex-M3/M4では命令実行を効率的に処理するための地道な設計がされている．この特徴はCortex-M3/M4のみの機能で，Cortex-M0/M0+には存在しない．

▶ **Cortex-M3/M4のストア命令処理**

ストア命令のパイプラインの挙動は，どこのメモリにストアを行うかに依存する．つまり，ライト・バッファに蓄積される対象のメモリ場合は，1サイクル（待ち時間なし）で「実行」ステージが完了する［**図26(a)**］．ストアバッファに蓄積されない対象のメモリの場合は，AHB Liteバスにデータが出力されるまでストールするので，「実行」ステージはロード時と同様に（メモリ・アクセスが0ウェイトの場合）2サイク

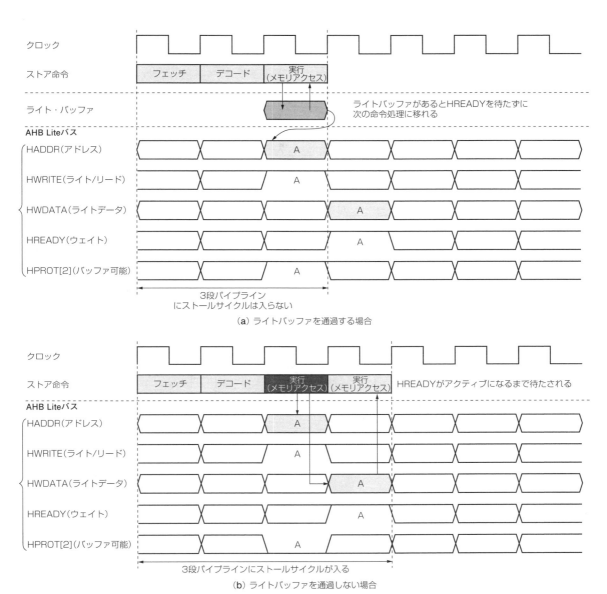

図26 Cortex-M3/M4のストア命令

ルとなる.

ライトバッファに蓄積されるかどうかはAHB LiteのHPROT信号のビット2で示される. つまり, HPROT[2]=0の場合は, ライトバッファが存在しても素通りしてしまう. なお, HPROT[2]信号をどう扱うかは各バス・マスタに任されている[図26(b)].

▶ Cortex-M0のストア命令処理

Cortex-M0にはライトバッファが実装されない. このため,「実行」ステージは(メモリアクセスが0ウェイトの場合)常に2サイクルとなる.

▶ Cortex-M0+のロード/ストア命令処理

Cprtex-M0+は, 大まかにいうと,「フェッチ&プリ・デコード」,「デコード&実行」の2段パイプラインの設計であるが, ロード/ストア命令の処理においては,「デコード&実行」ステージが常に2サイクルとなる.

言い換えると次のような具合だ. ロード命令処理時は, Cortex-M3/M4と同様に, AHB Liteの待ち時間によりストールする. ストア命令処理時は, ライトバッファが存在しないため, こちらの場合も, AHB Liteの待ち時間によりストールする(図27).

Cortex-M0やCortex-M0+の場合は, 命令バスとデータバスが共通のため, ロード/ストア命令が連続しても, 間に命令フェッチが挿入されるため実質的な

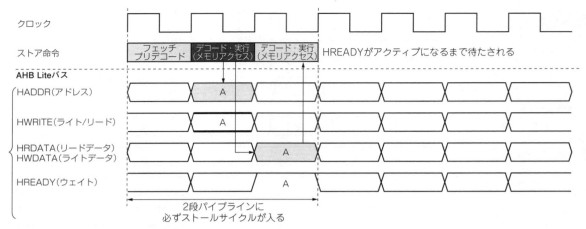

図27　Cortex-M0+のロード/ストア命令

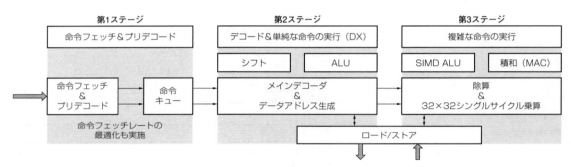

図28　Cortex-M33のパイプラインは複雑な命令は3段かかるが基本は2段で済むようになったぶんCortex-M4より高効率

1サイクル実行にはならない．

▶ Cortex-M33

Cortex-M33は，2016年11月に，Armv8-Mアーキテクチャを実装する最初のマイコンとしてCortex-M23と一緒に発表された．Armv8-Mの「売り」はセキュリティ機能のTrustZoneである．製品の位置づけとしては，Cortex-M23はCortex-M0+にTrustZoneを付加したもの，Cortex-M33はCortex-M4にTrustZoneを付加したものと思ってもよい．

パイプライン構造に関しては，Cortex-M23はCortex-M0+と変わりない．その一方で，Cortex-M33ではCoretx-M4のパイプラインから若干の変更が行われている．

Cortex-M33はインオーダーな変則的3段パイプラインを採用する．Cortex-M3やCortex-M4とは異なり，基本的な命令は2段で終了するところが決定的に異なる．複雑な命令のみが3段かかる．全体的には（パイプライン段数が2段相当なので）実行時の消費電力が減少する方向となる．また，ある条件下においては2つの16ビット長の命令を2命令同時発行可能といううことで，さらなる性能向上が期待できる．

Cortex-M33のパイプラインを図28に示す．Armから公式な説明はないが，図28だけで判断すると，2段パイプラインで処理できない命令は，MAC（積和）命令，DSP/SIMD命令，乗除算命令，ロード命令と思われる．FPUに関してはどういうパイプラインで処理されるのかは不明である．つまり，パイプラインに関しては，Cortex-M33はCortex-M0+なみになっていると言える．これはMHz当たりの性能をかなり向上させる．

ただ，Cortex-M33はパイプライン段数が2段相当なので，Cortex-M3/M4よりは動作周波数的に苦しいかもしれない．しかし，Cortex-M33は40nmプロセス以降で製造することが前提なので，パイプライン構造の複雑さ（2段になったり3段になったり，2命令同時発行したりなど）に伴う動作周波数の低下は穴埋めできると思われる．

図29[(4)] Rocketコアのパイプライン

8 RISC-V Rocket

　RISC-VはUCバークレー校で開発されオープンソースで提供されている命令セットアーキテクチャ(ISA)である．2015年に発表された．RISC-V ISAの実装はRISC-Vコアと呼ばれる．

　本家本元のUCバークレー校で開発されたRISC-Vコアで有名なのはRocketとBOOMである．UCバークレー校で開発されたそのほかのコアもあるようだが，それらの存在は忘れられている．RocketとBOOM以外は実装が不完全だったり，保守がされなくなったりしているためである．UCバークレー校発のRISC-Vコアとしては，RocketとBOOMのみを覚えておけば十分だと思われる．また，RISC-VというISA自体がUCバークレー校で開発されたものであるから，RocketとBOOMはすべてのRISC-Vの実装のお手本というべきものである．

　BOOMに関しては，スーパースカラ構造のパイプラインを採用するので第3章で解説する．ここでは，スカラパイプラインを採用するRocketに関して説明する．

　Rocketコアは5ステージのパイプラインをもつプロセッサである．そのパイプラインを**図29**に示す．命令フェッチ，命令デコード，命令実行，メモリ・アクセス（データキャッシュ），ライトバックという5ステージのパイプライン構成は，かの『ヘネパタ本』で紹介された仮想プロセッサDLXと同じ構成だ．まさに由緒正しきRISCという感じである．Rocketコアは1個の整数ALU（算術論理演算ユニット）とオプションのFPU（浮動小数点演算ユニット）をもつ．また，アクセラレータやコプロセッサを接続するためのRoCC（Rocket Custom Coprocessor）というインターフェースを備える．また，拡張命令で乗除算をサポートする場合（M拡張をサポートする場合）には，乗算器と除算器を専用に備える．

　Rocketコアのパイプラインは，6段といわれる場合もある．これは，命令フェッチの前段に「PC生成」というステージがあるからだ．このステージはうまく実装すればほかのパイプラインステージの中に紛れ込ませることも可能である．しかし，動作周波数が速くなってくると，専用に「PC生成」ステージが必要になる．

　SoCを作成する場合，Rocketコアを単体で使用することはまずない．というのも，Rocketコアを内蔵するRocketチップは専用のジェネレータで生成されるため，ジェネレータはSoCの単位でコード生成を行うからである．つまり，Rocketコアに対して，L1キャッシュやPTW（ページテーブルウォーカ：MMUで使用する），「TileBus」という外部インターフェースを付加した「Rocket Tile」というCPUブロックとして，1つのSoCに組み込む．

　「Rocket Tile」のCPUコアは，アウトオブオーダーコアのBOOMと交換することも可能だ．

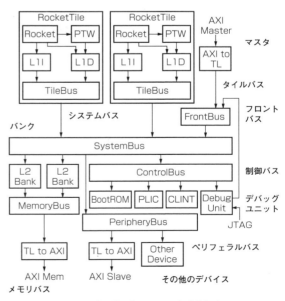

図30 Rocketチップ・ジェネレータで生成される，Rocketコアを含むSoCの例

Rocketチップジェネレータで生成されたSoCの例を図30に示す．これは，2つのRocketTileを含むデュアルコア構成のSoCとなっている．ここでは，SoCという単語が使われているが，これはCPUのサブシステムである．これだけでは，1チップとしての体裁をなさない．つまり，メモリコントローラやGPIOなどの周辺装置を追加して真のSoCとなる．図30で，AXI MasterにはDMAコントローラがつながり，AXI Memにはメモリコントローラがつながる．AXI Slaveには周辺装置がつながる．

実際，UCバークレー校では，数々のRISC-VアーキテクチャのSoCを設計，製造している．たとえば，SWERVはTSMCの28nmプロセスで製造されたRocketコアを搭載するSoCである．テープアウトは2015年である．これは，低電圧障害を処理するために動的冗長技術を導入した実験的チップだ．Western Digital社のSweRVと似た名称だが別物である．参考文献(7)にはSWERVのチップ写真が載っている．チップ写真を見る限り，チップの大部分をSRAMが占めているようだ．

9 Xtensa

最近，電子工作界隈では，M5Stack（エムファイブスタック）という言葉をよく耳にする．M5Stackとは，約5cm×5cmの正方形のケースの中にWi-FiとBluetoothによる無線通信機能を備えたマイコン（ESP32）をはじめ，カラー液晶ディスプレイ，プッシュボタン，スピーカ，microSDカードスロット，バッテリなどの周辺部品がひとつのモジュールにまとまっている，小型のマイコンモジュールである．これを使えば，IoT（Internet of Things；モノのインターネット）機器を容易に構成することができると言われている．

M5Stackに搭載されるESP32はWi-FiとBluetoothを内蔵する低コスト，低消費電力なマイコンである．TensilicaのXtensa LX6マイクロプロセッサを採用しており，デュアルコアとシングルコア版のバリエーションがある．ESP32は，上海に拠点を置くEspressif Systemsが開発し，TSMCの40nm工程で製造されている．

ここでは，ESP32のCPUコアであるXtensaのパイプラインに関して紹介する．

その前にXtensaとは何者であるかを説明する．Xtensaコンフィギュラブルプロセッサはシリコンバレーを本拠地とする半導体IPコア分野の企業であるTensilica（テンシリカ）の製品である．Tensilicaは，現在はケイデンス・デザイン・システムズの一部になっている．

Xtensaは，CPUとDSPの特性を合わせ持ち，アプ

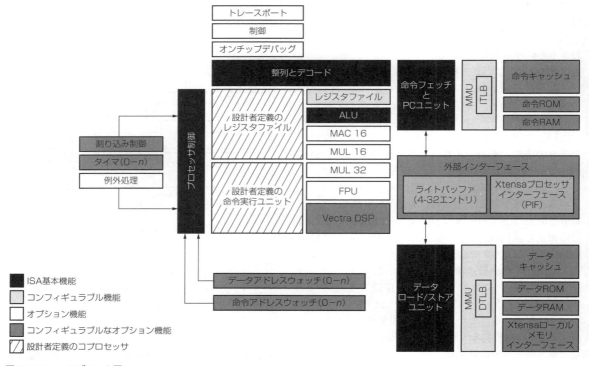

図31　Xtensaのブロック図

Chapter 2 パイプライン処理の概念と実際

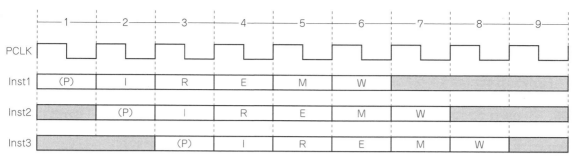

図32 Xtensa LV7のパイプライン（5段パイプライン構成）

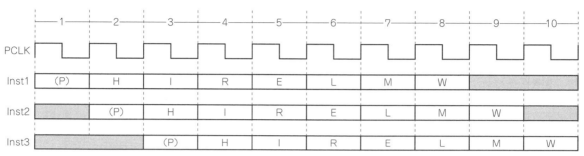

図33 Xtensa LV7のパイプライン（7段パイプライン構成）

リケーションの要件に合わせて命令セットや内部構造を自由に組み替えられる．あえて言えば，VLIWとベクタプロセッサを組み合わせたアーキテクチャを取る．ただし，命令長も自由に変えられるので，キャッシュを持たない単純なマイクロコントローラとしても使えるし，同時に16並列処理可能なSIMDと3命令を投入できるVLIW方式のDSPを備えた高性能CPUとしても使える．コンフィギュラブルなXtensaのもつパワーと柔軟性は，あらゆる複雑なSoC設計に対して，理想的な選択肢になるとTensilicaは言う．

図31にXtensaのブロック図を示す．ISA基本機能とオプション機能のほかは，コンフィギュラブルな論理であるか設計者定義の論理になっている．

さて，Xtensaのパイプラインであるが，それは王道のRISCのパイプラインに似ている．Xtensaのパイプラインは，基本的に5段または7段のパイプライン構造を取る．それを，図32と図33に示す．図32に示す5段パイプラインは，Iステージ（命令フェッチ），Rステージ（レジスタリード），Eステージ（命令実行），Mステージ（メモリアクセス），Wステージ（レジスタライト）から成る．図33に示す7段パイプラインの場合は，命令メモリフェッチとデータメモリフェッチのレイテンシを拡張するために，それぞれ1ステージの処理が追加になる．つまり，Iステージの前にはHステージが追加され，Mステージの前にはLステージが

追加される．実際には，5段または7段に対して，さらに1段のPステージが追加される．これはPC（プログラムカウンタ）の生成に使われる．Pステージはほかのステージとオーバーラップして見えなくなるため，通常は，Pステージはパイプラインの段数には数えない．まとめると，P，H，Iステージで「命令フェッチ」を行い，Rステージで「命令デコード」と「ディスパッチ」を行い，E，L，M，Wステージで「命令実行」を行う．

Xtensaを搭載しているESP32の性能は，160MHzまたは240MHzで動作し600DMIPSとのことなので，3.75または2.5DMIPS/MHzということになる．マイコンとしては普通の性能と言える．

まとめ

シングルパイプラインの概要について説明してきた．思えばヘネパタは偉大だった．いうまでもないことだがHennessyはMIPS RISCの生みの親，Pattersonはバークレー RISCの生みの親である．この2人によって著されたヘネパタ本は，日本のRISCメーカーの技術者に多大な影響を与えた．ルネサステクノロジのSHシリーズやNECのV800シリーズはヘネパタ本で示されたアーキテクチャ（とくにパイプライン）を参考にしているといわれている．それだけDLX（R3000）のパイプラインが洗練されているということ

Column　ウェーブパイプライン

　一般的なパイプライン処理以外に，ウェーブパイプラインという技術が存在するのでここで紹介したい．

　パイプライン処理は，各ステージの処理を，通常，一つのクロックに同期させて進めていく．しかし，各ステージの純粋な処理時間は論理の複雑さに依存し，クロックで既定される時間ぎりぎりまでかかる場合もあれば，クロックで既定される時間より早く終わる場合もある．

　パイプラインのあるステージがクロックのサイクルより短い時間で終了する場合，その空き時間をむだにしないような実装ができれば，相対的に処理時間を短縮でき，見かけ上のクロック周波数を向上させることができる．

　図Aを見てほしい．IF，RF，EX，DC，WBからなる5ステージのパイプラインを考える（MEMステージはデータキャッシュアクセスなのでDCとしている）．図に示すように，各ステージの処理時間を仮定する．ここでは，IFとDCがキャッシュアクセスで，もっとも遅いステージになっている．RFがデコードステージでその次に遅い．EXとWBはレジスタアクセスなので比較的高速である．

　従来のパイプライン方式では，図A(a)のように5クロックかけて1命令の処理が終了する．このステージの空き時間を詰めていくと，図A(b)のように，4クロック程度で1命令の処理が終了する．処理時間が4/5になったのだから，同じ処理をする場合のスピードは1.25倍になる．つまり，見かけ上のクロック周波数は1.25倍になる．

　しかし，MPUの動作はクロック同期が基本であるが，各ステージを駆動するクロックの周期（周波数）さえ一致していれば，各ステージを同じタイミングで処理しなくても，安定なパイプライン処理を維持することができる．単純には，ステージごとに独立なクロックを用意することが考えられる．図Bにパイプラインのステージ数と同じ5相クロックを用いたパイプラインを示す．

　この場合，5系統のクロックの周波数は同一であり，IFステージはCLK1，RFステージはCLK2，EXステージはCLK3，DCステージはCLK4，WBステージはCLK5に同期して動作している．このように多相クロックを用いることで，見かけ上のクロック周波数を向上させることができる．このような構造をウェーブパイプライン（wave pipeline=波打ったパイプライン）と呼ぶ．あるいは，最大レー

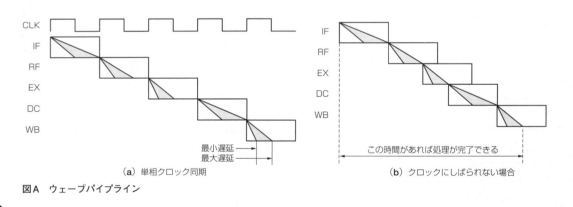

図A　ウェーブパイプライン

なのであろう．パイプラインの実例も，はからずもMIPSアーキテクチャの例が多くなってしまった．なおヘネパタ本は，日本語訳も出ているので，未読の方は一度は目を通すことをおすすめする．

　◆参考・引用*文献◆
(1) Arm Forum 2009 レポート【CPUコア編】
　　https://pc.watch.impress.co.jp/docs/news/event/329293.html
(2) *Tips and Tricks for Minimizing ARM Cortex-M CPU Power Consumption.
　　http://rtcmagazine.com/articles/view/103766
(3) Cortex-M23 und M33 sind erste Armv8-M-CPUs.
　　https://www.elektroniknet.de/halbleiter/mikrocontroller/cortex-m23-und-m33-sind-erste-Armv8-m-cpus.135091/seite-3.html
(4) *Rocketのパイプライン．

トパイプライン（maximum rate pipeline）と呼ばれ，文字どおり，パイプラインの処理速度を最大限に上げることができる．

ウェーブパイプラインを行うためにはいくつか制限がある．各ステージのクロックが一致していない（ずれがある）ので，WBステージの前の結果をRFステージにフォワーディングすることが難しい（図C）．フォワーディングができなくなると，見かけ上の動作周波数は向上しても，ハザードによりCPIが増加してしまう．ウェーブパイプラインは，ハザードが発生しにくい状況下でこそ効果を発揮する．

ハザードが発生しにくい場合とは，どういう状況であろうか．これは，パイプラインに順次投入されていく命令間に依存性のない場合である．この例としてすぐに思い付くのは，多数のスレッドをパイプライン処理する場合である．スレッドとはプログラムのうちで並列実行できる部分を抽出したもの（ゆえに，多くの場合，依存性はない）である．たとえば，近年はやりのマルチメディアアプリケーションはスレッドに分解するのに適している．このため，ウェーブパイプラインは多くの場合，マルチスレッドの処理に適用される．

ウェーブパイプラインは，大学レベルでは多くの研究がなされているが，商用のものはまだ存在しない．これは多相クロックを使用するため，クロックの遅延を合わせ込むのが難しく，遅延解析に向かないためである．つまり，安定量産できるための回路設計が難しいのである．さらに，多相クロックの場合，論理合成が難しく，手作業による専用回路設計が必要になる．それにかける工数に比して利益の見込みが少ないので，企業が実践するには苦しいものがある．

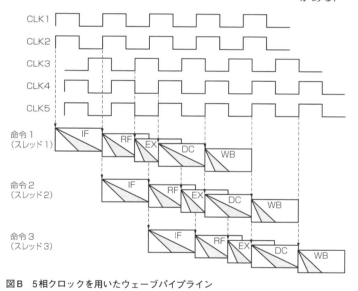

図B　5相クロックを用いたウェーブパイプライン

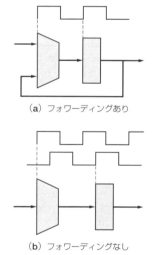

（a）フォワーディングあり

（b）フォワーディングなし

図C　演算後のフォワーディング

```
https://pdfs.semanticscholar.org/9bfe/99
6bae9c3f0a484d70822652dfa72f350d68.pdf
```
(5) Rocket Chip.
```
https://chipyard.readthedocs.io/en/
latest/Generators/Rocket-Chip.html
```
(6) Rocket core overview.
```
https://www.cl.cam.ac.uk/~jrrk2/docs/
tagged-memory-v0.1/rocket-core/
```
(7) RISC-V PAST, PRESENT, FUTURE.
```
https://syntacore.com/media/riscv_moscow_
2019/RISC-V%20Foundation%20State%20of%20
the%20Union_Krste.pdf
```
(8) Xtensa製品概要．
```
http://www.kumikomi.net/archives/2003/
11/31et03/tensilic/Xtensa.pdf
```
(9) Xtensa Pipeline and Memory Performance.
```
https://blog.csdn.net/pc153262603/
article/details/118195601
```

Chapter

3

1クロックで複数の命令を同時に実行する

並列処理の基本とスーパースカラ

ここではシングルパイプラインを多重化したスーパースカラについて解説する．1命令1クロック処理が当たり前になってくると，プロセッサの性能はクロック数（と命令の機能）だけで決まってしまい，アーキテクチャ的には進化の余地はないように思える．そこで登場するのが1クロックで複数の命令を同時に実行してしまおうというアプローチだ．その代表がスーパースカラという手法であり，現在の高性能MPUの多くで採用されている．前半ではスーパースカラの基本的な考え方を解説し，後半では実際のプロセッサの実装方式を解説する．

スーパースカラの基本

1 CPIからIPCへ

CPI（Clock cycles Per Instruction）とは，1命令を実行するのに必要なクロック数である．この値が小さいほどMPUは高性能であるといえる．CISCからRISCへの進化によって，CPIが1という限界に達してしまった（理想的な実行環境に限定されるが）．それ以上性能を上げるには，同じパイプラインステージ内で複数の命令を実行させればよいと考えるのが自然な発想である．これがスーパースカラである．そうなってくると，性能指標としてCPIの逆数である**IPC**（Instructions Per Clock cycle）を使用したほうがわかりやすい．つまり，1クロックに実行できる命令数である．2命令を並列に実行できればIPCは2に近づくし，4命令を並列に実行できればIPCは4に近づく（理論的には）．

IPCは値が大きいほど高性能である．IPCは**MIPS**（Million Instructions Per Second）値とも密接な関係がある．MIPS値とは，1秒間に実行できる命令数（100万命令単位）である．その意味でいうと，IPCに動作周波数（MHz単位）を掛け算した値がMIPS値である．つまり，IPCが1の場合，100MHz動作では100MIPS，200MHz動作なら200MIPSである．

もっとも，最近のMPUのMIPS値はDhrystone MIPSを採用しているので，公称性能は本来の意味のMIPS値とは異なる．Dhrystone MIPSとは，有名なミニコン（死語）であるVAX-11/780の性能を1MIPS

とし，Dhrystoneベンチマークを実行したときの性能がその何倍の値になるかを示したものである．このDhrystone MIPSを用いれば，シングルパイプラインでもIPCが1を超えているように見えるので多用されている．

しかし，スーパースカラ構造になると事情が異なる場合もある．Dhrystone MIPSを用いると性能がそれほど高く見えないからだ．その代わり，IPCと同時実行できる命令の数が等しいと仮定して，たとえば，2命令同時実行可能なパイプラインを200MHzで動作させると400MIPS（200MHz×2命令という計算）などという理想値を示す場合もある．現実には，同時実行できる命令数を増やしていっても，IPCは1.6あたりに収束することが経験的にわかっているので，2命令同時実行でもIPCが2になることはまずない．

ただし，Dhrystone MIPSを真のMIPS値と（意図的に）混同してIPCを計算すれば，2命令同時実行で2.2程度になることもある．混同した場合でも，4命令同時実行では4.0どころか3.0を超えることはまずない．その場合は，動作周波数×4でMIPS値が決められたりするのである．つまり，200MHzで動作し，4命令同時実行なら800MIPSといった具合である．まあ，公称MIPS値をそのまま信じる人はいないと思うが，このような数字のマジックに惑わされないようにしなければならない．

しかし，感覚的にはIPCが2.2などと言われると非常に高性能だと思ってしまう．現在のGHz単位で動作するx86系のMPUのIPCは2～3などといわれて

64

いるが，Dhrystone MIPSによるIPCでは0．6程度である（つまり実質的な性能は，動作周波数の割には高くない）．

一般にパイプラインのステージ数を増やすと，IPCは低下する．動作周波数を向上させるためにパイプラインのステージ数を増やすことはよくある手法だが，パイプラインのステージ数を増やしてもIPCを0．6程度に保ち続けているIntelやAMDは賞賛に値する．NetNews（`sfj.comp.arch`）に，Pentium III-750MHzでDhrystoneベンチマークを行った場合の性能の実測値が報告されていた（メッセージIDは失念した）．その値から計算すると，真のIPCは1.01，Dhrystone MIPSによるIPCが1.18であった．予想の2倍の性能になっているが，これはDhrystoneという，最高性能を発揮しやすいプログラムの性質によるものだろう．実際のアプリケーションではこうはいくまい．

ちなみに，別の資料によるPentium（P5）66MHzのDhrystoneによるIPCは1.5なので，Pentium IIIになるとIPCは低下している．パイプラインのステージ数が増加しているので，当然といえば当然か．

とにかく，シングルパイプラインの目標がCPIを1に近づけることであったように，スーパースカラの目標はIPCを同時実行できる命令数に近づけることである．まあ，x86は独自の道を歩んでいるようにも思えるが．

2 複数の命令を並列実行する スーパースカラの概念

複数の命令を並列実行する機構を**スーパースカラ**（superscalar）と呼ぶ．スーパースカラでは並列に実行できる命令数を**ウェイ**と呼ぶ．**イシュー**（issue：発行）と呼ぶ場合もある．厳密には命令デコーダから複数存在する命令実行パイプラインに同時に送り込む（発行）ことのできる命令数がイシューであり，命令実行パイプラインの本数がウェイである．しかし，現在ではそれほど厳密には区別されていない．どちらかといえばウェイという表現のほうがよく使われている．

一般に，2ウェイスーパースカラといえば2命令を並列実行できるパイプライン構造のことである．しかし，アウトオブオーダ実行が当然のようになっている現在の技術では，複数存在する演算器に対して2命令を同時発行できるパイプライン構造（2イシュー）のイメージのほうが強い．

いずれにしろ，スーパースカラの概念は**図1**のようなパイプラインの図で表されることが多い．つまり，命令フェッチ，命令デコード，実行，メモリアクセス，ライトバックを2命令並行に処理する，というイメージである．実際の動作とはあまり一致していない

	1	2	3	4	5	6	7
命令1	IF	RF	EX	DC	WB		
命令2	IF	RF	EX	DC	WB		
命令3		IF	RF	EX	DC	WB	
命令4		IF	RF	EX	DC	WB	
命令5			IF	RF	EX	DC	WB
命令6			IF	RF	EX	DC	WB

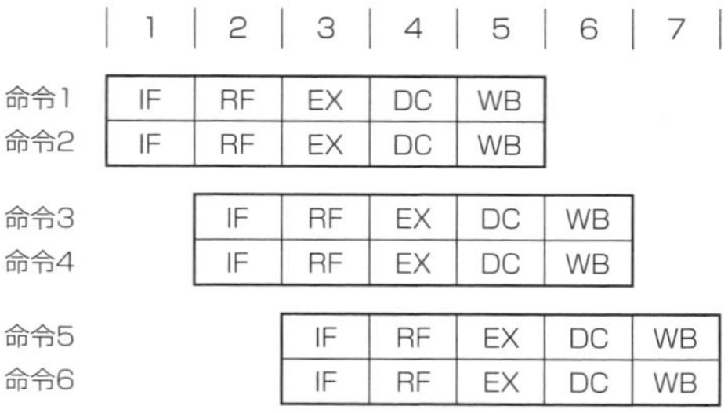

図1　スーパースカラ（2ウェイ）の概念図

が，直感的ではある．

連続する命令は互いに独立しているのではなく，相互に関係している場合がある．このため，単純に命令の並列実行はできない．因果律が逆転するからだ．スーパースカラの最大の特徴は，MPUが複数の命令を並列に実行するからといって，プログラムで特別な考慮をする必要がないことである．従来からの命令セットを変更する必要もない．MPU自身が命令間の依存性を検出し，並列に実行可能な命令を自動的に判定し，演算器に対して発行する．そして各演算器は命令を並列に実行する．

もっとも，命令間に依存関係があると，処理にオーバヘッドが生じ，実行効率が低下するので，スーパースカラの真の性能を発揮するには，プログラム側での考慮（コンパイラによる命令の並び替え）が必要である．このため，新しいMPUが発表になると，従来のオブジェクトコードそのものではそこそこしか速くならないが，新しいMPU用に開発されたコンパイラで再コンパイルすると性能が劇的に向上する，ということがよくいわれる．

3 スーパースカラの実現

一般に，命令はデコーダでの発行，演算器での実行，実行の完了の過程を経て処理される．命令の発行はプログラムに書かれた順序で行うこともできるし，矛盾を生じない限りは，プログラムの順序を無視して行うこともできる．また，命令の実行は基本的に1サイクルなので，通常は発行された順序で完了する．ただし，実行クロック数の異なる命令を同時に発行すると，完了する順序が入れ替わることもある．当然，プログラムの順序で完了するとは限らない．処理がプログラムの順序どおりであることをインオーダ，プログラムの順序と異なることをアウトオブオーダと呼ぶ．

スーパースカラの方式は，プログラムの発行，完了が，それぞれ，インオーダかアウトオブオーダであるかによって4種類に分類できる．以下は簡単のために，2ウェイのスーパースカラを想定して説明する．

Column1	スーパースカラという名前の由来

　ここでスーパースカラの名前の由来に触れておこう．スカラから連想されるのは，ベクトル量に対するスカラ量である．つまり，科学計算でおなじみのベクトルや行列演算に特化した並列処理ではなく，スカラ量に対する並列処理という意味でスーパースカラと呼ぶという説が有力である．この意味で，通常のシングルパイプラインをスカラパイプラインと呼ぶこともある．

　また，スーパースケーラという呼び方もある．これは，1クロックで1命令を実行するという直感的な基準（スケーラ）を超えるという意味からきているらしい．この説はあまり聞いたことはないが，技術解説で有名な某誌ではそう説明されている．とどのつまり，スーパースカラの語源ははっきりしない．ただ，最近の論文ではスーパースカラの反意語としてユニスカラ（uniscalar）が使用されるが，これなどは「スカラ＝パイプラインの本数」という概念からであろう．

　スカラかスケーラかというのは，個人的には単なる発音の問題だと思う．英語による発音はスーパースケーラに近い（少なくともあのHennessy教授はそう発音していた）のだが，最近ではスーパースカラと表記されるほうが多いように思う．実際にスーパースカラと発音する外国人も多くなった．

● 命令デコード

　命令デコードは，インオーダ/アウトオブオーダでそれほど大きな違いはない．命令キャッシュから2命令（たいていの場合はウェイの数と同じ数）をデコードし，命令キューに入れて終了である．デコーダと演算器の中間に命令キューをもつ方式では，デコードと発行を独立に行えるので，（命令キューに空きがある限り）1サイクルごとに2命令をデコードできるので効率がよい．また，逆に考えると，命令キャッシュの参照が少々もたついても，その時間的なロスを命令キューで吸収して見えなくすることが可能である．事実，ウェイ予測を行って命令キャッシュのウェイを順次参照するようなMPUにおいては，予測失敗時のペナルティは命令キューで吸収できる．

　命令キューの役割は，デコードと命令実行開始までの待ち時間を最小にすることもあるが，とくにスーパースカラにおいては命令間のオペランドの依存関係を調べることである．たとえば，片方の（先行する）命令の実行結果を，もう片方の（後続する）命令がソースオペランドとして使用する場合に依存関係があるという．簡単にいうと，レジスタ間のハザードである．もし，2命令間に依存関係がなければ，同時に実行可能なので，演算器に2命令（ウェイの数）を発行する．命令の追い越しを許さない場合（つまりインオーダ）は，デコードしている2命令間でのみ依存性を調べればよいので，いちいち命令をキューに入れなくてもデコーダのみの検査でこと足りる．このため，インオーダのスーパースカラ構造では，命令キューをもたないものも多い．ただし，依存関係がある場合はデコーダで（依存関係が解消するのを）待ち合わせることになるので，各サイクルで，常に2命令をデコードするこ

とはできない．このため，少し効率が悪い．

　なお，このような役割をする命令キューは特別にリザベーションステーション（Reservation Station），または集中命令ウィンドウ（Central Instruction Window）などと呼ばれる．

　また，命令の依存関係は命令キューで解消されているので，いったん演算器で実行が開始されるとレジスタ間のハザードによるストールは発生しない．命令ごとに定められた実行クロック数（レイテンシ）を経て実行が完了する．ただし，データキャッシュアクセスによるストールは発生する可能性がある．多くの場合，データキャッシュにアクセスするためのロード/ストアユニットは実行ユニットと分離されているので，アウトオブオーダの場合は他の命令実行に影響を与えない．インオーダの場合は後続命令が先行するロード/ストア命令を追い越せないので，データキャッシュにアクセス中はパイプラインがストールしてしまう．

　ところで，本来RISCは複雑な処理を行う命令を扱わないはずだったが，他社との差別化を進めるうちに複雑な命令も扱うようになってきた．これは，RISCのCISC化に通じる．複雑な命令に関しては，x86プロセッサではマイクロコードで処理するが，たいていのRISCはハードワイヤードロジック（結線論理）で処理する．しかし，これはハードウェアの複雑化を招く．そこで考案されたのが，複雑な命令は複数の単純な命令の組に分割して実行する方法である．これは，x86プロセッサがx86命令をμOPに変換して実行するのと同じ考え方である．たとえば，2001年に発表されたIBMのPower4は，複雑な命令を2命令（Cracking）または3命令以上（Millicode）に分割して

命令キューに格納する．そして，分割された命令間で使用できる一時レジスタを4本，プロセッサアーキテクチャのレジスタとは別に備えている．今後このような傾向は増えていくかもしれない．

● インオーダ発行

この場合は，命令キューの先頭の（または現在デコードしている）2命令（ウェイの数）のみの依存性を調べる．命令間に依存性がない限り，2命令（ウェイの数）を同時に発行する．依存性がある場合は1命令のみを発行する．残った命令はその次の命令と組になり，再び依存関係が調べられる（図2）．

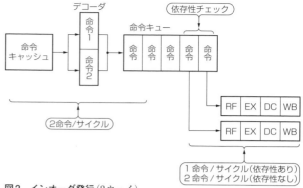

図2　インオーダ発行（2ウェイ）

● アウトオブオーダ発行

この場合は命令キュー全体（あるいは一定の命令数の間）で依存性が調べられる．オペランドの依存性がない（というか，オペランドをすぐに利用できる）命令のうち，先頭から2命令（ウェイの数）を同時に発行する．発行される順序はプログラムの順序と入れ替わる場合がある．命令キュー内のすべての命令に何らかの依存関係がある場合は，先頭の1命令のみが発行される（図3）．

オペランドを利用可能かどうかは，リザベーションステーション内の各命令のソースオペランドとデスティネーションオペランドのレジスタ番号を比較することで検出できる．オペランド間に依存性がある場合でも，デスティネーションオペランドが確定していれば（そのデスティネーションオペランドを有する命令の実行が終了していれば），ソースオペランドは利用可能と判断される（図4）．

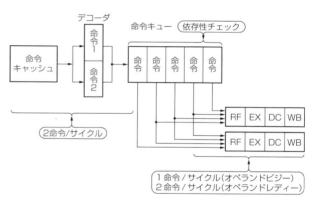

図3　アウトオブオーダ発行（2ウェイ）

● アウトオブオーダ完了

基本的にはRISCは命令を1クロックで処理できるが，現実には実行に数クロックかかる命令も存在する．とくに浮動小数点命令は実行に最低でも3クロック程度かかるのが実情である．つまり，MPU内には複数の演算器が存在するが，それらが処理する命令のレイテンシは一般には異なる．ということは，命令がインオーダに発行されようがアウトオブオーダに発行されようが，実行がプログラムの順序で完了する保証はどこにもない．すなわち，スーパースカラではアウトオブオーダ完了が自然な姿なのである（図5）．また，実行が終わった演算器には命令キューから次々と命令を発行すればいいので効率的である．

しかし，実行の完了と同時に結果をレジスタファイルに書き戻していたら不都合が生じる場合がある．まず，第1は出力依存関係である．同時に実行されている命令のデスティネーションレジスタ（結果の格納先）が等しい場合，そこにはプログラム的に後にある

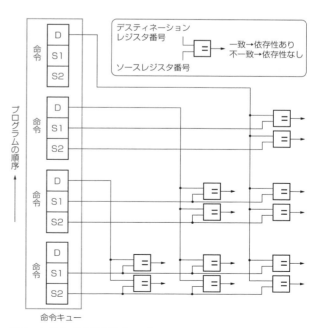

図4　オペランドの依存性チェック

67

演算器1で実行している命令が，演算器2で実行している命令より，プログラム順序で先にあるとき，演算器2の命令で例外が発生すると不都合が生じる

図5 アウトオブオーダ完了（2ウェイ）

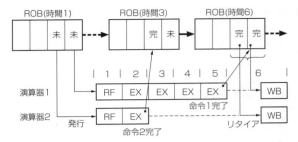

図6 インオーダ完了（2ウェイ）

命令の実行結果が書き込まれなければならない．ところが，後続命令の処理が先に完了し，先行命令の処理が後から完了する場合，正しい結果（後続命令の結果）が破壊されてしまう．これがWAW（Write After Write）ハザードである．シングルパイプラインではWAWハザードは起こり得ないが，スーパースカラでは当たり前に発生する．もっとも，これはあとで説明するレジスタリネーミングで回避することができる．

しかし，インオーダ発行のスーパースカラでは（回路規模が増大するのを嫌って）レジスタリネーミングを行わないことも多く，この場合はデコード時に発行を待ち合わせたり，後続命令のライトをストールさせるなど，何らかの対策が必要である．

第2は（こちらのほうがもっと深刻だが），例外の正確性（precise）の問題である．例外はプログラムの順序で処理されなければならない．たとえば，先行する命令も後続する命令も例外を発生する場合，後続命令の例外が先に検出されても，先行命令の例外発生を優先させるようにしなければプログラム処理に矛盾が生じる．

しかし，例外をプログラムの順序で発生させるという制約はシングルパイプラインでも同様であり，通常何らかの対策が施されている．問題は例外（割り込みでも同様）発生後に，例外の発生直後の命令からプログラムの処理を再開させる場合（ブレークポイント命令，システムコール命令，トラップ命令，割り込みなどの処理）に生じる．つまり，レジスタへのライトがプログラムの順番を無視して行われていたら，例外からの再開をどの命令から開始してよいのかが判断できない．

たとえば，op1, op2を適当な演算として，

R1←R2 op1 R3 ……命令1
R3←R4 op2 R5 ……命令2
例外／割り込み ……命令3

という命令処理を考え，op2の実行がop1よりも早く終了すると仮定する．この2命令の処理中に後続命令で検知される例外や割り込みが発生すると，R1は更新されていないのにR3が更新されている状況が発生する．この場合，プログラムの実行再開は，まだ実行されていない命令1から行うことになる．しかし，命令1のソースオペランドであるR3は命令2で更新される前の値が必要なので矛盾が生じる．例外の正確性を維持するのは，シングルパイプラインではそれほど複雑な制御でないが，（アウトオブオーダ完了の）スーパースカラではかなり複雑である．

例外が発生すると，それを致命的とみなし，プログラムの実行を中断する（再開しない），割り込みの受け付けは再開に都合のいい時点の処理が終了するまで待ち合わせる，という制御を行えば，アウトオブオーダ完了を実現できる．ただし，システムコールが行えないとか，割り込み応答性が悪くなるという問題が生じ，あまり現実的ではない．

● インオーダ完了

インオーダ完了とは，各演算器の完了がアウトオブオーダに完了するのは避けられないので，その結果を，いったん別の場所に保存しておき，レジスタにライトする順番をプログラムの順番に一致させる方式である．レジスタへのライトが終了するときに初めて命令は真の完了となる．この場合，演算器での実行完了と，命令の真の完了を区別する必要がある．一般には，前者をコンプリート（complete），後者をリタイアメント（retirement）と呼ぶ．リタイアメントはコミット（commit）と呼ばれることもある．なお，本書ではリタイアメントという表現は文字数が多いので，その動詞形のリタイアという表現を使用する．

インオーダ完了を実現するために，リオーダバッファ（Reorder Buffer：並び替えバッファ．ROBと省略）という機構が導入されている．リオーダバッファとは，プログラムの実行順序を記憶しておくテーブルであり，命令の発行時に適当な情報が設定される．その各エントリは，命令がコンプリートしたか否かの情報，命令の実行結果を一時退避するバッファ（このバッファはROBにない場合もある）などからなる．ROBはリザベーションステーションで共用することも可能である．

ROB内にある命令の先頭から，連続してコンプリートされている命令がリタイアできる（図6）．1サイク

ルにリタイアできる最大命令数はMPUごとに異なるが，多くの場合，スーパースカラのウェイ数に等しい．たとえば，命令1，命令2，命令3，命令4がプログラムの順序であり，これらの命令はすべてアウトオブオーダ（である必要もないが）に発行されているものとする．このとき，ROBの内容（先頭4エントリ）が，

命令1　未コンプリート
命令2　コンプリート
命令3　コンプリート
命令4　…

となっている場合，このサイクルでは1命令もリタイアできない．命令1が命令2以降のリタイアを阻害するからである．一方，

命令1　コンプリート
命令2　未コンプリート
命令3　コンプリート
命令4　…

となっている場合は，このサイクルでは命令1のみがリタイアできる．命令3のリタイアは命令2がコンプリートしていないので阻害されている．また，

命令1　コンプリート
命令2　コンプリート
命令3　コンプリート
命令4　未コンプリート

となっている場合は，命令1，命令2，命令3がリタイア対象である．ただし，実際にリタイアできる命令の最大数はMPUごとに異なる．もし，MPUが1サイクルで2命令がリタイア可能なら，命令1，命令2のみがリタイアし，命令3は次のサイクルでのリタイアに回される．もし1度に4命令がリタイア可能なら，命令1，命令2，命令3のすべてがリタイアできる．

例外の正確性の問題があるので，特殊な場合を除き，アウトオブオーダ完了というしくみは採用されない．したがって，スーパースカラの種類は，実質的には，インオーダ（インオーダ発行，インオーダ完了）とアウトオブオーダ（アウトオブオーダ発行，インオーダ完了）の2種類しかない．図7に典型的なスーパースカラ構成のMPUのブロック図を示す．図7(a)ではリザベーションステーションは一つのみであるが，図7(b)のように（いくつかの）演算器ごとにリザベーションステーションを設ける構成もある．

また，インオーダなスーパースカラは2ウェイのものが主流である．インオーダで3～4ウェイというのは筆者の記憶にない．これは，多ウェイのスーパースカラ構造を採用する場合でも，整数ALUは2個程度しか用意されていないためではないだろうか．インオーダのスーパースカラではウェイの数だけALUがないとパイプライン効率が悪い．それなら，いっそアウトオブオーダにしたほうが同時発行の効率が上がる．

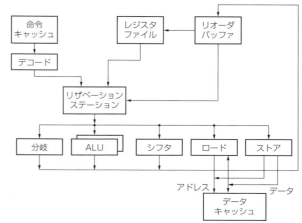

（a）単一のリザベーションステーションを有する場合

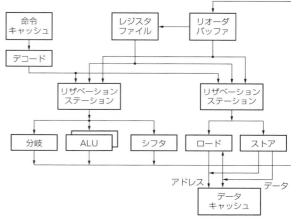

（b）複数のリザベーションステーションを有する場合

図7　典型的なスーパースカラ構成

● **制限付きアウトオブオーダ**

複数の演算器それぞれにリザベーションステーション（命令キュー）を有するスーパースカラ[図7(b)のような構成]において，各命令キューへの命令格納は独立に行われるのが普通である．しかし，すべての命令キューに空きができるまで命令の格納を待ち合わせてから，一括して命令供給を行う方式もある．命令のリタイアもすべての演算器での実行が終了してから一括して行う．この方式は，演算器の数が少ない場合はインオーダ方式と大差はないので，効率的でないが，命令キューの待ち合わせ論理を簡略化できるという利点がある．

昔のMPUではあるがIBMのPower4では，ハードウェアを簡略化して動作周波数を向上させるため，4命令（+1分岐命令）を一括してそのグループ単位で実行する方式を採用している．1グループ内の4命令はアウトオブオーダに実行できる．最近のMPUではこのような構造は見かけられない．

4 スーパースカラの命令発行を効率的に行うための「レジスタリネーミング」

　レジスタリネーミング（Register Renaming）とは，その名称のとおりレジスタ名の付け替えである．その役割には二つある．基本的には，スーパースカラの命令発行を効率的に行うための技術である．

　第1は，アーキテクチャ的に定義されたレジスタ数を増やすことである．たとえば，x86の系MPUの汎用レジスタは8本しかないので，ちょっとしたプログラムでもレジスタの使い回しが多くなり，レジスタの依存関係が発生しやすい．これは命令発行の制約となる．レジスタの本数をアーキテクチャが規定するより大きくもち，レジスタの名前を付け替えることで，内部的にプログラムの依存関係を低減できる．

　第2には，これも同じく依存関係の解消であるが，WAR（Write After Read）ハザード，WAW（Write After Write）ハザードという偽の依存関係を解消することである．偽の依存関係とは，本来はハザードになるが，レジスタリネーミングによって依存性を解消でき，結果として命令発行の妨げとならないように変更可能な依存関係である．なお，WARとは先行する命令のソースオペランドを後続の命令で変更する可能性のある依存関係，WAWとは後続命令が変更したデスティネーションレジスタを先行する命令が変更する可能性のある依存関係である．これらは同一のレジスタが同時に変更される場合に生じるので，その同一のレジスタを別々のレジスタに割り当ててやれば（偽の）依存関係がなくなる．

　また，真の依存関係とはRAW（Read After Write）ハザードのことであり，後続命令が先行する命令の実行結果をソースオペランドとして利用する場合である．これはレジスタリネーミングによっても解消できない．たとえば，次のような命令列を考える．opは単純な加算（+）よりもレイテンシ（実行時間）の大きい演算とする．

```
R3←R3 op R5    ……命令1
R4←R3+1        ……命令2
R3←R5+1        ……命令3
R7←R3 op R4    ……命令4
```

　この4命令は（4ウェイスーパースカラで）同時発行しようとしても，命令2と命令3がWARハザードに，命令1と命令3がWAWハザードになっているため，同時発行できない．そこで，次のようにデスティネーションレジスタに対してレジスタリネーミングを行う．基本的には，デスティネーションレジスタを別個のレジスタに割り当てればよい．ソースオペランドは，デスティネーションレジスタの割り当てにしたがって適宜変更される．

```
P1←R3 op R5    ……命令1
P2←P1+1        ……命令2
P3←R5+1        ……命令3
P4←P3 op P2    ……命令4
```

　このとき，WARハザードとWAWハザードは解消される．しかし，命令1と命令2，命令3と命令4，命令2と命令4は依然としてRAWハザードの関係にある．この場合，依存性のない命令1と命令3がまずアウトオブオーダ発行できる．命令2は命令1がコンプリートするときに，命令4は命令2と命令3がコンプリートするときに，ソースオペランドが確定するので，晴れて発行できるようになる．

5 分岐予測と投機実行

● 分岐予測

　典型的なプログラムでは全体のコードの10%が無条件分岐命令，10〜20%が条件分岐命令であるといわれている．無条件分岐は，フェッチするアドレスを分岐先に切り替えるだけなので，それほど問題はない．一方，条件分岐は命令がパイプラインの実行ステージでコンプリートするまで，分岐するか否かが不明なのでやっかいである．分岐命令のコンプリートを待っていたのでは，その間に多くの命令をフェッチし，発行する機会を失うことになる．

　そこで考案されたのが，分岐するか否かを推測するアルゴリズムである．もし，推測が成功すれば，命令はほんの少しの遅延（あるいは遅延なし）で続行できる．

　推測が失敗すれば部分的にコンプリートしている命令を無効化し，正しいアドレスからフェッチ，デコード，発行を再開しなければならない．これは，最近のx86系MPUのようにパイプラインのステージ数が多いMPUではとくに，かなりの性能低下をまねく．しかし，そのようなペナルティを考慮しても，分岐予測は必須であり，これを行わないと性能は悲惨なことになる．

　分岐予測には二つの基本的な手法がある．静的な分岐予測と動的な分岐予測である．静的な分岐予測は，コンパイラが分岐命令の命令コードに埋め込んだ「ヒント」情報で分岐が発生するか否かを予測する．ただし，このような分岐命令を命令セットとして有するMPUは少ない．あるいは後方（backward）への分岐（オフセットが負）はループの終端とみなせるので，これを分岐すると予測するのも静的な分岐予測といえよう．静的な分岐予測と動的な分岐予測を比較すると，一般には，動的な分岐予測のほうが効果的といわれている．動的な分岐予測とは，分岐命令の時間的な挙動を評価するものである．一度分岐した分岐命令は次も分岐する傾向があると予測する．これに使われる

のは，分岐履歴テーブル（Branch History Table：BHT）と分岐ターゲットバッファ（Branch Target Buffer：BTB）である．BHTもBTBも分岐命令のアドレスをインデックスとするキャッシュである．（キャッシュにヒットする場合）BHTの出力は分岐命令が分岐するか否かの予測情報であり，BTBの出力は予測した分岐先のアドレスである．

● 投機実行——分岐予測の効果を増大させる

また，分岐予測の効果を増大させるために投機実行（Speculative Execution）を行うMPUもある．投機実行とは，分岐予測の成功／失敗がわかる以前でも命令を実行してしまう機能である．しかし，MPUは投機的に実行されている分岐命令の分岐／不分岐が確定するまで（つまり分岐命令のコンプリートまで）リタイアできない．もし分岐予測が失敗すれば，分岐命令以降に実行された命令を放棄して，分岐元から命令の処理をやり直さなければならないからである．通常，投機実行中の命令の結果は，リオーダバッファに格納される．分岐予測が失敗したらリオーダバッファの該当エントリを無効化すればよい．ところで，投機実行に限らず，一般的には演算結果はリオーダバッファに格納されてリタイアを待つが，MIPSのR10000などは（レジスタにネーム後の）物理レジスタを直接更新する．これは，アーキテクチャ上の論理レジスタにも実体があり，物理レジスタは値を一時的な演算結果を保持するものとして区別しているためである．この場合，リオーダバッファの中には演算結果の格納領域は不要である．R10000では命令のリタイア時に，その命令に割り付けられている物理レジスタの値が論理レジスタに転送される．

歴史的にはR10000方式のほうが古く，かつ一般的のように思える．x86系のMPUのように物理レジスタを実質的なレジスタの本数を増加させる目的でレジスタリネームを使用すると，それを一時的な結果の保存場所に利用することはできない．リオーダバッファ内に一時的な結果をもつのは姑息な方法のようにも思える．x86系MPUのシェアは膨大なので，そちらの方式が"大勢"といわれれば確かにそうではあるが．

投機実行を行う場合，分岐条件未確定中のロード／ストアがどのように処理されるかは興味深い．たとえば，ストアを行った後で分岐予測の失敗が判明したとき，キャッシュやメモリに不正なデータが書かれることはないのか不安になる．ロード／ストアがキャッシュ領域に対して行われるものならば，ROBと同等な一時バッファを設けて，ロード／ストア命令のリタイアまで保持すればよい．PentiumではこのバッファをMOB（Memory Order Buffer）と呼んでいる．

ロード／ストアが非キャッシュ領域に対して行われ

るときは事情が異なる．最近のMPUは専用のI/O命令をもっていないため，メモリ空間にI/Oアドレスを割り付けて，そこを非キャッシュで参照してI/O機能を実現する（メモリマップトI/O）．I/O装置にはリードを行うと内部状態が変化するものもあり，実際には実行されない（分岐予測が失敗する場合の）投機実行中のロードを行うと周辺が誤動作してしまう．つまり，このような場合，投機実行中の非キャッシュ領域へのロード／ストアは実行してはならない．また，同様に，非キャッシュ領域へのロード／ストアの順序も変更してはいけない．

最近のMPUは，ノンブロッキングキャッシュ機能を実装し，ロード／ストアもアウトオブオーダに行われるが，これはキャッシュ領域に対する場合のみである．

● リオーダバッファとは何か．

図8に，レジスタマップ，アウトオブオーダ命令発行，リタイアとリザベーションステーションの関係図（概念図）を示す．ここで，重要になるのがリオーダバッファ（ROB）である．リオーダバッファはアウトオブオーダ実行において，命令の開始（発行）と終了（コミット）を制御する．

以下に，リオーダバッファの動きを文献(1)や(2)から引用しながら説明する．

リオーダバッファは，アウトオブオーダに実行される命令の終了の順序をプログラムの順番（インオーダ）に並び替える仕組みである．その実態は，複数エントリからなるキューの構造を採り，命令の種類，デスティネーション（レジスタ番号），命令の実行結果を保持する．命令をデコードして，デコード済み命令キューに格納するとき，結果の格納場所としてリオーダバッファのエントリが割り当てられる．各命令の実行が終わると，割り当てられたリオーダバッファに結果が格納される．そして，リオーダバッファの先頭から終了した命令のエントリが同時に（レジスタファイル内の）デスティネーションレジスタに書き込まれる．

たとえば，

ROB0：実行終了
ROB1：実行終了
ROB2：実行終了
ROB3：実行中

の場合は，ROB0からROB2のエントリに格納された実行結果を指定されたデスティネーションレジスタに書き込む．もし，

ROB0：実行中
ROB1：実行終了
ROB2：実行終了
ROB3：実行中

のような場合は，ROB0に対応する命令の実行が終了

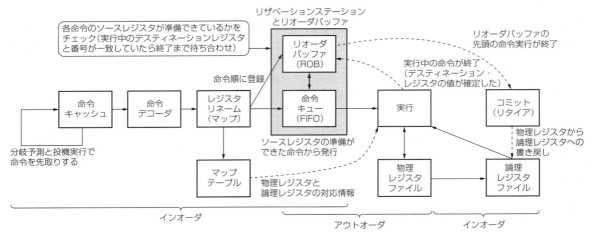

図8　アウトオブオーダ実行を実現する概念図

するまで，ROB1やROB2の結果はデスティネーションレジスタに書き込まれない．この説明は「インオーダー完了」の説明と重複するがご容赦願いたい．

具体例で見ていこう．図9のような構造のプロセッサがあると仮定する．ここで，図9のサイクルごとにリオーダバッファやレジスタファイルの内容がどのように変化していくかを説明する．

▶サイクル0

デコード済み命令キューに次の命令が格納されているとする．

```
ADD  r4, r2, r0
MUL  r8, r4, r2
ADD  r6, r8, r6
SUB  r8, r2, r0
```

そして，レジスタファイルr0，r2，r4，r6，r8の初期値は，それぞれ，0，2，4，6，8とする．リオーダバッファは（ここでは）7エントリのリング構造をもつキューで，先頭が太い矢印で示されている．また，ADD（加算）とSUB（減算）命令は「命令ウィンドウ（ADD）」に送られて，加算器（ADD）で処理される．MUL（乗算）は「命令ウィンドウ（MUL）」に送られて乗算器（MUL）で処理される．

各命令ウィンドウのエントリは，命令の種類と2つのソースオペランドの値と演算結果を書き込むリオーダバッファへのポインタから構成される．

▶サイクル1

先頭の命令である

`ADD  r4, r2, r0`

のソースレジスタである，r2とr0の値がレジスタファイルから読み出される．このとき，デスティネーションレジスタのr4はリオーダバッファに格納され，エントリ番号ROB0を，ソースレジスタの値と一緒に発行キュー（ADD）に転送する．

▶サイクル2

2番目の命令である

`MUL  r8, r4, r2`

に対して，1番目のADDと同じ処理を行う．ただし，ソースオペランドのr4は1番目の命令の実行結果であるから，1番目の命令が終了していないため，レジスタファイルから値を読み出すことはできない．その代わりに，リオーダバッファのr4へのポインタであるROB0を格納する．もう1つのソースオペランドであるr2の方は，リオーダバッファに割り当てられてないので，そのまま値をリードできる．そして，新しいデスティネーションレジスタr8に対して，リオーダバッファにエントリを確保し，その値ROB1をデスティネーションとして発行キュー（MUL）に転送する．

▶サイクル3

3番目の命令である

`ADD  r6, r8, r6`

に対して，2番目のMULと同じ処理を行う．ソースオペランドのr8は，2番目の命令の結果であるから，そのポインタROB1を格納し，r6はそのままレジスタファイルからリードする．また，デスティネーションレジスタであるr6に対しては，リオーダバッファの新しいエントリを確保する．このように，各命令のデスティネーションレジスタに応じて新たなリオーダバッファのエントリが確保されて行く．

▶サイクル4

ここで，1番目の命令の実行が終了したと仮定する．その演算結果である「2」の格納場所としてはROB0が指定されているので，ROB0には「2」が格納される．ROB0はリオーダバッファの先頭であり，それより前に実行中の命令はないので，次のサイクルまでに，

Chapter 3 並列処理の基本とスーパースカラ

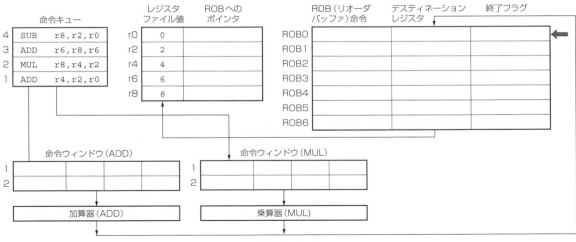

(a) サイクル0

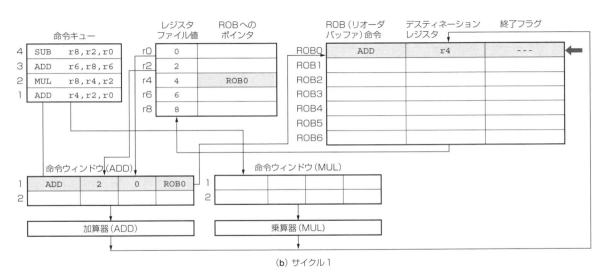

(b) サイクル1

(c) サイクル2

図9 ROBの動作

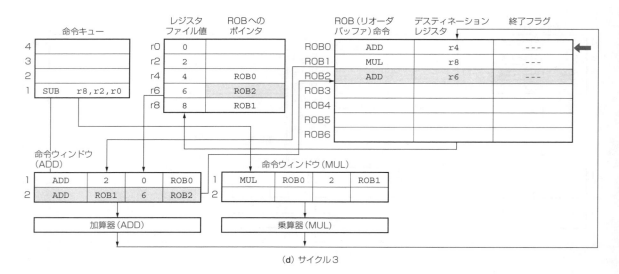

(d) サイクル3

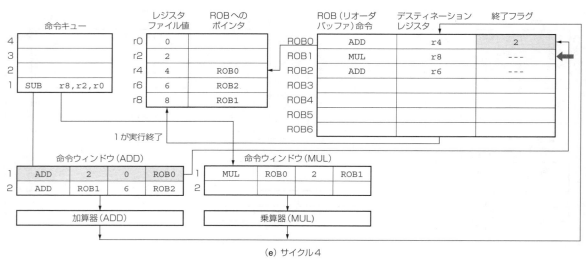

(e) サイクル4

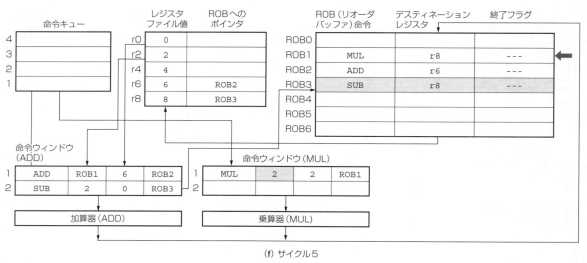

(f) サイクル5

図9 ROBの動作(つづき)

Chapter 3 並列処理の基本とスーパースカラ

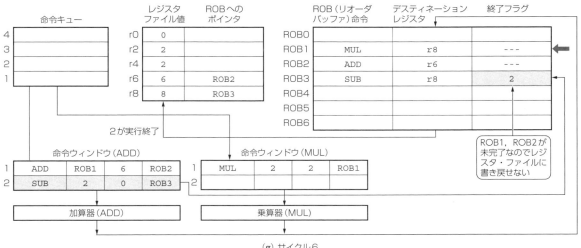

(g) サイクル6

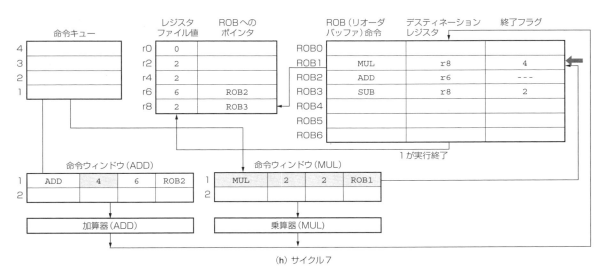

(h) サイクル7

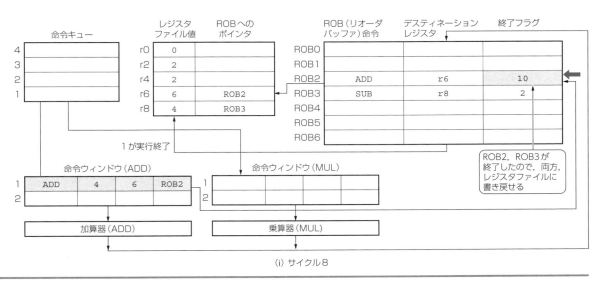

(i) サイクル8

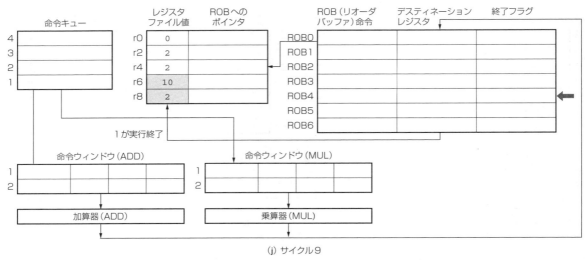

(j) サイクル9

図9 ROBの動作（つづき）

「2」という実行結果は，ROB0が指し示すr4に書き戻される．

また，命令キュー（MUL）のエントリにあるソースオペランドがROB0のポインタになっているが，ここにも「2」という値が書き込まれる．

▶サイクル5

4番目の命令である

`SUB r8, r2, r0`

に対して，3番目の命令と同じ処理を行う．ソースオペランドは，それ以前の命令のデスティネーションレジスタと依存性がないので，レジスタファイルからr2，r0の値がそのまま読み出される．ここで，デスティネーションレジスタはr8で，リオーダバッファの中にはr8に対応するエントリROB1があるが，r8に対して，新たなエントリROB3が割り当てられる．

▶サイクル6

ここでは，ソースオペランドに依存性のない4番目の命令が実行を完了すると仮定する．結果の「2」という値は，ROB3に格納されるが，ROB1とROB2の命令の実行がまだ終了していないので，この「2」という値をデスティネーションレジスタのr8に書き戻すことはできない．

▶サイクル7

ここでは，2番目の命令が実行を終了すると仮定する．2番目の命令はサイクル4の後でソースオペランドの待ち（ROB0の値を待っていた）が解消されたので，5サイクル目から実行が始まっている．そして，ROB1には実行結果の「4」が書き込まれ，次のサイクルまでにデスティネーションレジスタのr8に「4」という値が書き込まれる．また，命令キュー（ADD）の中の命令がROB1の結果を待っているので，そのソースオペランドにも「4」が格納される．

▶サイクル8

ここで，既に4番目の命令のソースオペランドの待ち状態が解消されているので，4番目の命令の実行が終了すると仮定する．すると，デスティネーションであるリオーダバッファのエントリであるROB2に実行結果の「10」が書き込まれる．この「10」という結果は，エントリで指定されたr6に次のサイクルまでに書き込まれる．

▶サイクル9

サイクル8の終了時に，ROB2とROB3のエントリが同時に実行終了となるので，2つのエントリの値が，それぞれ，指定されたr6とr8に書き戻されている．これで，最初の4命令の実行が終了した．

命令の実行自体は，ソースレジスタに依存性のない

第1命令
第4命令
第2命令
第3命令

の順番に実行されたが，デスティネーションレジスタへの書き込みは，r4，r8，r6，r8の順になっているので，プログラム順で処理が行われたことになる．

● **分岐予測の必要性**

アウトオブオーダ実行では，命令の順序を無視して，基本的に，毎サイクル命令を発行する．そのためには命令コードを大量に先取りして，命令発行の頻度が低下しないように，命令デコーダやリオーダバッファに絶え間なく命令を供給しなければならない．そのために行うのが投機実行であるが，投機実行をより効率的におこなうためには分岐予測が必須である．つ

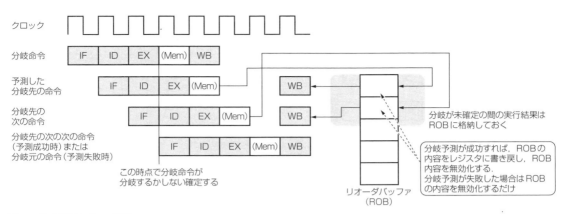

図10　投機実行のイメージ図

まり，命令の先取り中に条件分岐命令が出現した場合，その条件分岐の分岐条件が確定するまで投機実行を中断したのでは，効率的な命令先取りはできない．条件分岐命令があっても，その条件分岐命令が分岐するかしないかを「予測」し，その予測した方向から命令の先取りを継続することが必要である．

図10に投機実行のイメージ図を示す．分岐予測が外れた場合の命令先取りの再実行はリオーダバッファによって管理される．

あくまでも「予測」なので，予測が外れる場合もある．その場合は予測を外した位置に戻って命令の先取りを再開する．予測が外れまくると命令先取りのやり直しが増加し，投機実行の効率はガタ落ちになる．そのような状況に陥らないためには「外れない」分岐予測を行うことが必要である．

歴史的に，分岐予測の方式はいろいろ考案されている．ここでは，そのいくつかを紹介する．

▶分岐予測の概要

典型的なプログラムでは命令の10%が無条件分岐，10〜20%が無条件分岐であると言われている（5命令に1回出現する）．無条件分岐はフェッチするアドレスを分岐先に切り替えるだけなのでそれ程問題はない．一方，条件分岐は命令がパイプラインの実行ステージが終了するまで分岐するか否かが不明なので厄介である．このとき，分岐命令の終了を待っていたのでは，その間に，多くの命令をフェッチし発行する機会を失うことになってしまう．5命令に1回分岐遅延が発生していたのでは，性能面で，たまったものではない．

そこで考案されたのが分岐予測だ．分岐予測とは，分岐命令をフェッチした時点で分岐先を予想して，命令フェッチのアドレスを予測した方向に切り替える方式である．その後，分岐条件が確定するまでは，予測した方向をフェッチし続ける．もし，分岐条件が確定して，分岐する（Takenという）と確定したらそのままパイプラインの処理を続ける．分岐しない（Not-Takenという）と確定したら，それまでにフェッチした（既に実行しているかもしれないが）命令をバブル（なかったこと）にする．その時刻には分岐先アドレスが確定しているので，そこから命令フェッチを再開する．分岐予測を実現するためのブロック図を図11に示す．

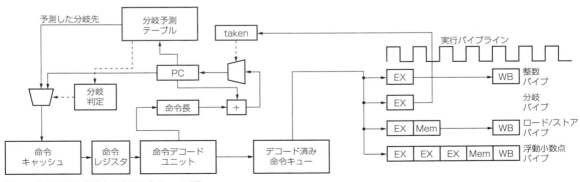

図11　分岐予測を実現する仕組み（ブロック図）

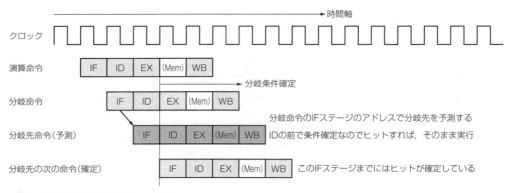

図12　分岐予測の動作（予測ヒット時）

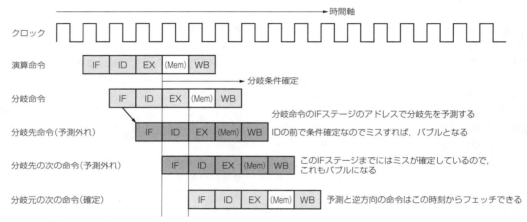

図13　分岐予測の動作（予測ミス時）

▶分岐予測時の動作

　分岐予測とは，ある分岐命令が「分岐する」か「分岐しない」かを予測するものである．予測は，分岐命令のアドレス（PC）で分岐予測テーブルと呼ばれるテーブルを参照することで行われる．ここで分岐予測が「分岐する」と予測した場合，分岐先はどうやって予測すればいいのだろうか．それは，分岐先バッファを使用する．これは，分岐命令が分岐した場合に，その分岐先を記憶してあるキャッシュである．分岐予測テーブルと同じく，分岐命令のアドレスで参照する．分岐先バッファはキャッシュであるから，ヒットとミスがある．ヒットの場合は正しい分岐先（分岐する場合の分岐先）が得られるが，ミスの場合は，目的としている分岐命令とは無関係な分岐先なので，その場合は「分岐しない」と（強制的に）予測する．

　分岐予測テーブルによる予測が「分岐する」の場合で，分岐先バッファの分岐先が有効な場合は，分岐先バッファで示されるアドレスから命令フェッチを行い，それ以外の場合は，分岐命令の次のアドレスから命令フェッチを継続する．

　分岐すると予測して最終的に分岐した場合，分岐しないと予測して最終的に分岐しなかった場合を予測ヒットという．逆に，分岐すると予測して最終的に分岐しなかった場合，分岐しないと予測して最終的に分岐した場合を予測ミスという（図12，図13）．このように，予測ヒット時はパイプラインに乱れは発生しないが，予測ミス時にはパイプラインが乱れて性能低下につながる．

　分岐先バッファは，先に示したように，分岐元のアドレスを入力すると分岐先を出力するキャッシュであるが，それは一度分岐した分岐命令は次も分岐する傾向があるという経験則が前提となっている．この様子を図14に示す．

　なお，分岐予測で一番重要なのが，目的としている分岐命令が「分岐する」か，「分岐しない」かを予測することである．この予測の種類にはいろいろな手法が考えられている．以下に，それらに関して説明する．

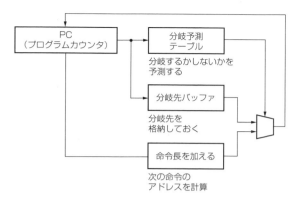

図14　分岐予測時の動作

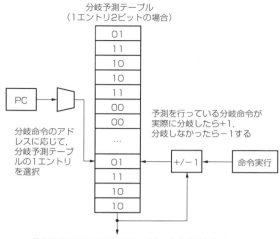

図15　通常の分岐予測

▶通常の分岐予測

通常の分岐予測テーブルは，多くの場合，2ビットのエントリで構成される．その値が"00"のときは「分岐しない」，"01"のときは「たぶん，分岐しない」，"10"のときは「たぶん，分岐する」，"11"のときは「分岐する」と決めておく．このとき，分岐予測テーブルから"00"または"01"が読み出されれば「分岐しない」，"10"または"11"が読み出されれば「分岐する」と予測する．このエントリの値は，実際の分岐命令の実行結果によって更新される．すなわち，実際に分岐した場合は「+1」，分岐しなかった場合は「-1」される（図15）．ただし，その値は"11"よりは大きくならなく，"00"よりも小さくならないようにする．

● 分岐予測の手法

以下，さまざまな分岐予測の手法を説明するが，基本は，最終的にこの2ビットの分岐予測テーブルを参照して，「分岐する」，「分岐しない」の判断をすることにある．つまり，この分岐予測テーブルがすべての基本となる．

▶ローカル履歴テーブルによる分岐予測

分岐予測は，分岐が前回と同じ挙動を示すということが基本になっているが，分岐の種類によっては，「分岐する」事象と「分岐しない」事象がパターン化している場合がある．たとえば，次のような2重ループを考える．

```
for(i=1;i<=N;i++){
    for(j=1;j<=4;j++){
    }
}
```

ここで，内側のループは，4回ループなので，分岐の挙動としては，

1ループ目：分岐する
2ループ目：分岐する
3ループ目：分岐する
4ループ目：分岐しない

となる．外側のループがあるので，「分岐する」ことを「T（Takenの意）」，「分岐しないことを「NT（Not-Takenの意）」とすると，分岐の履歴は，

T, T, T, NT, T, T, T, NT, T, T, T, NT, …

というパターンになる．5番目，10番目などの「T」は外側のループによる分岐です．「T」を「1」，「NT」を「0」と表記した場合，件の2重ループは，

1110111011110…

という履歴になる．ここで，分岐命令が1回実行されるごとにこの履歴のパターンが左シフトされていく（先頭から2ビット目以降が，1ビット目に変わる）場合，先頭の4ビットのパターンを見て，

「1110」→分岐する
「1101」→分岐する
「1011」→分岐する
「0111」→分岐しない
「1111」→分岐する

と予測してやると，上述の2重ループの分岐予測を完全に正しく行うことがでる．このように過去の数回の分岐の履歴のパターンを，分岐予測テーブルの異なるエントリに割り当てるようにすると，上述のような2重ループは完全に正しく予測できる．このように，分岐命令のアドレスと，過去数回分の履歴を考慮しながら，分岐予測テーブルを参照する方法をローカル履歴テーブルによる分岐予測という．その様子を図16に示す．

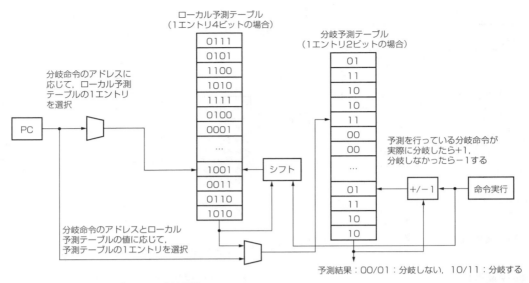

図16　ローカル履歴テーブルによる分岐予測

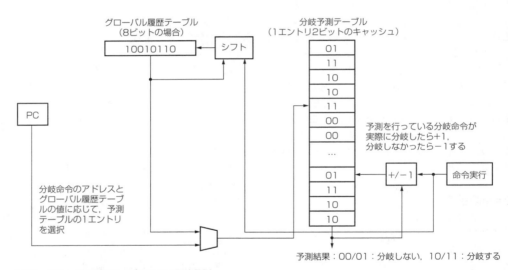

図17　グローバル履歴テーブルによる分岐予測

▶グローバル履歴テーブルによる分岐予測

　個々の分岐命令の過去の分岐／不分岐の履歴ではなく，その条件分岐命令に至る前の数個の分岐命令の分岐／不分岐の履歴も加えて，予測を行う方式がある．これは，実行した全分岐命令の履歴を参照しながら，分岐予測を行う方式である．とはいえ，全分岐の履歴を記憶するのは不可能であるから，現実的には，過去8から16個程度の分岐／不分岐の履歴を参照する．このように，着目する分岐命令に至る複数の分岐命令の分岐／不分岐を利用する方式を，グローバル履歴テーブルを使う分岐予測と呼ぶ（**図17**）．

　ローカル履歴テーブルの場合は，複数個の分岐に対する複数個のエントリを有していた．しかし，グローバル履歴テーブルの場合は，1エントリしかない．このため，ローカル履歴テーブル方式に比べて回路規模が小さくなると思われかもしれないが，必ずしもそうではない．より高い分岐予測の精度を実現するためには，グローバルな履歴のビット数を増やす必要があるが，感覚的に，グローバル履歴を1ビット増やすごとに，本体の分岐予測テーブルのエントリ数が倍増します．ローカル履歴では3から4ビットであるところを，8から16ビットに増やした場合，分岐予測テーブルのエントリ数は，2^{8-3}から2^{16-4}，つまり，32倍から4096倍に増えてしまう．これは結構な回路規模である．

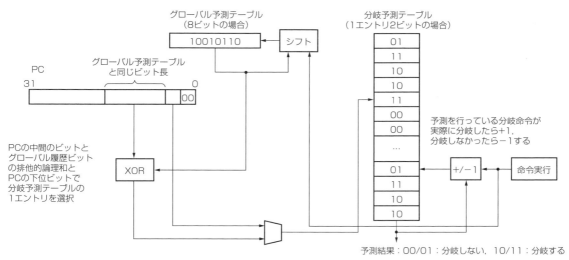

図18 Gshare方式による分岐予測

▶ Gshare方式による分岐予測

　グローバル履歴テーブル方式は，履歴の長さを増やすと高い精度の予測が可能になるが，長い履歴を持つと，本来の分岐予測テーブルが巨大化する欠点がある．その解決策として提案されたのが，分岐履歴と分岐命令の存在するアドレスの中位のビットの排他的論理和を取り，それに比較的少ないビット数の分岐命令アドレスを付加して分岐予測テーブルを参照する方法である（図18）．

　分岐命令の中位アドレスとグローバル履歴の排他的論理和を取ることにより，下位アドレスが同一の分岐命令間で分岐予測テーブルのエントリをシェア（共有）するので，この方式は「Gshare方式」と呼ばれる．各種ベンチマークでは，Gshare方式は比較的高い予測ヒット率を示すので，最近のCPUはこのGshare方式の分岐予測を用いるものが多いようだ．

▶ ハイブリッド方式による分岐予測

　分岐予測の精度を高めるために，誰でもが考えつくのが，ローカル履歴とグローバル履歴を組み合わせた方式です．これをハイブリッド方式と呼びます．その実施例を図19に示す．これは，参考文献（3）で提唱されている方式である．

　ここでは，本来の分岐予測テーブルの出力をローカル履歴とグローバル履歴の選択に使う．たとえば，分岐予測テーブルの出力が"00"または"01"であればローカル履歴テーブルの結果を予測値とし，"10"または"11"であればグローバル履歴の結果を予測値とする．エントリの更新は，ローカル履歴の予測とグローバル履歴の予測が等しい場合は何もせず，ローカル履歴の予測が正しかった場合は「−1」，グローバル履歴の予測が正しかった場合は「+1」する．

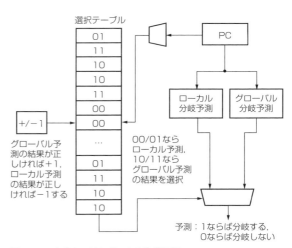

図19 ハイブリッド方式による分岐予測

▶ 現時点で最強のTAGE分岐予測

　TAGEとは「TAgged GEometric history length branch prediction」の略で，"タグ付けした幾何級数的な履歴長（History Length）による分岐予測"と言う意味である．学会レベルでは，TAGEは最強の分岐予測技術とされており，2006年の発表以来，派生や改良技術が次々に発表されている．

　TAGE分岐予測は，異なる履歴長（幾何級数的な長さの比率）の分岐予測を並列に行うことで，従来では予測できなかった分岐パターンの検出を可能とする．

　現在の高性能MPUの分岐予測では，大多数の分岐は，相対的に短い履歴長（History Length）で予測ができる．ところが，一部，長い履歴長でなければ予測できない難しい分岐のパターンもある．これらを予測す

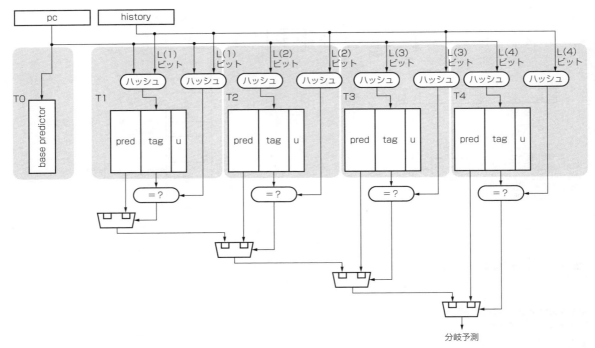

図20　TAGE分岐予測器のブロック図

るためには，しばしば100ビット以上，場合によっては1,000ビットの履歴長が必要な場合もある．

こうした長い履歴を必要とするパターンをうまく予測できないと，分岐予測の精度に限界が生じる．しかし，長い履歴長に合わせた設計にすると，短い履歴は逆にうまく予測できなくなったり，予測のコストが上がったりしてしまうという欠点がある．

TAGE分岐予測はこのジレンマを解消し，短い履歴で予測できるパターンと，長い履歴を必要とするパターンの両方をうまく満たす手法を提供する．

まず履歴テーブルにタグをつけ，並列化された予測器がタグ付けされた履歴を使い，異なる履歴長（History Length）でマッチングを行う．このとき，履歴の長さを幾何級数的に増やすのがポイントで，2倍，4倍，8倍といった長さにしていく．そして，マッチした予測のうち，もっとも長い履歴長の結果を採用する．

たとえば，最短の履歴長でパターンがヒットしたが，2番目の履歴長ではヒットせず，3番目の履歴長でパターンがヒットした場合，3番目の履歴長を採用するというようにして分岐の履歴を決定する．

TAGE分岐予測器のブロック図を**図20**に示す．ここで，

> T0：基本予測器
> Ti：タグ付き予測器（$1 \leq i \leq M$）
> 　$L(i) = [a^{i-1} \times L(1) + 0.5]$ ビット分のグローバル履歴テーブルをインデクスとする．
> 　符号付き2ビットカウンタ（Pred），タグ，U（Useful）カウンタから構成される

となっている．Predカウンタは予想の一致，不一致で更新される．そのほかの構成要素に関しては，専門的になるので，説明は省略する．

要するに，基本予測器とタグ付き予測金の履歴が一致すれば，それを予測テーブルの履歴と一致させるのだが，一致する履歴が複数の場合は，一番長い履歴テーブルのタグ付き予測器の結果を採用するということである．

スーパースカラの実際

図8(p.72)に,レジスタマップ,アウトオブオーダ命令発行,リタイアとリザベーションステーションの関係図(概念図)を示した.これらが,典型的なMPUにおいてどのように実現されているか,その実装方式を見ていこう.

とはいっても,各MPUのパイプライン処理の実現方法はやや枯れた感じがある.特に,アウトオブオーダ実行のMPUではその感が強い.差分があるとすれば,どういう分岐予測方式を使っているのか,1サイクルに何命令フェッチするのか,1サイクルに何命令デコードするのか,1サイクルに何命令発行するのかという実装方式のみについてである.これらは,そのMPUの応用分野を鑑みたとき,どの程度まで面積の増加を許容できるかにかかっている.それを言ってしまうと,各MPUのパイプラインの比較も味気ないものになってしまうが,ここでは,歴史的に重要なMPUについてとりあげてみる.

6 Cortex-M7

Cortex-M7は,ArmのCortex-Mシリーズではじめてスーパースカラ構造のパイプラインを採用した.インオーダな2イシューのパイプラインである.その採用が大きな理由となり,それ以前のCortex-Mの性能が2CoreMark/MHzであったところを,5CoreMark/MHzと2倍以上の性能を叩き出した.CoreMarkとはDhrystoneに代わる,新しい,ベンチマークである.組み込み制御の特性をより反映しているといわれている.

● インオーダスーパースカラを採用した6段(数え方によっては4段)パイプライン

2014年9月のArmの発表によると,Cortex-M7はパイプラインを6段と深くし,40nmプロセスで製造した場合に400MHz動作を実現するとしていた.同時に命令を発行できる数は2である.Cortex-M7のパイプラインを図21に示す.この図では明確ではないが,従来のCortex-Mシリーズの単純なパイプライン構造とは異なり,演算系が2系統,32ビットロードが2系統(64ビットロードの場合は2系統を同時に使用する),64ビットストア,乗算(積和),浮動小数点演算を同時に処理することが可能になっている.

2015年5月に改訂された情報では,整数パイプラインは4段,浮動小数点パイプラインは5段と修正された.このパイラインを図22に示す.

恐らく,整数パイプラインでは,命令フェッチ部分を切り離して,デコード,シフト,演算(ALU),ライトバックで4段ということだと思われる.命令プリフェッチと命令フェッチは実行パイプラインとは分離されているため,パイプライン段数に含めないようにしたと思われる.また,レジスタファイルリードは命令デコードと同時に行われると推測される.

浮動小数点パイプラインは5段の内訳は不明であるが,パイプラインの命令発行後に,レジスタリードを行うステージが1段追加されているために,4段に1

図21 Cortex-M7のパイプライン(旧版)

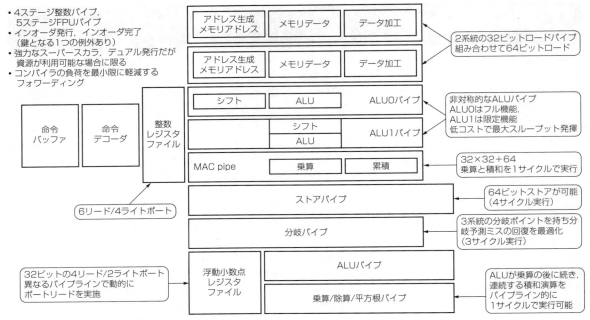

図22 Cortex-M7のパイプライン（新版）

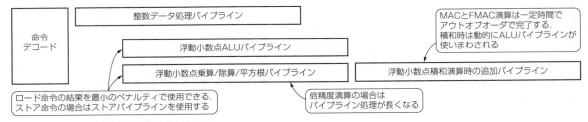

図23 Cortex-M7の浮動小数点演算パイプライン

段追加したものと推測される．浮動小数点パイプラインのイメージを図23に示すが，実際に何サイクルで演算を処理するのかはよくわかっていない．

上述のように，浮動小数点演算の場合は，発行ステージではなく，実行ステージになってからレジスタリードを行う．この1段追加（結果として1サイクル遅延）はロードしたデータを浮動小数点演算パイプラインの中で，ペナルティなしで使用するためだそうだ．浮動小数点パイプラインは32ビットの単精度用が2系統ある．片方は，加算などの単純演算，他方は，乗算，除算，平方根用である．積和演算ではこの2系統のパイプラインを交互に実行して結果を得る．また，倍精度演算は，単精度のパイプラインのステージを繰り返して実現する．

分岐に関するパイプライン構造を図24に示す．64エントリものBTB（Branch Target Buffer：分岐ターゲットバッファ）を持っているのはCortex-Mシリーズでは珍しいことであるが，命令フェッチを含めた6段パイプラインでの分岐を効率的に実行するためには仕方ないと思われる．また，図24では，2ステージのフェッチパイプラインと1ステージのプリデコードを備えるとあるが，フェッチキューと命令バッファはデータを溜めこむだけなのでパイプライン段数にカウントされない．フロントエンドのパイプライン段数が3段であるとすると，実行パイプラインが4段なので，合計7段となる計算である．しかし，命令デコード部がフロントエンドと実行パイプラインで重複するため6段パイプラインという計算でいいのだと思われる．

Cortex-M7のパイプラインはインオーダ（順番通り）な2命令同時発行（Issue）可能である．図25に示すように連続する2命令に依存性（前の命令の結果を次の命令で使用する場合や，片方のパイプラインでしか処理できない命令が連続する場合）がない条件では，2命令を同時に実行パイプラインに投入する．連続する2命令に依存性がある条件では，命令の順序通りに1つのパイプラインに投入する．これはALUパ

- できるだけ最小限の分岐予測で要求性能を実現することを目的とする
  - シリコン面積を最小化するためのコンパクトな分岐予測機構
  - 実行パイプラインの迅速な分岐/不分岐の決定で性能を埋め合わせする
  - 現実には16ビット長の命令が多いため命令フェッチのバッファサイズが有効活用できる（バンド幅の増大）
- 2ステージのフェッチパイプラインと1ステージのプリデコードを備える

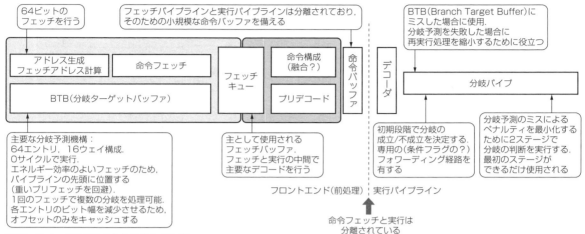

図24　Cortex-M7の分岐命令のパイプライン

イプラインの場合である．ALUはALU0とALU1の2個あるが，2個は完全に同じものではなく，片方（ALU1）は単純な命令しか実行できない．このため，上述の2命令の同時に実行可能な条件が成立していても，順序通りの実行になる場合もある．

また，それぞれの実行パイプラインでは処理する命令が限定されているので，すべての命令が2命令同時発行可能とは限らない．2命令同時発行できないような場合としては次のような命令がある．

- アンアラインドロード（32ビット境界をまたぐ場合）
- アンアラインドストア（64ビット境界をまたぐ場合）
- 整数と浮動小数点除算フロート分割
- 浮動小数点平方根
- 全ての倍精度浮動小数点命令
- 非汎用命令：SVC, BKPT, MRS, MSR, DMB, DSB

それでは，どのような命令列が2命令同時発行できるのだろうか．Arm社からは公開されていないので詳細は不明であるが，GCCのマシン依存コードの注釈を見れば，同じく2命令同時発行可能なCortex-A7の場合の発行条件を推測できる．つまり，それらは次のような条件です．おそらく，Coetex-M7の場合もCortex-A7と大差ないと思われる．

- （レジスタ間接でない）直接分岐は，それが1番目でも2番目であっても，前後の命令と同時発行できる．ただし，2命令が両方分岐命令の場合は同時発行できない．
- 連続2命令の1番目がコール命令（BL, BLX）の場

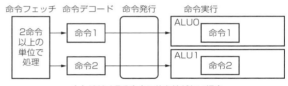

(a) 連続する2命令に依存性がない場合

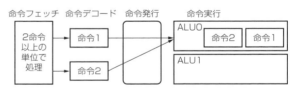

(b) 連続する2命令に依存性がある場合

図25　Cortex-M7のパイプラインは命令依存性がなければ2命令同時発行可能

合は同時発行できない．しかし，2番目がコール命令の場合は同時発行できる．しかし，2番目の命令が分岐命令の場合は同時発行できない．
- 連続2命令が両方即値オペランドを持つALU命令の場合は同時発行できる（もちろん，レジスタ依存性がないことが必要）．
- 連続2命令が両方レジスタオペランドを持つALU命令の場合は同時発行できる（もちろん，レジスタ依存性がないことが必要）．
- 1番目の命令が即値オペランドを持つALU命令で，2番目の命令がレジスタオペランドを持つALU命令の場合は同時発行可能（もちろん，レジスタ依存性がないことが必要）．

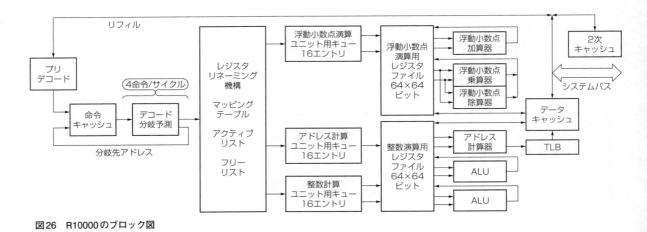

図26　R10000のブロック図

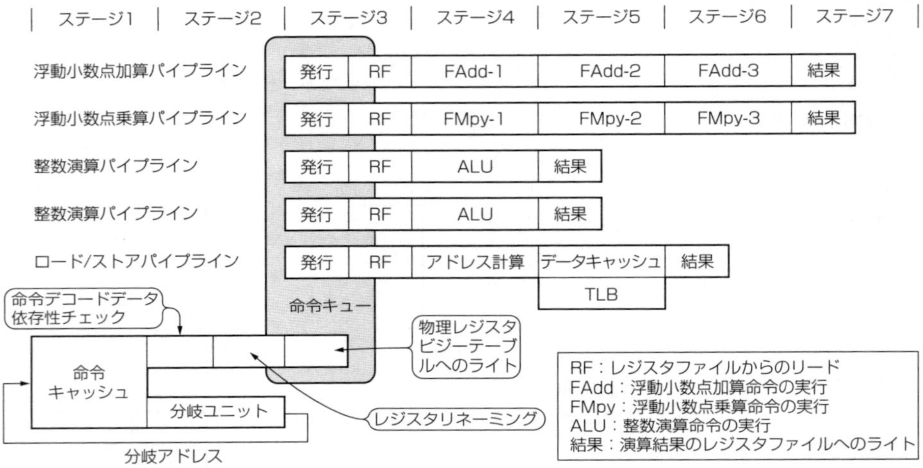

図27　R10000のパイプライン

7 R10000

● 4ウェイスーパースカラ構造

次はMIPS系のプロセッサから，R10000を取り上げてみる．図26にR10000の機能ブロック図を示す．

図を見てわかるようにR10000は，演算器として2個の整数ALU，アドレス計算（ロード/ストア）ユニット，浮動小数点加算器，浮動小数点乗算器，浮動小数点除算器（平方根器を兼ねる）をもつ．各演算器には，それぞれ16エントリからなる整数キュー，アドレスキュー，浮動小数点キューが接続されている．命令は各キューから対応する演算器に対してアウトオブオーダで発行される．

R10000は1サイクルで，4命令を命令キャッシュからリードし，最大4命令をデコード/レジスタリネーム可能である．デコードされた命令は32エントリのアクティブリストと呼ばれる命令キューと兼用のリオーダバッファに格納され，インオーダなリタイア［R10000ではグラジュエート（卒業）と呼ぶ］を管理する．1サイクルで最大4命令をリタイアできる．

演算器を6個備えているが，浮動小数点の乗算器と除算器の入力が共通なので，1度に最大5命令を発行することができる．その意味で5ウェイのスーパースカラであるが，デコード自体は1サイクルで最大4命令なので一般には4ウェイのスーパースカラと呼ばれている．

図27にR10000のパイプラインを示す．一応，7ステージパイプラインの体裁をとっているが，命令のデコード/レジスタリネーム/キューへの格納（ステージ1，ステージ2）までと，発行/実行/結果の格納（ステージ3～ステージ7）までのステージは独立に動作する分離(decoupled)方式である．アウトオブオーダ方式のスーパースカラとしては珍しくない．

R10000のアーキテクチャをMIPS社はANDES（Architecture with Non-sequential Dynamic Execution Scheduling）と呼び，アウトオブオーダ実行，分岐予測，投機実行などの総称としている．レジスタリネームは32個の論理レジスタを64個の物理レジスタへ割り当てる．割り当て可能な物理レジスタはフリーリストと呼ばれるテーブルで管理される．物理レジスタは整数と浮動小数点の2系統が用意されている．

分岐予測は，512エントリ×2ビットの情報で過去2回の分岐／不分岐の履歴を保持し，予測した方向に投機実行する．投機実行は，アクティブリストが一杯になるか，レジスタリネームのためのフリーリストが空になるまで，あるいは分岐命令を4個デコードするまで（つまり4回続けて分岐予測するまで）継続される．分岐予測のたびに，その時点での論理レジスタと物理レジスタの対応表（マップテーブル）のコピーを残しておき，分岐予測が失敗すると，そのコピーに基づいてパイプラインを分岐元の状態に戻す．R10000では演算はすべて物理レジスタに対して行われ，アーキテクチャ上のレジスタ（論理レジスタ）にはリタイア時に対応する物理レジスタから書き戻される．

なお，整数キューとアドレスキューは，基本的には，整数レジスタが対象なので，2種類持つ必然性は少ない．しかし，ノンブロッキングキャッシュの実現を容易にするためにアドレスキューが特設されているものと推測される．もっとも，MIPSの命令セットにはデスティネーションレジスタが浮動小数点レジスタのものもあるので，そのせいかもしれない．

● 命令フェッチ

ここで，R10000のパイプラインの詳細について説明する．

各サイクルにおいて，R10000は32Kバイトの2ウェイセットアソシアティブ構成の命令キャッシュから4命令をフェッチできる．命令キャッシュに格納されている命令は37ビット長で，命令キャッシュのリフィル時に32ビット長の命令をプリデコードしたものである．この余分な5ビットによって各命令を分類し，その命令が実行されるユニット情報を付加することで命令デコードを効率的に行える．このプリフェッチ／プリデコードステージはパイプラインステージの中には数えられていない．

余談であるが，一つの命令長である32ビット（4バイト）が37ビットに拡張されて格納されるので，命令キャッシュの容量は正確には37Kバイトである．

● 命令デコード

命令キャッシュからフェッチされた命令は，レイテンシが2ステージの命令デコーダに渡される．実際のデコードは最初のステージで行われ，2番目のステージではレジスタリネームが行われる．

MIPSアーキテクチャではレジスタの本数は整数用と浮動小数点用にそれぞれ32本ある．これは論理レジスタと呼ばれる．R10000はさらにレジスタリネーム用に整数用と浮動小数点用の物理レジスタをそれぞれ64本備えている．プログラム的には32本の（論理）レジスタしか見えてないが，MPU内部では2倍の本数の（物理）レジスタが処理結果を保持している．レジスタリネームはアウトオブオーダの投機実行を実現するために重要である．R10000は演算の中間結果や投機実行の結果を，この不可視な物理レジスタに保持する．これらの結果はすべての依存性が解決され，投機的な実行経路が消え去ったときにプログラムから見えるようになる．

MPU内部で何が起きているかを管理するために，R10000はすでに使用されているレジスタ（の番号）を保持するアクティブリストと利用可能なレジスタ（の番号）を保持するフリーリストを用意している．アクティブリスト内のレジスタは二つの状態を取ることができる．一つは「アクティブ」である．つまり，実行中の命令で使用されている状態である．もう一つは「コンプリート」である．つまり，命令実行の最終結果を示す状態である．

ある瞬間には最大32命令が「アクティブ」状態にある．「コンプリート」状態になり結果がグラジュエートすると，不要になったレジスタはアクティブリストから削除されフリーリストに返却される．投機実行はフリーリストに利用可能なレジスタがあり，レジスタリネームが可能な限り継続できる（アクティブリストに空きがあることも必要）．

レジスタリネームは，また，分岐予測において重要な役割を果たす．つまり，分岐が誤って予測されたときに，投機的な実行経路を迅速に破棄する役割がある．R10000は分岐ごとに，最大四つの分岐の深さまで，投機実行の入れ子が可能である．実行経路の分岐点ごとに，レジスタ状態のコピーをもつ．そのコピーは，MIPSの表現によると，その時点で存在しているレジスタリネームマップ（割り当て表）のシャドウマップと呼ばれる．後に分岐予測が失敗したことが判明しても，R10000はバッファのフラッシュやレジスタのクリアを行う必要はない．単に（予測を誤った分岐命令に対応する）最適なシャドウマップを現状のレジスタリネームマップにコピーし直すだけでよい．そのとき，無効な結果を保持しているレジスタはフリーリストへ返却される．この操作は1サイクルで行われる．このため，誤った分岐予測のペナルティは1～4サイクルになる．これはR10000が何回誤った予測を

Column2	V_R4131 のパイプライン

V_R4131はNECが開発した64ビットMIPSプロセッサである. 同社の組み込み制御用MIPS RISCとしては初めてスーパースカラ構造を採用した. V_R4131の特徴は, 性能もさることながら, 低消費電力である点である. 通常のスーパースカラ構造では消費電力が増大するため, ユニークなパイプライン構造を採用している. V_R4131では8n番地と(8n+4)番地の命令が必ず組で処理される. このため, スーパースカラと呼ぶよりもVLIWと呼ぶほうがすっきりする. VLIW構造を採用することで制御回路を単純化し, 低消費電力を図っているのである. これは, Transmeta社のCrusoeの主張に近い. V_R4131のパイプラインは典型的な次の6ステージからなる.

(1) IF ：命令フェッチ
(2) RF ：レジスタフェッチ/命令デコード
(3) EX ：実行
(4) DC1：データキャッシュ（その1）
(5) DC2：データキャッシュ（その2）
(6) WB ：ライトバック

このパイプラインを一言で表せば「隣接する2命令単位で処理するシングルパイプライン」である. MIPSの命令は4バイト固定長なので, 8n番地と(8n+4)番地の命令を一つの命令とみなし, それを6ステージのシングルパイプラインで実行する[図A(a)]. そのためにすべての演算器を2系統備えている(乗除算とロード/ストアユニットは例外).

隣接する2命令を同時に実行するわけであるが, その命令間にレジスタのRAW依存性がある場合は, 当然ながら不都合が生じる. それを回避するために, V_R4131ではレジスタのRAW依存がある場合は, (8n+4)番地の命令をRFステージで1クロック待ち合わせて, 8n番地の演算結果をEXステージからフォワーディングする. つまり, 2命令を依存性がない場合は1クロックかけて実行し, 依存性がある場合は2クロックかけて実行する[図A(b)]. また, 実行ユニットを一つしか備えない乗除算命令やロード/ストア命令が隣接する場合は, 強制的に依存関係を発生させて逐次的に実行させると思われる.

（a）V_R4131のパイプライン（依存性なし）

（b）V_R4131のパイプライン（依存性あり）

命令1と命令2, 命令4と命令5に依存性があると仮定

図A　V_R4131のパイプライン

行ったかに依存する. 最大の入れ子である4個の分岐予測を誤った場合が最悪の4サイクルになる.

分岐予測も動的に行われる. R10000は2ビットの情報で各分岐の履歴を記憶しておく. これは4種類の状態, つまり, 「強く分岐する」, 「弱く分岐する」, 「弱く分岐しない」, 「強く分岐しない」である. MIPSによるとR10000の分岐予測の正確さは90%以上であるという. これは, 典型的な動的な命令列において,

平均的に6命令に1回分岐が現われるという根拠に基づいているらしい.

● 命令実行

R10000は各サイクルにおいて, 最大4命令をフェッチし, 最大4命令をグラジュエートするが, その中間には五つの実行ユニットがある. このため, 可能性としては, 各サイクルで, 5命令を同時発行, 実行, コ

ンプリートできる．このため，R10000は4ウェイスー
パースカラとも5ウェイスーパースカラとも呼ばれ
る．しかし，命令の処理数に関するこの不整合は偶然
ではない．ピークのバンド幅を大きくしておくこと
で，内部資源の割り当てが効率よく行え，将来の拡張
の余地も残している……という説明はもっともらしい
が，本当にピーク時のバンド幅を考慮するなら，整数
演算ALUもFPUも4個ずつ用意すべきであろう．実
際，後継機種ではそのような構成を採るという動きも
あったようだが，いまだ実現には至っていない．

機能ユニットは二つの64ビット整数演算ALU，一
つのロード／ストアユニット，二つのFPUからなる．
FPUのうち，一つは加減算用，残りは乗除算／平方根
用である．後者のFPUは実際には，同一の発行／コ
ンプリート論理を共有する，乗算，除算（平方根を含
む）を行うサブユニットの組である．それらは浮動小
数点の乗算と除算を（同時発行はできないが）並行に
実行できる．

二つの64ビットALUはほとんど同一である．ただ
し，乗除算は一方のALUでしか処理できない．他方
のユニットには分岐予測の結果を確かめる論理があ
る．シフトも一方のユニットでしか実行できない．
ロード／ストアユニットはすべてのアドレス計算，ア
ドレス変換を処理する．

ここで問題となるのはNOP命令である．MIPSアー
キテクチャのNOP命令は「SLL r0，r0，r0」，つ
まりシフト命令である．プログラム中にかなりの頻度
で出現するNOP命令が片方のALUでしか実行できな
いというのは性能上も問題である．これを回避するた
め，R10000ではNOP命令はプリデコード時に「ADD
r0，r0，r0」などの並列実行可能な命令に変換して
いると聞く．また，これを考慮してか，最新の
MIPS32/MIPS64アーキテクチャではSSNOP（Super
Scalar NOP）なる命令が定義されている．

五つの実行パイプラインはすべて，最低1ステージ
からなる実行ステージと，上述のフェッチ，デコー
ド，リネームステージをもち，最後がグラジュエート
ステージである．このためパイプラインの最小ステー
ジ数は5ステージである．

命令は最初の3ステージを通過するときにはプログ
ラムの順序を維持している．そして，3種類のキュー
に格納され，最適な実行ユニットに発行されるのを待
つ．これらのキュー（ALU，FPU，ロード／ストアユ
ニット用）のそれぞれは16エントリからなり，その
キューのどの位置からでも発行ができる．つまり，こ
の時点からプログラムの順序を維持しなくなる．

ある条件下では，R10000は1サイクルで最大5命令
をキューからアウトオブオーダに発行できる．しか
し，多くの場合は，命令の依存性に応じて1〜4命令

を発行する．IPCから察するに，平均は2命令前後で
あろう．ロード処理がデータキャッシュにヒットする
ときには2サイクルかかる．また，ロードは投機的に
アウトオブオーダで実行される．これに加え，ノンブ
ロッキングキャッシュ構造によりロードを効率的に処
理する．ノンブロッキングとは，ロードがキャッシュ
にミスしてもストールすることなく先に進める技術で
ある．アウトオブオーダで命令の追い越しが可能な場
合は，とくに効果的である．R10000では最大四つの
ロードをノンブロッキングで実行できる．

● グラジュエート（リタイア）

グラジュエートとは物理レジスタの内容を対応する
論理レジスタに書き戻す処理である．リタイアとも呼
ばれ，インオーダな完了を実現する．

パイプラインの最終ステージにおいて，命令がコン
プリートしていても，すべての依存性が解決され，投
機的な実行経路が確定するまでは，グラジュエートで
きない．R10000は正確な例外を保証するので，例外
を起こす命令の後続命令はコンプリートしていても，
その命令は同様にグラジュエートできない．

グラジュエート時には，物理レジスタが論理レジス
タにリネームし直され，その内容が有効になる．この
とき，もっとも前にコンプリートした命令から最初に
グラジュエートする．グラジュエートを管理するのは
アクティブリストである．あるサイクルにおいて，ア
クティブリストの先頭から見て連続してコンプリート
している命令が，その時点でのグラジュエートの対象
になる．したがって，アクティブリストの先頭の命令
がコンプリートしない限りは1命令もグラジュエート
できない．R10000は各サイクルで，最大4命令をグ
ラジュエートできる．この操作により，命令の流れが
その本来のプログラムの順序に戻される．

● R10000の性能

MIPS社の発表ではR10000のIPCは1.5だという．
これが，Dhrystone MIPSではなく，本来の意味の
MIPS値から求められたものとすればかなりの高性能
である．出典は失念したが，4ウェイスーパースカラ
ではIPCは1．5程度が限界だそうである．つまり，
R10000はIPC的には究極の性能を達成しているとい
えなくもない．

余談だが，R10000の後継機種であるR12000では，
動作周波数が200MHzから300MHzに引き上げられた
ほかに，マイクロアーキテクチャ的には，アクティブ
リストが48エントリに，分岐予測テーブルが2048エ
ントリに増加している．また新たに32エントリの分
岐ターゲットバッファが追加されていた．R12000の
後継機種としてR14000，R14000A，R16000が開発さ

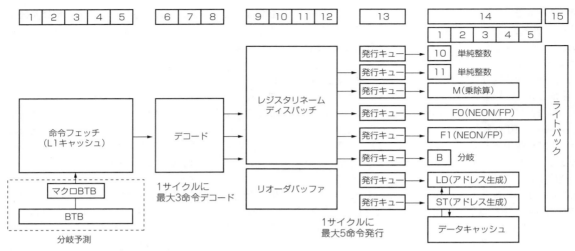

図28　Cortex-A72のパイプライン

れており，その動作周波数は500MHz，600MHz，700MHzである．とくにR16000は2003年4月に発表されたが，1GHzをはるかに下回る周波数は寂しいものがある．

R18000は2001年のHotChipsシンポジウムで概要が発表された．仮想アドレス空間の拡張（52ビット），2個のFPUを実装，L2キャッシュ（1Mバイト）の内蔵とL3キャッシュ（最大64Mバイト）インターフェースの内蔵という点が新たに公開された．動作周波数は800MHz〜1GHzと予想されている．周波数的には時代遅れの感がなきにしもあらずである．

8 Cortex-A72

Armの省電力技術であるbig.LITTLEだが，最初にbigコアとして2012年に登場したのがCortex-A57である．しかし，Cortex-A57には改善の余地があったためか，2016年には新しいbigコアであるCortex-A72が発表されている．

Armコア自体での意義としてはCortex-A57の置き換え版ということになる．Cortex-A72はCortex-A57と（発表当時は）同一プロセス技術で，動作周波数の向上自体はないが，性能はCortex-A57に対して35％向上する．これはマイクロアーキテクチャの改良によるものである．ただし，パイプライン構造もCortex-A57とほとんど同じといわれている．

Cortex-A57（とCortex-A53）を採用したQualcomm社のSnapdragon810の発熱が問題となったので，現実的には，Cortex-A72はCortex-A57の電力削減版との位置づけと見てよい．実際，Cortex-A72では「塵も積もれば…」的な低消費電力対策が数多くなされている．それを以下に簡単に説明する．説明がわかりやす

くなるように，Cortex-A72のパイプラインを図28に示す．1サイクルに3命令をデコードし，5命令を同時発行する15段（整数実行時）のアウトオブオーダなスーパースカラ構造のパイプラインである．

● 命令フェッチ/分岐予測

命令の実行は命令フェッチから開始される．このとき最初に参照されるのがL1命令キャッシュである．L1命令キャッシュは3ウェイセットアソシアティブ構成を採用しているが，3つのウェイを同時に参照するのではなく，ウェイ予測機能により，1ウェイずつ順番に参照することで電力を削減する．これで，単純にはL1キャッシュアクセスの電力が（単純計算では）1/3になるが，予測が外れた場合は，その分だけL1キャッシュアクセス時間がかかる（＝性能が劣化する）ことになる．

また，命令フェッチと同時に分岐予測を行う．これにより，フェッチした命令が分岐命令の場合に，後続する命令を分岐先からフェッチするか，分岐元の命令の次からフェッチするかを決定する．Arm社の説明によれば，分岐予測機能を改良し，性能を向上させるとともに電力効率も向上させたとしている．しかし，具体的には何を行ったのかは明らかにしていない．分岐予測したアドレスはBTB（Branch Target Buffer：分岐先バッファ）から取り出す．これは，フェッチした命令のアドレスを入力すると，（予測した）分岐先が出力されるキャッシュである．このとき，BTBを2段構成にして低消費電力化を図っている．BTBのエントリ数は2048だが，その前段に64エントリのマイクロBTBを配置し，通常はマイクロBTBを参照して，本体のBTBへのクロック供給は停止させておく．マイクロBTBにミスした場合のみ，本体のBTBを参照

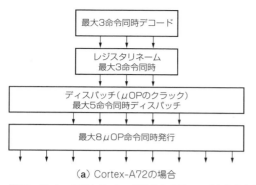

図29 Cortex-A57とCortex-A72の命令フェッチから命令発行部
（a）Cortex-A72の場合
（b）Cortex-A57の場合

する．

　Cortex-A72は64ビットプロセッサで，仮想アドレスも64ビット長であるが，プログラムのほとんどは，局所的な分岐先にしか分岐しない．このため，BTBに格納される分岐先アドレスを上位と下位に分割し，局所分岐の場合は，上位アドレスを参照しない（クロックを供給しない）という手法でさらなる低消費電力を実現する．

● 命令デコード／レジスタリネーム

　Cortex-A72は最大3命令を同時にデコードしてレジスタのリネームを行う．これはCortex-A57と同様である．デコードされた命令は単純なマイクロオペコード（μOP）に分解されて，μOPの命令単位でパイプラインで処理される．たとえば，積和命令があると，乗算命令のμOPと加算命令のμOPに分解されて連続的に実行さる．

　さらにCortex-A72では，インテルでいうところのマイクロオペコードフュージョンが行われる．基本的に，μOPは1つで1機能であるが，複数の機能を1つのμOPにパックしてデコードし，実行パイプラインに投入する前（すなわち，ディスパッチ時）に，フュージョンされたμOPを分割（クラック）する．つまり，命令デコードからディスパッチユニットまでは3経路しかないが，ディスパッチユニットから実行パイプラインの各命令キュー（8個ある）までの経路が3から5に増えている（図29）．この手法により，命令デコード能力を増強する．これは，低消費電力化とは逆行する仕組みのようにも思えるが，上述の命令フェッチ時の低消費電力化で低下する恐れのある処理性能を補完するものと思わる．

　また，命令デコーダと命令バッファも低消費電力化されているそうであるが，例によって，詳細は公開されていない．

　さらに，Cortex-A57で存在していたループバッファがCortex-A72では削除された．ループバッファはループ内にある命令列のデコード結果を保持しておき，2回目以降のループ内の命令デコードを省略する役割がある．Cortex-A72では分岐予測機能が強化されたのでループ内の命令列を特別扱いする必要がなくなったのだと思われる．

● ディスパッチ／リタイア

　ディスパッチ能力が3から5に増えたことは上述のとおりである．また，実行パイプラインにμOPを投入する直前にレジスタファイルのリードを行うのであるが，それも投機的（つまり，リードされるレジスタを予測）に行われる．通常は，実行パイプラインのキューごとにレジスタファイルのリードポートが存在するが，投機的なレジスタリードで，リードポートを共有化できるため，全体的なリードポート数を劇的に削減できるという話である（1つのリードポートから複数のレジスタをパイプライン的にリードするのだろうか？　詳細は不明）．また，これにより，レジスタ状態を保持するFIFOの段数を削減できるので，リタイア（実際の命令実行終了のことで，レジスタファイルへ結果をライトする段階）時の低消費電力化が図れるという．また，レジスタのリードポートの共有化で，異なる実行パイプラインへのレジスタ値のフォワーディングが可能になるので，巨大な（＝大電力を消費する）レジスタファイルをリードする必要がなくなるらしい．これが，レジスタの投機的リードということのようである．通常の構成では，同一の実行パイプライン間ではレジスタ値のフォワーディングが行われるのはなかば常識であるが，異なる実行パイプライン間でのフォワーディングは稀な構成である．

● 実行パイプライン

　整数系の処理を行うパイプラインはCortex-A57と同一と思われる．ただし，整数除算と浮動小数点除算は16進数（つまり4ビット単位）で処理される．これは，通常の除算と比べると4倍の処理性能になる．

整数処理はともかく，浮動小数点演算処理は，全体的に，次のようにCortex-A57から高速化（低レイテンシ化）されている．
- FMUL（乗算）：3サイクル（40％のレイテンシ低減）
- FADD（加算）：3サイクル（25％のレイテンシ低減）
- FMAC（積和算）：6サイクル（33％のレイテンシ低減）
- CVT（変換）：2サイクル（50％のレイテンシ低減）

Armによると，これらの命令の性能は高性能サーバやPCに匹敵するそうだ．SPECFP2000ベンチマークでいえばCortex-A57に比べて25％の性能向上という．

● ロード/ストア

ロード/ストアユニットでの特長的な性能向上手法は，L1/L2データキャッシュのプリフェッチ機能である．もちろん，L1データキャッシュでもウェイ予測を行い，低消費電力を実現している．それに加え，MMUのTLBミス時のページテーブルウォークを複数同時動作させることが可能で，統合TLBの参照レイテンシを最小化する（Cortex-A57に比べて50％の性能増加）．これは，参照するアドレスを予測し，バスのアイドル時間を縫ってページテーブルウォークを複数発行しているものと思われる．

*　　*　　*

Cortex-A72を最初に搭載したSoCはHuaweiのKirin950である．これは，4個のCortex-A72（2.3GHz）と4個のCortex-A53（1.8GHz）をbig.LITTLE構成で使用する．Huaweiの説明では，Cortex-A72はSamsungのExynos7420に搭載したCortex-A57より同一動作周波数で11％高速で，総合的には20％の性能向上だという（Samsungは14nmプロセス，Huaweiは16FF+プロセス）．また，Cortex-A72はCortex-A57に比べて，消費電力は20％削減，エネルギー効率（静的電力）は30％の増加という．

9 Cortex-A78

Cortex-A78は2020年5月に発表されたモバイルデバイス向けCPUである．Cortex-A78は前世代のCortex-A77に対して，約20％以上の性能向上を達成する．アーキテクチャとしては，Cortex-A55と新世代のbig.LITTLEとも言えるDynamIQ攻勢を採ることが可能である．

Cortex-A78自体は，Armの開発ロードマップに沿った製品であるが，この製品がArmのラインナップの大きな転換期にもなっている．すなわち，Cortex-A78のマイクロアーキテクチャをアップグレードしてCortex-X1という超高性能チップやNeoverseというサーバ向けのチップを作る流れの最初の製品である．

前製品に対して，性能を20％向上させることは容易なことではない．以下では，そのための仕組みを説明する．しかし，Cortex-A78の発表辺りからArm社が自社製品の詳細なマイクロアーキテクチャを公開しなくなった．以下の説明があっさりしているのもそのせいである．

図30にCortex-A78のパイプラインを示す．このパ

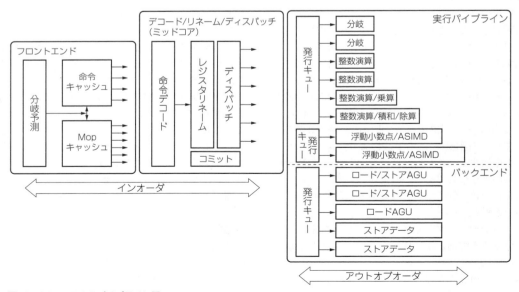

図30　Cortex-A78のパイプライン図

イプラインについて，フロントエンド，ミッドコア，バックエンドに分けて説明する．

● フロントエンド

Cortex-A78の性能向上に寄与する最大の改善は分岐予測である．前製品のCortex-A77では，サイクルごとに1つの分岐経路を予測することしかできなかったが，Cortex-A78では，サイクルごとに2つの分岐経路を予測することができるようになった．また，分岐予測自体の精度も向上させたというが，その詳細は不明である．ともかく，分岐予測の改善により，命令デコード部への命令供給のスループットが向上して，全体的な性能向上につながっている．

Cortex-A78のMopキャッシュ（L0キャッシュ）は，Cortex-A77と同じで，最大1500のデコード済みのマクロ命令（ISAの命令）を保持する．

フロントエンドからミッドコアまでの命令供給能力もCortex-A77と同じで，1サイクルで最大4命令のデコードが可能で，L0キャッシュにヒット時は，命令デコーダをバイパスして最大6命令例を命令デコード処理の後段（レジスタリネームステージ）に転送する．

● ミッドコア

ミッドコアと実行パイプライン部の改善は，ほとんどが，面積の縮小化と電力効率の向上である．最大の改善は，命令発行キューの最適化という話であるが，詳細は不明である．

逆に，アウトオブオーダを実現する命令ウィンドウのサイズは，Cortex-A77より縮小化されているそうだ．これは，命令ウィンドウのサイズを大きくしてもそれほど性能向上には寄与しない（線形的に性能向上するわけではなく，面積や電力の増加が著しい）と判断したためという．

Cortex-A78のMopのサイクル当たりのディスパッチ数は公式には6Mopと，Cortex-A77と同じであるが，同時発行命令数に関しては，Cortex-A77では10μOPだったものが，Cortex-A78では12μOPになっている（図30では13μOPに見えているが，なぜ差分があるのかは不明）．MopとμOPの違いは，μOPはMopの機能を細分化した単純機能の命令ということである．つまりMopは，俗にいう，マイクロフュージョンされた中間命令ということになる．

実行パイプラインでは，整数演算ALUの1つを複雑な命令を処理するように変更した．整数演算の実行では，Cortex-A77でもCortex-A78でも4基の整数ALUを備えている．Cortex-A77では，その4つのALUのうちの1つでしか乗算の処理ができなかった．Cortex-A78では2つのALUで乗算処理が可能になっている．これにより，整数乗算の実行帯域が，Cortex-A77の2倍になるという．

● バックエンド

バックエンドというか，ロード/ストアユニットは，Cortex-A77から大きな変更が行われている．

まずは，ロード専用AGU（アドレス生成ユニット）の追加である．Cortex-A77ではロードとストアに共通に2基のAGUが備えられていた．このため，ストアの帯域は変わらないが，ロードの帯域は50%増加するというという．

以降の説明に関連するユニットは図30には示していない．そういう最適化もなされていると想像しながら読んでほしい．

ロード/ストアキューからL1データキャッシュへのインターフェースの帯域は2倍になっている．つまり，1サイクル当たり16バイトだった帯域が32バイトに変更されいる．また，L2コアのインターフェースの帯域も2倍になっている．

最後は，データのプリフェッチ機能の改善である．メモリ領域の対応範囲，精度，適時性（出現パターンに応じて優先度を調整すること）を改善している．Armは業界で最も先進的なプリフェッチャーをいくつか持っているそうだ．プリフェッチの最適化は，L1データキャッシュのヒット率を向上させるので，ロード/ストアが頻出するアプリケーションでは威力を発揮する．

結局，Cortex-A78の性能向上は，命令とデータの供給能力を増加させることでもたらされたものということができる．

10 BOOMv1/BOOMv2

BOOM（Berkeley Out-Order Machine）とは，RISC-Vを提唱したUCバークレー校が開発した，RISC-Vの命令をアウトオブオーダで実行する論理合成可能な高性能なコアである．専用のジェネレータでRTLを生成する．

BOOMは，初期段階では，1990年代のMIPS R10000やAlpha21264のマイクロアーキテクチャにインスパイアされている．しかし，それらのプロセッサは短いパイプライン段数でも高い動作周波数を達成できるように専用設計やダイナミック回路が使用されている．これでは論理合成には適さない．論理合成を可能にするために，マイクロアーキテクチャレベルの技術をクリティカルパス対策に費やし，パイプライン段数も増加させた．専用設計は使用しない．

● BOOMv1の特徴

BOOMv1はBOOMの最初の実装である．2015年に

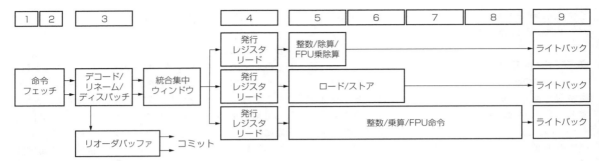

図31　BOOMv1のパイプライン

論文発表されている．

　図31にBOOMv1のパイプラインを示す．BOOMv1はMIPS R10000の6段パイプライン構造を採用している．つまり，フェッチ，デコード/リネーム，発行/レジスタリード，実行，メモリアクセス，ライトバックの6段である．しかし，これはパイプラインの段数を論理的に見た場合の話であり，図31を見ると，フェッチに2段，デコード/リネームに1段，発行/レジスタリードに1段，実行に1段（整数演算の場合），メモリアクセスに1段（ロード/ストアの実行パイプラインが2段のため），ライトバックが1段の，合計7段パイプラインであることが分かる．命令フェッチが2段なのは1段分を分岐予測に使用するためである．

　しかし，アウトオブオーダ実行のパイプラインで，発行前のパイプライン段数と発行後のパイプライン段数を合計して考えることにあまり意味はない．発行前と発行後でパイプラインが分離（デカップリング構造）されているからである．

　あらためて図31を見ると，BOOMv1は2命令同時デコード，3命令同時発行の集中ウィンドウ型のアウトオブオーダ型のパイプラインであることが分かる．

　デコード中に命令はマイクロオペレーション（μOP）に変換される．リネームは，すべての論理レジスタを物理レジスタに変換する．設計を簡略化するために，すべてのμOPは単一の統合発行ウィンドウに格納される．また，すべての物理レジスタは，整数用や浮動小数点用を問わず，単一の物理レジスタファイルに格納される．実行ユニットは，整数ユニットと浮動小数点ユニットがミックスされている．これにより，浮動小数点のロード/ストアや浮動小数点から整数への変換時のレジスタファイルへのアクセスが非常に単純化される．このように，命令処理が整数演算と浮動小数点演算で区別されていないのがBOOMv1の最大の特長である．

● **BOOMv2の特徴**

　BOOMv2は2018年のHotChips30で発表された．BOOM自体は，命令の発行数，発行ウィンドウサイズ，キャッシュの構成などがパラメータ化され，用途に合わせて構成を変更可能なRISC-Vコアだった．しかし，2018年の発表では，マイクロアーキテクチャが当初の計画と大きく変わっているのがわかる．特に目につくのが次の2点の変更である．

　レジスタリネームに使われる物理レジスタが，整数演算と浮動小数点演算で共通だったのが，整数用と浮動小数点用に分離された．

　命令発行ウィンドウが，集中ウィンドウ＋ROB（リオーダバッファ）型だったのが，演算器ごとに発行キューをもつリザベーションステーション型に変わった．

　これは，奇しくもBOOMが，アウトオブオーダな実行を行うプロセッサの典型的な2種類の実装方式を経て現在に至っていることを示す．大袈裟にいえば，BOOMの歴史を知ることはアウトオブオーダ実行プロセッサの実装の歴史を知ることになる．

　図32にBOOMv2のパイプラインを示す．2命令を同時にデコードすることはBOOMv1と変わらないが，命令発行が4命令同時発行に変更になっている．また，上述のように，発行キューが，集中ウィンドウ方式からリザベーションステーション方式に変更になっている．BOOMv1からの大きな方針転換は整数演算と浮動小数点演算が別々の実行パイプラインになったことである．命令フェッチが，BOOMv1から1段増えて3段になった理由は分岐予測に余裕を持たせるためである．

　表1にBOOMv1とBOOMv2のマイクロアーキテクチャの違いを示す．このような大改造が行われた理由は，性能向上のためであることは想像に難くない．第7回のRISC-Vワークショップでの発表では，クリティカルパス（スピード向上のネックになっている回路）の軽減手法が詳細に説明されている．その結果，BOOMv2はBOOMv1に対して，クロック周期は約25％減少（約33％の動作周波数向上），CoreMark/MHzは約20％の性能低下となっている．つまり，

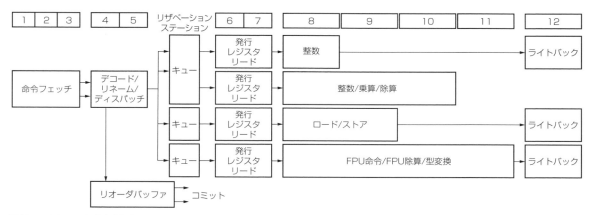

図32 BOOMv2のパイプライン

表1 BOOMv1とBOOMv2のマイクロアーキテクチャの違い

	BOOMv1	BOOMv2
BTBエントリ数	40（フルアソシアティブ）	64×4（セットアソシアティブ）
フェッチのバンド幅	2命令	2命令
発行バンド幅	3μOP	4μOP
発行キューのエントリ数	20	16/16/16（16/20/10という資料もある）
レジスタファイルの構造	7リード/3ライト	6リード/3ライト（整数演算） 3リード/2ライト（浮動小数点演算）
実行ユニット	①整数ALU＋整数乗算＋積和 ②整数ALU＋浮動小数点除算 ③ロード/ストア	①整数ALU＋整数乗算＋整数除算 ②整数ALU ③FM＋浮動小数点除算 ④ロード/ストア

MHz当たりの性能が低下しても，それを上回る動作周波数で性能を向上させるという発想である．

BOOMv2の絶対的な性能が気になるところであるが，上述のHotChip30で示されたコアの性能比較では，BOOMv2の性能はArmのCortex-A9程度の性能とされている．Cortex-A9は2007年に発表されたArmで初めてのアウトオブオーダ実行のプロセッサであるから，BOOMv2の性能はArmと比べれば約10年遅れということになる．BOOMに関しては，その開発の継続をEsperanto社が引き継いだ．Esperanto社はBOOMを改良して，Armを凌ぐプロセッサを開発しようとしている．その成果が，2021年に発表されたET-SoC-1というプロセッサである．ET-SoC-1は6個の高性能コア（ET-Maxion）と1088個のサブコア（ET-Minion）を集積するAIチップである．Esperanto社の対抗は，Armというよりも，AIチップベンダになってしまった模様である．

11 BOOMv3

RISC-Vのチップベンダとしては，SiFive社やWD（Western Digital）社が有名である．これらのベンダは高速なRISC-Vコアを開発しているが，本家のUCバークレー校もそれに負けまいとBOOMの第3世代であるBOOMv3（またの名をSonicBOOM）を2020年5月29日に発表した．BOOMv3は，基本的には，BOOMv2の欠点を改良して性能を向上している．具体的には，BOOMの実行パスの最適化と命令フェチユニットの再設計が行われている．分岐予測は，命令キャッシュのバンク構造と相性が悪かったのを修正し，新たにTAGE分岐予測を採用して精度を向上させている．そのほかにも分岐予測は精度を向上させるための施策が行われている．BOOMv2では，Rocketチップから流用したインオーダ実行用のロード/ストアユニットを流用したため性能の足かせになっていた．この反省から，BOOMv3のロード/ストアユニットは，サイクルごとに2つのロードまたは1つのストアを発行できるように改良された．

また，BOOMv3の性能向上の施策で興味深いのは，データ依存の条件分岐命令（これは，if～else文や，switch～case文で出現する）の高速化である．これは，命令デコード時に，データ依存の条件分岐命令を条件MOVE命令に変換して分岐処理をなくす処理で実現される．筆者的には，これは反則ではな

95

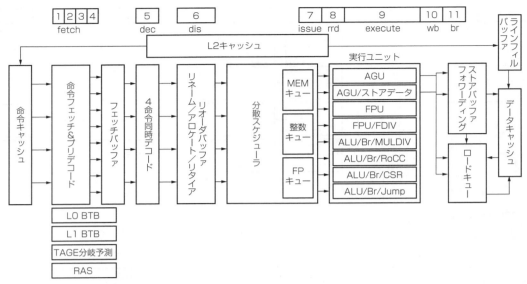

図33 BOOMv3のパイプライン

いかと思う．RISC-Vのオリジナルな ISA（命令セット）に条件 MOVE 命令が存在しないのに，条件 MOVE 命令を新規導入したのに等しいからである．もっとも，RISC-V では，この条件 MOVE 命令を含む Zicond 命令セットの導入を行っている．それはともかく，このデータ依存条件分岐の最適化機能を許可すると，許可しない場合に 4.9CoreMark/MHz の性能が，6.15CoreMark/MHz に向上するそうだ．

上述のような最適化のおかげで，BOOMv3 は，従来のオープンソースのアウトオブオーダコア（WD の SWeRV と思われる）と比較して，SPEC CPU ベンチマークで 2 倍の IPC を達成するという．これは，2020 年 6 月時点で利用可能な最速のオープンソースコアという話である．

図33 に BOOMv3 のパイプラインを示す．この図はインテルの Haswell 世代の Core プロセッサと酷似している．つまり，BOOMv3 は，Haswell と同じ性能を達成できるということになる．ここで思い出されるのは，Arm 社が Cortex-A72 の発表時に Haswell をシュリンクしたコアである Broadwell をライバル視していたことである．つまり，BOOMv3 の性能は，Arm Cortex-A72 相当ということになる．ということは「最速のオープンソースコア」というのは言い過ぎという気もする．同程度の性能の RISC-V プロセッサとしては，SiFive 社の U84 や Alibaba 社の XTC910 が存在する．

話が横に逸れたが，BOOMv3 のパイプラインの説明に戻る．図33 を見ればわかるが，4 命令（32 ビット長命令時）同時フェッチ，4 命令同時デコード，4 命令同時発行の，いたって普通の，アウトオブオーダ方式のパイプラインである．基本的な性能向上の鍵は，分岐予測を含めた命令フェッチの強化とロード/ストアユニットの改良である．以下に，これらについて説明する．

● 命令フェッチ

BOOMv2 の命令フェッチユニットは，圧縮した 2 バイト超の RISC-V 命令（RVC）をサポートしていなかった．また，命令フェッチユニットと分岐予測ユニットの連携もうまく行ってなかった．BOOMv3 では，16 ビット長命令をサポートするとともに，分岐予測として TAGE 方式を採用して性能向上を図った．

● 分岐予測

分岐予測は，アウトオブオーダコアの性能に寄与する重要な構成要素である．BOOMv3 では分岐予測精度の向上が最初の懸念事項だったという．BOOMv2 の分岐予測にはバグがあり，命令フェッチユニット，分岐ターゲットバッファ（BTB），および分岐予測器間での密接な連携ができていなかった．このため分岐予測の精度が低下していた．そこで，BOOMv3 では分岐予測機構が再設計された．BOOMv2 では，命令キャッシュのメモリのバンクと分岐予測器のバンクが一致しておらず，奇数/偶数の命令キャッシュのバンクと分岐予測器のメモリでエイリアシングという競合状態が発生して，メモリのアクセスに待ちが発生していた．BOOMv3 では，この待ちが無くなるように命令キャッシュと分岐予測器のメモリのバンク構成を同一にした．

さらに，BOOMv3 では，小容量のマイクロ BTB

（uBTB）を追加することにより，BOOMv2では最小2サイクルかかっていた分岐先の予測時間を低減する．このuBTB（「次ライン予測器」または「L0BTB」と呼ばれることもある）は，近距離のループによる命令フェッチのスループットを大幅に向上させる．

しかし，決定的に分岐予測の精度を向上させたのはTAGE分岐予測方式の採用である．これは，投機的に分岐予測のグローバル履歴を更新し，分岐予測の精度を向上させる．また，分岐予測先が同じ分岐命令のパケット内にある場合は，エイリアシングが発生して分岐予測の性能を低下させるが，それにも対処を行った．

BOOMv3ではさらに，分岐予測ミスの後に誤って命令フェッチした状態を復元するための新しい修復メカニズムを提供する．具体的には，ループ予測と戻りアドレススタック（RAS）の予測に注力する．RASの場合は，BOOMv2と比較すると，予測ミスが1/10になり，ret命令の予測精度は98%になる．

BOOMv3では分岐命令の解決（Taken/Not-Takenを認識すること）の機構も変更した．BOOMv2では，分岐予測ユニットが分岐先を決定するために，シングルポートのフェッチPCキューを読み取る必要があるため，1サイクルで1分岐しか解決できなかった．この制限により，フロントエンドのトレースキャッシュのスループットを向上させるスケーラビリティが失われていた．その理由として，分岐密度の高いコードには，フェッチしたパケットに複数の分岐が含まれる場合があるからである．BOOMv3では，同時に複数の分岐命令を解決できるスーパースカラ分岐解決ユニットを追加した．これは，ライトバックの後に追加のパイプラインステージを挿入して，フェッチPCキューを読み取り，解決された分岐命令の並びの中で最も古い予測ミスの分岐の分岐先を決定する．これにより，分岐から分岐へのレイテンシが12サイクルに増加するが，スケジューラがより積極的に命令をスケジュールできるため，関連するワークロードの性能が全体的に向上する．このユニットの具体的な動作は不明である．

● 短距離の後方分岐の最適化

命令列の中で頻繁に出現する命令コードのパターンは，短い基本ブロック上でのデータ依存をともなう分岐である．これらのシーケンスのデータ依存分岐は，予測が困難な場合が多く，単純なこれらのコードシーケンスの実行は，頻繁な分岐予測ミスとパイプラインフラッシュを引き起こす．

BOOMv3が採用しているRISC-V ISAは，予測不可能な短距離後方分岐を効果的に置き換えることができる条件付き移動または述語命令を提供しないが，マイクロアーキテクチャでこれらのケースを動的に最適化できる．BOOMv3ではそのような論理を検出し，それらを内部の「条件フラグ設定」および「条件付き実行」といったμOPにデコードする．

「条件フラグ設定」を行うμOPは，元の「分岐」を行うμOPを置き換え，代わりに，分岐の結果を述語レジスタファイルに書き込む．

「条件付き実行」を行うμOPは，述語レジスタファイルを読み取り，その値にしたがって，Taken時に本来転送するべきのレジスタからか，あるいは，Not-Taken時に転送する別のレジスタからデスティネーションレジスタへのコピー操作を実行するかを決定する．この最適化により，一部のコードシーケンスでは，最大1.7倍のIPCが得られることがわかっている．BOOMv3では，この条件実行を許可しない場合の性能は4.9CoreMark/MHzであり，許可した場合の性能は6.15CoreMark/MHzとなる．

● ロード/ストアユニットとデータキャッシュ

RTLの再利用を最大活用するために，BOOMv1およびBOOMv2は，インオーダなRocketコアのL1データキャッシュの実装を流用している．しかし，インオーダコア用に設計されたL1データキャッシュを使用すると，性能が大幅に低下することが分かった．さらに，RocketコアのL1データキャッシュは，キャッシュの補充（リフィル）操作が不可避的にキャッシュの追い出しと置換につながるため，投機的に操作を実行することができない．このため，RocketコアのL1データキャッシュを利用すると，誤ったアクセスによる大幅なキャッシュ汚染が発生する．また，Rocketコアにおいて，L1データキャッシュからL2キャッシュへのアクセスレイテンシは14サイクルであるが，コアから測定したアクセスレイテンシは24サイクルにもなる．これらの問題に対処するため，BOOMv3では新しいロード/ストアユニットとL1データキャッシュを搭載する．

● デュアルポートL1データキャッシュ

BOOMv3で採用しているメモリユニットへのデュアル発行をサポートするため，新しい設計では，L1データキャッシュを2つのバンクに分離する．各バンクは1リード1ライトSRAMとして実装されているため，別々のバンクへの同時アクセスが可能になる．

そして，BOOMv3では，L1データキャッシュとの構造と合致するように，ロード/ストアユニットを再設計した．最終的なBOOMv3のロード/ストアユニットは，サイクルごとに2つのロードまたは1つのストアを発行できる．これは，L1データキャッシュの帯域幅が16バイト/サイクルの読み取り，8バイト/サイクルの書き込みということになる．

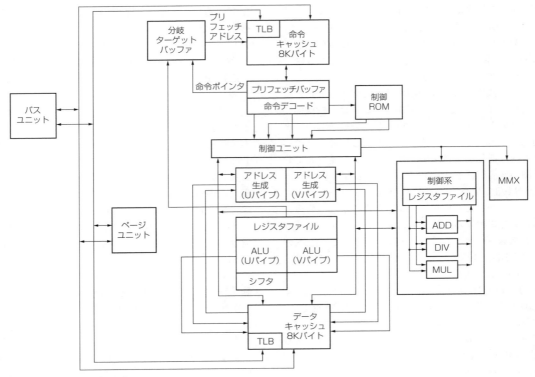

図34　Pentiumのブロック図

● L1パフォーマンスの向上

BOOMv3では，L1データキャッシュのロードミスにより，L2へのリフィル要求がすぐに開始される．リフィルデータは，データキャッシュに直接ではなく，ラインフィルバッファに書き込まれる．したがって，キャッシュエビクション（追い出し）を並行して発生させることが可能になる．これは，L2キャッシュのミス時の処理時間を劇的に削減する．キャッシュエビクションが完了すると，ラインフィルバッファがL1データキャッシュのキャッシュアレイに書き込まれる．

L1データキャッシュの最後の改良は，ノンブロッキング化である．これには，複数の独立したステートマシンが含まれる．個別のステートマシンが，キャッシュのリフィル，権限のアップグレード，ライトバック，プリフェッチ，データの取り出しを行う．これらのステートマシンは並行して動作するが，メモリの一貫性を維持するために必要な場合にのみ同期して動作する．

また，L1とL2の間に小さな次の行のプリフェッチャを導入する．次の行のプリフェッチャは，キャッシュがラインフィルバッファにミスした後，シーケンシャルに次のキャッシュラインを投機的にフェッチする．ラインフィルバッファ内のアドレスで後続のヒットが発生すると，プリフェッチャは，プリフェッチされた行をL1データキャッシュのデータアレイに書き込む．

12 Pentium

● Uパイプ/Vパイプのスーパースカラ構造

Pentium (P5) のパイプラインは，i486と同様の5ステージから構成される．MMX Pentiumではフェッチステージが1段追加されて6ステージになる．イメージ的にはそのパイプラインが2本並列に動作するインオーダスーパースカラ構造である．二つの汎用整数パイプラインに加えて，パイプライン化されたFPU演算を同時に実行できる．

これら二つの整数パイプラインは，UパイプおよびVパイプと呼ばれる．Uパイプはすべての命令を実行できる．一方，Vパイプでは単純な命令のみを実行できる．同時発行可能な2命令をデコードしたとき，（プログラムの順番で）先行する命令はUパイプで，後続する命令はVパイプで実行される．イメージ的には，Uパイプが常に動作していて，後続命令が同時実行可能な場合のみVパイプも使用するといったところであろうか．

図34にPentiumのブロック図を示す．なお，五つ

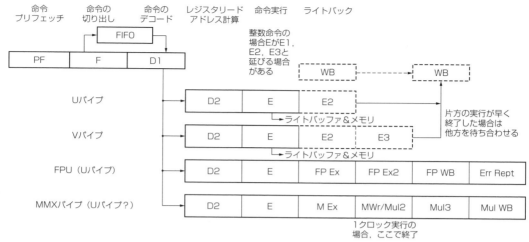

図35　Pentiumのパイプライン

のパイプラインステージの内訳は，次のようになっている（図35）．
(1) PF：プリフェッチ
(2) F：フェッチ（MMX Pentiumのみ）
(3) D1：命令デコード
(4) D2：アドレス生成
(5) EX：実行（ALU演算とキャッシュアクセス）
(6) WB：ライトバック

● 各ステージについて

　PFステージでは命令キャッシュまたはメモリから命令がプリフェッチ（先取り）される．Pentiumでは，従来のi486などとは異なり，キャッシュが命令キャッシュとデータキャッシュに分かれているので，プリフェッチがデータ参照と競合しない．PFステージでは，二つの独立なラインサイズ（16バイト×2）の組み合わせのプリフェッチバッファが分岐ターゲットバッファ（BTB）と結合されて動作する．条件分岐命令に行き当たるまでプリフェッチは逐次的に進む．条件分岐命令がプリフェッチされるとBTBで分岐予測が行われ，片方のプリフェッチバッファは分岐先のプリフェッチに使われる．これにより，分岐予測によるプリフェッチと同時に本来のプリフェッチを続行できる．MMX Pentiumでは四つの16バイトのプリフェッチバッファで最大四つの独立した命令の流れをプリフェッチ可能らしい．本当なのかと疑ってしまうが，これはユーザーズマニュアルからの受け売りである．

　FステージはMMX Pentiumのみに存在する．このステージでは命令の長さをデコードする．これは従来D1ステージで行われていた処理である．プリフィクスのデコードもFステージで行われている．

　さらに，MMX Pentiumでは，FステージとD1ス

テージの間に命令キュー（FIFO）が存在する．FIFOが空のときは，命令は遅延なしでD1ステージに渡される．FIFOは4命令分用意されており，各サイクルで2命令を格納可能である．FIFOからは2組の命令が引き出されてD1ステージに渡される．FIFOは通常命令で満たされているので，常に2命令を取り出すことが可能で，1サイクルで実行される平均命令数は2に限りなく近づく．FIFOがうまく機能している限りは，命令フェッチとFIFOからの命令の切り出しでストールは生じない．

　D1ステージでは連続する2命令を同時にデコードし発行する．同時に発行できる命令の組は次のような関係にあるものである．
(1) ハードワイヤード化された単純な命令
(2) レジスタの依存性がない
(3) ディスプレースメント付きとイミディエートの組でない
(4) プリフィクスでない

　なお，FステージをもたないPentiumではプリフィクスがある時だけD1ステージを繰り返す．また，プリフィクスは，他の命令と組になることはなく，Uパイプのみで実行される．すべてのプリフィクスが発行されると，ベースとなる命令（プリフィクスが付加されていた命令）は次の命令と同時発行が可能になる場合もある．D2ステージではメモリオペランドのアドレスを計算する．また，レジスタオペランドをリードする．i486では，ディスプレースメントとイミディエートを同時に含む命令，または，ベースとインデックスを持つ命令はもう1回D2ステージが必要だったが，Pentiumでは不要になった．

　EXステージはALU演算とデータキャッシュへのアクセスを行う．ALU演算とデータキャッシュアク

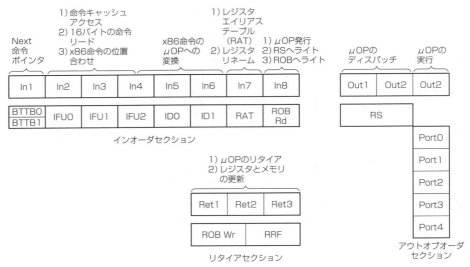

図36 Pentium II のパイプライン

セスの両方の処理が必要な場合，このステージではさらに1クロックが必要となる．EXステージでは分岐予測の正当性の検証も行う．ただし，Vパイプの条件分岐の検証はWBステージで行われる．また，マイクロコードで実行される複雑な命令はUパイプとVパイプの両方を使う．

WBではプロセッサの状態を更新して実行を完了する．

UパイプとVパイプで実行される命令は，同時にD1，D2ステージに入り，同時に抜けていく．当然，EXステージにも同時に入る．もし，片方のパイプがストールすれば他方のパイプもストールする．両方のパイプの命令がWBステージに達するまで，新たな命令はEXステージに入って来られない．こうして，インオーダ完了を実現している．

13 Pentium II

● 複雑なスーパーパイプライン構造

Pentium II (P6) のパイプラインは複雑である．動作周波数を上げるためにスーパーパイプライン構造を採り，IPCを上げるためにアウトオブオーダのスーパースカラ構造を採っている．14ステージのパイプラインは次の三つのセクションに分割できる．そして，これらのセクションは独立して動作する（図36）.

(a) インオーダな前処理 (8ステージ)
(b) アウトオブオーダ実行 (3ステージ)
(c) インオーダなリタイア (3ステージ)

パイプラインのステージ数は，機能分割の方法により12ステージ，または10ステージという説もある．ここでは，Pentium IIが発表された当時の一般的な解説記事にしたがおう．Intelの公式資料ではステージ数は明記されていなかったと記憶している．マニュアルにある図のステージ数を数えると13ステージのようにも思えるが，実行ステージを抜いて12ステージという解釈が有力であった．なお，Pentium4の発表に当たり，Pentium II のパイプラインステージ数は公式に10ということになった．

Pentiumは（かなり制限のある）2命令同時発行のMPUだったが，Pentium II では3命令同時発行になった．単にパイプラインの本数を増やしただけでなく，Pentium II はx86命令を μOPというRISC風の固定長命令に変換し，効率的にパイプラインを処理した．x86命令の欠点 (?) として，エンコード（命令コードのビット並び）に規則性がないこと，レジスタ-メモリ間演算，可変長命令などが挙げられるが，従来はこれらの特徴が効率的なスーパースカラ処理の妨げとなっていた．μOPを導入することで命令のデコードが容易になり，RISC並みのパイプライン効率を得ることができる．

図37にPentium II の機能ブロックを示す．この図を基に命令処理の過程を説明しよう．

● x86命令の変換

x86命令から μOP への変換は，パイプラインの最初の8ステージで行われる．まず，分岐ターゲットバッファ (BTB) が指し示す位置の64バイト（キャッシュ2ライン分）のコードを命令キャッシュから読み込む．その中で，最初にあるx86命令の先頭から16バイトのコードを取り出して，並列動作する三つのデコーダに渡す．x86アーキテクチャは可変長命令を採用し，プリフィクスを付加することで（理論上）無限長の命

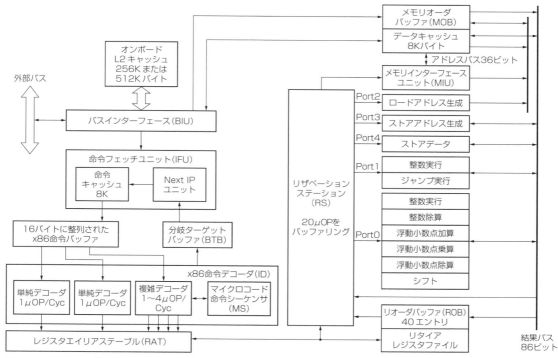

図37 Pentium IIのブロック図

令を生成することができる.

　Pentium IIは，1命令の長さを平均5バイトと仮定しているのであろう．もっとも，16バイトのコードのうち，この時点で命令の切れ目は不明なので，三つの命令デコーダは16バイトすべてを受け取ると推測される．Pentium系のMPUでは，命令が16バイト境界にまたがる場合は命令の実行効率が落ちるといわれているが，それはここに原因があると思われる.

　さて，Pentium IIの命令キャッシュは1ラインが32バイトなので，その中の任意の位置から始まる16バイトのコードを得るために，二つのラインが同時に読み込まれる．そして，これら3種の命令デコーダがx86命令をRISC命令によく似たμOPに変換する．三つのデコーダのうち，二つが単純デコーダ，残りが複雑デコーダである．単純デコーダは一つのx86命令を一つのμOPに変換し，複雑デコーダは一つのx86命令を一つから四つのμOPに変換する．とくに複雑な命令は複雑デコーダでもデコードできず，そこを通過してマイクロコード命令シーケンサ（MIS）に渡される．MISは必要なだけのμOPを生成する.

　たまたま複雑な命令が単純デコーダに割り当てられる場合は，そこから複雑デコーダまたはMISに渡される．ここでのデコードの遅れはリザベーションステーションで吸収されるので，命令の実行には影響しない.

　単純な命令と複雑な命令のデコーダへの割り当てが完璧な場合は，1サイクルごとに六つのμOPを生成する．平均すると1サイクルごとに三つのμOPが生成されている．これを根拠に，IntelはPentium IIを「3ウェイスーパースカラ」と呼んでいる.

● レジスタリネーム

　μOPに変換されたx86命令は，パイプラインの第7ステージでレジスタエイリアステーブル［Register Alias Table：レジスタ読み替え表（RAT）］に送られてレジスタリネームが行われる．ここで偽の依存性（WAWハザードなど）を解消する.

　x86アーキテクチャは汎用レジスタ（論理レジスタ）が8本しかないので，レジスタの依存関係が生じやすい．それを軽減させるため，Pentium IIでは40本の物理レジスタをもつ．つまり，Pentium IIは内部的に40本の汎用レジスタをもっていることになる.

　レジスタリネームでは，真の依存性（RAWハザードなど）は解消できない．しかし，Pentium IIではレジスタのフォワーディングを行うので，そのペナルティを軽減できる.

● アウトオブオーダ実行

　レジスタリネームが完了すると，プログラムの順序通り，μOPはリオーダバッファ（ROB）に送られると同時にリザベーションステーションにキューイング

101

（待ち行列に入れる）される．これは，デコーダと実行ステージの中間に位置する．リザベーションステーションは最大20個のμOPを蓄えることができ，11個の実行ユニットに対して，1サイクルで最大五つのμOPを発行できる（入力ポートが五つあるため）．もっとも，典型的なx86の命令列では1サイクルに発行できるμOPはたかだか3命令といわれている．

リザベーションステーションは，ソースオペランドが使用可能になったか，実行ユニットが空いたか，依存性が解消できたかなどを調べて，用意ができたμOPをアウトオブオーダに発行する．アウトオブオーダにコンプリートするμOPの結果は，一時的なバッファ（ROBやMOB）に格納され，ROBの状態を参照しながらプログラムの順序に従ってレジスタやメモリに書き込まれる．

ROBは40エントリからなる254ビット幅のバッファである．254ビットの内訳は，二つのオペランド，実行結果，多くの状態ビットである．ROBには整数と浮動小数点のμOPの両方が格納される．ROBやMOBから取り出す処理はパイプラインのリタイアのステージで行われる．

● リタイア

ROBは実行状態と各μOPの結果を保持する．μOPは，先行するμOPがすべてコンプリートしたことがわかって初めてリタイアし，結果をレジスタやメモリに書き込む．この動作を「コミット」ともいう．Pentium IIでは1サイクルに最大三つのμOPをリタイアできる．これは，デコーダが1サイクルに発行できる平均的なμOPの個数（3命令）と釣り合いが取れている．

オペランドのフォワーディングのために，それぞれの実行ユニットの結果はすべてリザベーションステーションに戻される．実行ユニットの結果はROBにも戻されて，リタイアの準備ができたか否かを決定する．レジスタに対する結果はROBに書き込まれるが，メモリに対する結果はメモリオーダバッファ（MOB）に書き込まれ，対応するμOPがリタイアするまで一時的に格納される．メモリライトを生じるμOPがリタイアして初めてMOBはメモリにデータを書き込む．

● 分岐予測は必須

Pentium IIはパイプラインのステージ数が多いので，分岐予測は必須である．分岐予測を誤った場合のペナルティは4〜15サイクルである．これはかなりの性能低下になるので，高度な分岐予測が要求される．

Pentium（P5）と同様，Pentium IIは分岐ターゲットバッファ（BTB）を採用する．予測方式は分岐履歴ビットによる．一つの分岐先アドレスに対して，過去4回分の履歴を記録しておき，それに従って予測する．これは基本的にPentiumと同じで，4回のループならほぼ100％の分岐予測が可能だという．BTBにヒットしない分岐命令はオフセットの正負などから静的な分岐予測を行う．Intelの主張によると，分岐予測の正確さは，Pentiumが80％だったのに対してPentium IIは90％だという．逆にいえば，分岐予測を誤る確率は20％から10％へと半分になったということである（数字のマジック?）．

Pentium IIで採用している分岐予測の方式は2レベル適応履歴アルゴリズムというものだが，詳細は明らかにされていない．ただし，命令キャッシュのラインごとに四つの分岐先アドレスをBTBで予測することが公表されている．

ちなみに，先に示したNetNewsで報告されたDhrystoneベンチマークの計測結果では，BTBのミス率は33％だという．分岐予測自体の正確さは98％というから（BTB）にヒットする限り，分岐予測はうまく働いているようである．ただし，Dhrystoneのような単純なプログラムでBTBに67％しかヒットしないというのは納得がいかない．BTBは512エントリなので，1回目のループですべての分岐命令はBTB内に取り込まれ，後は98％の確率で分岐予測が成功するというシナリオを誰でも思い浮かべるはずである．多分，BTBの処理アルゴリズムに欠陥があるのかもしれない．

● 投機実行

Pentium IIも，分岐予測を有効に活用するために投機実行を行う．Pentium IIでは，分岐予測が失敗した場合の回復処理は，投機的に実行された命令に対するROBのエントリを無効化することで実現している．Pentium IIでは他の多くのMPUと同様に，一つ以上の分岐の方向を予測し実行していくという，多重レベルの投機実行を許している．ただし，ROBが一気に無効化されるため，分岐予測失敗時のペナルティは非常に大きい．Pentium IIではサブルーチンに対するCALL/RETの組を高速に実行する機構をもっている．サブルーチンはプログラムのさまざまな場所から呼ばれるためRET命令の分岐先を予測するのは難しい．Pentium IIではリターンスタックと呼ばれる機構でRET命令の分岐先を予測する．これはCALL命令のデコード時に戻りアドレスを格納するスタックである．RET命令をデコードするとリターンスタックにあるアドレスから分岐先を取り出して，そのアドレスを予測したアドレスとして命令フェッチする．物理的なスタックの内容は他の命令で変更されるおそれがあるので，リターンスタックのアドレスはあくまでも予測値でしかないことに留意すること．なお，これはス

タックキャッシュとして昔から知られている手法でもある．

すでに説明したR10000もそうであるが，命令のデコードを容易にするために，命令をプリデコードした結果を命令キャッシュに格納するという手法が今後の流行になるかもしれない．そう言えばTransmetaのCrusoeも，x86命令をVLIW命令に変換してDRAM上にマッピングされた命令キャッシュ(?)に格納している．AMDはK6ですでにプリデコードしてある命令長情報をキャッシュに入れる構造になっていた．

● Pentium IIIはPentium IIと同じ

Pentium IIの後継にはPentium IIIがある．どちらもP6アーキテクチャを実装するので，パイプラインの構造などには違いはない．Pentium IIIはPentium IIの動作周波数の向上のほか，SSEというSIMD命令の追加とPSN (Processor Serial Number) の採用を特徴とする．PSNはプライバシ保護の観点から非難を浴び，その後継のPentium4では削除された．

14 Pentium4

● ハイパーパイプライン

Intelの開発したPentium4 (コード名Willamette) は，Pentium IIIに続く製品として2000年に登場した．2GHz以上の動作周波数を目指し，従来の倍のパイプラインステージを採用したため，同一動作周波数ではPentium IIIよりも性能が劣る．このような状況は，アーキテクチャの変更時には多々あることであり，避けて通れない道でもある．しかし，何だかんだいいながらも，現在のIA-32プロセッサの主流はPentium4である．Pentium4のマイクロアーキテクチャは，「NetBurst」と呼ばれる．ここでは，NetBurstのパイプラインの概要について述べる．図38にPentium4のブロック図を示す．Pentium4のパイプラインは次の三つの部分から構成されている．これは，Pentium IIのパイプラインと同じである．

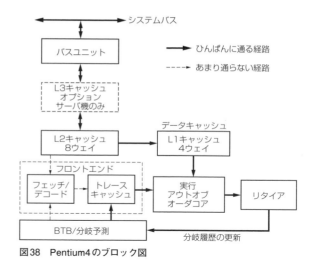

図38　Pentium4のブロック図

・インオーダな発行を行うフロントエンド
・アウトオブオーダなスーパースカラ実行コア
・インオーダなリタイアユニット

フロントエンドはプログラム順の命令をアウトオブオーダな実行コアに供給する．つまり，IA-32命令をフェッチし，デコードし，マイクロ操作(μOP)に変換する．フロントエンドの主要な仕事は，μOPの連続的な流れを本来のプログラムの実行順序で実行コアに供給することである．

実行コアは1クロックに複数のμOPを発行し，そのμOPの入力の準備ができ，実行に必要なハードウェア資源が利用可能なものから，μOPの順序を入れ替えて実行する．

リタイア部はμOPの実行結果が本来のプログラムの順序に従って処理されることを保証し，必要なアーキテクチャ上の状態を更新する．

● パイプラインステージ数

Pentium4の発表にともない，IntelからNetBurstのパイプラインが公表された(図39)．Intelの公式見解

| Prefetch | Decode | Decode | Execute | Wrtback |

(a) P5のパイプライン

| Fetch | Fetch | Decode | Decode | Decode | Rename | ROB Rd | Rdy/Sch | Dispatch | Execute |

(b) P6のパイプライン

| TC Next IP | TC Next IP | TC Fetch | TC Fetch | Drive | Allocate | Rename | Rename | Queue | Schedule |
| Schedule | Schedule | Dispatch | Dispatch | Reg File | Reg File | Execute | Flags | Br Check | Drive |

(c) NetBurstのパイプライン

図39　Pentium4のパイプライン

では，Pentiumのパイプラインは5ステージ，Pentium IIのパイプラインは10ステージ，NetBurstは20ステージということになったようだ．20というステージ数は従来のスーパーパイプラインを超えるという意味で「ハイパーパイプライン」と呼ばれている．各ステージの具体的な動作に関しては公式な説明がない．ステージの名称から推測するしかないが，けっこう複雑なことをやっているような気がする．

パイプラインのステージ数が増えた理由は，動作周波数を向上させるためである．Pentiumが233MHz動作，Pentium IIが1GHz程度の動作であるのに対し，NetBurstでは1.4GHz動作を初めとして3GHz以上の動作を達成できるといわれている．

ただし，Pentium4は分岐予測機能を強化して深いパイプラインステージ数に起因する分岐命令の予測ミス時のペナルティを軽減したにもかかわらず，同一動作周波数のPentium IIIと比較すると性能が劣るというのは周知の事実である．パイプラインのステージ数の増加が性能に与える影響はかなり大きいことがわかる．それにもかかわらずステージ数の増加に至ったのは，Pentium IIIのクリティカルパス（回路のスピードネックとなる箇所）潰しが限界にきていることを意味する．つまり，Pentium III（およびPentium II）アーキテクチャでは2GHz以上の動作周波数が達成できないということである．この意味からPentium4（NetBurst）は動作周波数が2GHzを超えて初めてその存在価値がでてくるわけである．

ところで，NetBurstのIPCが低いということは，パイプラインがスカスカであることを意味する．これはHyperThreadingを実現するためという意見もあるが，真偽は不明である．

● 二つの部分からなるフロントエンド

フロントエンドは，二つの部分からなる．それは，

- フェッチ/デコードユニット
- 実行トレースキャッシュ

である．また，フロントエンドは次の基本機能を実行する．

- 実行すると予想されるIA-32命令をプリフェッチする
- プリフェッチされていない命令をフェッチする
- 命令をデコードしμOPに変換する
- 複雑な命令と特殊用途のコードに対しマイクロコードを生成する
- デコード済みの命令を実行トレースキャッシュから供給する
- 高度なアルゴリズムを用いて分岐予測を行う

さらにフロントエンドは，高速なパイプライン処理に関する一般的な問題のいくつかに注目している．た

とえば，次の二つの問題に起因する遅延がある．

- 分岐先からフェッチする命令のデコード時間
- キャッシュラインの中間に位置する分岐や分岐先に起因するデコードの負荷

実行トレースキャッシュは，デコードしたIA-32命令を格納することで，これら二つの問題を解決できるように設計されている．命令は変換エンジンによってフェッチされデコードされる．変換エンジンはデコードされた命令を用いて，トレースと呼ばれる一塊のμOPに変換し，実行トレースキャッシュに格納する．実行トレースキャッシュは，これらのμOPをプログラムの実行順序にしたがって格納する．そこでは，コード中に出現する条件分岐の結果（分岐先または分岐元の命令）は予測されて同一のトレースキャッシュのラインに格納される．これにより，分岐によって実行されない命令を格納しないため，キャッシュ容量の効率的な利用が可能になる．あるいは，実行トレースキャッシュは分岐命令をある程度削減しているので，分岐によるペナルティをあらかじめ低減する意味もあると思われる．実行トレースキャッシュは，実行コアに1クロックに最大三つのμOPを供給できる．この実行トレースキャッシュと変換エンジンは連動する分岐予測ハードウェアと連動している．分岐先はそのリニアアドレスに基づいて予測され，できるだけ早くフェッチされる．分岐先は，もし実行トレースキャッシュにキャッシュされているなら，そこからフェッチされる．もしキャッシュされてない場合は，外のメモリ階層（L2キャッシュなど）からフェッチされる．変換エンジンの分岐予測は実行されると予想される経路にしたがってトレースを形成する．

● 実行トレースキャッシュの構造

さて，Intelが出願している米国特許6,014,742にしたがって，実行トレースキャッシュの構造を推測してみる．トレースキャッシュは図40のような構成をしている．ある程度の数の命令（μOP）を実行順に（予測して）並び替えたものがトレースである．

トレースを形成するとき，分岐予測にしたがって動的に実行される命令の流れを追っていくが，それは無限に継続するのではなく，ある程度進んだ時点で中断する．単純には分岐から分岐までを一つのトレースとして形成すればいいのだが，前記の公開特許ではトレース内に条件分岐命令が含まれることを想定している．

トレースを実際にどの時点で中断するのかはよくわからない．実行トレースキャッシュはこのトレースをキャッシュしたものであり，各トレースは3μOP（公開特許では6μOP）からなるトレースラインから構成されている．実行コアには現在のトレースの中からトレースラインの内容を順次実行コアに送っている．

実行トレースキャッシュにはTBTB（Trace Branch Target Buffer）と呼ばれる独立した分岐予測機構がつながり，実行コアに与えるトレースラインごとに分岐予測を行い，トレースラインの供給を継続するか中断するかを決定する．この分岐予測は，トレース形成時の分岐予測とは独立していて，二つの予測が一致するときのみトレースラインの供給を継続する．二つの予測が異なる場合は，キャッシュされているトレースに新たな分岐先があるか否かを探し，トレースキャッシュ内にあれば（要はトレースキャッシュにヒットすれば），該当するトレースラインを遅延なしで実行コアに供給する．

実行コアから見れば，分岐予測が非常に正確に行われており，正しい経路の命令が供給されているように見える．新たな分岐先が実行トレースキャッシュになければ（トレースキャッシュミス），トレース単位で不要なものと入れ替えが行われる．命令がループになっている場合は同じトレースに何度もヒットすると考えられる．

だいたいこのような感じであるが，以上は公開特許からの筆者の想像なので，現実の実装と異なっていてもご容赦を願いたい．

1トレースラインに3μOPが含まれるということは，12,000命令を格納するというトレースキャッシュは4,000ラインから構成されることになる．このトレースラインをいくつか寄せ集めたものがトレースである．なお，トレースキャッシュの容量は，μOPが12,000命令ということであるから，x86命令に変換すれば16Kバイト相当といわれている．

ところで，実行トレースキャッシュの発想は，TransmetaのVLIWプロセッサであるCrusoeのトレースキャッシュとよく似ている．命令を実行するコアはスーパースカラとVLIWという違いがあるものの，x86命令を実行コアが都合のいい別の形態にプリデコードしてキャッシュするというものである．プリデコード時に分岐命令の挙動を予測し，プログラムの順序ではなく，実行する順序に並び替えてキャッシュするところもそっくりである．この並び替え操作を

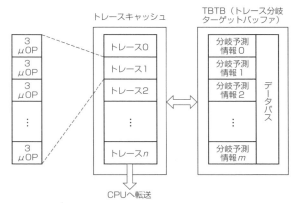

図40　Pentium4のトレースキャッシュの構成

Pentium4はハードウェアで実現するが，CrusoeはCMS（Code Morphing Software）で実現する．

● アウトオブオーダ実行コア

命令をアウトオブオーダに実行するコアの機能は並列性を可能にする主要な要素である．この機能は，一つのμOPがデータや関連する資源を待つ間に待ち合わせが必要なら，プログラムの順序では後に現れる他のμOPを先行して処理させるように，命令の並び替えを可能にする．

プロセッサはμOPの流れをスムーズにするためのいくつかのバッファを備えている．これは，プロセッサのパイプラインの1ヵ所が遅延しても，並行に実行している他の操作や（コアでの効果），先立ってバッファにキューイングされているμOPの実行（フロントエンドでの効果）によって，その遅延が埋め合わされることを意味している．

実行コアは並行実行が可能なように設計されている．四つの発行ポートを通じて，1クロックに最大六つのμOPをディスパッチ可能である．発行ポートを図41に示す．1クロックに6命令のμOPを発行することは，トレースキャッシュやリタイアユニットの処理能力を超えていることに注意したい．これにより，

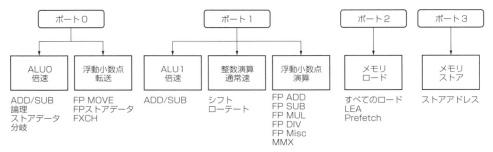

図41　Pentium4の実行ユニットとアウトオブオーダコアのポート

ピークの処理能力を3μOPより大きくし，異なる発行ポートへのμOPの発行に柔軟性を持たせることでより高い発行の割合を実現している．

ほとんどの実行ユニットは各サイクルで新しいμOPの実行を開始できる．このため，同時に複数の命令がそれぞれのパイプラインで処理状態になる．算術論理演算ユニット（ALU0/ALU1）を用いる多くの命令は1クロックに2命令を開始できる（倍速で動作する）．また，浮動小数点演算命令の多くは2クロックに1命令の割合で開始できる．μOPは，その入力データの用意ができて資源が利用可能になれば，直ちにアウトオブオーダに実行を開始できる．

● リタイア

リタイア部は，実行されたμOPの結果を実行コアから受け取り，その結果を本来のプログラム順序にしたがってアーキテクチャ上の状態を正常に更新する．IA-32命令の結果は，リタイアする前に，意味的に正しい実行のために，本来のプログラムの順序でコミットされなければならない．例外は命令がリタイアするときに発生する．例外は投機的には発生せず，正しい順序で発生し，プロセッサは例外処理後に正しい位置から再開される．一つのμOPがコンプリートし，結果をデスティネーションにライトするとリタイアである．1クロックに最大三つのμOPをリタイアできる．

リオーダバッファ（ROB）は，コンプリートしたμOPを格納し，アーキテクチャ上の状態をインオーダに更新し，例外の順序を管理するユニットである．リタイア部は，分岐を追跡し，分岐先の情報を分岐ターゲットバッファ（BTB）に送り，分岐の履歴を更新する．

15 Pentium M

● Pentiumシリーズの次世代x86アーキテクチャ

Pentium M（Banias）に関する情報はほとんど公開されていないが，2003年5月21日発行のIntel Technology JournalのVol. 7 Issue2の3番目の記事にPentium Mのマイクロアーキテクチャの解説がある．これを読んでも，マイクロアーキテクチャに不明な点は多い（パイプラインなど）が，Advanced Branch Prediction（進んだ分岐予測），μOPフュージョン，Dedicated Stack Engine（専用スタックエンジン）についての解説がある．これらについて簡単に解説しておく．

● Advanced Branch Prediction

Pentium Mのマイクロアーキテクチャは Pentium IIIに基づいているというのが定説だが，分岐予測に関してはPentium4の技術を採用しているらしい．特殊なプログラムの流れを追うため，IP（Instruction Pointer=Program Counter）に基づいて分岐先の成立/不成立を予測する通常の分岐予測機構のほかに，ループ検出器（Loop Detector）と間接分岐予測器（Indirect Branch Predictor）を備える．ループ検出器はループ動作を検出し，その分岐先を予測する．ループは一定の回数同じ方向に分岐し，1回だけ逆方向に分岐する．このため，ループ回数が判明していればループ操作を完全に予測できる（図42）．ループが検出されると分岐予測機構の中に1組のカウンタを割り当てて回数を計数していくが，ループ回数をどのように決定するのかは明らかにされていない．

間接分岐予測器は，プログラムの流れによってデータ依存のある間接分岐を解消する．間接分岐は，オブジェクト指向コード（C++やJava）で多用されるが，その分岐予測が誤れば分岐予測性能の低下につながる．

ほとんどの間接分岐は，実行時には同一の分岐先に分岐する傾向がある．しかし，Javaのバイトコードのインタプリタや C++のCASE文はデータに依存して複数の分岐先をもつ．

間接分岐器は，IPで参照する分岐ターゲットキャッシュと，大域履歴（Global History）でインデックスする分岐ターゲットキャッシュをもつ．IPでの予測が成功した場合はその分岐先を使用し，IPでの予測が外れた場合は大域履歴の分岐先を使用する（図42）．

大域履歴は，IPに基づいた予測の付随物であり，IPでの予測が外れると大域履歴に登録する．つまり，過去何回かの間接分岐の分岐先を記憶しておき，もっとも確率の高い分岐先を選択する．

Pentium Mの分岐予測は前の世代の設計（Pentium IIアーキテクチャ）よりも，予測を外す確率が20％低下しており，実際の性能は7％向上しているという．この向上率の約30％はループ検出器と間接分岐予測器の組み合わせが寄与しているだろう．

● μOPフュージョン

x86プロセッサでは，IA-32の命令（マクロ命令）を

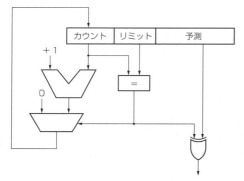

図42　Pentium Mのループ検出の論理

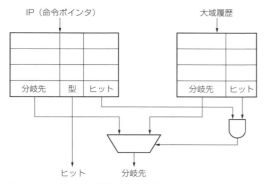

図43　PentiumMの間接分岐予測器の論理

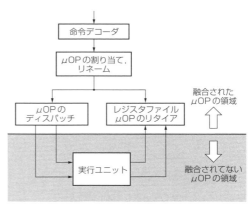

図44　PentiumMのμOPフュージョンの領域

μOPと呼ばれるRISC命令に変換して，RISCエンジンで実行することがなかば常識である．しかし，一つのマクロ命令は複数のμOPに分解されるので，リネームやリタイアのバンド幅やリオーダバッファやリザベーションステーションの容量といったハードウェア資源の不足を招く．そしてこれが性能低下に結び付く．それを解消するための手段がμOPフュージョンである．

基本アイデアは，複雑な操作（3個以上のオペランドが必要な操作）を行うマクロ命令も一つのμOPPとしてデコードして割り当て，リネーム，リオーダバッファやリザベーションステーションへの登録を行うということである．これがフュージョン（融合）ということらしい．融合というよりは，分解しないといったほうが正確である．

従来のμOPは2個のオペランドしかもてなかったので，3個以上のオペランドが必要なマクロ命令は2個以上のμOPに分解していた．融合されたμOPをサポートするために，Pentium Mでは，リザベーションステーションの各エントリは最大3個のソースオペランドを収容できるようになった．また，マクロ命令とμOPの対応が1対1になるので，命令デコーダも，複雑デコーダだけでなく，単純デコーダだけですべての命令デコードが可能になるという．

リザベーションステーションに格納されたμOP命令は，実行ユニットへのディスパッチ時に本来の2オペランドの複数のμOPに変換される．そして，分解された従来と互換性のあるμOPが実行ユニットでアウトオブオーダに実行される．一つの融合されたμOPを構成する複数のμOP（従来形式）がすべて完了すると，その融合されたμOPがリタイアする（図43）．

上述の論文では，μOPフュージョンの例として，ストア操作とリードモディファイ（load-and-op，リードした値と演算する）操作が挙げられている．これらのマクロ命令は，ディスパッチ時に2個のμOP（従来形式）に変換される．ストア操作は「ストアアドレス操作」と「ストアデータ操作」に分解される．リードモディファイ操作は「ロード操作」と「演算操作」に分解される．なお，マクロ命令が2個のμOPに分解される場合は稀であるとされている．

融合されたストア命令を形成する2個のμOPは並列に発行できる．メモリへの実際のライトはストア命令がリタイアされたときに行われるので，それまでにストアデータバッファに対してアドレスとデータが供給されていればいい．ストアアドレス操作はアドレス生成ユニットへディスパッチされ，そのソースオペランド（ベースやインデックスレジスタ）が用意されたときに実行される．ストアデータ操作はストアデータバッファユニットにディスパッチされ，そのソースオペランド（ストアするデータ）が用意されたときに実行される．これらの実行は独立して行われ，融合されたストア命令のリタイアは，両方の操作が完了した時に発生する（図44）．

融合されたリードモディファイ命令を形成する2個のμOPは，アドレス依存があるため，逐次的に適切な実行ユニットに発行される．ロード操作のディスパッチは，そのソースオペランド（ベースやインデックスレジスタ）が用意できたときに実行される．演算操作は，ロードが完了し，もう一方のオペランドの用意ができたときに実行される．融合されたリードモディファイ命令のリタイアは，両方の操作が完了したときに発生する（図45）．

上述の論文にはとくに明記されていないが，x86の特徴であるリードモディファイライト命令はリードモディファイ操作とストア操作の組み合わせなので，1個の融合されたμOPとしてリザベーションステーションに登録され，ディスパッチ時に，3個または4個のμOPに分解されるのであろう（メモリのアドレスが同一なのでアドレス計算が1回省略できる）．

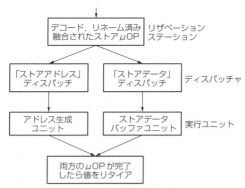

図45 PentiumMの融合されたストアの流れ

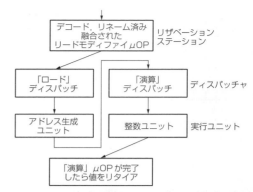

図46 PentiumMの融合されたリードモディファイの流れ

インテルによると，融合されたμOP構造はアウトオブオーダロジックで処理されるμOPの数を10%以上減少させることが判明している．μOPの数が減少するため，発行，リネーム，リタイアのスループットが増加し，結果的に性能を増加させる．とくに，命令デコードに監視/複雑デコーダが不要になるため，プロセッサのデコード，割り当て，リタイアのバンド幅を3倍に拡大するとしている．

μOPフュージョンによる性能向上は，典型的な例では整数コードで5%，浮動小数点コードでは9%である．ストア操作の融合は，とくに整数コードの性能向上に寄与する．浮動小数点コードの性能向上は，ストア操作とリードモディファイ操作（**図46**）の両方の形式が寄与するという．

● **Dedicated Stack Engine**

IA32はCISC命令であり，PUSH，POP，CALL，RETなどスタック操作を多用する．これらの命令はスタックポインタ（ESP）の値をアドレスとして使用する．このため，データの移動とは別にスタック計算用のμOPが余分に発行され，μOPの命令数が増加する．また，ESPが更新されないと次のPUSHやPOPが実行できないという依存性も発生する．従来は複数のスタック操作命令を同時にデコードしようとしても，ESPの値が確定していないため，それが不可能だった．Pentium Mでは，命令デコーダの近くに専用回路を設けることで，非常に効率的にESPのこれらの副作用を扱えるようになっている．

その基本原理は，プログラマに見えるESP（ESPP）は，アウトオブオーダ実行エンジンの中にあるESPレジスタ（ESPO）に差分（ESPD）を加えたものである．つまり，

ESPP=ESPO+ESPD

であり，ESPDは命令デコーダで管理できる．つまり，前の命令でのESPの変化量は±4であることが多い（PUSHA，POPAは例外）．命令デコード時にESPDからの変化量を計算し，ESPPの値を推定することで複数命令の同時デコードを可能にするものである（**図47**）．この場合，ESPDの更新は専用の加算器で行う．

この操作は，ESPをデスティネーションオペランドとする命令には効果がない．この場合は，ESPPを計算するμOP（ESPOとESPDを加算）を余分に追加してESPOが更新されるのを待つ．その後はESPDを0とみなしてデコードしてよい．もともとESPDが0の場合は，このような同期化処理は不要である．

また，Pentium Mは投機実行を行うので，分岐予測が外れた場合はESPOやESPDの値をある時点まで巻き戻さなければならない．ESPOはアウトオブオーダ実行エンジンのレジスタの一部なので自動的に回復される．ESPDに関しては，その値を保持するテーブルを用意して対応する．

Dedicated Stack Engineを搭載することで，ESPを同期化するμOPを挿入したとしても，μOPの数が5%減少するという．それよりも，命令デコードのバンド幅が向上したことが性能に大きく寄与するらしい．また，消費電力も5%程度の削減になるという．

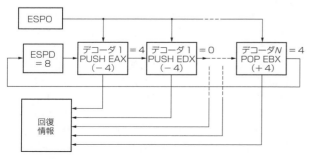

図47 Pentium Mの専用スタックエンジンの論理

16 Nehalem

IntelのCoreマイクロアーキテクチャは，Pentium4などが採用するNetBurstマイクロアーキテクチャの反省から生まれた．NetBurstは，高い動作周波数至上主義の産物であり，5GHz動作を目指したが，その消費電力の大きさから4GHz程度の速度に落ち着いた．同時期，デスクトップPCやサーバでも消費電力の大きさが問題になるようになり，Intelは方向転換を余儀なくされた．その回答がCoreマイクロアーキテクチャである．モバイル用途で定評のあったPentium M（Baniasマイクロアーキテクチャ）への回帰でもある．

Baniasマイクロアーキテクチャは，消費電力や発熱の制限が厳しいモバイル向けが主用途ということもあり，動作周波数の引き上げよりも，命令の並列実行数を向上させるなどで性能を引き出した．また性能向上とともに，消費電力を低く抑える設計を採用した．こうした方針は，低消費電力ながら高性能という市場のニーズにマッチし，一部のデスクトップPCやサーバなどでもBaniasマイクロアーキテクチャが採用されている．

また，NetBurstマイクロアーキテクチャとBaniasマイクロアーキテクチャは，シングルコアを前提とした設計になっていたが，Coreマイクロアーキテクチャはデュアルコア／マルチコアを念頭に置いたものとなっている．

Pentium Mは，モバイル用途に限定して設計していたため，デスクトップPC/サーバ分野でNetBurstマイクロアーキテクチャを置き換える対象としては不向きであった．やがてPentium Mの後継としてIntel Coreに代替わりし，それをベースとしたデスクトップ/サーバにも適した次世代のマイクロアーキテクチャの開発が急がれた．

果たして，Coreマイクロアーキテクチャの完成により，高性能と低消費電力の両立に成功し，モバイル，デスクトップPC，サーバというカテゴリごとにそれぞれ違うマイクロアーキテクチャで対応していたIntelの製品展開を，Coreマイクロアーキテクチャから派生した単一のマイクロアーキテクチャでの対応を可能とするに至った．

このような設計方針は，パイプラインの段数にも表れている．NetBurstマイクロアーキテクチャではハイパーパイプライン技術を採用し，Pentium4ではパイプラインの段数をPentium IIIの2倍となる20ステージとした．一方Baniasマイクロアーキテクチャは，マイクロアーキテクチャの詳細を公開していないため正確なパイプラインの段数は明らかではないが，Pentium II／III（P6マイクロアーキテクチャ）から2〜3ステージ増えた程度であるといわれている．これに対し，Coreマイクロアーキテクチャのパイプラインの段数は14ステージと，Baniasマイクロアーキテクチャとほとんど変わらない．

Coreマイクロアーキテクチャは，2006年に投入されたIntel Core 2で採用された．その2年後の2008年のNahalem（初代Core i7）でさらに内部構造が変更になった．それ以降，IntelのCPUは徐々にNehalemマイクロアーキテクチャへの移行が進んでいる．こでは，このNehalemのパイプラインについて取り上げる．

図48にNehalemのパイプラインを示す．命令キャッシュから16バイトを一度にフェッチし，1サイクルに最大6命令にプリデコードし，それを命令キューに格納する．命令キューからは1サイクルに最大5命令が命令デコーダに送られる．命令デコーダではx86命令をCPUの内部命令μOPsに変換し，1サイクルに最大4μOPをリザベーションステーションに送る．リザベーションステーションからは実行可能な命令が1サイクルに最大6命令実行パイプラインに投入される．全体で見ると，6命令プリデコード，5命令デコード，4μOP発行と上流から下流に行くにつれて命令数が狭まっていることがわかる．これがCoreマイクロアーキテクチャの特徴らしい．

このように，処理する命令数をパイプラインが進むにつれて少なくする手法は，命令処理の帯域に余裕を持たせる意味がある．しかし，x86の平均命令長は（余分なプリフィックスなしで）約3バイトといわれている．命令フェッチが16バイトというと約5命令分しかない．6命令のプリデコードには余裕がない気もする．AMDは，この点を心配して，命令フェッチは32バイトにしている．Intelの主張は余計なハードウェア追加で消費電力を上げたくないというものらしい．

なお，Core2ではデコーダの前に位置していた，ループを探知してループ内の命令をキャッシュする「ループストリームディテクタ（Loop Stream Detector）」が，Nehalemではデコーダの後に来た．デコーダ前でループ検出を行うとループ内の命令を毎回デコード（μOPへの変換）しないといけないので電力を消費する．デコーダの後だと，デコード済みのμOPを繰り返しパイプラインの次段に送るだけなので，ループを実行している間は命令デコーダを停止して電力削減できる利点があるとみたのであろう．

ところで，フロントエンド（命令フェッチから命令デコードまで）には，Baniasマイクロアーキテクチャからの変更があったが，バックエンド（発行から命令実行，リタイア）の部分に大きな変更はない．この部分のマイクロアーキテクチャは枯れてしまっているの

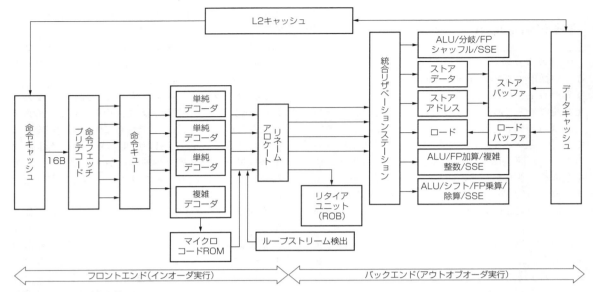

図48 Nehalemのパイプライン

で変更のしようがないのかもしれない．

　もともと複雑だったx86命令セットアーキテクチャに，さらに増築を重ねた現在のx86命令は，複雑になりすぎており，命令プリデコード＆デコードの負担は大きい．これは，Nehalemの設計方針と相性が悪い．つまり，Nehalemでは，フロントエンドに性能のボトルネックがそのまま残されている．消費電力を考えると，無理に命令プリデコード＆デコードを拡張することは得策ではない．この命題に対してIntelがどのような解をだすのかは興味深い．

17 Alder Lake（Golden CoveとGracemont）

　Alder Lakeは2021年に発表されたIntelの第12世代Coreプロセッサである．その大きな特徴は，8個の高性能のPコア（Performace Core）と8個の高効率のEコア（Efficient Core）を1チップに集積するというハイブリッドテクノロジを採用していることである．

　Alder Lakeでは，OSがCPUコアの割り当てを支援する機能（スレッドディレクタ）を実装する．このスレッドディレクタから得られる情報をOSのスケジューラが管理することで，PコアとEコアを適切に使い分け，高性能と低消費電力のバランスを最大限に保つ．いわば，Armでいうところのbig.LITTLE構成をである．

　Alder Lakeにおいては，PコアはGolden.Coveという開発コードネームを持ち，EコアはGracemontという開発コードネームを持つ．

　Alder Lakeは13世代以降のCoreプロセッサの基本となるアーキテクチャを有している．と思っていたが，第14世代は，Core Ultraマイクロアーキテクチャの第1世代になってしまった．

　以降は，Golden CoveとGracemontのパイプラインについて説明する．

● Golden Cove

　Golden CoveはAlder LakeのPコアである．基本的に，2008年発表の第1世代CoreプロセッサのNehalemからの進化形である．

　Golden Coveのパイプラインを図49に示す．ぱっと見には，発行ポート数が12ポートに増加しているが，Nehalemのパイプラインと大差ない．

　Nehalemでは，消費電力を抑えるためにパイプラインのフロントエンド部分にBaniasマイクロアーキテクチャとの違いがほとんどなく，それが性能のボトルネックになっていた．

　Golden Coveではフロントエンド部の強化が行われている．Golden Cove以前のNehalemやSunnyCove/WillowCoveとのフロントエンドの違いを表2に示す．これに加えて，L1キャッシュやμOPキャッシュの容量増加や分岐予測性能の向上が挙げられる．μOPキャッシュからは8μOP/サイクルでパイプラインへの次段への供給になっており，キャッシュ容量の増加と相まって実効デコード性能を大幅に引き上げている．

　最大の変更点は命令デコーダである．従来のCPUでは1サイクルに5命令のデコードだったが，Golden Coveでは1サイクルに6命令のデコードに増強され

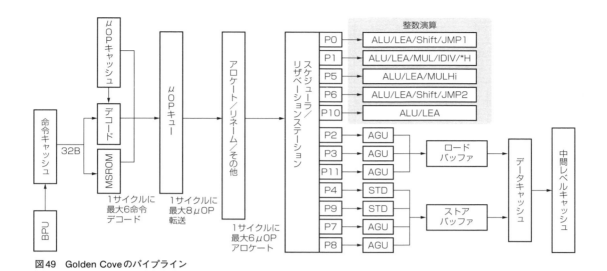

図49 Golden Coveのパイプライン

表2 Nehalem, Sunny Cove/Willow Cove, Colden Coveのフロントエンドの比較

開発コード・ネーム	命令デコード	μOPキャッシュ	マイクロコード
Nehalem	4命令/サイクル	存在しない	4命令/サイクル
Sunny Cove/Willow Cove	5命令/サイクル	6μOP/サイクル	4命令/サイクル
Golden Cove	6命令/サイクル	8μOP/サイクル	4命令/サイクル

た．これはx86アーキテクチャでは初のことらしい．その背景としてx86命の令長が多岐にわたり，デコーダを簡単に増強できなかったことがある．AMDなどは「4命令を超える同時デコードは実用上で欠点を発生する」と発言したという話もある．

x86アーキテクチャのCPUのフロントエンド設計の方向性としては，いかにして命令フェッチから命令デコードまでの煩雑な処理をスキップできるかにかかっているかと思われたが，Intelは6命令同時デコードという力業に出た．性能重視のPコアということで，もはや消費電力には構っていられないということか．Pコアを必要としない低負荷な処理は電力効率の高いEコアに任せるということで妥協したものと思われる．

さて，バックエンドでは，まず発行ポートが12に強化された．アロケーション（ディスパッチ）も6μOPに強化されている．バックエンドで特筆すべきはポート10に5番目の整数演算用ALUが追加されたことである．これにより，整数演算の5命令同時実行が可能になる．これは，x86アーキテクチャとしては初めてのことらしい．

Golden Cove自体の性能は不明であるが，デスクトップPC版のAlder Lakeは，第11世代のCoreプロセッサであるデスクトップPC版（Rocket Lake）と比較して，同じ動作周波数であれば平均して19%の性能向上が認められるという．

● Gracemont

GracemontはIntelが省電力プロセッサとして位置付ける「mont」系のCPUコアの一種である．従来montがつくCPUコアは，Atom系のプロセッサに採用されてきた．しかし，Intelは2020年に発表したLakefieldで，Coreアーキテクチャの高性能CPU（Sunny Cove）を1コア，Atomアーキテクチャの高効率CPU（Tremont）を4コアという構成で1チップに集積するというハイブリッドテクノロジを採用した．Sunny Coveは，第10世代のCoreプロセッサであるIceLakeや第11世代のCoreプロセッサであるRocket Lake-Sに搭載されている．

Gracemontもそうした利用を前提に設計された高効率CPUコアのアーキテクチャになっている．第4世代の低電力Atomマイクロアーキテクチャとも言われる．発表当時のIntelの言葉を借りれば，Gracemontは「史上最高に高効率なx86プロセッサ」だという．モバイル向けにGracemontのみで構成されたAlder Lake-Nも2023年に発表されている．実際，Eコアの設計に当たっては，性能や面積などよりも電圧のためにチューニングされて設計されているらしい．電圧が低く抑えられるということは，消費電力も小さくなることを意味する．

図50にGracemontのパイプラインを示す．1サイクルで最大6命令をデコード（3命令同時デコードが並

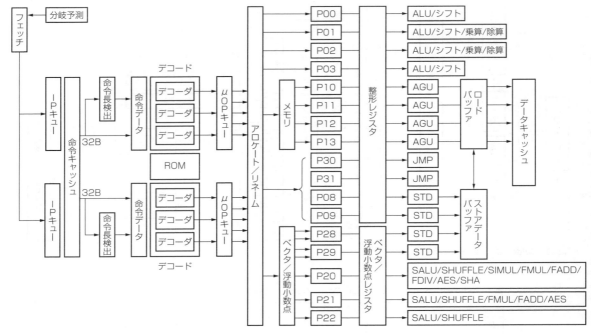

図50 Gracemontのパイプライン

列に動作する）し，1サイクルで最大5命令をアロケーション（ディスパッチ）する．アウトオブオーダな実行パイプラインの発行ポートは17ポートである．これは前世代のTremontの10ポートから大幅に増加している．

図50で「命令長検出」と書いてあるユニットは，インテル初のオンデマンドな命令長デコーダ（OD-ILD）である．Gracemontの命令キャッシュに格納されている命令のバイト列には1ビットの命令の切れ目を示すビットが存在する．この命令境界ビットをセットするのが命令長デコーダの役割である．命令キャッシュにミスが発生すると，命令長デコーダが起動され，1サイクル当たり16バイトの命令列に対して命令の境界検出処理（プリデコード）を行う．命令キャッシュは32バイト単位で読み込まれるので，このプリデコード処理を行う場合は，命令フェッチに2サイクルの追加となる．結果として，命令キャッシュにはプリデコードされた状態で命令が格納される．このため，命令キャッシュにヒットする場合は，命令デコーダの最大同時命令処理数である3命令分を命令キャッシュから転送するだけでよい．

命令長デコーダは，従来までの，プリデコードキャッシュの代替案として導入された．プリデコードキャッシュでは，クリティカルなループの命令サイズがキャッシュの容量を超える場合にうまく行かないことがあり，命令デコードの帯域を低下させていた．

バックエンド（命令実行パイプライン）では，同じような機能を持ったユニットが多く存在する．4基のALU，4基のAGU（アドレス生成ユニット），2基の分岐ユニット，2基のストアデータユニットなどである．これは同様な命令が連続する場合にスループットを向上させるのに有効である．Pコア（Golden Cove）では1サイクルで整数演算5命令が（理論上は）実行可能であるが，Gracemontの場合は，1サイクルで整数演算4命令は余裕で実行できると思われる（ALUが4基なので最大4命令が同時実行可能）．

Gracemontは，第6世代のCoreプロセッサのSky Lakeと比べて，同じ消費電力なら40％性能が向上し，同じ性能なら40％性能が削減できると言われている．

18 Hammerのパイプライン

● QuantiSpeedアーキテクチャを採用

Athlonは，AMDがP6（Pentium II）への対抗として開発した32ビットMPUである．そして，HammerはAthlonの後継にあたる64ビットMPUである．そのマイクロアーキテクチャはAthlonがK7で，HammerがK8である．マイクロアーキテクチャの基本構造は，HammerとAthlonではよく似ている．だが，Hammerでは，I/Oやマルチプロセッサ接続を行うHyper Transportを3ポートと，NorthBridge（DDRSDRAMコントローラ，APICなど）を内蔵している点が異なる．

図51にHammerの構成を示す．キャッシュとCPUコアが分離され，いろいろな構成（高級版や廉価版など）に対応できるようになっている．Hammerアーキテクチャを採用するMPUとして，OpteronブランドのSledgeHammer（サーバ，データセンタ向け）とAthlon64ブランドのCrawHammer（PC向け）が発表されている．L2キャッシュの容量，DRAMコントローラやHyperTransportのバス幅/ポート数の違いによって区別される．

Hammerのブロック図を図52に示す．この図でL1キャッシュ，L2キャッシュ，TLB，分岐予測機構，NorthBridge以外の部分がプロセッサコアである．なお，APIC（Advanced Priority Interrupt Controller）とシステム要求キュー（SRQ：System Request Queue）は二つのCPUを扱える構成となっている．頭初の発表によるとHammerはシングルCPUコアとなっていたが，実際には2, 4, 8CPUのCMP（Chip Multi Processor）構成が可能である．

ところで，HammerはAthlonと同様に，QuantiSpeedアーキテクチャを採用する．つまり，

- 9命令同時発行，スーパースカラ，パイプライン化されたマイクロアーキテクチャ
- 複数の並列x86命令デコーダ
- パイプライン化された三つのスーパースカラ浮動小数点ユニット（FPU）
- パイプライン化された三つのスーパースカラ整数演算ユニット（ALU）
- パイプライン化された三つのスーパースカラアド

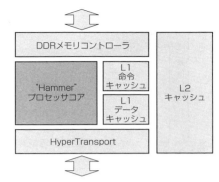

図51　Hammerの構成

- レス生成ユニット（AGU）
- 72エントリの命令制御ユニット
- ハードウェアによるデータのプリフェッチ（Hammerのブロック図にはない）
- 排他的，投機的に入れ替えを行うTLB
- 動的な分岐予測

により，IPCを向上させている．同じくQuantiSpeedアーキテクチャを採用するAthlon（図53）と，基本的には変わらない．しかし，整数演算系のスケジューラ（リザベーションステーション）が18エントリから24エントリに増加している．Athlonのスケジューラの実態は，3×6エントリに分割されているという．その意味で，HammerではALUとAGUのペアごとに2エントリの増加になっている．

しかし，AthlonとHammerの大きな違いは命令の

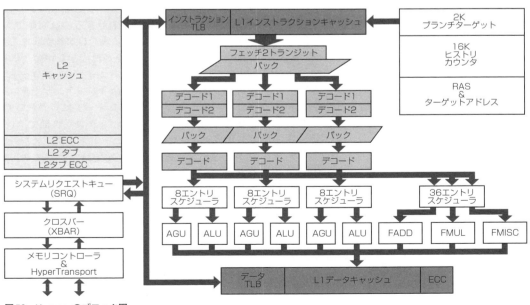

図52　Hammerのブロック図

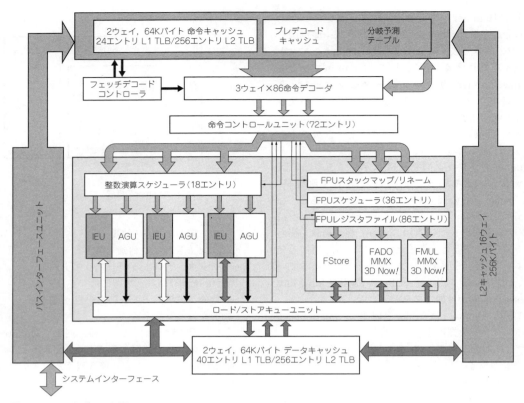

図53 Athlonのブロック図

フェッチ系にある．要するに，分岐予測機能の高度化とマルチプロセッサで高性能をねらっている（動作周波数の向上は当然）のだ．命令デコーダ自体に大きな変更はないようである．

● **強化された命令デコーダ**

QuantiSpeedアーキテクチャは命令デコーダが強化されているのが特徴の一つである．正確にいえば，ドキュメントによっては，命令デコーダはQuantiSpeedの特徴には入っていない．しかし，Athlonで強化された命令デコーダはHammerでもそのまま受け継がれているようなので，ここではQuantiSpeedに含めておく．

IntelのP6（Pentium II/Pentium III）アーキテクチャまで，デコーダは対称的ではなかった（NetBurstでは命令トレースキャッシュを使用するので事情が異なる）．しかし，QuantiSpeedでは対称的なデコーダを備える．これは，命令をデコードする効率に係わる．

P6とQuantiSpeedは，どちらも，複数の命令を一度にデコードするために，複数の命令デコーダを用意している．P6では二つの単純デコーダと一つの複雑デコーダで役割を分担している．一方，QuantiSpeed

では，同じ機能の命令デコーダ（ある程度複雑な命令をデコードできる）が3組対称に並べられている．

命令の分類としては，単純な命令，ある程度複雑な命令，非常に複雑な命令に分類できる．命令の整列がうまくいっており，それらが単純な命令であれば，1クロックで3命令をデコードできるのは同等である．しかし，複雑な命令が混じる場合は事情が異なる．

P6では，単純デコーダで処理できない命令は複雑デコーダに渡される．複雑デコーダでもデコードできない命令はマイクロコード命令シーケンサでデコードされる．命令デコードはインオーダに行われるので，複雑な命令が混じる場合は，1クロック間で，1命令あるいは2命令ずつしかデコードできず，スループットが低下する．それゆえ，P6では，レジスタ-レジスタ間演算といった単純な命令を使用しないと性能が出ないといわれている．それに対しAthlonでは，1世代前のPentiumやK6アーキテクチャに最適化したコードでも，それなりの性能が出るとされている．

QuantiSpeedでは，単純な命令とある程度複雑な命令を処理する直接径路（Direct Path）と，複雑な命令を処理するベクタ径路（Vector Path）に分かれて並列にデコードを行う．これは，AthlonではSCANステージ，Hammerではピックステージで選択される．

Chapter 3 並列処理の基本とスーパースカラ

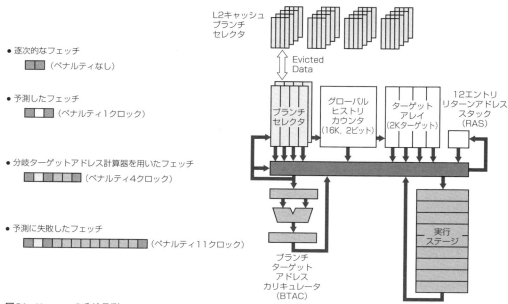

図54 Hammerの分岐予測

直接径路ではx86命令をデコードして，1クロック間に三つのMacroOPを出力する．このMacroOPは，後のアーリデコードあるいはパックステージで結合され，RISCライクなμOPに変換される．ベクタ径路ではマイクロコードROMがアクセスされ，1クロック間に最大3命令のMacroOPを出力する．これらが専用デコーダでμOPに変換される．

上述のように，QuantiSpeedの命令デコーダでは，見かけ上は直接径路とベクタ径路の違いをなくしている．これは，複雑な命令が混じっていても命令デコードのスループットが低下しないことを意味する．

● 分岐予測

投機実行が当たり前になっている最近のMPUでは，性能向上のために分岐予測機能はとくに重要である．AthlonとHammerの分岐予測機構は，Athlonに分岐ターゲットアドレス計算器がない点を除けば，分岐予測テーブルのエントリ数の違いはあるものの基本的には同じである．ここでは，Hammerの分岐予測について説明する．

Hammerの分岐予測は，図54に示すように3種類のテーブル（キャッシュ）とターゲットアドレス計算器から構成される．

- 大域履歴カウンタ（Global History Counter）
  分岐の方向（分岐/不分岐）を記憶．
  2ビット×8Kエントリ（Athlonの4倍）
- 分岐ターゲットアドレス配列（Branch Target Address Array）

  2Kエントリ（Athlonと同じ？）
- リターンアドレススタック
  （RAS：Return Address Stack）
  12エントリ（Athlonと同じ）
- 分岐ターゲットアドレス計算器（BTAC：Branch Target Address Calculator）
  1個（Athlonにはない）

フェッチした命令が分岐命令であるか否かは，L1キャッシュ格納時にプリデコードされて格納されている分岐選択情報（Branch Selector）によって判別される．そして，分岐命令をフェッチすると大域履歴カウンタ（GHC）と分岐ターゲットアドレス配列（BTAA）を参照し，前者から分岐方向を，後者から分岐先アドレスを得る．分岐先アドレスが判明すれば，そこから投機的に実行を始める．

なお，分岐選択情報はL2キャッシュにも存在する．これはL1キャッシュからL2キャッシュへ追い出す場合に，L1キャッシュの情報をECC領域に書き込むようだ．さすがに，L2キャッシュへのリフィル時にプリデコードを行うには回路が複雑になり過ぎた．

ただ，命令キャッシュでL1キャッシュからL2キャッシュへの追い出しが存在するのかという疑問もあるが，2001年のMicroprocessor Forumでは，そのように解説されていたらしい．図54においても，Evicted Data（立ち退かされたデータ）という表現がある．ということは，L1キャッシュとL2キャッシュは排他的=（Exclusive Cache）になっていて，最新の情報をL1キャッシュに置くように，L1キャッシュと

115

ステージ	分 類	詳 細	説 明
1	フェッチ	フェッチ1	命令をL1キャッシュよりフェッチ
2		フェッチ2	
3		ピック	命令の整列
4		デコード1	x86命令をデコード
5		デコード2	中間コードに変換？
6		パック	個々の命令をパック
7		パック/デコード	命令をμOPに変換
8	実行	ディスパッチ	μOPをスケジューラ発行
9		スケジュール	スケジューラに格納
10		AGU/ALU	命令実行/アドレス生成
11		データキャッシュ1	データキャッシュアクセス
12		データキャッシュ2	
13	L2 キャッシュ	L2リクエスト	Address to North Bridge
14		L2タグへのアドレス	Clock Boundary
15		L2タグ	SRQ Load
16		L2タグ，L2データ	GART/AddrMap CAM
17		L2データ	GART/AddrMap RAM
18		L2からのデータ	Cross Bar
19		データキャッシュへのMUX	Coherence/Order Check
20		L1へライト，データ供給	
21	DRAM		MCT Schedule
22			DRAM Cmd Q Load
23			DRAM Page Status Check
24			DRAM Cmd Q Schedule
25			Request to DRAM Pins
26			DRAM Access
27			Pins to MCT
28			Through North Bridge
29			Clock Boundary
30			Across CPU
31			ECC and MUX
32			Write Data Cache

図55
Hammerのパイプライン

L2キャッシュで適宜エントリの置き換えが行われていることになる．これは，L1キャッシュのほうがL2キャッシュより短時間でアクセスできるためであろう．たしかにHammerのブロック図（図52）ではL1命令キャッシュとL2キャッシュの径路は双方向になっている．このあたりはAMDからの詳細な資料を待ちたい．

GHCはBTAAより多くのエントリを持つので，分岐命令の処理に次のような場合が考えられる．

- GHCにヒット，BTAAにヒット
  1クロックのペナルティ
- GHCにヒット，BTAAにミス→BTACを利用して分岐アドレスを計算
  4クロックのペナルティ（BTACの時間は2クロック）
- GHCにミス→分岐するか否かはパイプラインの実行ステージまで不明
  11クロックのペナルティ（実行ステージまでの時間は9クロック）

ここでいうペナルティとは，逐次的な命令フェッチと比べて分岐先をフェッチするまでに要するむだな時間のことである．これに1クロック加算したものが分岐命令の実行クロックといえる．HammerではBTACを追加したことにより，Athlonに比べるとGHCミス時のペナルティを大幅に減少させている．

● パイプライン

　Hammerのパイプラインを図55に，Athlonのパイプラインを図56に示す．AMDの説明によると，Hammerのパイプラインは整数演算が12ステージ，浮動小数点演算が17ステージだという．図55は整数パイプラインで，浮動小数点パイプラインは明らかにされていない．Hammerでは，Athlonでは1ステージだったL1キャッシュアクセスが2ステージに分割されているのが特徴的である．デコードも2ステージかけて余裕をもたせている．明らかに，高い動作周波数をねらった設計である．それなのに，2ステージしか違わないというのは，1クロックに処理する論理を見直したためであろう．

　Hammerのパイプラインで，パックステージを謎のステージとする説もあるが，MacroOP（中間コード）の結合はAthlonでも行われていたので，筆者はそれほど重要な意味はないと考える．あるいは，NetBurst（Pentium4）の命令トレースキャッシュやCrusoeのCMS（Code Morphing Software）のように，そこでスケジューリング（並び替えや最適化）を行ってから，μOPに変換しているのではと想像することはできる．

　Hammerのパイプラインにおいて，L2キャッシュにアクセスする場合はさらに8ステージ必要である．なお，HammerではL2キャッシュへのアクセスと

ステージ	整数演算	共通処理		FPU演算	説明（整数演算のみ）
		Direct Path	Vector Path		
1		FETCH			L1命令キャッシュから命令をフェッチ
2		SCAN			命令のDirect Path/Vector Path選択
3		ALIGN1	MECTL		命令キューへ格納／マイクロROMアドレス
4		ALIGN2	MEROM		命令の整列／マイクロROMフェッチ
5		Early DEC	MESEQ		アーリーデコード／マイクロコードデコード
6		IDEC/Rename			μOPに変換し，レジスタリネーム
7	SCHED			STKREN	命令スケジュール
8	EXEC			REGREN	命令実行
9	ADDGEN			SCHEDW	アドレス生成
10	DCACC			SCHEDW	データキャッシュへアクセス
11				FREG	
12				FEXEC1	
13				FEXEC2	
14				FEXEC3	
15				FEXEC4	

図56　Athlonのパイプライン

DRAMアクセスをオーバーラップできる．これは，L2キャッシュミス時のリフィルを高速に実行できる効果がある．DRAMへのアクセス自体はL2キャッシュのヒット／ミスを待たずに始まるようである．

19 Ryzen（Zen）

RyzenはAMDが開発したZenアーキテクチャを採用するAMD64マイクロプロセッサのシリーズに用いられるブランド名である．そのCPUはZenというマイクロアーキテクチャを実装している．

初代のRyzenは2017年3月に発売された．発売と同時に，これまでインテルが独占していたCPU市場の一角を占めるほど人気が高まった．Ryzenの人気の秘密は，性能の高さである．ゲームなど高性能を求める人たちがRyzenを搭載したPCを使うようになってきている．RyzenシリーズはインテルのCoreプロセッサに対抗するCPUのブランド名で，たとえば，Core i5と同等性能を持つCPUにはRyzen 5という名前が付く．当然，Ryzen 3，Ryzen 7，Ryzen 9というプロセッサも存在する．

2023年10月時点で最新のCoreプロセッサが第13世代なのに対して，最新のRyzenは第5世代である．世代はCPUの設計が大きく変わるタイミングで更新され，Zenという設計のRyzenを第1世代として次のように世代分けされている．

第1世代 Zen	2017年3月
第2世代 Zen+	2018年4月
第3世代 Zen2	2019年7月
第4世代 Zen 3	2020年11月
第5世代 Zen 4	2023年4月

ここでは，Zen 4のパイプラインについて説明する．図57にZen 4のパイプラインを示す．

Zen 4はZen 3の改良版であり，基本的な改良としては，キャッシュやバッファの容量を増やしたことである．Zen 3からZen 4への改良点を表3に示す．

フロントエンド部の改良はあるのだが，バックエンド部（実行パイプライン）はZen 3とほとんど変わっていない．物理レジスタの数とロードバッファの容量が増えた程度である．1サイクル当たりの最大命令実行数は，整数演算命令が10個，浮動小数点演算命令は6個のままである（10INT＋6FP）．これは，Zen 4では，Zen 3でフル稼動できていなかった実行パイプラインの実行効率を上げるために，フロントエンド部の改良に注力したと思われる．実際，この改良で，Zen 4はZen 3に対してIPC（1サイクル当たりに実行可能な命令数）が13％向上したとのことである．

これは，Zenマイクロアーキテクチャの素性がもともと優れていたということでもある．Zenマイクロアーキテクチャの要はOPキャッシュとμOPキューである．命令デコードは，主として命令デコーダで行われるが，デコーダの手前にあるOPキャッシュとμOPキャッシュでもある程度のデコードが行われる．OPキャッシュとμOPキューに格納されるμOPは，いわゆる伝統的なμOPより高密度（複数の機能が融合されている）．それが，ディスパッチされる段階で，伝統的なμOPに展開される．図57で，μOPを格納するキャッシュが「μOPキャッシュ」ではなく「OPキャッシュ」となっているのは，格納されるμOPが高密度であるためあえてOP（あるいはマクロOPともいう）としてある．

つまり，Zenマイクロアーキテクチャでは，x86/x64命令を（恐らくは）固定長のデコードがしやすいマクロOP命令に変換後，それをOPキャッシュとμOPキューで扱う．それが，アウトオブオーダ実行部に入ると，一気に単純で複数のμOPに展開されるという

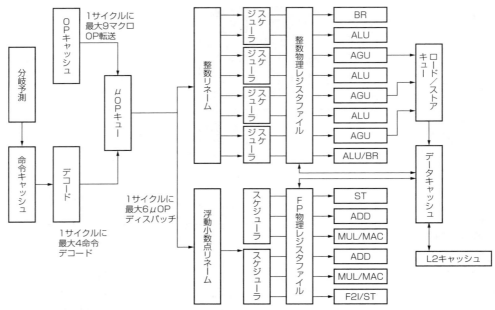

図57 Zen 4のパイプライン

表3 Zen 3とZen 4のマイクロアーキテクチャの違い

	Zen 3	Zen 4
ロードキュー	72	88
ストアキュー	64	64
OPキャッシュ	4K OP	6.75K OP
L1 I/Dキャッシュ	32K/32K	32K/32K
L2キャッシュ	512K	1M
L3キャッシュ/コア	4M	4M
L2 TLB	2K	3K
L2レイテンシ	12サイクル	14サイクル
L3レイテンシ	46サイクル	50サイクル
発行幅(Int+FP/SIMD)	10+6	10+6
Int物理レジスタ	192	224
Intスケジューラ	96	96
FP物理レジスタ	160	192
リオーダバッファ	256	320
FADD/FMUL/FMAレイテンシ	3/3/4サイクル	3/3/4サイクル
L1 BTB	2×1K	2×1.5K
L2 BTB	2×6.5K	2×7K

方式である．命令デコードが，命令フェッチからディスパッチまでのパイプラインステージ全体に拡張された格好である．これはパイプラインの1ステージに留まって複雑なデコードを行うより効率的であるし，スループット(つまり性能)も上げやすい．

Zen 4ではOPキャッシュを68%も増量しており，1サイクル当たりのマクロOP出力数が，Zen 3の8個に対して9個に増加した．たかだか1.125倍の出力数であるが，AMDは，この改良の効果は大きいとしている．

改めてZen 4のパイプラインの説明を行う．

フロントエンドに対しては，AMDはここでいくつかの重要な改善を行った．分岐予測器は，正確な予測の見返りを考慮した一般的な改善対象であるが，Zen 4ではさらに改良が加えられている．1サイクルあたり2分岐を予測する(Zen 3と同じ)ことに変わりはないが，AMDはL1分岐ターゲットバッファ(BTB)のキャッシュサイズを50%増やし，2×1.5kエントリとした．同様に，L2BTBも2×7kエントリに増加した．その結果，より長い分岐ターゲットの履歴を参照できるようになり，分岐予測精度が向上した．

一方，分岐予測器と関連するOPキャッシュは大幅に改善された．OPキャッシュは，上述した通り，前製品より68%の容量増加だけではく，1サイクル当たり最大9マクロOPを出力できるようになった(Zen 3では6マクロOP)．このため，分岐予測器が特にうまく機能し，μOPキューが次から次へと命令を消費できるようなシナリオでは，OPキャッシュから最大50%多くのOPを引き出すことが可能になる．これは，性能の向上だけでなく，キャッシュされたマクロOPをアクセスするのに必要な電力は，新しいマクロOPをデコードするよりもはるかに少ないため，これは電力効率にもプラスに働く．とはいえ，μOPキューの出力自体は変わっていない．フロントエンドの最終ステージは，依然として1クロックあたり6μOPしか出力できないため，OPキャッシュの転送速度の向上は，

μOPキューがディスパッチするマクロOPが不足しているようなシナリオにおいて特に有用となる.

バックエンド（実行パイプライン）を見ると，Zen 4はZen 3からほとんど変更はない．パイプラインや発行ポートに変更はなく，Zen 4では，1サイクル当たりに整数演算を最大10回，浮動小数点演算を最大6回スケジューリングできることに変わりない．同様に，基本的な浮動小数点演算のレイテンシも，FADDとFMULが3サイクル，FMAが4サイクルで変更はない．

Zen 4のバックエンドに対する改良は，フロントエンドと同様に，キャッシュやバッファの増量に集中している．特筆すべきは，リタイヤキュー／リオーダバッファが25％大きくなり320命令の深さになったことにより，CPUがアウトオブオーダ実行で性能を引き出す助けになったことである．同様に，整数用と浮動小数点用の物理レジスタファイルのサイズも約20％ずつ拡大され，それぞれ224レジスタと192レジスタとなっている．

続いて，各CPUコア内のロード／ストアユニットにもバッファの拡大が行われた．ロードキューは22％深くなり，88個のロードを格納できるようになった．また，L1データキャッシュとのポートの競合を減らすために何等かの変更が加えられたという．それ以外の点では，ロード／ストアのスループットは1サイクル当たり3ロード，2ストアで変更はない．

最後に，L2キャッシュについて説明する．Zen 4では，各CPUコアのL2キャッシュのサイズが倍増され，512KBから1MBに拡大された．これは性能向上に寄与する．

Zen 4の実行パイプラインはZen 3から大きな変更はない．キャッシュとバッファのサイズを増やすことは，既存の設計のまま，命令実行のスループットを向上させるためには有効な方法である．AMDはZen5で大幅なマイクロアーキテクチャの改善を行うとも言われており，中間段階としてのZen 4での今回のやり方は，製造プロセスがTSMCの7nmsから5nmに変更になることで追加されるトランジスタを有効に活用する，優れた考え方である.

20 Alpha21264

Alphaアーキテクチャは最初DECが開発し，その後Compaqに吸収された．そしてIntelに譲渡されることによって事実上消滅した．AlphaというMPUは，既に過去のものとなってしまった．2002年4月にCompaqは21364（EV7）を搭載するサーバ「Marvelous」を発表した．ISSCCではEV7（9EV8とも）の発表もあったが，事実上，21364が最後のAlphaチップとなった．

しかし世界最高速のMPUとしてギネスブックにも掲載されたAlphaチップに言及しないのはどうも物足りない．ここでは，2001年時点での最新MPUであったAlpha21264について触れよう.

● Alphaのブロック図

図58にAlpha21264のブロック図を示す．BOXという呼称はDECの伝統らしい．ここでは触れないが，StrongARMのブロック図でもIBOXとかEBOXという表現が散見される.

- 命令フェッチ，発行，リタイアユニット（IBOX）
- 整数演算およびアドレスユニット（EBOX）
- 浮動小数点演算ユニット（FBOX）
- 内蔵キャッシュ
（命令キャッシュとデータキャッシュ）
- 外部キャッシュおよびシステムインタフェースユニット（CBOX）
- メモリ参照ユニット（MBOX）

● Alpha21264のパイプライン

Alpha21264のパイプラインのタイミングを図59に示す．この図を基にパイプラインの動作を説明する.

▶ステージ0：分岐予測とライン予測を使用した命令フェッチ

プログラムの順序で命令キャッシュから最大4命令がフェッチされる．同時に，分岐予測テーブルと分岐履歴アルゴリズムを使用した分岐予測が行われる．Alphaには分岐予測機構とは別にライン予測機能がある．命令キャッシュの中にライン予測領域があり，この領域の情報にしたがって次にフェッチするキャッシュラインを選択する.

フェッチ予測器の目的は，分岐予測がTakenと判断されるときに生じるパイプラインバブル（分岐先をフェッチするまでのむだ時間）を削除するためである．つまり，予測が当たれば，分岐先の命令をペナルティなしでフェッチできる．分岐予測とライン予測が異なった結果を返す場合は，分岐予測が優先される．ただし，条件分岐以外のコール命令とジャンプ命令では，ライン予測の方が優先される.

▶ステージ1：命令スロットを形成し命令をリネーム（マップ）ハードウェアに転送

このステージでは命令キャッシュからフェッチした4命令を組み合わせ，一つの命令スロットにして，リネームハードウェアに転送する．ここで，命令が使用するハードウェア資源に基づいて，それぞれがどの演算器で実行されるかを決定する．これは，利用する資源を振り分けることでユニット間の負荷を低減する意味がある．演算器は上位と下位に分かれており，この時点で命令を振り分けてしまう．命令には，上位のみ

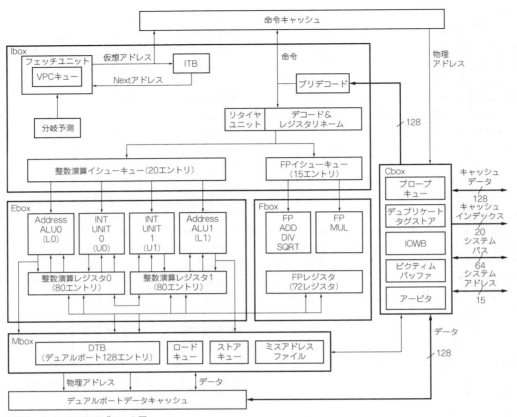

図58　Alpha21264のブロック図

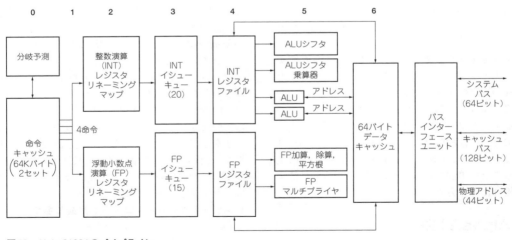

図59　Alpha21264のパイプライン

で実行可能(U)，下位のみで実行可能(L)，両方で実行可能(E)の3種類がある．Eに分類される命令はスロット形成時にUかLに決定される．

▶ステージ2：レジスタリネーム(マップ)

このステージでは命令スロット内の各命令に対してレジスタリネームを行う．また，各命令は一意な8ビットの数値(inumと呼ばれる)が割り当てられ，その数値によってマップからリタイアまで(これが飛行中)の命令とプログラムの順序を識別する．つまり，inumはプログラムでの命令の順序を表す．マップさ

れた命令とそれに対応するinumは，マップステージの終わりで整数または浮動小数点の命令キューに入れられる．

▶ステージ3：命令キューから命令を発行

20エントリの命令キュー（IQ）は1サイクルに4命令を発行する．15エントリの浮動小数点キュー（FQ）は1サイクルに2命令の割合で，浮動小数点演算命令，条件分岐命令，ストア命令を発行する．このことから，レジスタリネーム論理とパイプラインの終端の間で最大80命令が「飛行中」になる．

▶ステージ4：レジスタリード

命令キューから発行された命令は，オペランドデータを整数または浮動小数点レジスタファイルからリードし，バイパス（フォワーディング）されたデータを受け取る．

▶ステージ5：整数演算と浮動小数点演算の実行

EBOXとFBOXのパイプラインが実行を開始する．つまり，前のステージでレジスタファイルからリード（またはバイパス）されたデータを処理する．

▶ステージ6：データキャッシュアクセスあるいは演算結果の格納

ほとんどの整数演算命令はこのステージでレジスタに結果を書き込む．浮動小数点命令は，パイプライン的に処理され，所定のサイクルを経てレジスタにライトする（スループットは1サイクル）．

メモリ参照命令はデータキャッシュとデータ転送バッファにアクセスする．通常，ロード命令はタグ部とデータ部にアクセスするが，ストア命令はタグ部のみにアクセスする．ストアするデータはストアキューに書き込まれ，ストア命令がリタイアするまで保持される．これは投機実行中のストアの結果をライトさせないようにするためである．ロードは読み捨てればよいが，ストアでキャッシュやメモリを変更したら取り返しがつかない．

まとめ

以上，実際のプロセッサのスーパースカラ構造について解説してきた．

文章の量はかなり多くなったが，内容的にはそれほど難しいことは述べていない．最近のMPUはアウトオブオーダなスーパースカラが常識のようになってきているので，スーパースカラの基礎をおさえておくことは必須であろう．

なるべく最新のMPUに関して説明したが，歴史的な価値を考えて，R10000やAlphaは残してある．x86系に関しては，最新のマイクロアーキテクチャのみの説明だと過去とのつながりが見えにくいので，古いMPUも残した．とはいえ，新しいMPUになるほどパイプライン構造は酷似している．IntelとAMDのパ

イプラインも同じに見えてしまう．これは，スーパースカラの設計が枯れてきて一般常識のようになってきた兆候かもしれない．昔のMPUにはパイプライン構造に個性を見出せたが，今は横にならえという感じである．今後，革新的なブレークスルーが生まれることを期待する．

◆参考文献◆

(1) 坂井 修一，コンピュータアーキテクチャ（10）．
https://www.mtl.t.u-tokyo.ac.jp/~sakai/hard/hard10.pdf
(2) The Reorder Buffer.
https://cseweb.ucsd.edu/classes/fa14/cse240A-a/pdf/07/CSE240A-MBT-L13-ReorderBuffer.ppt.pdf
(3) Branch prediction.
https://danluu.com/branch-prediction/
(4) サーバーからモバイルまでカバーしつつコアを小さく抑えた「Cortex-A72」．
http://pc.watch.impress.co.jp/docs/column/kaigai/20150529_704264.html
(5) Huawei launched powerful Kirin 950 SoC.
http://www.bergspider.net/huawei-launched-powerful-kirin-950-soc/
(6) Cortex-A15比で最大3.5倍の性能向上はどのように実現しているのか?-ARM，Cortex-A72の詳細を公開．
http://news.mynavi.jp/articles/2015/04/24/cortex-a72/
(7) A walk through of the Micro architectural improvements in Cortex-A72.
https://community.arm.com/groups/processors/blog/2015/05/04/a-walk-through-of-the-micro architectural-improvements-in-cortex-a72
(8) Arm's New Cortex-A78 and Cortex-X1 Microarchitectures：An Efficiency and Performance Divergence.
https://www.anandtech.com/show/15813/arm-cortex-a78-cortex-x1-cpu-ip-diverging
(9) Arm Cortex-A78 Core Software Optimization Guide.
https://developer.arm.com/documentation/102160/r1p2/?lang=en
(10) BOOM v2：an open-source out-of-order RISC core.
https://www2.eecs.berkeley.edu/Pubs/TechRpts/2017/EECS-2017-157.pdf
(11) 高性能なRISC-Vコアとして開発された「BROOM」．
https://news.mynavi.jp/article/broom-1/
(12) BOOM v2 an open-source out-of-order RISC-V core.
https://content.riscv.org/wp-content/uploads/2017/12/Wed0936-BOOM-v2-An-Open-Source-Out-of-Order-RISC-V-Core-Celio.pdf
(13) SonicBOOM：The 3rd Generation Berkeley Out-of-Order Machine.
https://carrv.github.io/2020/papers/CARRV2020_paper_15_Zhao.pdf
(14) SonicBOOM／Siemens が UltraSoC 買収／Intel去るJim Keller氏の次は？

https://techfactory.itmedia.co.jp/tf/
articles/2007/13/news039.html

(15) x86CPUの弱点が浮き彫りになったNehalemマイクロアーキテクチャ.
https://pc.watch.impress.co.jp/docs/
2008/0428/kaigai438.htm

(16) インテルCPU進化論Nehalemでの性能向上は周辺回路中心.
https://ascii.jp/elem/000/000/722/722781
/2/#eid722783

(17) Intel Architecture Day 2021:AlderLake, Golden Cove, and Gracemont Detailed.
https://www.anandtech.com/show/16881/
a-deep-dive-into-intels-alder-lake-
microarchitectures/3

(18) Intel64 and IA-32 Architectures Optimization Reference Manual.

https://www.intel.com/content/www/us/en/
developer/articles/technical/intel-sdm.
html

(19) Intelの次期CPU「Alder Lake」、2種類のCPUコアを積む構造と性能-IntelArchitectureDay2021レポート.
https://news.mynavi.jp/article/20210820-
1951586/

(20) Zen 4ExecutionPipeline:FamiliarPipesWithMoreCaching
https://www.anandtech.com/show/17585/
amd-zen-4-ryzen-9-7950x-and-ryzen-5-
7600x-review-retaking-the-high-end/8

(21) AMDの次世代CPUマイクロアーキテクチャ「ZEN」の命令デコード.
https://pc.watch.impress.co.jp/docs/
column/kaigai/1037983.html

Chapter 4 キャッシュのメカニズム

キャッシュ構造の違いから，680x0/i486/R4000のキャッシュの動作まで

　一口にキャッシュといっても，フルアソシアティブ/ダイレクトマップ/2ウェイセットアソシアティブなどのライン選択方式，ライトスルー/ライトバックの書き込み制御方式，LRU/FIFO/ランダム方式といったリプレースメント方式など，キャッシュの構造や動作でさまざまな違いがある．ここでは，それぞれのキャッシュ方式の違いを詳しく解説する．

　その昔，フォン・ノイマンがプログラム内蔵方式，つまりプログラムもデータと同じようにメモリ中に格納する方式を提唱して以来，その方式は現在のコンピュータアーキテクチャの基本理念となっている（フォン・ノイマンがプログラム内蔵方式の提唱者というのは正確には誤りだが，ここでは通例にしたがっておく）．x86プロセッサにしろArmプロセッサにしろ，現在でもこの方式から脱却してはいない．当然のことながら，ほとんどすべてのMPUは，プログラムを実行するときにはメモリへアクセスしなければならない．そして，そのメモリへのアクセス時間がプログラムの実行性能にも影響を与えてしまう．これが「フォン・ノイマン・ボトルネック」と呼ばれる現象

である．MPUの性能向上のためのキーポイントの一つはフォン・ノイマン・ボトルネックの削減にあるといっても過言ではない．

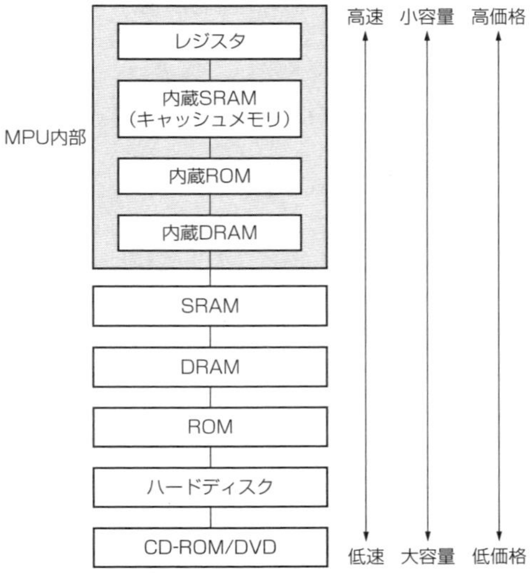

● キャッシュメモリとは？

　フォン・ノイマン・ボトルネックを削減するための手っ取り早い方法は，高速な（アクセス時間の短い）メモリを使用することである．世の中にはいろいろな種類のメモリ（記憶装置）があり，アクセス時間に応じて図1のようなメモリ階層を形成している．高速なメモリは高価であるため，大容量で使用することは難しい．そこで，**キャッシュメモリ**という構造が用いられる．

　キャッシュ（cache）とは「隠し場所，貯蔵所」という意味で，キャッシュメモリとは原則としてプログラムで意識する必要のない高速な隠しメモリのことである．具体的には図2のように，小容量で高速なキャッシュメモリと，大容量で低速なメモリを階層構造に組み合わせる．

　動作としては，低速メモリ（大容量）の内容の一部をキャッシュメモリ（小容量）にコピーしておき，MPUは，通常はキャッシュメモリのみをアクセスす

図1 メモリの階層

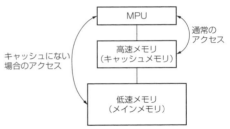

図2 キャッシュメモリの構造（概念図）

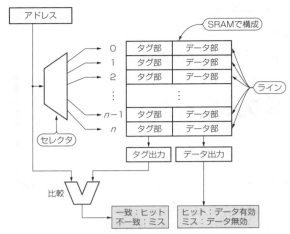

図3 キャッシュの内部構成

1 キャッシュの内部構成

● キャッシュの構成

キャッシュは，高速，（比較的）小容量である点を除けば通常のメモリと変わりはない．アドレスを与えると対応するデータが出力される．ただし，低速なメモリ（メインメモリ）の一部をコピーしたものなので，対応するアドレスのデータが格納されていないことがある．これを**キャッシュミス**（あるいはミスヒット）という．このキャッシュミスを検出するため，特殊な構造を採用している．具体的には，タグ部とデータ部と呼ばれるメモリの組（これをラインまたはエントリと呼ぶ）の集合がキャッシュである（**図3**）．各アドレスに対して特定のラインが選択され，そのラインのタグ部の内容が与えられたアドレスに一致すればヒットであり，そのラインのデータ部の内容が与えられたアドレスの内容である（有効）ことがわかる．

逆に，タグ部の内容が与えられたアドレスに一致しなければミスであり，データ部の内容は与えられたアドレスのものではない（無効）．現実にはタグ部の中には，ラインの内容が有効なものであるか否かを表す「バリッドビット」も含まれている．バリッドビットが無効を示していれば，アドレスとタグが一致してもミスとみなされる．

また，データ部の容量はまちまちである．昔は，1ワード（4バイト）の場合が多かったが，現在では4ワード（16バイト）や8ワード（32バイト）が主流である．一般に1ラインのデータ部の容量（バイト数）が大きくなるほど，タグ部に必要なビット数を少なくできる．ただし，データ部の容量を大きくしすぎると，アクセスするアドレス範囲がランダムな場合にキャッシュのヒット率が低下し，性能が低下する．このため，データ部の容量の決定は，予想されるヒット率や利用できる回路規模（この場合は面積）を考慮して決定しなければならない．

● ラインの選択方式（連想方式）

キャッシュでは，アドレスが与えられると，ある一つのラインが選択される．この方式には，大きく分けて次の3種類がある．

(1) フルアソシアティブ方式
(2) ダイレクトマップ方式
(3) n ウェイセットアソシアティブ方式（$n \geq 2$）

● フルアソシアティブ方式

この方式の概念図を**図4**に示す．フルアソシアティブ方式において，与えられたアドレスはすべてのタグ部の内容と比較される．アドレスとタグが一致するラ

る．アクセスすべき内容がキャッシュメモリにない場合は，低速メモリの内容をキャッシュメモリへコピーし直し，そこをアクセスする．このときは低速なメモリからのコピーが発生するので多少時間がかかるが，2度目以降はキャッシュだけにアクセスするので高速となる．たとえばプログラムがループ処理をする場合や，同じ変数を何度も読み書きするような場合，キャッシュへコピーされた命令やデータにアクセスすることになるので，プログラムが高速に実行されるというわけだ．これは，プログラムのメモリアクセスには局所性があるという経験則が基本原理となっている．

キャッシュメモリは単に「キャッシュ」と呼ばれることが多い．本章でも，以下ではキャッシュと表記する．また，低速メモリからキャッシュへコピーのし直しはリフィル（あるいは単にフィル），またはリプレースと呼ばれる．

● 昔は外付けSRAMで，現在はMPU内蔵で

現在ではMPUにキャッシュが内蔵されることは珍しくない．しかし，LSIの集積密度がそれほど高くなかった30年くらい昔は，SRAMを使用してMPUの外部にキャッシュを構成していた．とはいえ，SRAM自体が非常に高価だったため，本当に性能の必要な大型計算機などでしかキャッシュは採用されていなかった．ところが，現在主流のRISCではキャッシュの存在が前提で，メモリへのアクセスは，とりあえずキャッシュヒットするものと仮定してアーキテクチャが決定されている．LSI製造技術の進歩には目を見張るものがある．

なお，本章ではMPUに内蔵されているキャッシュ，とくに1次キャッシュを念頭において解説しているが，解説そのものはキャッシュについての一般論である．

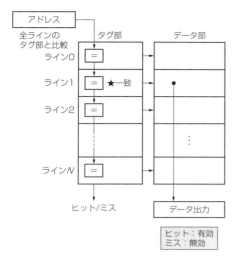

図4　フルアソシアティブ方式

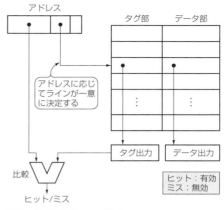

図5　ダイレクトマップ方式

インが存在すればヒット，存在しなければミスである．図4の例ではライン1がヒットしているので，ライン1のデータ部の内容が有効なデータとして出力される．

　この方式は直感的にわかりやすく，ラインをもっとも有効利用できる（したがって，同じライン数ではもっともヒット率が高い）方式であるが，全ラインのタグ部との比較のための論理回路が巨大になるため，また，後述するキャッシュミス時にリフィルするラインを決定するためのLRU（Least Recently Used）処理が複雑になるので，あまり採用されない．

　もっとも，LRU処理をあきらめて，FIFO（First In First Out）制御やランダムな選択でリフィルするラインを決定することも考えられる．その場合，ネックとなるのはタグ部の比較論理の回路規模だけである．ライン数が少数（64程度）であれば，連想メモリなどを用いて比較回路を構成することは難しくない．そのため，この方式は，MMUのTLB（Translation Lookaside Buffer）において，仮想アドレスから対応する物理アドレスを選択する（アドレス変換）場合に採用されることが多い．

● ダイレクトマップ方式

　この方式の概念図を図5に示す．この方式では，与えられたアドレスをデコードして特定の一つのラインに対応させる．デコードといっても大袈裟なものではなく，単にアドレスの1部分のビット列でラインを選択することが多い．キャッシュの構成が256個のラインからなり，1ラインのデータ部が4ワード（16バイト）だとすれば，現在のMPUではバイトごとにアドレスが割り振られているので，アドレスのビット4か らビット11の8ビットで参照するラインの番号を決定すればよい（8ビットなので256種類の値を指定できる）．

　もっとも，アドレス内の連続する8ビットで指定した場合，アクセスするアドレス範囲が大きい場合はヒット率が低下する恐れもあるので，アドレスの上位数ビットを考慮したり，アドレスの二つの部分のビット列の排他的論理和を計算したりして参照するラインを決定する場合もある．

　この方式は，キャッシュリフィル時のラインが一意に決定されるのでLRU制御を行う必要がなく，回路構成も単純なため（したがって高速に動作し，消費電力も少ない），1世代前のMPUの内蔵キャッシュに多用されていた．

● nウェイセットアソシアティブ方式

　この方式の概念図を図6に示す（$n = 4$の場合）．見てわかるようにnウェイセットアソシアティブ方式は，ダイレクトマップ方式の構成をn個並列に並べたものであり，それぞれが「ウェイ」と呼ばれる．n個のタグの比較器をもち，アドレスをデコードして決定される各ウェイに属するラインのタグ部出力を同時に比較する．一つでも一致するラインが存在すればヒットである．この方式は構造が比較的単純で，ダイレクトマップ方式と比べてキャッシュのヒット率を上げることができる（最悪でもダイレクトマップと同じ）ため，もっとも多く採用されている．最新のMPUでは$n = 2$または4で構成されることが多いようだ．nの値を大きくすればするほどキャッシュのヒット率は向上するが，nが十分大きい場合はnと$n+1$でのヒット率に大差はない．経験的には，$n = 4$が回路規模とヒット率を考慮した場合の最適解であるとされている．

　なお，各ウェイに含まれるライン数が1で，nがラインの総数に等しい場合がフルアソシアティブであ

125

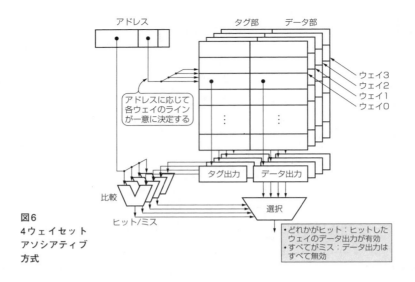

図6
4ウェイセット
アソシアティブ
方式

る．nウェイセットアソシアティブ方式は，ダイレクトマップ方式とフルアソシアティブ方式の折衷案ということもできる．

ところで，IntelのStrongARM（XScale）は32ウェイセットアソシアティブと，驚異的なウェイ数を実現していた．これは，ほとんどフルアソシアティブ並みといえる．Armの文献を読むと，この32ウェイ構造は連想メモリによって実現しているそうである．そうなると，フルアソシアティブとどう違うのかという疑問が湧く．その実装方式は明らかにされていないが，どうやらフルアソシアティブキャッシュを32分割して，1ウェイ当たり64エントリ（キャッシュサイズ16Kバイトの場合）で制御しているようである（64エントリのフルアソシアティブキャッシュが32個ある）．連想メモリがタグの比較も行うので，1ウェイからは1ビットのヒット/ミス信号が出力されるのみである．これは32個のタグを同時に読み出すよりも効率がよさそうである．もっともこれは，仮想アドレスキャッシュ（詳細は後述）だからできる芸当であろう．

● **各方式でのキャッシュの効率**

ただし，キャッシュのライン数（=サイズ）が多いことがキャッシュ効率と直接には結び付かないことにも注意したい．同容量のキャッシュサイズの場合，連続的にキャッシュできるエリア，ないしはウェイごとのキャッシュ容量は，

キャッシュ容量/n

で表される．

ここで，たとえば容量が0x800バイトのnウェイセットアソシアティブ構成のキャッシュを考える．n=8の場合，各ウェイの容量は0x100バイトである．

1ラインの容量を16バイトとすると，アドレスのビット7～4（4ビット=ライン数は16）が各ウェイのラインへのインデックスとなる．そして図7のような3種類のアクセスパターンで，キャッシュの効率を見てみよう．

▶**アクセスタイプaの場合**

さて，プログラムがアクセスするアドレスが，
0x010，0x210，0x410，0x610，0x810，0xA10，0xC10，0xE10，…（アクセスタイプa）
というパターンで考えてみよう．これは，どれもラインへのインデックスは0x01であり，8ウェイあればすべてのアドレスをキャッシュできる．それでは，n=4の場合はどうだろう．各ウェイの容量は0x200バイトであり，アドレスのビット8～4（5ビット=ライン数は32）がラインへのインデックスとなる．上の八つのアドレスに対して，この場合もインデックスはすべて0x01となる．したがって，4ウェイでは八つのうちの四つしかキャッシュすることができない．効率は半分に低下する[図7（a）]．

▶**アクセスタイプbの場合**

次にプログラムがアクセスするアドレスが，
0x010，0x110，0x210，0x310，0x410，0x510，0x610，0x710，…（アクセスタイプb）
であるとどうなるだろう．8ウェイの場合は，すべてのインデックスが0x01なので，先の例と同じく，すべてをキャッシュできる．一方，4ウェイの場合は，
0x010，0x210，0x410，0x610
のアドレスに対するインデックスは0x01だが，
0x110，0x310，0x510，0x710
のアドレスに対するインデックスは0x11である．インデックスが0x01と0x11のアドレスが4組あることになるので，4ウェイでもすべてのアドレスをキャッ

Chapter 4 キャッシュのメカニズム

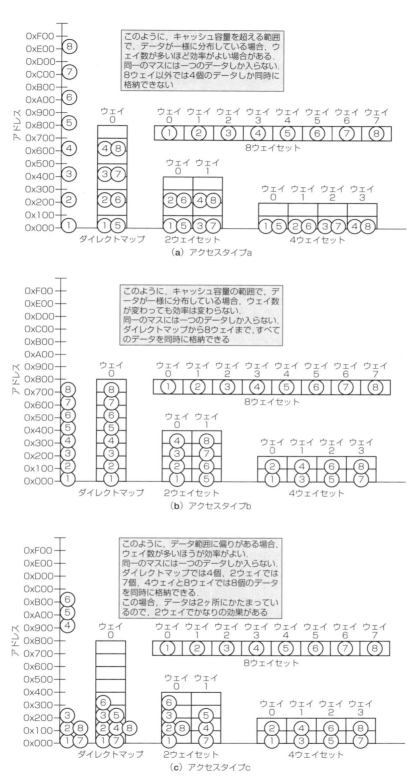

図7　各方式でのキャッシュ効率の比較

シュできる．この場合のキャッシュ効率は同じである
[**図7(b)**]．

▶**アクセスタイプcの場合**

さらに，アクセスするアドレスが次のように偏って
いる場合を考える．

0x010，0x110，0x210，0x910，0xA10，0xB10，
0x1010，0x1110，……（アクセスタイプc）

この場合は，大まかに2ヶ所にデータが分布してい
る．上と同様に考えると，8ウェイでも4ウェイでも
効率は変わらない．しかし，2ウェイだと少しだけ，
そしてダイレクトマップとなると大幅に効率が落ちて
しまう[**図7(c)**]．

以上の例でわかることは，ライン数よりもウェイ数
を増やしたほうが効率的ということである．まあ，そ
のほうがフルアソシアティブ方式に近くなるので，当
然といえば当然である．しかし，アドレスのばらつき
がアクセスタイプbの組のような条件ならば，無理し
て複雑な8ウェイ構成にする必要はない．4ウェイで
十分である．また，アクセスタイプcの組のような条
件では，キャッシュ構成の複雑さとヒット率のトレー
ドオフを考えると，2ウェイが最適といえる（2ヶ所に
分布する傾向があるため）．

● **キャッシュサイズの決定**

実際のキャッシュ設計において，キャッシュサイズ
が限定される場合，さまざまなシミュレーションを
行ってもっとも効率のよいと考えられるウェイ数に決
定される．マルチスレッドで動作するプログラムを
キャッシュする場合は，アドレスの下位ビットが一致
する確率が高いので，ウェイ数を重視したほうが効率
が上がる．Java処理系など，インタプリタやカーネ
ルなどのある程度広がりをもった局所的な部分にアク
セスが集中しがちな場合は，ウェイごとの容量が大き
いほうが効率が良くなる傾向にある．キャッシュ構成
の決定には，使用されるであろうOSやプログラムの
種類などをよく吟味しなければならない．

以上の性質を直感的にいえば，次のようになる．ア
クセスするアドレス範囲が真にランダムであれば，
キャッシュのヒット率はキャッシュサイズのみで決定
する．キャッシュの構成には無関係である．しかし，
現実にはアクセスする範囲に偏りがあるので，ウェイ
に分けたほうがヒット率が上がる．たとえば，通常の
アプリケーションプログラムでは，命令はアクセスが
ユーザー領域とOS領域の2ヶ所に偏る傾向があり，2
ウェイセットアソシアティブキャッシュが有効であ
る．あるいは，データはプログラム固有のデータ領域
とスタックの2ヶ所をアクセスするので，この場合も
2ウェイセットアソシアティブキャッシュが有効であ
る．しかし，現実にはプログラムの動きはもう少し複

雑なものと考えられ，経験的には4ウェイセットアソ
シアティブがもっとも効率的とされている．そうで
あっても，構成の簡単さ，消費電力の考慮から，2
ウェイセットアソシアティブ構成が採られる場合も多
い．あるいは，キャッシュサイズが小さい場合は，ア
クセス範囲が十分ランダムとみなせるため，ダイレク
トマップ構成も採用される．

2 キャッシュへのアクセス方式

キャッシュとは，アドレスを与えて（ヒットすれば）
それに対応するメインメモリの（コピーしている）
データを得るものである．この場合，与えるアドレス
が仮想アドレスであるか物理アドレスであるかによっ
て，特徴に若干の違いがある．

● **物理インデックス，物理タグ**

この方式は，一般に「物理アドレスキャッシュ」と
呼ばれる．物理アドレスからキャッシュのラインを決
定し，出力されるタグ部には物理アドレスが格納され
ているものとして比較する．キャッシュをMPUの外
部に取り付けるしかなかった昔は，MPUの外部バス
から出力されるアドレス（もちろん物理アドレス）で
キャッシュにアクセスするしか方法がないので，当然
物理アドレスキャッシュである．次に述べる仮想アド
レスキャッシュと違い，タスク切り替えごとにキャッ
シュを無効化する必要がないので，制御が簡単であ
る．しかし，仮想アドレスから物理アドレスへのアド
レス変換が終了しないとキャッシュにアクセスするこ
とができないので，キャッシュのアクセス時間に余裕
がなくなり，高速動作させることが難しいのが欠点で
ある．

● **仮想インデックス，仮想タグ**

この方式は，一般に「仮想アドレスキャッシュ」と
呼ばれる．仮想アドレスからキャッシュのラインを決
定し，出力されるタグ部には仮想アドレスが格納され
ているものとして比較する．この方式ではアドレス変
換と同時にキャッシュにアクセスできるため，また，
キャッシュ自身にタグ比較の論理を取り込むこともで
きるため，キャッシュアクセスに余裕ができ，高速で
動作させることが可能である．しかし，欠点もある．
メインメモリへの最終的なアクセスは物理アドレスで
行われるので，メインメモリのデータは物理アドレス
で一意に区別できる．つまり，物理アドレスが同じな
ら同じ場所，物理アドレスが異なれば異なる場所を指
す．しかし，仮想記憶で動作している場合，仮想アド
レスが同じでも，同じ物理アドレスを指し示している
とは限らない（ほとんどの場合，異なる物理アドレ

Chapter 4 キャッシュのメカニズム

Column　キャッシュのヒット率に関して

　キャッシュの目的はメインメモリが低速な場合，プログラムが意識しなくてもメモリアクセスが高速に行えるということである．つまり，メモリアクセスがキャッシュにヒットしなければ性能は低下する．いくら高性能なキャッシュメモリを使用してもヒット率が低ければ意味をなさない．そこで，キャッシュの構成にはヒット率を向上させるための仕組みが盛り込まれている．この章で述べてきたキャッシュの構成はヒット率を向上させる目的で（試行錯誤の末?）提案されてきたものである．ここで，キャッシュのヒット率を向上させるキーワードを明確にしておこう．

● 大容量

　キャッシュメモリの容量は大きければ大きいほどヒット率が向上する．理想はメインメモリと同じ容量をもつことだが，それが実現可能ならキャッシュなどという特別な仕組みは不要である．

● 多ウェイ化

　フルアソシアティブ方式がもっともヒット率が高い．回路構造上，現実困難な場合があるので，nウェイセットアソシアティブ構成で，ウェイの数をできるだけ多くするほどヒット率は向上する．

● リフィルサイズの増大

　プログラムの性質にもよるが，キャッシュのアク

セス時間（速い）とバスの転送スピード（遅い）の関係を考えると，一度に（バースト転送で）できるだけ多くのデータをキャッシュ内に取り込むほうがヒット率は向上する．アクセスするアドレス範囲が大きくなるほど，多数のラインをリフィルする必要が生じる．そのラインへのアクセス頻度が少なければ，多量のバースト転送がかえってバスネックになる恐れもあるので，リフィルサイズは大きければ大きいほどいいというものでもない．

　StrongARMはリフィルサイズを8ワード（32バイト）としながらも，ライトバックは4ワードまたは8ワードのうち最適なほうを選択できるようになっている．つまり，1ラインについてダーティビットを，前半4ワード用と後半4ワード用の2ビットをもっており，リプレース時にダーティビットが1である4ワードのみをライトバックする．このようにしてライトサイクルのバス占有時間を低減している．この方式を採る理由は，1ラインすべてがダーティになる可能性は少ないという，DEC（本来の開発元）の主張による．

● LRU処理

　データアクセスの（時間的，空間的）局所性が最大の拠り処である．ラインのリフィル時に，これからもアクセスする可能性の高いラインを書き潰していたのではヒット率は低下する．FIFO，ランダム方式に比べ，LRU方式のほうがヒット率が高い．

ス）．ということは，単純に考えると，仮想アドレスだけでタグ比較を行っていると意図した物理アドレスと異なる場所からデータを取ってしまうことがある．これをエイリアシングまたはシノニムの問題という．

　通常，仮想アドレスと物理アドレスの対応はタスクごとに決まっているので，タスクが切り替わるとキャッシュのタグ部に格納されている仮想アドレスは無意味なものになる．したがって，仮想アドレスキャッシュを採用する場合は，タスク切り替えごとにキャッシュの内容を無効化する必要がある．これは制御回路の増大を招く．これを防ぐ方法としてタグ部の中にタスクIDを一緒に格納しておき，タグの比較時に同時にタスクIDも比較することが考えられる．しかし，この場合はタグ部のビット数が増大する．また，ごく稀ではあるが，異なる仮想アドレスに同一の物理アドレスを対応させる場合もある．仮想アドレス

キャッシュはこの場合に対応できない．

　IntelのStrongARMは仮想アドレスキャッシュを採用していた．最初のSA-110はタスクIDをサポートしていなかったが，これでは実用性に乏しいのか，WindowsCEに採用されたSA-1100やSA-1110ではタスクIDをサポートするようになった．

● 仮想インデックス，物理タグ

　この方式にはとくに決まった呼称はない（と思う）．仮想アドレスからキャッシュのラインを決定し，出力されるタグ部には物理アドレスが格納されているものとして比較する．これは，物理アドレスキャッシュと仮想アドレスキャッシュの折衷案である．アドレス変換と同時に仮想アドレスでキャッシュにアクセスし，アドレス変換が終了する頃に，キャッシュから出力される物理アドレスとアドレス変換した物理アドレスを

129

比較する．そのためキャッシュのアクセス時間に余裕ができ，タスク切り替え時の無効化も必要ない．この方式は多くのMPUで採用されている．

3 リプレースメント方式

　キャッシュはヒットすることが前提とはいえ，現実には頻繁にミスが発生する．この場合，キャッシュ内にメインメモリの新しいコピーをもってくる必要がある．このとき，どのラインに新しいデータを書き込むのかを決定する方法が**リプレースメント方式**である．書き込むラインが決定すれば，そこに新しいデータをリフィル（リプレース）する．ダイレクトマップ方式の場合は何の考慮も必要ない．アドレスに対して対象ラインは一つしかないので，そこをリフィルする．nウェイセットアソシアティブの場合は，与えられたアドレスに対して対象ラインはn個あるので，それから一つを選択しなければならない．フルアソシアティブの場合は，すべてのラインがリフィルの対象である．

● LRU (Least Recently Used) 方式

　この方式は，プログラムの（時間的な）局所性という経験則に依っている．すなわち，いちばん昔にアクセスされたラインはこれからアクセスされる確率が低いのでそこを更新する，というもっとも妥当な方式である．この方法では，nウェイセットアソシアティブ方式の場合は，各ウェイの同一インデックスにあるn個のラインに対するアクセス頻度の履歴を記憶しておく．そのために，$n=2$の場合は1ビット，$n=4$の場合は6ビット，$n=8$の場合は28ビットのメモリが必要である．フルアソシアティブの場合は全ラインのアクセス頻度の履歴を記憶しなければならないので，ほとんど非現実的なビット数のメモリが必要である．このため，LRU方式は，主としてnウェイセットアソシアティブ方式で用いられる．

　この方式の欠点としては，ラインへのアクセス（ヒット）ごとにLRUメモリを更新しなければならないので，タイミング的に厳しいということくらいだろうか．

● FIFO (First In First Out) 方式 (ラウンドロビン方式)

　この方式は，nウェイセットアソシアティブ方式において，$0, 1, 2, \cdots, n-1,$ の順にリフィルするラインを決定するものである．キャッシュラインがすべて無効な状態からリフィルを続けていくと，ウェイは$0, 1, 2, \cdots, n-1$の順にリフィルされていくので，この順に古いデータが格納されているとみなし，その順序で新しいラインを決定する方式である．アクセス

頻度が無視されてはいるが，一応，古いラインからリフィルしていくという方針である．ヒットする場合に順序の更新が行われないので，当然LRU方式よりもヒット率は悪くなる．履歴の記憶に必要なメモリのビット数は，カウンタを形成すればいいので，$n=2$の場合は1ビット，$n=4$の場合は2ビット，$n=8$の場合は3ビットで足りる．LRU方式に比べて少ないビット数で済むのが特徴である．フルアソシアティブ方式の場合はラインの番号順にリフィルしていけばよいだろう．

　先にも挙げたが，IntelのStrongARM (SA-1100) は，32ウェイセットアソシアティブという（嘘のような?）キャッシュ構成を採っているが，さすがにLRU方式ではなく，このFIFO方式を採用している．FIFO方式は，対象エントリの番号が順次回転していく（最後の次は最初に戻る）ので，ラウンドロビン（回転）方式ともいう．

● ランダム方式

　この方式は，ランダム（無作為）にリフィル対象のラインを決定する方式である．どのアドレスも同じような頻度でアクセスされるはずという予測に基づいている．ラインを指定するために必要なメモリのビット数はFIFO方式の場合と同じである．1クロックあるいはキャッシュへの1アクセスごとにそのメモリを更新（たとえば+1）しておいて，リフィルが必要になった場合に，そのメモリの値が（たまたま）示しているラインをリフィルする．ヒット率としてはFIFO方式と大差ないと思われる．論理が単純なためか，この方式はけっこう多くのMPUで採用されているようである．

4 書き込み制御

　キャッシュは何もリードするだけではない．書き込みを行う場合もある．キャッシュはメインメモリの内容をコピーしているものだから，常にメインメモリの内容と整合性（コヒーレンシ）が保たれている必要がある．それを実現するために，いくつかの制御方式が考案されている．

● ライトスルー（ストアスルー）方式

　これはライトデータに関して，常にメインメモリにも書き込みを行う方式である．誰もが考えつく方式であろう．ライトアドレスがキャッシュにヒットする場合は，ライトデータをメインメモリと同時にキャッシュのデータ部にも書き込む．キャッシュミスの場合はキャッシュは無視してメインメモリのみにデータを書き込む方式が一般的である．

　キャッシュミスの場合には，まずリフィルを行い，

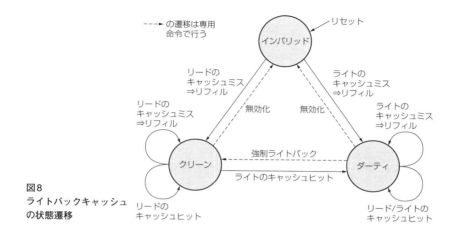

図8 ライトバックキャッシュの状態遷移

そのラインとメインメモリの両方にデータを書き込む方式もある．これはライトアロケートと呼ばれる．スタックなど，ライトしたアドレスは再びリードする傾向があるので，あらかじめそこのアドレスをキャッシュに入れておこうという発想である．ライトアロケートは，ライトしたアドレスを再びリードする確率が高くないと効果がない．ライトしたアドレスを再びリードする場合も，後で発生するはずのリプレースをライト時に先行して行うだけなので，トータルのリプレース回数には変化がない．この意味で，ライトアロケートが効果的かどうかという点については疑問が残る．

ライトスルー方式を採用する場合，ライトごとにメインメモリへの書き込みバスサイクルが発生するので，連続してライトを行う場合は，前の書き込みバスサイクルが終了するまで次の書き込みバスサイクルを開始できない．このときMPUのパイプライン処理が待ち合わせのために停止してしまう．それを防ぐために，ライトスルー方式を採用するMPUではライトバッファを数段分もっていることが多い．逆に，ライトバッファがないと性能が低下する．

● **ライトバック(コピーバック)方式**

この方式は，メインメモリへのライトアクセスを最小限に抑える方式である．つまり，ライトが発生しても（ヒットする場合は）キャッシュのデータ部のみしか更新しない．当然，メインメモリとの整合性は保たれなくなる．その代わり，そのラインの整合性が保たれていないことを記憶しておく．そして，後で一括してラインごとにメインメモリに書き戻す．そのタイミングは，そのラインがキャッシュにミスし，新しいデータをリフィルしなければならないときである．ライトのいくつか（大半?）はキャッシュにヒットするので，メインメモリに対する書き込みバスサイクルの回数を削減することができる．このメインメモリへの一括した書き込み動作を特別に**ライトバック**と呼ぶ．

ライトバック方式のキャッシュはライトアロケートである．キャッシュミスが発生すると，まずリフィルを行って，そのラインのデータ部にライトデータを書き込む．このとき，メインメモリには書き込まない．また，ライトバック方式のキャッシュでは各ラインが現在のキャッシュ状態というものをもっている．メインメモリと整合性が保たれている状態をクリーン（Clean），保たれていない状態をダーティ（Dirty）という．この状態を示す情報はタグ部に格納されている．図8にライトバック方式のキャッシュの状態遷移を示す．

ライトバックはライン単位で行われるのが一般的である．つまり，1ラインごとに1ビットのダーティビットをもって管理するわけだ．しかし，ラインのすべてがダーティになるのは稀である．たとえば，1ラインが32バイトだとすると，そのうち4バイト程度しかダーティにならないことがある．これを中途半端なダーティという．この場合，1ラインの32バイトすべてをライトバックするのは効率的ではない．本当にダーティな4バイトのみをライトバックできれば，ライトのバスサイクルが減少するので，メモリ効率が良い．これを実現するには，1ライン当たりのダーティビットを複数もつことである．たとえば，StrongARMは，8ワード（32バイト）の1ラインに対して，下位4ワード用と上位4ワード用の2ビットのダーティビットをもつ．キャッシュのリフィルは必ず8ワードで行われるが，ライトバックは，ダーティビットの状況に応じて，4ワードまたは8ワードで行われている．

5 キャッシュを支える各種機能

● リフィルサイズ

キャッシュミスが発生すると，そのラインはリフィルされる．通常リフィルはライン単位で行われる．たとえば，ラインのデータ部が4ワード（16バイト）なら，一度に4ワードのデータをメインメモリから読み込む．これは，いったんアクセスしたアドレスの近傍を再びアクセスする確率が高いという，またもやプログラムの局所性に依っている．また，キャッシュのリフィル時に発生するバスサイクルは一般にバースト転送と呼ばれるバスサイクルである．これは，メモリをバスクロック同期で連続的にアクセスする．最近のメモリデバイスはRAMにせよROMにせよページモードというモードをもっている（SDRAMも似たような動作をする）．このモードにおいて，最初のアクセスのアクセス時間はやや遅い（というか通常の速さである）が，連続するアドレスの2回目以降は，最初の半分程度のアクセス時間でアクセスできる．4ワードのデータを4回に分けてリードするよりも，4ワードのバースト転送を行ったほうがはるかに高速なのである（図9）．

MPUによっては複数のラインを同時にリフィルするものもある．これは，アクセスする可能性が高いアドレス範囲をあらかじめキャッシュに入れておくほうがヒット率の向上が見込めるためだが，ページモードとの相性のよさも考慮されているはずである．

現在のMPUでは，1回のリフィル時にリードするデータ量（ラインのワード数，または，その倍数）は8ワードが多いようである．MPUによっては32ワード程度まで設定可能なものもある．プログラムの性質（分岐の発生頻度や同じアドレスをアクセスする確率の大小）を考慮しながら，最適な値をユーザーが設定できる．

頻繁に分岐が発生するプログラムでは，プログラムの実行はリフィルが終わるまで待たされるので，リフィルサイズが大きいとリフィル（＝キャッシュミス）の発生する確率が大きくなり（同じキャッシュラインへの分岐はしないと仮定），命令実行が阻害されてしまう．後で述べるフェッチバイパスを行えば，性能低下は多少抑えられるが，リフィルの発生する頻度は同じなので，性能がバスネックになる．逆に，分岐がほとんど発生しないプログラムでは，できるだけ多くの命令をリフィルしたほうが得である（とくにフェッチバイパスを行う場合）．

かつて，筆者は某OS上でいくつかのアプリケーションプログラムの実行結果をトレースしたことがある．このとき，分岐命令の出現頻度は8命令に1回程度だった．この結果から，8命令分を1回にリフィルすればリフィルにかかる時間が最小になると考えられる．多くのRISCにおいて，命令長は32ビット（1ワード）なので，リフィルサイズは8ワードが最適ということになる．

● クリティカルワード

分岐先がキャッシュミスを起こす場合，その分岐先がキャッシュラインの先頭とは限らない．そんな場合，リフィルをキャッシュラインの先頭から行っていたのでは，目的の命令を取り込むまでに時間がかかってしまう．分岐先に対応するアドレスから先にリフィルしてほしい．当然ながらこういう考えが生まれる．分岐先が含まれる，キャッシュラインのワードをクリティカルワード（critical word＝緊急にほしいワード）と呼び，クリティカルワードからリフィルを始める方式をクリティカルワードファースト（critical word first）と呼ぶ．

たとえば，4ワード（16バイト）のラインサイズを仮定し，分岐先が4番地であるとする．この場合，通常方式（シーケンシャル方式）は，0, 4, 8, 12番地の順にリフィルするのだが，クリティカルワードファーストだと，4, 8, 12, 0番地の順にリフィルする．もし，キャッシュラインのワードごとにバリッド（有効）ビットを備えるなら，最後の0番地の命令はリフィルしなくてもいいかもしれない．しかし，リフィルサイズを動的に可変とすると制御が複雑になるので，通常は行わない．

ちょっと考えればわかるが，クリティカルワードファースト方式ではフェッチバイパスを実行しないと意味がない．

ところで，クリティカルワードとよく似たリフィル方式にサブブロック（sub-block）方式がある．インタリーブ（interleave）方式ともいう．これは，クリティカルワードから始めて，それが属するブロックから順

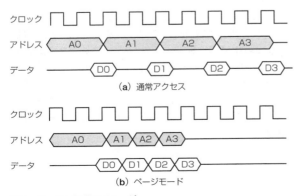

図9 バースト転送のイメージ

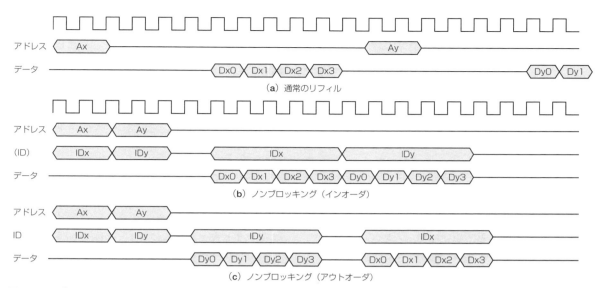
図10 ノンブロッキングキャッシュの概念

番にリフィルする方法である．具体的には，シーケンシャルなアドレスとクリティカルなアドレスの排他的論理和を計算して，リフィルを行う．つまり，4番地がクリティカルワードの場合，

0 XOR 4 → 4
4 XOR 4 → 0
8 XOR 4 → 12
12 XOR 4 → 8

と計算されるので，4, 0, 12, 8番地の順に命令を取り込む．これは，命令実行の効率を考慮したものではなく，メモリ側の効率を考慮したものである．クリティカルワードからアクセスする場合，次にアクセスするアドレスを加算なしで予測できるため，メモリからのデータ出力を，アナログ的に高速化できる．

● **ノンブロッキングキャッシュ**

通常，キャッシュミスが発生すると，リフィル動作（バースト転送）が終了するまでパイプラインが止まってしまう．ノンブロッキングキャッシュとは，キャッシュミスが発生してもパイプラインを停止せずに先に進める技術である．キャッシュミスをヒットのように扱うことから「ヒットアンダーミス」ともいう．

具体的な実装は，リフィルデータを格納するためのリードバッファを何組か用意しておき，キャッシュミスが発生するとリードバッファとリード（またはストア）を発生する命令を関連づける．リフィルはリードバッファに対して行い，キャッシュは暇を見て更新する．その間パイプラインを止めるようなことはしない．

さらに，リフィル要求と同時にバッファのID（番号）を同時に出力し，外部からはデータにそのIDを付けて返してもらう方式も考えられる．リフィルデータはIDで区別できるので，キャッシュミスを発生した順序でデータを返す必要はない（アウトオブオーダ）．もちろん，キャッシュミスを起こした順番にデータを返す（インオーダ）場合は，データを区別するIDは不要である．2次キャッシュをもつ場合や，マルチプロセッサ構成になると，アクセスごとにデータを用意できる時間が異なるので，アウトオブオーダなデータ応答は実効性能を上げる意味もある．図10にノンブロッキングキャッシュの概念図を示す．

ノンブロッキングキャッシュは，リードしたデータをすぐに参照しない場合に効果がある．このためにはコンパイラの命令スケジューリングによる最適化が必要になる．

リードしたデータを次に参照しない場合でも，連続するデータがバースト転送でキャッシュにリフィルされているので，ノンブロッキングキャッシュには後述するプリフェッチの効果も期待できる．

また，キャッシュミスはロード/ストア命令の実行に付随して発生する．そのため，ノンブロッキングキャッシュ環境下でのロード命令では，命令の追い越しが行われ，デスティネーションレジスタへの書き込みはアウトオブオーダになる．その意味で，ノンブロッキングキャッシュは複雑な制御となる．このため，ノンブロックキャッシュでは割り込み応答に時間がかかったり，例外発生時の正確さ（precise）を欠いたりする場合がある．これらを避けるため，普通はノンブロックキャッシュ機能を禁止するしくみがある．

個人的には，ロードしたデータの使用をそれほど先

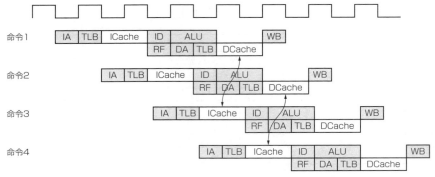

図11　R3000のパイプラインと命令キャッシュ/データキャッシュを参照するタイミング

延ばしできるとは思えないので，ノンブロッキングキャッシュの効果については懐疑的である．しかし，某研究所のシミュレーション結果によれば，5段程度のバッファがあれば非常に有効という結果が出ているので，もしかしたらそうなのかもしれない（多分，アウトオブオーダ方式の場合だろう）．

● 命令キャッシュとデータキャッシュ

図11にR3000のパイプライン動作を示す．この図で，「ICache」が命令キャッシュへの，「DCache」がデータキャッシュへのアクセスを示している．図を見ると命令1のデータキャッシュへのアクセスと命令3と命令4の命令キャッシュへのアクセスのタイミングが重なっている．命令キャッシュへのアクセスは毎回発生するが，データキャッシュへのアクセスはロード/ストア命令のみで発生するため，アクセスが重なることは多くないが，まったくないとはいえない．この場合，同じキャッシュからデータを参照することは（どちらかのアクセスを待ち合わせてパイプラインを一時停止しなければ）不可能である．R3000はパイプラインをできるだけ停止させないことを信条としているので，命令キャッシュとデータキャッシュを分けて独立なアクセスを可能にしている．このように，命令キャッシュとデータキャッシュをアクセスする経路を別々に設けるアーキテクチャを（修正）ハーバードアーキテクチャという．米国ハーバード大学で初めて提唱されたのでこの名称があるのだろう．CISCではMotorolaのMC68020辺りで初めて採用されたように思う．

ハーバードアーキテクチャの欠点(?)は，命令キャッシュとデータキャッシュが別のため，命令書き換えに対応できないことである．また，同じアドレスの内容を命令とデータキャッシュでそれぞれ独立に記憶する場合があるので，メモリのむだといえばむだである．

逆に，命令とデータで同じキャッシュをもつのがユニファイドキャッシュである．Intelのi486あたりまでがこの方式を採用している．命令書き換えに対応できる（パイプライン動作をしているので，書き換えを行ってからキャッシュに反映されて命令フェッチできるまでに数命令分の遅れがあるはずであるが）し，メモリもむだにならない．i486はハードウェアアーキテクチャこそRISCであるが，命令セットアーキテクチャは「バリバリの」CISCなので，メモリアクセスが非常に多い．命令キャッシュとデータキャッシュの同時アクセスによるパイプライン停止が頻繁に発生していると思われるのだが，どのように対応しているのだろう（詳細情報は公開されていないようだ）．

Intelも，Pentium以降は命令キャッシュとデータキャッシュを分離した．命令キャッシュとデータキャッシュのアクセスの競合をなくすためだという．ただし，これまで動いていたプログラムが動かなくなっては互換性に問題が生じるので，命令書き換えは依然としてサポートしているようである．

なお，ハーバードアーキテクチャに対応して，命令とデータの経路が共通な方式を**プリンストンアーキテクチャ**ということもある（あまり一般的ではないが）．これは，初期のコンピュータを提唱したフォン・ノイマン教授がプリンストン大学に属していたことに由来する．

● 1次キャッシュと2次キャッシュ

図1で示したメモリ階層がMPUの内蔵キャッシュにも当てはまる．チップに内蔵できるキャッシュ（1次キャッシュ）の容量にはチップサイズから来る上限値がある（64K～128Kバイト程度）ので，少し低速で大容量（128K～4Mバイト程度）のSRAMをキャッシュ（2次キャッシュ）として外付けする構成が考えられる．この場合，外付けという性格上2次キャッシュは物理アドレスキャッシュである．MIPSのR4000/R5000/R10000などは，この構成を採用している．また，2次キャッシュがチップに内蔵されるようになっ

た最近では，外付けの3次キャッシュをサポートする
MPUも登場してきている．

ところで，最近では，1次キャッシュ（Primary
Cache），2次キャッシュ（Secondary Cache），3次
キャッシュ（Tertiary Cache）は，それぞれ，L1キャッ
シュ（Level 1 Cache），L2キャッシュ（Level 2
Cache），L3キャッシュ（Level 3 Cache）と呼ばれる
場合も多いようだ．

● プリフェッチ

プリフェッチとは特定の命令（プリフェッチ命令）
を実行することで，パイプラインを止めることなく，
キャッシュ（通常はデータキャッシュ）へのリフィル
を強制的に行う．同時に，データキャッシュへのアク
セスが発生するリード命令やライト命令を実行しない
限りパイプラインを止める必要はない．ただし命令
キャッシュは，基本的には，絶えずアクセスされてい
るので，パイプラインを止めずに命令キャッシュへの
プリフェッチを行うことは事実上不可能である．した
がって，命令キャッシュへのプリフェッチ命令は，も
し存在しても意味がない．

さて，どの領域をプリフェッチするかはプログラマ
（やコンパイラ）が明示的に指定する必要がある．近
い将来にアクセスする領域を指定しておけば，データ
キャッシュアクセスと競合しない限り，バスのアイド
ル期間を縫ってキャッシュへのリフィルが行われる．
プリフェッチは有効に使えばかなり効果がありそうで
ある．プリフェッチが行われる契機はプリフェッチ命
令によることが多い．しかし，最近ではハードウェア
で自動的にプリフェッチを行う場合もある．キャッ
シュの無効な部分をそのままにしておくのはもったい
ないので，できるだけ有効データを取り込んでおこう
という考え方である．ハードウェアプリフェッチを実
装すれば，プリフェッチ命令を用いなくても，バスの
アイドル時間を縫って自動的にプリフェッチすること
が可能である．この機構はとくに命令キャッシュに対
して有効である．上述したように，命令キャッシュは
絶えずアクセスされるので，プリフェッチの契機とな
るアイドル時間は発生しにくい．命令キャッシュのプ
リフェッチを効率的に行うには，リードしながらライ
ト可能な機構をキャッシュに埋め込む必要がある．

ただし，命令キャッシュへのプリフェッチは無条件
に連続して行えばいいというものではない．実行する
命令列には定期的に分岐命令が出現し，まったく別の
アドレスに分岐する可能性もある．分岐命令の次まで
もどんどんプリフェッチするのは効率が悪い．そこ
で，命令フェッチ部分にプリデコード機能を設け，分
岐命令と思われる命令コードに行き当たるとプリ
フェッチを停止する方式が採用される．あるいは，分

岐予測機能もプリフェッチ機構に含め，分岐命令に行
き当たっても，分岐予測をしながら，予測した分岐先
からプリフェッチを継続する場合もある．この考えを
推し進めていくと，Pentium4が採用している実行ト
レースキャッシュになる．

● フェッチバイパス

多くのMPUはメモリアクセスがキャッシュにヒッ
トすることを前提に設計されている．ノンブロッキン
グキャッシュは別であるが，キャッシュミスが発生す
るとリフィルが完了するまでパイプラインが停止す
る．命令の連続実行という観点でいうと，一度止まっ
てから最高速で動き，また止まってから最高速で動く
……という動作を繰り返しているというイメージであ
ろうか．

そこで，誰もが思いつくのが，止まっている時間が
もったいないので，リフィルしているデータをキャッ
シュに書き込むと同時にMPUにも渡してしまうとい
う方式である．そうするとリフィル中もパイプライン
が動作できる．ただし，その間は，命令の実行スピー
ドはバスクロック程度になってしまう．これがフェッ
チバイパスである．

パイプラインクロックとバスクロックに差がありす
ぎる場合は，バイパス効果はあまり期待できないが，
差がほとんどない場合は非常に有効である．バスサイ
クルは常に起動されているわけではなく，バスサイク
ルとバスサイクルの間には数クロックのアイドル期間
が生じる．リフィルする命令数が少ない場合は，この
数クロックの間にそれらの命令を実行できてしまう．
つまり，このような場合は，バスサイクルと同時に命
令を実行するのも，命令をキャッシュに取り込んでか
ら命令を実行するのも，ほとんど同じ実行効率とな
る．

MIPSでは，R3000の命令実行においてフェッチバ
イパス方式を採用しており，「命令ストリーミング」
と呼んでいる．

● キャッシュロック

高速にアクセスできる作業領域をMPUのチップ内
に持ちたい場合がある．あるいは性能にクリティカル
な命令領域を常に高速にアクセスしたい場合がある．
このような機能を，キャッシュを用いて実現すること
ができる（もちろん，そういう機能が用意されていれ
ば）．キャッシュの特定のラインにキャッシュミスが
生じても新たなリフィルによって更新しなければよ
い．この機能をキャッシュロックという．

キャッシュロックの実装方法はさまざまである．現
在のキャッシュの構成方式（nウェイセットアソシア
ティブが主流なので，それを念頭におく）は，タグ部

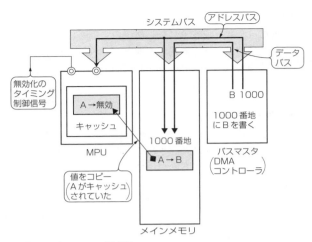

図12 バススヌープの概念

の中にロックビットを設けてライン単位にキャッシュロックを指定する方法のほかに，特定のウェイをすべてロックしてしまうという方法もある．

キャッシュロックの目的は，ある一定量の領域をプログラムの作業領域として確保することである．細々とロックの指定をしなくても，せいぜい4〜8ワードのライン単位に一つのウェイに属する1,000ワード（4Kバイト）以上の単位でロックできれば十分である．ダイレクトマップ方式のキャッシュでキャッシュロックを採用するMPUもあるが，さすがにこの場合はウェイ単位でロックを指定することは非現実であろう．もともとウェイが一つしかないので，キャッシュがまったく機能しなくなってしまう．

● キャッシュ可能領域

MPUによっては周辺デバイスにアクセスするためのI/O命令（IN，OUTなどの命令）が用意されているが，メモリ空間の一部をI/O領域として割り付けること（メモリマップI/O）を前提とし，I/Oアクセスの専用命令がない場合も多い．I/Oデバイスは同じアドレス（I/Oポート）をリードしても同じ値が返ってくるとは限らない．つまり，I/O空間をキャッシュしてはならないのである．

このほかにも，フレームバッファやDMAの作業領域など，キャッシュ対象にされると具合の悪いメモリ空間もある．このように，同じメモリ空間の中でもキャッシュしてよい（メインメモリのコピーをもってよい）領域としてはいけない領域が存在する．

これをどのように区別するかが問題である．大抵のMPUでは，ある領域がキャッシュ可能であるか否かをMMUで仮想アドレスのページ単位に指定できるようになっている．仮想記憶をサポートしないMPUで

は物理アドレスでキャッシュ可能空間とキャッシュ不可能空間が区別されている．MPUの専用端子でキャッシュ可能/不可能を指定する方式もある．つまり，キャッシュリフィルのバスサイクル中に，ある専用端子をアサート（アクティベート，活性化）することにより，その時点でデータバスに乗っているデータはキャッシュに入れないとする方式である．再び同じアドレスにアクセスする場合は，（キャッシュに入っていないので）キャッシュミスするため，もう一度リフィルが発生する．ここで再び専用端子をアサートすれば，そのデータもキャッシュに入ることなくMPUに渡される．このようなしくみでキャッシュ不可領域を実現できる．もっとも，ライトバック方式のキャッシュでは破綻をきたすかもしれないが．

● バススヌープ

DMAなどメインメモリに直接アクセスする処理を行う場合，メインメモリとキャッシュの内容が食い違うという現象が発生する．I/Oとは異なり，DMAによるデータは通常はキャッシュしてもかまわないデータであるが，食い違いをMPUに通知し，メインメモリとキャッシュの整合性を回復する必要がある．このための一手法がバススヌープである．バスモニタともいう．

具体的には，アドレスを指定してそのアドレスにヒットするキャッシュラインを無効化する．この場合，MPUの外部からキャッシュを無効化するアドレス（多くの場合，アドレスバスが使用される）を入力し，専用端子をアサートすることでスヌープが実現される．

図12にバススヌープ機能の概念図を示す．しかし，バススヌープ機能をもたないMPUも多い．DMAコントローラは転送の終了時にTC（Terminal Count）割り込みを発生するので，MPUはその割り込みを検知して割り込みを発生し，割り込みハンドラ内でDMAされたアドレスに対応するキャッシュラインを専用命令（キャッシュを内蔵するMPUにはたいてい用意されている）で無効化すれば事足りるからである．

このようにDMAの場合は割り込みによってソフトウェアで処理できるが，メインメモリを共有するマルチプロセッサ構成では，他のプロセッサがメインメモリの内容を書き換えたのを検知するのは容易ではない．この場合は，割り込みを使用すると処理が繁雑になるので，バススヌープが活用される（というか，バススヌープ機能がなくてはマルチプロセッサ対応とはいえない）．

● ウェイ予測

MPUの設計において，キーポイントの一つが消費

電力の削減である．MPUの中でもっとも電力を消費する部分は，じつはキャッシュであり，総消費電力の半分程度がキャッシュで消費されているといっても過言ではない．消費電力を削減するために，キャッシュの回路設計においてはメモリセルのブロック分割などの手法が採られることが多い．

そして，ウェイ予測もキャッシュの消費電力を削減するために考案された技術である．対象となるのは n ウェイセットアソシアティブ構成のキャッシュである．通常の構成では，あるアドレスが与えられたときに，すべてのウェイのタグ部とデータ部の内容を内部バスに出力し，キャッシュヒットするウェイがあればそこのデータを選択する．

いま，一つのウェイから1回に出力されるデータが1ワード（32ビット）であるとしよう．このとき，4ウェイセットアソシアティブの場合は4ワードのデータが同時に内部バスに出力され，128ビット分の値が変化する．バスを構成する各ビット線を0から1，または1から0に変化させるためにはトランジスタによって目的の値になるようにビット線を駆動しなければならない．このときに電力を消費する．バス上の値が変化しなければ電力はほとんど消費されない．

さて，ウェイ予測とは，内部バスを同時に駆動するのではなく，予測したウェイから順番に駆動していく（キャッシュのヒット/ミスも順番に判定する）方式である．上の例でいえば，1回当たりのバス上の信号変化は32ビット分のみになり，単純計算で，消費電力は1/4になる．ただ，片方のウェイのヒット/ミスを判断してから他方のウェイをアクセスするため，キャッシュアクセスのタイミングは厳しくなるという欠点がある．

図13に，2ウェイセットアソシアティブ構成時にウェイ予測を行う場合のタイミングチャートを示す．図でX，Yはウェイのどちらかを表している．どちらのウェイから先にヒット/ミスの判定を行うか（これが予測）については，LRUビットの値から予測する，前回のキャッシュアクセスと同じウェイを見るなどの方法が考えられるが，決定版という方法はないようである．ウェイ予測が当たればヒット/ミスの判定にロスはないが，予測が外れればヒット/ミスの判定に1クロック程度のロスが生じる．この場合，たしかに性能は若干低下するが，性能と消費電力のどちらに重点を置くかで，ウェイ予測の採用/不採用が決まるであろう．

事実，最近のMPUではウェイ予測を採用することがけっこうあるようだ．スーパースカラ方式のMPUではデコードした命令を命令キュー（FIFO）に蓄えておき，そこから命令実行ユニットに命令を発行する．命令デコードと命令発行の間には時間差があるので，

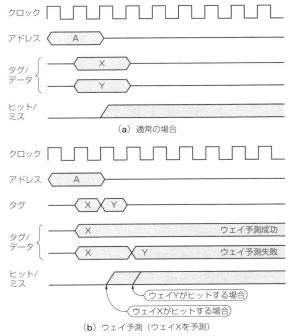

図13 ウェイ予測の概念

ウェイ予測ミス時のペナルティは命令キューで緩衝され見かけ上はゼロになる．

ウェイ予測に関しては，基本特許が多く出願されている．最近，ウェイ予測を公表するMPUが多いが，特許の利権関係はどうなっているのだろうかと他人事ながら心配してしまう．

ところで，キャッシュアクセスはプログラムの実行においてもっともクリティカル（時間がかかる）部分である．この部分にウェイ予測を導入するとロジックが複雑になり，クリティカルパスが生じやすい．先に予測したタグを見てウェイのヒット/ミスを判断してから初めて別のウェイを参照することは，時間的（RAMのアクセスタイム）に厳しい．したがって，動作周波数を向上したい場合は，ウェイ予測は敬遠される傾向にある．

● 高性能MPUの命令キャッシュアクセス

高性能MPUでは，命令キャッシュへのアクセスとデコード部分を実行部分と切り離して自律して動作させる．これをデカップル（decouple = 分離）方式と呼ぶ．

つまり，命令実行パイプラインとは無関係に，命令を絶えずメモリから読み込み続けて命令キャッシュに格納している．この際，メモリから出てくるデータをプリデコード（おおまかなデコード，正確である必要はあまりない）して，分岐命令を探し当て，分岐予測

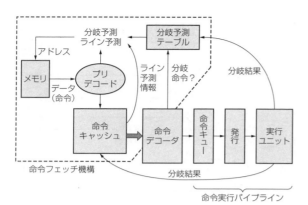

図14　命令フェッチの自律機構

機構と共同して次にアクセスするキャッシュラインを予測する．この機構を図14に示す．

デカップル方式では，デコード以降の命令実行パイプラインから見れば，欲しい命令は必ず命令キャッシュにヒットすることを期待している．これは，キャッシュを前提としたRISCでは当然の発想であるが，予測して命令を取り込み続けるフェッチ機構は複雑なので，高性能なMPUでしか採用されない．

デカップル方式で，デコード部分をフェッチ側に見るか，実行側に見るかは微妙なところがある．構造的にはデコード部はフェッチ側に近く，一般にデカップルと言えば，デコード部と実行部以降が命令キュー（リザベーションステーション）の前後で分離されていることを指す．

デカップル方式というか命令フェッチ機構の自律化は，今は亡き（?!）Alpha，MIPS R10000シリーズ，PowerPCが採用している．Pentium4に採用された実行トレースキャッシュも，似たような発想である．

● **仮想アドレスキャッシュは最近の流行か**

動作周波数の高い最近のMPUでは，仮想アドレスキャッシュが流行になりつつある．キャッシュのアクセスが周波数向上のクリティカルパスとなることは稀ではないので，TLBを参照せずにヒット/ミスを決定できる仮想アドレスキャッシュは，キャッシュアクセスに余裕をもたせることができる．

古くは，ルネサス テクノロジ（旧：日立製作所）/STマイクロのSH-5が全面的に仮想アドレスキャッシュを採用した．すでに記述したように，仮想アドレスキャッシュには，マルチタスク下において，同じ仮想アドレスで違う物理アドレスを指し示す場合がある（シノニムの問題）という欠点がある．

一般的にはプロセスID（タスクID）をキャッシュタグに付加することでシノニムの問題を解消する手法が採られるが，SH-5ではキャッシュミス時にTLBを参照し，その仮想アドレスに相当するTLBのエントリを無効化する手法を採る．このためのペナルティは5クロックという．この数値が大きいか小さいかはキャッシュミスの頻度によるが，仮想キャッシュが高速化のために有効ということになれば，今後もシノニム解決のためのいろいろな手法が生まれてくるであろう．

また，命令キャッシュに関しては，性質的にメモリ内容の変更を伴わないため，アクセスタイムが有利な仮想アドレスキャッシュが採用されるケースが増えているようである．つまり，ライトバックしないので，仮想アドレスに対応する物理アドレスが何であろうとあまり関係ない．キャッシュタグにプロセスIDを付加するか，タスク切り替え時に全エントリを無効化することで，ほとんどの場合は事足りる．

● **ビクティム（Victim＝犠牲者）キャッシュ**

1次キャッシュ，特にダイレクトマップ構成の1次キャッシュのヒット率を向上させるしくみとしてビクティムキャッシュがある．これは4～5エントリからなる小規模のフルアソシアティブキャッシュで，1次キャッシュからリプレースで追い出されたキャッシュラインを保持している．

1次キャッシュを参照する際，ビクティムキャッシュも同時に（あるいはビクティムキャッシュを優先的に）参照して，そこにヒットすればビクティムキャッシュからデータを供給する．ビクティムキャッシュのエントリは，基本的にLRU制御をされ，1次キャッシュから追い出されたキャッシュラインはビクティムキャッシュのもっとも参照されていないエントリに格納される．つまり，ビクティムキャッシュは追い出されたキャッシュラインのうちで最近参照された4～5ラインを保持することになる．これらのラインは，直前にリプレースされた1次キャッシュのラインがもっとも最近参照されたものだが，それ以外では1次キャッシュの他のラインよりも最近参照されたものである場合もある．

図15にビクティムキャッシュの構成を示す．一般に，キャッシュの参照はアドレスの一部をインデックスとして行うため，1次キャッシュの容量が少ないと，アドレスの競合が頻発して，同一のキャッシュエントリを追い出し合う傾向にある．このような競合を低減させるために，キャッシュのウェイ数を増加するという手段も採られるが，2ウェイ，4ウェイとするにつれ，キャッシュの容量（＝面積）が2倍，4倍となり，設計意図に反する場合がある．

ビクティムキャッシュを採用すれば，ある瞬間には，ダイレクトマップキャッシュの特定エントリが2～5ウェイになったように機能するので，少ない面積の増加でヒット率を向上させることができる．ある

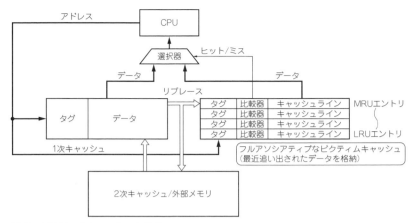

図15 ビクティムキャッシュの構成

論文によれば，4Kバイトのダイレクトマップ方式のキャッシュに5エントリのビクティムキャッシュを付加したところ，アドレスの競合によるキャッシュミスが20～95%減少したという．ビクティムキャッシュを実際に採用している製品としては，VIA TechnologiesのC3プロセッサがある．IntelやAMDがx86命令をRISCライクのμOPに変換して実行する方式を採用しているのに対して，C3はx86命令を直接実行するプロセッサとして有名である．CISCのままでも性能は出せるという主張をしているのだが，ベンチマークなどを見ると性能はお世辞にもいいとはいえない．

それはともかく，C3は64Kバイトの4ウェイ命令キャッシュと64Kバイトの4ウェイデータキャッシュを1次キャッシュとして内蔵し，さらに2次キャッシュとして64Kバイトの4ウェイのビクティムキャッシュを装備する．これを一般的な2次キャッシュと比較すると容量が小さいのが気になるが，小さな容量でもビクティムキャッシュとすること（メモリから直接リフィルを行うことはなく，1次キャッシュから追い出されたデータのみを保持する）で性能向上をねらったものであろう．

2003年1月22日にVIA TechnologiesはNehemiah（C5XL）コアを使ったC3シリーズのMPUを発表した．

この新しいC3ではL2キャッシュであるビクティムキャッシュが，従来の4ウェイから16ウェイに変更になった．容量は64Kバイトと変更はない．やはり，ビクティムキャッシュはヒット率（＝連想方式）が性能に効くということなのだろう．

● **イクスクルーシブ（排他的）キャッシュ**

イクスクルーシブ（exclusive）キャッシュとはAMDがThunderbirdやDuron（Spitfire）以降に採用したキャッシュ構成である．

従来，1次キャッシュと2次キャッシュは階層構造をもっており，2次キャッシュの内容の一部分をキャッシュしたものが1次キャッシュであるという位置づけだった．つまり，1次キャッシュにミスした場合，2次キャッシュにヒットすれば，MPU外部のメモリからデータを読み込むより高速に1次キャッシュにデータをリフィルできる．データは，まず2次キャッシュにリフィルされ，その後，1次キャッシュにリフィルされる．この従来方式をAMDはインクルーシブ（inclusive）キャッシュと呼んでいる．イクスクルーシブキャッシュは，1次キャッシュと（MPU内部の）2次キャッシュの内容を重複させない方式である．その動作原理は明らかにされてないが，キャッシュミス時に，1次キャッシュと2次キャッシュ（内部）の片方にしかリフィルしない．あるいは，いったん2次キャッシュにリフィルされてから1次キャッシュの内容と交換される．具体的には，次のような動作ではないかと想像される．

(1) 1次キャッシュヒット

そのラインが使用される．

(2) 1次キャッシュミス＆2次キャッシュヒット

2次キャッシュのヒットしたラインが1次キャッシュの置き換え対象ラインと入れ替えられる．そして，そのラインが使用される．

(3) 1次キャッシュミス＆2次キャッシュミス

2次キャッシュにリフィルされ，そのラインが1次キャッシュの置き換え対象ラインと入れ替えられる．そして，そのラインが使用される．

格納された内容が重複しないので，キャッシュ容量が1次キャッシュと2次キャッシュを合わせた容量に等しくなる．インクルーシブキャッシュのキャッシュ

表1　x86系CPUのキャッシュ容量

CPUコード名	1次キャッシュ	2次キャッシュ	メーカ名
Thunderbird	128Kバイト	256Kバイト（内部）	AMD
Duron	128Kバイト	64Kバイト（内部）	
Prescott (Pentium4)	12Kμops+16Kバイト＝32Kバイト相当？	1Mバイト（内部）	
Northwood (Pentium4)	12Kμops+8Kバイト＝24Kバイト相当？	512Kバイト（内部）	
Willamette (Pentium4)	12Kμops+8Kバイト＝24Kバイト相当？	256Kバイト（内部）	インテル
Tualatin (Pentium Ⅲ)	32Kバイト	512Kバイト（内部）	
Coppermine (Pentium Ⅲ)	32K バイト	256Kバイト（内部）	
Katmai (Pentium Ⅲ)	32Kバイト	512Kバイト（外部）	

容量は「（2次キャッシュの容量）±（1次キャッシュの容量）」で平均的には2次キャッシュ（内部）の容量に等しいというのがAMDの主張である．容量が増加した分，イクスクルーシブキャッシュでは，ヒット率が高いという計算である．

表1にx86系CPUのキャッシュ容量を示す．実際にAMDのMPUをみると，相対的な2次キャッシュの容量が少ない．しかし，キャッシュミス時にメモリからリフィルするためのペナルティを考えると，単に1次キャッシュの容量が増えただけのような気がしないでもない．

もともとAMDでは（Athlon以降）1次キャッシュの容量が非常に大きい．1次キャッシュだけでインテルでの2次キャッシュの半分の容量があるので，インテルとの相対性能を考えればこれで正解なのかもしれない．表1にIntelのMPUのキャッシュ容量も示しておくので参照してほしい．Intelの1次キャッシュの容量はゴミみたいなもので，通常2次キャッシュの容量でチップ仕様が語られることが多い．

ところで，イクスクルーシブキャッシュとビクティムキャッシュはどう違うのだろうか．おそらく同じものである．事実，VIATechnologiesのC3プロセッサのデータシートでは，イクスクルーシブキャッシュとビクティムキャッシュを同一視している．もちろん，VIAのいうイクスクルーシブキャッシュとAMDのいうイクスクルーシブキャッシュが別物であるという可能性はあるが．

● 動作周波数とキャッシュのヒット率

ときどき，技術書を読むと「キャッシュ容量が少ないが，動作周波数が低いので，コスト／パフォーマンスを考えれば納得できる」という表現を見かける．一見すると，キャッシュ容量と動作周波数に関係があるのか不思議に思う．しかし，これは次のようなことを言っている．

MPUの動作周波数が高いほど性能が高い．これはある意味正しいが，キャッシュのヒット率（≒容量）

を考えるとそうでもない場合がある．

たとえば，MIPS値が動作周波数の1.6倍のMPU-Aと1.0倍のMPU-Bを考える．ただし，MPU-AよりMPU-Bのほうがキャッシュの構造が優秀で，あるアプリケーションを実行したときのキャッシュヒット率は，MPU-Aが40%，MPU-Bが80%とする．ここで，MPUのバスクロックが133MHz固定で，それぞれのコアの動作周波数としてバスクロックの2倍（266MHz）と3倍（399MHz）の場合を考えてみよう．

この場合，それぞれの実質的なMIPS値は，フェッチバイパスを行う（キャッシュリフィル時の性能はバス速度に律速される）と仮定すれば次のようになる．

- MPU-A/266MHz動作時
  $(1 - 0.4) \times 133 + 1.6 \times 266 \times 0.4 = 250.04$MIPS
- MPU-B/266MHz動作時
  $(1 - 0.8) \times 133 + 1.0 \times 266 \times 0.8 = 239.40$MIPS
- MPU-A/399MHz動作時
  $(1 - 0.4) \times 133 + 1.6 \times 399 \times 0.4 = 335.16$MIPS
- MPU-B/399MHz動作時
  $(1 - 0.8) \times 133 + 1.0 \times 399 \times 0.8 = 345.80$MIPS

つまり，キャッシュミス時（1－キャッシュヒット率の部分）はバスクロックの速度（133MHz）で動作し，キャッシュヒット時はコアの周波数（266MHzまたは399MHz）で動作すると考える．

このとき，コアの動作周波数が266MHzの場合はMPU-Aのほうが性能が良い．しかし399MHzになるとMPU-Bのほうが性能が良い．この結果を見る限り，動作周波数だけでは性能を論じることができず，そこにはキャッシュのヒット率が大きく関与することがわかる．

この結果を一言でいうと，動作周波数が低いときは命令の供給能力（≒バス速度）の影響を受けにくい．つまり，ヒット率が低いことにより発生するキャッシュリフィルの性能への影響が少ない．逆に動作周波数が高くなるほど，命令の供給能力が性能の足を引っ張るということである．

140

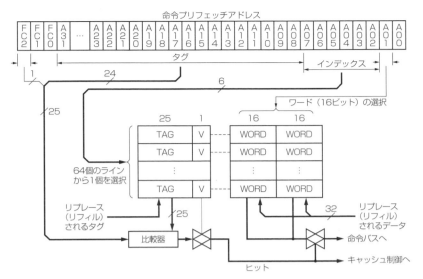

図16　MC68020の命令キャッシュ

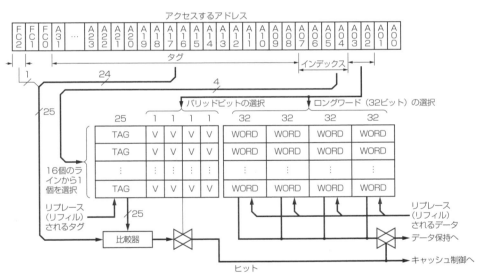

図17　MC68030の命令キャッシュ

6 実際のプロセッサのキャッシュ構成

ここで取り上げるMPUは古いものばかりであるが，キャッシュの技術自体は現在でも不変である．温故知新ということで，最新のMPUのキャッシュ構成は取り上げない．

● MC680x0でのキャッシュ構成

MC680x0シリーズではMC68020でキャッシュが内蔵された．ただし，命令キャッシュのみである．その構成を図16に示す．256バイトのダイレクトマップ方式で，1ラインは1ワード（4バイト）の容量をもつ物理アドレスキャッシュである．タグ部には機能コードのビット2（ユーザー／スーパーバイザの表示）も含まれ，タグの比較時にアドレスと同時に比較される．MC680x0では同一の物理アドレスでも機能コードによって物理空間が区別されるからである．

MC68030では命令キャッシュに加えて，データキャッシュも内蔵された．図17にMC68030のデータキャッシュの構成を示す．256バイトのダイレクトマップ方式で，1ラインは4ワード（16バイト）の容量

31–14	13	12	11	10	9	8	7–5	4	3	2	1	0
000000000000000000	WA	DBE	CD	CED	FD	ED	000	IBE	CI	CEI	FI	EI

WA：ライトアロケート
DBE：データバーストイネーブル
CD：データキャッシュのクリア
CED：データキャッシュの中のエントリのクリア
FD：データキャッシュの凍結
ED：データキャッシュのイネーブル
IBE：命令バーストイネーブル
CI：命令キャッシュのクリア
CEI：命令キャッシュの中のエントリのクリア
FI：命令キャッシュの凍結
EI：命令キャッシュのイネーブル

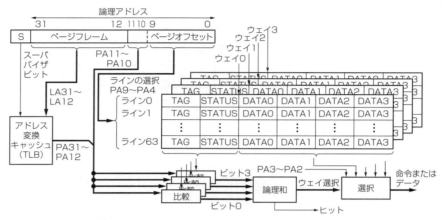

図18　MC68030のキャッシュ制御レジスタ（CACR）

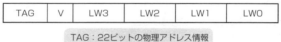

図19　MC68040の命令キャッシュ

TAG	V	LW3	LW2	LW1	LW0

TAG：22ビットの物理アドレス情報
V：バリッドビット
LW*n*：32ビットのデータエントリ

図20　MC68040の命令キャッシュのライン構成

TAG	V	LW3	D3	LW2	D2	LW1	D1	LW0	D0

TAG：22ビットの物理アドレス情報
V：バリッドビット
LW*n*：32ビットのデータエントリ
D*n*：LW*n*に対応するダーティビット
INVALID：not V
VALID(Clean)：V and(not D0)and(not D1)and(not D2)and(not D3)
DIRTY：V and(D0 or D1 or D2 or D3)

図21　MC68040のデータキャッシュのライン構成

31	30–16	15	14–0
DE	000000000000000	IE	000000000000000

DE：データキャッシュのイネーブル
IE：命令キャッシュのイネーブル

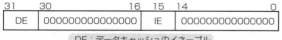

図22　MC68040のキャッシュ制御レジスタ

をもつ物理アドレスキャッシュである．書き込み制御はライトアロケート可能なライトスルー方式である．

1ワードの容量がMC68020に比べ4倍に拡張されている．本来なら1ラインに1ビットあれば十分なバリッドビットがワードごとに用意され，全部で4ビットあるのが特徴である．キャッシュのリフィルを1ワード単位でも4ワード単位（バースト転送）でも行えるような設定が可能なためであろう．なお，命令キャッシュもまったく同じ構成をしている．**図18**にMC68030のキャッシュ制御レジスタ（CACR）を示す．この図を見ればわかるが，キャッシュロック（凍結）も可能である．

MC68040ではキャッシュ構成ががらりと変更された．**図19**にそのキャッシュの構成を示す．4Kバイトの4ウェイセットアソシアティブ方式で，1ラインは4ワードの容量をもつ仮想インデックス物理タグキャッシュである．書き込み制御はMMUでページ単位にライトスルー（ライトアロケートはしない）方式とライトバック方式を選択できる．リプレースメント方式はランダムである．

図20に命令キャッシュ，**図21**にデータキャッシュのライン構成を示す．バリッドビットはラインに1ビットのみとなった．不思議なのは**図20**でワード単位にダーティビットが用意されている点である．リフィルやライトバックはライン単位に行う（バリッドビットが1ビットしかないため）のでラインごとに1ビットあれば十分なはずなのだが，おそらく，ライト

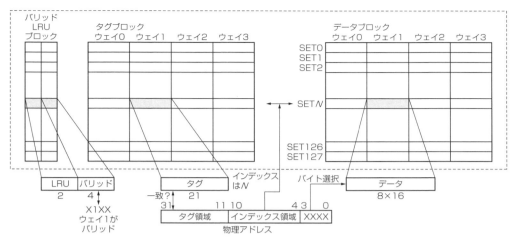

図23 i486のデータキャッシュ構成

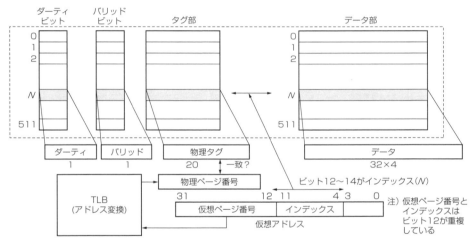

図24 R4000のデータキャッシュ構成(ページサイズ4Kバイトの場合)

のバスサイクルを減らすために，真にダーティなワードのみをライトバックするためなのだろう．これにより，ライトバスサイクルの節約になる．

図22にMC68040のキャッシュ制御レジスタを示す．それぞれのキャッシュのイネーブル（許可）ビットしかなく，キャッシュロック機能はなくなったもようである．

● **i486のキャッシュ構成**

i486のキャッシュは，8Kバイトの容量をもつ4ウェイセットアソシアティブ構成の物理アドレスキャッシュである．図23にi486のデータキャッシュのブロック図を示す．データキャッシュの書き込み制御はライトスルーで，リプレースは疑似LRUで行う．また，ライトアロケートは行わない．すなわち，リードミス

でのみキャッシュをリフィルし，ライトミスではキャッシュをリフィルしない．

i486のキャッシュにはバススヌープ機能がある．プロセッサバスにキャッシュラインインバリデーションが発生すると，アドレスバスが示すアドレスに一致するエントリを無効化する．

● **R4000のキャッシュ構成**

MIPS R4000のキャッシュは，8Kバイトの容量をもつダイレクトマップ構成の仮想アドレスインデックス，物理タグキャッシュである．図24にR4000のデータキャッシュのブロック図を示す．書き込み制御はライトバック方式で，リードミスまたはライトミスでキャッシュラインをリフィルする．キャッシュミス発生時，リフィルされるエントリのダーティビットが1

143

なら，リフィル前に，古いキャッシュラインをメモリまたは2次キャッシュにライトバックを行う．

R4000にもキャッシュのスヌープ機構がある．アドレスを指定して無効化を行うインバリデートプロトコルと，ラインの内容を更新するアップデートプロトコル（これはR4000MC/R4400MCのみ）がある．

MIPS系のプロセッサはダイレクトマップ方式を採用していることが多い．2ウェイセットアソシアティブキャッシュはハイエンドのR5000やR10000でしか採用されていなかった．その後2ウェイセットアソシアティブ方式のものが増えてきたが，4ウェイは珍しい．Ruby（R20K）が4ウェイセットアソシアティブを採用しているのみである．ただし，MIPS社が提供するIPコアであるJade（4Kc）やOpal（5Kc）は1ウェイ（ダイレクトマップ）から4ウェイまでの構成を選択できるようになっている．とはいえ4ウェイ構成では消費電力が多くなるので，ウェイ予測などを行って電力を削減する工夫をしないと，組み込み用途には向かない．

ちなみに，Rubyはウェイ予測を行っている．また，最新のIPコアである24K（Topaz）は性能重視で4ウェイ構成のみになった．MIPSR4000のキャッシュを4ウェイアソシアティブ方式にすると，MC68040のキャッシュ構造に近くなる．

まとめ

主として，MPUに内蔵されているキャッシュの概要を述べてきた．キャッシュの動作を少しでも理解していただければ幸いである．なお本章は，マルチプロセッサ構成時のキャッシュの動作については複雑になるので意図的に省いている．

ところで，本章ではnウェイセットアソシアティブにおけるn個のダイレクトマップ形式のキャッシュを指すものとしてウェイという表現を使ってきたが，本来の意味が「n通りのセット」ということを考えると「セット」といったほうが正確かもしれない．まあ，ウェイと表現するのは筆者の職業病（?!）なので勘弁願いたい．また，ダイレクトマップという表現も正確にはダイレクトマップトである．

ところで，キャッシュのことをCASH（現金）との洒落で$と記述することも多い（¥でないところが米国発祥の洒落であることを感じさせる）．たとえば，命令キャッシュやデータキャッシュは，それぞれ，I$，D$と略記されることもあるので覚えておこう．

Appendix I

システムオンチップ時代のデバッグ手法

エミュレーション機能の基礎

ほとんどのMPUがもっていてマニュアルには通常記載されていない機能に，エミュレーション機能がある（デバッグ機能ともいう）．

ほかのアーキテクチャの命令コードを実行することもエミュレーションというが，ここではデバッガであるICE（In-Circuit Emulator）を実現する機能のことを指す．

● ICEとは

ICEとは，一言でいうとデバッガである．昔使われていた代表的な機能だ．ICEは現在では主流ではないが，説明の流れ上，不可欠なので入れておく．いわゆるソフトウェアのみで実現されているGDBのようなデバッガと違い，リアルタイム（実時間）エミュレーションが可能である．これは，実チップをターゲットシステムに実装してエミュレーションを行うことにより，実デバイスと同じAC特性やDC特性を実現したままのデバッグを可能にするものである．つまり，実チップと同じタイミングや環境でデバッグができる．

ICEは，実チップの代わりに専用プローブを実際のボードに差し込むことで，実チップの動作をエミュレートする（図1）．ユーザからは，ICEというシステムが一つの実チップに見える．

当時，ICEは高価だったので，それを代替する手段もいくつか考えられている．たとえば，ロジックアナライザ（ロジアナ）をエミュレータの代わりにデバッガとして使う手法などである．ロジアナで取り込んだバスサイクルを逆アセンブルして，実行する命令列を表示するソフトウェアはけっこう活用されていた．しかし，この手法はICEにはかなわない．

● エミュレーション機能とは

エミュレーション機能とは，ICEを実現するためにMPUが提供する機能のことである．デバッグ機能ともいう．具体的には，アドレスやデータの値によるトラップ機能（ハードウェアブレーク）や命令実行のトレース機能を指す．MMUを内蔵するMPUでは仮想アドレスを出力する機能もある．ハードウェアブレークとは，ブレークポイント命令をプログラムに埋め込んで，そこを通過した場合にブレークする，ソフトウェアブレークとは対称的にハードウェア自身が備えるブレーク機能のことである．

エミュレーション機能を実現するためには専用端子が必要なので，通常のチップ（通称本チップ）よりも端子数を増やしたエバリュエーションチップ（通称エバチップ）が製造される場合もあるが，基本的には本チップとエバチップは同一のダイ（チップ）であることが多い．つまり，外部端子に接続されていないだけで，ユーザが手にする本チップもエミュレーション機能を内蔵している．しかし，その機能の使い方を知る方法はない．エバチップは，ICEメーカに対して出荷される専用チップである．

かつての流行は，エバチップを作らず，本チップにエミュレーション機能を内蔵させることである．この場合は，ユーザがその機能を使おうと思えば使うことも可能である．ただし，エミュレーション機能の詳細はICEメーカ以外には公開されないのが普通なので，現実にユーザが利用するのは難しい．

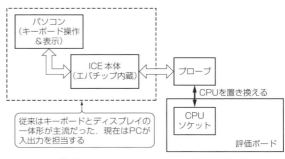

図1　ICEの構成

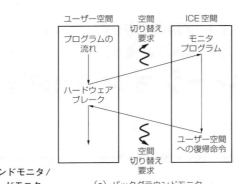
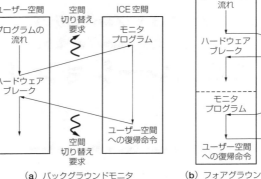

図2 バックグラウンドモニタ／フォアグラウンドモニタ
　（a）バックグラウンドモニタ　　　（b）フォアグラウンドモニタ

● フォアグラウンドモニタとバックグラウンドモニタ

　GDBなどの通常のソフトウェアデバッガとICEとが決定的に異なるのは，制御プログラムがユーザの資源を占有するか否かである．ソフトウェアデバッガはユーザのメモリ空間にロードされ，一つのタスクとして目的のプログラムをデバッグする．しかし，ICEは，制御プログラムのためにユーザのメモリ空間を必要としない．これは，より現実に近い環境でプログラムをデバッグできるという利点のほかに，プラットホームの立ち上げ時，つまりボードにROMやRAMがまだ実装されていない段階でも，プログラムを実行することができるという利点がある．

　ICEは二度美味しい．ボード設計の段階ではハードウェア屋が，ROMやRAM，あるいは外部I/Oなどに正常にアクセスできるかという，ボードのハードウェアのデバッグに使用できる．ROMやRAM上にプログラムが存在する必要はない．ボードが完成したあとは，ソフトウェア屋がソフトウェアをデバッグするのに使用できる．ソフトウェアのデバッグにおいては，ソフトウェアデバッガで十分という意見もあるかもしれない．しかし，ICEを使えば，ブレークポイント命令を埋め込むことのできないROM領域でブレークさせることもできるし，ある特定のアドレスに対してロードやストアを行った場合にブレークさせることもできる．あるいは，実時間で命令実行のトレースを行える．

　さて，ICEの制御プログラム（モニタプログラム）はユーザ空間とは別の空間に置かれる．これは，ハードウェアブレーク発生時に，専用端子を活性化する．要するに，ハードウェア的にアドレス空間の切り替えを行うことで実現される[図2(a)]．あるいは，モニタプログラムを実行するための特殊な空間がMPUに内蔵されている場合もある．このような方式をバックグラウンドモニタと呼ぶ．簡易的なICEでは，モニタプログラムをユーザ空間に置く場合もある［図2(b)］．このような方式をフォアグラウンドモニタと呼ぶ．

● キャッシュ非内蔵時のエミュレーション機能

　MPUの提供するエミュレーション機能は，MPUがキャッシュを内蔵しない場合と内蔵する場合で若干異なる．まずは，キャッシュを内蔵しないMPUが提供する，一世代前のエミュレーション機能について解説する．

(1) アドレストラップとデータトラップ

　これは，MPUがアクセスするアドレスを指定してトラップを発生させる機能である．トラップが発生した後，制御はICEのモニタプログラムに移る．

　キャッシュを内蔵しない場合，すべてのアクセスは外部バスに出力される．このため，バスサイクルを監視する機構を設けておけば，アドレストラップを実現するのは難しくない．目的のアドレスやデータが出力されたら，ICE空間に移行させるための強制ブレーク機能をMPUが備えていればよい．

　より細かい条件でトラップを発生させるためには，現在起動されているバスサイクルの種類を表示するステータス出力があればよい．

(2) ステップ実行

　1命令ずつ実行しながら，レジスタ内容やステータスを表示する機能である．この機能は，アドレストラップを次の命令のアドレスに設定することで実現する．

(3) 仮想アドレス出力

　本チップには，端子数の制限から仮想アドレスを出力する機能はない．しかし，エバチップには，物理アドレスと同時に仮想アドレスを出力する機能がある．

　専用のエバチップなしで仮想アドレスを出力するための手法としては，バスサイクルごとに仮想アドレスと物理アドレスを時分割で出力することが考えられ

る．しかし，本チップでは仮想アドレスの出力を行わないため，本チップとエバチップ（もしくはエミュレーションモード）でタイミングに差異が出るという欠点がある．

（4）トレース機能

トレース機能は，プログラムのデバッグには非常に有用な機能であるが，実現は難しくない．数十MHz以上で変化するMPUの状態をリアルタイムでユーザが認識することは不可能なので，トレース機能はある程度までを実行した後に，そこまでの実行履歴を調べる場合に使用する．したがって，バスサイクルの出力をそのまま保存しておくことができれば，あとはソフトウェアでどうにでもなる．つまり，

- バスをトレースし，外部バッファに蓄える
- そのデータを逆アセンブルなどの加工を施して表示する

という手順で行うことができる．どの程度の命令数をトレースできるかは外部バッファの容量による．

（5）分岐トレーストラップ

プログラムをデバッグするときに有用なのは，サブルーチンなど，命令の流れが不規則に変化する時点を認識することである．分岐の履歴を調べれば，プログラムの大まかな流れを知ることができる．

この機能を実現するために，分岐トレーストラップを提供するMPUもある．これは，分岐が発生した時点でトラップを発生させる機能である．ただ，分岐でいちいちトラップを発生させていると，プログラムの動作が実時間で動作させた場合と異なるのが欠点である．

（6）シーケンシャルブレーク

シーケンシャルブレークとは，その名のとおり，あるトラップ条件が成立した後に別のトラップ条件が成立するとき，初めてトラップさせる機能である．この機能は，トラップ発生時にICEの実行を止めるか否か，ICEのモニタプログラムで制御することで実現可能である．つまり，1回目のトラップが発生すると，そのことを記録しておき，そのままユーザプログラムに制御を戻す．そして，再びトラップが発生したときに，その旨をユーザに表示すればよい．

ソフトウェア制御できるため，一見MPUが持つまでもない機能と思えるが，プログラムの動作を実時間で動作させた場合と一致させるためには必要な機能である．

● キャッシュ内蔵時のエミュレーション機能

キャッシュの内蔵は，MPUの性能に飛躍的な向上をもたらした．しかし，ICEにとっては嬉しいことではなかった．なぜなら，従来ICEが拠り処にしていたバスサイクルが発生しなくなったからである．

たまに発生するバスサイクルも，ほとんどがキャッシュリフィルのためのバスサイクルで，バスサイクルとそれを発生させた命令を1対1に関連付けることは難しい．このため，キャッシュ内蔵を当たり前とするRISCプロセッサ用のICEは，いつまで経っても実用的なものが登場しなかった．

当初RISCは，ワークステーションなどハイエンドの分野でしか使用されていなかった．この分野のデバッグは，昔ながらのロジアナで波形観測を行うのが普通であり，ICEの必要性を訴える人は少なかった．まさに職人芸の世界である．しかし，RISCが組み込み制御にも使われるようになるとICEの要望が高まってきた．組み込み分野では，従来からICEを使用してデバッグを行っていたので，「ICEのないMPUなんて使えない」という意見が多数派だったのだ．

このような事情もあって，キャッシュ内蔵のMPUでは，エミュレーション機能を実現するために新たな機能を内蔵することが必要になった．たとえば，MotorolaがDragonBallやColdFireシリーズに内蔵したBDM（Background Debug Mode）がそれである．BDMは，CPUのマイクロコードでデバッグ命令を実装し，専用のデバッグ端子を外部にもたせて，専用のケーブルでデバッガと交信するしくみになっている．

（1）ハードウェアブレーク

従来，ICEがバスサイクルを観測することで実現していたアドレストラップ，データトラップという機能をMPUに内蔵するようになった．従来も，アドレストラップ機能を内蔵し，ROM領域でもブレークポイントを設定できることを売りにするMPUはあったが，ロードやストア時のデータの値を指定してトラップさせる機能をもつものはほとんどなかった．

MPUは，ユーザが使用するアドレストラップのほかに，ICE専用のアドレストラップやデータトラップ機能を提供するようになった．

トラップ発生時のICE専用空間への移行も，MPUがサポートする．

（2）トレース機能の実現

トレース機能も，従来はICEが外付けで実現していた機能をMPU内に取り込むことで理論上は可能である．しかし，それはMPU内部に巨大なトレースバッファを内蔵することを意味する．

ICE以外では使用しない機能で，チップの面積を増大させるのは好ましいことではない．そこで，最小限のハードウェアでトレース機能を実現する方式がいろいろ考案された．その基本原理は，分岐が発生したことを検出する点にある．従来一部のエバチップで採用されてきた分岐トレーストラップ機能はとくに有用である．

トレーストラップ機能に加え，分岐時に分岐先の仮

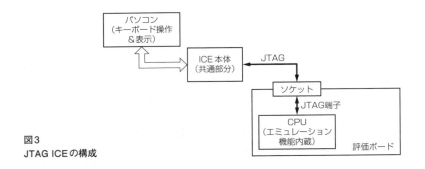

図3
JTAG ICEの構成

想アドレスを出力できれば，ほぼ完全に命令実行をトレースできる．しかし，この仮想アドレスの出力というのが難問である．従来のエバチップでは，余分な端子数を追加することで実現していた機能である．たとえば本チップに，32本の仮想アドレス端子を追加することは不経済である．そこで考案されたのが，4本程度の専用端子を追加し，時分割で仮想アドレスを出力するという方式である．32ビットなら8回に分けて出力する．この方式の欠点は，分岐が連続して発生すると，仮想アドレスの出力が命令実行に追いつかなくなり，情報が失われることである．しかし，RISCの初期のICEでは，ないよりはまし，という割り切りで採用されていた．

もっとも最近のRISCでは，トレース出力が間に合わない場合は，ストール（一時停止）要求を外部回路から与えて待ち合わせをする機能があるようだが．

実際，トレース機能の実装はいろいろな制限から難しいことが多く，ハードウェアブレークだけでICEが作られることも多い．バックグラウンドモニタ機能を提供すれば，ハードウェアブレークしかできなくても，そこそこ使えるICEを構成できる．

● JTAGを利用したデバッガ

JTAGは，国際標準規格IEEE 1149.1として普及している．JTAGは，機能の名称ではなく，この規格化作業を推進したグループの名称である．機能の名称は「バウンダリスキャン」である．IEEEの標準では，バウンダリスキャンアーキテクチャとそれにアクセスするためのシリアルポート（通称JTAGポート）が規格化されている．このJTAGポートは，本来，ボードのテスト用に考案されたものであるが，そのインターフェースをMPUのデバッグ機能に利用することが考えられている．

従来のICEでは，専用のデバッグ端子をMPUに装備する手法が採られていたが，現在はJTAGを利用する方法が主流である．JTAGは，もともとチップの回路テスト用に開発されたバウンダリスキャンのテスト手法である．JTAGの回路と外部テスト端子を利用し，

デバッグ回路を追加することによりシステムのデバッグを行うのである．

JTAGを利用したデバッグ機能の拡張は，各社独自の仕様により行われている．こうしたオンチップデバッグ機能には，NECのN-WIRE，MIPS Technologies社のEJTAG（Enhanced JTAG），Motorola社のCOP（Common On Chip Processor）などがある．本質はどれも似たようなものである．本来，N-WIREというのは，ICEメーカであるHPが提唱したJTAGを使ったデバッグ機能であり，その意味ではNEC固有の規格ではない[注]．

ICEの短所は，ソフトウェアデバッガに比べて非常に高価な点である．従来品は，100万円を超えることも珍しくなかったが，JTAGを利用したデバッグ機能は，MPU内にデバッグ機能を内蔵し，外部とのインターフェースを最小限の端子本数（5〜15本程度）に抑えることで安価なICE構築を目指すものである．

JTAGと同時に用いられるオンチップのデバッグ機能は，従来と大差ないハードウェアブレークとトレース補助機能である．それを，JTAGという標準的なシリアルインターフェースでアクセスすることで，ICEのハードウェアの共通化を図ることができる．つまり，JTAGの先のデバッガ本体は，MPUの種類が変わっても同一のものを用いることができる（図3）．

JTAGのICEでは，従来のICEとは異なり，MPU自体がデバッグ機能を内蔵するので，エバチップは不要である．ボードテスト用のJTAG端子をデバッガに接続することでデバッグが可能になる．

注：N-WIREは東芝のMIPS RISCであるR3900に初めて搭載された．東芝とYHP（横河・ヒューレット・パッカード）が開発した規格で，N本の信号線から構成されるので，そう命名された．その後，HPがJTAG仕様に変更し，さらなる拡張を行って現在の形になった．このとき，ハードウェアブレーク部とトレース部（N-Trace）が分離された．つまり，トレース機能のないものもN-WIREと呼ぶ．NECやArmも採用しているが，ArmはN-Traceと呼んでいる．また，日立のSH-3/SH-4に採用されたH-UDI（Hitachi User Debug Interface）も同様の形式であるらしい．

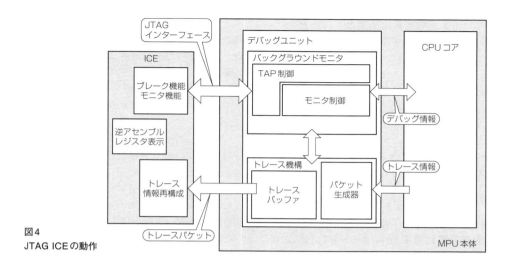

図4
JTAG ICEの動作

図5
トレースパケット
の例

● JTAGデバッガの実現例

　JTAGデバッグ機能を有するMPUの一般的な構造を図4に示す．このように，MPUのデバッグユニットはバックグラウンドモニタ（ハードウェアブレーク機能とモニタ機能）とトレース制御から構成される．

　MPUが提供するハードウェアブレーク機能は直感的に理解しやすいが，トレース機能が実現される方法は興味深い．ここでは，JTAG ICE（N-WIRE）におけるトレース機能とモニタ機能の実現方法を簡単に説明する．

(1) トレースパケット

　命令やデータのトレースは，トレースパケットと呼ばれる数種類の情報を，JTAGを通じて数ビットずつシリアル出力することで実現する．トレースパケットはMPU内部で生成される．トレースパケットの例を図5に示す（実際のものとは異なる）．これは，パケットの種類を判別するTRCODEと，それに付随する情報で構成される．

　これらのトレースパケットは，アドレスの一致情報，分岐や例外の発生情報，その分岐先アドレスや分岐元アドレス，例外コードを示す．必然的に分岐に関する情報が多い．あとは，外付けのICEがトレースパケットを取り込んで，従来どおりのトレース表示を行う．

　通常，ICEは低いクロックで動作している．反面，MPUは非常に高速なクロックで動作する．トレース機能は高速なMPUの状態をパケットにして出力するものであるから，ICEがそれを取り出して処理するためには，速度差を緩衝するバッファが必要である．まともなトレース機能を実現するためには，このトレー

スバッファのために多くの容量を必要とし，これが
MPU内にトレース機能を実装する足枷となることが
多い．このため，トレースバッファをMPUの外部メ
モリとしてサポートする場合（MIPSのEJTAGなど）
もある．この場合は，MPUの動作クロックをあまり
高速にできないのが欠点である．

MPUによっては，トレースパケットの出力が間に
合わない場合は，外部からウェイト信号を入力して，
出力を待ち合わせすることができるものもある．しか
し，この場合はMPUの動作が停止するので，実環境
と同じ実時間でのトレースにはならない．

Arm社では，トレースパケットの情報量を低減し，
転送速度を向上させるためにETM（Embedded Trace
Macrocell）と呼ぶ圧縮回路を提供する．ETMには
Large，Medium，Smallといった種類があり，トレー
スのパケット量と速度に適した回路を選択することが
できる．トレースポートのビット幅も4ビット，8ビッ
ト，16ビットから選択できる．さらに，マルチコア
SoC向けのトレース機能として，CoreSightテクノロ
ジを提唱している．これは，従来のETMを改良して，
マルチコア対応にしたものである．非同期（異なる周
波数）で動作する各コアに専用のETMを備え，トレー
スファンネルというセレクタで非同期にパケットを排
出する．

ETMにはいろいろなバージョンがあり，第3版の
ETMv3では最初のETMv1と比べると，命令トレー
ス圧縮率は700%に，データトレース圧縮率を25%改
善したとしている．

CoreSightで特徴的なのは，内部バス（AHB，AXI）
をトレースするための規格を提供していることであ
る．AHBトレースマクロセル（ATM）で，内部バス
状況を監視できる．これは，ソフトウェアでの最適化
用の意味が大きい（バスの使用効率を最大にする）．
また，通常のETMと同様に，クロストリガ（ある値
になるとデバッグ割り込みをCPUコアに通知する）を
持ち，バスの状況によってCPUコアにブレークをか
けることが可能である．

また，CoreSightは低価格用にシングルワイヤ（1本
線）のデバッグを可能にする．実行制御用1本とトレー
ス出力用1本の計2本でICEを構成できるらしい．

（2）モニタ機能

デバッグ機能を有するMPUはモニタ空間を内蔵す
る．つまり，デバッグ機能を実現するプログラム（モ
ニタプログラム）はモニタ空間で実行される．しかし，
4Kバイトや8Kバイト程度のモニタプログラムのため
のデバッグ専用メモリを内蔵するのは不経済である．
そこで考案されたのが，一つのモニタ機能を1〜8命
令程度で実行するものとし，その命令分の実行領域の
みを内蔵する方式である．この領域をモニタ命令レジ
スタと呼ぶ．このレジスタは，1回に連続実行する命
令の数だけ存在する（たとえば8本）．そして，具体的
には，次のような手順でモニタ命令レジスタの内容を
実行する．

1）アドレストラップやハードウェアブレークなど
でモニタ空間に移行する

2）命令実行が自動的に停止する

3）JTAGを経由して，モニタ機能を実現する1〜8
命令程度の命令列を，モニタ命令レジスタに書
き込む

4）JTAG経由で命令実行を許可する

5）モニタ命令レジスタの内容が実行され，実行が
終わると命令実行が停止する

6）モニタ命令レジスタの実行結果は一時的なレジ
スタに格納され，その値をJTAG経由で取り出
し実行結果などの表示を行う

7）3）〜6）の処理を繰り返す

8）モニタ空間から抜け出すための命令をモニタ命
令レジスタに書き込む

9）JTAG経由で命令実行を許可する

10）制御はユーザプログラムに移る

● 2ピンでデバッグを行うSWD

MPUのピン数は少ない方が好まれる．その理由は
基板への実装が楽になるためである．最近の流行とし
ては，一般チップにデバッグ機能を搭載することであ
るが，JTAGによるデバッグを想定すると，それだけ
で，TCK，TMS，TDI，TDO，TRSTの5ピンを使っ
てしまう．もっと少ないピン数でデバッグができたら
と，どこのCPUメーカも考えている．

ArmはJTAGを置き換えるデバッグインター
フェースとしてSWD（Serial Wire Debug）を定義し
た．SWDはSWCLK（クロック）とSWDIO（双方向
データ）の2ピンで構成される．SWDではバウンダリ
スキャンなどのJTAG本来の動作はできず，Arm
Cortexマイコンの中のデバッグ回路のレジスタに対
して「32ビットの値を書く」，「32ビットの値を読む」
ということだけに特化した，独自のプロトコルになっ
ている．

SWDの書き込みと読み出しのタイミングを図6に
示す．ホストがアクセス情報を含むヘッダを送信して
ターゲットが"100"というアクノリッジを返すまで
は，ほぼ同じ波形となる．ライト時は，アクノリッジ
が返ってきたら，ホストが32ビットのデータを駆動
する．リード時は，アクノリッジが返ってきたら，
ターゲットが32ビットのデータを駆動する．ここで
Trn（Turnaround）という切り替え時間はWire
Control Register（WCR）で1〜4SWCLKの範囲で指
定する．リセット直後は1SWCLKとなっている．

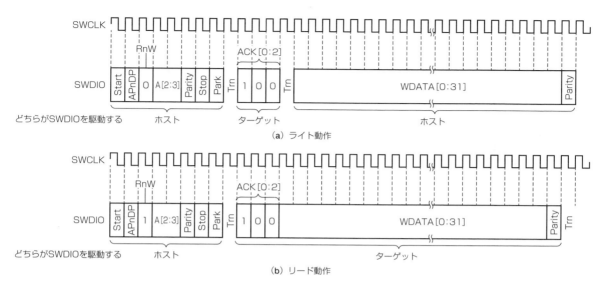

図6 SWDのタイミング

図6でAPnDPはアクセスポート（AP）へのアクセスかデバッグポート（DP）へのアクセスかを指定する．アクセスポートやデバッグポートというのは，Cortexマイコンの中にあるデバッグ資源である．SWDでは，JTAGでいうところのIRやDRというレジスタにはアクセスはせず，Arm固有のデバッグ資源をアクセスする．

図6でA[2:3]というのがアクセスポートやデバッグポートのアドレスとなる．詳しい説明がほしい人は参考文献(1)を参照されたい．ここでは，これ以上の説明はしない．

● **ルネサスエレクトロニクスの小ピンデバッグインターフェース**

ArmがSWDを策定したように，ルネサスエレクトロニクスでも少ないピン数によるデバッグインターフェースを策定している．

RXマイコンでは，FINEという1ピンまたは2ピンのデバッグ・インターフェースを採用する．

V850/RH850では，LPD（Low Pin Debug）という1ピンまたは4ピンのデバッグインターフェースを採用する．

FINEにしろLPDにしろ詳細は公開されていない．専用のデバッグインターフェースを採用しているということだけを覚えておけばいいだろう．

◆参考文献◆

(1) ARM Debug Interface v5, Architecture Specification.
https://developer.arm.com/documentation/ihi0031/a/The-Serial-Wire-Debug-Port--SW-DP-/Introduction-to-the-ARM-Serial-Wire-Debug--SWD--protocol

Chapter 5

仮想記憶／メモリ保護機能を実現するために

MMUの基礎と実際

ここではWindowsやLinuxなど，仮想記憶を使う場合に必須となるMMUについて解説する．通常は仮想記憶を使わないことの多い組み込み用途であっても，信頼性の高いシステムを構築するためにMMUのメモリ保護機能を使う場合もある．ここでは，アドレス変換，TLB（Translation Look-aside Buffer），PTE（Page Table Entry），メモリ保護機能について解説したあと，現代のMMUの基礎である680x0系やx86系，MIPSやPowerPCのMMUについて解説する．

MMUとはMemory Management Unitの略語である．つまり，メモリ管理ユニットのことで，MPUの外部または内部にあって仮想記憶機能を実現する．単にC言語などでプログラミングするだけなら，仮想記憶の知識などはほとんど必要ない．しかし，プログラムサイズが一昔前に比べてはるかに巨大化しており，またマルチタスクが当然のように行われている昨今，その裏方にはMMUという「働き者」がいることを心に留めておいてほしい．

1 仮想記憶とは

● 仮想的に広大なメモリを用意する

その昔，まだメモリが高価だった頃，コンピュータに実装できるメモリ容量はわずかなものだった．時としてアプリケーションプログラムの容量は実際の物理メモリの容量を超え，そのようなプログラムを動作させるためにはアプリケーションプログラム側で細工する必要があった．

プログラムの性質として見ると，ある瞬間瞬間に実行されているのは全体の一部分にすぎない．そこで，プログラムをいくつかのブロックに分割し，必要な部分だけをメモリにロードして実行させ，不要になったらそのブロックを補助記憶装置（多くの場合，ハードディスク）に退避し，代わりにほかの必要なブロックを補助記憶装置から取り出して，新しいブロックと入れ替えるしくみが必要になる（図1）．しかし，実装されている物理メモリの容量を考慮しながらプログラミングをするのは効率的でないし，物理メモリの容量が変化すると，同じプログラムが使用できなくなってしまう．

そこで，このようなメモリ管理をOSに任せるしく

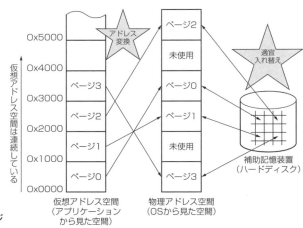

図1
仮想記憶のイメージ

みが考案された．これが仮想記憶の原点である．仮想記憶を利用すると，ユーザーは物理メモリを意識することなく，物理メモリの容量を超えるような巨大なプログラムを実行できる．

● **マルチタスクを実現する**

　PCはもとより，現在では規模の大きな組み込み機器は，そのほとんどがマルチタスクで動作している．マルチタスクとは，複数のタスク（プログラム）を同時に物理メモリに置き，ある決められた順番に少しずつ（その多くは時分割で）実行していくものである．この場合，各タスクが必要とする全部の領域を物理メモリに割り当てようとすると，メモリに入りきらなくなってしまう．物理的に限られた容量しかないメモリを，多くのタスク間で分割して使用する手段が必要である．この場合も仮想記憶が有効である．そのため，仮想記憶といえば，現在ではマルチタスクを実現する手法として紹介されることが多い．

　マルチタスクも，物理メモリを複数のブロックに分けて，そのブロックを各タスクに割り当てて実行させることで実現される．このような仮想記憶を行う場合，各タスクが自身に割り当てられた物理メモリのブロック以外をアクセスしないように保護する機能も必要になってくる．

● **現在ではページング方式が主流になっている**

　仮想記憶の方式としては，大きく分けて，**セグメント方式**と**ページング方式**がある．現在ではページング方式が主流なので，ここではページング方式を主体に話を進める．セグメント方式についてはコラム2で言及する．

　ページング方式の場合，タスクのアドレス空間を分割したブロックを**ページ**と呼ぶ．また，不要になったページを補助記憶装置に退避したり，必要なページを補助記憶装置から復元する作業を**ページスワップ**と呼ぶ．

　メモリのアクセス速度に比べてハードディスクのアクセス速度は非常に遅いので，ページスワップが頻繁に発生すると，プログラムの実行速度は低下する．しかし，プログラムとデータにはある程度局所性があるため，ページスワップがあまり発生しないことを期待して仮想記憶が実現されている．ところが，頻繁にページの範囲を超えて分岐が発生するプログラムや不連続な大量のデータを参照するプログラムでは，ページスワップの発生する確率が高くなる．このような場合は，そのタスクのページサイズを大きくすることで，ある程度ページスワップを回避できる．このため，MPUによってはタスクごとにページサイズを可変にできるようになっている．

2 アドレス変換

● **アドレス変換とは？**

　PCにおけるプログラミングにおいて「このプログラムは物理アドレスの何番地に割り当てられるから」などと考えてプログラムを作る人は（OS屋などを除き），まずいない．誰もが，自分の書いたプログラムは，たとえば「0番地から配置され無限の容量をもっている」と考える．つまり，プログラムはそれぞれ固有のアドレス空間をもっている．マルチタスクを行うということは，重複するアドレス空間をもつ複数のプログラム（タスク）を同時に物理メモリに割り当てて実行するということである．このような操作を可能にするためには，プログラムの中で想定されているアドレスを，実際の物理メモリに配置するためのアドレスに読み替えるしくみが必要になる．これが，**アドレス変換**である．

　プログラムが想定しているアドレスは**仮想アドレス**（論理アドレスともいう）と呼ばれ，物理メモリに割り当てられるアドレスを**物理アドレス**（実アドレスともいう）と呼ぶ．アドレス変換とは，仮想アドレスを物理アドレスに変換する作業のことである．プログラムの仮想アドレス空間は，一定の容量をもつページに分割される．このページ単位に，仮想アドレスから物理アドレスの変換が行われる（**図1**）．ページのサイズ（容量）はOSによってまちまちである．昔は1ページのサイズが2Kバイトのものが多かったが，現在は4Kバイトのものが多いようだ．4Kバイトは16進数で表現すれば1000バイトである．私見ではあるが，人間にとってなんとなくきりのいい数値なので，OS屋さんに好まれるのであろう．

　それはともかく，仮想アドレスと物理アドレスの対応は，物理メモリ上に置かれたアドレス変換テーブルによる．この変換テーブルはページテーブルと呼ばれ，通常4バイトまたは8バイト長のエントリの集まりである．これをとくにページテーブルエントリ（PTE）と呼ぶ．32ビットOSの場合，アドレスは32ビットで表現されるので，PTEには最低でも1ページあたり32ビット（4バイト）の領域が必要である．

　もっとも，仮想アドレスと物理アドレスは，同一ページ内のオフセット（1ページが4Kバイトの場合はアドレスの下位12ビット）は一致するので，必要なビット数はもう少し少なくてよい．しかし実際には，そのページの保護情報のための情報やページスワップのための情報も必要になるし，ワード長（4バイト）またはダブルワード長（8バイト）のほうが（OSの）プログラムで扱いやすいので，一つの仮想アドレスに対して4バイトまたは8バイトのPTEが用いられるのが普

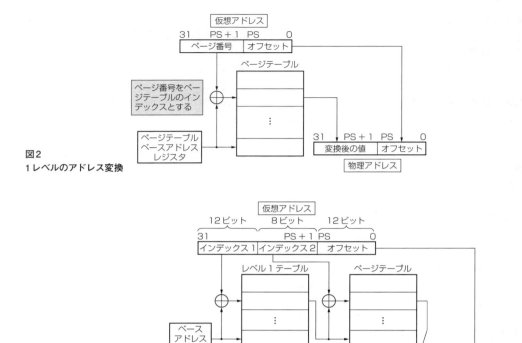

図2 1レベルのアドレス変換

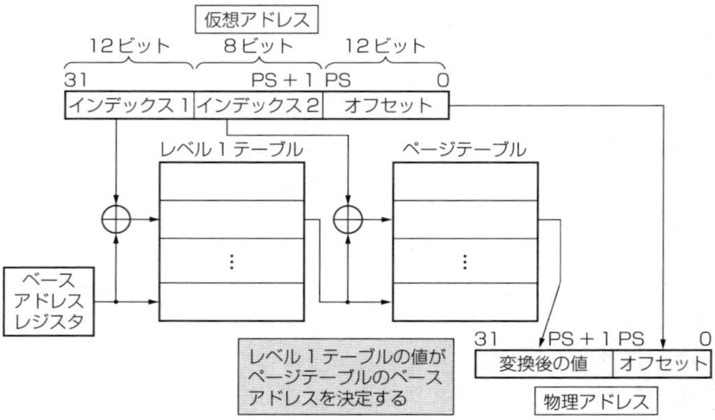

図3 2レベルのアドレス変換

通である．

● アドレス変換のレベル

さて，仮想アドレスが32ビット，1ページが4Kバイトの場合を考えよう．この場合，仮想アドレスの下位12ビットがページ内オフセット，上位20ビットがページ番号になる．このページ番号をインデックスとしてページテーブルを参照すれば，そのページに対応する物理アドレスを取り出すことができる．

なお，ページテーブルのベースアドレスはタスクごとに固有な値をもっていて，コンテキスト（タスクを性格づける情報）の一部である特権レジスタに格納されている．図2に仮想アドレスから物理アドレスを得る変換作業の概念図を示す．この図では20ビットのインデックスでページテーブルを参照するので，PTEの数は1M個必要である．PTEの容量は4バイトまたは8バイトなので，1タスクあたり4Mバイトまたは8Mバイトの物理メモリの容量がページテーブルのために必要になる．

しかし，タスクのもつアドレス空間は32ビット（4Gバイト）のすべての領域を使っているわけではなく，命令，データ，スタックなど，性質の異なる領域ごとにある程度塊になって存在している．このような場合，1M個のページテーブルエントリをすべて用意

るのは不経済である．へたをしたら物理メモリがページテーブルだけであふれてしまうという状況も起こりかねない．そこで，ページテーブルを多段階に分けて参照する方法が考えられている．

この方式では，仮想アドレスのページ番号をさらにいくつかの領域に分ける．たとえば，20ビットのページ番号を上位12ビットと下位8ビットに分ける．この場合，上位12ビットをインデックスとして1段目のテーブルを参照し，2段目のテーブル（これがページテーブル）へのベースアドレスを獲得する．そして，下位8ビットをインデックスとして2段目のテーブルを参照し，物理アドレスを獲得する．この概念図を図3に示す．図2ではページテーブルを直接参照しているので1レベルのページング，図3では2回目でページテーブルを参照しているので2レベルのページングと呼ばれる．

最近のMPUでは，2レベルのページングでアドレス変換を行うことが主流だが，MC68030や68040では3レベルのページングを行うこともできる．

3 TLB

● TLBとは？

MPUが仮想記憶モードで動作している場合，仮想

アドレスから物理アドレスへの変換を，いちいち物理メモリ上のページテーブルを参照しにいっていたのでは，その処理が命令実行のボトルネックになってしまう．それを避けるために，MPUは内部にTLB (Translation Look-aside Buffer) と呼ばれる変換テーブルをもっている．日本語ではアドレス変換緩衝機構と訳されることが多い．モトローラはATC (Address Translation Cache)，つまり，アドレス変換キャッシュと呼んでいる．その名のとおり，TLBとは，PTEをチップ内にキャッシュしたものである．

MPUはアドレス変換を行うとき，まずTLBを参照し，そこに目的の仮想アドレスと物理アドレスのペアが格納されていれば（TLBヒット），その物理アドレスを用いて命令を処理する．もし該当する仮想アドレスがTLB内になければ（TLBミス），物理メモリ上のページテーブルを参照しに行き，その値をTLBに登録する．また，TLBにはPTEと同様にメモリ保護などの情報が格納されており，TLB参照の際に不正アクセスがないかどうかチェックする．もし不正なアクセスである場合は，メモリ保護例外を発生する．以上がMMUの機能である．

ただし，最近のRISCチップでは，TLBを参照したとき，仮想アドレスが登録されていないと直ちに例外を発生して，TLBの内容を入れ替える処理をOSのプログラムに任せる．何度もメモリ上のテーブルを参照してTLBの内容を更新する処理は，実現が複雑であり，メモリアクセスはロード/ストア命令だけというRISCのポリシにも反する．何よりもパイプライン動作が妨げられてしまう．このためRISCでは，TLBの機能そのものがMMUの機能ということもできる．

● TLBの構造（連想方式）

TLBとは，仮想アドレスをタグとして内容を参照し，一致するタグがあれば対応するデータを物理アドレスとして出力する一種のキャッシュメモリである．その構造は参照の仕方により，次の3種類に分類できる．

- フルアソシアティブ方式
- ダイレクトマップ方式
- nウェイセットアソシアティブ方式（$n \geq 2$）

▶フルアソシアティブ方式

フルアソシアティブ (Full Associative) 方式は，TLBのエントリ数の数だけ異なる仮想アドレスを格納できる方式である．ほかの方式とは異なり，各エントリに格納される仮想アドレスに制限はない．通常は連想メモリという特殊なメモリで構成されるため，LRU処理（詳細は後述）が複雑になるため，多くのエントリをもたせることができない．現在の技術では50エントリ程度が限界と思われる．ただし，実装されているエントリをむだなく使用することができるので，少ないエントリ数でも高いヒット率（仮想アドレスを参照したとき，TLB内に存在する確率）を得ることができる．図4にフルアソシアティブ方式のTLBの構成を示す．

▶ダイレクトマップ方式

ダイレクトマップ (Direct Mapped) 方式は，もっとも単純な方式である．仮想アドレスが決まると，その仮想アドレスで参照するエントリが一意に決まってしまう．たとえば，256エントリのダイレクトマップ方式のTLBを参照する方法として，仮想アドレスのビット19～12（8ビット）を使用してエントリをインデックスする方法が考えられる．これは，ページサイズが4Kバイトの場合である．仮想アドレスのビット31～12がページ番号を表し，その下位8ビットである．

8ビットのデータは256種類を識別できるので，仮想アドレスとTLBのエントリを1対1に対応させることができる．

ただし，この場合，下位8ビットが一致する仮想アドレスは異なるアドレスであっても同一のTLBエントリが参照されてしまう．プログラムの仮想アドレスが256通りでまんべんなく変化することは稀なので，場合によっては一度も参照されないエントリが存在する．逆に同じエントリが何度も参照され，前のデータを書き潰してしまうおそれもある．

ダイレクトマップ方式は，構造は単純でエントリ数を多くもたせることができるが，エントリ数を多くしないと高いヒット率は期待できない．図5にダイレクトマップ方式のTLBの構成を示す．

▶nウェイセットアソシアティブ方式

nウェイセットアソシアティブ (n-way Set Associative) 方式とは，ダイレクトマップ方式の改良版である．ダイレクトマップ方式のエントリをn系統用いて構成する．この方式も，LRU処理の制限からnの値は2また

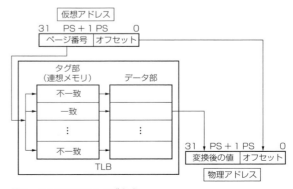

図4　フルアソシアティブ方式

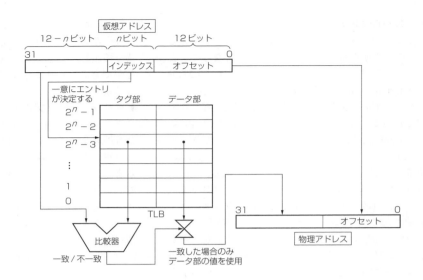

図5 ダイレクトマップ方式

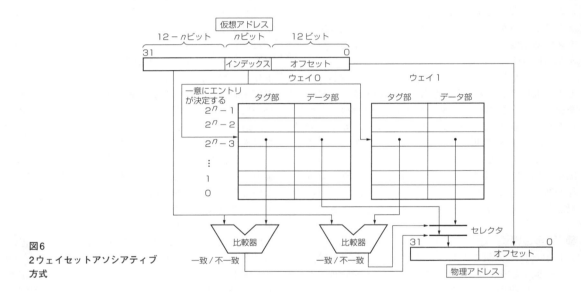

図6 2ウェイセットアソシアティブ方式

は4であることが多い．簡単のために2ウェイセットアソシアティブ方式の場合で説明する．ダイレクトマップの場合と同様に，仮想アドレスが与えられるとエントリは一意に決定されるが，今の場合は2組のウェイ（エントリの集合）があるので，同時に二つのエントリに格納されている仮想アドレスと比較を行う．与えられた仮想アドレスがそのどちらかに一致していればヒットということになる．一般にウェイ数が増えるほどヒット率が向上する．図6に2ウェイセットアソシアティブ方式のTLBの構成を示す．

● TLBの更新方式

TLBのエントリ数には限りがある．エントリの中に有効なデータが入っていなければ，そこにアドレス変換の情報を格納していけばよいが，エントリがすでに有効なデータで占められていて，新たに変換の情報を登録できないことがある．この場合は，古い情報を追い出して新しい情報を書き込む（上書きする）ことになる．

追い出しの対象となるエントリを決定するためにもっとも多く使われるのが，LRU（Least Recently Used）という手法である．つまり，時間的にもっとも使用されていないエントリを追い出す．その実現方法は2ウェイセットアソシアティブ方式では簡単である．二つのエントリの組に対して1ビットのLRUビットを設ける．そのビットの値が0か1によって二つの

うち対応するエントリをあらかじめ決めておく．そして，0側のウェイがヒットすればLRUを1側に，1側のウェイがヒットすればLRUを0側に更新する．もし，そのエントリに対応する仮想アドレスであって，どちらのエントリの内容とも一致しない仮想アドレスを変換しなければならない場合は，対応する物理アドレスを求め，LRUビットが示す側のウェイのエントリに上書きする．4ウェイセットアソシアティブの場合は四つのエントリに対して6ビットの情報でLRUを構成できる．フルアソシアティブ方式でのLRUはかなり複雑である．その方式が特許になるほどややこしいので，ここでは説明を省略する．

現実でも，エントリ数が多いTLBに対してはLRU方式を用いない．それでは，フルアソシアティブ方式の場合，追い出すエントリをどのように決定するのか．答は単純である．適当に決めるのである．具体的には（疑似）乱数を用いてエントリを決定する．これは，どのエントリの仮想アドレスも同じ程度に参照されていると仮定している．どのエントリが選ばれても恨みっこなしということである．

● タスク切り替えとTLB

タスクの仮想アドレス空間はタスクごとに固有である．意図的にほかのタスクのアドレス空間と一部の空間を共有させることもあるが，基本的には特定の特権レジスタの値で一意に規定される．この特権レジスタはコンテキストの一部であり，その値を基準として何回か間接参照を繰り返せば，最終的にページテーブルのベースアドレスを得ることができる．このため，タスクが切り替わればTLBの内容もそのタスクの仮想アドレス空間を反映したものに切り替わらなければならない．論理的にはタスクの数だけTLBが必要ということになる．しかし，現実的には，タスクの数の最大値を予測することは不可能であり，MMU内にいくつものTLBを実装するのはむだが多い（実質不可能）．

そこで，多くのMPUではタスクが切り替わるたびにTLBの内容を無効化してしまう．この方式では，必要以上にTLBエントリを無効化してしまうおそれがあり，それがプログラムの実行速度の低下を招く．

たとえば，タスク番号0のタスクでは仮想アドレス1000番地しか参照せず，またタスク番号1のタスクでは仮想アドレス2000番地しか参照しない場合で，タスクが0→1→0と切り替わる場合を考える．このとき，最初は1000番地がTLBに登録されているが，タスクが1に切り替わる時点で無効化される．そして，タスクが再び0に切り替わるとき，1000番地はTLBに登録されていないので，再びメモリ上のアドレス変換テーブルを参照してTLBに1000番地を登録する必要がある．タスク1が1000番地を使用しないなら，こ

のTLB入れ替え処理は余分である．しかし，他のタスクが使用する仮想アドレスを予測することはできないので，誤ったアドレス変換をしないように，古いタスクのアドレス変換情報は消去してしまわなければならない．必然的に，しなくてもよいTLB入れ替えが増加する．

その欠点を回避するために，TLBのタグ部にタスク番号を入れておき，タスク番号込みで仮想アドレスの一致を調べるという方式を採用するMPUもある．この方式だと，タスク番号1の仮想アドレス0番地と，タスク番号2の仮想アドレス0番地が同時にTLBに登録されていても（このような状況が発生するのはフルアソシアティブ方式のTLBに限られるが），二つの0番地を区別することができる．タスクの切り替え時にTLBの内容を無効化する必要もない．TLB入れ替えは，本当に必要な場合にのみ行われる．

● TLBの分離

最近のMPUは，パイプライン処理で命令を実行している．命令フェッチやデータアクセスの前には仮想アドレスを物理アドレスに変換する必要があり，そのときTLBが参照される．何も考えずにMPUを設計すると，ある瞬間に，命令用のアドレス変換でのTLBの参照と，データ用のアドレス変換でのTLBの参照が同時に発生することになる．命令の仮想アドレスとデータの仮想アドレスは一般には一致しないので，二つの仮想アドレスで同時にTLBを参照することになるが，これは不可能である．どちらかの参照を遅れさせて，逐次的に参照をすることになる．

このときのパイプラインの乱れを嫌って，命令用とデータ用に二つのTLBを採用するMPUもある．キャッシュで命令とデータのデータパスをそれぞれ専用にもたせる構造をハーバードアーキテクチャと呼ぶが，そのTLB版と考えればよいだろう．実際，古くからハーバードアーキテクチャを提唱していたのはMotorolaであり，MC68040などは，命令とデータの2系統のTLBをサポートしている．

● マイクロTLB

命令とデータで同じ規模のTLBを用意するのは大げさだし，あまり効果はないように思える．なぜなら，データはともかく，命令のアドレスはシーケンシャルに実行され，分岐で初めて別のアドレスに切り替わるからである．分岐自身もページサイズの範囲を超えることは稀なので，命令のための仮想アドレスを変換しなければならない場合は（データに比べると）極端に少ない．そこで，命令用のTLBとして1～4エントリ程度の特別なTLBを採用するMPUもある．そのようなTLBは**マイクロTLB**と呼ばれる．

157

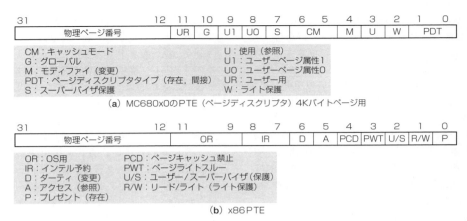

図7 PTEの実例

多くの場合，マイクロTLBは本体のTLBの内容をキャッシュしたもので，ページサイズも固定である．命令がマイクロTLBにミスした場合は，まず，本体のTLBを参照し，そこにヒットすれば，そこから物理アドレス情報をもってきて内容を更新する．TLBのページサイズがマイクロTLBのページサイズよりも大きい場合は，マイクロTLBでミスしても本体のTLBでヒットする確率が高いので，アドレス変換テーブル検索のためのメモリアクセスが発生することは稀である．また，このような構成であれば，メモリアクセスを発生させてTLBを更新するロジックが1系統分で済む．一方，命令TLBとデータTLBに分離されている場合は，それぞれ独立なTLB更新ロジックが必要である．

さらに，マイクロTLBの参照は，本体の巨大なTLBを参照するよりも少ない電力で行えるので，命令だけでなく，データに対してもマイクロTLBが採用されることもある．

4 PTE (Page Table Entry) の実例

● PTEとは？

TLBミス時，アドレス変換におけるメモリ内の変換テーブルのサーチは2～3段階のレベルに分けて行われる場合もあるが，最終的には，ページテーブルと呼ばれるPTE (Page Table Entry) が順次格納されているテーブルに突き当たる．PTEとは通常31ビット長のデータで，物理アドレス（オフセット部分を除く）と保護情報を含んでいる．PTEはページディスクリプタと呼ばれることもある．

ページテーブルに並んだPTEの意味は，先頭が仮想アドレス0（ページ0）に対応する情報，その次が仮想アドレス0x1000（ページ1，ページサイズが4Kバイトの場合）に対応する情報，その次が仮想アドレス0x2000（ページ2）に対応する情報，という具合になっている．何番目のPTEが使用されるかは仮想アドレスの値によって一意に決定される．図7にMC680x0で使用されるPTEとx86で使用されるPTEの実例を示す．PTEの情報のうち，物理アドレスに関しては説明不要と思うが，他のビットについて説明しておこう．

● MC680x0の場合

CM：キャッシュモード

このビットは対応する仮想ページの，キャッシュの可/不可，ライト制御（ライトスルー/ライトバック），キャッシュ不可時にアクセスの逐次性を保証するか否かを示す．

G：グローバル

このビットはPFLUSH命令で使用する．PFLUSHはTLBのエントリを無効化する命令であるが，Gビットがセットされているページは無効化されない．

M：モディファイ

ライトアクセスで発生したTLBミスに起因する変換テーブルのサーチが行われた後，対応するPTEのMビットが自動的にセットされる．つまり，対応する仮想ページの内容が変更されたことを示す．

PDT：ページディスクリプタタイプ

ページディスクリプタ（PTEを含む変換テーブルエントリ）の種類を示す．それは，有効/無効，対応するテーブルまたはページがメモリ内に存在/不在，間接（中間）のディスクリプタか否かという情報を示す．間接ディスクリプタの場合は，次のレベルの変換テーブルの先頭を示す物理アドレスが格納されている．直接（最終）ディスクリプタの場合は，それがPTEであることを示す．なおMC680x0では，PTEに対応する物理ページの内容がメモリに存在することをレジデントと呼ぶようである．

S：スーパーバイザ保護

スーパーバイザモードのみで参照できるページであることを示す．Sビットがセットされていない場合は，スーパーバイザモードでもユーザーモードでも参照できる．

U：使用

変換テーブルのサーチが行われた後，対応するPTEのUビットが自動的にセットされる．Mビットとは異なり，リード，ライト両方のアクセスでセットされる．対応する仮想ページの内容が参照されたことを示す．

U0，U1：ユーザーページ属性

MPUの実行に影響は与えない．それぞれの値が，UPA0，UPA1という端子状態に反映される（MC68040以降）．

UR：ユーザー使用

ユーザー（OS）が自由に使用してよいビット．MPUにとっては意味がない．

W：ライト保護

このビットがセットされている仮想ページに対し，ライトアクセスを行おうとすると例外が発生する．

● x86の場合

OR：OS用

OSが自由に使用してよいビット．MPUにとっては意味がない．

IR：インテル予約

将来の拡張用にインテル（メーカ）によって予約されているビット．現状，MPUにとっては意味がない．

D：ダーティ

ライトアクセスで発生したTLBミスに起因する変換テーブルのサーチが行われた後，対応するPTEのMビットが自動的にセットされる．つまり，対応する仮想ページの内容が変更されたことを示す．

A：アクセス

変換テーブルのサーチが行われた後，対応するPTEのAビットが自動的にセットされる．Dビットとは異なり，リード，ライト両方のアクセスでセットされる．対応する仮想ページの内容が参照されたことを示す．

PCD：ページキャッシュ禁止

このビットがセットされているPTEに対応する仮想ページはキャッシュアクセスを行わない．

PWT：ページライトスルー

このビットがセットされていると外部キャッシュ（L2キャッシュ）をライトバック制御にする．

U/S：ユーザー／スーパーバイザ

このビットがセットされていないと，特権レベル3（ユーザーモード）では対応する仮想ページをアクセ

スできない．

R/W：リード／ライト

このビットがセットされていないと，特権レベル3（ユーザーモード）では対応する仮想ページに対してライトアクセスできない．

P：プレゼント

このビットがセットされていれば，対応する物理ページの内容がメモリに存在することを示す．このビットがセットされていない場合，ページフォールト（例外）が発生する．これまでの説明を見ればわかるが，PTE内の情報は，どのMPUでも似たり寄ったりである．似ているのは，物理アドレス，アクセスがあったこと示す情報，ライトがあったことを示す情報，存在を示す情報，保護情報などである．個人的にはx86での名称がしっくりくるので，そちらを使って，以下に，OSがそれらの情報をどう利用するかを説明する．

● ページフォールト時の処理

ページフォールトとはPTEにアクセスした場合に，そのPTEが無効だったり，対応するページの内容がメモリに存在しないときに発生する例外である．

ページフォールトの処理には，Pビット（PDT＝00）を利用する．Pビットが0ならば，仮想アドレスに対応するプログラムの内容がメモリ内に存在しないことを意味する．初期状態ではPTE内の物理アドレス情報は決定されていない．ページフォールトが発生すると，OSはメモリ内に空いている領域を見つけ，そこに新しいページの内容を補助記憶装置（ハードディスク）からロードする（これをページインという）．このとき，見つかった空き領域の物理アドレスがPTE内の物理アドレス情報となる．メモリがすべて他のページに占有されていて空き領域がない場合は，どこかのページを補助記憶装置に追い出して（これをページアウトという）そこを使用する．ページインとページアウトの操作を総称してページスワップ（交換）と呼ぶ．

● ページスワップ時の疑似LRU（Least Recently Used）制御

ページアウトを行う場合，もっとも使用頻度の低いページを追い出すのが効率的である．Aビット（Uビット）を利用して疑似LRU処理を行い，使用頻度の低いページを決定する．そのために，OSは定期的に全PTEのAビットの状態をチェックする．そしてチェックが終わったら，ソフトウェアでAビットを強制的に0にクリアする．同時にそのPTEの内容がキャッシュされているTLBのエントリを無効化しておく．TLBにヒットする限り，PTEのアクセスが発

Column1　アドレス変換の効率化

　アドレス変換で利用されるTLBはメモリに対する（ライトバック）キャッシュと同じように作用する．実際，OSの助けを借りるが，AビットによるLRU処理，Dビットによるページアウト（ライトバック）処理は，キャッシュのそれと容易に退避できる．ただし，通常のキャッシュミスのリフィル処理はあまり時間がかからないが，TLBミスによる入れ替え処理は，メモリアクセスが多いため，その10倍程度の時間がかかる．ページフォールトが発生するような場合は，100倍程度の時間は優にかかってしまう．アドレス変換を効率的に行うためにはTLBミスの確率を減少させる（ヒット率を上げる）ことが肝要である．

　キャッシュのヒット率を向上させる手法と対比してTLBのヒット率を向上させる方法を考える．キャッシュのヒット率に関しては第4章を参照のこと．

● 容量を増やす

　これはTLBのエントリ数を増やすことに相当する．通常，TLBはフルアソシアティブで参照されるが，エントリ数が増えると，回路規模の問題で4ウェイ，あるいは8ウェイセットアソシアティブと簡略なものにならざるをえない．同じ容量（エントリ数）でのフルアソシアティブとセットアソシアティブを比較すると，フルアソシアティブのほうがヒット率は高い．つまり，エントリ数を増やしても，セットアソシアティブにすることでヒット率が上がるとはかぎらない．

　この辺のトレードオフは回路規模と欲しいヒット率を考慮してアーキテクチャを決定する必要がある．とはいえ，一つのタスクでアクセスされる仮想アドレスの数はせいぜい20程度だと思うので，TLBの構造が性能に大きな影響を与えるとは思えないのだが…．

● ラインサイズを増やす

　これはページサイズを大きくすることに相当する．TLBのヒット率が向上する反面，ページアウト時の処理時間が長くなってしまう．それを防ぐため，偶数と奇数のページを一括して管理する方式もある．ヒット率はページサイズが2倍になるのとほぼ等しいが，TLBミス時のスワップ処理は1ページ単位に行えるので，ページアウト時の時間も1ページごとの管理の場合と変わらない．

　昔，プログラムには実行の局所性があるので，TLBミスを発生した前後のページを余分に変換してTLBに入れておくという特許をよく見かけた．しかし，補助記憶装置に対するリード／ライトもその分だけ増加するので，本当に実用的かどうかわからない．

生しないからである．こうしておけば，その後，同じ仮想アドレスに対するアクセスが発生すると再びAビットが1にセットされる．このような環境でAビットが1になる頻度を計数しておき，それがもっとも小さいページがアクセスのもっとも少ないページということになる．

　なお，OSによっては，疑似LRU処理を行わず，単純なFIFO処理でページアウトするページを決定するものもある．これは，いちばん昔に変換したページから追い出していくというものである．あるいは，どのページを選択しても大差ないとして，ランダム処理で適当に追い出す候補を決める場合もあるかもしれない．

● ページスワップ時の補助記憶装置への無意味な書き戻しを制御

　メモリ内に存在するページでも，そこに対して書き込みが行われていなければ，その内容は補助記憶装置に存在するもの（ページイン直前のもの）と同じである．つまり，そのページがページアウトの対象になっても補助記憶装置に書き戻す必要はない．補助記憶装置から読み込んだ新しいページの内容でメモリを書き潰してよい．これは処理時間の短縮につながる．この書き込み制御にはDビット（Mビット）を利用する．Dビットが0なら，そのページへの書き込みが行われていないことを示す．

● メモリマップトI/Oの実現

　アドレス変換により，I/Oポートを仮想アドレスに対応させることもできる．その仮想アドレスをリード／ライトすることで，I/Oポートへのリード／ライトとみなすしくみをメモリマップトI/Oという．これを実現する場合，そのページは非キャッシュ領域でなくてはならない．なぜなら，同じI/Oポートをリードしても同じ値が返ってくるとは限らないので，それがキャッシングされると都合が悪いからである．

PCDビット（CMビット）を使用すれば，そのページのキャッシングを禁止できるので，メモリマップトI/Oが実現できる．もっとも，PCDビットはI/Oポートでなく，フレームバッファなど，キャッシングされると都合の悪い領域の指定にも利用する．

また，I/Oポートはリード/ライトする順番が異なると意味が変わるので，アクセスの逐次化（プログラムで書いた順番にアクセスすること）を実現することも必要である．通常のMPUでは非キャッシュ領域に対するアクセスの逐次化は保証されているが，例外もある．それはMC680x0で，逐次化を明示的に指定する必要がある．

● 結局，キャッシュと同じ

アドレス変換で利用されるTLBはメモリに対する（ライトバック）キャッシュと同じように作用する．実際，OSの助けを借りるが，AビットによるLRU処理，Dビットによるページアウト（ライトバック）処理は，キャッシュのそれと容易に対比できる．

5 メモリ保護

● 実行レベルについて

悪意のあるアプリケーションプログラム，あるいは，バグのあるアプリケーションプログラムの暴走でOSの領域を壊さないように，MMUはメモリ保護の機能を提供する．上述のように仮想記憶モードではPTEによってリード/ライト属性による保護が実現されている．通常，プログラム領域はリードのみ可，データ領域はリード/ライト可能に設定されている．このほかにもユーザー，カーネルといった特権性による保護が行われる．これについて説明する．

MPUのアーキテクチャでは，プログラムの実行レベルというものが定義されている．これは特権性の強さを表すもので，通常，アプリケーションプログラムは最低の特権性の下で実行される．メモリ保護とは，仮想アドレス空間の各ページに保護レベル（そこのプログラムやデータにアクセスできる最低の実行レベル）をもたせ，特権性の低いプログラムから，より特権性の高いプログラムへのアクセスをできなくする機能である（図8）．

実行レベルの種類は，アーキテクチャによって異なるが，2～4種が定義されている．2～3種の場合，実行レベルに名称が付いていることが多い．4種の場合は，単に，レベル0，レベル1，レベル2，レベル3と呼ぶ．値が小さいほど特権性が高い．たとえば実行レベルの名称は，次のようになっている．

2レベル：カーネル＞ユーザー
　　　　スーパーバイザ＞ユーザー

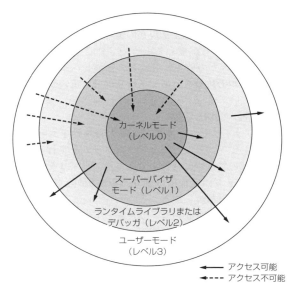

図8　実行レベルとメモリ保護

3レベル：カーネル＞スーパーバイザ＞ユーザー
4レベル：レベル0＝カーネル＞レベル1＞レベル2＞
　　　　レベル3＝ユーザー

ここで，不等号は特権性の高さを表すものとする．カーネルとはOSの実行レベルであり，スーパーバイザとはデバイスドライバやランタイムライブラリの実行レベルである．ユーザーとはアプリケーションプログラムの実行レベルである．多くのOSでは，カーネル（あるいはスーパーバイザ）とユーザーの2レベルしか使用しない．その中間の実行レベルは，あれば便利だが，OSの構造が複雑になるのであまり使用されない．

通常，実行レベルはMPUのステータスレジスタに格納されている．一方，保護レベルはPTEで指定され，同等の情報がTLBにも格納されている．そして，アドレス変換時に現在の実行レベルとアクセスするページの保護レベルが比較され，自分と特権性が同じか，特権性が低いページであるとアクセスが許可される．アクセスが禁止されている場合はメモリ保護例外やアドレス例外が発生する．

PTEでは，リード，ライトといった，アクセスの種類での保護も可能になっている．つまり，リード可能，ライト可能，リード/ライト可能といったページ保護を独立に指定できる．アーキテクチャによっては「実行」というアクセスの種類をもっているものもある．

以上は，たいていのMPUの保護機構であるが，もっともシェアの高い（と思われる）x86アーキテクチャでは，少し事情が異なる．ステータスレジスタ（x86でいうところのフラグレジスタ）内に実行レベルを保持

161

しない．現在実行中の仮想アドレス（セグメント）の保護レベルが，そのまま現在の実行レベルとなる．属するセグメントが変わるとき（FAR CALLや例外など）に，移行先の仮想アドレスの保護レベルと現在の実行レベルの比較を行ってメモリ保護を実現する．

● 実行レベルの変更

　MPUは，リセット直後は最高の特権性をもっている．そしてアプリケーションプログラムを実行する直前に最低の特権性に移行する．また，アプリケーションプログラムの実行中に割り込みや例外が発生すると，最高の特権性に戻る．

　カーネルモードからユーザーモードへの移行は，具体的には割り込みからの復帰命令を利用する．この命令（たとえばERET）はスタックから新しいステータスレジスタの値と新しいPC（プログラムカウンタ）の値をリードして，そのPCの示すアドレスに分岐する．このとき，スタックに積んであったステータスレジスタに設定される値の中に新しい実行レベルが含まれている．アーキテクチャによってはスタックではなく，特殊レジスタからステータスレジスタとPCの値をリードするが，実質は同じである．

　ユーザーモードからより特権性の高い実行レベルに移行するには，専用命令が用意されている場合もあるが，通常はソフトウェア割り込み（トラップ命令やシステムコール命令）によって，一律に特権性が最高のカーネルモードに戻ることが多い．専用命令が用意されていない場合，ユーザーモードから特権性が中間のレベルに移行するのは難しく，一度，カーネルモードに移る必要がある．

　ただしx86では，また事情が異なる．仮想アドレスでの保護レベルで許可されていれば，コールゲートを使用して任意の実行レベルに移行できる．x86のプロテクトモードにおいて，セグメントレジスタの値はディスクリプタテーブルと呼ばれる，新しいセグメントとオフセットが組になったディスクリプタの集まりへの選択情報となる．コールゲートを呼び出すにはセグメント間コール（FAR CALL）やセグメント間ジャンプ（FAR JUMP）を利用する．新しいセグメントの値で選択されたディスクリプタがゲートディスクリプタである場合がコールゲートとなる．

　ゲートディスクリプタには，新しいセグメントとオフセットの値のほかに，そのゲートをコールできる（最低の）実行レベルが格納されている．FAR CALL/FAR JUMPを実行するプログラムが存在しているアドレスの実行レベルがゲートディスクリプタの実行レベルより特権性が高ければ，どの実行レベル（のセグメント）にも移行できる（図9）．なお，割り込みや例外が発生した場合は，（一般）ディスクリプタテーブルの代わりに例外ディスクリプタテーブルが参照され，最高の特権レベル（レベル0）に移行する．

● 仮想アドレスによるメモリ保護

　ところで，メモリ保護はTLBで行う（保護違反は例外）のが普通だが，仮想アドレスの値そのもので保護を行う場合もある．現在の実行レベルに応じてアクセスできる仮想アドレスが最初から規定されているのである．たとえば，MIPSのアーキテクチャがそうだ（図10）．ユーザーモードでは仮想アドレスの0x80000000〜0xFFFFFFFFの範囲はアクセスできないし，スーパーバイザモードでは仮想アドレスの0x80000000〜0xBFFFFFFF，0xE0000000〜0xFFFFFFFFの範囲がアクセスできない．しかしカーネルモードではすべてのアドレス空間をアクセスできる．

　そもそも組み込み制御分野では，アドレス変換が必要ない場合が多い．メモリ保護さえあればよい．このような要求に対応するためにMIPSのJade（4Kp）では，BAT（BlockAddressTransfer）と呼ばれる機構を提供している（図11）．これは，仮想アドレスは基本的に物理アドレスと同じになり，メモリ保護だけは図10と同等になる機構である．あるいは，MC680x0では現在の実行レベルやアクセスの種類がファンクションコード（FC2，FC1，FC0）としてMPUの外部端子に出力されている．この信号とアドレスバスの値を外部回路で処理して，保護違反のアクセスを検出すると，バスエラーをMPUに通知できるしくみを提供している．

6 MMUの実例

　ここでは，いくつかのMPUでMMUの実例を見てみよう．

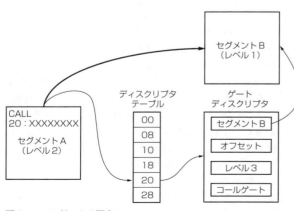

図9　コールゲートの概念

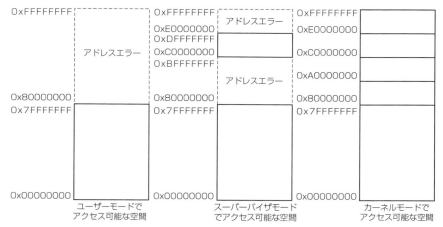

図10　MIPSのアドレス空間（32ビットモード）

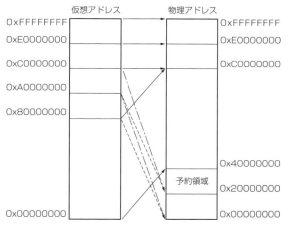

図11　Jade（4Kp）のBAT

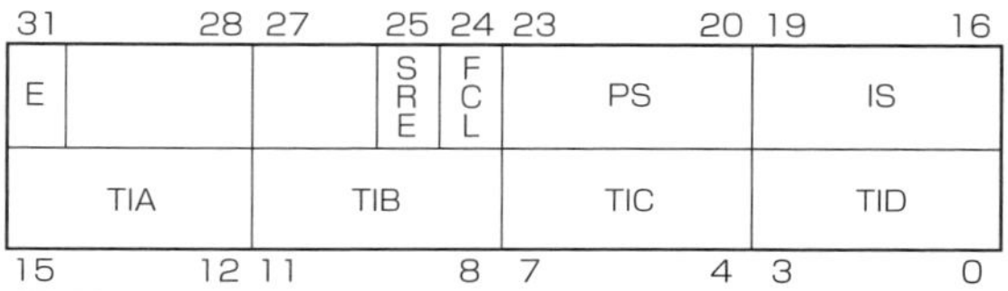

図12　MC68030の変換制御レジスタ（TC）

E：変換許可
SRE：SRP（スーパーバイザルートポインタの許可）
　　SRE＝0：：変換はすべてCRP（CPUルートポインタ）から始まる
　　SRE＝1：：ユーザーアクセスはCRP，スーパーバイザアクセスはSRPを使用．
FCL：FC（ファンクションコード）のルックアップ．つまり最初のディスクリプタのアクセスをFCの値でインデックスするか
PS：ページサイズ．1ページのビット数を指定
IS：イニシャルシフト．仮想アドレスのサイズ（32〜17ビット）を指定．つまり，アドレス変換時に仮想アドレスの上位をマスクするビット数．32ビットなら0を指定
TISx：テーブルインデックス．TIAが1レベル目，TIBが2レベル目，TICが3レベル目，TIDが4レベル目．それぞれ仮想アドレスの中で何ビットを占めるかを指定する
注意：IS＋TIA＋TIV＋TIC＋TID＋PS＝32（ビット）の関係を保たなければならない

● MC68030/MC68040のMMU
▶アドレス変換

　MC68030ではアドレス変換は0〜5レベルの範囲で自由に設定できる．その設定を行うためのレジスタが変換制御レジスタ（TC）である．図12にTCの形式を示す．TIA，TIB，TIC，TIDでそれぞれ1レベル，FC（Function Code＝保護レベル）ルックアップを行えばさらに1レベル増えるので，最大5レベルのページングとなる（インダイレクト指定をすれば6レベルまで可能ということだが，ここでは触れない）．TIA，TIB，TIC，TIDの値を0に設定することで1〜4レベルのページングが可能になる．ゼロレベルというのは，ルートポインタ（CRP，SRP）の中に直接変換後の物理アドレスが指定されている場合（アーリーターミネーションという）である．

　MC68030では，TLB（ATC）ミスに際し，

CRP（SRP）→（FC）→TIA→TIB→TIC→TID→

と，変換テーブルをたどっていき（テーブルサーチ），最終的にページテーブルに到達する．5レベルのアドレス変換例を図13に示す．この例ではPSは256バイト（8ビット）で，TIA，TIB，TIC，TIDはそれぞれ4ビット（各テーブルは16エントリ）である．図14にはFCルックアップを用いたテーブルサーチ例を示す．FCによって，次にアクセスするレベルAテーブル（TIAでインデックスされるテーブル）のベースアドレスを個別に設定できるので，メモリ保護が実現できる．

　MC68030のMMUでは変換テーブルをサーチするために，仮想アドレスを細かく分割しすぎている感もある．実際的には2〜3レベルのページングしか行われないので，オーバスペックとも思える．後継の

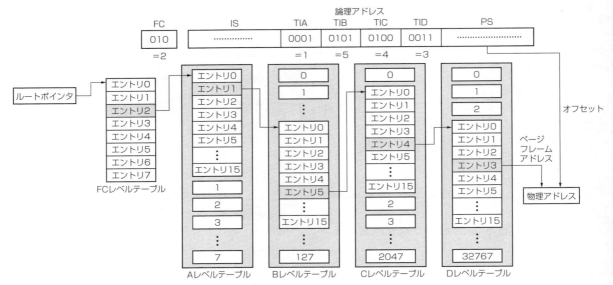

図13　MC68030の5レベルのテーブルサーチ

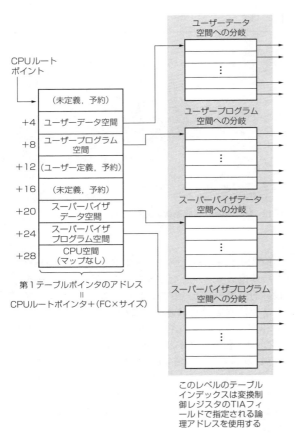

図14　MC68030のFCルックアップを用いたテーブルサーチ

MC68040ではこの点が改良された（退化と呼ぶ人もいるが）．テーブルサーチは3レベルに固定し，ページサイズも8Kバイトまたは4Kバイトのみが許されている．テーブルインデックスはレベルAテーブル，レベルBテーブルが7ビット，レベルCテーブルが5ビット（1ページ8Kバイトの場合），または，6ビット（1ページ4Kバイトの場合）である．MC68030風にいえば，

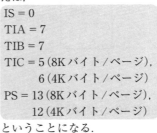

ということになる．

▶ ATC (TLB)

MC68030のATCは，22エントリのフルアソシアティブ構成である．仮想アドレスとFCを組で検索し物理アドレスを得る（図15．ただし，この図は機能から推測した予想図）．一方，MC68040のATCは64エントリの4ウェイセットアソシアティブ構成である．仮想アドレスとFCの最上位ビット（FC[2]）を組で検索し，物理アドレスを得る（図16）．FCの最上位しか見ないということは，スーパーバイザとユーザーを区別するだけで，命令とデータの区別を行わないことを意味する．

● i486のMMU

Pentium以降，IntelのMPUの内部構造に関して詳

Chapter 5 MMUの基礎と実際

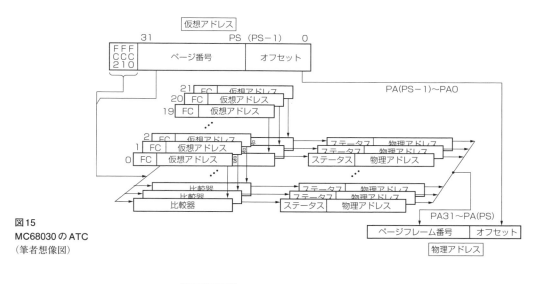

図15
MC68030のATC
(筆者想像図)

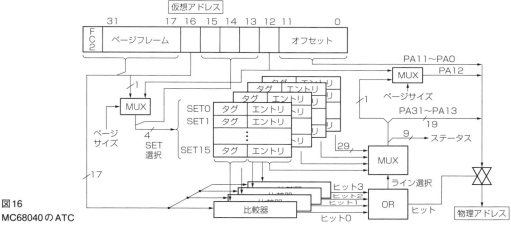

図16
MC68040のATC

しく記してある資料は少ない．Intelアーキテクチャはi386で完成しているので，MMUの基本構造もそれ以降大きな変化はないと予想される．ここでは，i486のMMUを図17に示す．

TLBは全32エントリの4ウェイセットアソシアティブ構成を採る．セグメントユニットによって生成されたリニアアドレスのビット14〜12でTLBのエントリ（セット）をインデックスし，そこから選択される四つのタグブロックの値と，リニアアドレスのビット31〜15を比較する．もし，どれかと一致すればヒットであり，どれとも一致しなければミスである．ヒットする場合は，そのウェイとセットに対応するデータを物理アドレスのページアドレスとしてアドレス変換を行う．ミスの場合は，MPUはメモリ上のアドレス変換テーブルを検索し，リニアアドレスに対応する変換情報を，TLBの指定されたエントリに格納する．そして，再びアドレス変換を試みる（当然，次は必ずヒットする）．このとき書き潰されるウェイは，疑似LRUにより，もっとも参照された頻度が少ないものが選択される．

● Quantispeed（Athlon/Hammer）のMMU

AMDのAthlonやHammerで採用されている，Quantispeedアーキテクチャの一つに排他的，投機的TLBがある．図18にHammerのTLBの構成を示す．

TLBはマイクロTLB（L1-TLB）とTLB（L2-TLB）の2段構成を採り，これらの内容は排他的である．TLB自体も巨大で，効率的なアドレス変換ができる．Hammerの命令TLBはL1-TLBが40エントリのフルアソシアティブ，L2-TLBが512エントリの4ウェイセットアソシアティブである．データに関しては，2組のAGU（Address Generation Unit）に対応して2組のL1-TLBがあり，それらは各40エントリのフルアソシアティブである．L2-TLBは512エントリの4ウェ

165

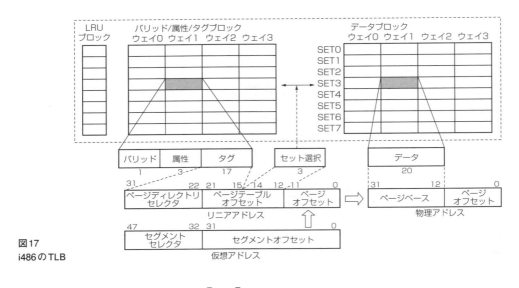

図17 i486のTLB

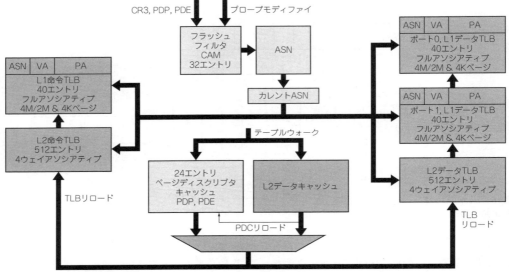

図18 HammerのTLBの構成

イセットアソシアティブである．これらが排他的（Exclusive）であるので，命令は552エントリのTLB，データは592エントリのTLBとして機能する．また，TLBは投機的にリフィルを行い，将来のアドレス変換に備える．

TLBの具体的な挙動については，資料がないので，想像に過ぎないが，次のように機能すると考えられる．

- L1-TLBにヒットすると，そのエントリでアドレス変換する．
- L1-TLBにミス，L2-TLBにヒットすると，L2-TLBのエントリでアドレス変換する．このとき，L1-TLBとL2-TLBのエントリを交換する仕様かもしれない（L1-TLBのほうがアクセス時間が短いと思われるため）．
- L1-TLB，そしてL2-TLBにミスすると，L1-TLBのもっとも古いエントリをL2-TLBに退避し，メモリからL1-TLBにリフィルする．現実的にはL2-TLBにリフィルし，その後L1-TLBのエントリと交換すると思われる．

投機的なリフィルに関しては，1回のTLBミスに対し，その前後のアドレスの変換情報をL2-TLBにリフィルすると思われるが詳細は不明である．L1-TLBから追い出されてくるエントリと投機的にリフィルされるエントリが同一のエントリを占める場合はどちらが優先されるのだろうか．あるいは，L1-TLBからL2-TLBの書き戻しは発生しないのかもしれない．

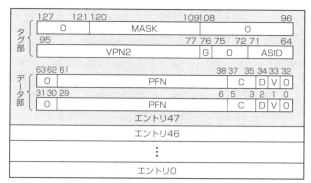

図19　MIPSのTLB（R4000/32ビットモード）

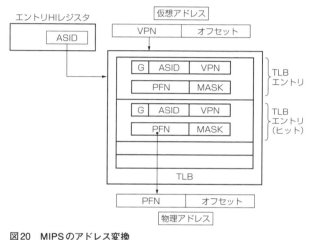

図20　MIPSのアドレス変換

なお，AthlonではL1-TLBは，命令とデータで各24エントリ，L2-TLBは各256エントリである．つまり，HammerはAthlonの約2倍のエントリをもつ．

● MIPSアーキテクチャのMMU
▶ TLBの概要

MIPSアーキテクチャのMMUにはTLBしかない．MPUは仮想アドレスがTLB内にあるか否かを検索し，ヒット（ある）すれば対応する物理アドレスを供給する．ミス（ない）あるいは保護違反を検出する場合はTLB例外を発生するのみである．

TLBミスが発生してもアドレス変換テーブルを自動的に検索し，TLBのエントリを入れ替えるという操作は行わない．代わりにTLBの内容をソフトウェアで操作できるようになっており，TLBミス発生時のエントリ入れ替え処理はソフトウェアで行うことになっている．エントリ入れ替えのための複雑なハードウェアは省略するというRISCならではの考え方である．MIPSアーキテクチャの発表当時，TLBの更新は数命令で実現可能であり，システム性能の低下はないと明言されていた．

R4000以降，MIPS系のMPUは64ビットプロセッサであり，アドレス空間に関して32ビットモードと64ビットモードをもっている．TLBの各エントリも32ビットモードと64ビットモードで若干異なる．図19にTLBエントリの形式を示す．各エントリは特権レジスタである，エントリHi，エントリLo0，エントリLo1，ページマスクレジスタと直接対応する領域をもっている．

TLBは，32ビットモードにおいては32ビットの仮想アドレスを，64ビットモードにおいては64ビットの仮想アドレス（TLBには40ビット分の領域しかないが）を，通常は36ビットの物理アドレスに変換する．このしくみを図20に示す．物理アドレスのビット数はMPUによって異なり，それによってエントリLo0，エントリLo1レジスタ内のPFN領域のビット数が決定されている．

MMUのサポートするページサイズは，エントリごとに4Kバイトから16Mバイトの範囲で4の倍数ごと

167

に指定できる．これは，エントリへの書き込み時に
ページマスクレジスタで指定する．アドレス変換時
に，仮想アドレス番号（VPN）の下位ビットをページ
マスクレジスタの値で無視して仮想アドレスの検索
（一致比較）が行われる．

▶ タブルエントリ構成

MIPS系のMMUの大きな特徴は，二つのページを
組にして扱う点である．TLBは48エントリ（R4200，
R4300では32エントリ）のフルアソシアティブ構成
で，1エントリは連続する2ページ分（偶数ページと奇
数ページ）を示す一つの仮想アドレスと，それに対応
する二つの物理アドレスを保持している．

仮想アドレスはエントリHiレジスタ，偶数ページ/
奇数ページに対応する物理アドレスは，それぞれ，エ
ントリLo0レジスタ/エントリLo1レジスタで指定す
る．このTLB形態は一般にダブルエントリ形式と呼
ばれている．48エントリではあるが，実質的には，
98エントリ相当，あるいは指定したページサイズの2
倍のページサイズをもっているとみなせるためTLB
のヒット率が高くなるといわれている．

▶ ASID

なお，エントリHiレジスタは仮想アドレスのほか
にタスク番号に対応するASID（Address Space ID）
を指定できる．TLBの各エントリにもASIDに対応す
る領域があり，仮想アドレスの検索時にASIDの一致
も調べられる．仮想アドレスとASIDが一致して初め
てヒットとなる．このため，マルチタスク環境下にお
いてタスク切り替えが生じても，エントリHiレジス
タのASIDを変更してさえおけば，TLBエントリの無
効化をする必要がない．

たとえば，あるタスクの仮想アドレス0番地と，他
のタスクの仮想アドレス0番地に対応する物理アドレ
スは一般には異なるので，ASIDがなければ，0番地
を他のタスクの物理アドレスに変換してしまう必要が
ある．このため，ASIDをもたないTLB構成において
は，タスク切り替え時にTLBの全エントリを無効化
しておく必要がある．OSやライブラリ空間など各タ
スク間で共有する領域に関しては，TLBエントリの
グローバルビットをセットしておけばよい．この場
合，仮想アドレスの検索はASIDを無視して行う．

また，エントリLo0，エントリLo1レジスタは，対
応するページのキャッシュ情報，保護情報も指定でき
るようになっている．

▶ 入れ替え方式

MIPSアーキテクチャでは，TLBミスが生じた場合，
エントリの入れ替えはソフトウェアで行う．どのエン
トリを追い出すかはランダム（任意）に決定する．と
いっても実際には，ランダムレジスタという特権レジ
スタが指し示すエントリを更新することになる．ラン

ダムレジスタは，ワイヤードレジスタ（特権レジスタ）
で示される値と（TLBエントリ数−1）の間の任意の
値を保持している．つまり，ランダムレジスタは0か
ら（ワイヤードレジスタ−1）の値は指し示すことがな
いので，TLBのエントリ0から（ワイヤードレジスタ
−1）までは決して追い出されることのない安全な（必
ずヒットする）エントリとして確保できる．

● PowerPC（64ビットモード）のMMU

2002年秋のMicroprocessor Forumで，IBMから
PowerPCの64ビット実装であるPowerPC970が発表
された．現在ではPowerMacG5に搭載されている
MPUである．

64ビットPowerPCといえば，かつてPowerPC620
が計画されたが実現には至らなかった．しかし，マイ
クロアーキテクチャを少し変更してPower3として登
場した．PowerPCの64ビット実装の最初は，1995年
に登場したA30と呼ばれるAS/400用のMPUである．
A30は1個のCMOSチップと6個のBiCMOSチップの
合計7チップからなるPowerPC唯一のマルチチップ
実装であえる．A30は1997年にシングルチップ実装
のPowerPC RS64に置き換えられた．その後RS64-II，
RS64-III，RS64-IVと改良が続けられ，AS/400，
RS/6000 S80シリーズなどのビジネス用サーバとして
利用されている．A30はサーバ用なので，本来の
PowerPCとはいえない．

さて，PowerPCの64ビット実装では，マシン状態
レジスタのビット指定により，64/32ビットモードを
切り替えることができる．セグメントサイズとページ
サイズは32ビットモードと同様で，それぞれ，256M
バイトと4Kバイトである．このため，64ビットモー
ドではセグメント数（16個から64G個）とセグメント
のビット幅の拡張（24ビットから52ビット）により仮
想アドレス空間を実現する．

なおPowerPCでは，ユーザーが使用する64ビット
の仮想アドレスを実効アドレスと呼び，システムが管
理する80ビットの仮想アドレスと区別している．ア
ドレス変換機構により，80ビットの仮想アドレスが
64ビットの物理アドレスに変換される．

PowerPCでは実効アドレスの上位4ビットでセグ
メントレジスタを選択していたが，64ビットモードで
は実効アドレスの上位36ビットで選択する．36ビッ
トといえば64G個と膨大な数からの選択となるため，
すべてを主記憶にもっていたのでは主記憶があふれて
しまう．そこで，主記憶上にページテーブルと同様な
形式のセグメントテーブルを置き，MPU内部にTLB
と同様のSLB（Segment Look-aside Buffer）を内蔵し
てアドレス変換を行う．アドレス変換時に実効アドレ
スがSLBに存在しない場合，TLBミスの発生時と同

様にセグメントテーブルが自動的に検索されてSLBのエントリを置き換える．

図21に64ビット実装時のPowerPCのアドレス変換を示す．

7 最近のMPU（プロセッサ）のMMU

これまで，680x0，MIPS，PowerPCといった，やや古いアーキテクチャのMMUの実装を見てきた．しかし，MMUに対する考え方は現在でも変わっていない．基本的にはページング方式が採用されるが，アドレス変換テーブルのアクセス方法が少し複雑になっている程度である．

ここでは，少し前のArmv5/Armv6時代のArmのMMUと，最新のArmv8-AのMMUとRISC-VのMMUについて説明する．

● Armv5/Armv6時代のMMU

▶はじめに

筆者がArmアーキテクチャに触れてまず最初に驚いたことはMMUをONにしないとデータキャッシュが使えないという事実である．それまでMMUとキャッシュは異なる概念だと思っていたが，その既成概念がぶち壊されてしまった．

Armに限らず一般的なプロセッサでMMUを使用するためにはページテーブルの設定など，多くの設定をする必要があるのは既述のとおりである．MMUを使うのは面倒なのだ．たかがデータキャッシュを使用するためになぜそこまでしなくてはならないのか理解に苦しんだ経験がある．

Armもプロセッサの種類によってはMMUを持たないものもある．しかし，その場合の多くはMMUの代わりにMPU（Memory Protection Unit）というメモリ保護機構を備えている．この場合でもMPUをONにしないとデータキャッシュが使えない．

組み込みプログラムが高度になり複雑になるにつれ，AndroidやLinuxといったOS（Operating System）の必要性が高まっている．特にでき合いのアプリケーションプログラムは何らかのOSの下で動作することを前提としているのが普通である．MMUはOSを動作させるためには必須の機能といわれている．私達が一般的に入手可能な評価ボードは汎用的な使用方法を想定とするので，OSが乗ることを前提としており，そこに搭載されるプロセッサもMMU内蔵のものが使われる．

一方，MPU機能を持つプロセッサはOSを必要としない特定用途向けのSoC（System On a Chip）やASIC（Application Specific Integrated Circuit）に内蔵されることが多いが，アドレス変換を行わないだけ

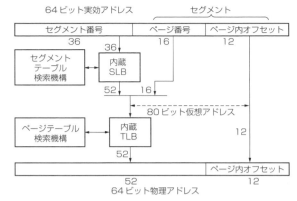

図21　PowerPC（64ビットモード）のMMU

で，メモリ保護の発想はMMUとよく似ている．MPUについては後述する．

以降は，かつて一世を風靡した（筆者が勝手に思っている）Arm926のMMUについて説明していく．プロセッサをArm926に特定しているが，後のArmのプロセッサ（MMUを持つもの）の基本になっている．最新のArmのMMUを理解するためには，昔がどうだったか知っておくと，理解が早い．

▶アドレス変換の仕組み

Armのアドレス変換の方式には1レベル方式と2レベル方式がある．1レベル方式は1回のページテーブル参照で物理アドレスを生成する．2レベル方式は2回のページテーブルアクセスで物理アドレスを生成する．このような物理メモリ上のページテーブル参照をページテーブルウォークと呼ぶ．

Armでは仮想アドレスとしてCP15のレジスタ13に格納されているFCSEPID（Fast Context Switch Extension Process ID）と呼ばれるプロセスIDを考慮したMVA（Modified Virtual Address）という修正仮想アドレスを使ってアドレス変換を行う．今の時点ではFCSEPIDを考える必要はない．

・1レベル方式（セクション）

Armではアドレス変換の単位として，1Mバイトのセクション，64Kバイトの大ページ，4Kバイトの小ページ，1Kバイトのタイニページがある[注]．このうちセクションは1回のページテーブル参照で物理アドレスを生成できる．第1レベルのページテーブルの先頭アドレスはCP15のレジスタ2であるTTBR（Translation Table Base Register）に格納される．TTBRレジスタは下位14ビットが0として参照される．このため，第1レベルページテーブルの先頭アド

注：正確には，セクションはセクションマップアクセス，大ページ，小ページ，タイニページはページマップアクセスという．

Column2　セグメント方式

● セグメンテーションの概念

本書では仮想記憶の方式として，ページを単位とするページング方式を中心に説明してきた．ここで，もう一つの主要な仮想記憶方式であるセグメント方式について説明しておこう．これは，セグメントを単位とするのでセグメンテーションともいう．

セグメント方式はプログラムのモジュール分割と関連付けて説明されることが多い．プログラムというものは一つのメインルーチンといくつかのサブルーチンの集まりである．マルチタスクを考えるとき，あるサブルーチンや（ときにはメインルーチンを）共通に使用すれば，メモリの使用効率が向上する．セグメント方式ではメモリ割り当てをメインルーチンやサブルーチン単位に行うことを考える（図A）．

セグメント方式ではアドレスの指定を，ベースアドレス（開始アドレス）とベースアドレスからのオフセット値で行う．そして，すべてのメインルーチンやサブルーチンといったモジュールは，オフセット0から開始され，データのアクセスもオフセットで指定するものと仮定する．こうすることで，そのモジュールはメモリ内のどこに配置しても実行可能になる．つまり，リロケータブル（再配置可能）となる．このため，モジュールごとに物理アドレスでベースアドレスを決定してやれば，同じオフセットを有する別のモジュールをメモリ内の自由な位置に置くことができる．モジュール自体は自身がメモリのどこに割り当てられるかを意識する必要はない（図B）．

セグメント方式では，仮想アドレスは，（物理アドレスで示される）ベースアドレスを直接／間接的に指定するセグメント値と，セグメント内のオフセット値という二つの情報で規定される．このため，セグメント方式のアドレスは2次元アドレスとも呼ばれる．一方，これまで述べてきた一つの情報で仮想アドレスを指定する方式のアドレスは，1次元アドレス，または線形アドレス（リニアアドレス）と呼ばれる．

● セグメント単位でのスワップ

さて，大きなプログラムでは，コード部，データ部，スタック部が，それぞれいくつものセグメントに分かれている．このうち，ある時点のプログラムの実行に必要なセグメントのみをメモリに置いて実行すれば，物理メモリの容量を越えるプログラムを実行することもできる．これはメモリスワップの単位がセグメントになっただけで，ページングによる仮想アドレス方式と同じ効果を生む．

セグメント方式では，ページングでの変換テーブルに相当するものが，セグメントテーブルである．セグメントテーブルの各エントリは，メモリ保護情報，セグメント長（アドレスの上限），ベースアドレスといった情報を含む．図Cにセグメント方式でのアドレス変換を示す．MMUの動作としては次のようになる．

1) 仮想アドレスに含まれるセグメント値でセグメントテーブルをアクセスする
2) アクセスされたセグメントテーブルのエントリからベースアドレスを得る
3) ベースアドレスとセグメント内オフセットを結

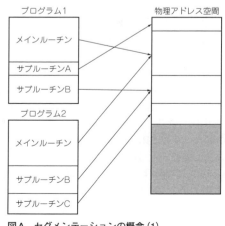

図A　セグメンテーションの概念(1)

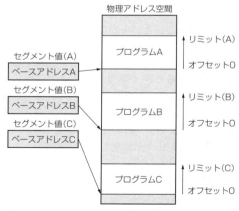

図B　セグメンテーションの概念(2)

合して物理アドレスを生成する

x86アーキテクチャにおいて，セグメント値はセグメントレジスタに格納されているので，直接仮想アドレスの一部としては見えない．さらに，リアルモードにおいては，セグメント値を4ビット左シフトしてベースアドレスとしている．

● x86でのセグメンテーション例

x86アーキテクチャ（プロテクトモード）では，仮想記憶のアドレッシングにセグメンテーションとページングを併用している．図Dに示すように，セレクタ値（セグメント値）とオフセットからなる2次元アドレスがセグメンテーションによって線形アドレスに変換され，それを仮想アドレスとしてページングを行って物理アドレスを得る．

セレクタとはセグメントテーブルへのインデックス，セグメントテーブルの種類，要求特権レベルという三つの領域からなる16ビットの情報である．図Eにセレクタを示す．x86では実行中のセグメントの保護レベルが現在の実行レベルになることはすでに述べたが，セレクタ中の要求特権レベルは実行レベルの特権性を下げる効果がある．つまり，現在の実行レベルと要求特権レベルを比較して特権性が低いレベルのほうが現在の実行レベルとみなされる．通常は，レベル0（最高の特権性）となっている．

● グローバルディスクリプタテーブルとローカルディスクリプタテーブル

セグメントテーブルにはグローバルディスクリプタテーブル（GDT）とローカルディスクリプタテーブル（LDT）の2種類がある．GDTとは，システム内に一つだけ存在するセグメントテーブルのことで，OSや複数のタスクから共通にアクセスされるメモリ領域を定義する．

それに対しLDTは，タスクごとのメモリ領域を定義する．そして，セレクタのインデックスは，GDTまたはLDT内のエントリ（それぞれをセグメントディスクリプタと呼ぶ）を選択する．テーブルインデックスは，このセグメントのディスクリプタがGDTであるかLDTであるかを示す．

GDT/LDTの各エントリは，セグメントディスクリプタと呼ばれる．これは，32ビットのベースアドレス，20ビットのリミット値，その他の情報から構成される64ビットのデータである．図Fにセグメントディスクリプタを示す．セグメントディスクリプタのうち，G（Granularity）ビットはリミット値の単位を指定する．G＝0なら単位は1バイトであり，セグメントの大きさは0～1Mバイトとなる．G＝1なら単位は4Kバイトであり，セグメントの大きさは0～4Gバイトとなる．DPL（Descriptor Privilege Level）はそのセグメントの保護レベルである．DT（Descriptor Type）はセグメントディスクリプタの示すセグメントの種類（メモリセグメント，システムセグメント，ゲート）を指定する．メモリセグメントかシステムセグメント

図C　セグメンテーションのアドレス変換

INDEX：GDT/LDTへのインデックス
TI：テーブルインデックス
RPL：要求レベル

図E　セグメントレジスタ

図D　セグメンテーション＋ページング（x86）

Column2　セグメント方式（つづき）

（またはゲート）かによって，セグメントディスクリプタのTYPE領域の意味が変わってくる．メモリセグメントではリード/ライト/実行の保護情報を指定する．システムセグメントではLDTまたはTSS（Task State Segment）という情報を指定する．ゲートではゲートの種類を指定する．

なお，メモリセグメントディスクリプタとシステムセグメントディスクリプタにはセグメントのベースアドレスが格納されている（オフセットは線形アドレスのオフセットと同じ）のに対し，ゲートディスクリプタにはポインタ（セレクタ値とオフセット値）が格納されている．ところで，セグメントディスクリプタのベースアドレスやゲートディスクリプタのオフセットが下位と上位に分離して格納されているのは80286との互換性のためである．セグメンテーションの後はページングが行われるが，これは他のMPUと同様な機構なので詳細な説明は省略する．32ビットの仮想アドレスのビット22～31をディレクトリという単位として1レベル目，ビット12～21をページ単位として2レベル目のテーブルを引き，計2レベルのアドレス変換を行う（図G）．

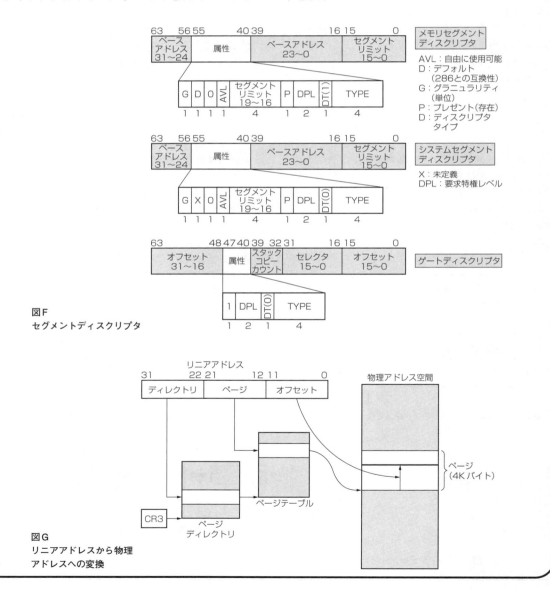

図F　セグメントディスクリプタ

図G　リニアアドレスから物理アドレスへの変換

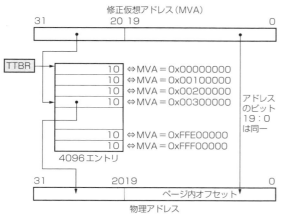
図22 1レベルのアドレス変換(セクション)

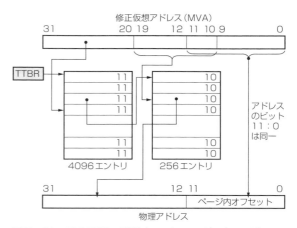
図23 2レベルのアドレス変換(ファインページ＋小ページ)

図24 第1レベル目のページテーブルエントリ

レスは16Kバイト境界に整列される必要がある．
図22に1レベル方式のアドレス変換の例を示す．

・2レベル方式

2レベル方式の場合，2段目のページテーブルはコアースページテーブルと呼ばれるテーブルとファインページテーブルと呼ばれる2種類が存在する．コアースとは粗い(coarse)，ファインとは細かい(fine)という意味である．つまり，コアースページテーブルでは1MB(第1レベルでの分割単位)の物理アドレス空間を256個の領域に分割し，ファインページテーブルでは1MBの物理アドレス空間を1024個の領域に分割する．

普通に考えると，コアースページテーブルでは1ページの大きさは1Mバイト/256＝4Kバイトなので小ページである．ファインページテーブルでは1Mバイト/1024＝1Kバイトなのでタイニページである．しかし，コアースページにしろ，ファインページにしろ，小ページと大ページを選択できるようになっている．コアーステーブルで小ページ以外，ファインテーブルでタイニページ以外では，ページ内オフセットと

MVAのインデクス部分が重なるので少し見にくい感じがする．
図23に2レベル方式のアドレス変換の例を示す．ここでは，ファインテーブル方式で小ページの場合を示す(この使い方が一般的)．

・第1レベル目のページテーブルのエントリ形式

図24に第1レベル目のページテーブルのエントリ形式を示す．各エントリは全て32ビット長で，下位2ビットの値でページテーブルの種類を表している．下位2ビットが全て0のエントリは無効なエントリを表す．

下位2ビットが10であるセクション記述子において，APフィールドはアクセス許可(Access Permission)を指定し，Cビットはキャッシュ可能(Cacheable)，Bビットはバッファ可能(Bufferable)を指定する．これらについては後述する．

コアースページテーブル記述子やファインページテーブル記述子は第2レベル目のページテーブルのベースアドレスを含む．セクションテーブル記述子には変換後の物理アドレスが含まれる．

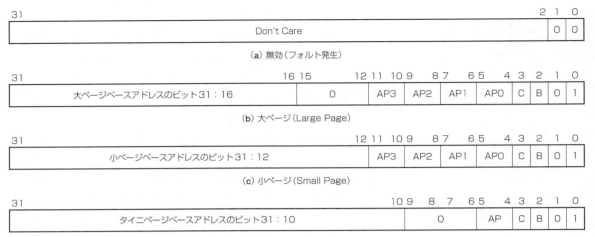

図25 第2レベル目のページテーブルエントリ

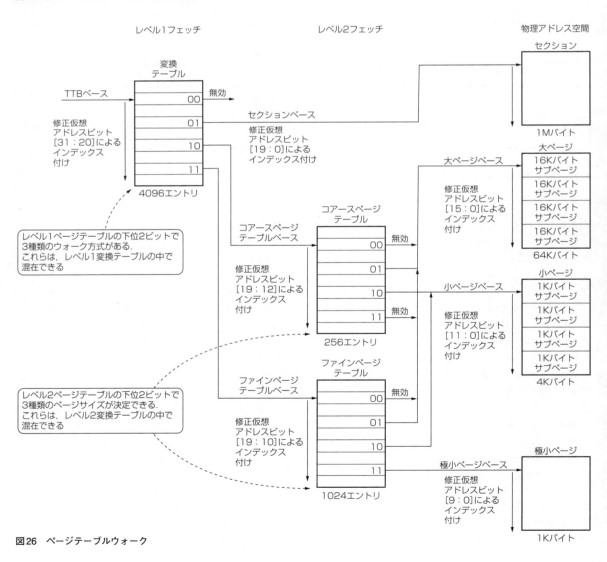

図26 ページテーブルウォーク

Chapter 5 MMUの基礎と実際

• 第2レベル目のページテーブルのエントリ形式

図25に第2レベル目のページテーブルのエントリ
形式を示す．各エントリは全て32ビット長で，下位2
ビットの値でページサイズを示す．大ページと小ペー
ジは4個のサブページに分割できるので，それぞれの
サブページに対応したアクセス許可をAP0からAP3
フィールドで指定する．タイニページにはサブページ
が存在しないのでアクセス許可は1個のAPフィール
ドのみで指定する．CビットやBビットの意味は第1
レベルめのエントリと同じ意味を持つが，これらも後
述する．

• ページテーブルウォークのまとめ

図26にこれまで説明してきたページテーブル
ウォークをまとめた図を示す．

▶ アクセス保護の詳細

• AP，S，R

Armのアクセス保護はセクションまたはページ単
位で行われる．これはページテーブル（セクション
テーブル）内に存在する2ビットAPフィールドに
よって実現される．実際には，APフィールドとCP15
のレジスタ1である制御レジスタのSビット（ビット
8）とRビット（ビット9）との組み合わせでアクセス保
護の種類が決定される．

ここで，Sとはシステム保護，RとはROM保護を
意味する．APフィールドとSビット，Rビットのエ
ンコーディングを表1に示す．

• ドメインによる保護

ArmのMMUにはドメインという概念がある．セ
クションやページはドメインと呼ばれる16種類の領
域に含まれる．ドメインは0から15までの番号で指定
する．ドメインとはArm以外のプロセッサではあま
り見かけない概念である．筆者はこれをどのように活
用するのかは知らない．恐らくはソフトウェアの属性
に応じてドメインを変更することでより細かいアクセ
ス保護を実現するのだと思われる．

図24に示す第1レベルのテーブルエントリにはド
メインを指定するフィールドがある．ドメインによる
保護を積極的に活用しない場合は，このドメイン
フィールドには0か15を指定しておけばよいと思われ

表1 AP，S，Rのエンコーディング

AP	S	R	スーパーバイザ アクセス許可	ユーザー アクセス許可
00	0	0	アクセス不可	アクセス不可
00	1	0	リード	アクセス不可
00	0	1	リード	リード
00	1	1	予約	予約
01	x	x	リード／ライト	アクセス不可
10	x	x	リード／ライト	リード
11	x	x	リード／ライト	リード／ライト
xx	1	1	予約	予約

X は don't care

る．

各ドメインがどのような保護情報を持つかはCP15
のレジスタ3であるドメインアクセス制御レジスタで
指定する．これは，16個の2ビットフィールドで構成
され，各フィールドは16個のドメインのそれぞれに
ついてアクセス許可を定義している．このとき，ビッ
ト1：0がドメイン0，ビット3：2がドメイン1，…，
ビット31：30がドメイン15に対応する．図27にドメ
イン制御レジスタの形式を示す．

図27を見れば分かるように，ドメインのアクセス
保護がマネージャ（11）の場合は，APフィールド，S
ビット，Rビットで指定したアクセス保護が無効にな
る．Arm社の推奨はドメインのアクセス保護はクラ
イアント（01）にしておくことだそうだ．

• サブページによる保護

小ページと大ページの場合は，サブページのアクセ
ス保護を定義できる．サブページとはページを4分割
した領域のことで，アドレスの小さい順に，サブペー
ジ0，サブページ1，サブページ2，サブページ3と呼
ぶ．図25のページテーブルエントリにはAP0から
AP3までの4種類のアクセス保護フィールドがある．
これが，サブページ0から3に対応する．

• アクセス保護のまとめ

図28にアクセス保護チェックを行う手順を示す．
アクセスが指定された保護情報に違反する場合はフォ
ルト（例外）を発生する．

31 30	29 28	27 26	25 24	23 22	21 20	19 18	17 16	15 14	13 12	11 10 9	8 7	6 5	4 3	2 1	0
D5	D5	D5	D5	D5	D5	D5	D5	D5	D5	D4	D3	D2	D1	D0	

値	意味	説明
00	アクセス不可	すべてのアクセスでドメインフォルトを生成
01	クライアント	セクションテーブル／ページテーブルエントリ内のアクセス許可ビットに対してアクセスがチェックされる
10	予約	予約．現時点では，アクセス不可モードのように動作する
11	マネージャ	アクセスがアクセス許可ビットに対してチェックされない．許可フォルトは生成しない

図27 ドメインアクセス制御レジスタ

175

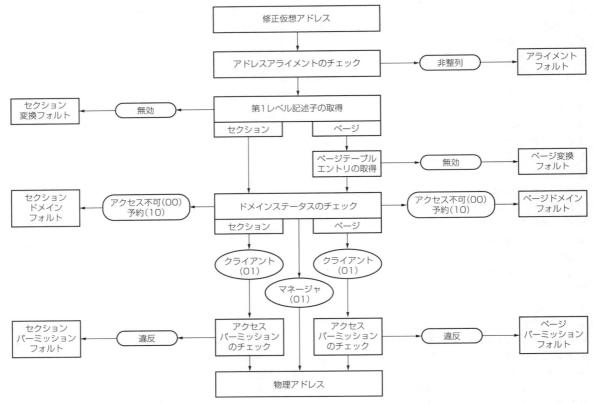

図28　アクセス保護チェック手順

表2　Cビット，Bビットのエンコーディング

C	B	意味	説明
0	0	キャッシュ不可 バッファ不可	アクセスはデータキャッシュに格納されない
0	1	キャッシュ不可 バッファ可能	アクセスはデータキャッシュに格納されない
1	0	キャッシュ可能 ライトスルー方式	リードビット： データキャッシュからリード リードミス： ラインフィルが行われ，その後データキャッシュからリード ライトヒット： データキャッシュにライトするとともに，データは外部バスに出る ライトミス： データキャッシュにライトは行われず，データは外部バスに出る
1	1	キャッシュ可能 ライトバック方式	リードビット： データキャッシュからリード リードミス： ラインフィルが行われ，その後データキャッシュからリード ライトヒット： データキャッシュにライトする，データは外部バスには出ない ライトミス： データキャッシュにライトは行われず，データは外部バスに出る

▶データキャッシュのアルゴリズム

　これまで，MMUをONにしないとデータキャッシュを使用できないと繰り返し言ってきた．ここでMMUをONにした場合，データキャッシュの指定がどうなるかを示す．

・CビットとBビットの意味

　データキャッシュの属性はセクション，またはページ単位で指定する．それが**図24**や**図25**のテーブルエントリに示してあるCビットとBビットである．Cビットとはキャッシュ可能(Cacheable)，Bビットとはバッファ可能(Bufferable)の意味だ．

　表2にCビットとBビットのエンコーディングを示す．Cビットはキャッシュ可能かどうかを示すが，Bビットに積極的な意味はない(少なくとも外部バスがASB，APB，AHBの場合は)．

・ライトアロケートはしない!?

　表2でC＝1，B＝1の場合はライトバックキャッシュである．ライトミスの場合は，ミスしたアドレスをキャッシュフィルしてデータキャッシュに書き込む(ライトアロケート)方式ではなく，データキャッシュに格納せずにそのまま外部バスに出す仕様になってい

ることに注意して欲しい．Armアーキテクチャでは
Armv5以前は，ライトバックキャッシュでライトア
ロケートするか否かは実装依存となっているが，
Arm9系プロセッサではライトアロケートはしない．

・データキャッシュのON/OFF

データキャッシュのON/OFFはCP15のレジスタ1
である制御レジスタのMビット（ビット0）とCビット
（ビット2）によって制御する．正確にはMビットとは
MMU/MPUの許可ビットなので，これを見ても，
MMUをONにしないとデータキャッシュがONにで
きないことが分かる．

表3にMビットとCビットのエンコーディングを示
す．C＝0，M＝1の組み合わせは，意味を持たない
ので，設定してはいけない．

● Armv6での拡張機能

これまではArm9（主としてArm926）のMMUにつ
いて解説してきた．これはアーキテクチャで言えば
Armv5のMMUである．

Armv6ではMMUで大幅な拡張が行われた．
Armv6の仮想メモリアーキテクチャをVMSAv6
（Virtual Memory System Architecture version 6）と
呼ぶ．その一部分を紹介する．

VMSAv6で導入された変更の概要は次のとおりで
ある．

- 仮想アドレスは，ASID（Application Space ID：
  アプリケーション空間識別子）と関連付けるか，
  アプリケーション間で共通なグローバルなものと
  して指定できる．これはArmv5でのFCSEIDと
  似ている．
- アクセス許可が拡張された．システム（S）および
  ROM（R）ビットを使ったアクセス許可制御は，下
  位互換性の目的でのみサポートされる．
- アクセス許可として実行可能属性を指定できるよ
  うになった．
- タイニページと，ファインページテーブルの第2
  レベル形式は廃止された．
- メモリ領域の属性により，ページが複数のプロ
  セッサで共有されることを指定できる．

▶ ASID（Application Space ID）

Armv6以前は，全てのセクションやページはグロー
バルなもの，つまりアプリケーション間で共通なもの
とみなすことができた．Armv6では非グローバルな
指定が可能になった．

ページを非グローバルに設定するためにはページ
テーブルエントリ内のnG（non-Global）ビットを1に
セットする．この場合は，仮想アドレスとともに
ASIDを考慮してアドレス変換が行われる．これは，
FCSEPIDの使われ方とよく似ている．FCSEPIDの

表3 Cビット，Mビットのエンコーディング

C	M	意　味
0	0	データキャッシュOFF．すべてのデータアクセスが外部メモリに対して実行される
0	1	設定不可
1	0	データキャッシュOFF．すべてのデータアクセスがキャッシュ不可，バッファ不可であり，アクセス保護チェックは行われない．MMUがOFFのため仮想アドレス，修正仮想アドレス，物理アドレスはすべて等しくなる
1	1	データキャッシュON．すべてのデータアクセスは，ページ（セクション）テーブルエントリのCビットとBビットに基づいてキャッシュ可またはキャッシュ不可となる　保護チェックは行われる．すべてのアドレスはMMUページ（セクション）テーブルエントリに基づいて仮想アドレスから物理アドレスに変換されてアクセスされる

場合は仮想アドレスのビット31：24を置き換えて
MVAを構成していたが，ASIDの場合は，その値が
別個のレジスタに格納されていて必要に応じて参照さ
れる点が異なる．

ASIDによって，ほとんどのプロセス切り替えにお
いてTLBの無効化が不要になる．

ASIDはCP15のレジスタ13であるプロセスIDレジ
スタで指定する．このレジスタはArmv5では
FCSEPIDとコンテキストIDを保持していたが，
ASIDはコンテキストIDの概念を置き換えている．
ASIDのビット長は8ビットである．

なお，Armv5のFCSE機構は，Armv6では推奨さ
れない．FCSEPIDとASIDを同時に使用した場合の
動作は未定義である．Armv6として正常動作を保証
するためには，FCSEレジスタをクリアするか，全て
のメモリをグローバルとして宣言する必要がある．

▶ APX（Access Permission Extended）

Armv5では，アクセス許可をAPフィールドとS
ビット，Rビットで指定していた．Armv6ではこれ
にAPXビットが追加になった．APXビット，AP
フィールド，Sビット，Rビットのエンコーディング
を表4に示す．APXビットは，基本的には，スーパ
バイザモードとユーザーモードでのリード専用属性を
同時サポートする目的のビットである．

▶ TEX（Translation Extension）

Armv6ではTEXフィールドで，従来はCビットと
Bビットで指定していた，キャッシュ属性を拡張する．
表5にTEXフィールド，Cビット，Bビットのエン
コーディングを示す．Armv5からの変化としては，
ライトバックキャッシュ時にライトアロケートを指定
できるようになった．

また非キャッシュ属性が，ストロングオーダ，デバ

表4 APX, AP, S, Rのエンコーディング

S	R	APX	AP	スーパーバイザ（特権）アクセス許可	ユーザーアクセス許可
0	0	0	00	アクセス不可	アクセス不可
x	x	0	01	リード／ライト	アクセス不可
x	x	0	10	リード／ライト	リード
x	x	0	11	リード／ライト	リード／ライト
0	0	1	00	予約	予約
0	0	1	01	リード	アクセス不可
0	0	1	10	リード	リード
0	0	1	11	予約	予約
0	1	1	00	リード	リード
1	0	1	00	リード	アクセス不可
1	1	0	00	予約	予約
0	1	1	xx	予約	予約
1	0	1	xx	予約	予約
1	1	1	xx	予約	予約

xはdon't care

イス，ノーマルの3種類に分類された．ストロングオーダやデバイスはI/O空間や周辺デバイス空間に割り付ける．これらの属性は，あるアドレスに対してライトした値がリードできるとは限らない，あるいは，同じアドレスをリードした場合でも同じ値がリードできるとは限らない空間に使用する．特にストロングオーダはアクセス順序を入れ替えない．

ノーマルは，いわゆる普通のメモリ空間に割り付ける．あるアドレスに対してリードした場合には最後にライトした値がリードできるし，同じアドレスを何度

リードしても同じ値がリードできる（全ては共有されてないことが前提）．

このような属性を実現するためプロセッサ（マスタデバイス）側も何らかの仕組みを備えているが，アクセスを受けるスレーブデバイス（メモリなど）側も「外部」で指示された属性を実現できるような仕組みが必要である．例えば，ストロングオーダではライトデータが確実にメモリに書き込まれたことを保証するとか，アドレス依存性のある場合はRAW（Read-After-Write）問題が発生しないようにするとかの仕組みが必要だ．

なお，今回「内部」という概念と「外部」という概念が追加になっている．Armプロセッサを使ってシステム設計を行う場合は「外部」に着目してスレーブデバイスの設計をすればよい．「内部」とはL1キャッシュやTCM（Tightly Coupled Memory）に対する指示とみなせる．

▶サブページの有効/無効

Armv6では，あまり使われなかったのか，サブページによるアクセス保護が廃止された．下位互換性のために一応サブページのアクセス保護がサポートされている．しかし，ページテーブルは，サブページ有効用（互換モード）とサブページ無効用（拡張モード）の2種類に分かれてしまった．また，サブページ有効時にはセクションとコアースページテーブルのみのサポートになった．サブページ無効時にはArmv6で拡張された種々の機能を利用できる．

サブページの有効/無効はCP15のレジスタ1であ

表5
TEXフィールド，
Cビット，Bビット
のエンコーディング

TEX	C	B	意味	メモリタイプ	ページの共有指定
000	0	0	ストロングオーダ	ストロングオーダ	共有可能
000	0	1	共有デバイス	デバイス	共有可能
000	1	0	ライトスルー（内部と外部）ライトアロケートなし	ノーマル	ページテーブルのSビット依存
000	1	1	ライトバック（内部と外部）ライトアロケートなし	ノーマル	ページテーブルのSビット依存
001	0	0	キャッシュ不可（内部と外部）	ノーマル	ページテーブルのSビット依存
001	0	1	予約	予約	予約
001	1	0	実装依存	実装依存	実装依存
001	1	1	ライトバック（内部と外部）ライトアロケートあり	ノーマル	ページテーブルのSビット依存
010	0	0	非共有デバイス	デバイス	非共有
010	0	1	予約	予約	予約
010	1	x	予約	予約	予約
011	x	x	予約	予約	予約
1BB	A	A	キャッシュされたメモリ BB=外部，AA=内部 00 キャッシュ不可 01 ライトバック，ライトアロケートあり 10 ライトスルー，ライトアロケートなし 11 ライトバック，ライトアロケートなし	ノーマル	ページテーブルのSビット依存

る制御レジスタのXPビット（ビット23）で指定する．XPとは拡張ページテーブル（Extended Page Table）を意味していると思われる．XP＝0の場合はサブページのAPビットを許可する．XP＝1の場合サブページAPビットを禁止する．リセット後はXP＝0となっている．

▶スーパーセクションの追加

　Armv6では，セクションとページの種類が見直された．具体的には，タイニページが廃止され，スーパーセクションが追加になった．それぞれの大きさは

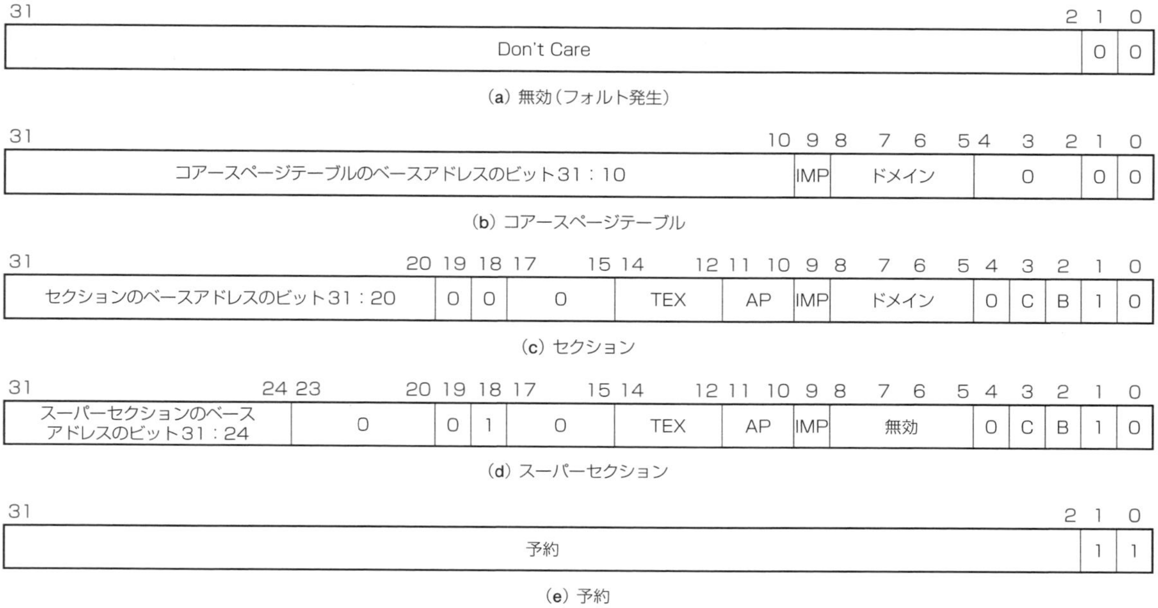

(a) 無効（フォルト発生）

31　　　　　　　　　　　　　　　　　　2	1	0
Don't Care	0	0

(b) コアースページテーブル

31　　　　　　　　　　　10	9	8　7　6　5	4　3　2	1	0
コアースページテーブルのベースアドレスのビット31：10	IMP	ドメイン	0	0	0

(c) セクション

31　　　　　　　20	19	18	17　　　15	14　　12	11　10	9	8　7　6　5	4	3	2	1	0
セクションのベースアドレスのビット31：20	0	0	0	TEX	AP	IMP	ドメイン	0	C	B	1	0

(d) スーパーセクション

31　　　24	23　　　20	19	18	17　　　15	14　　12	11　10	9	8　7　6　5	4	3	2	1	0
スーパーセクションのベースアドレスのビット31：24	0	0	1	0	TEX	AP	IMP	無効	0	C	B	1	0

(e) 予約

31　　　　　　　　　　　　　　　　　　2	1	0
予約	1	1

図29 第1レベル目のページテーブルエントリ（サブページ有効時：XP＝0）
IMPビットはArm11ではPビットとしてECC許可を示す．また，互換モードでのスーパーセクションはArm11で導入された

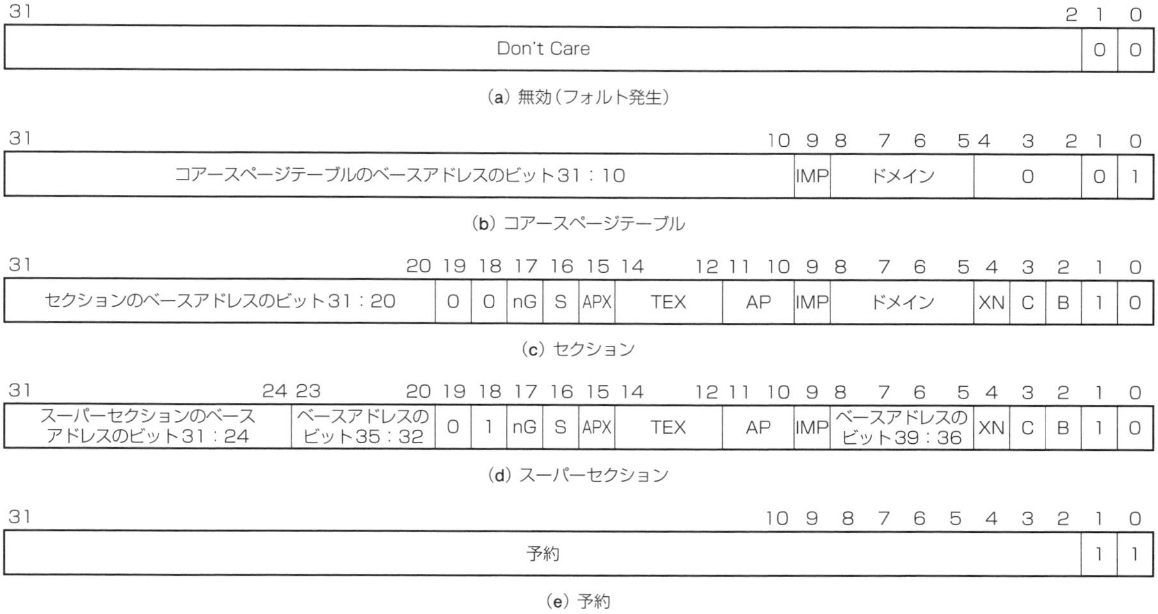

(a) 無効（フォルト発生）

31　　　　　　　　　　　　　　　　　　2	1	0
Don't Care	0	0

(b) コアースページテーブル

31　　　　　　　　　10	9	8　7　6　5	4　3　2	1	0
コアースページテーブルのベースアドレスのビット31：10	IMP	ドメイン	0	0	1

(c) セクション

31　　　20	19	18	17	16	15	14　　12	11　10	9	8　7　6　5	4	3	2	1	0
セクションのベースアドレスのビット31：20	0	0	nG	S	APX	TEX	AP	IMP	ドメイン	XN	C	B	1	0

(d) スーパーセクション

31　　24	23　　20	19	18	17	16	15	14　　12	11　10	9	8　7　6　5	4	3	2	1	0
スーパーセクションのベースアドレスのビット31：24	ベースアドレスのビット35：32	0	1	nG	S	APX	TEX	AP	IMP	ベースアドレスのビット39：36	XN	C	B	1	0

(e) 予約

31　　　　　　　　　10　9　8　7　6　5　4　3　2	1	0
予約	1	1

図30 第1レベル目のページテーブルエントリ（サブページ無効時：XP＝1）
IMPビットはArm11ではPビットとしてECC許可を示す

(a) 無効 (フォルト発生)

31 ... 2	1	0
Don't Care	0	0

(b) 大ページ (Large Page)

31 ... 16	15	14...12	11 10	9 8	7 6	5 4	3	2	1	0
大ページベースアドレスのビット31：16	0	TEX	AP3	AP2	AP1	AP0	C	B	0	1

(c) 小ページ (Small Page)

31 ... 12	11 10	9 8	7 6	5 4	3	2	1	0
小ページベースアドレスのビット31：12	AP3	AP2	AP1	AP0	C	B	1	0

(d) 拡張小ページ (Extended Small Page)

31 ... 12	11	9 8	6 5	4 3	2	1	0
拡張小ページベースアドレスのビット31：12	0	TEX	AP	C	B	1	1

図31　第2レベル目のページテーブルエントリ（サブページ有効時：XP＝0）

(a) 無効 (フォルト発生)

31 ... 2	1	0
Don't Care	0	0

(b) 大ページ (Large Page)

31 ... 16	15	14...12	11	10	9	8	7 ... 6	5 4	3	2	1	0
大ページベースアドレスのビット31：16	XN	TEX	nG	S	APX	0		AP	C	B	0	1

(c) 拡張小ページ (Extended Small Page)

31 ... 12	11	10	9	8 7	6 5	4 3	2	1	0
拡張小ページベースアドレスのビット31：12	nG	S	APX	TEX	AP	C	B	1	X

図32　第2レベル目のページテーブルエントリ（サブページ無効時：XP＝1）

次のようになっている.

スーパーセクション…16Mバイトブロックのメモリで構成される.
セクション　　　　…1Mバイトブロックのメモリで構成される.
大（ラージ）ページ　…64Kバイトブロックのメモリで構成される.
小（スモール）ページ…4Kバイトブロックのメモリで構成される.

なお，スーパーセクションはオプション（実装依存）である．使用する場合，32ビットのMVAを最大40ビットの物理アドレス空間（アドレスを最大8ビットまで拡張できる）に変換する．これはプロセッサが32ビットより大きい物理アドレス空間をサポートしていることが前提である.

図29と図30に第1レベル目のページテーブルエントリを，図31と図32に第2レベル目のページテーブルエントリを示す．図29と図31は互換モード（セクション），図30と図32は拡張モード（セクション）のページテーブルである.

ページテーブルウォークの方法はArmv5（図23，図24，図25で示した方法）と変わりない.

図29，図30を見ると分かるが，スーパーセクションではドメインを指定するフィールドがない．スーパーセクションについては，ドメインは0として扱われる.

▶XN (eXecution Never) ビット

Armv6ではアクセス保護の強化のため，XNビットが導入された．このビットがセットされているセクションやページを実行しようとすると例外が発生する．なお，XNビットが効果を発揮するためにはリード許可が指定されていることが前提となる.

ところで，Arm11などでは分岐予測機能が強化されたため，プログラムで意図しないアドレスに対して

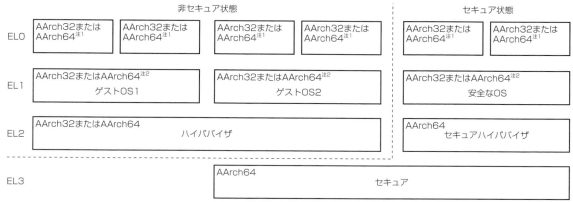

図33 例外レベルとそこで動作するソフトウェアの関係

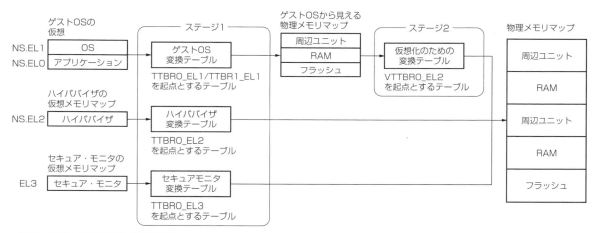

図34 例外レベルとアドレス空間の例

余分なプリフェッチする場合がある．プリフェッチされて困る領域は対応するページテーブルのXNビットをセットしておけば，余分なプリフェッチが発生しなくなる（ドメインがクライアント指定であることが前提）．

● **Armv8-AのMMU**
▶ **例外レベルごとにアドレス変換が行われる**

Armv8-Aのアーキテクチャでは例外レベル（EL：Exception Level）が存在する．これは，いわゆる実行レベルのことである．図8では，レベル3の実行レベルの特権性が一番弱く，レベル0の実行レベルの特権性が一番強くなっているが，Armv8-AではEL3の特権性がもっとも高く，EL0の特権性がもっとも低い．

例外レベル（EL0，EL1，EL2，EL3）と，各レベルで実行されるソフトウェアの関係を図33に示す．ここで，AArch64というのが64ビット・アーキテクチャでAArch32というのが32ビット・アーキテクチャ（Armv7-A互換）である．EL2はハイパバイザが存在するレベルであり，システムの仮想化を行う．仮想化をサポートしないプロセッサではEL2は存在しない．

さて，Armv8-Aでは例外レベルごとにアドレス変換が行われる．つまり，例外レベルごとにアドレス空間（メモリ・マップ）が異なっている．ただし，EL0（アプリケーション）とEL1（ゲストOS）は同じアドレス空間を共有する．図34にアドレス空間の例を示す．ここでは，3つのアドレス空間が存在する．つまり，

- ノンセキュア（NS）なEL0とEL1
- ノンセキュア（NS）なEL2
- EL3（EL3は常にセキュア）

である．それぞれのアドレス空間は独立しており，それぞれの設定をもつ．なお，図34ではセキュア（S）なEL0，セキュア（S）なEL1，セキュア（S）なEL2は

表6　各アドレス空間の設定に使用する制御レジスタ

変換のステージ	設定を行う例外レベル	制御レジスタ
ノンセキュア EL2　ステージ1	ノンセキュア EL2	SCTLR_EL2, TCR_EL2, MAIR_EL2, AMAIR_EL2, TTBR0_EL2
ノンセキュア EL2/EL0　ステージ1	ノンセキュア EL2	SCTLR_EL2, TCR_EL2, MAIR_EL2, AMAIR_EL2, TTBR0_EL2, TTBR1_EL2, HCR_EL2
ノンセキュア EL1/EL0　ステージ2	ノンセキュア EL2	SCTLR_EL2, VTCR_EL2, VTTBR_EL2, HCR_EL2
ノンセキュア EL1/EL0　ステージ1	ノンセキュア EL1	SCTLR_EL1, TCR_EL1, MAIR_EL1, AMAIR_EL1, TTBR0_EL1, TTBR1_EL1, HCR_EL2
セキュア EL2　ステージ1	セキュア EL2	SCTLR_EL2, TCR_EL2, MAIR_EL2, AMAIR_EL2, TTBR0_EL2, SCR_EL3
セキュア EL2/EL0　ステージ1	セキュア EL2	SCTLR_EL2, TCR_EL2, MAIR_EL2, AMAIR_EL2, TTBR0_EL2, TTBR1_EL2, HCR_EL2, SCR_EL3
セキュア EL1/EL0　ステージ2	セキュア EL2	SCTLR_EL2, VSTCR_EL2, VSTTBR_EL2, VTCR_EL2, VTTBR_EL2, HCR_EL2, SCR_EL3
セキュア EL1/EL0　ステージ1	セキュア EL1	SCTLR_EL1, TCR_EL1, MAIR_EL1, AMAIR_EL1, TTBR0_EL1, TTBR1_EL1, HCR_EL2, SCR_EL3
Realm EL2　ステージ1	Realm EL2	SCTLR_EL2, TCR_EL2, MAIR_EL2, AMAIR_EL2, TTBR0_EL2
Realm EL2/EL0　ステージ1	Realm EL2	SCTLR_EL2, TCR_EL2, MAIR_EL2, AMAIR_EL2, TTBR0_EL2, TTBR1_EL2, HCR_EL2
Realm EL1/EL0　ステージ2	Realm EL2	SCTLR_EL2, VTCR_EL2, VTTBR_EL2, HCR_EL2
Realm EL1/EL0　ステージ1	Realm EL1	SCTLR_EL1, TCR_EL1, MAIR_EL1, AMAIR_EL1, TTBR0_EL1, TTBR1_EL1, HCR_EL2
EL3　ステージ1	EL3	SCTLR_EL3, SCR_EL3, TCR_EL3, MAIR_EL3, AMAIR_EL3, TTBR0_EL3

示されていない．セキュアとかノンセキュアはArm
の提供するセキュリティ機能で用いられる動作モード
である．アドレス変換においては，セキュアとノンセ
キュアは別々のアドレス空間を構成するといった程度
の理解でよいだろう．

　表6にそれぞれのアドレス空間の設定で使用する制
御レジスタの一覧を示す．これは参考用であり，以下
では，アドレス変換テーブルのベースアドレスを指定
するTTBR0_ELxの説明しか行わない．ところで，
表6の中に「Realm」というアドレス空間が登場する．
これは，ArmCCA（Confidential Compute Architecture）
で新たに導入されたアドレス空間分離環境である．こ
れは，TrustZoneと同時に用いられる概念であるが，
ここでは深入りしない．

▶アドレス変換の仕組み

・ページテーブルウォーク

　Armv8-AではMMUで扱うページサイズとして，
4Kバイト，16Kバイト，64Kバイトをサポートして
いる．以下では，もっとも一般的な，4Kバイトのペー
ジサイズについて説明を行う．

　Armv8-Aにおいても，Armv6と同じように，制御
レジスタTTBRで示されるベースアドレスを起点と
してページテーブルウォークが実施され，仮想アドレ
スから物理アドレスの変換が行われる．図35に仮想
アドレスとそれに対応するページテーブルウォークの
模式図を示す．ここで，52ビットの仮想アドレスは
次の6つのフィールドに分割される．

- VA[51:48]はレベル−1テーブルの先頭からの
インデックス
- VA[47:39]はレベル0テーブルの先頭からのイ
ンデックス
- VA[38:30]はレベル1テーブルの先頭からのイ
ンデックス
- VA[21:29]はレベル2テーブルの先頭からのイ
ンデックス
- VA[20:12]はレベル3テーブルの先頭からのイ
ンデックス
- VA[11:0]はページ内オフセット

　最後のVA[11:0]はページ内オフセットであり，
ページテーブルウォークで生成された物理アドレス
PA[51:12]と結合されて最終的な52ビットの物理ア
ドレスとなる．図35で各テーブルからのオフセット
がx8となっているのは，テーブルを構成する記述子
が8バイト長だからである．

　さて，どの変換レベルからアドレス変換を始めるか
は，使用する仮想アドレスのビット数に依存する．仮
想アドレスのビット数はTCR_ELxのT0SZビットと
T1SZビットの設定に依存する．T0SZ/T1SZ（TnSZ
と略記する）ビットと使用する仮想アドレスのビット
数の関係を表7に示す．

・TTBR（Translation Table Base Register：変換テー
ブルベースレジスタ）

　TTBRはページテーブルウォークで最初にアクセ
スする変換テーブルへのベースアドレスを保持する．

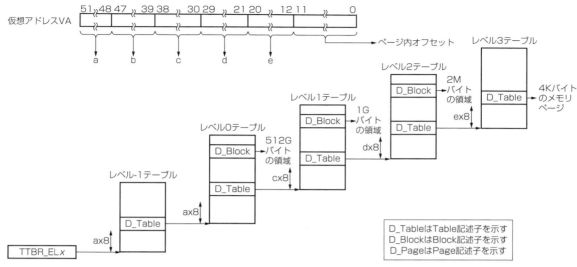

図35 仮想アドレスとページ・テーブル・ウォーク

表7 TnSZビットと使用する仮想アドレスのビット数の関係
TTST機能とは，アドレス変換テーブルのサイズのリミットを緩和する機能であり，TnSZの最大値を増加させる拡張である

最初の変換レベル21	TnSZで指定する最小値	仮想アドレスの最大ビット数	TnSZで指定する最大値	仮想アドレスの最小ビット数	その他に必要な条件
−1	12	52	15	49	TCR_ELx.DS = 1
0	16	48	24	40	なし
1	25	39	33	31	なし
2	34	30	39	25	なし
2	40	24	42	22	TTST機能を実装
3	43	21	48	16	TTST機能を実装

TTBRにはTTBR0とTTBR1の2種類が存在し，仮想アドレスのビット55が0の場合はTTBR0が選択され，1の場合はTTBR1が選択される．

また，TTBRは例外レベルごとに存在する．例外レベルxのTTBRはTTBR0_ELx，TTBR1_ELxなどと呼ばれる．ただし，ユーザーレベルであるEL0では特権機能であるアドレス変換は行わないため，TTBR0_EL0とかTTBR1_EL1は存在しない．EL0でのアドレス変換はEL1で行われるので，TTBR0_EL1/TTBR1_EL1が使われる（これらは，EL1でのアドレス変換でも使われる）．

図36に各例外レベルのTTBR0/TTBR1を示す．分けて示したが，TTBR0_EL3以外は，全く同じ形式である．ここで，BADDRが48ビットのベースアドレス，ASIDが空間ID（識別子），CnPがこのTTBRが各プロセッサエレメント（PE：つまり，CPUコアのこと）で共有領域で共通かどうか（CnPはCommon not Privateを意味する）を示す．ASIDはタスクIDとして使用される．つまり，ASIDが異なれば異なるアドレス空間であることを意味する．TTBR0_EL3では，

ASIDが存在しない．つまり，EL3でのアドレス空間はグローバル（1つしか存在しない）ということである．

● Table記述子とBlock記述子

変換テーブルに含まれる変換記述子にはTable記述子とBlock記述子の2種類が存在する．これは記述子の下位2ビットの値で区別される．下位2ビットが11の場合がTable記述子，01の場合がBlock記述子である．それ以外の記述子は無効な記述子として，アクセス時にはメモリフォールトが発生する．

Table記述子は次のレベルの変換テーブルを参照することを意味する．Block記述子はそこでページテーブルウォークが終了することを意味する．Block記述子の中には物理アドレスのビット51：12が含まれているので，仮想アドレスの下位12ビットのページ内オフセットと結合することで最終的な物理アドレスが得られる．

ページサイズが4KバイトのTable記述子とBlock記述子を図37に示す．

Table記述子とBlock記述子にはそれぞれ「属性」と

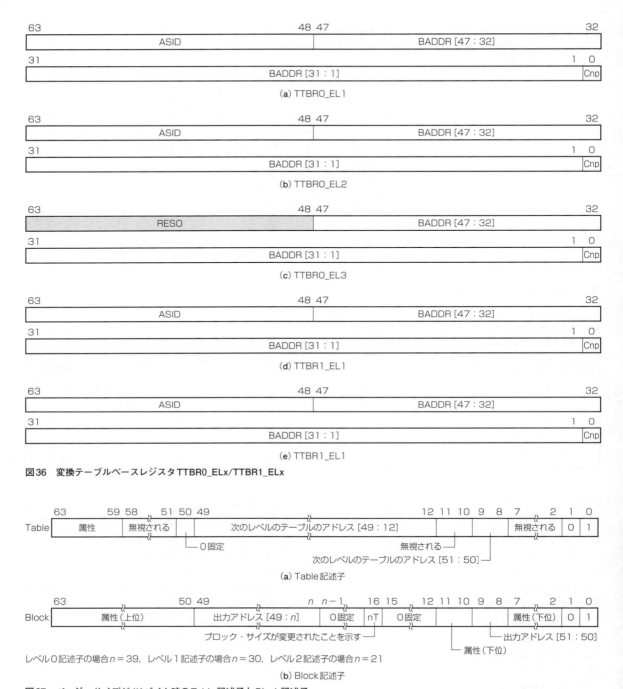

図36 変換テーブルベースレジスタTTBR0_ELx/TTBR1_ELx

図37 ページ・サイズが4Kバイト時のTable記述子とBlock記述子

いうフィールドが存在する．これは，Table記述子とBlock記述子で異なる意味を持つ．Table記述子の属性を表8に，Block記述子の属性を表9と表10に示す．Block記述子の属性はステージ1変換とステージ2変換で異なる意味を持つ．表9がステージ1変換の属性で，表10がステージ2変換の属性である．

アドレス変換で特に重要になるのは，変換されたアドレスのアクセス属性とメモリ属性である．
アクセス属性については，表9ではAP[2:1]で示され，表10ではS2AP[2:1]で示されている．そのビット列の意味は表9や表10で示すとおりである．アクセス属性としては，UXN，PXN，AP[2:1]な

Chapter 5 MMUの基礎と実際

表8　Table記述子の属性

ビット	属性名	意　味
63	NSTable	0：次のレベルのテーブルアクセスをセキュア状態で実施 1：次のレベルのテーブルアクセスをノンセキュア状態で実施
62：61	APTable	次のテーブルアクセスのアクセス許可 00：アクセス許可に影響を与えない 01：非特権アクセスの禁止（EL0からアクセスできない） 10：ライトアクセスの禁止 11：ライトアクセスの禁止．非特権アクセスの禁止（EL0からリードできない）
60	UXNTable/XNTable	ステージ1の変換で複数のVA（仮想アドレス）範囲がサポートされている場合はUXNTable，1つのVAしかサポートされない場合はXNTableになる． このビットが1にセットされている場合は，以降のすべてのレベルのテーブルアクセスのUXN/XNビットが1に設定されているとみなす
59	PXNTable	ステージ1での変換でのみ有効． このビットが1に設定されている場合は，以降のすべてのテーブルアクセスのPXNビットが1にセットされているとみなす．また，EL0より特権性の高いレベルでの命令実行が不可になる

表9　Block記述子のステージ1変換の属性

ビット	名　前	意　味
63	IGNORED	Realmモードで使用．通常は無視される．
62：59	PBHA	HPDS機能（階層的属性の継承の無視）用．HPDS機能が実装されていない場合は次の意味． ステージ1：無視 ステージ2：システムMMUでソフトウェアが使用する
58：55	IGNORED	このビットの値は無視される．
54	UXN/XN	EL1/EL0でのアドレス変換ではUXNビットと呼ばれる．このビットが1の場合はEL0での命令実行が禁止される． EL1/EL0以外のアドレス変換ではXNビットと呼ばれる．その変換領域の命令実行を禁止する．
53	PXN	EL1で命令実行が可能かどうかを指示する．1の場合に実行不可能．EL2とEL3では0にしないといけない．
52	Contiguous	隣接する複数のアドレス変換テーブルのエントリが同じアクセス許可と属性を持つことを示す．
51	DBM	変換されたアドレスに書き込みが発生したことを示すダーティ・ビット．
50	GP	BTI（分岐先を認識して保護する）機能が定義されている場合，保護されたページを示す．
11	NSE/nG	NSEビットとなるのはRoot状態を実装する場合のみなので省略． nGは変換されるアドレスがグローバル（大域的）でないことを意味する．つまり，1の場合はASIDを考慮したアドレス変換を行う．
10	AF	変換されたアドレスにアクセスが発生したことを示すアクセス・フラグ．
9：8	SH [1：0]	変換されるアドレスが共有かどうかを示す． 00：非共有 01：予約 10：外部で共有 11：内部で共有
7：6	AP [2：1]	EL1/EL0の変換においてアクセス許可を示す． 　　　　　EL1からのアクセス　　　　　　　EL0からのアクセス 00：リード／ライト可能　　　　　制限なし 01：リード／ライト可能　　　　　リード／ライト可能 10：リードのみ可能　　　　　　　制限なし 11：リードのみ可能　　　　　　　リードのみ可能
5	NS	変換されるアドレスがセキュアかノンセキュアかを指定する．1の場合ノンセキュア．
4：2	AttrIndx [2：0]	MAIR_ELxレジスタ内で定義されている8種類のメモリ属性へのインデックスとなる．

どが出てきてややこしいので，**表11**にEL1/EL0のステージ1アドレス変換時のアクセス許可の状況を示す．SCTLR_EL1．WXNが新顔であるが，これはライト可能な領域を全てXN（実行不可）属性とする．

　メモリ属性については**表9**ではAttrIndx [2：0] で示され，**表10**ではMemAttr [3：0] で示されている．AttrIndx [2：0] はMAIR_ELxレジスタの中に存在す

る8種類のメモリ属性へのインデックスとなっている．MAIR_ELxレジスタの形式を**図38**に示すが，AttrIndx [2：0] の値が0ならAttr0，1ならAttr1，2ならAttr2，…，7ならAttr7が選択される．それぞれのAttrの意味を**表12**，**表13**，**表14**に示す．

　メモリ属性は，メモリがキャッシュ可能か不可能か，メモリがデバイス属性であるかノーマル属性であ

185

表10　Block記述子のステージ2変換の属性

ビット	名　前	意　味
63	Reserved	Realmモードで使用．そうでない場合は0に設定
62：59	PBHA	HPDS機能（階層的属性の継承の無視）用．HPDS機能が実装されていない場合は次の意味． ステージ1：無視 ステージ2：システムMMUでソフトウェアが使用する
58：56	IGNORED	このビットの値は無視される
55	NS	Realmセキュリティ状態でのみ，NS（ノンセキュア）ビットとして機能する
54：53	XN[1：0]	ビット54はUXN/XNビットとして機能する． ビット53はPXNビットとして機能する
52	Contiguous	隣接する複数のアドレス変換テーブルのエントリが同じアクセス許可と属性を持つことを示す
51	DBM	変換されたアドレスに書き込みが発生したことを示すダーティ・ビット
11	FnXS	XS（メモリ・アクセスに時間がかかることを示す）機能が実装されている場合に有効． 0：変換結果のXS属性は変更されない 1：変換結果のXS属性は0
10	AF	変換されたアドレスにアクセスが発生したことを示すアクセス・フラグ
9：8	SH[1：0]	変換されるアドレスが共有かどうかを示す． 00：非共有 01：予約 10：外部で共有 11：内部で共有
7：6	S2AP[2：1]	Hypモード時のアクセス許可． 00：アクセス禁止 01：リードのみ許可（ステージ1の許可属性は無視される） 10：ライトのみ許可（ステージ1の許可属性は無視される） 11：ステージ1の許可属性が継承される
5：2	MemAttr[3：0]	変換されたアドレスのメモリ属性を示す

表11 EL1/EL0のステージ1アドレス変換時のアクセス許可

UXN	PXN	AP[2：1]	SCTLR_EL1.WXN	EL1からのアクセス	EL0からのアクセス
0	0	00	0	リード可能/ライト可能/実行可能	実行可能
			1	リード可能/ライト可能/実行不可	実行可能
		01	0	リード可能/ライト可能/実行不可	リード可能/ライト可能/実行可能
			1	リード可能/ライト可能/実行不可	リード可能/ライト可能/実行不可
		10	x	リード可能/実行可能	実行可能
		11	x	リード可能/実行可能	リード可能/実行可能
	1	00	x	リード可能/ライト可能/実行不可	実行可能
		01	0	リード可能/ライト可能/実行不可	リード可能/ライト可能/実行可能
			1	リード可能/ライト可能/実行不可	リード可能/ライト可能/実行不可
		10	x	リード可能/実行不可	実行可能
		11	x	リード可能/実行不可	リード可能/実行可能
1	0	00	0	リード可能/ライト可能/実行可能	実行不可
			1	リード可能/ライト可能/実行不可	実行不可
		01	x	リード可能/ライト可能/実行不可	リード可能/ライト可能/実行不可
		10	x	リード可能/実行可能	実行不可
		11	x	リード可能/実行可能	リード可能/実行不可
	1	00	x	リード可能/ライト可能/実行不可	実行不可
		01	x	リード可能/ライト可能/実行不可	リード可能/ライト可能/実行不可
		10	x	リード可能/実行不可	実行不可
		11	x	リード可能/実行不可	リード可能/実行不可

63		56 55		48 47		40 39		32
Attr7			Attr6		Attr5		Attr4	

31		24 23		16 15		8 7		0
Attr3			Attr2		Attr1		Attr0	

図38　MAIR_ELxレジスタの解析

Chapter 5 MMUの基礎と実際

表12 MAIR_ELxレジスタのAttrフィールドの意味

Attr	意　味
0000*dd*00	デバイス・メモリ．*dd*がデバイス・メモリのタイプを示す
0000*dd*01	デバイス・メモリ．XS機能が実装されている場合，XSビットを0にする．*dd*がデバイス・メモリのタイプを示す
0000*dd*1x	設定不可
ooooiiii (*oooo*!=0000, *iiii*!=0000)	ノーマル・メモリ．*oooo*が外部，*iiii*が内部の属性を示す．
1000000	ノーマル・メモリ．XS機能が実装されている場合，XSビットを0にする．内部属性と外部属性は非キャッシュ
10100000	ノーマル・メモリ．XS機能が実装されている場合，XSビットを0にする．内部属性と外部属性はライト・スルー・キャッシュ．ライト・アロケートしない．トランジェント・メモリではない
11110000	タグ付きノーマル・メモリ．MTE2（メモリのタグ・チェック）機能が実装されている場合に有効．内部属性と外部属性はライト・バック・キャッシュ．ライト・アロケートあり．トランジェント・メモリではない
*xxxx*0000	設定不可

表13 表12の*dd*の意味

dd	意　味
00	nGnRnE メモリ．データ結合不可，順序変更不可，バッファ不可（ストロングオーダと同じ）
01	nGnRE メモリ．データ結合不可，順序変更不可，バッファ可能
10	nGRE メモリ．データ結合不可，順序変更可能，バッファ可能
11	GRE メモリ．データ結合可能，順序変更可能，バッファ可能

表14 表12の*oooo*/*iiii*の意味

oooo/*iiii*	意　味
00RW	ライト・スルー，トランジェント．
0100	非キャッシュ
01RW	ライトバック，トランジェント
10RW	ライト・スルー，非トランジェント
11RW	ライトバック，非トランジェント

R＝1：リード・アロケートあり，R＝0：リード・アロケートなし
W＝1：ライト・アロケートあり，W＝0：ライト・アロケートなし

表15 MemAttrの意味（その1）

MemAttr [3：2]	メモリタイプ	外部のキャッシュ属性
00	デバイス	存在しない
01	ノーマル	非キャッシュ
10	ノーマル	ライトスルー
11	ノーマル	ライトバック

表16 MemAttrの意味（その2）

MemAttr [1：0]	MemAttr [3：2] ===00の時に適用．その時の意味
00	nGnRnE メモリ．データ結合不可，順序変更不可，バッファ不可（ストロングオーダと同じ）
01	nGnRE メモリ．データ結合不可，順序変更不可，バッファ可能
10	nGRE メモリ．データ結合不可，順序変更可能，バッファ可能
11	GRE メモリ．データ結合可能，順序変更可能，バッファ可能

るかを示す．デバイス属性とはI/O領域などに与えられる属性である．基本的に，キャッシュは不可で，複数のデータを結合可能（G：Gather属性）か，並び替え可能（R：Reorder属性）か，バッファ可能（E：Early Write Acknoulege属性）かを区別する．

ステージ2でのアドレス変換では，メモリの属性を指定するフィールドがAttrIndxではなくMemAttrになっている．MemAttrの意味を**表15**と**表16**に示す．基本的に，AttrIndxの場合と同様なメモリの属性を示している．

・Page記述子

ページテーブルウォークの最終段の変換記述子がBlock記述子またはPage記述子になる．TTBRレジスタの指し示す変換テーブルから始まり，最後まで（レベル3テーブルに行き当たるまで）Block記述子が出現しない場合がPage記述子となる．ページサイズが4KバイトときのPage記述子を**図39**に示す．基本的

にBlock記述子と同じ形式である．違いは，記述子の下位2ビットが，Block記述子では01であり，Page記述子では11であることである．属性はBlock記述子のステージ1変換の属性と同じである．

● RISC-VのMMU

▶アドレス変換はS-Modeで行われる

RISC-Vの実行モードには，ハイパバイザを使わない場合は，M-Mode（Machine Mode），S-Mode（Supervisor Mode），U-Mode（User Mode）の三種類がある．それぞれは，ArmでいうところのEL3，EL1，EL0に対応する．

RISC-Vで特徴的なところは，一番特権性の高いM-Modeではアドレス変換が行われないことである．

187

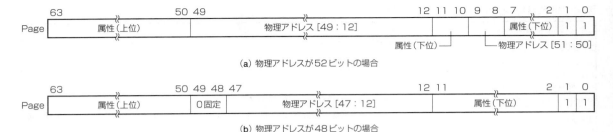

(a) 物理アドレスが52ビットの場合

(b) 物理アドレスが48ビットの場合

図39　Page記述子（ページサイズが4Kバイトの場合）

図40　Sv32で使用する仮想アドレス　　**図41　Sv32で使用する物理アドレス**

つまり，MMUはS-ModeとU-Modeのアドレス変換を管理する．MMUの設定は，特権性が必要なため，S-Modeで行われる．

▶ **サポートする仮想アドレスは32ビット，39ビット，48ビット，57ビット，64ビット**

RISC-VのMMUの仕様では，その実装をサポートする仮想アドレスのビット数で区別する．サポートする仮想アドレスは32ビット，39ビット，48ビット，57ビット，64ビットであり，それぞれのアーキテクチャはSv32，Sv39，Sv48，Sv57，Sv64と呼ばれる．

以下では，32ビット仮想アドレスをサポートするSv32について説明する．

Sv32の場合仮想アドレスは32ビットであるが，物理アドレスは34ビットである．ページサイズは4Kバイト固定である．

仮想アドレスは20ビットのVPN（Virtual Page Number：仮想ページ番号）フィールドと12ビットのページ内オフセットのフィールドに分割される．さらにVPNフィールドは，10ビットずつ，VPN[1]とVPN[0]というフィールドに分割される．この様子を図40に示す．ページサイズが4Kバイト固定のため，ページ内オフセットを12ビットの固定長となる．

▶ **物理アドレスは34ビット**

Sv32では32ビットの仮想アドレスを34ビットの物理アドレスに変換する．物理アドレスは22ビットPPN（Physical Page Number：物理ページ番号）フィールドと12ビットのページ内オフセットのフィールドに分割される．さらにPPNは，12ビットのPPN[1]と10ビットのPPN[0]に分割される．この様子を図41に示す．

▶ **アドレス変換の仕組み**

・ページテーブルウォーク

アドレス変換とはVPNをPPNに変換する処理である．ここで，仮想アドレスの12ビット長のページ内オフセットは変換されず，そのまま物理アドレスの下位12ビットとなる．

VPNからPPNへの変換は，ほかのプロセッサのアーキテクチャと同じように，ページテーブルウォークによって実現される．ほかのプロセッサのアーキテクチャと大きく違うのは，PPNがPPN[1]とPPN[0]で独立して変換されるところにある．大ざっぱに言えば，VPN[1]はPPN[1]に変換され，VPN[0]がPPN[0]に変換される．

ページテーブルウォークは，特権レジスタであるsatpに格納されるベースアドレスを起点として，多段階のテーブル参照を行う．第1段階のテーブル参照ではVPN[1]がインデックスとして使われ，第2段階のテーブル参照ではVPN[0]がインデックスとして使われる．このページテーブルウォークの様子を図42に示す．

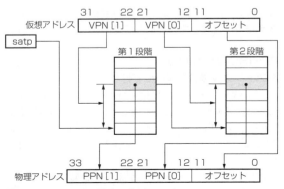

図42　Sv32でのページテーブルウォーク

Chapter 5 MMUの基礎と実際

図43 Sv32でのsatpの形式

図44 Sv32でのPTEの形式

- **satp (Supervisor address translation and protection register)**

satpは、アドレス変換の起点となる特権レジスタである。図43にSv32でのsatpの形式を示す。

図43のPPNは、第1段階目の変換テーブルへのポインタ（ベースアドレス）となる。ただし、22ビットのPPNがそのまま使われるのではなく、ページサイズ分（つまり12ビット分）左シフトして44ビットにしたアドレスが使われる。

図43のASIDはアドレス変換IDである。これは他のプロセッサと同じ意味である。

図43のMODEは変換モードを示す。値が0の場合はアドレス変換は行われず（仮想アドレス＝物理アドレス）、メモリ保護も行われない。Sv32では、MODEの値が1の場合に、アドレス変換を行う。ちなみに、MODEの値が8、9、10、11の場合は、それぞれ、Sv39、Sv48、Sv57、Sv64のアドレス変換を行う。

なお、図43のWARLという表記は、どんな値を書いても正しい値が読める（Write Any Values, Reads Legal Values）という意味であり、どんな値を書いても、書いた値がそのまま読めるということである。

- **PTE (Page Table Entry)**

RISC-Vでは、変換テーブルの要素は全てPTEと呼ばれている。Armv8-Aでは、Table記述子、Block記述子、Page記述子という区別があったが、RISC-Vでは、名称にその区別はない。しかし、機能的には、ページテーブルウォークの途中で使われるPTE（Armv8-AでのTable記述子）と最終段階で使われるPTE（Armv8-AでのBlock記述子やPage記述子）は区別されている。その区別はPTEを構成するビットによって行われる。

図44にSv32で用いられるPTEの形式を示す。

表17 PTEのX/W/Rビットのエンコーディング

X	W	R	意味
0	0	0	次のレベルの変換テーブルへのポインタ（ベースアドレス）
0	0	1	リードのみ可能ページ
0	1	0	将来で使用するために予約されている（設定禁止）
0	1	1	リード可能/ライト可能なページ
1	0	0	実行のみ可能なページ
1	0	1	リード可能/実行可能なページ
1	1	0	将来で使用するために予約されている（設定禁止）
1	1	1	リード可能/ライト可能/実行可能なページ

PTEを構成するXビット、Wビット、Rビットは、本来はそれぞれ、実行可能、ライト可能、リード可能というアクセス属性を示す。しかし、Xビット、Wビット、Rビットが全て0の場合は、そのPTEが次のレベルでの変換テーブルへのポインタ（ベースアドレス）となっていることを示す。Xビット、Wビット、Rビットを組み合わせた場合の意味を表17に示す。また、その他のビットの意味を表18に示す。

- **キャッシュ属性はどうするのか**

Armv8-Aではページ単位にキャッシュの属性を指定できた。RISC-Vでは、キャッシュ属性の指定は実装依存になっている。例えば、RISC-Vのチップ・ベンダとして有名なSiFive社のFreedomU740というコアでは、キャッシュ可能な領域とキャッシュ不可能な領域がアドレス範囲で規定されている。例えば、ROMが配置される0x0A000000～0x0BFFFFFF番地はキャッシュ可能であるが、その他のアドレス範囲はキャッシュ不可になっている。

8 MPU (Memory Protection Unit) とは何か

本節ではMPUに関して説明する。MPUと聞くと「マイクロプロセッサ」を思い浮かべるかもしれない。事実、本書ではマイクロプロセッサのことをMPUと表記している。しかし、本節で説明するのは、同じMPUでも、メモリ保護ユニット（Memory Protection Unit）のMPUである。紛らわしくて申し訳ない。

表18 Sv32でのPTEのX/W/Rビット以外のフィールドの意味

ビット	名称	意味
31:20	PPN[1]	第1段階目のテーブル参照時、VPN[1]に対する物理アドレスになる
19:10	PPN[0]	第2段階目のテーブル参照時、VPN[0]に対する物理アドレスになる
9:8	RSW	スーパーバイザでの使用のために予約されている
7	D	ダーティビット。ページへのライトが行われると1になる
6	A	アクセス、ビットページの参照が行われると1になる
5	G	グローバルビット。1の場合はASIDが無視されてアドレス変換される
4	U	ページがユーザーモードでアクセス可能かどうかを示す
0	V	有効ビット。このビットが1でないPTEは無効（メモリフォールト例外が発生する）

189

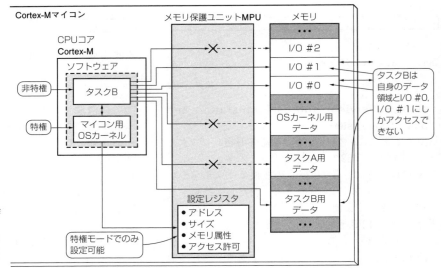

図45
メモリ保護ユニット MPU の動作イメージ
メモリ保護機能は，ハードウェアとして用意されていないと実現することは難しい

本節では，ArmのMPUとRISC-VのMPUについて説明する．

● Arm (Cortex-M) のMPU
▶マイコンではMMUよりもMPUが多用される

マイコンのアプリケーションにおいてはキャッシュやMMUが不要な場合が大多数である．その理由は，マイコンはモータ制御やエンジン制御，ブレーキ制御などの確定的な命令処理時間が必要な場合があるので，キャッシュミスやMMU (TLB) ミスによる待ち時間による処理時間の変動が好ましくないからである．キャッシュやMMUが存在しなくて性能や機能は不足しないのかと思われるかもしれないが，その点は問題ない．

キャッシュについては，CPUと周辺メモリとの間のアクセスを高速化する仕組みである．しかし，マイコンのCPUの動作周波数は50MHz～400MHzであり，それにつながる周辺バスの動作周波数はそれ以下である．このため，周辺メモリとのアクセスは1～4サイクルで可能だ．つまり，キャッシュがなくてもCPUと周辺メモリ間のアクセスは十分高速であるためキャッシュは，原則的に，不要なのである．

MMUについては，存在しなくても，性能に対する影響はない．マイコンのソフトウェアは複雑なマルチタスク処理が行われることがなく，仮想アドレスを物理アドレスに変換して物理メモリを効率的に使用するという必要性は高くないからだ．つまり，物理メモリの効率的な利用はアプリケーション（OSなしの場合）やOSに任されているので，アドレス変換をしないで使用することが常識のようになっている．

MMUの主要な機能であるアドレス変換はソフトウェアの工夫で存在しなくても（データアボート例外などを使用することで）何とかなる．しかし，MMUのもう1つの機能であるメモリ保護はハードウェア的な補助がないと実現できない．本来，マイコンのOSは，「何とかコンピュータを暴走させようという」性悪説にもとづいたPCなどのOSとは異なり，「悪意をもったアプリケーションソフトウェアが存在しない」という性善説にもとづいて設計されていることが多い．このため，マイコンのOSではメモリ保護を必要としない場合が大多数である．とはいえ，マイコンのソフトウェアにもバグがつきもので，悪意がなくてもシステムを暴走させる恐れも否定できない．そのための機能がMPUなのである．MPUの動作イメージを図45に示す．

▶MPUはArm Cortex-Mシリーズに実装される

Arm Cortex-Mシリーズではオプションで MPU を実装することが可能である．これは，メモリの保護領域やメモリアクセスのための許可や属性を定義するものである．Cortex-M0+/M3/M4のMPUは，8個（Cortex-M7では8または16個）の領域でメモリ保護を実現するというように，マイコンの種類にかかわらず，よく似た構造を持っている．最大の違いは，Cortex-M0+が1レベルのメモリ属性しかサポートしないのに対して，Cortex-M3/M4は2レベルのメモリ属性をサポートすることである．1レベルとはCPUの内部のみに閉じたメモリ属性であり，2レベル2はCPUの内部と外部で別々にメモリ属性を定義できることを意味する．1レベルはL1キャッシュでのメモリ属性，2レベルはL1キャッシュとL2キャッシュでのメモリ属性と思ってもよい．

Chapter 5 MMUの基礎と実際

表19 TEX, C, Bビットのエンコード

TEX[2:0]	C	B	メモリタイプ	説明またはノーマル領域のキャッシュ属性	共有可能か？
000	0	0	ストロングオーダ	ストロングオーダ（先行アクセス完了後に後続アクセス）	共有
000	0	1	デバイス	共有デバイス（非キャッシュアクセス，順序関係を保証）	共有
000	1	0	ノーマル	外部，内部ともにライトスルー＆ライトアロケートなし	Sビット依存
000	1	1	ノーマル	外部，内部ともにライトバック＆ライトアロケートなし	Sビット依存
001	0	0	ノーマル	外部，内部ともに非キャッシュ	Sビット依存
001	0	1	予約（設定禁止）	予約	－
001	1	0	実装依存	実装依存	実装依存
001	1	1	ノーマル	外部，内部ともにライトバック＆ライトアロケートあり	Sビット依存
010	0	0	デバイス	非共有デバイス	非共有
010	0	1	予約（設定禁止）	予約	－
010	1	0	予約（設定禁止）	予約	－
010	1	1	予約（設定禁止）	予約	－
1BB	A	A	ノーマル	外部ポリシ＝BB，内部ポリシ＝AA	Sビット依存

AA, BBの意味は次の通りである．
00：非キャッシュ   01：ライトバック＆ライトアロケートあり
10：ライトスルー＆ライトアロケートなし   11：ライトバック＆ライトアロケートなし

▶MPUで指定するメモリ属性

メモリ属性には，TEX（Type Extension），C（Cachable），B（Bufferable），AP（Access Permission），XN（Execute Never）という種類がある．これらは，Region Access Control Registerのビットで定義される．これらの属性が8個（または16個）存在する領域ごとに定義される．MMUではページごとにメモリ属性が定義されていたが，MPUでは領域ごとに定義される．

メモリ属性のうち，APとXN以外のTEX, C, Bはキャッシュ属性を定義する．Cortex-Mシリーズは，Cortex-M7/M85以外では，L1キャッシュをサポートしない．Cortex-Mシリーズの本流であるCortex-M3/M4ではL1キャッシュをサポートしないのだが，キャッシュ属性の指定は最初からMPUで定義されている．その理由はシステムキャッシュ，つまり，周辺機能として各プロセッサベンダがチップに実装するキャッシュに対応するためである．ある特定の領域がキャッシュとして機能することをCPUが知らない場合はコヒーレンシの問題が発生する恐れがあるので，実装時には注意が必要である．

キャッシュ機能はともかく，バッファ可能（B＝1）に指定された領域に対するストア命令については，アドレス依存性がない限り，後続するロード要求を（ストアの完了を待つことなく）ただちに発行できるので性能向上が期待できる．TEXビット，Cビット，Bビットのエンコーティングを表19に示す．Cortex-M0+が1レベルのメモリ属性しかサポートされてないということはTEX[2:0]ビットが000に固定されていることを意味する．これはL1キャッシュとL2キャッシュ（それぞれ，存在する場合）のキャッシュ

属性を1種類（同じ属性）にしか指定できないことを意味する．

MPUの最大の意義はメモリ保護である．つまり，RTOSなどでのスタック領域のスタックオーバフローを検知したり，フラッシュ領域やROM領域などのリードのみ可能領域へのライトを禁止したり，セキュリティの観点からデータ領域を実行できないように指定したりすることを目的とする．あるいは，特定領域を特権レベルのみでアクセス可能に設定することもできる．

これらは，APビットとXNビットで指定できる．APビットとXNビットについては，そのエンコードを表20と表21に示す．こう見てくると，MPUでの保護機能はMMUでの保護機能と同等である．

MPUは（低消費電力の観点から）ゲート数（＝面積）を削減するために設定方法が単純になっている．このために，ベースアドレスとサイズという2つの属性で各保護領域を規定するようになっている．各保護領域は256バイトから4Gバイトの範囲に設定できて，1つの保護領域は8個のサブ領域を持つ．

ところで，Cortex-Mシリーズにはデフォルトメモリマップというものがある．それを図46に示す．図46を見れば分かるが，MPUがなくても，デフォルトメモリマップでメモリ属性の初期値が定義されている．MPUは保険みたいなものかもしれない．

▶MPUに関連するレジスタ

MPUの設定に関連するレジスタは次のとおりである．

- MPU Control Register, MPU_CTRL
- MPU Region Number Register, MPU_RNR
- MPU Region Base Address Register, MPU_

191

表20　APビットのエンコード

AP[2:0]	特権アクセス	非特権アクセス	備考
000	不許可	不許可	すべてのアクセスで許可フォルトが発生
001	リード/ライト可能	不許可	特権アクセスのみ可能
010	リード/ライト可能	リードのみ可能	非特権ライトで許可フォルトが発生
011	リード/ライト可能	リード/ライト可能	すべてのアクセスが可能
100	実装依存	実装依存	予約設定
101	リードのみ可能	不許可	特権リードのみ可能
110	リードのみ可能	リードのみ可能	特権/非特権でリードのみ可能
111	リードのみ可能	リードのみ可能	特権/非特権でリードのみ可能

表21　XNビットのエンコード

XN	AP[2:0]による指定	意味
0	リード可能	命令フェッチが可能
0	リード不可能	命令フェッチが不可能
1	任意	命令フェッチが不可能

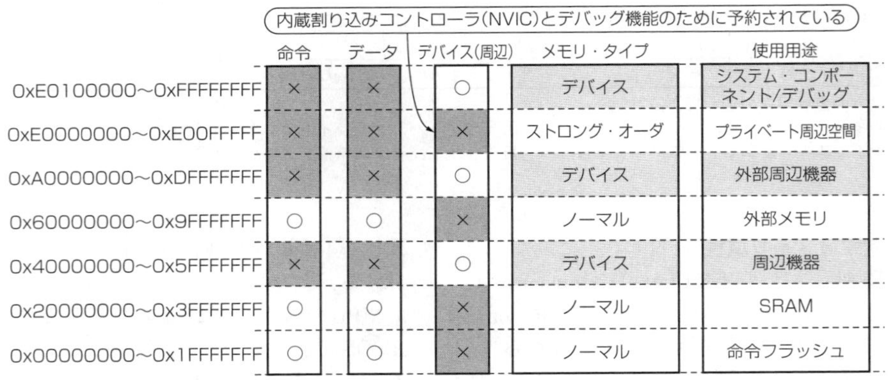

図46　Cortex-M0/M0+のデフォルトメモリマップ
〇×は属性をもてるかどうかを示す

図47　MPU_CTRLレジスタの形式

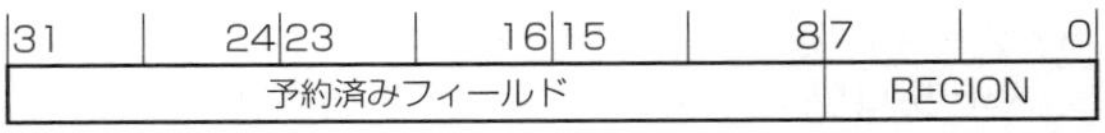

ビットの名称	意味
PRIVDEFENA	0:デフォルトメモリマップを禁止する 1:特権アクセス時のバックグラウンド領域としてデフォルトメモリマップを使用する
HFNMIENA	0:例外/割り込みハンドラでのMPUの機能をOFFにする 1:例外/割り込みハンドラでもMPUの機能を適用する
ENABLE	0:MPUを禁止する 1:MPUを許可する

図48　MPU_RNRレジスタの形式

ビットの名称	意味
REGION	MPU_RBARやMPU_RASRレジスタによって指定される保護領域番号を指定する

図49　MPU_RBARレジスタの形式

ビットの名称	意味
ADDR	REGIONで示される保護領域のベースアドレス
VALID	0:MPU_RNRレジスタのREGIONが使われる 1:MPU_RNRレジスタのREGIONをこのレジスタのREGIONで上書きする
REGION	更新する保護領域番号を示す

図50　MPU_RASRの形式

ビットの名称	意味
AP TEX S C B	表19，表20，表21を参照
SRD	0:サブ領域は存在しない 1:サブ領域を許可する
SIZE	保護領域のサイズ．実際のサイズは2となる
ENABLE	0:MPUが許可されている場合，この保護領域は無効 1:MPUが許可されている場合，この保護領域は有効

RBAR
- MPU Region Attribute and Size Register，MPU_RASR

それぞれのレジスタの形式を**図47**，**図48**，**図49**，**図50**に示す．

● 新しいMPU…Armv8-M

以上は，Cortex-Mシリーズでも，Armv6-M/Armv7-Mのアーキテクチャに準拠したMPUについて説明している．

Armv8-MのアーキテクチャになってMPUの機能が拡張された．Armv8-Mが実装するPMSAv8仕様のMPUでは，MPUの領域定義において，従来の制限をなくしている．例えば，Armv6-M/Armv7-Mでは領域の先頭アドレスは領域サイズの倍数であることが必要だった．また，領域サイズは2のベキ乗のバイト数に制限されていた．このため，例えば，0x3BC00～0x80400番地の領域保護を定義するためには，従来は4個の領域定義レジスタが必要だった．しかし，Armv8-Mでは1個のレジスタで指定可能になった．この様子を**図51**に示す．Armv8-Mでは先頭アドレスと終了アドレスで保護領域を指定する（ただし，32バイト単位のアドレス指定になる）．また，メモリの属性の指定方法もArmv8-Mでの指定方法に似た方法に変更になっているが，ここでの説明は省略する．

▶ IoT時代にCortex-Mでどのようにセキュリティを担保するか？

Armの世界でセキュリティというと脊髄反射的にTrustZoneという答えが返ってくる．しかし，TrustZoneとは，Linux（Android）やiOSなどのリッチOSにおいて，ダウンロードしたコンポーネントがOSのセキュリティを持った資源にアクセスできないようにハードウェア的に関門を設ける仕組みである

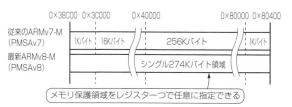

図51　メモリ保護領域の指定を任意にできるようになった

［**図52（a）**］．TrustZoneにおいて安全で保護された世界にアクセスするためには，プロセッサは実行モードをモニタモードに変更する必要がある．なお，これはCortex-Aに関しての話である．Armv8-Mアーキテクチャで，CortexMにもTrustZoneが導入されたが，以下はArmv8-Mより前の話として読んでいただきたい．

TrustZoneの仕組みはCortex-Mを主流とする組み込みOSには使用できないといわれていた．つまり，組み込みOSでは，基本的には，ダウンロードでOSのコンポーネントを追加することを前提としていない．基本的には信頼されたコンポーネントを組み合わせてOSが作られている前提であり，たまにプログラムの暴走などで，スタックやヒープ領域を破壊することしか念頭に置いていない．これは特権レベルとMPUの機能を使って保護できる［**図52（b）**］．TCP/IPスタックなどにおいては非特権モードで動作するものがあるが，これらからプログラムを保護するためにもMPUで十分と言われていた．

従来は，職人芸的に，アプリケーションプログラムの中に埋め込まれていたセキュリティ機能を，Cortex-Mシリーズにおいては，ソフトウェアとCortex-Mに普通に実装されている機能のみでセキュリティを担保できると言うのがArmの主張だった．

しかし，Armv8-MでTrustZoneを導入したという

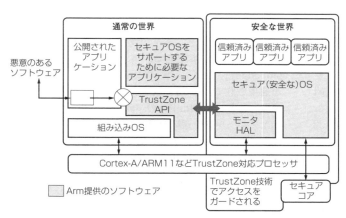

(a) Linux（Android）などリッチOSのセキュリティ　　(b) 組み込みOSのセキュリティ

図52　OSのセキュリティ機能

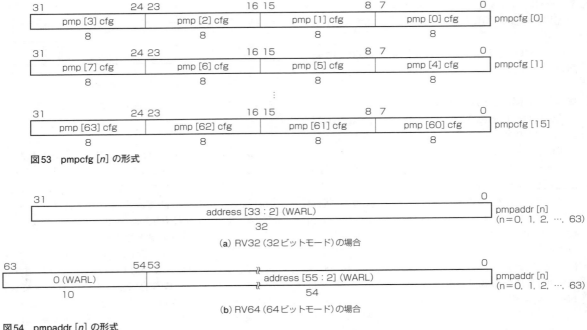

図53 pmpcfg [n] の形式

図54 pmpaddr [n] の形式

図55 pmp [n] cfg の形式 (n=0, 1, …, 63)

ことは，ソフトウェアのみでセキュリティを担保するのは不可能とArmは気づいたのかもしれない．ということは，MPUの役割は，最初に想定していたとおり，バグのあるプログラムがメモリ領域を破壊してシステムを暴走させてしまう恐れを回避することということになってしまう．

● RISC-VのMPU
▶ 64個の保護領域をもつ

RISC-VのMPUはPMP（Pysical Memory Protection：物理メモリの保護）と呼ばれる．PMPは最大64個の領域を定義できる．そのための制御レジスタがpmpcfg [n] (n = 0, 1, …, 15) とpmpaddr [n] (n = 0, 1, …, 63) である．pmpcfg [n] とpmpaddr [n] は，基本的には，64ビット長である．RV32（32ビットモード）では，一度に32ビットのデータしかアクセスできないので，pmpcfg [n] は下位32ビットのpmpcfg [$2 \times i$] (i = 0, 7) と上位32ビットのpmpcfg [$2 \times i + 1$] (i = 0, 7) に分割される．RV32以外のアーキテクチャではpmpcfg [$2 \times i + 1$] (i = 0, 7) は存在せず，pmpcfg [$2 \times i$] (i = 0, 7) を64ビット単位でアクセスする．pmpaddr [n] はRV32では下位32ビットのみが有効であり，それ以外では下位54ビットが有効である．pmpcfg [n] の形式を図53に，pmpaddr [n] の形式を図54に示す．

▶ pmpcfg [n] は保護属性，pmpaddr [n] は保護するアドレス範囲を指定する

図53を見れば分かるとおり，pmp [n] cfgフィールドがpmpaddr [n] (n = 0, 1, …, 63) のメモリ属性に対応する．それぞれのpmp [n] cfgは8ビット長であり，その内容を図55に示す．MMUの場合と同じく，Xが実行許可ビット，Wがライト許可ビット，Rがリード許可ビットである．アクセスするアドレスとpmpaddr [x] がマッチすれば，pmpcfg [x] の保護情報が適用される．図55でAフィールドはアクセスするアドレスとpmpaddr [n] のマッチの方法を指定する．

Aフィールドの意味を表22に示す．表22でpmp [i] cfgのAフィールドがTORである場合は対応するpmpaddr [i] が保護領域の上限を示す．保護領域の下限はpmpaddr [i−1] の内容で示され，pmpaddr [i−1] とpmpaddr [i] で示される間の領域に対して保護が行われる．pmp [n] cfgのAフィールドがNA4とNAPOTについては，pmpaddr [n] の中にベースアドレスとアドレスマスクが格納されている．pmpaddr

表22　pmp[n]cfgのAフィールドのエンコーディング

A	略　号	名　　称	意　　味
0	OFF	OFF	無効な領域（MPUがOFF）
1	TOR	Top of range	領域の上限
2	NA4	Naturally aligned four-byte region	4バイトに整列された領域
3	NAPOT	Naturally aligned power-of-two region	2のべき乗に整列された領域

表23　pmpaddr[n] の中でのアドレスの指定方式

pmpaddr	pmpcfg.A	Match type and size
$yyyy\cdots yyyy$	NA4	4バイト NAPOT 範囲
$yyy0\cdots yyy0$	NAPOT	8バイト NAPOT 範囲
$yy01\cdots yy01$	NAPOT	16バイト NAPOT 範囲
$y011\cdots y011$	NAPOT	32バイト NAPOT 範囲
$\vdots$	$\vdots$	$\vdots$
$yy01\cdots 1111$	NAPOT	2^{XLEN} バイト NAPOT 範囲
$y001\cdots 1111$	NAPOT	$2^{XLEN}+1$ バイト NAPOT 範囲
$0111\cdots 1111$	NAPOT	$2^{XLEN}+2$ バイト NAPOT 範囲
$1111\cdots 1111$	NAPOT	$2^{XLEN}+3$ バイト NAPOT 範囲

[n]の中でのアドレスの指定方式を**表23**に示す.

▶アクセスするアドレスが保護領域かどうかをチェックする方法は少々ややこしい

図54を見れば分かるが，pmpaddr[n]に含まれるアドレスの最下位ビットは2である．つまり，保護領域かどうかをチェックするアドレスマッチ時にアクセスするアドレスの下位2ビットは比較されない．34ビットの物理アドレス（RV32）の場合は上位32ビットがアドレスマッチの比較対象となる．

それを前提として，**表23**を見て欲しい．pmpaddrの列は，RV32の場合は34ビットのアドレスの上位32ビットを示している．それと同時に，アドレス範囲のマスクを示している．アドレスが34ビットもあると説明がややこしいので，物理アドレスは10ビット（pmpaddrは8ビット）を考える．

$xxxxxxxaa$（下位2ビットはaaとしている）

がアクセスしようとしているアドレスとする．

pmp[n]cfgのAフィールドがNA4の場合でpmpaddr[n]が，

$yyyyyyyy$

の場合は，$xxxxxxx$と$yyyyyyy$が等しいときのみアドレスがマッチする．

pmp[n]cfgのAフィールドがNAPOTの場合は，pmpaddr[n]の中にアドレスマスクも含まれる．最下位から上位方向に見て行き，1が連続し0に行き当たるまでがアドレスマスクを示す．例えば，pmpaddr[n]が

$yyy01111$

である場合は，

$yyy0000000$（下位2ビットを追加している）

がベースアドレスであり，

0001111111（下位2ビットを追加している）

がアドレスマスクとなる．その意味するところは，アクセスするアドレスが$xxxxxxxaa$の場合に，

$yyy0000000 \leq xxxxxxxaa \leq yyy1111111$

であればアドレスマッチとなる．

あるアドレス範囲を示す場合，通常は，ベースアドレスとアドレスマスクを別々のレジスタで指定することが多いが，RISC-Vの場合はpmpaddr[n]レジスタ1つでベースアドレスとアドレスマスクを指定してい

る．連続する1と終点の0でアドレスマスクを示しているが，これは結構冴えたやり方だと思う．

まとめ

MMUやMPUというものが，だいたいどのような働きをするものか理解していただいただろうか．以上をおさえておけば，基礎知識としては十分である．個人的にはx86アーキテクチャに思い入れはないが，図らずもx86のアーキテクチャの説明が多くの部分を占めてしまった．アドレス変換やメモリ保護についてはx86のやり方は特異にみえるが，コンピュータアーキテクチャを語るうえではこれも必須の教養であろう．

◆参考文献◆

(1) Arm Architecture Reference Manual, for A-profile architecture.
https://developer.arm.com/documentation/ddi0487/latest/

(2) Learn the architecture - AArch64 memory management, Version 1.3.
https://developer.arm.com/documentation/101811/0103/?lang＝en

(3) The RISC-V Instruction Set Manual, Volume II: Privileged Architecture, Document Version 20211203.
https://riscv.org/technical/specifications/

(4) SiFive FU740-C000 Manual, v1p6.
https://sifive.cdn.prismic.io/sifive/1a82e600-1f93-4f41-b2d8-86ed8b16acba_fu740-c000-manual-v1p6.pdf

(5) ARMv7-M Architecture Reference Manual, DDI 0403E.e (ID021621).
https://developer.arm.com/documentation/ddi0403/latest/

(6) ArmRv8-M Architecture Reference Manual, DDI0553B.w (ID07072023).
https://developer.arm.com/documentation/ddi0553/bw/?lang＝en

(7) The RISC-V Instruction Set Manual, Volume II: Privileged Architecture, Document Version 20211203.
https://riscv.org/technical/specifications/

Appendix II

携帯機器ではとくに重要な

低消費電力技術の原理

「消費電力＝性能」と考えられていたのは昔の話である．現在ではサーバでさえも低消費電力を考慮している．つまり，低消費電力で高性能という要求が強い．

低消費電力の利点は，システム構成の簡略化にある．電力が大きいと熱を発生する．すると熱により装置が誤動作するのを防ぐため，冷却機構の考慮が必要になる．あるいは電源の問題もある．消費電力が大きいと，それに見合う電源供給が必要になるので，強力な電源装置が必要になる．当然，システムの規模も大きく価格も高くなる．

これはパソコン（PC）の世界でも同様である．マザーボードから冷却ファンを取り除きたいというのが，第1の目的である．システム簡略化の次の目的は，携帯性の向上である．ノートPCでは電池寿命の長さが要である．そのためには，できるだけ消費電力が少ないことが必須となる．このためには，MPUだけでなく，周辺機器も低消費電力化する必要がある．MPUはその第一歩である．

これらの要求を満たすため，1999年頃から低消費電力モードの採用がPC用MPUの売りの一つになってきている．たとえば，CrusoeのLongRun，AMDのPowerNow!やIntelのモバイルPentiumIIIのSpeedStepなどである．AMDの発表ではSpeedStepは7W程度，PowerNow!は3W程度の電力が節約できるという（2000年当時）．これでもけっこう画期的な値で，電力は従来の1/10以下になり，それにより電池寿命が10〜20%（SpeedStepの場合），あるいは30%（PowerNow!の場合）長くなる．しかし，性能低下も著しく，低消費電力モードは無効化して使用する可能性が高いというのが，もっぱらの予測だった．

現在，低消費電力技術をとくに必要としているのは携帯電話の分野である．この分野では充電池駆動が常識であり，1〜15日程度の電池寿命を実現するために，10mW〜200mWの超低消費電力が要求される．この要求を満たすのは，もはやPC用のMPUでは不可能であり，Arm，MIPS，SHといったアーキテク

チャをもつMPUの存在する意義がここにある．

ここでは，低消費電力を実現するための基本原理について説明する．

● 低消費電力の基本原理

従来，いろいろな低消費電力技術が考案されてきているが，その基本原理はただ二つである．駆動電圧を下げることと動作周波数を下げることである．

電力は駆動電圧と消費電流の積で計算される．つまり感覚的には，

（電力）＝（電圧）×（電流）
　　＝（電圧）×（電圧）／（抵抗値）……オームの法則

であり，電圧の2乗に比例する．電力を下げるために駆動電圧を下げることは有効である．電圧が1/2になれば電力は1/4になる．半導体の製造技術の向上につれて微細化が進み，低電力によるトランジスタ駆動が可能になってきている．たとえば，製造プロセスが$0.25\mu m$で2.5V，$0.18\mu m$で1.8V，$0.13\mu m$で1.5V，$0.10\mu m$で1.0Vである．つまり，製造プロセスを進化させることで，自然と電力も下がっていく．

また，電力は動作クロックの周波数（動作周波数）に比例することがわかっている．最近のMPUを構成するトランジスタはCMOS回路である．CMOS回路は，スイッチング時の状態遷移時にのみ電流が流れる．つまり，出力が変化するときのみ電流が流れる（**図1**）．これは状態をできるだけ変更しなければ電力が低減できることを意味する．

ところで，電気信号は動作クロックに同期して切り替わるので，動作周波数が高いほど電流値が大きくなる．つまり，動作周波数を下げることで，動作電流を下げることができ，結果として電力を下げることができる．

以上をまとめていうと，CMOS回路では一般に，

（電力）＝Σ（寄生容量）×（電圧）×（電圧）×（周波数）

という関係が成立することが知られている．これを示すCV^2fという表現はよく使われるので覚えておこう．

LongRun，SpeedStep，PowerNow!はどれも駆動

電圧と動作周波数を動的に制御する技術であり，どのようなタイミングで制御するのかが，実現方法のキー入力ポイントとなっている．

たとえば，かつて一世を風靡したCrusoeのLongRunは，電圧と周波数の組み合わせを複数用意し，MPUの負荷によって，それらを動的に変更するようになっている．負荷が軽い場合，まず，周波数を低下させ，その後，電圧を低下させる．ここでいちばん工夫を要するのが負荷の状態を判断する方法である．これは，アプリケーションプログラムが発行するコードモーフィング要求の頻度を監視することで実現していると思われる．しかし，その詳細な手法は公開されていない．

ここで，消費電力に関して興味深い報告を一つ．一般にMPUの動作周波数を上げると消費電力も増大する．しかし，実際のシステムにおいては必ずしも正しくない．動作周波数が速いと周辺回路が動作する時間が短くなるため，結果として消費電力が少なくなる場合もある．ただし，これは周辺機器が同時動作している通常動作時の消費電力の話である．長い期間の電池寿命に効いてくるのは，主として，スタンバイやサスペンドなど待機時の消費電力である．

● 動作電圧の動的制御

この方法は単純である．供給する電源電圧を上げ下げするだけである．当然，レギュレータなどの外部回路の補助が必要である．また，MPUが負荷状況を外部に通知する手段が必要である．これが，電圧を上げ下げするタイミングとなる．

IntelのモバイルPentiumIIIで採用されたSpeedStepは複雑な制御をしない．AC電源を外したときのみ，自動的にクロックと電圧を2段階に制御する．650MHzまたは600MHz時は1.6Vで動作し，500MHz時は1.35Vで動作することで，消費電力を削減する．2001年7月に公開されたEnhanced SpeedStepでは，ソフトウェアで明示的にモード切り替えを行うことも可能である．これはモバイルPentium4-Mで採用された．

TransmetaのCrusoe（TM5400）では，電力管理用に5本の制御信号があり，32段階の電力制御が可能である．これは，主として，電圧制御用である．電圧は1.1V〜1.6Vの間で0.05V刻みに変化できる．一方，動作周波数は自動的に変動する．200MHz〜700MHzの間を33MHz刻みで変化する．MPUの負荷の変動は0.5μsごとに検出可能であるという．電圧を変更するのに要する時間は20μs以内で，アプリケーションの実行に影響を与えることはないといわれている．

AMDのK-6+，K6-III+，モバイルAthlon4，モバイルDuronなどに採用されているPowerNow!も同様の

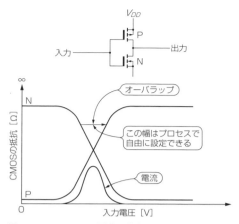

図1　CMOSのNOT回路の動作

技術である．そのオートマチックモードでは，MPUの負荷を自動的に判断して電力制御を行う．その具体的な手法に関しては公表されていない．動作電圧は，2.0Vから1.4Vの間を数段階に分けて変更する．動作周波数の変更は，バスクロック（FSB）に対する倍率を変更することで実現する．PowerNow!は，LongRunと比較すると，動作周波数，動作電圧ともに変化の刻み幅が大きい．この意味で，PowerNow!は，SpeedStepとLongRunの中間的な技術といえる．

従来は，電圧の切り替えは2段階で十分としていたIntelも，PentiumM（Banias）ではGeyserville-III（ガイザービルIII）という技術で多段階の電圧切り替えをサポートするようになった．0.85V時では600MHz動作，1.35V時は1.6GHz動作が可能である．この間で電圧と動作周波数の組み合わせを指定できる．現段階では1GHzという中間値が示唆されている．また，SpeedStep（Geyserville-II）とは異なり，Geyserville-IIIではCPU自体が負荷状況をモニタして，自動的に周波数と電圧の組を切り替えるようだ．つまり，ソフトウェアの変更をしなくても，自動的に省電力制御を行うことができる．

結局，LongRun，PowerNow!，Geyservilleは同じようなシステム仕様に近づきつつある．これらは一昔前の技術であるが，現代においても有効である．

● 動作クロックの制御

最近は，ほとんどすべてのMPUがPLL（Phase Locked Loop）を内蔵し，PLLからクロックが供給される．PLLは，原発振（FSBクロックなど）を逓倍することで，安定した高い動作クロックを生成する．動作クロックの制御は，PLLの逓倍率を変更すること，または，PLLの出力を分周することで実現できる．しかし，この手法はMotorolaが特許を取っていたので，

表1　電力モード

| モード | PLL | 内蔵周辺ユニット | | | | CPUコア |
		リアルタイムクロック	割り込み制御ユニット	バス制御ユニット	その他	
フルスピード	ON	ON	ON	ON	選択可能*	ON
スタンバイ	ON	ON	ON	ON	選択可能*	OFF
サスペンド	ON	ON	ON	OFF	OFF	OFF
EXサスペンド	OFF	ON	ON	OFF	OFF	OFF
ハイバネート	OFF	ON	OFF	OFF	OFF	OFF

ON：クロックを供給する　　　OFF：クロックを停止する　　　＊：CMU（クロックマスクユニット）で選択

（a）V_R4131の電力モード

モード	コア	メモリ	電力	Runモードへの復帰
Run	クロックON電力ON	クロックON電力ON	アプリケーション依存	－
Standby	クロックOFF電力ON	クロックOFF電力ON	リーク電流	割り込みデバッグ要求
Dormant	クロックOFF電力OFF	クロックOFF電力ON	メモリからのリーク電流	ソフトリセット
Shutdown	クロックOFF電力OFF	クロックOFF電力OFF	ほぼゼロ	リセット

（b）Arm11の電力モード

モード	コア	URAMレジスタ	I/O	電力	Runモードへの復帰
Active	電力ON	電力ON	電力ON	～50mA	－
R (Resume) -Standby	電力ON	電力OFF	電力ON	～100μA	割り込み
U (Ultra) -Standby	電力OFF	電力OFF	電力ON	ほぼゼロ	パワーオンリセット

（c）SH-Xの電力モード

特許侵害を避けるため他社製MPUでの実現方法は意図的に不明確になっていることが多かった.

(1) 静的制御

これは，携帯電話の待ち受け時など，MPUが高速で動作する必要がないことが分かっている場合，ソフトウェアによって明示的に動作クロックを分周して低下させる方法である．専用命令の実行，あるいは，レジスタ設定によってクロックの分周比を変更する.

(2) 動的制御

これは，ハードウェアによってMPUの負荷状況を監視し，動作クロックを変動させる方法である．TransmetaのLongRunやAMDのPowerNow!で実現されている.

MPU内のハードウェアによる監視を行わなくても，専用の入力端子を用意して実現する方法も考えられる．もっともこれは，監視回路をMPU外部に追い出したのと同じことであるが.

● クロック供給の制御

通常，MPUはいろいろなユニットの集合体で実現されている．そこで，MPUの動作に必要なユニットにのみクロックを供給する方法がある.

(1) 静的制御

これは，低電力モードとして専用命令で提供されることが多い．低電力モードに移るとMPUは待機状態に入る．そして，割り込みが入ると待機状態から抜け出す．低電力モードには，クロックを供給する程度に応じて，スタンバイ，ウェイト，サスペンド，ハイバネートなどと固有の名称が付けられている．たとえば，NECのV_R4131は表1（a）に示す五つの電力モードをもっている．これらの動作モードには，STANDBY，SUSPEND，HIBERNATEといった命令を実行することで移行する．また，表1（b）に示すように，Arm社のArm11でも同様の電力管理を実現している.

また，MPUによってはクロック制御ユニットをもつものもある．これは，各ユニットへのクロック供給を，ソフトウェアによって明示的に制御しようとするものである．MPUに備わっている機能ユニットでも，アプリケーションによっては，まったく使用しないユニットがある．これらのユニットにクロックを供給するのはむだなので，明示的に動作を止めようという考え方である．旧聞にはなるが，ルネサス テクノロジ（旧：日立製作所）の携帯電話向けSH-Mobile（SH3-DSPをコアとする省電力プロセッサ群）では，自動的

Appendix II 低消費電力技術の原理

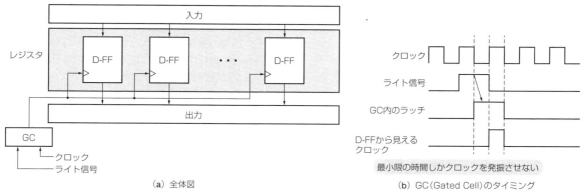

(a) 全体図　　　　　　　　　　　(b) GC(Gated Cell)のタイミング

図2　ゲーテッドクロック

に(?), 各周辺ユニットに供給するクロックを停止できるようだ[表1(c)].

(2) 局所的な動的制御(ゲーテッドクロック)

低消費電力に関しては, 電圧や周波数だけでなく, MPUのシステム設計の段階で, フリップフロップ単位に低電力のしくみをもたせる方法もある. これは, マスククロックまたはゲーテッドクロック(あるいはクロックゲーティング)と呼ばれる手法で, 必要な場合にしかフリップフロップにクロックを供給しない技術である. フリップフロップ内部では, クロックの変化に応じて状態を更新することで電力を消費する. このクロックを, CMOS回路の状態遷移に必要な最小限の期間しか動作させないという技術である.

具体的には, 多ビットのレジスタやバッファに対し, 選択信号(リード信号やライト信号)が出力されているときのみ, クロックを供給する(図2). もっとも, リードの場合はフリップフロップの値を読むだけ(状態を変えない)なので, クロック供給の必要はない. また, 1ビット程度のレジスタ(フリップフロップ)では, クロックマスク回路の規模のほうが大きくなるので, 意味がない. 現状, とくに低消費電力を意識する場合は, 3〜4ビット程度以上のレジスタの場合は, ゲーテッドを行うようである.

(3) 大局的な動的制御(ゲーテッドCTS)

MPUの内部回路にクロックを供給する場合, 場所によってクロック間の遅延がないようにすることは非常に重要である. そのために, 類似した機能をもつ回路に対して共通のクロックツリーを設け, 各クロックツリー内, 異なるクロックツリー間で, その下にぶら下がるフリップフロップに見えるクロックの遅延が一様になるようにバッファ挿入を行う(図3). これをCTS(Clock Tree Synthesis)という.

MPUが命令をデコードした時点で, その命令が駆動するクロックツリーを検出し, 必要のないクロックツリーへのクロック供給を根元から止めてしまう. こ

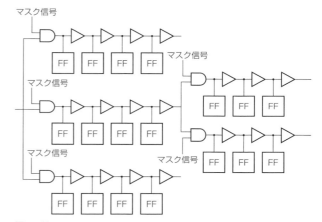

図3　ゲーテッドCTS

のようにして低消費電力を実現する方式をゲーテッドCTSという. この手法は, ある程度大域的にクロックを止めるので, 通常のゲーテッドクロックよりも効果が大きい. 一般的に, マスククロックとかゲーテッドクロックという場合は, このゲーテッドCTSのことを指す.

ゲーテッドCTSでは, クロック供給はハードウェアによって, 自動的にクロック供給が行われる. しかし, 大量のクロックマスク用ゲートでの遅延を揃えるために, 高機能なツールが必要である. このため, 最近までやりたくてもできない技術だった. 大体, 昔はクロックラインにロジックを挿入するなど非常識なことと考えられていた.

ゲーテッドCTSがかなわなかった昔, 長い間使われない回路へのクロック供給を止めるという中間解が考案された. これは, 外部回路でI/Oなどの状態を監視し, アイドル期間がある程度続くようなら割り込みを入力して, 割り込みハンドラ内でソフトウェアによる電力制御(クロックを分周したり停止したりする)を行う手法である.

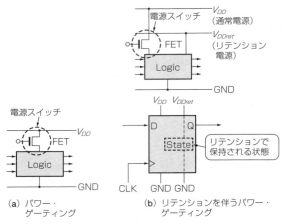

(a) パワー・ゲーティング

(b) リテンションを伴うパワー・ゲーティング

図4 パワーゲーティングの概念

(4) パワーゲーティング

クロックゲーティングのみでも低消費電力効果はあるが，フリップフロップ（記憶素子）や論理ゲートが停止していても，それらを構成するトランジスタにはリーク（漏れ）電流が発生する．プロセッサの製造プロセスが微細化するにつれ，トランジスタのスイッチ電圧（スレッショルド電圧）が低下していくので，リーク電流も大きくなる傾向がある．つまり，リーク電流も無視できない程度に電力を消費する．

リーク電流を防ぐにはトランジスタへの電源供給を停止するしか方法がない．しかし，1チップ全体の電源供給を停止するとプロセッサが動作しなくなってしまう．そこで当面の動作に必要のない機能ブロックの電源供給を停止する手法が考えられる．これをパワーゲーティングという．パワーゲーティングの概念を図4（a）に示す．パワーゲーティングは多くのプロセッサで採用されている．

電源供給を停止することは低消費電力に非常に効果的であるが，一部のSRAMやレジスタのなど電源供給を停止して内容が消失すると困る場合がある．その

ために，リテンション（保持）という技術がある．これは，通常電源とは別個にリテンション用の電源を用意し，通常の電源が停止されても内容を保持しなければならない最低限の部分に電源を供給する仕組みである．完全に電源供給を停止すると復帰にはパワーアップシーケンス（とリセットシーケンス）を行う必要があり，数10μsから数msの時間がかかる．しかし，リテンションを行っている部分は，パワーアップシーケンスが不要なので，遅くても数マイクロ秒での復帰が可能である．リテンションの概念を図4（b）に示す．

パワーゲーティングを行う部分と行わない部分を1チップ内に共存させることを電源分離という．電源分離は昨今のMPUやMCUでは当たり前のように採用されている．図5にArmのCortex-MシリーズMCUでの電源分離を示す．

(5) さらなる低消費電力技術（マルチV_t）

リーク電流を下げるもう1つの方法としてトランジスタのV_t（スレッショルド電圧）が高い論理セルを使用することが考えられる．V_tはトランジスタがスイッチする境界の電圧である．V_tを高くすることでサブスレッショルド電流（リーク電流の一種）が流れにくくなる．

しかし，V_tが高いということは電圧の振幅を大きくとらないとトランジスタがスイッチしないことを意味する．つまり，V_tが高くなれば高くなるほどトランジスタのスイッチング速度が遅くなる．つまり，動作周波数が低くなる．しかし，1チップ全体の論理を見渡した場合，本当に高速で動作しなければならない箇所は（経験的に）全体の10%程度の面積（ゲート規模）でしかない．残りは低速動作で十分な場合がほとんどである．このため，高速動作が必要な（極小な）箇所は低V_tセルを使い，低速動作で十分な（大部分の）箇所は高V_tセルを使用して，リーク電流を最適化するという手法が取られる（図6）．この手法は異なるV_tのセルを1チップに混載するという意味でマルチV_tと呼ばれる．通常は高速，中速，低速のセルが用意さ

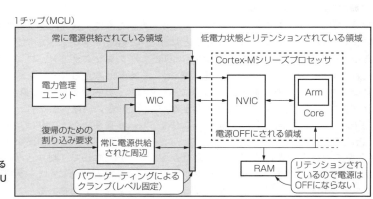

図5 低消費電力を実現するCortex-M採用のMCUのブロック図

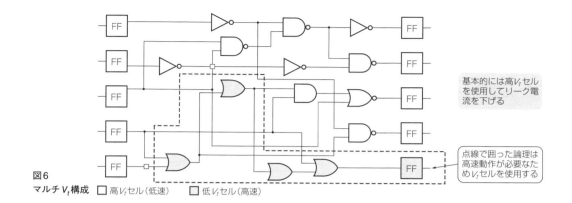

図6 マルチV_t構成 □高V_tセル(低速) □低V_tセル(高速)

れている(場合によっては超高速セルがある場合もある).最近の論理合成ツールはスピードの制約に従って最適な速度のセルを選択してくれる.

最近の低消費電力設計では,クロックゲーティング,マルチV_t,パワーゲーティングの三位一体で限りなく電力を最小にする努力が払われる.

ところで,製造プロセスの微細化が古くなる程,V_tも高くなる.つまり,世代の古い製造プロセスを意図的に使用して(サブスレッショルド)リーク電流を下げるという手法もある.

(6) そのほかの技術

MPUの内部回路はすべてが最高の周波数で動作する必要はない.クロックドメイン(一つのクロックが管理する領域)ごとに,処理の性質に応じて最適な周波数を選択することで,消費電力を最適化できる.たとえば,パイプラインを駆動するクロックは最高周波数であることが要求されるが,周辺回路に供給するクロックはそれほど高くなくてよい.とくに,割り込みのサンプリングは,かなり遅い周波数でも実用になる.

● **動作電圧と動作クロックの同時制御が主流**

近年,低消費電力を売りにするMPUは,動作電圧と動作クロックの両方をプログラムの負荷によって最適な値に設定できるようになっている.

動作クロックの変更は,先に説明したように,比較的簡単に実現できるので昔から行われている[注1].しかし,動作電圧の変更は容易ではない.MPUとしては動作電圧を変更できるタイミングを通知することしかできない.実際に動作電圧を変更するのは外部回路の役割である.この場合,多段階の電圧に対応したレ

ギュレータ回路が必要になる.

また,MPU自体も動作電圧を変更できるように設計していなければならない.通常のMPUは動作電圧が一意に定められている(変動誤差は±10%程度).しかし,電源電圧を可変にするには,ある程度の範囲をもった動作電圧を許可しなければならない.たとえば,1.0V〜1.6Vの場合,変動誤差があるので,実際には0.9V〜1.7V程度の範囲で正常動作が保証されてなければならない.2003年の時点で,このように広範囲の動作電圧に対応したMPUはIntelのXScaleとIBMのPowerPC405LPだけといわれている(ほかにもあるとは思うが).しかし現在では,動的に動作電圧を変更することは当たり前の技術になっている.

● **ArmのIEM** (Intelligent Energy Manager)

Arm社の提供するIEM技術は,動作電圧と動作周波数を同時に制御する技術である.基本的な手法は,OSにIEMソフトを追加して負荷状況を監視して,どの程度まで電圧,周波数を下げられるか予想することで最適な電圧と周波数を決定する.この場合,やみくもに電圧や周波数を下げるのではなく,アプリケーションの品質を落とさない(画面が乱れるようなことをしない)程度を見きわめられるのが特徴である.具体的には,アプリケーションのアプリごとにポリシと呼ばれるシステムの動作状況の監視プログラムを提供し,最適な動作を決定する(図7).

図8にIEM使用時のシステム構成について示す.電圧制御(Power Management Unit:PMU)は外付け,周波数変更(動的クロックジェネレータ)はSoCに内蔵となる.実際の実装では,Armコアの周辺回路として電圧クランプ回路とレベルシフタが必要である.

IEMを使えば,ArmのSoCの電力を75%削減可能であり,電池寿命を25%延ばせる.Arm社が公表しているムービープレーヤの例では,IEMなしで実行した場合に対し,10fps,15fps,20fpsの画質に対し,それぞれ,45%,37%,32%の電力が削減できる.こ

注1:とある低消費電力プロセッサのシンポジウムで各社の説明員にモトローラ特許をどのように回避しているのか聞いてみた.しかし,誰もそのような特許の存在を知らなかったのが驚きである.IBMの人は,そんな特許があったとしても,モトローラとはクロスライセンスを結んでいるので心配ないと豪語(?)していた.

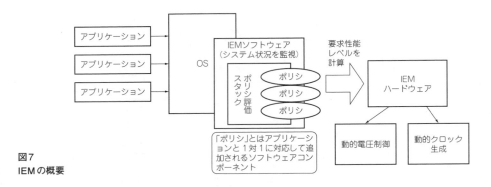

図7 IEMの概要

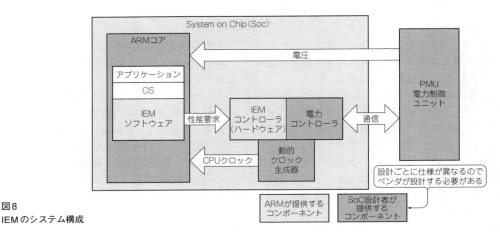

図8 IEMのシステム構成

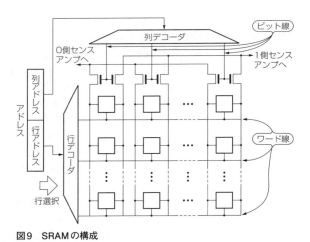

図9 SRAMの構成

れはCPUコアをアイドル状態にするだけでは得られない電力効率だそうだ.

簡易版として，ソフトウェアのみで制御するIEM-Oneが利用可能である．最大限に電力を削減するためには，ソフトウェアとハードウェアの両方で省電力を実現するIEM-Twoを提供する．これらはArmコアとは別個のライセンスとなる．

● **キャッシュの電力制御**

現在のRISCプロセッサはキャッシュの存在が必須である．しかし，MPUの内部でキャッシュがもっとも電力を消費する部分である．消費電力の半分がキャッシュによるものといっても過言ではない．このため，完全低消費電力を実現するためには，ゲーテッドクロックなどで，キャッシュ以外の部分の低消費電力化を行うだけでは不十分で，キャッシュそのものの電力を削減することが重要になる．

(1) **ブロック分割**

これは，キャッシュメモリを複数のバンク（ブロック）に分割して，必要なブロックのみを活性化してアクセスする方法である．具体的には，各メモリバンクは選択信号をもち，キャッシュをアクセスするアドレスの一部分をデコードすることにより，活性化するバンクを選択する．キャッシュの電力制御の方法として，ごく普通に行われている．

キャッシュメモリはSRAMで構成される．SRAMは，図9のようにメモリセルを2次元に配置し，アドレスを行（ロウ）アドレスと列（カラム）アドレスに分割して，アクセスするメモリセルの位置をデコードする．行選択で選ばれた複数のメモリセルが，ワード線を活性化することにより記憶していたデータとその反

転データをビット線に出力し，それをさらに列選択で選んだものをセンスアンプで増幅し読み出す．

ブロック分割は，行選択をさらに細かく選択して行うことである．つまり，一部のワード線しか活性化しない．メモリセルはフリップフロップに入出力用のゲートを付加したものであり，このゲートはワード線を活性化して駆動する．駆動するメモリセルが少ないほど消費される電流が少ないのは明らかで，結果として低消費電力を実現できる．

また，キャッシュのタグRAMとデータRAMを独立してアクセス可能にし，タグチェックでヒットしたデータRAMのみを活性化すると，さらに消費電力を低下させることができる．しかし，タグRAMの値を見ないとデータRAMにアクセスできないので，キャッシュのアクセスタイミングを苦しくして速度低下につながるおそれがある．

(2) ウェイ予測

これは，nウェイセットアソシアティブキャッシュにおいて，ヒット／ミスの判別時にすべてのウェイの内容を同時に読み出すのではなく，予測した順番でウェイを読み出す方法である．キャッシュを同時に読み出さない分，電力が少なくなる．この場合，予測を正しく行わないと，キャッシュアクセスに時間がかかってしまうが，スーパスカラ構成を採る場合は，リザベーションステーション（早い話が命令キュー）でそのロス時間も供給されてしまうといわれている．

また，ウェイ予測も，タグRAMの値を見ないとデータRAMにアクセスできないので，速度低下につながるおそれがある．

ウェイ予測に関しては，基本特許が多く出ているので，安易に採用することは難しいと思われる．しかし，堂々とウェイ予測を謳うMPUが発表されている現状を考えると，抜け道はいくらでもあるのだろう．

(3) キャッシュの階層化

キャッシュは，通常，L1キャッシュ，L2キャッシュ，L3キャッシュと階層化して使用される．これは，キャッシュのアクセス時間と内蔵できるキャッシュサイズとの兼ね合いで分割されていることが多い．つまり，L1キャッシュ，L2キャッシュ，L3キャッシュの順にキャッシュサイズが増加していくのが普通である．そして，L1キャッシュはL2キャッシュの内容の一部を，L2キャッシュはL3キャッシュの内容の一部をキャッシングする（ビクティムキャッシュはそうなってないが）注2．

このような階層構造は消費電力を下げる効果もある．一般的に，アクセスするキャッシュのサイズが大きいほど電力を消費するので，時間的，空間的に，できるだけ少ないサイズのキャッシュへのアクセスを優先することで低消費電力化を実現できる．この方式は，特殊な形態のブロック分割といえるかもしれない．

アドレス変換に使用するTLBでは，その内容をキャッシングしたマイクロTLBを最初にアクセスすることがあるが，これも同じ発想である．

● トランジスタレベルの低消費電力化

この分野は筆者の専門ではないので簡単に説明する．

トランジスタの集積度はムーアの法則にしたがって増大してきた．1971年に登場した4004と最新のPentium4を比較すると，動作周波数は約2万倍に，トランジスタ数は約2万4000倍にまで増大した．しかし，動作電圧は低下しているが，動作周波数とトランジスタ数の増加とともに消費電力も増加している．この消費電力がMPUを発熱させる要因となっている．Intelの試算では，MPUの発熱は，2007年には核反応炉と同レベルになり，2010年を過ぎた頃にはロケットの噴射口に匹敵し，ほどなく太陽の表面温度に等しくなるという．その意味でも，トランジスタの低消費電力化は必須である．

(1) リーク電流

半導体製造プロセスの微細化が進むと，当然，トランジスタは小さくなる．トランジスタは，シリコンの上に，シリコンと逆極性のソース領域とドレイン領域を形成し，それをゲートでつなぐ（図10）．ゲートに電圧をかけるとソースとドレインの間に電流が流れ，これがスイッチのように働く．

しかし，微細プロセスでは，ゲート長が短くなり，トランジスタが導通し始める電圧（しきい値：V_{th}）が低下して，ゲートに電圧をかけなくても漏れ電流（リーク電流）が流れてしまう．このリーク電流（オフリーク電流，または，チャネルリーク電流）のせいで，トランジスタが動いてなくても，電力を消費してしま

注2：1レベル外のキャッシュが，現在のレベルのキャッシュと内容を重複させない，イクスクルーシブキャッシュという手法も存在するが，ここでは考えない．

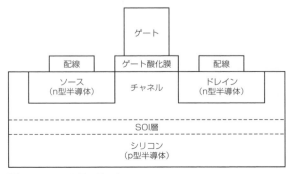

図10　nMOSトランジスタ

う．また，これでは，トランジスタがONなのかOFFなのか判別できないので，正常動作のためには，リーク電流を超える電流を流す必要がある．これも消費電力が増大する原因となる．

あるいは，ゲート長の縮小化にともない，ゲート酸化膜（絶縁膜）もほぼ比例して薄くする必要がある．しかし，膜厚が薄くなることにより，トンネル効果で，絶縁膜を通して流れるリーク電流（ゲートリーク電流）が無視できなくなる．

オフリーク電流とゲートリーク電流は，消費電力を増大させる要因になる．これは，電池駆動の機器においてはとくに深刻な問題であり，リーク電流を削減するための手法がいろいろ考案されている．

リーク電流を低減させる抜本的な方法を以下に示すが，とりあえず行われるのが，微細プロセスになるほど動作電圧を下げるという方法である．トランジスタを駆動する電圧が低ければ，流れる電流も小さく，消費電力が下がるという理論である（消費電力は電圧の2乗に比例する）．

(2) オフリーク電流対策

オフリーク電流対策としては，ソースやドレインを形成するシリコン層の厚さを薄くする方法がある．シリコン層にソースやドレインを形成すると，その影響による空乏層（depression region）注3の広がりがシリコンの厚みに対して小さく，空乏化されてないシリコンがゲートの下に残る．このシリコンがフローティングボディ（どこにも接続されていない電極）となり，その電位がトランジスタ特性に影響を与える．シリコン層を薄くしてゲートの下のシリコンを完全に空乏化するとフローティングボディがなくなり，また電流が通過できる範囲が狭められる（抵抗が増える）ため，オフリーク電流を低減できる．しかし，シリコン層の厚みはV_{th}に影響を与えるので，これを薄くするとV_{th}が下げられる反面，トランジスタの制御が難しくなる．したがって，やみくもにシリコン層を薄くすればいいというものでもない．

Intelは完全空乏型のシリコン層を使用することで，部分空乏型よりもオフリーク電流を1/100にできると発表している．このトランジスタは完全空乏型基板トランジスタ（Depleted Substrate Transistor），略してDSTと呼ばれる．DSTでは，V_{th}を下げられるので，トランジスタの動作電圧を低減したり，トランジスタのON/OFF動作を高速化したりするのに役立つ．DSTでは，部分空乏型SOIトランジスタとは異なり，フローティングボディ効果が発生しないので，従来のトランジスタと同じ方法で回路設計が行えるのが利点

注3：電荷を運ぶキャリア（電子または正孔）が存在していない領域のこと．空乏があると電流の流れが悪くなる．

であるとして，IBMを牽制している．

(3) ゲートリーク電流対策

ゲートリーク電流対策としては，ゲート酸化膜の素材を変更することが考えられている．ゲート酸化膜とは，ソースとドレイン間を流れる電流をゲートに流れ込まないように絶縁するための絶縁膜で，この部分が薄ければ薄いほどトランジスタは高速に動作する．しかし，ゲート酸化膜が薄くなるとゲートリーク電流が増加する．そこで，ゲート酸化膜を厚くする方法が考えられるが，できることならある程度の薄さも維持したい．

これを解決するため，ゲート酸化膜に誘電率の高い（high-k）材料を用いることで，誘電率の比率で酸化膜を厚くすることが可能になり，リーク電流が減る．これは，高速化技術のために提案されているlow-k材料および銅配線とは対極的であるが，こちらは配線に関する技術である．配線に関しては，寄生容量が電流の流れを妨げ，電力を消費する．このために，層間膜は誘電率の低い材質（low-k）や電気的抵抗の少ない銅配線が好まれるのである．ゲート酸化膜に何が最適な素材であるかは，半導体

メーカが力を入れて研究している分野であり，現状でこれといった決定版はない．現在，ゲート酸化膜には二酸化シリコン（SiO_2）を使うことが多い．high-kの絶縁膜の目的は，物理的には厚い膜で，薄いSiO_2と同じ電気特性（ゲート容量）を実現することでる．しかしIntelは，将来的には，誘電率が二酸化シリコンの約5倍の酸化ジルコニウム（ジルコニア：ZrO_2），酸化ハフニウム（HfO_2），二酸化チタン（TiO_2），五酸化タンタル（Ta_2O_5）などを使用することを提案している．AMDは誘電率が約2倍の窒化シリコン（Si_3N_4）を使用することを提案している．これらを使用することで，二酸化シリコンと同じ電気的性能を発揮しながら，ゲートリーク電流をその1/10,000 〜 1/1,000に抑えることができるといわれている．

ただ，high-kの絶縁膜は，二酸化シリコンとは違って製造が難しいうえ，シリコンとの相性が悪く，信頼性に問題があるといわれている．また，high-kの絶縁膜では，SiO_2に比べるとキャリア（電子や正孔）の移動度が落ちる（つまり，動作速度が落ちる）という問題もある．これらを解決するのが今後の課題である．新しいゲート絶縁膜が主流になる時期は，早くてもゲート長が65nmの世代だろうといわれている．

High-k絶縁膜の問題を解決するための一つの手段がメタル（金属）ゲートである．従来のゲート電極はポリシリコン（多結晶Si）を使用していたが，NMOSトランジスタやPMOSトランジスタに最適な金属素材を使用してゲートを作る．メタルゲートは抵抗が小さく，ゲート空乏化が発生しないので，トランジスタ

性能は劣化しない.

メタルゲートの材質には今後も研究の余地が残されているが, NMOSではTaSiN, PMOSにはTiNが使われることが多いようである.

2002年に開催されたIEDM (International Electron Device Meeting) では, high-kの絶縁膜としてHfO2が一般的になった感がある. これの膜質の改良や製造性の改善のためにNやAl, Siを添加する論文が多数提出されている.

High-k酸化膜とは別の考え方はバックゲートバイアスである. トランジスタのゲートに逆方向 (バックゲート) の電圧をかけるとゲートを流れる電流が抑制される. このバイアス電圧をうまく調整すればゲートリーク電流を理論的にはゼロにできる. この技術はIBMやIntelが積極的に研究している.

TransmetaはEfficeonに搭載するLongRun2でトランジスタのV_{th}をソフトウェアで動的に制御することでゲートリーク電流を削減すると発表している. 高速化のためにはV_{th}を低くする必要があるが, リーク電流が増加する. とくに90nmプロセスではV_{th}が低くなるため, リーク電流の削減は重要である. 逆にV_{th}を上げるとリーク電流は少なくなるが高速動作は期待できない. LongRun2はCMS (Code Morphing Software) でプログラムの負荷を監視し, 負荷が少ない場合はVthを上げる技術である. 既存のLongRunを使った場合, Efficeonのゲートリーク電流は144mWであるが, LongRun2では2mWに下げられるという.

LongRun2を実現する具体的な手法は明らかにされてないが, Transmetaによると「回路にほんのわずかな改良を加えた」ということだ. しかし, 大方の見方としてはバックゲートバイアスの変形ではないかと考えられている. バックゲートバイアス電圧によってV_{th}を相対的に制御できる.

なお, 2003年のMicroprocessor Forumで公表されたLongRun2技術は「全体像の10%にすぎない」という話であり, さらに画期的な電力低下技術が隠されている可能性がある.

(4) SOI 技術

あるいは, SOI (Sillicon On Insulator：絶縁体の上のシリコン) という技術で, ソース-ドレインとシリコン基板の間に二酸化シリコンによる極薄の絶縁層を組み込む方法がある. SOI層を加えることで, シリコン基板とソースあるいはドレインの間の寄生容量を低減することにより, ソース-ドレイン間の抵抗を減少させ, 電流の流れを20～30%よくする技術である. 同じ性能 (電流の量) であれば, 電源電圧を下げることにより消費電力をほぼ半減できる. まあ, これは, 低消費電力というよりも高速化技術である.

SOIという技術は, 30年以上前から半導体メーカが研究をしている. その中でも有名なのは, Harris Semiconductor社のSOS (シリコンオンサファイヤ) である. しかし, これは非常に高価なため実用にならなかった. 現在は, 二酸化シリコンを使用して比較的安価に作られているが, 今後も新たな材質の発見が望まれる.

● 2024年時点での低消費電力技術の進化

このような表題をつけてみたが, ここ20年でMPUの低消費電力技術に大きな革新はない. クロックゲーティング, パワーゲーティング, マルチV_t (複数のしきい値電圧) などは既に一般的に採用されている. 新しい技術を挙げるとした場合, 最新プロセス技術の利用や, マルチコアを含むbig.LITTLEアーキテクチャの進化が注目される点だろう.

最新のMPUは, 5nmや3nmといった極微細なプロセス技術で製造されている. これにより, トランジスタのスケーリングが進み, 同じダイサイズでもより多くのトランジスタを集積し, 消費電力を抑えながら性能を向上させることが可能になっている. また, FinFETやGAAFET (Gate-All-Around FET) のような新しいトランジスタ設計が採用され, 漏れ電流の抑制や低消費電力動作も実現されている.

Armが最初に提唱したbig.LITTLEアーキテクチャは, 最近のMPUでは高性能のPコア (bigコア) と高効率のEコア (LITTLEコア) を同一シリコン上に実装し, タスクの負荷に応じてPコアとEコアを使い分ける手法が一般化している. また, PコアとEコアを別々のダイで実装し, チップレット技術で結合する方式も広く採用されている.

このように, 低消費電力技術の最新動向は, 基本技術の延長線上にあり, これまでの技術を進化させた形で発展していることが分かる.

まとめ

今後, ますます重要な技術になると考えられる低消費電力技術について述べてきた. その根本原理は, 低い動作周波数と低い動作電圧を実現すること, 回路の内部状態をできるだけ変化させないこと, 一度に駆動する回路を減らすことである. これらを組み合わせることで, 今後もいろいろな制御方式が考案されていくことと思われる. トランジスタレベルでの低消費電力化については, 現在発展途上というところだろうか. また, トランジスタレベルでの低消費電力化技術は高速化技術と組で研究されているので, Appendox 3 高速化技術の章も参照してほしい.

◆参考文献◆

(1) 中川 靖：64ビットRISCマイクロプロセッサV_R4131, NEC Device Technology, 2001, No.74.

Chapter 6

外的要因と内的要因，ハードウェア割り込みと
ソフトウェア割り込みの違いを理解する

割り込みと例外の概念とその違い

割り込みには，MPUの動作とはまったく非同期に外部のデバイスが要求するハードウェア割り込みと，プログラム中に明示的に分岐命令を記述するソフトウェア割り込みがある．また，プログラムの実行結果によって発生する予期しない事象を例外と呼ぶ．ハードウェア割り込みは外的要因で発生するが，ソフトウェア割り込みと例外はMPUの内的要因で発生する．例外と割り込みの区別はそれぞれのMPUアーキテクチャ上の決め事であり，その本質は同じと考えられる．

以前，筆者は割り込みというものの概念がよくわからなかった．

MPUは与えられた処理を順次こなしていく．その処理に割り込んで，いったい何をするのか．処理Aをこなしながら処理Bも行う必要があるのなら，AとBを同時に実行するようにプログラムすればよいではないか．

例外についても同様に，言っていることは固定アドレスに分岐して戻ってくることである．それはサブルーチンコールと何が違うのか．

以降の解説は，経験を積んで筆者が感じ取った割り込みと例外の意義やしくみである．

1 MPUにおける割り込みと例外

● 割り込みとは何か

割り込みとは，一連の仕事をしているときにその仕事を中断させて別の仕事をさせることである．割り込みされる側からすると，予期しないタイミングで発生するのが特徴である．

MPUでアプリケーションプログラムを実行する場合，通常は割り込みを意識しない．割り込みが発生するとそれまでの処理は中断され，特定の割り込み処理を行って元の処理に復帰する．アプリケーションプログラム側は割り込まれたことに気付かない（図1）．

MPUのプログラム実行順序としては，図1のように一筆書き状態の順番でプログラムを実行しているにすぎないが，人間の時間感覚で見ると，本来の処理と割り込み処理が平行に実行されたように見える．本来のプログラムが気付かないうちに並行動作が行われる…ここに割り込みの本質がある．

● ハードウェア割り込みとソフトウェア割り込み

割り込みは大きく分けて，MPUに接続された外部のデバイスが要求するハードウェア割り込みと，プログラムで明示的に要求するソフトウェア割り込みの二つがある．

ハードウェア割り込みとは，図1のように外部からの要因でジャンプ命令などを使わずにプログラムの実行を分岐することである．ハードウェア割り込みはアプリケーションプログラムには見えない．外部のハードウェアの状態が変わったことを検出し，それにしたがって処理が必要な場合に利用する．一般的に，外部割り込みはMPUの処理とは非同期に行われる．

一方，ソフトウェア割り込みは，割り込み処理へ切り替える命令をアプリケーションプログラム中に明示的に記述する（図2）．この意味で，ソフトウェア割り込みはサブルーチンコールのようにもみえる．たいていのMPUには，ソフトウェア割り込みを発生させるためのトラップ命令やシステムコール命令が用意されている．

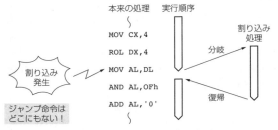

図1　割り込み処理の概念（ハードウェア割り込み）

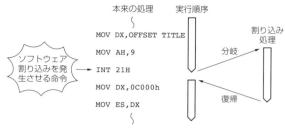

図2　ソフトウェア割り込み

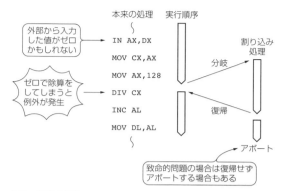

図3　例外の概念

● 例外とは何か

　一般的に割り込みは，プログラムの実行とは無関係（非同期）に発生するが，プログラムの実行結果によって発生する予期しない事象がある．たとえば，ゼロ除算，オーバフロー，アドレスエラー，ページフォルト（TLBミス）などである．これらの発生によってもプログラムの処理は中断され，それら予期しない状態を処理するプログラムが実行される（図3）．

　これらは，要因がプログラムの実行そのものにあり，外部からの要因によって割り込まれたわけではないので，とくに**例外**と呼ぶ．

　「例外」を辞書で引くと，「通例の原則にあてはまらないこと．一般の原則の適用を受けないこと．また，そのもの．」とある．コンピュータの世界でもイメージは同じだが，命令の処理が通常と同じようには終了しない事象を表す．

　どのような事象が発生したときに例外となるのかは，MPUのアーキテクチャによって異なる．たとえば，定義されていない命令コードを実行すると，あるアーキテクチャでは例外となるが，あるアーキテクチャではNOPと同じ動作となり，そのままプログラムを実行し続ける．

● 割り込みと例外の区別

　要因発生後の動作，つまり割り込み処理へ分岐する動作は，割り込みも例外も共通である．しかし，割り込みの場合は元のプログラムに復帰するのが前提であるが，例外は場合によっては，致命的な事象と判断してプログラム処理を中止（アボート）することもある．

　事象発生後の挙動が同じという点で，割り込みと例外は言葉のうえでの区別のようにも思える．実際，割り込みと例外を同一視するアーキテクチャのMPUも多い．そのような場合，外的要因によるハードウェア割り込みを**外部割り込み**，内的要因による例外とソフトウェア割り込みを**内部割り込み**と呼んで区別する．

　割り込みと呼ぶか例外と呼ぶかは，そのMPUのアーキテクチャ上の決め事である．ここでは原則として，外的要因によるものを割り込み，内的要因によるものを例外として話を進める（とはいえ，「ソフトウェア例外」とはあまり呼ばないが…）．

● ベクタとハンドラ

　割り込みが発生すると割り込み処理へ分岐するわけだが，どこへ分岐するかを示すものを**割り込みベクタ**と呼ぶ．そして，割り込み処理ルーチンのことを，**割り込みハンドラ**と呼ぶ．また，割り込みと呼ぶか例外と呼ぶかに対応して，ベクタとハンドラも，割り込みベクタ，割り込みハンドラ，例外ベクタ，例外ハンドラと呼ばれる．

● 割り込みの受け付け，NMIとリセット

　割り込みとは，本来の処理の途中で別の処理を行わせることだが，処理の内容によっては，実際に連続して実行しないと意味をなさない場合や，途中で割り込み処理が実行されては都合の悪い場合もある．そのような場合は，割り込みの受け付けを禁止することもできる．

　しかし，外的要因の中には非常に緊急性を有する事象もある．もしそれが発生した場合は，割り込まれると都合の悪い処理であっても，その緊急の割り込み処理を実行する必要があるだろう．このような重要な割り込みは，割り込み受け付け禁止ができない割り込みとして**ノンマスカブル割り込み**（Non Maskable Interrupt，NMI）を使う．通常，割り込みと呼ぶ場合は，ソフトウェアで割り込みの受け付けを禁止することができる**マスカブル割り込み**のことをいう．

　MPUのアーキテクチャによっては，リセットも割り込みや例外に分類するものがある．割り込みベクタがプログラマブルなMPUであっても，さすがにリセット時は特定のアドレスから実行を開始したり，特定アドレスのメモリを読み込み，その値をアドレスとして実行を開始したりする（リセットベクタ）．また，ノンマスカブル割り込みという意味では，リセットも

207

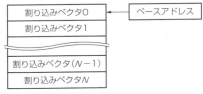

図4 割り込みベクタテーブル

ノンマスカブルな割り込みといえる．しかもNMIよりも優先度が高く，MPUの中ではもっとも優先度の高い割り込みといえる．

● 割り込みベクタテーブル

　CISC系MPUの多くは，割り込みや例外に対する割り込みベクタの値，つまり割り込みハンドラのアドレスを自由に設定することができる．その割り込みベクタをある決められた順序でメモリ上に並べたものを**割り込みベクタテーブル**と呼ぶ．

　多くの場合，割り込みベクタテーブルのベースアドレス，つまり先頭の割り込みベクタが格納されているアドレスは物理アドレスの0番地である．MMUをサポートするMPUでは，この割り込みベクタのベースアドレス（物理アドレスで指定する）を変更可能な場合が多い．そのため，割り込みベクタのベースアドレスを保持する特別なレジスタが用意されている．このベースアドレスレジスタの値を変更することで，割り込みベクタテーブルを任意のアドレスに配置することができる（図4）．

　一方，RISC系MPUの多くは，割り込みベクタの値がアーキテクチャで一意に決められているので，割り込みベクタテーブルというものは存在しないことが多い．さらに，割り込みベクタの値は仮想アドレスだが，対応する物理アドレスは1対1で決まっている（たとえば，アドレス変換されない）ことが多い．

2 外部割り込みと例外の動作の概要

　ここでは，ハードウェア（外部）割り込みと例外の動作について解説する．以降ではとくに明記しない限り，ハードウェア割り込みを単に「割り込み」と示す

Column1　ソフトウェア割り込みとサブルーチンコール

　ソフトウェア割り込みは，トラップ命令やシステムコール命令などのように，プログラムで明示的に記述して積極的に発生させる割り込みである．ソフトウェア割り込みは，OSが提供するサービスを得るためのシステムコールのインターフェースとして利用される．意味的にはサブルーチンコールと大差はない．それではなぜ，ソフトウェア割り込みというわずらわしい（わけでもないが）手順を踏むのであろうか．それには少なくとも二つの理由がある．

　一つは実行レベルの問題である．WindowsやLinuxでは，ユーザープログラムはMPUの提供するユーザーモードで実行されている．それに対して，OS内部はカーネルモードで実行される．通常のサブルーチンコールでは現在の実行レベルを保持するので，ユーザープログラムからコールしたサブルーチンでは特権命令を実行できない．ソフトウェア割り込みによって，実行レベルを特権レベルに上げることができる．

　二つ目はコールするアドレスの問題である．WindowsやLinux上のユーザープログラムは，基本的にすべて仮想アドレス上で動作する．一方，OSのサービスルーチンの先頭アドレスは一意に決まっている．その先頭アドレスを明示的にユーザープログラムで指定するには，仮想アドレスがどの物理アドレスに変換されるのかを知る手段がない以上，一般には不可能である．割り込みベクタテーブルは，通常，システムに一つだけ存在するので，OSのサービスを割り込みハンドラで指定するようにすれば，すべてのタスクから同じOSのサービスルーチンを実行できてむだがない．

　歴史的にながめれば，保護やアドレス変換がない昔のMPUでは，システムコールがサブルーチンコールによって行われていた．これは仕方のないことである（というか，それ以外の方法はなかった）．しかし，比較的新しいところでは，OS/2でもシステムコールをサブルーチンコールで実現していた．その当時，すでにMS-DOSではシステムコールにINT命令を使用していたので，OS/2は先祖返りといえなくもない．なぜ，そのようなしくみを採用したのか，IBMの見解を聞いてみたいものである．OS/2を動作させるMPUが，アドレス変換がまだ洗練されてなかった80286だったことが一因かもしれない．

　面白いところでは，Windows CEや一部のLinuxのシステムでは，システムコールにアドレスエラーを利用している．MPUにはトラップ命令やシステムコール命令が用意されているのに，なぜこうなっているのかは謎である．

ことにする．ソフトウェア割り込みについては，コラム1を参照してほしい．

● 割り込まれるプログラムの影響

割り込みや例外は，割り込まれるプログラム側からすれば，意図しない場所で秘密裏に処理される．このときの動作はどうなっているのだろうか．まず，プログラムの実行を規定する要因を考えよう．ある瞬間のプログラムを完全に再現するには，

- プログラムの命令コードとデータ
- プログラムでアクセス可能なすべてのレジスタの値
- PC（プログラムカウンタ）の値
- SR（ステータスレジスタ）の値

といったデータが一意に定まっていればよい．これらの情報をコンテキストと呼ぶ．ここでPCは，いうまでもなく，現在実行している命令コードのアドレスである．SRは，PSW（Program Status Word）やPSR（Program Status Register）とも呼ばれ，条件分岐用の条件フラグや実行レベルが含まれる（x86でいうところのFLAGレジスタ）．

これらのうち，プログラムの命令コードとデータは，そのプログラムの実行が終了するまで物理メモリまたは補助記憶上に存在しているので，とくに気にする必要はない．レジスタの値は壊されると困るので，割り込みハンドラでは，そこで使用するレジスタの値をスタックなどに退避しておき，例外ハンドラを抜けるときに退避しておいた値を書き戻してやればよい．レジスタは割り込みハンドラで使用しないこともあるが，PCとSRの値は必ず変更される．つまり，PCとSRがプログラムの挙動を性格付ける．

結論として，各レジスタやPCとSRを割り込み処理の前に保存し，割り込み処理を終了した後で元に戻してやれば，割り込まれたプログラムは何も知らずに処理を継続することができる．

● 割り込み/例外発生時の動作

実際に，割り込みや例外が発生したときのMPU内の動きについて見てみよう（図5）．多くのMPUでは，割り込みや例外が発生すると，PCとSRを自動的に特定の場所に退避するようになっている．また，外部から割り込みアクノリッジ（ベクタ）を読み込むMPUもある（詳細は，実際のMPUでの動作の項目で説明）．

CISC系MPUでは，割り込みや例外が発生するとPCとSRを（割り込み用）スタックに退避し，割り込みからの復帰を指示する命令（RETIなど）を実行すると，スタックからPCとSRの元の値を取り出して，新たにPCとSRに設定し直す．

RISC系MPUでは，スタックアクセス（=メモリア

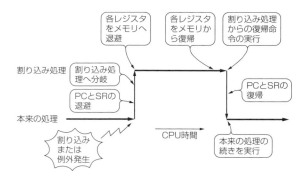

図5　割り込み/例外処理の動作の概要

クセス）を行うと処理速度が低下してしまうので，退避専用の特殊レジスタに値を格納する．割り込みハンドラの終了を指示する命令は，PCとSRの値をこの特殊レジスタから取り出す．これらのレジスタは1組しか用意されていないのが普通で，多重に割り込みや例外が発生すると値が上書きされてしまう．多重に割り込みが発生する可能性がある場合は，スタックなりメモリなりに内容を退避する必要がある（RISCにもスタックという概念はある）．

割り込み発生前と割り込みハンドラからの復帰後で，プログラムが使用しているレジスタの値は保存されなければならない．このレジスタの退避/回復処理は大量のメモリアクセスを伴うので，性能低下につながる．それを避けるため，アーキテクチャによっては割り込みハンドラのみがアクセスできる，通常のレジスタとは独立したレジスタを提供していることもある．このような構造をレジスタバンクと呼ぶ．Armなどのアーキテクチャは，例外の種類ごとに数種類のレジスタバンクを備える．

また，割り込みからの復帰命令はMPUによって異なるが，だいたい次のような名称で呼ばれる．

```
RETI (RETurn from Interrupt)
RETE (RETurn form Exception)
IRET (Interrupt RETurn)
ERET (Exception RETurn)
```

この名称によって，そのMPUのアーキテクチャが割り込み/例外のことを，割り込み（Interrupt）と呼んでいるか，例外（Exception）と呼んでいるかを知ることができる．

● 割り込み発生と割り込みマスク

一般的なMPUでは，一度に一つの割り込み要求しか受け付けないようにするため，割り込み発生時には新たな割り込みの受け付けができなくなる．ソフトウェアによる割り込みや例外処理中に発生する割り込みは，割り込み処理が終了するまで待たされる．具体

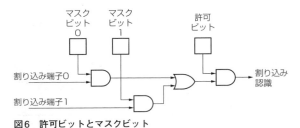

図6 許可ビットとマスクビット

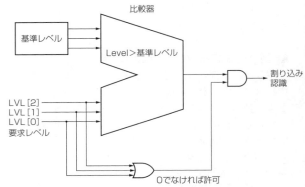

図7 レベル方式による優先順位付き複数割り込み入力

的には，復帰命令を実行して割り込みが許可されるまで，新たな割り込みは受け付けない．

一方，ソフトウェアによる割り込みや例外処理中に発生する例外に関しては，禁止（マスク）する手段がない．多くの場合はその例外処理に移行するが，発生する例外の種類によっては2重例外による致命的例外となり，MPUの実行が停止する場合もある．

一般に，例外処理中には割り込みの受け付けが禁止されるが，意図的にSRを書き換えれば割り込みの受け付けを可能にすることもできる（多重割り込みについては後述）．

● 割り込み許可とマスク

通常，割り込みには許可ビットとマスクビットが用意されている．許可ビットとは，割り込みの受け付けを許可するか否かを指定するビットである．割り込み発生時に新たな割り込みを受け付けないようにする機構は，この許可ビットを自動的に受け付け禁止に設定することで実現されていることが多い．

一方，マスクビットとは，割り込みをマスク（覆い隠す＝禁止する）ためのビットである．MPUが割り込み端子を1本しかサポートしていない場合は，マスクビットの意味はない．許可ビットとまったく同じ意味となるからである．

後述するように，複数の割り込み入力がある場合，それぞれの割り込み要求に対して1対1にマスクビットが存在し，割り込み要因ごとに独立して割り込みを禁止する場合にマスクビットを使う．そして，MPUとして全割り込みの受け付けを許可するか否かを許可ビットで指定する．いずれにせよ，許可ビットとマスクビットの両方で割り込みが許可されていないと，割り込み要求は受け付けられない（図6）．

● 複数割り込みと優先順位

割り込み要求はたいていの場合，MPUの外部端子によって通知される．バスサイクルで与えられるMPUもあるが，ごく稀なケースなのでここでは割愛する．

MPUによっては，外部割り込み入力が1本という場合もあるが，実際にシステムを構築する場合には，割り込み要因が10を越えることは珍しくなく，複数の外部割り込みを扱う要求が出てくる．割り込みが複数ある場合は，割り込みの優先順位をどうするかも問題である．

MPUによっては，外部割り込みを優先順位付きのレベルで識別できる．この場合，割り込み端子は複数本からなり，その端子状態が割り込み要求のレベルを表す．たとえば，割り込み端子の本数が3本なら，0～7の8種類のレベルを要求できる．このレベルはそのまま割り込みの優先順位となり，MPU内に記憶されている基準レベルと比較され，それより優先順位が高い場合は割り込みを受け付ける．

図7は，要求レベルの値が大きいほど優先順位が高いものと仮定し，0の場合が割り込みなしの状態となっているときの割り込みを認識するしくみである．この基準レベルはソフトウェアで任意に変更できる．つまり，ある優先順位の割り込みを処理している場合は，それより優先順位の低い割り込み要求を受け付けないようにもできる．この場合，基準レベルが割り込みのマスクとして機能している．逆に，現在より優先順位の高い割り込み要求が発生すると受け付けてしまう．それを防ぐためには，ソフトウェアで現在処理中の優先順位を最高位に上げておかなければならない．

● 割り込みコントローラ

図7のようなMPUでは，割り込み要因に対応した値（レベル）を割り込み入力端子に入力する必要がある．しかし，外部割り込みを発生させる一般的な外部デバイスは，割り込み要求時に割り込み出力端子をアサートする機能しかもたず，それ自身ではレベルを生成することができないものが多い．

そのような場合は，プライオリティエンコーダ（優先順位の符号化器）を使用し，割り込み要因に対応したレベルをMPUに入力できるようにする．また，複

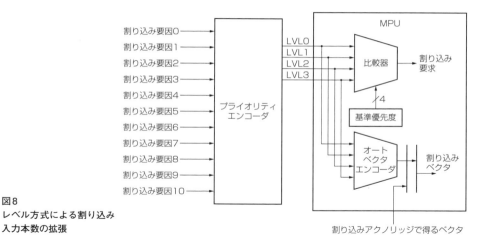

図8
レベル方式による割り込み
入力本数の拡張

数の割り込みが同時に発生した場合は，もっとも優先順位の高い割り込み要因のレベルをMPUに入力する（**図8**）．このように，複数の割り込み要因を優先順位を考慮してMPUに伝達するデバイスを，**割り込みコントローラ**と呼ぶ．

MPUに割り込み端子が複数あっても，レベル入力方式でない場合もある．その場合は，各割り込み端子自体が優先順位をもっている．たとえば，INT0，INT1，INT2という割り込み端子があれば，INT0＜INT1＜INT2の順に優先順位が高く，複数の割り込み端子が同時にアサートされる場合は，より高い優先順位の割り込みが受け付けられる．MPUに用意されている割り込み入力本数では足りない場合は，外部に割り込みコントローラをカスケード接続するなどして割り込み入力を拡張する必要がある（**図9**）．

また，MPUによっては，複数の割り込み端子を有していても，それらにハードウェア的な優先順位がないこともある．その場合，マスカブル割り込みの割り込みベクタは1種類で，あとはソフトウェアで「よきに計らえ」ということになる．

具体的には，すべての割り込み端子の状態がソフトウェアから見えるようになっていて，それを見ながらソフトウェアで適当に優先順位をつけて処理することになる．この場合，割り込みを認識するソフトウェアのステップ数が増加するので割り込みハンドラの処理が重くなる．しかし，ハードウェア構成が単純なので，RISC系のMPUではこの構成がしばしば採用される．

● **多重割り込み**

複数の割り込み要因が優先順位付きでMPUに入力される場合，優先順位の低い割り込み処理中に，より優先順位の高い割り込みが発生する可能性がある．

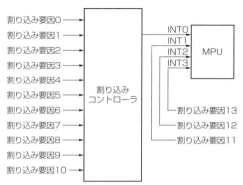

図9 割り込み入力端子に優先順位がある場合の割り込み入力の拡張

通常，割り込み処理中（割り込みハンドラの実行中）は新たな割り込みの受け付けはマスクされる．しかし，割り込みハンドラ内でも，割り込み許可ビットをセットして，より優先度の高い割り込み要求の受け付けを許すようにもできる．これにより，より優先度が高い割り込みが発生した場合，そちらの割り込み処理を開始することができる．これを**多重割り込み**と呼ぶ．

多重割り込みは，CISC系MPUなどのPCやSRがスタックに保存されるMPUなどでは，とくに考慮が必要となるような問題はない．しかし，RISC系MPUなど，PCとSRが専用レジスタに退避されるだけの方式では，多重割り込みを許可する前に，その専用レジスタの内容が書き潰されないように，元の値をスタックなどの領域に退避しておく必要がある．

● **割り込みを受け付けるタイミング**

割り込み要求が発生したとき，MPUがその要求を受け付けるタイミングはいつだろうか．それは，

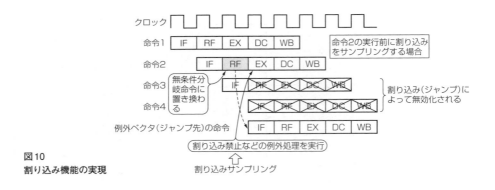

図10 割り込み機能の実現

MPUが割り込み処理を行うのに都合のよいタイミングである.

いくらなんでも，命令を実行している途中（具体的には結果をデスティネーションレジスタにライトバックする前に）で割り込みを受け付けたりしたら，一時的に保持している値が壊れてしまうので，正しい結果をライトバックできない．この意味からも，割り込みは命令の実行終了後，次の命令の実行前のタイミングで受け付けられるのが普通である．

RISCでは，1命令の実行時間は基本的に1クロックなので，たいていの場合は，割り込みを要求してから1クロック後には割り込みが受け付けられる．ただし，FPUの除算命令などは実行に50クロック以上もかかることもあり，その場合には割り込みを受け付けるまでに最悪50クロック程度かかることになる．

CISCの場合，1命令で行う処理の複雑さゆえ，命令の実行時間は通常1クロック以上である．たとえば，文字列転送命令や，倍精度の浮動小数点命令の実行には200クロック以上かかることも珍しくない．

これでは割り込み応答性のよいリアルタイムOSを作ることはさすがに難しい．そこで，CISCのMPUでは，実行時間の長い命令に関しては，例外的に命令実行の途中で割り込みを受け付けるようになっている．

割り込み発生時にスタックに積まれるPCの値は，一般には，次の命令のPC（Next PC）であるが，命令実行中に割り込みを受け付ける場合は，実行を中断した命令（実行中の命令）のPC（Current PC）である．このため，割り込みハンドラでRETIなどの復帰命令を実行すると，中断した命令から実行が再開される．MPU内部では，命令の再開処理がうまくいくようなしくみが用意されているのである．

● 割り込み機能の実装

実際に，MPUで割り込み機能を実装するためにはどうするのだろうか．簡単に説明すると，命令がパイプラインを流れる間に割り込みを受け付けると，その命令を割り込みベクタへ分岐するジャンプ命令に置き換える．

割り込みと例外はほとんど同じ処理になるので，割り込みがあるかないかを調べるタイミング（サンプリングという）は，例外検出を行うタイミングと同じ場合が多い．つまり，例外発生時も，その命令を例外ベクタへのジャンプ命令に置き換えることで実現できる．

たとえば，IF（命令フェッチ），RF（デコード），EX（実行），DC（データアクセス），WB（ライトバック）からなる5段パイプラインのMPUを考える．例外として考えられるのは，RFステージでの未定義命令例外（ブレークポイントやシステムコールを含む）とDCステージでのアドレスエラー（データのTLBミスを含む）やEXステージの結果に依存するトラップやオーバフローなどである．

このような場合，RFステージかDCステージで割り込みをサンプリングするのが普通である．割り込み応答を良くしたい場合は，RFステージとDCステージの両方で割り込みのサンプリングを行う．

ただし，DCステージで割り込みをサンプリングする場合は，命令のデコードはすでに終了しているので，単純に例外ベクタへのジャンプ命令に置き換えることはできない．この場合は，その命令をジャンプ命令に置き換えるというよりは，次にフェッチする命令をジャンプ命令に置き換えると考える．処理的には，RFステージでサンプリングするよりも複雑である（それならば，すべてDCステージでサンプリングすればよいという考えも当然ある）．

図10に，RFステージで割り込みをサンプリングする場合の割り込み処理の概略を示す．パイプラインの制御はジャンプ命令と同じでよいので，割り込みを受け付けた後続命令を無効化する処理もジャンプ命令と同様の制御で実現できる．割り込みだけでなく，例外処理も同じ実装でよいが，命令フェッチ時のアドレスエラーやTLBミスの場合は，例外ベクタへのジャンプ命令をフェッチしてくると思えばよい．

とくに例外は，実行（EXステージ）が終わらないと発生の有無がわからない場合もあるので，DCステー

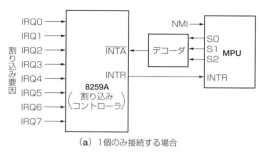

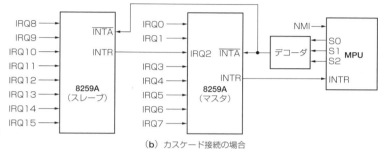

図11
x86用割り込みコントローラ
8259の接続

(a) 1個のみ接続する場合

(b) カスケード接続の場合

ジでのサンプリングは必須である．DCステージは，演算結果を書き戻す（WBステージ）直前であり，無効な結果を書き戻さないようにするための最後のチャンスである（割り込みなら1命令後で発生してもかまわない）．DCステージで例外を検出した場合は，WBステージでの書き込みを禁止して，次にフェッチする命令をジャンプ命令に置き換える．

3 割り込みと例外処理の実際

それでは，実際のMPUにおける割り込みと例外処理について，いくつかのアーキテクチャのMPUを取り上げて説明する．

● x86の場合

x86での割り込みはハードウェア割り込みのことを指し，周辺デバイスからの割り込み要求によって発生する．例外は，トラップ，フォールト，アボートに区別される．トラップとはINT xといったソフトウェ

ア割り込み，フォールトは主としてMMU関連の例外，アボートは処理が続けられないようなエラー発生時の例外である．

▶ハードウェア構成

x86アーキテクチャのMPUでは，割り込みコントローラとしてIntelの8259AというLSIを想定している（最近では，APIC = Advanced Programmable Interrupt Controllerがその役割を果たす）．MPUと割り込みコントローラは，図11(a)のように接続される．8259Aは1個で八つまでの割り込み要因しか処理できない．それ以上の割り込み要因が必要な場合は，図11(b)のように割り込みコントローラをカスケード接続して対応する．

割り込み発生時の割り込みコントローラの動作を図12に示す．これを割り込みアクノリッジサイクルと呼ぶ．8259Aは，割り込みを出力するデバイスからの割り込み要求を察知すると，MPUの外部端子である割り込み要求端子（INTR）をアサートし，外部割り込み要求の存在を知らせる．

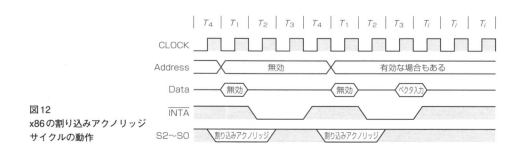

図12
x86の割り込みアクノリッジサイクルの動作

MPUは外部割り込みの存在を感知すると，割り込みアクノリッジを示す信号（S2 ～ S0端子）を出力する．そこで，割り込みコントローラはデータバスに割り込み番号（ベクタ）を与えて割り込みの種類を示す．割り込みアクノリッジ・サイクルが2回発生するのは8259Aのつごうである．

1回目で割り込みが発生したことを認識し，2回目で割り込みベクタを返す．なお，ここでいうベクタとは，割り込みハンドラの先頭アドレスではない点に注意してほしい．

割り込みアクノリッジサイクル自体は，「要求された割り込みを受け付けた」という意味ももっている．割り込みアクノリッジが発生しないということは，要求された割り込みが無視されたということである．これは，割り込みがマスク（禁止）されている場合に起こりえる．

その場合，割り込みコントローラは割り込み要求端子をアサートし続け，割り込みアクノリッジが発生するのを待つのが普通である．通常，割り込み要求端子は，割り込みアクノリッジが発生するまでアサートし続ける．

▶割り込み番号とその要因

x86がサポートする割り込み番号とその要因を**表1**に示す．ソフトウェア割り込みを発生するINT命令

表1　x86の割り込み番号とその要因

割り込み番号	種　類	要　　因
0x00	フォールト	除算エラー
0x01	フォールト	デバッガ割り込み（トレース）
0x02	アボート	NMI
0x03	トラップ	INT 3（ブレークポイント）
0x04	トラップ	INTO
0x05	フォールト	配列境界違反
0x06	フォールト	無効命令
0x07	フォールト	コプロセッサ無効
0x08	アボート	ダブルフォールト
0x09	アボート	コプロセッサセグメントオーバラン
0x0A	フォールト	無効TSS
0x0B	フォールト	セグメント不在
0x0C	フォールト	スタック例外
0x0D	フォールト	一般保護例外
0x0E	フォールト	ページフォールト
0x10	フォールト	コプロセッサエラー
0x11	フォールト	アラインメントチェック
0x12	アボート	マシンチェック
0x13	フォールト	ストリーミングSIMD拡張
0x12 ～ 0x1F	－	予約済み（使用不可）
0x20 ～ 0xFF	－	ユーザー用（外部割り込み/INT命令）

は，パラメータとして0 ～ 255の割り込み番号を指定することができる．このため，INT命令によってすべての割り込み/例外を発生させることが（理論上）可能である．外部割り込みの割り込み番号は，先ほど説明した割り込みコントローラから与えられる．

▶リアルモードでの動作

割り込み/例外処理の挙動は，リアルモードとプロテクトモードで異なる．

リアルモードでは，0x00000番地から始まる256エントリの割り込みベクタテーブルで，割り込み/例外の割り込み番号とその処理ハンドラのアドレスが対応付けられる．割り込みベクタテーブルの各エントリは，2バイトのオフセットアドレスと2バイトのセグメントアドレスから構成される．

割り込み/例外が発生すると，MPUはフラグレジスタ，CSレジスタ，IPレジスタをスタックにプッシュして例外スタックフレームを作り，発生した割り込み/例外の割り込み番号に対応する割り込みベクタテーブルのエントリからオフセットアドレスとセグメントアドレスを読み出す．そして，それぞれの値をIPレジスタ，CSレジスタに設定することにより，処理ハンドラに分岐する．

▶プロテクトモードでの動作

プロテクトモードの場合は，割り込みベクタテーブルではなく，割り込みディスクリプタテーブル（IDT）が使用される．割り込みディスクリプタテーブルの先頭アドレスは，0x00000番地に固定ではなく，IDTRレジスタによって設定される．

割り込みディスクリプタテーブルは，割り込み番号とその処理ハンドラのアドレスを決定するゲートディスクリプタとを対応付ける256エントリのテーブルである．ゲートディスクリプタは2バイトのセレクタ値，4バイトのオフセットアドレス，1バイトのスタックコピーカウント，1バイトのゲートの種類から構成される8バイトのデータである．

大雑把にいえば，リアルモードでの割り込みベクタテーブルのエントリに対して，オフセットアドレスが2バイトから4バイトに拡張されたと思えばよい．そして，セレクタ値が間接的にセグメントの先頭アドレスを指し示す．

プロテクトモードにおいて割り込み/例外が発生すると，スタックポインタが特権レベル0のスタックポインタに切り替わる．そして，その新しいスタックに古いスタックポインタ（SS：ESP）をプッシュし，その後，EFLAGSレジスタとCSレジスタとEIPレジスタの値をプッシュして，ゲートディスクリプタで指定された処理ハンドラに分岐する（**図13**）．割り込み/例外処理を行った後，IRET命令を実行すると，特権レベル0スタックからSS：ESP，EFLAGS，CS：EIP

Column2 割り込みとポーリング

　割り込みの利点の一つとして，ある処理の終了を割り込みで通知するようにしておけばその間に別の処理を並行して実行できることが挙げられる．

　たとえば，DMAの待ち合わせに割り込みが多用される．DMAコントローラの多くは，転送終了時にEOT（End Of Transfer）またはTC（Terminal Count）といった割り込みを発生する．DMA転送を割り込みで待ち合わせる処理のイメージを図Aに示す．

　このように，動作の終了で割り込みを出力する機能をもたないデバイスによる処理の待ち合わせに

は，そのデバイス内のステータスを定期的にチェックして，処理が終了したかどうかを判定しなければならない（図B）．このように定期的にステータスの状態をチェックすることをポーリングという．

　ポーリングは，ソフトウェアによる単純なループであることも少なくない．ポーリングによる処理の待ち合わせは，状態の変化を知るまでに遅れが生じるので，割り込みと比べると効率が悪い．また，その間に別の処理を行えないという点でもポーリングの効率は悪い．

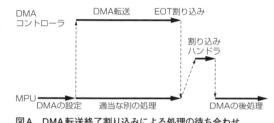

図A　DMA転送終了割り込みによる処理の待ち合わせ

図B　ポーリングによる処理の待ち合わせ

を回復する．

　x86における割り込みと例外の差異は，処理ハンドラに分岐した時点で，新しいFLAGSレジスタまたは

EFLAGSレジスタの割り込み許可ビットが禁止（割り込み発生時）になっているか，前の値を引き継いでいる（例外時）かだけである．

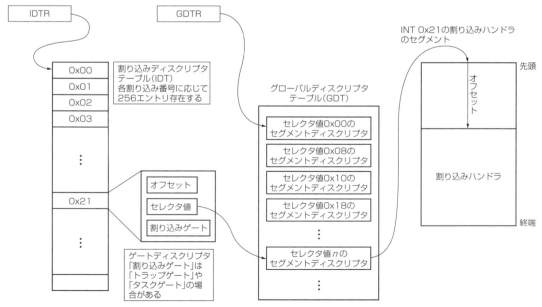

図13　割り込みハンドラの選択（プロテクトモード）

215

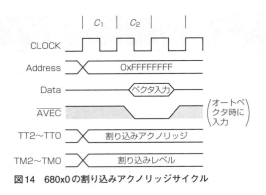

図14 680x0の割り込みアクノリッジサイクル

● MC680x0の場合

▶ハードウェア構成

68000系では，割り込みコントローラを含む周辺デバイスとして，MC68901というMFP (Multi-Function Peripheral) が存在する．とくに，組み込み制御用途のMPUでは専用の周辺デバイスが用意され，割り込みコントローラもそれに含まれていることが多い．割り込みコントローラは，各社独自のASICとして供給されることもある．

図14に，680x0での割り込みアクノリッジサイクルを示す．680x0での割り込みのベクタ番号は一定しておらず，MPU外部の割り込みコントローラによって与えられる．割り込みを受け付けると，MPUは割り込みアクノリッジバスサイクルを発行して，割り込みコントローラにベクタ番号を問い合わせる．割り込みコントローラは，発生している割り込みの種類に応じてベクタ番号 (64〜255) を返すか，オートベクタを使用する (AVEC端子をアサートする) かを決定する．

オートベクタというのは，割り込みの優先レベル (1〜7) に固定のベクタ番号である．具体的には，優先レベルに24を加えた25〜31がベクタ番号となる．オートベクタは，システムと密接した割り込み処理に利用されることが多いようである．

もし，割り込みアクノリッジバスサイクルに対して何も応答が返らない場合はスプリアス割り込みとなる．これは割り込みの要因が不明な割り込みで，MPUとしては処理する方法がわからない．通常のシステムでは，ノイズによる誤動作などとして，スプリアス割り込みは無視される (割り込みハンドラはRTEのみ)．

▶割り込み/例外の動作

MC680x0の割り込み/例外処理は，例外ベクタテーブルと例外スタックフレームを使用する．ベクタベースレジスタ (VBR) は，256個の例外ベクタからなる1024バイトの例外ベクタテーブルの先頭アドレスを保持する．例外ベクタは，リセットベクタを除いた例外処理ルーチンの先頭アドレスである．

表2に，例外ベクタテーブルの内容を示す．このうち，リセットベクタはISP (割り込みスタックポインタ) の初期値とPCの初期値 (実行開始アドレス) からなる．例外ベクタの格納されているアドレスは，例外

表2 680x0の例外ベクタテーブル

ベクタ番号	オフセット	割り当て
0	0x000	リセット時割り込みスタックポインタ
1	0x004	リセット時プログラムカウンタ
2	0x008	アクセスフォールト
3	0x00C	アドレスエラー
4	0x010	不正命令
5	0x014	整数ゼロ除算
6	0x018	CHK，CHK2命令
7	0x01C	FTRAPcc，TRAPcc，TRAPV命令
8	0x020	特権違反
9	0x024	トレース
10	0x028	ライン1010エミュレータ (未実装Aライン命令コード)
11	0x02C	ライン1111エミュレータ (未実装Fライン命令コード)
12	0x030	(予約)
13	0x034	コプロセッサプロトコル違反
14	0x038	フォーマットエラー
15	0x03C	未初期化割り込み
16〜23	0x040〜0x05C	(予約)
24	0x060	スプリアス割り込み
25	0x064	レベル1割り込みオートベクタ
26	0x068	レベル2割り込みオートベクタ
27	0x06C	レベル3割り込みオートベクタ
28	0x070	レベル4割り込みオートベクタ
29	0x074	レベル5割り込みオートベクタ
30	0x078	レベル6割り込みオートベクタ
31	0x07C	レベル7割り込みオートベクタ
32〜47	0x080〜0x0BC	TRAP #0〜#15命令
48	0x0C0	FPアンオーダ状態での分岐またはセット
49	0x0C4	FP精度落ち
50	0x0C8	FPゼロ除算
51	0x0CC	FPアンダフロー
52	0x0D0	FPオペランドエラー
53	0x0D4	FPオーバフロー
54	0x0D8	FPシグナリングNot a Number
55	0x0DC	FP未実装データ形式
56	0x0E0	MMU構成エラー
57	0x0E4	MC68851で使用
58	0x0E8	MC68851で使用
59〜63	0x0EC〜0x0FC	(予約)
64〜255	0x100〜0x3FC	ユーザー定義ベクタ

の種類に応じてMPUが自動的に割り当てる8ビットのベクタ番号から決定される．また，いくつかの例外については，外部デバイスが例外ベクタを供給する．例外ベクタアドレスは，例外ベクタを4倍し，VBRの値に加算して決定される．

割り込み処理はスーパーバイザスタックに例外から復帰するための情報を積む．これらは，例外の種類によって異なる，例外スタックフレームと呼ばれる構造を採る．例外スタックフレームは，SR（ステータスレジスタ），PC（プログラムカウンタ），ベクタのオフセット，スタックフレームの形式を示す領域と，追加情報からなる．

例外/割り込み処理の後，RTE命令を実行すると例外スタックフレームからMPUの再実行に必要な情報が読み込まれて，実行を再開する．

MC680x0で定義されている例外スタックフレーム（フォーマット0）を図15に示す．例外スタックフレームの種類は，MC68000，MC68010，…，MC68060と世代が進むごとに（対処的に?）拡張され，最終的には10種類を超えた．付け焼き刃のようで，アーキテクチャとしてはあまり美しくない．

● Armの場合
▶レジスタ構成

Armのアーキテクチャでは，割り込み/例外発生時に，ユーザレジスタの退避の必要性をなくすため，レジスタバンクが用意されている．このレジスタバンクは，割り込み/例外の種類（モード）に応じて5バンクが独立して存在する．このレジスタバンクのレジスタの一部はユーザモードのレジスタと共通になっていて，モード間で共通にアクセスできる（図16）．

多くのモードではR13とR14を固有にもっている．R13には，そのモードでのスタックポインタの値が格納され，R14には割り込み/例外からの復帰アドレスが自動的にセットされる．R14には，割り込み/例外を発生した次の命令のアドレスが格納されるので，ユーザモードへの復帰時には，処理モードに応じて適当な値をR14から減算してPCに格納する．

高速割り込みモード（FIQ）では，コンテキストスイッチのオーバヘッドを軽減するため，R8～R14がモード固有のレジスタとして用意されている．例外スタックフレームは存在しない．その代わり，ステータスレジスタは，新しいレジスタバンクに存在するSPSRに退避される．PCは，新しいレジスタバンクのR14に退避される．

▶割り込み/例外の動作

割り込み/例外発生時のMPUの動作は，次のとおりである．なおArmでは，ベクタアドレスは一つについて4バイトの領域しかないので，通常は処理ルー

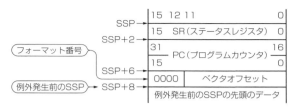

例外の種類	PCが指す位置
割り込み	次の命令
フォーマットエラー	RTE命令またはFRESTORE命令
TRAP #N	次の命令
不当命令	不当命令
Aライン命令	Aライン命令
Fライン命令	Fライン命令
特権違反	特権違反を発生させた命令の最初のワード
浮動小数点命令実行前	浮動小数点命令
未実装整数	未実装整数命令
未実装実効アドレス	未実装実効アドレスを使用した命令

図15　680x0の例外スタックフレームの構造（フォーマット0）

チンへの分岐命令が格納されている．(6)と(7)がソフトウェアによる処理である．

(1) 例外に対応する処理モードに移行
(2) 戻りアドレスを新しい処理モードのレジスタバンクのR14に退避
(3) CPSRの値を新しい処理モードのレジスタバンクのSPSRに退避
(4) CPSRの所定ビットをセットして外部割り込み不

	モード					
ユーザモード	特権モード					
		例外モード				
ユーザ	システム	スーパーバイザ	アボート	未定義	IRQ	FIQ

◆ 汎用レジスタ

			R0			
			R1			
			R2			
			R3			
			R4			
			R5			
			R6			
			R7			
			R8				R8
			R9				R9
			R10				R10
			R11				R11
			R12				R12
R13(SP)	R13	R13	R13	R13	R13
R14(LR)	R14	R14	R14	R14	R14
			R15(PC)			

◆ ステータスレジスタ

	CPSR				
	SPSR	SPSR	SPSR	SPSR	SPSR

図16　Armのレジスタ構成

表3 Armの例外ベクタアドレス

割り込み／例外の種類	モード	ベクタ アドレス
リセット	SVC（スーパバイザ）	0x00000000
未定義命令	UND（未定義）	0x00000004
ソフトウェア割り込み	SVC（スーパバイザ）	0x00000008
命令フェッチメモリ フォールト	Abort（アボート）	0x0000000C
データアクセスメモリ フォールト	Abort（アボート）	0x00000010
アドレス例外 （26 ビットアドレス）	Abort（アボート）	0x00000014
IRQ（通常の割り込み）	IRQ	0x00000018
FIQ（高速割り込み）	FIQ	0x0000001C

可にする

(5) 処理モードに応じた例外ベクタアドレス（**表3**）へ分岐する

(6) 例外処理を実行

(7) ソフトウェア割り込み，未定義命令トラップからの復帰時
　→MOVS PC,R14（R14をPCに格納）
　IRQ，FIQ，プリフェッチアボートからの復帰時
　→SUBUS PC,R14,#4（R14から4を減算してPCに格納）
　データアボートからの復帰
　→SUBUS PC,R14,#8（R14から8を減算してPCに格納）
　（命令の最後のSは同時にSPSRをCPSRに回復することを意味する）

なお，多重割り込みを行っている場合は，R14（戻りアドレスの基準）がスタックにある．この場合は多重レジスタ転送命令のLDMIA R13!,{R0-R3,PC}^によって，例外からの復帰ができる（同時にCPSRを回復する）．R13はスタックポインタであり，作業用レジスタとして使われるR0 〜 R3がスタックに退避されている場合を示している．レジスタリストの終わりの^が，CPSRを同時に回復することを指定する．

▶v6アーキテクチャでは割り込み機構を高速化

Armはv6アーキテクチャで，例外／割り込み処理の高速化を目指している．具体的には，

- 新しい割り込みスタック機構（SRS，RFE命令）
- 命令によるモード変更（CPSIE，CPSID命令）
- 発生順序を規定しないアボートをサポート
- 低レイテンシモードの採用（実装依存）
- ベクタ割り込みモードをサポート

である．

● MIPSの場合

▶ハードウェア構成

MIPS系のMPUは，通常5本の（マスカブル）割り込み端子をもっているが，それらの間に優先順位はない．すべてソフトウェアでの処理に任されている．また，割り込みを受け付けても割り込みアクノリッジサイクルは発行しない．さらに，割り込みは端子の状態が原因レジスタの特定のフィールドにそのまま見えているだけなので，割り込みを確実に認識するためには，割り込み処理が終了するまで割り込み端子の状態を保持する必要がある．

通常のMPUでは，割り込みアクノリッジサイクルが発行されると割り込み要求を取り下げてよい（その割り込みは受け付けられたことが保証される）．MIPSでは，特定のI/Oポートにアクセスしたら割り込み要求を取り下げるというしくみを，外部回路で実現しなければならない．

▶割り込み／例外の動作

MIPSの割り込み例外処理は単純である．ほとんどすべての例外は，共通のベクタアドレスへ分岐する．例外スタックフレームは存在せず，ステータスレジスタは例外ビット（EXLまたはERL）がセットされることで特権レベルに移行したことを示す．

一方，PCは特定の特権レジスタ（EPCまたはError EPC）に退避される．割り込み／例外の要因は，ほとんどの場合同じアドレス（共通例外ベクタという）に分岐するので，原因レジスタに格納される例外コードを読み出して区別する．表4に，原因レジスタに格納される例外コードを示す．

割り込み／例外発生時のMPUの動作は，次のとおりである．(1) 〜 (3) は，外部割り込みの場合である．例外発生時は，直接(4)に移行する．(7) 〜 (9)がソフトウェアによる処理である．

(1) 割り込み要求が発生（INT0 〜 INT4）

(2) INT0 〜 INT4端子の状態とSRのマスクビット（IM0 〜 IM4）の論理積（AND）が原因レジスタの割り込み保留領域（IP0 〜 IP4）に反映される

(3) IP0 〜 IP4のどれか一つが1であり，かつSRの割り込み許可ビット（IE）が1なら割り込みが発生する

(4) カーネルモード（相当）に移行する（EXLまたはERLが1）．同時に割り込み不可になる（EXLやERLが1のときは割り込み不可）

(5) 戻りアドレスを特定の特権レジスタ（EPCまたはErrorEPC）に退避

(6) 発生要因に応じた例外ベクタアドレス（**表5**）へ分岐する

(7) 外部割り込みの場合は，割り込みの要因を取り下げる

(8) 割り込み処理を行う

(9) ERET命令を実行する

(10) EXL=1の場合は，EPCのアドレスに分岐し
EXLを0にする．ERL＝1の場合はErrorEPCの
アドレスに分岐しERLを0にする

例外ベクタアドレスは，リセット直後のステータス
レジスタのBEVビットをクリアするまでと，BEV
ビットをクリアした後で異なる．BEVとはBootstrap
Exception Vectorの略で，まだ，キャッシュやTLB
を初期化する前の状態を表す．ソフトウェアではそれ
らの初期化後にBEVビットを0にクリアすることが
要請されている．このため，BEVが1の間は非キャッ
シュで非マップ（アドレス変換されない）領域が例外
ベクタになっている．

▶新アーキテクチャでは割り込み機構を高速化

MIPSの割り込み方式は単純でわかりやすいが，そ
の反面，高速な処理には適さない．そこでMIPS社は，
2001年に発表した拡張機能で，割り込み処理を高速
化する機構を強化した．詳細は不明だが，Armと同
様なレジスタバンクを16組もち，割り込みの種類に
応じて16種の割り込みベクタを生成するアーキテク
チャになるという．

● SH（SuperH）の場合

▶ハードウェア構成

SHの割り込みは，4ビットの優先順位（レベル）方
式を採用している．

SH-1/SH-2では，8本の外部割り込み端子（IRQ0〜
IRQ7）と内蔵する周辺ユニットからの割り込みが
MPUへの割り込み要因となる．これらの割り込み要
因は，5本の割り込み優先順位レジスタ（IPR）で独立
して優先順位を指定することができる．いずれかの割
り込みが要求されると，それに対応した優先順位が
MPUに入力される．

一方，SH-3では，6本の外部割り込み端子（IRQ0〜
IRQ5），16本のポート割り込み（PINT0〜PINT15），
内蔵周辺ユニットからの割り込みに優先順位を与える
方式のほか，4ビットの優先順位（IRL0〜IRL3）を直
接外部から入力することもできる．SH-4では，4ビッ
トの優先順位入力（IRL0〜IRL3）がユーザに直接見
えるようになっている．

いずれにしろ，割り込み要求（優先順位入力）が，
ステータスレジスタ（SR）内の割り込みマスク領域
（IMASK）の値よりも優先度が高いときに割り込みを
受け付ける．割り込みマスク領域の初期値は最高の優
先順位になっているので，MPUの初期化段階で適当
な値をIMASKに設定する必要がある．

▶例外ベクタの構成

SHの例外ベクタの構成は，SH-2までとSH-3以降で

表4　MIPS系の原因レジスタの例外コード

例外コード	略号	説明
0	Int	割り込み
1	Mod	TLB変更例外
2	TLBL	TLB不一致例外（ロード，命令フェッチ）
3	TLBS	TLB不一致例外（ストア）
4	AdEL	アドレスエラー（ロード，命令フェッチ）
5	AdES	アドレスエラー（ストア）
6	IBE	バスエラー（命令フェッチ）
7	DBE	バスエラー（ロード，ストア）
8	Sys	システムコール
9	Bp	ブレークポイント
10	RI	予約済み命令例外
11	CpU	コプロセッサ使用不可例外
12	Ov	演算オーバフロー例外
13	Tr	トラップ
14	VCEI	命令仮想コヒーレンシ例外
15	FPE	浮動小数点演算例外
16〜22	未使用	
23	WATCH	ウォッチ例外
24〜30	未使用	
31	VCED	データ仮想コヒーレンシ例外

表5　MIPS系の例外ベクタアドレス

例外・割り込みの種類	アドレス
リセット，NMI	0xFFFFFFFFBFC00000
キャッシュエラー	0xFFFFFFFFA0000100（BEV = 0） 0xFFFFFFFFBFC00300（BEV = 1）
TLB不一致（ミス） （EXL=0）	0xFFFFFFFF80000000（BEV = 0） 0xFFFFFFFFBFC00200（BEV = 1）
XTLB不一致（ミス） （EXL=0）	0xFFFFFFFF80000080（BEV = 0） 0xFFFFFFFFBFC00280（BEV = 1）
その他	0xFFFFFFFF80000180（BEV = 0） 0xFFFFFFFFBFC00380（BEV = 1）

はまったく異なっている．SH-1/SH-2は例外要因それ
ぞれに対して，0x00000000番地から始まる例外ベク
タテーブルのオフセットが規定されている（表6）．こ
の方式は，MC680x0の方式に酷似している．

一方，SH-3以降では例外ベクタテーブルを参照せ
ず，直接共通の例外ベクタ（リセット用と他に3種類）
にジャンプする方式に変更された（表7）．実際に，ど
の種類の例外が発生したかはEXPEVT（一般例外用，
TLBミスかも？），INTEVT（割り込み用），TRA
（TRAPAのパラメータの4倍）レジスタに格納されて
いる例外要因の値で区別する．この方式は，MIPSの
方式に近い．具体的には，リセットがP2（非キャッ
シュ，非TLBマップ）領域の0xA0000000に固定され
ている．割り込みと一般割り込み例外は，ベクタベー
スレジスタ（VBR）が示すアドレスからのオフセット

表6　SH-1/SH-2の例外ベクタ

例外要因		ベクタ番号	ベクタテーブル
パワーオンリセット	PC	0	0x00000000
	SP	1	0x00000004
マニュアルリセット	PC	2	0x00000008
	SP	3	0x0000000C
一般不当命令		4	0x00000010
(システム予約)		5	0x00000014
スロット不当命令		6	0x00000018
(システム予約)		7	0x0000001C
		8	0x00000020
CPUアドレスエラー		9	0x00000024
DMAアドレスエラー		10	0x00000028
割り込み	NMI	11	0x0000002C
	USER BREAK	12	0x00000030
(システム予約)		13	0x00000034
		:	:
		31	0x0000007C
トラップ命令 (ユーザーベクタ)		32	0x00000080
		:	:
		63	0x000000FC
割り込み	IRQ0	64	0x00000100
	IRQ1	65	0x00000104
	IRQ2	66	0x00000108
	IRQ3	67	0x0000010C
	IRQ4	68	0x00000110
	IRQ5	69	0x00000114
	IRQ6	70	0x00000118
	IRQ7	71	0x0000011C
	内蔵周辺	72	0x00000120
	:	:	:
	内蔵周辺	255	0x000003FC

表7　SH-3/SH-4の例外ベクタ（抜粋）

例外要因	ベクタアドレス	例外要因
パワーオンリセット	0xA0000000	0x000
マニュアルリセット	0xA0000000	0x020
TLB 多重ヒット	0xA0000000	0x140
リードアドレスエラー	VBR + 0x100	0x0E0
リードTLBミス	VBR + 0x400	0x040
リードTLB保護違反	VBR + 0x100	0x0A0
ライトアドレスエラー	VBR + 0x100	0x100
ライトTLBミス	VBR + 0x400	0x060
ライトTLB保護違反	VBR + 0x100	0x0C0
一般不当命令例外	VBR + 0x100	0x180
スロット不当命令例外	VBR + 0x100	0x1A0
初期ページ書き込み	VBR + 0x100	0x080
TRAPA 命令	VBR + 0x100	0x160
USER BREAK TRAP	VBR + 0x100	0x1E0
NMI	VBR + 0x600	0x1C0
外部割り込み　　IRL = 0000		0x200
IRL = 0001		0x220
IRL = 0002	VBR + 0x600	0x240
:		:
IRL = 1110		0x3C0
内蔵周辺からの割り込み	VBR + 0x600	0x400
		:
		0x760

となっている．割り込みはVBR+0x600，TLBミスが
VBR+0x400，一般例外がVBR+0x100である．

SHにおける割り込みのアーキテクチャは，SH-1か
らSH-4へとMPUが進化するにつれて簡略化される方
向にあるようだ．

▶割り込み / 例外の動作

実際の割り込み処理の流れを示す．(1)と(2)は外
部割り込みの場合で，例外の場合は直接(3)に移行す
る．(7)～(10)がソフトウェアでの処理である．

(1) 割り込み要求が発生（IRL0 ～ IRL3）
(2) SRの割り込みマスク（I0 ～ I3 = IMASK）と比較
　　して優先度が高ければ割り込みが発生する
(3) 例外要因レジスタ（INTEVTなど）に割り込み要
　　因コードがセットされる
(4) SRとPCがSSRとSPCに退避される
(5) SRのブロックビット（BL），モードビット（MD），
　　レジスタバンクビット（RB）が1にセットされる
(6) 割り込みハンドラへジャンプする
(7) 多重割り込みを許可する場合は，
　　・SSR，SPCの値をスタックに退避する

　　・IMASKを許可する優先順位に設定する
　　・BLビットを0にする（割り込み許可）
(8) 割り込み処理を行う（BL = 0の場合は，より優
　　先度の高い割り込みを受け付け可能）
(9) 多重割り込みを許可する場合は，
　　・BLビットを1にする（割り込み禁止）
　　・スタックからSSR，SPCを回復する
(10) RTE命令を実行する
(11) SSR，SPCがSR，PCにセットされる（割り込ま
　　れた元にジャンプする）

なお，SH-4では，割り込みコントローラの設定
（ICRレジスタのIRLMビット）で，4ビットの優先順
位入力を独立した4本の割り込み要求として利用する
こともできる．この場合，IRL0，IRL1，IRL2，IRL3
の優先順位は，それぞれレベル13，10，7，4として
扱われる．

● Alpha（21264）の場合
▶ハードウェア構成

Alphaアーキテクチャの例外処理は，他のMPUと毛
色が違っている．Alphaでは，アプリケーションプロ
グラムが実行する命令コードの他に，例外などの特権
操作を記述するためのPAL（Privileged Architecture
Library）コード専用命令を定義している．

PALコード専用命令はMPUごとに固有の命令セッ

Chapter 6 割り込みと例外の概念とその違い

表8 PALコード例外エントリ（Alpha21214）

エントリ名	タイプ	オフセット	説　明
DTBM_DOUBLE_3	フォールト	0x100	仮想ページテーブル参照時データTBミス．レベル3フロー使用
DTBM_DOUBLE_4	フォールト	0x180	仮想ページテーブル参照時データTBミス．レベル4フロー使用
FEN	フォールト	0x200	浮動小数点不許可
UNALIGN	フォールト	0x280	非整列データ参照
DTBM_SINGLE	フォールト	0x300	データTBミス
DFAULT	フォールト	0x380	データフォールト，仮想アドレス符号チェックエラー
OPCDEC	フォールト	0x400	不正命令コード，機能フィールド
IACV	フォールト	0x480	命令アクセス違反，仮想アドレス符号チェックエラー
MCHK	割り込み	0x500	マシンチェック
ITB_MISS	フォールト	0x580	命令TBミス
ARITH	同期トラップ	0x600	算術例外，FPCR更新
INTERRUPT	割り込み	0x680	割り込み（ハードウェア，ソフトウェア，AST）
MT_FPCR	同期トラップ	0x700	MT_FPCR命令の発行
RESET/WAKEUP	割り込み	0x780	リセット，スリープモードから起床

トで，同じAlphaプロセッサでも互換性があるとは限らない．これにより，システムのOSやハードウェア構成の違いに応じてPALコードを用意することで，複数のシステムにAlphaアーキテクチャを搭載できる．

しかし，これは製造元のDEC（その後Compaqに買収され消滅）の方便のようにも思える．OSの構造を変更した程度で固有のシステムを構成できるほど単純なものではあるまい（ハードウェア構成にも依存する）．

個人的には，PALコードというのは最小限の特権機能を提供する命令を供給することで，OSの設計と並行してチップの設計を早期に行うためのものだと考える．換言すれば，PALコードとはOS記述用のマイクロコードのようなものであるといえる．PALコードによれば，どんなOSでも記述できる（と思われる）．

▶例外ベクタの構成

割り込み／例外処理もPALコード専用命令と通常命令の組み合わせで記述される．この総称をPALコードと呼ぶ．逆に言えば，PALコードの存在こそがAlphaアーキテクチャの最大の特徴である．PALコードが呼び出される要因には，次の5種類がある．

- リセット
- ハードウェア例外（MCHK，ARITH）
- メモリ管理例外
- 割り込み
- CALL_PAL命令

つまり，割り込み／例外事象と，それとは独立して直接PALコードを呼び出すCALL_PAL命令である．PALコードのエントリは，PAL_BASEレジスタからのオフセットで定義される．PAL_BASEの値はリセット後に0となるが，ソフトウェアで変更可能である．

割り込み／例外が発生すると，命令の制御は例外のタイプに応じて定義されているPALコードのエントリに移行する．例外処理からの戻りPCはEXC_ADDRレジスタとリターン予測スタックに格納される．

表8は，Alpha21264のPALコード例外エントリとPAL_BASEレジスタからのオフセットを示す．

PALコードで記述された処理の終わりにHW_RET命令（PAL専用命令）を実行すると，リターン予測スタックからPCを読み出して割り込み／例外から復帰する．

▶割り込み／例外の動作

Alphaでは6本のハードウェア割り込みと15本のソフトウェア割り込みが提供されている．ハードウェア割り込みは，IRQ_H［5：0］端子により独立した6種類の要求ができる．これらの要求は，CM_IERレジスタのEIEフィールドで独立してマスクが可能である．

6本の割り込みの間に優先順位はなく，ソフトウェアで優先順位付けして処理する必要がある．ソフトウェア割り込みはSIRRレジスタのSIR［15：1］の各ビットに1を書き込むことで要求する．そして，要求されているハードウェア／ソフトウェア割り込みは，それぞれISUMレジスタのEI［5：0］フィールド，SI［15：1］フィールドに反映されている．

割り込み／例外に関連するレジスタとして，もう一つEXC_SUMレジスタがある．これは例外（トラップ）の契機になった命令の種類を格納するレジスタで，トラップ要因やPALコードが行うべき指示などが含まれている．

EXC_SUMレジスタはトラップ発生時に更新され，例外ハンドラの最初にフェッチされるブロック内でリードする場合のみ有効である．つまり，例外ハンドラの最初のキャッシュブロック内にHW_MFPR命令

> **Column3** 割り込みとタスク切り替え
>
> マルチタスクの実現方法として，プリエンプティブ方式というものがある．これはタイマ割り込み（一定間隔で発生する割り込み要求）を契機としてタスクを切り替える方式である．
>
> 実行中のタスクは時間が来る（タイマ割り込みが発生する）と割り込みを受け付けて，その実行を強制的に中断し，制御をOSのタスク制御プログラムに移す．OSは中断したタスクのコンテキスト（実行を再現するためのPCやレジスタなどの値）を退避し，次に優先順位の高いタスクのコンテキストを回復して，そのタスクに実行の制御を移す．
>
> このようにして，一つしかないMPUが，複数のプログラム（タスク）を短い時間に少しずつ実行していくことでそれらが同時に動作しているように見せる．これがマルチタスクによる並行処理の正体である．そして，マルチタスク動作を行うためのキーポイントとなるのがタイマ割り込みという割り込みの一種なのである．
>
> 三つのタスク（タスクA，タスクB，タスクC）が存在する場合にタスク切り替えが行われるしくみのイメージを図Cに示す．タイマ割り込み自体は，MPU内部のタイマカウンタにOSが値を設定し，そのカウンタの値が一定値に達すると割り込み要求が発生するというものだ．また，タイマ割り込みが発生するごとにOS内でタイマカウンタは設定し直される．
>
>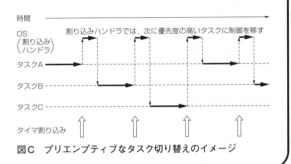
> 図C　プリエンプティブなタスク切り替えのイメージ

（内部レジスタをリードするPAL専用命令）を置かなければならない．

● SPARC（Version 8）の場合
▶ ハードウェア構成とレジスタウィンドウ

SPARCのアーキテクチャは，Armと同じくバークレー大学のRISC研究の成果に基づいている．そのアーキテクチャでもっとも特徴的なのは，レジスタウィンドウという構成である．

整数ユニット（IU）は32ビットの汎用レジスタを136個もっている．このうち8個はグローバルに参照できるが，残りは手続きごとに割り当てられ，引き数の授受を高速に行う．これがレジスタウィンドウで，一つのウィンドウは24個のレジスタからなる．

内訳は，R24〜R31が手続きの呼び出し元とオーバラップする（引き数用）．R16〜R23は，手続き内でローカルに使用できる．R8〜R15は，手続きが呼び出す手続きとオーバラップする．手続きの最初にレジスタウィンドウを切り替えることで，レジスタの値を退避させることなく，レジスタを自由に使用できる（図17）．

SPARCでは割り込み/例外をトラップと呼び，トラップも手続き呼び出しと同様の挙動をする．つまり，通常の手続き呼び出しと同様に，トラップが発生するとカレントウィンドウポインタを減少させ，次のレジスタウィンドウを指し示す．そして，トラップを起こした命令のPCとその次の命令のPCを新しいウィンドウの二つのローカルレジスタ（R17とR18）に格納する．

一般的に，トラップハンドラはPSR（Program Status Register）の値を他のローカルレジスタに退避させる．このため，新しいウィンドウのほかの五つのローカルレジスタが使用可能である．トラップは命令によって起因する例外，または特定の例外とは無関係な外部割り込みによって引き起こされる．命令が実行される前，例外や割り込み要求のうちのどれかが発生していると，IUは最高の優先順位をもつものを選択してトラップを発生させる．

▶ 例外ベクタの構成

トラップが発生すると，各トラップハンドラの最初の4命令が格納された特殊なトラップテーブルをベクタ参照してスーパーバイザへ制御を移行する．このテーブルのベースアドレスは，IUのトラップベースレジスタ（TBR）で規定される．

また，トラップテーブル内のオフセットはトラップタイプ（tt）によって決定される．ttはTBRのビット11〜4に格納されるので，トラップ発生時のTBRの値がそのままベクタの値となる．TBRのビット3〜0は0固定なので，トラップテーブルの各エントリでは対応するトラップハンドラに対して16バイトの領域

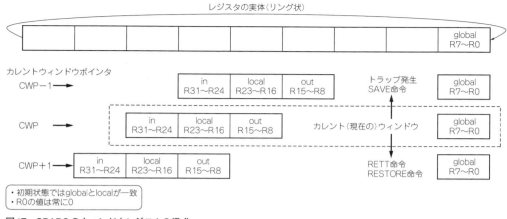

図17 SPARCのウィンドウレジスタの構成

表9 SPARCの例外/割り込み要求の優先順位とトラップタイプ

例外割り込み要求	優先順位	tt (Trap Type)	例外割り込み要求	優先順位	tt (Trap Type)
リセット	1	不定	タグオーバフロー	14	0x0A
データストアエラー	2	0x2B	ゼロ除算	15	0x2A
命令参照MMUミス	2	0x3C	トラップ命令	16	0x80～0xFF
命令参照エラー	3	0x21	割り込みレベル15	17	0x1F
Rレジスタ参照エラー	4	0x20	割り込みレベル14	18	0x1E
命令参照例外	5	0x01	割り込みレベル13	19	0x1D
特権命令	6	0x03	割り込みレベル12	20	0x1C
不正命令	7	0x02	割り込みレベル11	21	0x1B
FP不許可	8	0x04	割り込みレベル10	22	0x1A
CP不許可	8	0x24	割り込みレベル9	23	0x19
未実装FLUSH	8	0x25	割り込みレベル8	24	0x18
ウォッチポイント検出	8	0x0B	割り込みレベル7	25	0x17
ウィンドウオーバフロー	9	0x05	割り込みレベル6	26	0x16
ウィンドウアンダフロー	9	0x06	割り込みレベル5	27	0x15
メモリアドレス不整列	10	0x07	割り込みレベル4	28	0x14
FP例外	11	0x08	割り込みレベル3	29	0x13
CP例外	11	0x28	割り込みレベル2	30	0x12
データ参照エラー	12	0x29	割り込みレベル1	31	0x11
データ参照MMUミス	12	0x2C	実装依存例外	実装依存	0x60～0x7F
データ参照例外	13	0x09			

(4命令)が確保されていることになる．なお，トラップテーブルの半分はハードウェアトラップ用である．残りの半分はソフトウェアトラップ命令(Ticc)によって発生するソフトウェアトラップ用である．ただし，リセットのみは0番地に分岐する．

IUは外部割り込み要求に対しては，割り込み要求レベル(bp_IRL)をPSRのプロセッサ割り込みレベル(PIL)と比較し，bp_IRLのほうがPILより大きいか，bp_IRL = 15(NMI)の場合は，プロセッサが割り込み要求をトラップとして受け付ける．

なお，トラップが発生するためには，PSRの割り込み許可(ET)ビットが1であることが必要である．ETビットが0なら，bp_IRL = 15であっても割り込みは発生しない．

▶割り込み/例外の動作

表9に，SPARC(Version 8)のトラップの優先順位とトラップタイプを示す．SPARCでは，トラップが発生すると次のような動作を行う．

(1) トラップを不許可(ET←0)
(2) 現在のユーザー/スーパーバイザモードが保存される(PS←S)
(3) ユーザー/スーパーバイザモードがスーパバイ

ザに (S←1)
(4) レジスタウィンドウが切り替わる
    (CWP←CWP-1)
(5) トラップを発生したPCを新しいウィンドウの
    ローカルレジスタ1，2に格納する (R17←PC；
    R18←nPC)
(6) 例外や割り込み要求を特定するtt値が書き込まれる
(7) リセットなら制御はアドレス0に移行し
    (PC←0；nPC←4)，リセットでないなら制御は
    トラップテーブルの中に移行する (PC←TBR；
    nPC←TBR+4)
(8) ソフトウェアでトラップ処理を行う
(9) RETT (Return from Trap) 命令を実行する
    (CWP←CWP+1；S←PS；ET←1)
(10) JMPL命令を実行（実際にはJMPLの遅延スロットにRETTを置く）してハンドラから復帰する．
    RETTだけでは後続の数命令を実行してしまうため
    例1) トラップした命令に復帰．
    JMPL　%R17,%R0
    RETT　%R18
    例2) トラップした次の命令に復帰
    JMPL　%R18,%R0
    RETT　%R18+4

● Arm Cortex-M (Armv7-M) の場合
▶割り込みコントローラ (NVIC) に依存した割り込みアーキテクチャ

Armv7-MというかCortex-Mの割り込みアーキテクチャは，チップに内蔵された割り込みコントローラに依存している．

Cortex-Mシリーズには，標準的に，NVIC (Nested Vector Interrupt Controller) という割り込みコントローラが内蔵されている（**図18**）．これは，Armの他のCortex-AやCortex-Rとは大きく異なる特徴である（**図19**）．つまり，Cortex-Mシリーズ以外では割り込みコントローラはチップ外部に外付けである[注1]．

注1：Cortex-AシリーズのArm11 MPCoreは独自の汎用割り込みコントローラを内蔵している．これは，PL390がマルチコアに対応していないためと考えられる（オプションでマルチプロセッサのサポートも可能であるが）．MPCoreに内蔵される割り込みコントローラは割り込み要求を任意のCPUコアに通知できる．ただし，ベクタ方式ではない．PL390はベクタ方式の割り込みコントローラであるが，ベクタアドレスにはハンドラのアドレスではなく，ハンドラに分岐する命令を置く．これらの特徴を**図26**に示す．Cortex-Mでは，**図19**のように，割り込みコントローラ (NVIC) がプロセッサに内蔵されている．

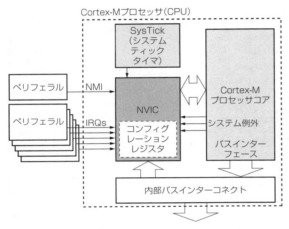

図18[(2)]　NVIC（入れ子型ベクタ割り込みコントローラ）

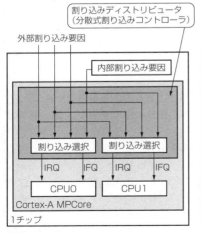

(a) MPCoreには割り込みコントローラが内蔵される

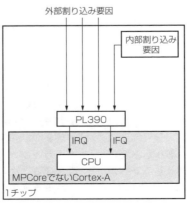

(b) Cortex-M以外はPL390などが外付け割り込みコントローラとして使用される

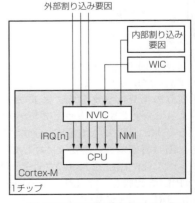

(c) Cortex-Mは割り込みコントローラ (NVIC) を内蔵する

図19　Cortex-A/Rでは割り込みコントローラはプロセッサの外部に存在する

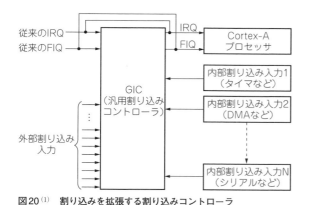

図20[1] 割り込みを拡張する割り込みコントローラ

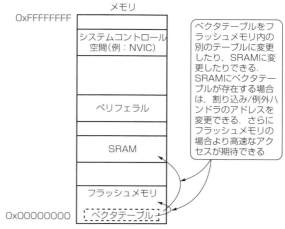

図21 ベクタ・テーブルは移動できる

Armでも外付け用のPL390という割り込みコントローラを用意されている．ArmのSoCの設計では割り込みコントローラとしてPL390が採用される場面が多々ある[注2]．

割り込みコントローラの主要な役割は，従来はIRQとFIQの2本しかない割り込み要因を数百本レベルに拡張することである．割り込みコントローラ内で数百本の割り込みが優先順位をつけて調停され，最終的にはIRQとFIQの割り込みに変換してプロセッサ（Cortex-A/R）に通知する（図20）．

▶NVICを内蔵した理由

NVICをプロセッサに内蔵することは，割り込みアーキテクチャに影響を与える．というか，割り込みコントローラの仕様に応じて割り込みアーキテクチャが決定されている．Cortex-Mシリーズは専用の割り込みコントローラを統合することで，割り込み応答性能の向上を狙っている．このため，Cortex-Mの割り込み処理はCortex-A/Rとはまったく仕様が異なる．

▶ベクタテーブルの役割

NVICは名前のとおりベクタ割り込みをサポートする．つまり，割り込みや例外が発生すると，割り込み/例外の種類によって特定アドレスから対応する割り込み/例外ハンドラの先頭アドレスを取り出して，そのハンドラに分岐する仕様である．この割り込み/例外ベクタのアドレスが格納されているテーブルをベクタテーブルと呼ぶ．ベクタテーブルの先頭アドレスはVTOR（Vector Table Offset Register）の値で指し示

される．VTORの値はソフトウェアで変更可能だが，初期値は0x00000000番地になっている（図21）[注3]．

VTORが変更できる利点として次のような使用例が考えられる．

- ブートローダのプログラミングを容易化できる
- メモリのリマップなしにベクタテーブルのアドレスを変更できるので，システムレベルの設計（ソフトウェア，ハードウェア両面で）を容易化できる
- ベクタテーブルをSRAM領域に配置できるため，動的にハンドラのアドレスを変更可能（0x00000000番地はフラッシュメモリなので値を変更できない）であり，柔軟性のあるベクタテーブルを構成できる
- ベクタテーブルをSRAM領域に配置できるため，フラッシュメモリに配置するよりも高速にベクタフェッチ（ハンドラアドレスの取得）が出来る可能性がある（通常SRAMは1サイクルでアクセスできるが，フラッシュメモリのアクセスには数サイクルかかる場合が多いため）
- プログラム（タスク）ごとにベクタテーブルを変更できるので，異なるOSのエミュレーションや仮想化が可能になる（マイコンで必要性があるかどうかは疑問だが…）

図21では，VTORの値を変更するイメージを示している．

なお，VTORはCortex-M3/M4ではサポートされるが，Cortex-M0+ではオプションである．Cortex-M0/M1では，デフォルトではVTORは0x00000000番地に

注2：PL390は後年GIC-390と呼ばれるようになった．GICとは汎用割り込みコントローラ（Generic Interrupt Controller）の略称である．GIC-390の他にも，Cortex-A15とCortex-A7のマルチコア構成でのクラスタ通信用の割り込みコントローラとしてGIC-400，Armv8対応の割り込みコントローラとしてGIC-500がラインナップされている．また，AHBをインターフェースとする汎用割り込みコントローラで，PL190やPL192というものもある．

注3：Cortex-M7ではINITVTORという外部端子（値は実装時に固定される）で初期値を設定可能である．また，Cortex-M7においてはVTOR[6:0]が0固定になっている．

固定されている.

また，VTORに対する割り込み/例外ベクタの算出
方法には制限がある. 仕様を素直に読めば，割り込み
/例外ベクタのアドレスは，ベクタのオフセットを
VTORの値に加算して新しいアドレスが決定される
ように理解できる. しかし，それは誤りで，オフセッ
トをVTORの値にORしたものが新しい割り込み/例
外ベクタのアドレスになる. これを注意していないと
割り込み/例外が予期しないアドレスに割り当てられ
てしまうことがある. これは，一部のCortex-Mを採
用したMCUに見られる現象であるが，VTORの実装
として，加算でもORでも同一のアドレスになるよう
に，VTORの下位ビットを0に固定する実装を手抜き
した結果だと思われる. たとえば，割り込みベクタの
オフセット[=(割り込み番号：Arm固有の16個を含
む)×4]の最大値が0x100の場合は，VTORの下位8
ビットは0固定に実装するべきである. Cortex-Mの
アーキテクチャ的にはVTORのビット7も実装するこ
とが可能だ. しかし，ビット7に1を書き込む場合
次のような不都合が発生する.

たとえば，VTOR=0x00000080の場合，オフセット
0xF0の割り込みベクタは，本来は0x00000170となる
べきだが，ORで計算されるため，0x000000F0となっ
てしまう.

実は，Arm社のドキュメント[2][3]には，この点を
牽制(?)する注意書きが載っている. 以下の文書で
は，「VTORの値は，128バイト(0x80)以上で，かつ
(サポートされている割り込み番号×4)以上に整列し
なければならない」と記載されている.

これにより，ベクタのアドレス計算が加算で行われ
てもORで行われても同一になるように制限してい
た. 上述では「手抜き」と書いてしまったが，Arm社
の意図はソフトウェアで「矛盾のないように設定し
ろ」だったのかもしれない. 回路的には加算より論理
和の方が高速に計算できる.

▶ Cortex-A/Rシリーズでのベクタテーブル

ところで，Cortex-Mシリーズでない，Cortex-A/R
シリーズでも初期値が0x00000000番地のVBAR
(Vector Base Address Register)で割り込み/例外ベ
クタテーブルが指定できることをご存じの方も多いと
思う. これはArmv7以降でセキュリティ拡張が許可
されている場合に有効である. VBARのアドレス値
は32バイト単位で指定できる. Cortex-Mシリーズの
VTORが最低128バイト単位だったのとは大きな違い
だ. Cortex-A/Rシリーズでは8個のベクタしかない
が，Cortex-Mシリーズでは最大250個のベクタが存
在することが異なる. これはIRQ(割り込み要求)の
ベクタがCortex-A/Rシリーズでは1個なのに対して，
Cortex-Mシリーズでは最大240個(最新では480個)

存在することが理由の1つである. つまり，ベクタ
テーブル全体の大きさが格段に違うからである.

それ以上に，Cortex-A/RシリーズとCortex-Mシ
リーズでのベクタテーブルの大きな違いは，ベクタの
中身だ. Cortex-A/Rシリーズでは，割り込み/例外
ハンドラへ分岐する命令が格納されているのに対し
て，Cortex-Mシリーズでは割り込み/例外ハンドラ
のアドレスそのものが格納されている. Cortex-Mシ
リーズのNVICでは割り込みや例外が発生するとベク
タからハンドラアドレスを読み出してそのアドレスに
分岐するのに対して，従来方式のCortex-A/Rではベ
クタに分岐してから割り込み/例外ハンドラに分岐す
るので，その分岐命令の処理時間の分だけ，NVICの
方が高速に割り込み/例外ハンドラに移行できるとい
える.

▶ NVICのベクタテーブルと従来方式のベクタテーブル

図22にNVICのベクタテーブルと従来方式のベク
タテーブルを示す. また，実際のプログラム例を
リスト1に示す. NVICの場合，割り込み/例外が同
時発生した場合に優先順位の高いものから処理可能な
ように，割り込みや例外に優先順位が付けられてい
る. 割り込み/例外の優先順位を表19に示す. 外部
割り込み(IRQ)の優先順位に関してはNVICのレジス
タで優先順位を指定できる. 優先順位は値が小さいほ
ど優先度が高いことを意味する.

割り込みや例外の優先順位の変更は，SHPR1〜3
(System Handler Priority Register 1-3, SHPR1-3)と
NVICのNVIC_IPR0 〜 NVIC_IPR123 (Interrupt
Priority Register0-123)で指定する.

図23にSHPR1からSHPR3レジスタのビット割り
当てを示す. 基本的に割り込み例外番号に従って，8
ビットずつが割り当てられている. これらのレジスタ
の初期値はオール0である.

図24にNVIC_IPRn (n = 0 〜 123)のビット割り当て
を示す, これらのレジスタの初期値もオール0である.

割り込みや例外の優先順位の初期値が0ということ
は，表19の優先順位と食い違うように思える. 実は,
デフォルトの優先順位は，優先順位が同じ場合に，優
先される順番を示すのである. 混乱しないように注意
しなければならない.

▶ 割り込みや例外の発生の有無の指定

なお，割り込みや例外の発生の有無は割り込みマス
クレジスタ(PRIMASK, FAULTMASK, BASEPRI
レジスタの3本)で指定できる. これらは，メモリマッ
プされたアドレスではなく，MRC命令，MCR命令で
アクセスする.

プロセッサがスレッドモードにあり，割り込みマス
クレジスタが設定されていない状態(初期状態)を
ベースレベルという. ベースレベルでの割り込みの優

Chapter 6 割り込みと例外の概念とその違い

例外ベクタ	Armv6-M Cortex-M0/M0+/M	Armv7-M Cortex-M3/M4	NVICのベクタ・テーブル	ベクタアドレス（初期値）	従来方式のベクタテーブル
239	デバイス固有割り込み	デバイス固有割り込み	割り込み#239 ベクタ	0x000003FC	
31			割り込み#31 ベクタ	0x000000BC	
17			割り込み#1 ベクタ	0x00000044	
16			割り込み#0 ベクタ	0x00000040	
15	SysTick	SysTick	SysTick ベクタ	0x0000003C	
14	PendSV	PendSV	PendSV ベクタ	0x00000038	
13	未使用	未使用	未使用	0x00000034	
12	デバッグモニタ	デバッグモニタ	デバッグモニタベクタ	0x00000030	
11	SVC	SVC	SVC ベクタ	0x0000002C	
10		未使用	未使用	0x00000028	
9		未使用	未使用	0x00000024	
8			未使用	0x00000020	従来方式のベクタテーブル
7	未使用		未使用	0x0000001C	FIQ
6		ユーセージフォールト	ユーセージフォールトベクタ	0x00000018	IRQ
5		バスフォールト	バスフォールトベクタ	0x00000014	未使用
4		メモリマネージ（フォールト）	メモリマネージベクタ	0x00000010	データアボート
3	ハードフォールト	ハードフォールト	ハードフォールトベクタ	0x0000000C	プリフェッチアボート
2	NMI	NMI	NMI ベクタ	0x00000008	スーパバイザコール
1			リセットベクタ	0x00000004	未定義命令
0			MSP初期値	0x00000000	リセット

図22　NVICと従来方式のベクタテーブル

リスト1　2種類のベクタテーブル

```
.align 2
.globl __isr_vector
__isr_vector:
    ldr  pc, [pc,#0x18]    // ベクタ0
    ldr  pc, [pc,#0x18]    // ベクタ1
    ldr  pc, [pc,#0x18]    // ベクタ2
    ldr  pc, [pc,#0x18]    // ベクタ3
    ldr  pc, [pc,#0x18]    // ベクタ4
    ldr  pc, [pc,#0x18]    // ベクタ5
    ldr  pc, [pc,#0x18]    // ベクタ6
    ldr  pc, [pc,#0x18]    // ベクタ7
vec:
    .word   _startup
    .word   _Undef_handler
    .word   _SVC_handler
    .word   _IABT_handler
    .word   _DABT_handler
    .word   Fail
    .word   _IRQ_handler
    .word   _FIQ_handler
```

（a）Armv7-Aのベクタテーブル（従来方式）
各ベクタは0x20番地先のアドレスからハンドラアドレスを読み出してPCに設定する命令が格納されている

```
.align 2
    .globl __isr_vector
__isr_vector:
    .long   __StackTop          // Top of Stack
    .long   Reset_Handler       // Reset Handler
    .long   NMI_Handler         // NMI Handler
    .long   HardFault_Handler   // Hard Fault Handler
    .long   MemManage_Handler   // MPU Fault Handler
    .long   BusFault_Handler    // Bus Fault Handler
    .long   UsageFault_Handler  // Usage Fault Handler
    .long   0                   // Reserved
    .long   0                   // Reserved
    .long   0                   // Reserved
    .long   0                   // Reserved
    .long   SVC_Handler         // SVCall Handler
    .long   DebugMon_Handler    // Debug Monitor
                                //           Handler
    .long   0                   // Reserved
    .long   PendSV_Handler      // PendSV Handler
    .long   SysTick_Handler     // SysTick Handler
// External Interrupts
    .long   DMA0_IRQ_Handler    // Vector No 16
    .long   DMA1_IRQ_Handler    // Vector No 17
    .long   DMA2_IRQ_Handler    // Vector No 18
    .long   DMA3_IRQ_Handler    // Vector No 19
    .long   0                   // Reserved
    .long   FTFA_IRQ_Handler    // Vector No 21
    .long   LVD_IRQ_Handler     // Vector No 22
    .long   LLWU_IRQ_Handler    // Vector No 23
```

（b）Armv6-Mのベクタテーブル（Kinetis KL25Zの例から抜粋）
0x00000000番地からハンドラの先頭アドレスが格納されている

先度は256で最低に設定されている．これは，どのような割り込みや例外でも受け付けることを意味する．プロセッサのある動作時点での割り込み優先度は割り込みマスクレジスタで変更できる．すなわち，PRIMASKレジスタの値が1の場合は，現在の優先度は0となり，優先度が−1以下のハードフォールト，NMI，リセットのみが受け付けられる．FAULTMASKレジスタの値が1の場合は，現在の優先度が−1となり，優先度が−2以下のNMIとリセットのみが受け付け

表19 割り込み/例外の優先順位

タイプ	割り込み/例外	優先順位（デフォルト）	優先順位の設定	内容
255	外部割り込み#239	246	設定可能	外部割り込み#239
...	...	...	...	...
16	外部割り込み#0	7	設定可能	外部割り込み#0
15	SYSTICK	6	設定可能	システムタイマの報知
14	PendSV	5	設定可能	システムサービスへの保留可能な要求（非同期トラップ）
13	予約	—	—	
12	デバッグモニタ	4	設定可能	ホールト中でないときのデバッグモニタ，ブレイクポイント，ウォッチポイント，外部デバッグ
11	スーパーバイザコール	3	設定可能	SVC命令によるシステムサービス呼び出し
7〜10	予約	—	—	
6	用法フォールト	2	設定可能	プログラムエラーによる例外 例えば未定義命令の実行や不正な状態への遷移の試み
5	バスフォールト	1	設定可能	AHBインターフェースのレシーバエラー プリフェッチフォールト，メモリアクセス フォールト，その他のアドレスやメモリ関連のフォールト
4	メモリ管理	0	設定可能	MPU違反（MPUの不整合）か不正な位置（アクセス違反や不一致）へのアクセス
3	ハードフォールト	−1	固定	優先順位の関係，または他のハンドラが無効にされていて，実行できないときのデフォルト（すべて）のフォールト
2	NMI	−2	固定	ノンマスカブル割り込み
1	リセット	−3	固定	リセット

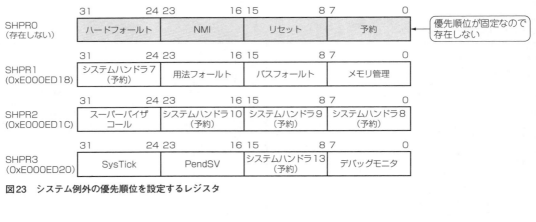

図23 システム例外の優先順位を設定するレジスタ

図24 外部割り込みの優先順位を設定するレジスタ
nは外部割り込み番号=例外番号は16+n

られる．BASEPRIレジスタの値が0でない場合，たとえばXという値である場合，Xより低い優先度の割り込みや例外が受け付けられる．

▶マスクレジスタによる処理

それぞれの割り込みマスクレジスタの意味から次のような処理が自動で行われる．

- CPSID f命令の実行でFAULTMASKレジスタの値は1になる．
- CPSIE f命令の実行でFAULTMASKレジスタの値は0になる．
- CPSID i命令の実行でPRIMASKレジスタの値は1になる．
- CPSIE i命令の実行でPRIMASKレジスタの値は0になる．

この意味で，PRIMASKは割り込みマスクフラグを意味している．つまり，PRIMASK=1のときは割り

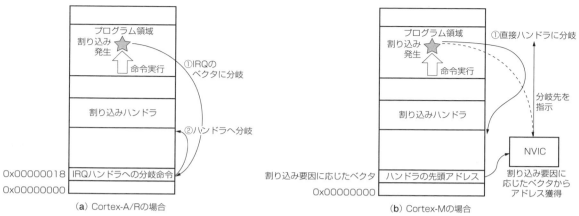

図25 Cortex-A/RとCortex-Mの割り込み発生からハンドラの命令フェッチまでの違い

込み禁止，PRIMASK=0のときは割り込み許可となる．Cortex-Mのステータスレジスタ（APSR）には割り込みマスクフラグが存在しないので，PRIMASKを見るしか割り込みが許可されているかどうかはわからない．

FAULTMASKレジスタは，用法フォールト，バスフォールト，メモリ管理フォールトといった致命的な例外をマスクしてしまうので，ある意味危険なレジスタである．これらの例外の発生がマスクされても，それらを引き起こした要因が解消されるわけではないので，場合によってはシステムがデッドロックしてしまう．FAULTMASKレジスタはデバッグ用と考えた方がいいと思う．たとえば，バスフォールトハンドラでFAULTMASKを有効にして，バスフォールトの原因を解析するといった具合である．

なお，ベクタテーブル（VTOR）の先頭はMSP（メインスタックポインタ）の初期値，その次の1ワードはリセット開始アドレスを格納する．この仕様は，Cortex-MシリーズのプログラムがC言語のみで記述できる」という特性に大きく関わっていると考えられる．

ベクタテーブルにハンドラのアドレスが格納されているという仕様は，Cortex-A/RやMIPSアーキテクチャに慣れた人には分かりにくいと思うので，割り込み発生からハンドラの命令フェッチまでの処理を図25に示す．

▶割り込みハンドラがC言語で記述できる．

割り込み/例外処理のハンドラは通常の関数とは異なる挙動をするのが従来のマイコンの特徴だった．割り込み/例外ハンドラでは，入り口で割り込み/例外発生元のコンテキストが保存され，出口では保存したコンテキストを回復して入り口で割り込み/例外発生元に復帰する．そして，それぞれのための命令が用意

されている．たとえば，（Armv7より前の）Armでは，
`SRS（例外復帰情報ストア）…Armv6以降でサポート`
`RFE（例外からの復帰）　　…Armv6以降でサポート`
などがある．しかし，これらの命令は，コンテキストとして戻り先アドレス（R14 = LR）とCPSRの2つをスタックに積むだけなのでほとんど使用されない（任意の動作モードのスタックを参照できるという利点はあるのだが…，Thumb-2命令では存在しない）．実際には，割り込み/例外ハンドラ内で破壊する汎用レジスタ（バンクレジスタを除く）もスタックに保存しなければならないからである．ハンドラからの復帰には，
`SUBS　PC, LR, #4`
を使用するのが普通である．要するに，PC（プログラムカウンタ）にLR（R14）の値（補正したもの）を書き込めばよいので，
`MOVS　PC, LR`
でも，ハンドラの入口で
`PUSH　{LR}`
しておき，
`POP　　{PC}^`
としても同様である．デスティネーションがPCの場合のMOVSの「S」や，POPの「^」は，ステータスレジスタを同時に回復する指定である．ただし，このステータスレジスタの回復機能はThumb-2では削除されている．

なお，Cortex-A/Rシリーズでは例外の種類に応じてLR（R14）の値を補正してPCに書き戻す必要がある．これは，基本的には，PCは現在実行している命令の2命令先を指しているためである．

▶通常の関数呼び出し

通常の関数呼び出しの場合は，関数の入り口で，関数内で破壊されるレジスタをスタックに退避し，関数

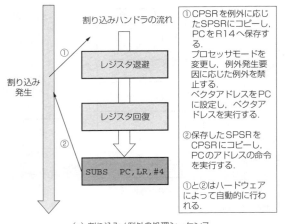

(a) 割り込み/例外の処理シーケンス　　(b) 関数呼び出しの処理シーケンス

図26　Armの一般的な割り込み/例外，関数呼び出しの処理シーケンス

の出口で退避したレジスタを回復し，
`BX LR`
で関数の呼び出し元に復帰する．要するに，PC（プログラムカウンタ）にLR（R14）の値を書き込めばよいので，
`MOV PC, LR`
でも，ハンドラの入口で
`PUSH {LR}`
しておき，
`POP {PC}`
しても同様である．ハンドラからの復帰との違いは，MOVSの「S」や，POPの「^」が存在しないことである．このため，この命令シーケンスは，Thumb-2でも使用できる．

▶割り込み/例外ハンドラの復帰方法と関数の復帰方法

大雑把にいえば，割り込み/例外ハンドラや関数の処理では，関数の場合と復帰方法が異なる．割り込み/例外ハンドラと関数の呼び出し/復帰シーケンスを図26に示す．

通常の関数呼び出しは普通にC言語で記述できるので問題ないが，ハンドラからの復帰はC言語でサポートされないので，ハンドラはアセンブリ言語で記述する必要がある（図27）[注4]．

しかし，Cortex-Mシリーズではアセンブリ言語を使わなくてもハンドラを記述することが可能になった．その理由はハンドラからの復帰も通常の関数の場合と同様に，
`BX LR`
命令を使用するからである．つまり，ハンドラと通常の関数のC言語での記述方法に違いがなくなった．

以下に，Cortex-Mシリーズにおける割り込み/例外処理の仕組みを説明する．少し姑息な手法に思えるが，どうしてもC言語でハンドラを記述したいという意気込みが表れている．

Cortex-Mシリーズでの割り込み/例外処理は次のようになる．これを図28に示す（図26と一部重複する）．
(1) ベクタフェッチ…ハードウェアが処理
(2) コンテキスト［戻りアドレス（PC），xPSR（プログラムステータスレジスタ），R0～R3，R12，

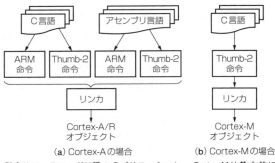

(a) Cortex-Aの場合　　(b) Cortex-Mの場合

従来はソースコードに種々のバリエーション（Arm命令，Thumb-2命令，C言語，アセンブリ言語）があるのでリンク処理が煩雑になる

Cortex-Mは基本的にC言語のみで開発可能

図27[(4)]　Cortex-A/RとCortex-Mのプログラム作成の違い（Cortex-Mでもアセンブリ言語を使用しても構わない）

注4：関数の属性を指定することでC言語でもハンドラを記述することが可能である．たとえば，GCCの場合では
```
void __attribute__ ((interrupt))
                    Handler() {……}
```
のようにinterrupt属性を指定すればC言語の記述でハンドラを記述することができる．しかし，これはイレギュラーな方法であるし，Cコンパイラの実装依存なので，必ずしもこのような記述が使えるとは限らない．

Chapter 6 割り込みと例外の概念とその違い

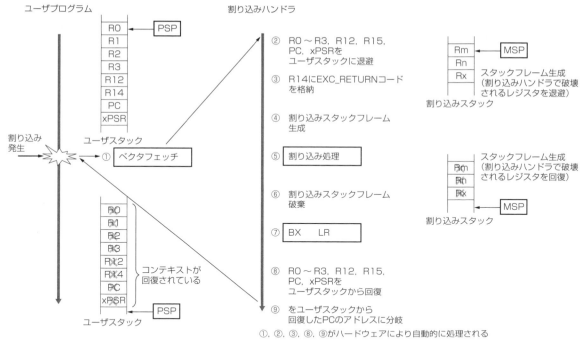

図28 割り込み処理の流れ（Cortex-Mの場合）

LR（R14）］をスタックに退避（コンテキストについてはコラム参照）．これをプッシュ動作という…ハードウェアが処理

(3) LR（R14）にEXC_RETURNコードを格納する．EXC_RETURNコードの具体的な値を表20に示す…ハードウェアが処理

(4) 割り込みハンドラで破壊するレジスタをスタックに退避…ソフトウェアが処理

(5) 例外処理…ソフトウェア処理

(6) 割り込みハンドラで破壊するレジスタをスタックから回復…ソフトウェアが処理

(7) BX LR命令を実行…ソフトウェア処理

(8) コンテキスト［戻りアドレス（PC），xPSR（プログラムステータスレジスタ），R0 ～ R3，R12，LR（R14）］をスタックから回復（これをポップ動作という）…ハードウェアが処理

(9) ポップした戻りアドレスに分岐する…ハードウェアが処理

ここで，(7) の処理でLR（R14）の値がEXC_RETURNコードである場合は，正確には，PC（R15）にライトされる値がEXC_RETURNコードである場合は，コンテキストのポップと戻りアドレスへの分岐がハードウェアにより自動的に実行される．すなわち，ハンドラをC言語で記述できる「秘密」はLR（R14）にEXC_RETURNコードが格納されているということにある．個人的には，このEXC_RETURNコード

の採用が，Cortex-Mシリーズの最大の特長だと思っていまる（考案者は天才的である）．

● Arm Cortex-A（Armv8-A）の場合
▶割り込みの種類

Armv8-Aでも，32ビットモードのArm（Armv7-A）と同様に，IRQとFIQの2系統の割り込みをサポートする．それに加えて，仮想割り込み（vIRQ，vFIQ）というものもあるが，仮想割り込みについては，仮想化機能に関係するものなので，本章では取り扱わない．

Armv8-Aでは，例外レベル（EL：Exception

表20 EXC_RETUERNの詳細
EXC_RETURN（LR）のビット2が（例外発生時のスタックが）MSPであるか，PSPであるかを示す．以下の命令列で（スタックオーバフロー例外ハンドラ時における）スタックの値を取り出すことができる
```
TST   LR,#4
ITE   EQ
MRSEQ R0,MSP  // 0の場合はMSP
MRSNE R0,PSP  // 1の場合はPSP
```

EXC_RETURN	戻り先	戻り先スタック	フレームタイプ
0xFFFFFFE1	ハンドラモード	MSP	拡張フレーム
0xFFFFFFE9	スレッドモード	MSP	拡張フレーム
0xFFFFFFED	スレッドモード	PSP	拡張フレーム
0xFFFFFFF1	ハンドラモード	MSP	基本フレーム
0xFFFFFFF9	スレッドモード	MSP	基本フレーム
0xFFFFFFFD	スレッドモード	PSP	基本フレーム

Column4 コンテキストとは

コンテキストには基本フレームと拡張フレームが存在する．拡張フレームはFPUのコンテキストを格納する場合に使用される．つまり，浮動小数点演算をサポートするCortex-M4Fのみで有効になる．基本フレームと拡張フレームを図Dに示す．

なお，これらの例外フレームはPSPで示されるプロセススタック上に形成される（MSPとPSPを分離して使用している場合）．これは，例外情報を割り込みスタック（Cortex-MではMSPで示されるスタック）上に形成する他のプロセッサのアーキテクチャと異なる．かくいう筆者もこの仕様に最初は混乱した．これでは，PSPでスタックオーバフローなどの問題が発生したときに例外情報を積む場所がなくなってしまう．

この奇妙な仕様を理解するキーポイントは，スタックに保存する情報は基本的にPCとステータスレジスタだけで十分なのに，割り込みハンドラ内で破壊されるレジスタ（の一部）も同様にスタックに積まれるということだ．つまり，スタックに退避されるレジスタ（R0～R3，R12，R14）は割り込みハンドラ内でも保存せずに自由に破壊できる．これはまさに，Cortex-Aの「バンクレジスタ」の特長である．バンクレジスタを持つと，その分の面積が必要なので，チップ面積を最適化するために，Cortex-Aの特長であったバンクレジスタがCortex-Mでは廃止された．しかし，バンクレジスタと同様な使い勝手は残していたということなのだろう．

しかし，実際はもっと単純な理由かもしれない．Cortex-Mでは割り込みハンドラがC言語で普通の関数と同様に記述できる．通常の関数呼び出しでは関数の呼び出し前に関数で破壊されるレジスタをスタックに退避する．これを呼び出し側セーブレジスタ（Caller Save Registers）という．この呼び出し側セーブレジスタがR0～R3，R12，LR，PCそのものである．通常の関数呼び出しはコンパイラが認識できるのだが，割り込みは突然発生するので，呼び出し側セーブレジスタをスタックに退避する命令列は存在しない．その代わりに，割り込みが発生すると，ハードウェアが呼び出し側セーブレジスタをスタックにセーブするようになっている．これにより，割り込みハンドラも通常の関数と同じ命令列で記述できるのだ．このレジスタのセーブは割り込みハンドラのスタック（MSPで指し示される）ではなく，ユーザ側のスタック（PSPで指し示させる）に退避される．これは普通の関数呼び出しと同じである．恐らくこれが，コンテキストレジスタがPSPスタックに積まれる真の理由と思われる．

スタックポインタのオフセット

割り込み/例外発生前のスタックポインタ．4バイト境界ケース		割り込み/例外発生前のスタックポインタ．8バイト境界ケース	
予約	0x6C		
予約	0x68		
予約	0x64	予約	
FPSCR	0x60	FPSCR	
S15	0x5C	S15	
S14	0x58	S14	
S13	0x54	S13	
S12	0x50	S12	
S11	0x4C	S11	
S10	0x48	S10	
S9	0x44	S9	
S8	0x40	S8	
S7	0x3C	S7	
S6	0x38	S6	
S5	0x34	S5	拡張フレーム（FPUを使う場合）
S4	0x30	S4	
S3	0x2C	S3	
S2	0x28	S2	
S1	0x24	S1	
S0	0x20	S0	
XPSR	0x1C	XPSR	
戻りアドレス	0x18	戻りアドレス	
LR（R14）	0x14	LR（R14）	
R12	0x10	R12	基本フレーム
R3	0x0C	R3	
R2	0x08	R2	
R1	0x04	R1	
R0	0x00	R0	

割り込み/例外発生後のスタックポインタ．8バイト境界になる

割り込み/例外発生後のスタックポインタ．8バイト境界になる

> デフォルトでは拡張フレームはOFFになっている

> 割り込み/例外発生時にはスタックポインタのアドレスが8バイト境界に整列され，割り込み/例外発生前が8バイト境界でなければ4バイト分のスペースが余分に確保される（スタックポインタは，常に強制的に，4バイト境界になる）．
> なお，基本フレームや拡張フレームはMSPではなくPSP（MSPとPSPを分離して使用している場合）上に形成される．割り込みハンドラでは常にMSPが使用される

図D 基本フレームと拡張フレーム

Level) というものが存在する[注5]. これはEL0から
EL3まであり，EL3は一番特権性が強く，EL2，EL1，
EL0の順に特権性が弱くなる．CPUのハードウェア
に依存するファームウェアや最高の特権性が必要なセ
キュアモニタはEL3で実行し，仮想化に用いられる
ハイパーバイザやOSのカーネルはEL2で実行され
る．各種のOSはEL1で実行される．OSの下で動作
するアプリケーションはEL0で実行される．EL2と
EL1の区別は厳密な物ではなく，CPUの実装によっ
てはEL2が存在しないものもある．

注5：32ビットモードのArm（Armv7-A）においても，特権レベ
　　ルを示すPL（Privilege Level）が存在している．しかし，
　　それを意識しなくても，割り込み処理を行うことは可能
　　だった．しかし，Armv8-Aでは例外レベル（≒特権レベル）
　　が割り込み処理に大きく影響してくる．

割り込みが発生すると，CPUの動作状態はより特
権性の高いレベルに遷移する．つまり，EL0で動作時
に割り込みが発生すると，EL1，EL2またはEL3に遷
移し，EL1で動作時に割り込みが発生するとEL2また
はEL3に遷移し，EL2に動作時に割り込みが発生する
とEL3に遷移する．EL3では，基本的には，割り込み
の発生は保留（他の例外レベルに移行するまでペン
ディング）となる場合が多いようである．

割り込み発生時に，どの例外レベルに遷移するか
は，SCR_EL3レジスタとHCR（いうなればSCR_EL2
なのだが，SCR_EL2という名称のレジスタは存在し
ない）の制御ビットで決定される．割り込み発生時に，
どの例外レベルに遷移するかを**表21**に示す．ここで，
RWビットというのは，その実行状態より低い例外レ
ベルでは，32ビットモードのArm（Armv7-A）でプロ

表21　割り込み発生時に遷移する例外レベル

SCR				HCR				EL0で割り込み発生時のターゲット	EL 1で割り込み発生時のターゲット	EL2で割り込み発生時のターゲット	EL3で割り込み発生時のターゲット
NS	EEL2	EA IRQ FIQ	RW	TGE	AMO IMO FMO	E2H	RW				
0	0	0	0	x	x	x	x	FIQ IRQ Abt	FIQ IRQ Abt	n/a	C
			1	x	x	x	x	EL1	EL1	n/a	C
		1	x	x	x	x	EL3	EL3	n/a	EL3
	1	0	x	0	0	0	0	FIQ IRQ Abt	FIQ IRQ Abt	C	C
							1	EL1	EL1	C	C
						1	x	EL1	EL1	C	C
					1	x	x	EL2	EL2	EL2	C
					1	x	x	x	EL2	n/a	EL2	C
		1	x	0	x	x	x	EL3	EL3	EL3	EL3
				1	x	x	x	EL3	n/a	EL3	EL3
1	x	0		0	0	0	n/a	n/a	FIQ IRQ Abt	FIQ IRQ Abt	Hyp	C
						1	n/a	n/a	Hyp	Hyp	Hyp	C
					1	x	n/a	n/a	Hyp	n/a	Hyp	C
		0	1	0	0	0	0	FIQ IRQ Abt	FIQ IRQ Abt	C	C
							1	EL1	EL1	C	C
						1	x	EL1	EL1	C	C
					1	x	x	EL2	EL2	EL2	C
					1	x	x	EL2	n/a	EL2	C
		1	x	0	x	x	x	EL3	EL3	EL3	EL3
				1	x	x	x	EL3	n/a	EL3	EL3

EL2…割り込み/例外はAArch64のEL2に遷移する．
EL3…割り込み/例外はAArch64のEL3に遷移する．
C…割り込みは保留されて発生しない．
FIQ IRQ Abt…割り込み/例外は，発生要因にしたがって，AArch32のFIQモード，FIQモード，Abortモードに遷移する．
Hyp…割り込み/例外はAArch32のHypモードに遷移する．
n/a…禁止されたレジスタの設定

図29　PSTATE.DAIFレジスタの形式

グラムが実行されることを意味する．逆に言えば，RWビットが1の場合は，割り込み発生時に32ビットモードのArm（Armv7-A）で実行していたことを意味する．32ビットモードのArm（Armv7-A）実行時に割り込みが発生すると，通常は，Armv8-Aに移行するのだが，32ビットモードのArm（Armv7-A）の実行状態を保つ場合もある．表21でFIQ，IRQ，Abtと書かれているのが32ビットモードのArm（Armv7-A）に遷移することを意味する．逆に考えると，32ビットモードのArm（Armv7-A）で実行可能なのはEL1またはEL0のみということになる注6．

▶割り込みのマスク（禁止）／マスク解除（許可）

　Armv8-Aにおける割り込みのマスクもSCRレジスタとHCR_EL2レジスタの設定によって決定される．しかし，ここでPSTATE（プロセスステート）の設定が加わる．PSTATEは，種々の状態設定を指定する仮想的なレジスタで，実体は，後述の「割り込みからの復帰命令」の節を参照されたい．PSTATEは，

- NZCV…条件フラグ（N，Z，C，V）にアクセス
- DAIF…割り込みマスク（D，A，I，F）にアクセス
- CurrentEL…現在のEL（例外レベル）を表示
- SPSel…SP（スタックポインタ）の選択
- PAN…物理的なアクセスを禁止（Physical Access Never）
- UAO…ユーザ（非特権ロード／ストア）のアクセス権を上書き（User Access Override）
- DIT…データに依存しないタイミングで実行（Data Independent Timing）
- SSBS…キャッシュに対する投機的なロードストアを許可（Speculative Store Bypass Safe）
- TCO…ロード／ストア命令の大域的なタグチェックを禁止（Tag Check Override）

という，システムレジスタの集まりで構成される．ここでは，割り込みマスクに関係するNZCVレジスタの形式を図29に示す．図29で，D，A，I，Fの各ビットが，それぞれ，デバッグ機能（ウォッチポイント，ブレークポイント，ステップ実行），SError例外（32ビットモードのArm（Armv7-A）のプリフェッチアボートとデータアボートに相当），IRQ，FIQのマスクビットである．値が1のときに，対応する割り込み要求がマスクされる．このDAIFレジスタのリード／ライトは，それぞれ，MRS（リード）命令とMSR（ライト）命令を使用する．その形式は次のようになっている．

```
// DAIFレジスタの値をレジスタ<Xt>に読み込む
MRS  <Xt>, DAIF
// レジスタ<Xt>の値をDAIFレジスタに書き込む
MSR  DAIF, <Xt>
```

　さて，PSTATEのDIAFレジスタで割り込みをマスク（禁止）しても，SCRレジスタやHCR_EL2レジスタの設定によっては，割り込みが発生してしまうことがある．その関係は，結構複雑である．表22に，SCRレジスタとHCR_EL2レジスタのビット設定と各例外レベルでの割り込みマスクの状況を示す．ベアメタルのプログラミングでは，SCR（SCR_EL3）のNSビットが1，RWビットが1の場合がほとんどだと思われる．このときは，大抵，割り込み発生時にはEL2に遷移する．

　ところで，たとえば，IRQをマスクする場合，

```
MRS  x0, DAIF
BIC  x0, x0, #(1<<7)
MSR  DAIF, x0
```

という3命令が必要であるが，割り込みの許可や禁止は速やかに行いたいものである．そのために，DAIFClrレジスタとDAIFSetレジスタがある．これは指定したビット位置のビットをクリア（DAIFClr）したり，セット（DAIFSet）したりするレジスタだ．上述の記述は

```
MSR  DAIFClr,#(1<<1)
```

と1命令で記述出来てしまう．ビット位置の指定は，実際よりも6ビット少ない値になる．

- 割り込みからの復帰命令

　Armv8-Aにおける割り込みハンドラからの復帰命令は，

```
ERET
```

の一択である．割り込みハンドラに遷移した時点でのPC（戻りアドレス）とステータスレジスタを変更しない限り，ERET命令を実行することで，割り込みが発生した次の命令に戻ることができる．

　ERET命令は，各例外レベルで，戻り先のPCとステータスレジスタとして次の物を参照する．

- EL3からの復帰
  PC…ELR_EL3
  ステータスレジスタ…SPSR_EL3
  ※戻り先がArmv8-Aであるか32ビットモードのArm（Armv7-A）であるかは，SCR_EL3のRWビットで決定される．RW=1のときにArmv8-Aである．

注6：厳密には，EL3やEL2でも32ビットモードのArm（Armv7-A）モードで動作させることは可能である．詳細は，割愛する．

Chapter 6 割り込みと例外の概念とその違い

表22　各例外レベルでの割り込みマスク

SCR				HCR			基本的に移行する例外レベル	EL0で実行時の割り込みマスクの効果	EL1で実行時の割り込みマスクの効果	EL2で実行時の割り込みマスクの効果	EL3で実行時の割り込みマスクの効果
NS	EEL2	EA IRQ FIQ	RW	TGE	AMO IMO FMO	E2H					
0	0	0	x	x	x	x	EL1	B	B	n/a	C
		1	x	x	x	x	EL3	A	A	n/a	A/B
	1	0	x	0	0	x	EL1	B	B	C	C
					1	x	EL1	A	A	B	C
				1	x	0	EL1	A	n/a	B	C
					x	1	EL1	B	n/a	B	C
		1	x	0	x	x	EL3	A	A	A	A/B
				1	x	x	EL3	A	n/a	A	A/B
1	x	0	0	0	0	n/a	EL1	B	B	B	C
					1	n/a	EL2	A	A	B	C
				1	x	n/a	EL2	A	n/a	A	A/B
			1	0	0	x	EL1	B	B	C	C
					1	x	EL2	A	A	B	C
				1	x	0	EL2	A	n/a	B	C
					x	1	EL2	B	n/a	B	C
		1	x	0	x	x	EL3	A	A	A	A/B
				1	x	x	EL3	A	n/a	A	A/B

A …割り込み要求が発生したら，PSTATEのA，I，Fフラグ（割り込みマスク）に関わらず，受け付けられる（ハンドラに遷移する）.

B …割り込み要求が発生したら，PSTATEのA，I，Fフラグ（割り込みマスク）にしたがって，受け付けられる（ハンドラに遷移する）.
割り込みマスクが1のときには，対応する割り込みは受け付けられない．割り込みマスクが0のときのみ，対応する割り込みが受け付けられる.

A/B…FEAT_DoubleFaultが実装されていれば，SError割り込みが対象となる（FIQやIRQは保留？）．このとき，SCR_EL3のNMEAビットが1なら「A」ケースのようにふるまう．そうでなければ「B」ケースのようにふるまう（PSTATEのAフラグの値に従う）.

C …割り込み要求が発生しても受け付けられない.

n/a…禁止されたレジスタの設定．CPUはこの例外レベルで実行できない

- EL2からの復帰
  PC…ELR_EL2
  ステータスレジスタ…SPSR_EL2
  ※戻り先がArmv8-Aであるか32ビットモードのArm（Armv7-A）であるかは，HCR_EL2のRWビットで決定される．RW=1のときにArmv8-Aである.

- EL1からの復帰
  PC…ELR_EL1
  ステータスレジスタ…SPSR_EL1
  ※戻り先がArmv8-Aであるか32ビットモードのArm（Armv7-A）であるかは，HCR_EL2のRWビットで決定される．RW=1のときにArmv8-Aである.

ここで，EL0はアプリケーションレベル（ユーザーモード）なので，特権命令のERETは実行できない．EL0実行時に割り込み/例外が発生すると，EL1，EL2，EL3のいずれかに遷移するので，EL0でのERET命令は実行できなくてもよい.

ERET命令は，実行している例外レベル以下の任意の例外レベルに遷移できる．つまり，

- EL3からは，EL3，EL2，EL1，EL0に遷移できる

- EL2からは，EL2，EL1，EL0に遷移できる
- EL1からは，EL1，EL0に遷移できる

といった具合である．より特権性の高い例外レベル（数字の大きいレベル）に遷移するためには，割り込みや例外を発生させるか，トラップ命令（SVC，HVC，SMC）を使用するが，これについては本稿では説明しない.

さて，実行中の例外レベルより特権性の低い例外レベルにERET命令で遷移する場合であるが，それは，実行中の例外レベルのSPSR（SPSR_EL3，SPSR_EL2，SPSR_EL1）のMフィールドを遷移したい例外レベルに設定する．図30に各例外レベルのSPSRの形式を示すが，どれも同じ形式である．違いは，Mフィールドに実行中の例外レベルより特権性が等しいかそれより小さいレベルを指定しなければならないこと以外にはない．Mフィールド以外のビットの説明は省略する．詳細は，Armv8-Aのアーキテクチャリファレンス・マニュアル[5]を参照されたい．ここで，M[3：0]フィールドの意味を以下に示す.

- ERET命令の分岐先がArmv8-Aの場合
  0b0000 EL0t…EL0に遷移.
  遷移先のSPはSP_EL0を使用.

235

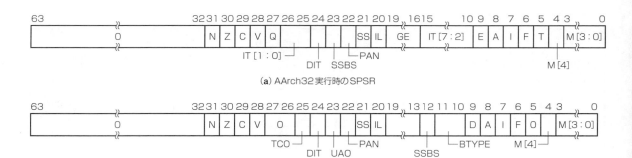

図30 SPSR_EL3/SPSR_EL2/SPSR_EL1の形式

0b0100 EL1t…EL1に遷移．
　　　　遷移先のSPはSP_EL0を使用．
0b0101 EL1h…EL1に遷移．
　　　　遷移先のSPはSP_EL1を使用．
0b1000 EL2t…EL2に遷移．
　　　　遷移先のSPはSP_EL0を使用．
0b1001 EL2h…EL2に遷移．
　　　　遷移先のSPはSP_EL2を使用．
0b1100 EL3t…EL3に遷移．
　　　　遷移先のSPはSP_EL0を使用．
0b1101 EL3h…EL3に遷移．
　　　　遷移先のSPはSP_EL3を使用．
- ERET命令の分岐先が32ビットモードのArm（Armv7-A）の場合

0b0000 User…User（ユーザー）モードに遷移．
0b0001 FIQ …FIQモードに遷移．
0b0010 IRQ …IRQモードに遷移．
0b0011 Supervisor…SVC（スーパーバイザ）モードに遷移．
0b0110 Monitor…MON（モニタ）モードに遷移．
0b0111 Abort …ABT（アボート）モードに遷移．
0b1010 Hyp …Hyp（ハイパーバイザ）モードに遷移．
0b1011 Undefined…UND（未定義命令例外）モードに遷移．
0b1111 System…Sys（システム）モードに遷移．

また，M[4]は遷移先が32ビットモードのArm（Armv7-A）であるかどうかを示す．遷移先が32ビットモードのArm（Armv7-A）の場合は1を，Armv8-Aの場合は0を設定しなければならない．

▶割り込みベクタ

Armv8-Aの場合も，割り込みベクタテーブルが存在する．これは割り込み発生時の分岐先が並んだものである．Armv8-Aの割り込みベクタテーブルを**表23**に示す．IRQ，FIQ，SError（Armv7-Aでのアボートに相当）は非同期例外とみなされる．「非同期」の意味は，割り込まれる側のプログラムの実行とは無関係に，つまり，プログラムが知らないうちに，割り込みが発生するという意味である．「同期」というのは，プログラムの実行に伴って発生する「例外」を意味する．

ベクタテーブルの各エントリは16命令長である（Armv7-Aでは，各エントリはわずか4バイトだった）．つまり，Armv8-Aでは，割り込みハンドラのコードサイズが0x80バイト（16命令長分）より小さい場合は，よそのアドレスに分岐しなくても，ベクタテーブルの中で割り込み処理を完結することが可能である．

32ビットモードのArm（Armv7-A）では，ベクタテーブルの先頭アドレスはVBARレジスタに格納されていた．Armv8-Aでも，このようなベースレジスタが存在する．しかも，ベースレジスタは，各例外レベルに専用に用意されている．すなわち，VBAR_EL3，VBAR_EL2，VBAR_EL1が存在する．EL0で実行時に割り込み/例外が発生すると必ずEL1以上の

表23 Armv8-A（AArch64）の割り込みベクタテーブル

オフセット	例外タイプ	遷移先
VBAR_ELn + 0x000	同期	SP0を使用した現在のEL
+ 0x080	IRQ/vIRQ	
+ 0x100	FIQ/vFIQ	
+ 0x180	SError/vSError	
+ 0x200	同期	SPxを使用した現在のEL
+ 0x280	IRQ/vIRQ	
+ 0x300	FIQ/vFIQ	
+ 0x380	SError/vSError	
+ 0x400	同期	AArch64で，より特権性の高いEL
+ 0x480	IRQ/vIRQ	
+ 0x500	FIQ/vFIQ	
+ 0x580	SError/vSError	
+ 0x600	同期	AArch32で，より特権性の高いEL
+ 0x680	IRQ/vIRQ	
+ 0x700	FIQ/vFIQ	
+ 0x780	SError/vSError	

Chapter 6 割り込みと例外の概念とその違い

リスト2 [6] AArch64の割り込みハンドラの実例

```
IRQ_Handler:
// 割り込み処理で破壊されるレジスタをスタックにPUSH
// 必要によっては，PCとステータス・レジスタもPUSH
STP X0, X1, [SP, #-16]!          // SP = SP -16
STP X2, X3, [SP, #-16]!          // SP = SP -16
STP X4, X5, [SP, #-16]!          // SP = SP -16
STP X6, X7, [SP, #-16]!          // SP = SP -16
STP X8, X9, [SP, #-16]!          // SP = SP -16
STP X10, X11, [SP, #-16]!        // SP = SP -16
STP X12, X13, [SP, #-16]!        // SP = SP -16
STP X14, X15, [SP, #-16]!        // SP = SP -16
STP X16, X17, [SP, #-16]!        // SP = SP -16
STP X18, X19, [SP, #-16]!        // SP = SP -16
STP X20, X21, [SP, #-16]!        // SP = SP -16
STP X22, X23, [SP, #-16]!        // SP = SP -16
STP X24, X25, [SP, #-16]!        // SP = SP -16
STP X26, X27, [SP, #-16]!        // SP = SP -16
STP X28, X29, [SP, #-16]!        // SP = SP -16
STR X30, [SP, #-8]!              // SP = SP -8
// ステータス・レジスタSPSR_ELn(n=1,2,3)の読み出し
MRS X0, SPSR_ELn
// 戻りアドレスELR_ELn(n=1,2,3)の読み出し
MRS X1, ELR_ELn
// SPSR_ELnとELR_ELnの退避
STP X0, X1, [SP, #-16]!

// 割り込み要因の特定と，要因のクリア

BL read_irq_source

// 発生した割り込みを処理するC言語で記述された
// 割り込みハンドラを実行
BL C_irq_handler

// スタックに退避したレジスタの回復
LDP X0, X1, [SP], #16      // SPSR_ELnとELR_ELnの回復
MSR SPSR_ELn, X0
MSR ELR_ELn, X1
LDR X30, [SP]. #8
LDP X28, X29, [SP], #16          // SP = SP +16
LDP X26, X27, [SP], #16          // SP = SP +16
LDP X24, X25, [SP], #16          // SP = SP +16
LDP X22, X23, [SP], #16          // SP = SP +16
LDP X20, X21, [SP], #16          // SP = SP +16
LDP X18, X19, [SP], #16          // SP = SP +16
LDP X16, X17, [SP], #16          // SP = SP +16
LDP X14, X15, [SP], #16          // SP = SP +16
LDP X12, X13, [SP], #16          // SP = SP +16
LDP X10, X11, [SP], #16          // SP = SP +16
LDP X8, X9, [SP], #16            // SP = SP +16
LDP X6, X7, [SP], #16            // SP = SP +16
LDP X4, X5, [SP], #16            // SP = SP +16
LDP X2, X3, [SP], #16            // SP = SP +16
LDP X0, X1, [SP], #16            // SP = SP +16
ERET
```

特権性を持つ例外レベルに遷移するので，VBAR_EL0は存在しない．VBAR_EL3/VBAR_EL2/VBAR_EL1は，下位11ビットが0固定の64ビットレジスタである．これらのレジスタのリード／ライトには，MRS命令（リード）とMSR命令（ライト）を使用する．具体的には，次のようになる．

```
// VBAR_ELn(n=1，2，3)の値を
// レジスタ<Xt>に格納する
MRS   <Xt>, VBAR_ELn
// レジスタ<Xt>の値をVBAR_ELn
//(n=1，2，3)に設定する
MSR   VBAR_ELn, <Xt>
```

ここでの注意点は，

- EL3では，VBAR_EL3，VBAR_EL2，VBAR_EL1にアクセスできる
- EL2では，VBAR_EL2，VBAR_EL1にアクセスできる
- EL1では，VBAR_EL1のみにアクセスできる

ということである．

▶割り込みハンドラの実例

　Armのサイト[6]に掲載されている割り込みハンドラの実例（筆者がかなり改変したが…）をリスト2に示す．基本的に，割り込み処理で破壊されるレジスタをスタックに退避し，割り込み処理を行い，スタックに退避したレジスタを回復し，ERET命令を実行するだけである．

● RISC-V（RV32）の場合

▶割り込みの種類

　RISC-Vでは，例外と割り込みは仕様上で区別されている．筆者は，個人的には，RISC-Vのこういった仕様に好感がもてる．

　RISC-Vにおいて，割り込みや例外発生時の処理は一見貧弱である．割り込みや例外が発生すると共通トラップベクタ（命令が配置されているアドレス）に分岐が発生し，そこで，原因レジスタや割り込みペンディングレジスタの値を調べて個々の割り込みや例外処理に移るという仕様である．このとき，割り込みに関しては，割り込みごとにベクタが共通な「直接モード」と「トラップベース＋4×原因コード」で計算されるベクタに分岐する「ベクタモード」を選択することができる．

　さて，RISC-Vにも，Armでの例外レベルに相当する，特権レベル（実行モード）が存在する．それを**表24**に示す．特権性の強さは，

表24 [8] RISC-Vの特権レベル

特権レベル数	サポートしているモード	想定されるユースケース
1	M	単純な組み込みシステム
2	M，U	セキュアな組み込みシステム
3	M，S，U	UNIXに似たOSが走るシステム

M：マシンモード
S：スーパーバイザモード
U：ユーザーモード

237

M（マシンモード）＞ S（スーパーバイザモード）
　＞ U（ユーザーモード）

の順になっている．RISC-Vの仕様策定の初期段階で
は，この3つの特権レベルに加えてハイパーバイザ
モードがあった．しかし，最新の仕様[8]では，ハイ
パーバイザモードを含む仮想化機能は使用のV拡張
として，別途策定されるようである．V拡張では，ハ
イパーバイザモードは，スーパーバイザモードの拡張
になっている．

　RISC-Vが仕様で定義している割り込みと例外の一
覧を表25に示す．ここで，割り込み要因の16以上は，
RISC-Vの供給ベンダが自由に使用していいことに
なっている．発生した割り込みや要求は原因レジスタ
（特権レベルに応じて，それぞれ，mcause/scause/
ucauseという名称）に原因コードが格納される．そし
て，この原因レジスタの最上位ビット（RV32ならビッ
ト31）で，割り込みか例外かの区別ができるように
なっている．

　RISC-Vの供給ベンダで有名なSiFive社のマイコン

やSoCでは，番号16から1024の要因を局所割り込み
に割り当てている．（SiFive社の製品では）マイコン
やSoCに入力される割り込みは局所割り込みと大域
割り込みに分類される．大域割り込みは，割り込みコ
ントローラを経由して「外部割り込み」としてCPU コ
アに通知される．局所割り込みは直接CPUコアに通
知される．割り込みコントローラを経由しない分だ
け，局所割り込みは高速な応答性が期待できる．これ
は，あくまでも，原則である．実際には，大域割り込
みと局所割り込みの性質は，どのような割り込みコン
トローラを使用するかで異なる．

　なお，割り込みはステータスを保持しなくても2回
まではネスト可能なように，1つ前の特権状態（実行
モード）と割り込み許可状態をステータスレジスタ
（特権レベルに応じて，それぞれ，mstatus/sstatus/
ustatusという名称）の中に保持している．これを特
権レベルスタックという．これらの情報は，割り込み
や例外からの復帰命令（MRET/HRET/SRET/URET）
の実行により，1つ前の状態に戻る．

▶割り込みと実行モードの関係

　さて，割り込みや例外は基本的にマシンモードで処
理される（割り込みや例外発生時にマシンモードに遷
移する）のだが，各実行モードはトラップ代理レジス
タ（Trap Delegation Register）を備えている．たとえ
ば，マシントラップ代理レジスタ（割り込み用と例外
用の2本がある）で，表25の割り込み/例外コードに
相当するビット位置のビットをセットすると，対応す
る割り込みや例外は1つ下の特権レベルで処理され
る．つまり，スーパーバイザモードが定義されていれ
ばスーパーバイザモードで，スーパーバイザモードが
定義されいなければユーザーモードで処理される．
スーパーバイザモードにもトラップ代理レジスタが存
在するので，スーパーバイザモードで処理すべき割り
込みや例外を，ユーザーモードで処理することも可能
になる．このとき，スーパーバイザモードもユーザー
モードも独立したトラップベクタをもっているので，
トラップベクタを特別に新規実装で増やさなくても，
マシンレベルとは異なるベクタアドレスで特定の割り
込みや例外を処理させることが可能になる．このよう
に，トラップ代理レジスタを利用することでも，割り
込みや例外の種類に応じて処理を行うアドレスを変え
ることができるので，効率的な（迅速な）割り込みや
例外処理を実現できる．もっとも，トラップ代理レジ
スタを導入した真の目的は，マシンモードだけではな
く，スーパーバイザモードやユーザーモードで実行し
ているタスクに対して直接割り込みを通知することの
ようである．

▶複数の周辺デバイスへの対応

　表25に示されている割り込みや例外要因は，ほと

表25[8]　割り込みと例外の種類（要因）

割り込み表示	割り込み/例外の原因コード	説　明
1	0	ユーザーモードからのソフトウェア割り込み
1	1	スーパーバイザモードからのソフトウェア割り込み
1	2	予約済み
1	3	マシンモードからのソフトウェア割り込み
1	4	ユーザーモードからのタイマ割り込み
1	5	スーパーバイザモードからのタイマ割り込み
1	6	予約済み
1	7	マシンモードからのタイマ割り込み
1	8	ユーザーモードからの外部割り込み
1	9	スーパーバイザモードからの外部割り込み
1	10	予約済み
1	11	マシンモードからの外部割り込み
1	12以上	予約（16以上は，ベンダが自由に使用可能）
0	0	アラインされてない命令アクセス
0	1	命令アクセスフォールト
0	2	不正命令
0	3	ブレークポイント命令
0	4	アラインされてないロード
0	5	ロードアクセスフォールト
0	6	アラインされてないストアまたはアトミック操作
0	7	ストアまたはアトミック操作のフォールト
0	8	ユーザーモードからのECALL命令
0	9	スーパーバイザモードからのECALL命令
0	10	ハイパーバイザモードからのECALL命令
0	11	マシンモードからのECALL命令
0	12以上	予約

Chapter 6 割り込みと例外の概念とその違い

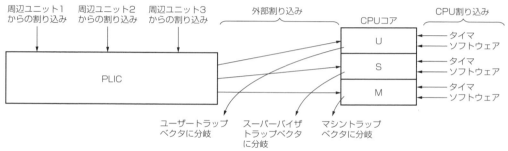

図31 割り込みの接続（概略図）

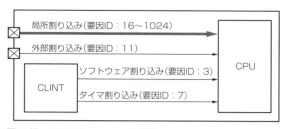

図32[9] CLINTとCPUコアの接続
要因IDはマシンモードの場合

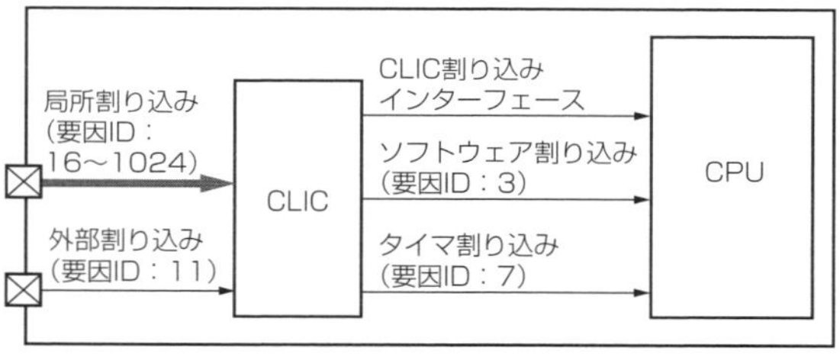

図33[9] CLICとCPUコアの接続
要因IDはマシンモードの場合

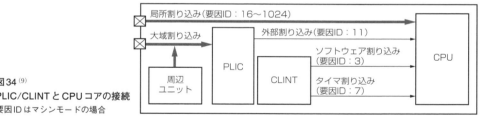

図34[9]
PLIC/CLINTとCPUコアの接続
要因IDはマシンモードの場合

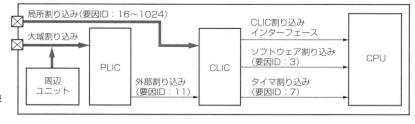

図35[9]
PLIC/CLICとCPUコアの接続
要因IDはマシンモードの場合

んどがCPUコアに起因するものである．外部（つまり周辺デバイス）からの割り込みは外部割り込みが1本あるだけだ．さすがに，これでは複数の周辺デバイスに対応するには不便である．それを解消するためにPLIC（プラットフォームレベル割り込みコントローラ）が用意されている．PLICは優先順位付きで複数の割り込みからもっとも優先度の高い割り込みを判定して外部割り込みとしてCPUに通知する．

図31に各割り込みの接続の概略図を示す．

なお，PLICは最強の割り込みコントローラだが，RISC-Vにはもっと単純な構成向けに，CLINT（コアローカル割り込み処理）やCLIC（コアローカル割り込みコントローラ）というものも存在する．これらの接続図を，それぞれ，**図32**と**図33**に示す．また，現実的にはPLICとCPUコアの間にはCLINTやCLICが実装される．その接続図を**図34**と**図35**に示す．結局，CLINTとCLICの違いは，局所割り込みを取り込むか，CPUコアに直接つなげるかの違いである．CLIC

239

図36[8] mieレジスタの形式（下位16ビットのみ）

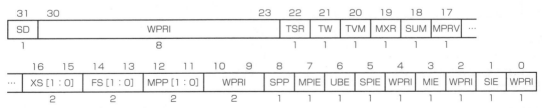

図37[8] mstatusレジスタの形式

を使用時のために，CPUコアにはCLICインターフェースという謎の接続がある．この詳細は不明であるが，外部割り込み（要因ID：11）や局所割り込み（要因IDは16以上）を調停して，CLIC専用ソフトウェア割り込み（要因ID：12）を発生させる仕組みのように見える．

CLINT，CLIC，PLICはRISC-Vの命令セット（ISA）の最新版の仕様には定義がない．割り込みコントローラは「命令」ではないので当然なのであるが，CLINT，CLIC，PLICがRISC-Vにおいて推奨の割り込みコントローラなのかが気になるところではある．

CLINTに関しては，GitHub[10]にソースコードが公開されている．説明文には「RISC-V特権使用1.11（WIP）互換」となっているので，それなりに由緒正しいものだと思われる．これを見ると，CLINTは，タイマ割り込みとソフトウェア割り込み（別名：プロセス間割り込み）を生成するユニットのようである．これは，図32や図33の接続図と符合する．

CLICやPLICに関してもGitHub[10]に解説がある．これによると，CLICやPLICはマルチコアシステムで使われることが多いようだ．CPUコアごとにCLICが存在し，PLICは，CLICの上位にあって，割り込みをCLICに分配する役割である．PLICはマルチコアシステムでも1つしか存在しない（各CLICで共有）．なお，小規模なシングルコアシステムにはCLICしかない場合もある．

CLICを使用する場合は，割り込みの仕様が拡張される．本節での説明が意味をなさない部分も生じてくるが，本節の説明は，あくまでも，基本的なものと思ってほしい．本節は割り込み機能の基礎の解説を行うのが趣旨なので，これ以上の深追いは止めておく．

ところで，表25には，リセットとNMIが含まれない．リセットやNMIの開始アドレスは実装依存である．

▶割り込みのマスク（禁止）/マスク解除（許可）

割り込みのマスクは，割り込み許可レジスタ（mie/sie/uie）とステータスレジスタ（mstatus/sstatus/ustatus）の合わせ技で決まる．代表として，マシンモードの割り込み許可レジスタ（mie）とステータスレジスタ（mstatus）の形式を図36と図37に示す．

図36のMSIEビット，MTIEビット，MEIEビットが，それぞれ，マシンモードで割り込み処理を行う場合の，ソフトウェア割り込み，タイマ割り込み，外部割り込みの許可ビットである．またSSIEビット，STIEビット，SEIEビットが，それぞれ，スーパーバイザモードで割り込み処理を行う場合の，ソフトウェア割り込み，タイマ割り込み，外部割り込みの許可ビットである．ユーザーモードでの許可ビットでは，専用のuieレジスタが用意されているが，ここでの説明は割愛する．mieレジスタの許可ビットが許可されていても，割り込み許可にはならない．mstatusレジスタの割り込み許可ビットも同時にセットされていることが必要である．

図37のMIEビット，SIEビットが，それぞれ，マシンモードとスーパーバイザモードの全体的な割り込み許可ビットである．mieレジスタとmstatusレジスタの両方で割り込み許可になっていないと割り込みは受け付けられない．ユーザーモードでのステータスレジスタ（ustatus）は別の専用レジスタになっている．

mieレジスタやmstatusレジスタはマシンモードでしかアクセスできない．スーパーバイザモードでSSIE/STIE/SEIEビットやSIEビットにアクセスするために，sieレジスタとsstatusレジスタが存在する．これは，mieレジスタやmstatusレジスタから，マシンモードでアクセス可能が見えなくなっている（アクセスもできない）だけである．SSIE/STIE/SEIEビットやSIEビットの実体は，mieレジスタやmstatusレジスタのものと同一である．

ところで，これまで，ユーザーモードで普通に割り

Chapter 6 割り込みと例外の概念とその違い

込み処理ができるような表現をしてきましたが，実は，通常ではユーザーモードでの割り込み処理はサポートされていない．そのためには，命令セットのN拡張が実装されている必要がある．なので，mie/sie/mstatus/sstatusレジスタとuie/ustatusレジスタは別物になっている．ユーザーモードでの割り込み処理は「できたらいいな」程度の感覚だと思われる．

▶割り込みからの復帰命令

割り込みからの復帰命令は，マシンモード，スーパーバイザモード，ユーザーモードのそれぞれで実行可能な，MRET，SRET，URET命令が用意されている（URET命令はN拡張でのみサポート）．MRET命令は戻り先アドレスが格納されたPC（mepc）とステータスレジスタ（mstatus）を参照して，ステータスレジスタを割り込み発生前に戻すとともに，戻り先アドレスに分岐する．同様に，SRET命令はsepcレジスタとsstatusレジスタを参照し，URET命令はuepcレジスタとustatusレジスタを参照する．

理解を助けるために，割り込みが発生してマシンモードに遷移する場合の，CPUの挙動を以下に説明す．

- 割り込み発生時
① 戻りアドレスのPCをmepcレジスタに格納
② 割り込み発生時の特権レベル（M/S/U）をmstatusレジスタのMPPフィールドに格納
③ mstatusレジスタのMIEビットをmstatusレジスタのMPIEビットにコピー
③ 割り込みハンドラのアドレスに分岐
④ mstatusレジスタのMIEビットを0にすることで，マシンモードでの割り込みを禁止
- MRET実行時
① mepcレジスタの指し示すアドレスに分岐
② mstatusレジスタのMPPフィールドの示す特権レベルに遷移
③ mstatusレジスタのMPIEビットをmstatusレジスタのMIEビットにコピー
- 割り込みベクタ

RISC-Vでは，Armv8-Aの場合と同様に，特権レベルごとに割り込みベクタテーブルの先頭アドレスを保持するトラップベクタベースアドレスレジスタ（特権モードごとに，mtvec/stvec/utvecと呼ばれる）が用意されている．マシンモードで割り込みや例外の処理を行う場合はmtvecレジスタが，スーパーバイザモードで割り込みや例外の処理を行う場合はstvecレジスタが，ユーザーモードで割り込みや例外の処理を行う場合はutvecレジスタが参照される．

割り込みハンドラの先頭アドレスは，mtvec/stvec/utvecレジスタの下位2ビットを0とみなしたものになる．mtvec/stvec/utvecレジスタの下位2ビッ

表26[8][9] **割り込みベクタテーブル**

灰色のセルはSiFive社のマイコン/SoCで実装されている割り込みを示す

要因コード	xtvecからのオフセット	割り込み要因
0	0x00	ユーザーモードからのソフトウェア割り込み
1	0x04	スーパーバイザモードからのソフトウェア割り込み
2	0x08	予約済み
3	0x0C	マシンモードからのソフトウェア割り込み
4	0x10	ユーザーモードからのタイマ割り込み
5	0x14	スーパーバイザモードからのタイマ割り込み
6	0x18	予約済み
7	0x1C	マシンモードからのタイマ割り込み
8	0x20	ユーザーモードからの外部割り込み
9	0x24	スーパーバイザモードからの外部割り込み
10	0x28	予約済み
11	0x2C	マシンモードからの外部割り込み
12	0x30	予約済み（SiFive社では，CLICのソフトウェア割り込みを実装）
13	0x34	予約済み
14	0x38	予約済み
15	0x3C	予約済み
16	0x40	局所割り込み（SiFive社での実装）
17	0x44	局所割り込み（SiFive社での実装）
……		局所割り込み（SiFive社での実装）
1024	0x1000	局所割り込み（SiFive社での実装）

トにはベクタモードが格納される．

ベクタモードの意味は，次のようになっている．

0…すべての割り込み/例外は$x$tvec（x＝m, s, u）レジスタに格納されたアドレスで処理される．

1…割り込みに関しては$x$cause（x＝m, s, u）レジスタの原因コードを4倍したアドレスで処理される．

2, 3…設定禁止（予約ビット，CLICなどを許可する）．

ベクタモードが0の場合は，割り込みハンドラのアドレスは自明である．ベクタモードが1の場合は，例外に関してはベクタモードが0の場合と同じである．割り込みに関しては，割り込み要因ごとに異なるアドレスが割り込みハンドラになる．割り込みの場合のベクタテーブルを**表26**に示す．

▶割り込みハンドラの実例

マシンモードで割り込み処理を行う場合の割り込みハンドラの記述例を**リスト3**に示す．その内容は，Armの場合とほとんど同じである．

リスト3では，CSRRとかCSRWとかという，制御&状態レジスタ（CSR）にアクセスする命令が出てくる．これらについて説明しておく．

CSRへの転送命令には次の6種類が存在する．

- CSRRW <Xn>，<CSR番号>，<Xm>
…<CSR番号>で指定されるCSRの値を<Xn>に

241

リスト3 RISC-V（RV32）の割り込みハンドラの実例

```
Int_Handler:
ADDI SP, SP, -32*4
//---- 全汎用レジスタをスタックに退避
SW x1, 1*4(SP)
SW x2, 2*4(SP)
...
SW x30, 30*4(SP)
SW x31, 31*4(SP)
//---- 多重割り込みの準備
// mcauseを呼び出し先で退避するX8(S0)に保存
CSRR    X8, mcause
// mepcを呼び出し先で退避するX9(S01)に保存
CSRR    X9, mepc
// mstatus.MIEを1(割り込み許可)にする
CSRSI   mstatus, 8
//---- 割り込み要因の特定とクリア
```

```
JAL read_int_source
//---- C言語で記述された割り込み処理を呼び出す
JAL C_int_handler
//---- 多重割り込みを禁止する
CSRCI   mstatus,8
CSRW    mepc, X9
CSRW    mcause, X8
//---- 全汎用レジスタをスタックから回復
LW x1, 1*4(SP)
LW x2, 2*4(SP)
...
LW x30, 30*4(SP)
LW x31, 31*4(SP)
ADDI SP, SP, 32*4
//---- 割り込み発生元の次の命令に復帰
mret
```

書き込み，<Xm>の値をCSRに書き込む（交換する）．

- CSRRWI   <Xn>，<CSR番号>，<imm>
…<CSR番号>で指定されるCSRの値を<Xn>に書き込み，<imm>で示される5ビットの即値をCSRに書き込む．

- CSRRS   <Xn>，<CSR番号>，<Xm>
…<CSR番号>で指定されるCSRの値を<Xn>に書き込み，<Xm>の値で1となっているビット位置に対応するCSRのビットをセットする．

- CSRRSI   <Xn>，<CSR番号>，<imm>
…<CSR番号>で指定されるCSRの値を<Xn>に書き込み，<imm>で示される5ビットの即値で1となっているビット位置に対応するCSRのビットをセットする．

- CSRRC   <Xn>，<CSR番号>，<Xm>
…<CSR番号>で指定されるCSRの値を<Xn>に書き込み，<Xm>の値で1となっているビット位置に対応するCSRのビットをクリアする．

- CSRRCI   <Xn>，<CSR番号>，<imm>
…<CSR番号>で指定されるCSRの値を<Xn>に書き込み，<imm>で示される5ビットの即値で1となっているビット位置に対応するCSRのビットをクリアする．

CSRへの転送命令はこの6種であるが，**リスト3**ではCSRW命令やCSRR命令など，この6種とは異なる命令が出現している．これは，アセンブラが認識する疑似命令で，次のように変換される．

```
CSRR Xd, csr→CSRRS Xd, csr, X0
                        // CSRを読む
CSRW csr, Xs→CSRRW X0, csr, Xs
                        // CSRに書く
CSRS csr, Xs→CSRRS X0, csr, Xs
                     // CSRのビットをセットする
CSRC csr, Xs→CSRRC X0, csr, Xs
```

```
                     // CSRのビットをクリアする
CSRWI csr, imm→CSRRWI X0, csr, imm
                        // CSRに即値を書く
CSRSI csr, imm→CSRRSI X0, csr, imm
                // 即値でCSRのビットをセットする
CSRCI csr, imm→CSRRCI X0, csr, imm
                // 即値でCSRのビットをクリアする
```

CSRへの転送命令は，基本的には，CSRと汎用レジスタの値を交換する命令なのであるが，ゼロレジスタ（X0）を使用して，実質的に，片方向の命令に変換しているのである．

● 各MPUの特徴のまとめ

こうして，各アーキテクチャの割り込み/例外処理の実装を見ると，次のようなことがわかる．CISC（というか古いMPU）では，ハンドラのアドレスが格納されたテーブルを参照して分岐先を決定するのに対し，RISCでは割り込み/例外の種類に応じた特定のアドレスに直接分岐するのである（SH-1/SH-2を除く）．これは，少しでもメモリ参照回数を低減して性能向上を図るという，RISCの設計方針が表れたものかもしれない．

まとめ

割り込みや例外というものは，MPUの動き自体は単純なものである．なぜ，そのような機構が提供されているのか，その思想的背景を理解することのほうが難しい．今回の説明で少しはわかっていただけたであろうか（実は少し不安）．

割り込みといえば，何かの仕事を中断して別の仕事をするというイメージである．この場合，後で中断した処理を再開するために，スタックに戻りアドレスなどの復帰情報を退避させることが前提である．このため，現実の生活では，割り込み仕事が連続して頻発すると，「スタックがオーバフローして，さっきまで何

Chapter 6 割り込みと例外の概念とその違い

をやっていたかわからないよ」と悲鳴を上げることが
しばしばである．これも職業病だろうか.

◆参考・引用＊文献◆

(1) ＊GIC（汎用割り込みコントローラ），APS.
https://www.aps-web.jp/academy/ca/224/

(2) Arm，ARMv7-M Architecture Reference Manual，B1.5.3
The vector table.

(3) Arm，Cortex-M4 Devices Generic User Guide，4.3.4.
Vector Table Offset Register.

(4) ＊例外処理の言語，APS.
http://www.aps-web.jp/academy/cortex-m/
13/d.html

(5) Arm，ARMv8-M Architecture Reference Manual.

(6) Arm，Armv8-A exception vector table.
https://developer.arm.com/documentation/
100933/0100/Armv8-A-exception-vector-
table?lang=en

(7) Arm，Interrupt handling.
https://developer.arm.com/documentation/
100933/0100/Interrupt-handling?lang=en

(8) The RISC-V Instruction Set Manual，Volume II: Privileged
Architecture Document Version 1.12-draft.

(9) SiFive Interrupt Cookbook，Version 1.0.
https://sifive.cdn.prismic.io/sifive/
0d163928-2128-42be-a75a-464df65e04e0_
sifive-interrupt-cookbook.pdf

(10) CLINT（Core-local Interrupt Controller）.
https://github.com/pulp-platform/clint

(11) RISC-V Core-Local Interrupt Controller（CLIC）Version
0.9-draft-20200908.
https://github.com/riscv/riscv-fast-
interrupt/blob/master/clic.adoc

(12) RISC-V の PLIC（Platform-Level Interrupt Controller）につ
いて
https://msyksphinz.hatenablog.com/
entry/2017/12/10/000000

243

Chapter 7

VLIWの復権はあるのか

VLIWとは何か

ここではマイクロプログラミングとVLIWについて取り上げる．VLIWは誕生から長い年月が経っているが，その概念や技術は現代のプロセッサ設計に依然として影響を与えている．とはいえ，市場での普及状況や，他のアーキテクチャとの競争などを考えると，「古い」と評価される側面も否定できない．しかし，特定の用途（組み込みシステムなど）では，VLIWが依然として有効な選択肢である．

1 VLIWの概念

● VLIWとは

VLIW（Very Long Instruction Word）とは，その名称のとおり「非常に長い命令語」を意味する．一般に，命令は128ビット程度の固定長で，MPUが持つ機能ユニットと1対1に対応する「スロット」という領域から構成される．スロットには対応するユニットを制御する命令が埋め込まれ，VLIWの1命令が実行されると，各スロットの命令が同時実行される．つまり，1ステップで複数の命令が実行される．図1にVLIWの概念図を示す．実行に際し，スロット間の依存関係は考慮しない．VLIWはスーパースカラとは異なり，ハードウェアが同時実行できる命令を自動判別するわけではない（命令内で明示的に指定されている）ので，命令発行ユニットを簡略化できる．

一方，それぞれの命令の各スロットが最大限に機能するように割り当てる必要があり，この非常に高度な技術を実現するという負荷をコンパイラに課すことになる．コンパイラは与えられた命令列から同時実行可能な命令の組を探し出し，VLIW命令の各スロットに割り当てる．スロットに入るべき命令がない場合はNOP（No Operation）を入れる．これを命令スケジューリングという（図2）．

スーパースカラとVLIWを比較すると，MPU内部に同時実行を行うしくみを実装する必要がなくハードウェアを簡略化できるという利点がある反面，コンパイラが頑張っても，常に最高の個数（スロットの数）の命令を同時実行できるとは限らず，NOPが余分に発生する分だけプログラムのコード効率が悪くなる（コードサイズが増加する）という欠点がある．

VLIWの発想は，Control DataのCDC6600やIBM 360/91という最初のスーパーコンピュータで採用されていたマイクロコードの並列実行方式に由来する．それらのコンピュータが活躍した1960〜1970年代で

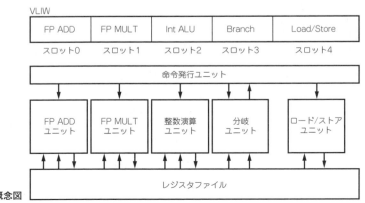

図1
VLIWの概念図

命令列

スロット0	スロット1	スロット2	スロット3	
-----	-----	-----	-----	6
-----	-----	-----	-----	5
-----	-----	-----	-----	4
命令7	NOP	命令8	命令9	3
NOP	命令6	NOP	NOP	2
命令3	NOP	命令4	命令5	1
NOP	命令1	命令2	NOP	0

命令0 / 命令1 / 命令2 / 命令3 / … / 命令N

図2 コンパイラによる命令スケジューリング

は，アレイプロセッサや専用のシグナルプロセッサが ROMに格納されたVLIWに良く似た語長の長い命令を用い，高速フーリエ変換などのアルゴリズムを計算していた．

真のVLIWマシンは1980年代初期に3つの会社（Multiflow, Culler, Cydrome）から発表されたミニスーパーコンピュータだった．それらは商業的には成功しなかったが，これらのコンピュータに適用されたコンパイラ技術はむだにはならなかった．その後，HP（Hewlett Packard）はMultiflowを買収し，現在のHPのVLIWのコンパイラ開発はMultiflow出身のJosh FisherとCydrome出身のBob Rauを中心に行われているという．トレーススケジューリングとソフトウェアパイプライニングは，それぞれ，FisherとRauが先駆者であり，現在もVLIWコンパイラ技術の中心的役割を果たしている．なお，VLIW用に開発されたコンパイラの並列化技術の多くがスーパースカラ用のコンパイラに採用されて成功を収めているのは痛烈な皮肉である．

ところで，VLIWの嚆矢となったMultiflow-7/300は二つの整数ALU，二つの浮動小数点ALU，分岐ユニットを有していた（これらは複数のチップで構成されていた）．その256ビットの命令語は七つの32ビット長のオペレーションコードを含んでいた．各整数ユニットは130nsごとに二つのオペレーションを実行できた（合計4命令）ので，約30.8MIPSという性能になる．当時としてはかなり高性能な部類だ．また7/300を複数組み合わせて，より高性能な512ビットや1024ビット幅のマシンを構成することもできた．

一方，CydromeのコンピュータであるCydra-5は，各命令を六つの40ビットの操作として順次実行する特殊モードを備えていたが，256ビットの命令語を使用していた．そのため，そのコンパイラは並列コードと従来どおりの逐次的コードをミックスしたコードを生成したという．Cydra-5はMultiflowとは異なり，プレディケーション，ソフトウェアパイプラインといったVLIWコンパイラの基本的な並列化技術をすでに採用していたといわれている．

双方のVLIWマシンとも複数のチップで構成され

ていたが，最初の1チップのVLIWは1989年に発表されたIntelのi860であるといわれている．二つの32ビット命令（整数と浮動小数点）を64ビット命令とみなし，1度に命令キャッシュから取り込んで同時に実行するデュアル命令モードを備えていた．64ビット長なのでLIW（Long Instruction Word）と呼ぶのが正しいかもしれない．i860は，世間にはDSPとして受け入れられ，もっぱらグラフィックアクセラレータとして利用された（RAIDコントローラ用途のほうがメジャーかも）．なお，i860では，命令を正確に実行する責任はハードウェアよりもむしろコンパイラに任せていた．結果としてi860は成功しなかったが，すべてソフトウェア任せというハードウェアの自由度の低さが一因だったのでなかろうか．結局，コンパイラがうまく開発できなかったのだろう．

ただ，当時のコンパイラ技術では，プログラムの中で並行に実行できるのは2命令程度という報告があった（5命令という報告もあったようだが）．また，先進的な並列化技術もコンピュータの非力さゆえにコンパイル時間が現実的でなく，VLIWの登場は時期尚早であったといえる．

● **トレーススケジューリングとソフトウェアパイプライニング**

VLIWのコンパイラの基本技術である，トレーススケジューリングとソフトウェアパイプライニングについて簡単に説明しておこう．

コンパイラは，ある命令を起点として命令列を探索し，それが分岐に突き当たり，プログラムの流れが変わるまでを基本ブロックとして最適化処理を行う．つまり，命令がループになっている場合，基本的には，異なるループ処理間では同時に最適化を行えない．しかし，（おそらくは一つのループを含む）基本ブロックをまたいで命令のスケジューリング（並び替え）を行う手法がトレーススケジューリングなのである．

ソフトウェアパイプライニングとはループの内部をパイプライン的に処理できるように並び替える手法である．それには，ループアンローリングという手法が基本となる．これはループをアンロール（部分的に展

開）するものである．たとえば，

```
for(i=1;i<=N;i++){
  命令1
  命令2
  命令3
}
```

というループを考える．これを，アウトオブオーダなスーパースカラで実行する場合，命令1，命令2，命令3の3命令では依存性が高くてうまく並列実行できないことがある．その場合たとえば，2ループを一つの単位として，

```
for(i=1;i<=(N/2);i+=2){
  命令1
  命令2
  命令3
  命令1
  命令2
  命令3
}
```

とアンロールしてみれば，並列実行できる組み合わせが見つかるかもしれない．しかし，インオーダなパイプラインではあいかわらず依存性は解消されていない．そこで，ソフトウェア（コンパイラ）で，並列実行できるように命令のスケジューリング（並び替え）を行うことが考えられる．たとえば，

```
for(i=1;i<=(N/2);i+=2){
  (命令1 ; 命令1)
  (命令2 ; 命令2)
  (命令3 ; 命令3)
}
```

のようにスケジューリングすればカッコ内の組が並列に実行できるとしたら，処理時間が半分になる．このようにアンローリングしたループ内の命令の並び替えをソフトウェアパイプライニングという．パイプラインというイメージからは，

```
for(i=1;i<=(N/2);i+=2){
  (命令1 ;      )
  (命令2 ; 命令1)
  (命令3 ; 命令2)
  (      ; 命令3)
}
```

のように，命令がオーバーラップする感覚で，並び替えられることを想定しているのかもしれない．これは，MPU内部のハードウェア資源をむだなく使い回せるような並びになるはずである．

2 VLIWの実際（1）— Itanium

VLIWの実現性を疑問視する声が多いのは事実であるが，過去において珍しく成功した（と記しておこう）2つのMPUがある．IntelのItanium（第一弾のコードネームはMerced）とTransmetaのCrusoeである．どちらもx86命令を実行する方式としてVLIWアーキテクチャを採用している点が興味深い．これらの特徴を見ていこう．

VLIWプロセッサを商品化しているメーカは実際には，結構ある．たとえば，富士通のFR-Vは自社のサイトで大々的に宣伝していた．しかし，これらが汎用MPUとして普及しているという話は聞かない．所詮は，組み込み制御用途のDSPといった感覚なのだろう．

また，VLIWは，昔に流行ったリコンフィギュアラブルプロセッサ（これは多くの場合，DSPの代用である）の制御用プロセッサとして利用されることが多い．これは，VLIWがDSPの制御にとって相性がいいという理由もあると思われる．

● 開発の背景

VLIWはHPの技術によって支えられているといっても過言ではない．事実，HPはPA-RSICの最新機種として，PA-9000というVLIWマシンを1998年に発売すると発表していた．しかし，1994年，HPはIntelと共同で64ビットMPUであるIA-64の開発を行うことを表明した．それと同時にPA-9000の開発を凍結した．IA-64はEPIC（Explicitly Parallel Instruction Computing）と呼ばれるVLIWライクな命令を主体とする新しい概念を採用している．EPICは命令セットアーキテクチャと同時に高性能化などのインプリメンテーションを同時に定義する．といっているが，単なるマーケティング戦略にすぎない．EPICも明らかにVLIWである．

x86とIA-64の主な特徴の比較を**表1**に示す．64ビットMPUとしては後発になるため，新しい技術を提供することが必要であり，それにより明るい未来が約束

表1　x86とIA-64の比較

	x86	IA-64
命令形式	複雑で可変長の命令を1度に1命令処理する	単純で固定長の命令三つを一つのグループにバンドルして同時に処理する
実行順序	命令列の並び替えと最適化を実行時に行う	命令列の並び替えと最適化をコンパイル時に行う
分岐予測	予測した分岐先を投機的に実行する	分岐先と分岐元の両方を投機的に実行し，不要な側を無視する
メモリ参照	必要になったときにデータをメモリからロードする．キャッシュを最初に参照	必要になる前に投機的にデータをロードする．同じくキャッシュを最初に参照

されているように思えた.しかし共同開発とは名ばかりで,実質的なIA-64の開発はIntelによって行われた.当初の計画とは異なり,PA-RISCとの互換性はなくなり,IA-64とx86のみのサポートになった(妥協案としてダイナミックトランスレーションというエミュレーション技術が提案されてはいるが)時点で,HPは共同開発から手を引いた感がある.

実際,HPは1999年6月からPA-RISCの最新機種であるPA-8500の出荷を開始した.同時に,PA-8600/8700/8800/8900というロードマップを発表してPA-RISCの存続をアピールした.PA-8500を使用したサーバであるHP9000はIA-64にアップグレード可能とはなっているが,それはIA-64の最初のItanium(Merced)ではなく,次機種のMcKinley(コードネーム)以降であるとしている.HPの言い分は「Itaniumの性能は期待外れ」ということらしい.性能問題が尾を引いたのか,Itaniumの開発は遅れに遅れ,2000年に発売に漕ぎ着けたものの,その年の7月にはさらなる改版が必要として,2001年の前半まで発売を延期した.発表された動作周波数も800MHzと予想をはるかに下回っている.その時点でのHPの公式見解は「いまだにIA-64に期待する」というものであるが,Itaniumの失態が繰り返されるようではHPの離脱もありえる.また,SGIなども,Itanium搭載のLinuxマシンを発表していたが,いまひとつ盛り上がりに欠けていた.

2002年にItanium2(McKinley)がリリースされてもその低調さに変わりはなかった.しかし,HPは唯一,そのプロモーションに積極的だった.Itanium2になって,やっと望みどおりの性能が達成されたということなのだろう.それまでの動向を見ていると,Itanium2の成功はHPの頑張りにかかっていたといっても過言ではない.

しかし,2003年6月に2代目Itanium2(Madison)が発表されると事情が少し変わってきた.Madisonは,L3キャッシュの容量が増えたことにより,McKinleyよりも30～50%の性能向上となり,やっと競合他社を明確に凌駕する性能を達成できた.これをきっかけに,HP以外での採用も増加し,Itaniumの快進撃が始まる兆しがみえてきた.

ItaniumはIA-32の命令セットを直接実行する専用のユニットを持つ.Itanium2のホワイトペーパーによれば,サポートする命令はKatmai(Pentium III)レベルであり,性能は300MHzのPentiumProと同程度となっている.実際に使用したユーザーの感想によると,Pentiumの75MHz程度の体感性能で想像を絶する遅さといわれていた.これでは,当初の予定と異なり,IA-32の性能は期待できそうにもない.バイナリ変換を行わなくても一応動作するという宣伝文句以上の意味はないと思われる.当のIntel自身ですらその使用を推奨していない.

2003年4月24日,IntelがItanium用のx86(IA-32)エミュレータを開発中であることが明らかになった.これは,CNETのスクープであり,このエミュレータは「IA-32 Execution Layer(IA32-EL)」(コードネームはbtrans)と呼ばれる,OSと連係してIA-32プロセッサをエミュレートするソフトウェアである.具体的には,Xeon(IA-32)命令からItanium2命令へのトランスレータである.このIA32-ELを使えば,1.5GHz動作のItanium2は1.5GHz動作のXeon MPとほぼ同じ速度で32ビットコードを稼働させられるという.

このIA32-ELは2004年下半期にリリース予定のWindows Server 2003のService Pack 1に組み込まれる予定だった.しかし,1.5GHz動作のItanium2は1.4GHz動作のXeon相当との噂が立ち,Iteanium2でのIA-32のエミュレーションが無意味になってきた.

この噂を打ち消すように,2004年1月23日に日本で開催されたIntelの事業展開の説明会では,IA32-ELの性能はムーアの法則にしたがって進化し,将来的にはItaniumのハードウェアエミュレーション機能は削除する方向との説明がされた.2008年にはIA32-ELがIA-32(Pentium4)の性能を凌駕すると予想するアナリストもいた.

AMDのOpteronは64ビットコードだけでなく32ビットコードも効率的に実行できるので,これと比べるとItaniumが見劣りするのは明らかであり,その対策のセールストークと思われる.IA32-ELにより,32ビットのソフトウェア資産をItaniumにも流用できるようになり,それが理由でItanium採用に消極的だった顧客に対して優位性をアピールすることができる.

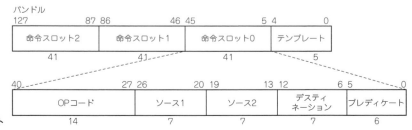

図3
Itaniumの命令フォーマット

● 命令フォーマット

Itaniumの命令フォーマットを図3に示す．41ビットの3オペランド命令が3個と，5ビットのテンプレートを組み合わせた128ビット長の命令である．これはバンドル（抱き合わせ）と呼ばれる．

各スロットに格納される命令のプレディケートとは「述語」という意味で，命令の実行条件を示す．分岐属性とも訳される．Itaniumは64本の1ビット長のプレディケートレジスタを備え，各レジスタは「真」または「偽」の情報を保持する．命令中のプレディケート領域はプレディケートレジスタの番号を表し，そのレジスタが「真」ならば命令を実行する．これはRISCで採用されている条件MOVEの発展形で，条件分岐での場合分けを（性能が低下する）分岐命令を使わずに表現できる．また，各命令は3オペランド命令である．

レジスタは128本用意されているが，常時使用できるレジスタはR0〜R31の32本のみである．R32〜R127はallocという命令でスタックフレーム領域として定義すると使用可能になる．サブルーチンコール先で確保されたスタックフレームはサブルーチンからリターンすると自動的に消滅する．このようなレジスタ構造をIA-64ではスタックレジスタと呼んでいる．

バンドルに含まれるテンプレートは3つのスロットの命令の種類を指定する領域である．これは内蔵する演算器と密接に関連し，I（整数），M（メモリ），F（浮動小数点），B（分岐）の中から指定できる．テンプレートは同時に並列実行できる命令の区切りも指定する．ハードウェア資源（演算器の数）が十分にあれば，基本的に，すべての命令を並列実行できるが，実装する演算器の数に依存して区切りが決定される．これは5ビットの領域なので32種類の組み合わせを指定でき

テンプレート	スロット0	スロット1	スロット2
00	M	I	I
01	M	I	I
02	M	I	I
03	M	I	I
04	M	I(L+X)	
05	M	I(L+X)	
08	M	M	I
09	M	M	I
0A	M	M	I
0B	M	M	I
0C	M	F	I
0D	M	F	I
0E	M	M	F
0F	M	M	F
10	M	I	B
11	M	I	B
12	M	B	B
13	M	B	B
16	B	B	B
17	B	B	B
18	M	M	B
19	M	M	B
1C	M	F	B
1C	M	F	B

■ 並列実行できる命令の区切り

図4　バンドルの組み合わせ

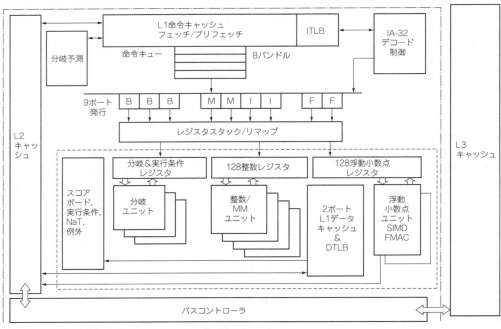

図5　Itaniumのブロック図

るのだが，Itaniumでは図4に示す24種類が定義されている．

なお，バンドルは1対1でPA-RISCの命令に変換可能というが，実際はどうなのだろう．

● 内部構造

図5にItaniumのブロック図を示す．演算器の構成は，分岐ユニット3個，整数/メモリユニット4個，浮動小数点ユニット2個である．二つのバンドルが同時に処理されるので6命令の同時発行が可能である．また，L1，L2キャッシュを内蔵し，外部にはL3キャッシュが接続される．

Itaniumがもっとも効率良く命令の並列実行を行うためには，コンパイラによるヒント（制御情報）を命令に反映させることが肝要である．VLIWではコンパイラによるいろいろな並列化技術が研究されているが，それらをいかに適用できるかでMPUの性能が決まるといっても過言ではない．図6に各ハードウェアブロックに対してどのようなコンパイラ技術が必要になるのか，その一例を示す．

● パイプライン

図7(a)にItaniumのパイプラインを示す．10ステージからなるインオーダなパイプラインである．パイプラインは，フロントエンド，命令供給，オペランド供給，実行の段階に大別される．フロントエンド（図8）の段階では，1サイクルに最大6命令（2バンドル）をプリフェッチまたはフェッチし，8エントリのデカップリングバッファ（命令キュー）に格納する．分岐予測もここで行う．

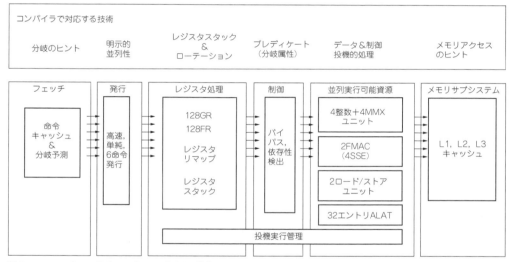

図6 Itaniumのハードウェアとコンパイラの技術

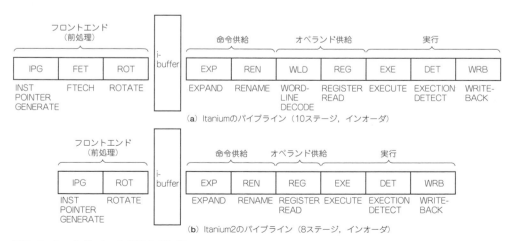

図7 ItaniumとItanium2のパイプライン

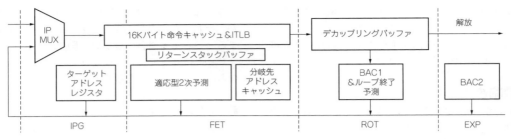

図8 Itanium のフロントエンド

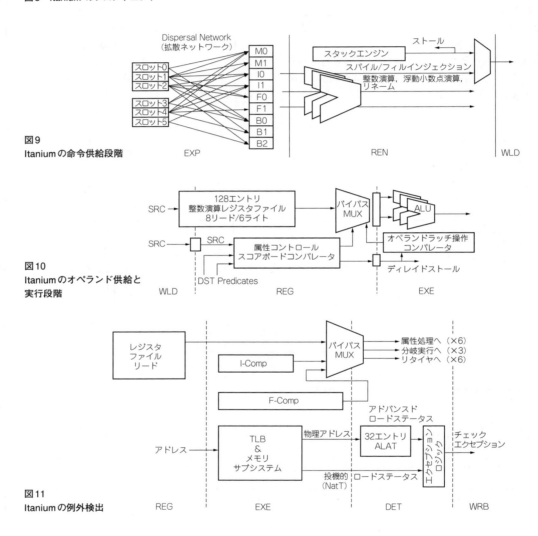

図9 Itaniumの命令供給段階

図10 Itaniumのオペランド供給と実行段階

図11 Itaniumの例外検出

　命令供給の段階(図9)では，最大6命令を9つのポートに振り分ける．これはDispersal Network(拡散ネットワークとでも訳すのか)によって行われる．将来的には各スロットをすべてのポートに振り分け可能になる予定であるが，Itaniumではスロットとポートの対応に制限がある．レジスタのリネームやスタック操作(動的なレジスタ割り当て=Spill/Fill)もここで行う．

　オペランド供給の段階(図10の左側)では，レジスタリードとバイパス(フォワーディング)処理を行う．その他，オペランドの依存性のチェック，分岐属性の依存性チェックを行う．実行の段階(図10の右側)では，4つの1サイクルレイテンシのALU，二つのロード/ストアユニットで命令を実行する．また，投機

表2 x86とIA-64の比較		発行可能な第2命令組									
		MII	MLX	MMI	MFI	MMF	MIB	MBB	BBB	MMB	MFB
発行可能な第1命令組	MII	◎		◎	◎	◎	○	○		◎	○
	MLX		○	◎	◎	◎	○	○		◎	○
	MMI	◎		◎	◎	◎	○	○		◎	○
	MFI	○	○	◎	◎	◎	○	○		◎	○
	MMF	◎		◎	◎	◎	○	◎		◎	○
	MIB	◎		○	○	○	○			◎	○
	MBB										
	BBB										
	MMB	○	○	◎	◎	◎	○	○		◎	○
	MFB	○	○	○	○	○	○			◎	○

1) 第1命令組では分岐命令を発行できない
2) ◎はItanium2のみで発行可能，○はItanium と Itanium2で発行可能

ロードの制御，分岐属性の処理，例外検出，リタイア処理（**図11**）を行う．

● **Itanium2での性能改善**

Itanium2（McKinley）ではItaniumに比べてMHz当たりの整数性能（SPECint2000）が25%以上向上した．これは当初の予定であるItaniumの1.5 〜 2倍の性能をほぼ実現している．これらは，動作クロックの高速化，バスの高速化，マイクロアーキテクチャの改良，3MバイトのL3キャッシュの内蔵（Mercedでは最大4Mバイトまでを外付け可能）による恩恵である．

Itanium2では，1クロックに発行できる二つのバンドルの組み合わせを増やすことに重点が置かれている．そのために演算器の数を増やした．二つのバンドルは，最大4個のメモリ演算（M），最大6個のALU演算（M/I），最大4個の整数演算（I），最大6個の分岐（B），最大2個の浮動小数点演算（F）を含むことができる．

しかし，Itaniumでは演算器の数が少ないため，バンドルの組み合わせが制限されていた．Itanium2ではほとんどすべての組み合わせを可能にしている．このため整数ユニット（ALUを含む）は4個から6個に，ロード／ストアユニットが2個から4個，マルチメディアユニットが4個から6個に増加された．浮動小数点ユニットは4個，IA-32ユニットは1個と従来どおりである．逆に浮動小数点のSIMDユニットは4個から2個に減少された．これは，SIMD命令はサーバ機での必要性が少ないためであろう．

その結果，Itanium2で同時に発行可能なバンドルの組み合わせは**表2**のようになった．つまり，Itanium2では組み合わせ可能な組み合わせの75%をサポートする．Itaniumでは28%だった．

図7（b）にItanium2のパイプラインを示す．Itaniumと比べて，FET（FETCH）ステージとWLD（WORD LINE DECODE）ステージが削除され，Itaniumの10ステージから8ステージに減少している．その主な目的は分岐命令の高速化（分岐予測ミス時のペナルティを減少させる）にある．

FETステージは命令キャッシュを参照するステージであるが，キャッシュ回路が最適化され，IPG（命令ポインタの生成）とFETが同時に実行されるようになった．WLD（レジスタファイルのワード線を決定）はレジスタファイルの設計を見直すことで不要になった．

Itanium2では分岐命令の処理自体も高速化されている．命令キャッシュの各ライン内に，命令（2個のバンドル）だけでなく，分岐予測情報と分岐先アドレスをも格納することで，ペナルティなしで次の命令フェッチ先を生成できる．この機構は「0-cycle branch re-steer」と呼ばれている．

加えて，分岐予測機構も次のように強化されている．

(1) 分岐履歴テーブル：L1キャッシュとデコーダの2レベルで行われ，第2レベルでは4ビット×12Kエントリのテーブルをもつ．
(2) パターン履歴テーブル：16K個の2ビットカウンタ
(3) リターンスタックバッファ：8エントリ
(4) 間接ターゲット予測：8個の分岐レジスタを使用
(5) 完全なループ予測：ループの終了を計算して予測

さらに，命令のプリフェッチ機能も強化されている．これは，基本的には，コンパイラによって指定される．

(1) デマンドプリフェッチ
次の命令をL2キャッシュにヒットする限り，L1キャッシュにプリフェッチする．
(2) ストリーミングプリフェッチ
コンパイラはすべての分岐命令に，プリフェッチを行うためのヒント情報を付加することができる．

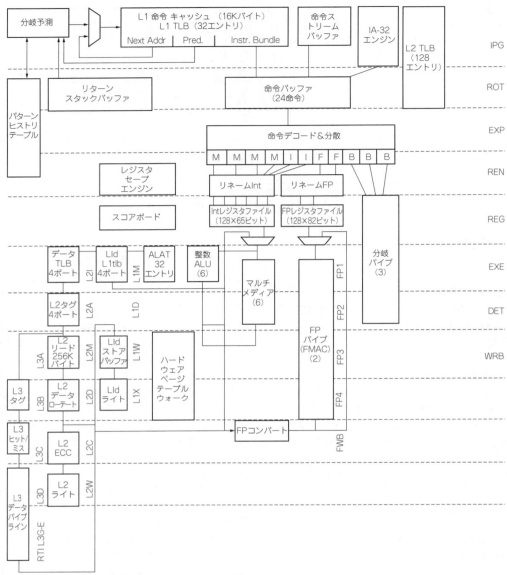

図12 Itanium2の各パイプラインステージにおけるデータ処理のようす

最大四つのプリフェッチ要求を処理することができ，それは停止条件が成立するまで継続される．
(3) ヒントプリフェッチ
コンパイラが使用できる2種類の専用命令がある．分岐予測 (brp) と分岐レジスタへの転送 (movbr) である．これらの命令は16個のバンドルをプリフェッチできる．

図12にItanium2の各パイプラインステージにおけるデータ処理のようすを示す．

● Itanium路線の進化

種々の悪評にもめげず，Itanium路線は堅実な進化を遂げた．そして，Intelは2003年6月30日のMadison発表で自信を得たのか，かなり強気なロードマップを発表している (図13)．コンピュータメーカにとって嬉しいのは将来に渡るロードマップがしっかりしていることであろう．

▶ McKinley

McKinleyの詳細が示されたのは2001年8月のIDF (Intel Developer Forum) である．そのときの説明によると，McKinleyはItanium (Merced) の1.5～2倍

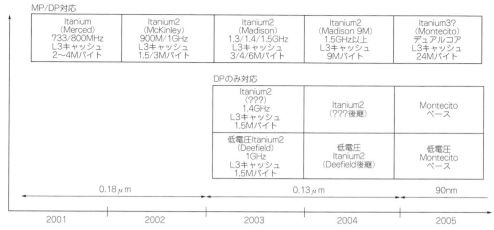

図13 Itaniumのロードマップ（2003年11月当時）

の性能を実現するという．具体的には，動作クロックの高速化，バスの高速化，マイクロアーキテクチャの改良，3MバイトのL3キャッシュの搭載である．

Itaniumのバスは64ビット幅で266MHz動作であるが，McKinleyのバスは128ビット幅で400MHz動作である．つまり，バスのバンド幅は3倍になる．IDFではMcKinleyの動作周波数は明らかにされなかった．結局は，Itaniumの800MHzを少し超えた900MHzで登場し，最終的には1GHzに達した．

McKinleyのL3キャッシュサイズは1.5～3Mバイトで，Itaniumの2～4Mバイトよりも小さい．ただし，ItaniumのL3キャッシュは外付けである．McKinleyではL3キャッシュを1チップに統合するため，データの高速転送が可能になる．結果として性能は向上する．

2002年4月25日，IntelはMcKinleyの正式名を「Itanium2」に決定したと発表した．これは，Itaniumをブランド化し，ハイエンドエンタープライズコンピューティングにおける新たな能力を示す象徴にしたいという希望のあらわれである．

結果として，McKinleyはそれなりの評価を得たが，Itanium2が爆発的に採用されるようになるのは次機種のMadisonからである．

▶ Madison

このMadisonも2001年8月のIDFで紹介されている．MadisonはMcKinleyの1年後に登場した．これは，最大6MバイトのL2キャッシュを搭載し，動作周波数もさらに向上されていた．結局は1.3GHz～1.5GHzで登場した．

2002年6月19日，Intelは，Madisonが複数のOS上で問題なく動作したと公表した．同チップは2003年に量産が始まる予定とし，Itaniumは向こう10年間使

われるエンタープライズアーキテクチャになるだろうと強気である（そういえば，Pentium4に採用されたNetBurstアーキテクチャも10年の寿命を見込んでいる）．

それと同時に，Intelの社長であるPaul Otellini氏は，AMDと同様x86-64を実行可能なMPUであるYamhillの存在を否定した．情報筋は，Itaniumの売り上げが低迷すればYamhillの登場になると予想していた．Intelは32ビットMPUであるPentiumとXeonを拡張して64ビットコードを処理するための特許を保有しているらしい．

MadisonがItanium2のブランド名を継承することは，2002年10月のIDFにおいて正式に発表された．これは，MadisonがMcKinleyとそのまま差し替えられるため，同じ名称になったという．まあ，MadisonはMcKinleyのL2キャッシュの容量を増やして動作周波数を上げただけなので，当然といえば当然である．Madisonの性能は，SAP APOというベンチマークで，McKinleyの28%増ということである．

ISSCC2003で，IntelはMadisonの概要を発表した．最大の特徴は，24セットアソシアティブ構成のL3キャッシュを6Mバイト内蔵することである．チップサイズは374mm^2（約19mm角）ということなので当初の予定よりもかなり大きい．トランジスタ数はItenium2の約2倍の4億1000万になるという．動作周波数は1.5GHzで，消費電力は130Wである．

2003年6月30日にMadisonは正式に発表された．ほぼ事前のリークどおりの仕様である．

L3キャッシュの容量が増えたことにより，Madisonは，McKinleyよりも30～50%の性能向上となる．

2003年11月時点では，高性能サーバならHPのItainum2（Madison）搭載機という常識ができつつあ

る．たとえば，HPのSuperdomeはTPC-Cベンチマークで初めて100万という値を突破した．HPとIntelの悲願がやっと達成され始めたという感じだろうか．ちなみに，Itanium2以外では，IBMのPower4を搭載したサーバがTPC-Cベンチマークの上位を占めている．

▶ Madison 9M

2003年1月，IntelはItaniumのロードマップに関して発表（リーク）を行った．そこで，これまでロードマップになかった「Madison 9M」が加わった．これはMadisonの9MバイトL3キャッシュ搭載版である．Montecitoをデュアルコア化することによる日程遅れを補う中継的なプロセッサである．

▶ Deerfield

Deerfieldも2001年8月のIDFで初めて紹介された．

Deerfieldの基本的なアーキテクチャはMadisonやMcKinleyと同じだが，消費電力と発熱量が抑えられているという，いわば廉価版である．現行のItaniumの消費電力が120Wであるのに対し，Deerfieldでは70〜80Wになるらしい．これはPentium4と同程度である．

当初，MadisonのL3キャッシュが3Mバイトで1.3GHz版がDeerfieldとの噂もあったが，2003年6月30日のMadisonの発表では別物であることが判明した．

同時に発表されたロードマップではDPのラインには1GHz動作の低電圧版と1.4GHz動作の通常電圧版（コードネーム不明）があり，どちらも1.5MバイトのL3キャッシュを持つ．1GHz動作の低電圧版がDeerfieldである．1.4GHz動作版はこの時点で新たにロードマップに付け加わった製品である．

2003年9月8日，Deerfieldが正式発表された．1GHz動作で1.5MバイトのL3キャッシュを搭載するLow Voltage Itanium2がそれである．

従来のItanium2の最大電力が130Wだったのに対し，Deerfieldの消費電力は62Wと半分以下であり，処理能力はMcKinleyと同等であるという．

また同時に，1.4GHz動作で1.5MバイトのL3キャッシュを搭載する省機能版が発表された．これらは事前の予想どおりである．コスト，設置場所，消費電力量を重要視し，クラスタ結合して高性能コンピュータシステムを構築できるようになっている．1.4GHz版の価格は1172ドルである．

▶ Montecito

2002年1月末に，業界の噂としてMontecitoの存在が明らかになった．

Montecitoは2004年から2006年にMadisonの後継として登場し，2001年にCompaqから獲得したAlphaの技術が適用されるという．その時点では，どのような技術かは不明だったが，噂ではHyper-Threadingをサポートするという予測が大勢であった．しかし，

当のIntelからの見解はなかった．

2003年1月のItaniumのロードマップでは，当初シングルコアであったMontecitoをキャンセルし，新たに，デュアルコア版のMontecitoを当初の計画より早く，2005年にリリースするという．本来なら，マルチコアは2007年の予定だった．

なお，Madison，Madison 9M，Deerfieldは130nmプロセスで製造されるが，Montecitoは90nmプロセスで製造される．また，これらのプロセッサはすべてItanium2のブランド名になり，ピン互換になるらしい．

Montecitoで特徴的なことは，各MPUコアがそれぞれ独立して18Mバイト以上のL3キャッシュを内蔵するという点である．

▶ Chivano

Chivanoも，2002年1月末に業界の噂として，Montecitoと一緒にその存在をささやかれ始めたものだ．

Chivanoの登場時期はMontecitoと同時期であり，こちらはMPUのCMP（Chip Multi-Processor）になるという噂だった．

2002年10月のIDFにおいて，Intelは2005年までにデュアルコア（CMP）のItaniumを開発する計画があることを公表した．Chivanoの噂は本当だったわけだ．Hyper-Threadingに関しての言及はなかった．これらのItaniumは90nmまたは65nmの製造プロセスで実現される予定である．これは，複数CPU構成が常識であるサーバ機において，1MPU当たりの価格を下げることに貢献する．

ChivanoはMadison正式発表時のロードマップでは消滅した．これは，シングルコアのMontecito開発をキャンセルしたことにより，Chivanoとして開発していたプロセッサを新たにMontecitoと命名し直したということであろう．

▶ Tukwila (Tanglewood)

ZDNetは2003年8月，Intelから近い筋の話として，2003年9月のIDFでコードネーム「Tanglewood」と呼ばれる新しいハイエンド版Itaniumの計画が発表される見込みと報道した．Tanglewoodでは一つのシリコン上に，最大16個のプロセッサが搭載される．それでいて，消費電力は現行のItaniumと同じだという．出荷時期は未定だが，早ければ2006年になるという．

しかし，2003年9月のIDFでは，Tanglewoodは2MPUよりもずっと多いマルチコアになると述べられただけだった．TanglewoodはDEC出身のAlpha設計チームが開発しており，9（8＋スペア）コアを1チップに集積し，性能は少なくとも現在のMadisonの7倍という話だったが，HPの技術者によりキャンセルされ，従来の延長上のアーキテクチャに変更された．

Chapter 7 VLIWとは何か

Column1 Itaniumに関する個人的感想

Itaniumのパイプラインは単純でインオーダな10ステージ構成である．その性能のキーポイントは二つのバンドル（6命令）をいかに並列実行できるかにかかっている．しかし，それはコンパイラでのスケジューリングに大きく左右される．そもそも，通常のアプリケーションプログラムで六つの命令を並列に実行できるほど命令間の依存度の低い場合がありうるのだろうか．トレーススケジューリングやソフトウェアパイプライニングなどの技法でそれなりに並列度を上げることができたとしても，実際のところはどうだろうか．まあ，将来的に，コンパイラの技術が進歩すれば進歩するほど性能が上がる構成になっていると考えれば，先見の明ということもできるのだが…．

Intelは2003年に入るとItaniumの大々的なプロモーションを行っている．Mercedの開発ではいろいろとトラブルが絶えなかったItaniumも，順調にデベロッパやハードウェアメーカの関心を高めているようだ．しかし，命令レベルでの並列度を上げるためにVLIW（EPIC）を採用したのに，結局は（Montecito以降）デュアルコアでスレッドレベルでの並列度向上に逃げた方針変更（?）はEPICの失敗を認めるものであるという見方もある．

VLIWとはMPUのハードウェア資源を常に動作させるようにコンパイラが最適化を行う技術であるから，ハードウェア資源の空きを自動検出して自動的に処理を割り当てるマルチスレッドやハードウェア資源を浪費するマルチコアの適用は，VLIWの利点を否定することである．

その意味でItaniumのアーキテクチャ自体が迷走しているといえなくもない．Intelの総力をもってすれば誤った選択も容易に軌道修正がきくということとか．何にせよ，勝てば官軍である．

しかし，とりあえずはItaium2（McKinley）でマイクロアーキテクチャを見直し，L3キャッシュをオンダイに内蔵した．これによって，Itaniumの1.5〜2倍の性能になった．さらに次機種のMadisonでは，動作周波数を向上させるとともにL3キャッシュの容量を6Mバイトに倍増したことで，性能をMcKinleyの1.3〜1.5倍に向上させた．これにより，Itanium2は競合他社の性能を凌駕することになり，やっと将来への道筋が見えてきた．

Intelは2004年の中旬にYamhill（x86の64ビット拡張）を実装するチップ（Prescott）を発表し，2005年に量産に入った．もし，これによりItaniumの64ビットサーバ向けとしての価値は暴落し，単なる科学技術計算器になり果ててしまうと思われた．2003年12月時点でItaniumの出荷台数は後発の64ビット版x86であるOpteronに抜かれたという風評もあり，Itaniumの先行きが案じられたが，予想は的中した．

なお，2003年12月，IntelはTanglewood Music Centerとの商標紛争を避ける目的で，コードネームをTukwilaに変更した．

● 性能比較

さて，Itaniumは最初733MHz，その後800MHz品がリリースされたが，それを使用したEWSの性能は他社製のEWSと比べてどの程度違うのだろうか．図14（a）に，2001年末時点でのEWSの性能をSPEC CPU2000ベンチマークで比較する．Itaniumは，浮動小数点性能は他社並みであるが，整数性能は他社の半分ほどである．これでは，McKinleyで2倍の性能になっても，その頃には他社製品も性能向上しているはずなので，とても追いつかない．これを見る限り，EPIC（VLIWアプローチ）が成功しているとはいいがたい．

2002年5月29日，ドイツでのIDFでItanium2の性能が公式発表された．Itaniumに比べて1.5〜2倍の性能というのは当初の予定通りである．発表では8MPU構成のUltraSrapc IIIを強く意識し，各種ベンチマークで1.5〜4倍の性能を発揮するという．SPEC2000では，SPECint2000が700以上（base），SPECfp2000が1350（base）と発表された．これが登録されると，SPECintではPower4の804に次ぐ第2位，SPECfpではPower4の1202を凌ぐ第1位となる（2002年5月時点）．IDFでは「優れた性能」と自画自賛だったが，SPECintが2GHzのPentium4と同程度の性能ということは意図的に（?）伏せられている．

2002年7月8日，IntelはItanium2の出荷を開始したと発表した．そのとき，その性能も改めて公式発表の運びとなった．HPのrx5670（1GHz）の性能だが，SPECint2000が810（base），SPECfp2000が1356（base）となって，5月の発表よりも若干性能が向上している．この値が登録されると，64ビットサーバで

255

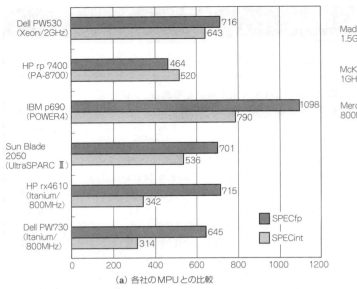
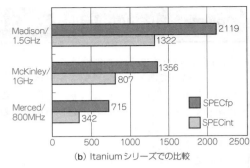

(a) 各社のMPUとの比較

(b) Itaniumシリーズでの比較

図14　SPEC CPU2000ベンチマーク

は，整数性能，浮動小数点性能ともに，Power4を抜いて第1位となる．この意味で，整数性能の向上は多少意図的な部分を感じるが，コンパイラの改良によるものと理解しておこう．ただ，Itanium2搭載製品は共同開発のHPのもの以外は，日本のメーカ（NEC，日立製作所）によるものだけで，富士通とIBMは年末を目処にという発表に留まり，決して好調とはいえない．特に，Intel製品ではトップシェアのDELLが模様ながめなのが象徴的である．

米国の調査会社であるGartnerは，2002年8月に，64ビットサーバ市場においてIntelのItaniumチップは徐々に勢力（売り上げ）を伸ばしていく見通しだが，2007年でもSUNのUltraSPARCやIBMのPower搭載機を追い越せないという予測を発表した．その理由は，サーバ市場の低迷にも原因があるという．IT関連予算の締め付けが厳しく，顧客が新しい大型マシンの導入に消極的になっているという．Microprocessor Reportの主任編集者は，Itaniumシリーズの出荷量が大きく増加するのは，2003年にMadisonやDeerfieldが登場してからになると予測していた．以前は，McKinley（Itanium2）の登場でItaniumシリーズの売り上げが増大すると予測されていたので，先送りされた格好である．

2003年6月30日に発表されたMadisonのベンチマーク性能では，SPECint2000が1322（base），SPECfp2000が2119（base）と発表されており，これが登録されれば発表時点での最高性能となる．整数性能は3.06GHzのPentium4と同程度であるが，浮動小数点性能はまさに驚異的である．それまで，トップだった Itanium2（McKinley）の性能を6割以上も向上したことになる．Intelが特に強調しているのはデータベース性能（TPC-C）の高さである．TpmC*の値は21065とし，典型的なRISC（Best Published RISC：Ultra SPARCか?）の2倍以上であることを示している．そのほかにも多くのベンチマーク性能を公表しており，認知度の高いベンチマークテストで高評価を受ける各種プロセッサに十分対抗できると強気だった．**図14(b)** にItaniumシリーズでのSPEC CPU2000の比較を示す．

最初は低性能でどうなるかと思われたItaniumも，Merced，McKinleyを経て3代目のMadisonでかなり良い性能になった．Intelは，今回10社以上のサーバメーカの採用を受け，2003年末までにはItanium2を搭載したシステムが50種類以上出荷される見通しであることを発表した．

● **Itaniumの終焉**

Itaniumの最終バージョンは，2017年に発表されたKittsonである．正式名称はItanium 9700だ．しかし，この当時，Itaniumは求心力を失っており，Itanium 9700を搭載するサーバを購入すると損をすると言われていた．その大きな理由は，当のIntelがKittsonより先のItaniumのロードマップを示していなかったことにある．実際，Intelは2019年の初頭にItanium 9700シリーズの製造終了を発表した．最終出荷日は2021年7月29日であり，製造終了の理由としては，市場の需要がほかのIntel製品に移行したためとしている．これは，とりも直さず，IA-64がIA-32から進

化したx86-64に敗れたという宣言である.

Itaniumの命令セットアーキテクチャであるIA-64は1994年に発表され,2001年に第1弾製品(Merced)が登場し,2007年にデュアル・コア化(Montvale),2010年にクアッド・コア化(Tukwila),そして2012年にオクタ・コア化(Poulson)するなど,着実な進化を遂げてきた.Poulsonの後継がKittsonである.果たして,IA-64は20年の寿命ということになるが,1つのアーキテクチャの維持としては長く続いた方である.そこにIntelの意地を感じるのだが,やはり,VLIWでは性能を上げることが難しかったのだろう(シングルスレッド性能では,Itaniumはx86を凌駕すると主張するItaniumの支持者もいるようであるが…).x86-64はアウトオブオーダー実行で性能を上げて行ったが,最初から並列性をもった命令をバンドルしているVLIWではアウトオブオーダー実行は不可能に思える.絶対的性能が必要ということで,VLIWはサーバ向きではないのかもしれない.同じVLIWアーキテクチャを採用するXtensaが2024年でも健在であることを考えると,VLIWはコントローラに向いているのかもしれない.

3 VLIWの実際(2) — Crusoe

● 開発背景

Transmetaは1995年にDavid R. Ditzelらが創立した会社である.Linuxの作者として有名なLinus B. Torvaldsを雇っていたことで有名である.永らく秘密裏に開発を進めてきたが,1999年の半ば頃から,L. Torvaldsが開発にかかわるMPUが密かに開発中であるという噂が流れていた(実際にはL. TorvaldsはCrusoeの開発には無関係).そのMPUは今までになく画期的なものという触れ込みだったので業界の注目を集めていた.

そして,2000年1月,ついにTransmetaからx86互換MPUであるCrusoeの発表があった.従来,IntelやAMDは,x86アーキテクチャの命令を高速に実行するために,x86の命令をRISCライクな命令に変換し,それをスーパースカラで並列実行するという方式を採用していた.この方式はパイプラインの複雑な制御が必要で,回路規模がかなり大きくなっている.当然ながら,消費電力も大きくなる.現在のIntelやAMD製のモバイル向けMPUは,非常に優秀な省電力技術と電力消費を抑える優れた製造技術で作られているが,それでもモバイル向けとするには厳しいのが実情である.それに対し,TransmetaはVLIWを採用し,回路構成を単純にする試みを行ったのだ.

表3に示すように,Crusoeでは従来はすべてハードウェアで行っていた処理をハードウェアとソフト

表3 従来のハードウェアをソフトウェアとハードウェアの組で実現

従来の x86ハードウェア	Crusoe	
	VLIWハードウェア	コードモーフィングソフトウェア
可変長命令のデコード	単純なデコード	x86のデコード
スーパースカラでの組み合わせ		命令の組み合わせ
スーパースカラでの命令発行		命令スケジューリング
バイパス回路		バイパススケジューリング
レジスタリネーム		レジスタリネーム
複雑なアドレッシングモード		アドレスモード合成
アウトオブオーダ実行	インオーダ実行	
投機実行		投機実行
演算機能	演算機能	
レジスタファイル	レジスタファイル	
マイクロコードROM		ソフトウェアライブラリ
キャッシュ	キャッシュ	
FPスタック回路		FPスタック
		命令コード最適化

ウェアの組み合わせで実現する.資料によれば,0.22μmプロセスで製造されるTM3120のチップ面積が77mm^2,0.18μmプロセスで製造されるPentium IIIのチップ面積が106mm^2,Pentium4のチップ面積が217mm^2,であることを考えると,その回路規模の小ささが実感できる.

なお,VLIWとしては128ビット長の命令を採用し,四つの操作を1命令に納める.VLIWの命令をx86命令に見せかける手法は,コードモーフィングソフトウェア(Code Morphing Software:CMS)と呼ばれるソフトウェアで,x86命令をVLIWのネイティブ命令へコンパイルするというものである.変換された命令は,メモリ上に置かれた命令キャッシュ(まともな性能を得るためには16Mバイト程度の容量が必要)に格納され,高速に実行される.Crusoeの方式をTransmetaの言葉で表現すれば「プロセッサコアに組み込まれていたマイクロコードが外部ソフトウェアとして実装された」ということになる.つまり,マイクロ命令(VLIWに変換されたx86命令)を直接実行するマイクロプログラム制御方式のMPUという考えである.

気になるCrusoeの性能だが,Transmetaの発表によると,700MHz動作のTM5400が500MHz動作のPentium III相当ということで,それほど高性能ではない.実際の製品のベンチマークでも,600MHz動作

257

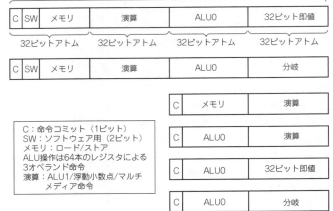

図15 Crusoeの命令フォーマット

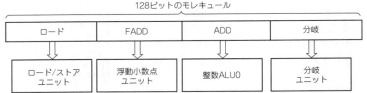

図16 モレキュール内のアトムと演算器の対応

のTM5600の整数性能が500MHzのPentium III相当であることが実証されている．浮動小数点演算の性能は思ったよりも悪いようである．それでも，従来のモバイル向けx86互換チップと比べると，「LongRun」と呼ばれる電源管理機能によって1W以下という超低消費電力を実現しているため，ノートPCでの採用が相次いでいる．冷却用のファンが不要なことも採用の一因であろう．

なお，世の中の性能向上のトレンドはマルチプロセッサやマルチスレッドであるが，このCrusoeはマルチスレッドに対しては懐疑的である．マルチスレッドは，パイプラインがスカスカであることを補う技術であるが，VLIWで高い並列性を上げているCrusoeでは，パイプラインがフルに稼働しており，そのような姑息な技術は不要であるとしている．

● 命令フォーマット

CrusoeのVLIWエンジンは二つの整数ユニット，一つの浮動小数点ユニット，一つのメモリ（ロード/ストア）ユニット，一つの分岐ユニットから構成されている．CrusoeのVLIW命令はモレキュール（分子）と呼ばれ，最大4個のアトム（原子）と呼ばれるRISCに似た命令を含む64ビットまたは128ビット長の命令である（図15）．モレキュール内のアトムは並列に実行され，モレキュールの形式はアトムがどの機能ユニットに直接結び付くかを示している．これにより，デコードとディスパッチのためのハードウェアを簡略化している．

図16は，128ビットのモレキュールがアトムのスロットから機能ユニットに直接対応することを示している一例である．モレキュールはインオーダで実行され，アウトオブオーダ実行のための複雑なハードウェアは存在しない．

● 内部構造

図17にCrusoeのCPUコア部のブロック図を示す．五つの並行実行可能な機能ユニットと内蔵キャッシュからなる単純な構造をしている．他のMPUがハードウェアで行っている投機実行に対応する命令列をソフトウェアで生成するため，汎用レジスタとは別に，投機実行時に参照するシャドウレジスタを，整数用48本，浮動小数点用16本内蔵する．図示されていないが，Crusoeは1チップにLongRun電力管理ユニットとノースブリッジ（PC133 SDRAM，DDR-SDRAM，PCIバス）を集積している．

● パイプライン

基本的に，Crusoeのパイプラインは，Fetch0，Fetch1，Decode，Register Read，Execute，Writebackの6ステージからなるインオーダ構造をしている．一

Chapter 7 VLIWとは何か

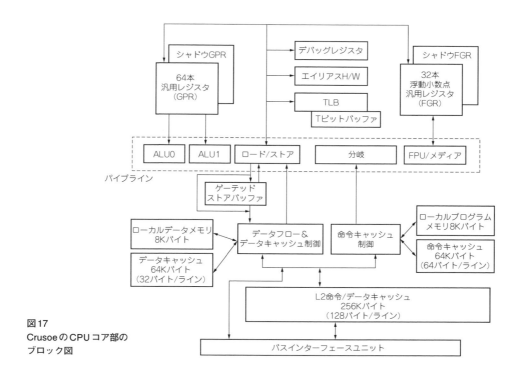

図17 CrusoeのCPUコア部のブロック図

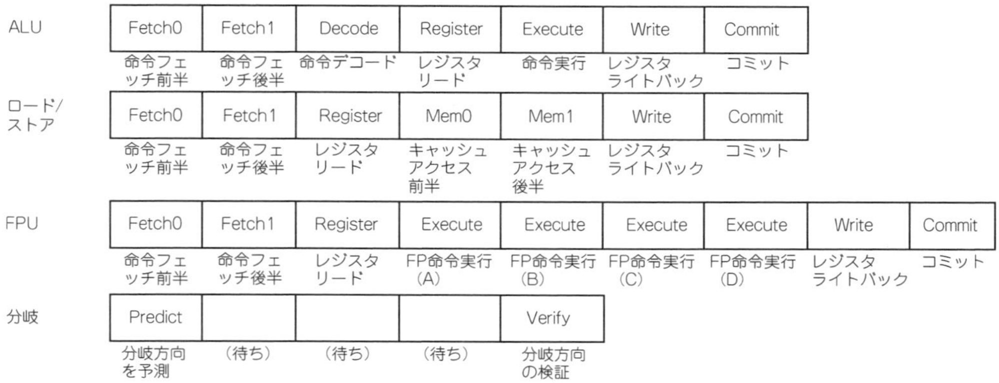

図18 Crusoeのパイプライン

般的なx86プロセッサよりも少ないステージ数（レイテンシ）が特徴である．パイプラインは図18に示すように，各機能ユニットで若干異なる．パイプラインの最後に投機実行の終わりを明示するコミットステージが付加される場合もある．

● コードモーフィングソフトウェアの動作

　コードモーフィングソフトウェア（CMS）は，x86命令からVLIW命令（モレキュール）へのコード変換用のソフトウェアである．これは，Crusoeが直接実行可能なVLIWコードで記述されている．最初，CMSはROM（1Mバイト程度の容量）に格納されてお

り，MPUのブート時にDRAMに展開されてから実行される．CMSが格納されるメモリ領域は，同じメモリに格納されているx86命令からは参照できない．

　Crusoeからは，x86命令で記述されたOSやBIOS，アプリケーションプログラムはすべて，（変換して実行すべき）自分自身のアプリケーションプログラムで見える．そして，決められたターゲットアドレス（たとえば，x86のブートベクタである0xFFFF0番地）からコード変換を開始する．このとき，同じアドレスのx86命令を重複して変換しないように，変換後のモレキュール列を保存しておくための大容量（16Mバイト程度）のメモリ領域を使用する．これをトレース

259

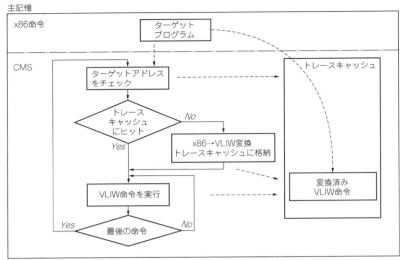

図19 コードモーフィングの動作概念

キャッシュと呼ぶ.

図19にCMSの動作概念図を示す．CMSは，まず変換すべきx86命令の格納されたターゲットアドレスをトレースキャッシュの中に探す．もし，ターゲットアドレスがトレースキャッシュにヒットすれば，対応するモレキュール列にジャンプしてそこを実行する．もし，ターゲットアドレスがミスすれば，CMSはx86の命令列に対し，デコード，アトムへの変換，最適化，スケジューリングを行い，新たなモレキュール列としてトレースキャッシュに格納し，そこへジャンプする．

トレースキャッシュ内のモレキュール列の実行中にコード変換した最後の命令（CMSの変換処理の先頭，またはトレースキャッシュ内の他の領域へのジャンプ命令）に突き当たると，最初の処理に戻って，次のターゲットアドレスがトレースキャッシュ内にあるかどうかチェックする（直接，トレースキャッシュのほかの領域へジャンプする場合もある）．

● コードモーフィングソフトウェアのコード変換例

ここでは，CMSがx86コードを対応するCrusoeのVLIWコードに変換する例を示す．次のx86命令を考える．

```
//スタックからデータをロードし，%eaxに加える
addl %eax, (%esp)
//同様に，%ebxに加える
addl %ebx, (%esp)
//メモリの値を%esiにロードする
movl %esi, (%ebp)
//%ecxから5を引く
subl %ecx, 5
```

最初は，変換システムの前処理として，x86の命令をデコードし，アトムの並びに変換する．レジスタ%r30と%r31がメモリロード操作のテンポラリレジスタとして使用され，次のように変換される．

```
//スタックからテンポラリにロード
ld %r30, [%esp]
//%eaxに加算し，条件コードをセット
add.c %eax, %eax, %r30
ld %r31, [%esp]
add.c %ebx, %ebx, %r3
ld %esi, [%ebp]
sub.c %ecx, %ecx, 5
```

次は，コンパイラでも良く知られている共通部分式の削除，分岐の削除，未実行コードの削除などの最適化が行われる．ハードウェアのみからなるx86の実行では不可能だが，ソフトウェアに基づいた変換システムなので，命令列からアトムを並び替えるだけではなく不要なアトムを削除することができる．

この例では，最後のアトム以外では条件コードをセットする必要がなく，命令スケジューリングの柔軟性が増す．また，ロードアトムの一つは冗長である．

結局，アトム列は，次のように，少ない命令に落ち着く．

```
//スタックからのロードは1回のみ
ld %r30, [%esp]
add %eax, %eax, %r30
//ロードしたデータを再利用
add %ebx, %ebx, %r30
ld %esi, [%ebp]
//ここの条件コードのみが有効
sub.c %ecx, %ecx, 5
```

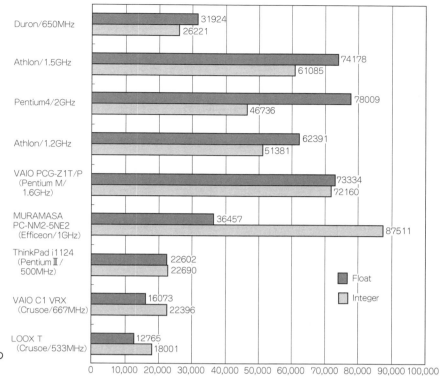

図20
Crusoeと他プロセッサの性能比較

最後は，スケジューラが残ったアトムを並び替え，レジスタ依存性がないアトムからなるモレキュールとしてグループ化する．この処理は，アウトオブオーダなプロセッサのディスパッチ回路で行われているのと似ている．結局，最初の命令は次の二つのモレキュールに変換できる．

```
ld%r30, [%esp]; sub.c%ecx,%ecx, 5
ld%esi, [%ebp]; add%eax,%eax,
        %r30; add%ebx,%ebx,%r30
```

このモレキュールはインオーダで実行されるが，元のx86コードをアウトオブオーダで実行するのと同じ効果があることに注目してほしい．また，モレキュール自体は明示的な並列性が指定されているので，単純なVLIWエンジンで実行できる．それゆえ，高速で低消費電力なのである．ハードウェアに命令を並び替えさせる複雑な機構は不要である．というのがTransmetaの主張である．

なお，Efficeonで採用された新しいCMSでは，最大100個のx86命令からなる領域を一度に処理し，命令処理の流れを考えた最適化を行う．また，最終的には，領域間にわたった最適化も行う．これによって著しい性能向上が果たされるという．これらの処理が4段階に分かれて行われるため，Transmataではこれを「4段ギアシステム」と呼んでいる．それなら従来方式は「3段ギアシステム」といえよう．

● 性能比較

Crusoeの性能を2001年当時のWebサイトに掲載されたベンチマークで見てみよう．HDBENCH ver3.30（整数と浮動小数点のみに着目）で比較したのが図20である．周波数比を考慮すれば，まあまあ健闘しているほうか．ただ，Pentium4やAthlonの動作周波数が2GHzに達しようとしている時代（2001年）において，性能的な魅力はない．

なお，Pentium MとEfficeonのHDBENCHの結果も追加しておく．HDBENCHでは，EfficeonがPentium Mに圧勝か．ループ処理に強いCMSの特性が整数性能を飛躍的に向上させているのがわかる．浮動小数点性能はやや期待外れである．

● 2000年ごろのTransmeta

時代は今より少し遡った2001年の9月．WORLD PC EXPOのために来日したTransmeta CTO（最高技術責任者）のDavid R. Ditzel（当時）によると，Crusoeは256ビット版のほかにも別のロードマップがあるそうだ．これは現行のCrusoeと同じ128ビットアーキテクチャで性能よりも低消費電力を追求する廉価版である．

261

2001年のMicroprocessor Forumで発表された TM6000が廉価版の第1弾と見られる. 従来の TM5000シリーズはNorth Bridgeまでの内蔵だった が, TM6000ではSouth Bridge, 2D Graphics, PCI バス, USBなども内蔵する. DRAMをつなぐだけで PCを構成できるというのが売りである.

2002年1月の時点でFrank Priscaro Transmetaの ブランディングディレクタによると, TM6000の出荷 は2002年10月になり, 256ビット版Crusoeである TM8000 (Efficeon) は2003年にずれ込むそうだ. また, TM6000は, 従来Crusoeがターゲットとしてきた小 型ノートPC以外へもプロモーションする方針らし い. 周辺を内蔵するため, 同等のTM5800システムよ り, 実装面積で1/3以下, 消費電力は2/3になるとい う.

2002年4月に開催のWinHEC (Windows Hardware Engineering Conference) では, 統合型MPUの TM6000までが2003年に延期されることが明らかに なった. 「2002年はTM5800のクロックアップやCMS の改良にフォーカスする」というのがその公式の理由 だ.

2002年5月には, CTOのDavid R. Ditzelや新CEO (最高経営責任者) のMatthew R. Perryらが東京・渋 谷で記者会見を開き, 苦境脱出に向けて「ジャパン・ ファースト戦略」と「Crusoe1000構想」を宣言した. この「ジャパン・ファースト戦略」とは, ポータブル PCが普及している日本市場での展開を強化すること で, Crusoeを全世界にも普及させていくという戦略 である. そして「Crusoe1000構想」とは, 価格が1000 ドル以下, 重さが1000g以下, 電池寿命が1000分 (約 16時間) 以上, 動作周波数が1000MHz以上のPCを目 指すという構想である. 内容的に新規なものはない が, 256ビットCrusoeであるTM8000について概要が 少し公開された. TM5800と比べて, 性能を2倍～3.5 倍に向上させるほか, 消費電力は46%～67%に低減 させる. 動作周波数については明らかにされてない が, TM6000が1GHzであることを考えると, 同程度 と思われる.

2002年7月18日, Transmetaは業績不振を理由に 200人 (従業員の40%) の人員削減を発表した. また, 家電機器向けの統合型プロセッサであるTM6000の製 品化を断念し, 以後はTM5800に注力することを明ら かにした. ほかのx86互換プロセッサと比べて性能面 で苦しいCrusoeの強みは冷却ファンを必要としない 実装面積の小ささだったはずだが, その特徴をさらに 推し進めることのできるTM6000をあきらめることで 生じる波紋は非常に大きい. ほんの2か月前に発表さ れた「Crusoe1000構想」はいったい何だったのだろ う. TM6000をキャンセルした理由に対するDavid R.

Ditzelの公式見解は, TM5000シリーズを使っている 顧客は同じフットプリント (実装面積) のチップに同 じCMS (Code Morphing Software) を継続することを 望んだためであると, あくまでも顧客側の要望である ことを強調している.

Transmetaは2002年11月, COMDEX/Fall 2002の 会場近くのホテルで, 新プロセッサAstro (後の Efficeon) を披露した. Astroは0.13 μmプロセスで製 造され, 「Crusoe TM8000」シリーズとして2003年半 ばのリリースを予定している. Astroは256ビット版 のCrusoeの第1弾である. つまり, 1クロックサイク ル当たり8つの命令を発行できる. Transmetaによる と, Astroでは, 1クロックサイクルで処理できる作 業量が増加するので, 消費電力の削減にもつながると している. これはIntelのBaniasの考え方にも通じる ものがある.

さらに, Astroのデモも行ったという. デモはアプ リケーションの起動を中心としたものだったが, AstroはPentium4の1.8GHzと比べて2倍以上の体感 性能を得ている. それぞれのPCの動作環境 (メモリ 容量や動作周波数など) が明らかでないので, 比較の 公平性は不明だが, Crusoeとしては面目躍如である. ここで使われているCMSは, トレースキャッシュを ハードディスク上にも確保して, 性能向上を図ってい るのではないかと推測される.

2003年1月6日, Transmetaは小売店のPOS (point- of-sale) 端末や業務用機器などへの採用を意図した, 組み込み用の新省電力チップ「Crusoe Special Embed ded (SE)」を発表した. 動作周波数は667MHz/ 800MHz/933MHzで, それぞれレギュラーモデルと 省電力モデルが用意されるという. CrusoeSEは, 組 み込み市場で主流のArm/MIPS製MPUと, Intel/ AMD製MPUの間のニッチ市場をねらった製品であ ると明言している. つまり, Arm/MIPSより性能 (周 波数) が高く, Intel/AMDより電力が低いことが売り である. Transmetaのニュースリリースを読んでみ ても, CrusoeSEが従来品とどう違うのかあまり判然 としない. 組み込み向けに温度拡張 (最大100°C) が されている程度であろうか. それにより, 動作周波数 が従来品より低くなっている. 裏をみるなら, PC分 野ではIntelやAMDに敵わないと予想したTrans metaが, 主要な応用分野を組み込み制御分野に方針 転換しただけだと取れなくもない.

2003年の1月14日には, 従来品のTM5800に, 暗 号化エンジンやディジタル認証と暗号化キーを保存で きる機能などの複数のセキュリティ機能を組み込むこ とを表明した. 具体的には, DES (Data Encryption Standard) やDES-X, Triple-DESのアクセラレータ と, 保護されたメモリ領域を内蔵する. これらは, 主

Chapter 7 VLIWとは何か

Column2　Crusoe に関する個人的感想

　Crusoeは，2命令または4命令の並列実行を想定しているので，Itaniumの6命令よりは現実的だと思われる．平均的には3命令同時実行のアウトオブオーダ処理と同程度の性能（同一クロックのPentium III）と思われるが，CMSの動的な変換によるオーバヘッドのために，その75%程度の性能に落ち着くと考えられる．これは，まずまずの性能といえるかもしれない．エミュレーションでこのレベルの性能を達成できたのは快挙といってもよい．CMSがよほど優秀なのだろうか．そしてそれに付随するVLIWエンジンの処理性能の良さも忘れてはいけない．

　ただ，VLIWの命令形式がハードウェア資源によって規定されるため，バイナリレベルのモレキュールの互換性を保つためにハードウェア構成を変更できないという，VLIWマシンに共通する欠点を内在しているのは確かである．その意味で，ハードウェアによる性能改善は，動作周波数の向上とキャッシュの大容量化くらいしか道が残されていない．しかし，Crusoeの位置付けはx86命令を実行するモバイル用MPUであり，VLIW命令でプログラムを書く人はまずいないと思われる．ハードウェアの変更とともにCMSも入れ替えてしまえば，バイナリ互換性の問題は解決する．もしかしたら，Torvaldsがいうように，本当に画期的なMPUなのかもしれない．

　2000年の終わりに，IBMやCompaqがノートPCへの採用をキャンセルしてケチがついた格好のCrusoeであるが，その第一の理由は性能が「期待外れ」ということである．この理由はHPのItaniumの不採用にも通じるところがあるように思える．VLIWでは性能が出ないというのは定説なのだろうか．

　しかし，Crusoeの利点は性能よりも低消費電力であり，日本のノートPCメーカはこぞってCrusoeの採用を表明した．米国よりも日本で人気があるのがCrusoeの特徴である．しかし，2001年になって，IntelやAMDが本気で低消費電力のMPU開発に取り組み始めると，その存在意義はなくなってきた．おりからの不況の影響で，日本でのノートPCの売れ行きは不振になり，2001年度のTransmetaの売り上げは散々なものになった．

　それはともかく，Transmetaは2002年にリリースするCrusoe2.0（後のEfficeon）で1クロックサイクル当たりの性能を倍に引き上げ，消費電力を約半分に削減するという構想を立てた．具体的には，現在では4命令128ビットのVLIWを倍の8命令256ビットに変更するという．これにより，IPCが従来の2.2から5.5に向上するという．動作周波数は1GHzを越え，性能が向上したことにより動作時間が短縮され，消費電力は0.5W以下となる予定である（これはTM8000として発表された）．また，同時にCMSも徐々に改版を行い，性能を40%向上させるという．

　ここでの問題は，通常のプログラムにおいて同時実行可能な8命令の組を見い出せるか否かにかかっている．これはほとんど不可能なのではないかと思われる．個人的にはIntelの執拗な反撃にあったTransmetaが死に物狂いでロードマップを描き直しているという気がしないでもない．

　VLIWで命令の並列度を上げていくという方針をIntelはMontecitoではあきらめた．しかし，Transmetaはどうするのだろう．仮にデュアルコアの場合を考えよう．この場合はCMSのトレースキャッシュ領域が2倍になって主記憶領域を圧迫してしまう．それならばVLIW単位でのスーパースカラだが，これではVLIW構成にすることで回路を簡略化し，消費電力を下げたことの意味がなくってしまう．ItaniumとCrusoeの最大の相違点は，サーバ向けのItaniumが電力を問題としないのに対して，PCやモバイル分野をねらうCrusoeは低消費電力が売りの一つである点である．性能と電力のバランスをどのように保っていくのかがCrusoeの課題である．

　また，対抗するIntelもCrusoeの躍進を快くは思っていないらしく，ノートPCに特化したBanias（Pentium M）を投入して，Transmetaの息の根を止めようとしている．2003年3月12日，日本のノートPCメーカはBaniasを搭載する機種を一斉に発表した．実機でのベンチマーク結果では，1.3GHz動作のBaniasは867MHz動作のCrusoe（TM5800）の約4倍の性能を示し，肝心の電池寿命も1.5倍以上を示した．それと前後して，TransmetaはTM8000の概要をリークし牽制を試みたが，実物がないせいか，あまり注目されなかった．今後Crusoeが，IntelのBaniasにどのように対抗していくかに要注目だった．結果はIntelの圧勝であり，Crusoe採用のノートPCは消滅した．そのノートPC市場を奪回するためにTransmetaが世に送り出したのが，かつてCrusoe2.0と呼ばれていたEfficeonなのである．

に無線ネットワーク上で使われるノートPCのデータ保護のための利用を意図しているらしい．セキュリティ機能を別チップや別ソフトで実現しているIntelと差別化する目的もある．この新プロセッサは，すでにサンプルが完成し，2003年4月から6月にかけてPCメーカに大量出荷が予定されているという．TransmetaもまだPC分野を諦めていないという決意表明か．

● Efficeonの発表

2003年8月12日，TransmetaはTM8000のブランド名を「Efficeon」とすることを発表した．Efficient Computingの意味をもつという．Efficient（効率的）とはエネルギーの効率的な利用を示す．TransmetaはコードネームであるAstroのもじり（Astrino, Aztro, …）を検討していたが，商標に抵触するものばかりで断念したという．

そのEfficeonは動作クロックが1GHz以上の性能で登場し，HyperTransportに対応すると予想されている．8月12日の発表では，Efficeonは従来のCrusoeに対して同一動作周波数では実用アプリケーションで50%，マルチメディアアプリケーションで80%の性能向上が期待できるとしている．

かくして，2003年10月14日，Microprocessor ForumでEfficeonの詳細が発表された．それによると，Efficeonは2003年内に1.3GHz動作で出荷されるという．NorthBridgeを内蔵することは従来のCrusoeと同じだが，HyperTransportとAccelerated Graphics Port（AGP）を内蔵して性能向上を図っている．Transmetaによれば，従来のCrusoeはAGPをサポートしておらず，それがノートPC市場進出への足枷になっていたという．

Efficeonの特徴は，従来のCrusoeが4命令（アトム）を並列実行していたのに対し，8命令を並列実行するものである．しかも，演算器は11種（ロード/ストア/32ビット加算器×2，整数ALU×2，エイリアス×1，制御×1，浮動小数点/MMX/SSE/SSE2 ×1，MMX/SSE/SSE2×1，分岐×1，実行×2）に増加され，8個並んだ任意のアトムから任意の演算器に命令発行可能だという．従来はアトムの位置によって選択される演算器が一意に決まっていた．構造的には，一歩Itaniumに近づいた感がある．

なお，「エイリアス」はアドレスの一致性をチェックする演算，「制御」は内部レジスタの制御，「実行」はインタプリタ（Efficeon）のループ処理の効率的な実行を支援するものである．

Efficeonではデータの供給を早めるために，ストアの次にロードが来た場合は，ロードを優先して実行する．しかし，ストアとロードのアドレスが一致する場合は，このような追い越しができない．このアドレスの一致判定をするのが「エイリアス」ユニットである．このようなロード/ストアの並び替えはI/Oポートに関する場合は矛盾を来たすのだが，メモリとI/Oの区別はCMSが「4段ギア」の「一速」目に認識して矛盾が発生しないようにしている．

EfficeonのVILW命令には「execute」という命令が追加されており，これを実行するのが「実行」ユニットである．インタプリタ（CMS）が内部ループを発見すると，その命令列を「execute」という1命令で代替させるのだという．「実行」ユニットの具体的な構造はよくわからないが，同じ命令列の繰り返しを計数するカウンタなどがあるものと思われる．

また，内蔵キャッシュもL1命令キャッシュが128Kバイト（4ウェイ），L1データキャッシュが128Kバイト（8ウェイ）と倍増され，L2キャッシュが1Mバイトと4倍になっている．

さらに，浮動小数点演算の性能向上を目指したのか，浮動小数点レジスタが64本に倍増されている（シャドウレジスタは48本）．

CMSもバージョンが5.0になり，繰り返し処理の最適化が図られている．つまり，同じ命令列の繰り返し実行回数がある程度大きくなると，トレースキャッシュ内の命令（アトム）をスケジューリングし直して実行するのだそうだ．このへんの説明はやや理解不能だが…．

パイプラインは，整数演算が6ステージ，浮動小数点演算が8ステージである．これは，Crusoeに比べてパイプライン段数が1段減ったようにみえる．実際は，Efficeonでは，命令フェッチと実行がデカップル構成になっているため，命令フェッチを行う2段分のステージが省略されているので，1段増加しているともいえる（図21）．

```
IS : Instruction Issue
DR : Instruction Decode
RM : Register Read for ALU operands
EM : Execute ALU opration
CM : ALU Condition flag completion
WB : Writeback Results to Integer Register File
```

（a）整数パイプライン

```
IS : Instruction Issue
DR : Decode-1
DT : Decode-2
XA : Floating Point Compute Stage-1
XB : Floating Point Compute Stage-1
XC : Floating Point Compute Stage-1
XD : Floating Point Compute Stage-1
WB : Writeback Results to FP Register File
```

（b）浮動小数点パイプライン

図21　Efficeonのパイプライン

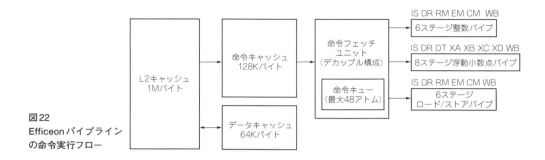

図22 Efficeonパイプラインの命令実行フロー

● Efficeonの命令フォーマット

TransmetaのDitzelによると、Efficeonは、Crusoeが64ビット（2つのアトム）と128ビット（4つのアトム）の命令長だった（図15参照）が、Efficeonでは、最小32ビット（1つのアトム）から最大256ビット（8つのアトム）まで、32ビット単位に8種類の命令フォーマットをサポートするそうである。これはCMSでx86命令から変換されたアトムをトレースキャッシュに格納するオブジェクト効率を高める（トレースキャッシュの容量を節約する）ためである。

Crusoeでは、かならず二つまたは四つのアトムでモレキュールを構成しなければならないため、並列度が少ない場合は、空いたスロットにNOP命令を詰めなければならなかった。Diztelによると、Crusoeではトレースキャッシュ内の20%～25%がNOP命令であった。それが、Efficeonでは約5%になり、通常のRISCプロセッサと同程度になったという。

このDitzelの説明は衝撃的である。VLIWでNOP命令の存在確率が多いということは、4命令が並列実行できる機会が少ないということを意味する。20%～25%がNOP命令ということは、せいぜい3命令の並列実行しかできていなかったということである。素直に取ればVLIWは無効という告白にもなる。なのに、Efficeonであえて8命令の並列実行フォーマットに拡張するということは、オブジェクト効率を悪化させる方向に進んだように思える。それを解消するための手段が、命令発行の単位を1～8アトムと、柔軟性を持たせることである。

しかし、命令発行の単位が1～8アトムということは、アトムを命令の単位とする8ウェイのスーパースカラと同じではないのか。多分、VLIWというからには、各アトム間の依存性はチェックしないのだろう。そう考えれば、モレキュールを構成する最大八つのアトムのそれぞれが任意の演算器に発行可能な理由がわかるような気がする。

図22にEfficeonパイプラインでの命令実行フローを示す。デカップル方式なのは、IntelのItanium2も同じなので驚くべきことではないが、命令キューの格納単位がアトムにとされているところが、通常のスーパースカラ構造のプロセッサを連想させる。

結局は、EfficeonもVLIWをあきらめて、スーパースカラを採用したのだなと考えると一抹の寂しさを感じる。まあ、TransmetaとしてはVLIWが大事なのではなく、いかに低消費電力で高性能なプロセッサを提供するのかが目的なので、VLIWかスーパースカラかというのはそんなに大きな問題ではない。しかし、EfficeonでもVLIWと大きく宣伝している…。

一方、Crusoeで強調していたVLIWで消費電力が下がるという主張はウヤムヤになり、LongRun2という荒業でスーパースカラ構造にしたことによる消費電力の増加を削減するのかと考えると、Efficeonも普通のプロセッサになってしまったなと思ってしまう。

構造的には、ライバルであるPentium Mとほとんど変わらなくなったので、それと同性能以上の性能を達成できたとしても不思議ではない。結局、VLIWではだめだったのか。

● Efficeonのラインアップ

最初のEfficeonはTSMCの0.13μmプロセスで製造されていた。L2キャッシュの容量とパッケージの展開により、TM8600（L2キャッシュ1Mバイト、通常パッケージ）、TM8300（L2キャッシュ512Kバイト、通常パッケージ）、TM8620（L2キャッシュ1Mバイト、小型パッケージ）の3種類がある。消費電力（TDP）は、動作周波数が1.3GHz、1.2GHz、1.1GHz、1.0GHzに対して、それぞれ14W、12W、7W、5Wという。

その後、富士通の90nmプロセスで製造したEfficeonには、TM8800（L2キャッシュ1Mバイト、通常パッケージ）、TM8500（L2キャッシュ512Kバイト、通常パッケージ）、TM8820（L2キャッシュ1Mバイト、小型パッケージ）の3種類がある。消費電力（TDP）は、動作周波数が2.0GHz、1.8GHz、1.6GHz、1.4GHz、1.0GHzに対して、それぞれ25W、12W、7W、5W、3Wという。

Transmetaは消費電力の小ささを強調している。しかし、従来のCrusoeが7W以下だったことを考慮

すると，周波数比から考えて，それほど小さい値だとは思えない．さすがに90nmプロセスになると電源電圧が低下するせいで少し小さくなっているようだ．

Transmetaは消費電力を下げるために，トランジスタのスレッショルド電圧（V_{th}）をソフトウェアで制御することにより，トランジスタのゲートリーク電流を減らすことが可能なLongRun2技術を提唱している．本当にそのようなことが可能なのか（単なるバックゲートバイアスという憶測もある）と疑問を抱く．このLongRun2は130μmプロセスのEfficeonには搭載されず，90nmあるいはその先の65nmプロセスからの実装という．しかし，そのための回路は最初のEfficeonから実装されているという．

2003年10月のMicroprocessor Forumで公表されたLongRun2技術は「全体像の10%にすぎない」という話であり，水面下にはさらに画期的な電力低下技術が隠されている可能性がある．TransmetaはLongRun2技術を他社にライセンスすることを考えており，そのライセンス収入をEfficeonと並ぶ二本柱にしようと考えているようだ．

日本法人トランスメタの社長は，既存のCrusoeとEfficeonの棲み分けについて「Crusoeはローエンドバリューマーケットをターゲットにし，組み込みシステムを中心に薄型PCやハンドヘルドPCまでをカバーする．Efficeonはハイエンドパフォーマンスマーケットを対象とし，従来のCrusoeの市場であった組み込みシステムからウルトラライトノートPCやメインストリームノートPCに加え，静音タイプの省スペース型デスクトップやブレードサーバ，ディジタルコンシューマと呼ばれる家電まで，広範囲な市場をターゲットにする」と説明している．しかし，それはEfficeonのベンチマーク性能（後述）を見る限り，無謀な計画と思われる．

TransmetaはEfficeonを採用する大手OEMベンダーとして，シャープ，HP，富士通を挙げている．業界の噂では，シャープはMURAMASAの後継機種に，HPはCompaq Tablet PC TC 1000の後継機種に採用を検討しているらしい．富士通はまだ検討段階に入ったところだという．しかし，こういうポータブルPCとかミニノートPCという製品群は，日本以外でのシェアは1%未満といわれており，Efficeonの出荷台数は期待できない．これをどう乗り切るかがTransmetaの手腕の見せどころであろう．

Efficeonの特徴は，（ある程度の）低消費電力（冷却ファンの削除）と，NorthBridgeとAGP内蔵によるシステムコストの安さにある．HPはブレードPCという新分野にEfficeonを採用したが，1GHz動作のPentium M採用のシステムが約2000ドルなのに対して，1.8GHzのEfficeonのシステムなら約1000ドルで

あると強調している．

● Efficeonの性能

さて，現在のCrusoeがノートPCから消え失せていった背景には，対抗機種のPentium Mと比べて性能が劣るという点があった．Efficeonが世間に受け入れられるか否かは，Pentium Mを凌ぐ性能を達成できるかどうかにかかっていた．なお，VLIWの幅が2倍になったことによる性能向上は平均的には1.5倍ということである．

Efficeonの発表と同時に，Transmetaはベンチマーク結果を公表している．1.1GHz動作のEfficeonと900MHz動作の低電圧版（ULV）Pentium Mを比較している．その理由は，どちらもTDPが7Wであり，その電力を「ファンレスノートの限界」とTransmataが考えているためだそうである．しかし，1GHz動作のULV Pentium MのTDPも7Wであり，やや公平さを欠く．

結果としては，ベンチマークによって得手不得手はあるものの，TM8600はPentium Mの約1.1倍の性能であった．IntelやAMDと比べて同一動作周波数での性能が低いと揶揄され続けてきたTransmetaにとって面目躍如というところである．しかし，Astroのリーク時点では1.8GHz動作のPentium4の2倍の体感性能といっていた事実はなかったことになってしまった．

また，TransmetaはTM8600とPentium Mはほぼ同性能であるが，アイドル時の消費電力はTM8600では1/8と強調する．つまり，Pentium Mは1.45Wであるが，Efficeonは0.18Wであるという．

Efficeon（TM8600/1GHz）搭載の「MURAMASA PC-MM2-5NE2」は2003年12月8日に発表された．しかし，どのWebサイトもこのMURAMASAのベンチマーク記事を載せないのが不気味である（シャープからベンチマーク禁止令でも出ているのか？）．ただ，あるWebサイトの記事によると，Crusoe（TM6500/1GHz）と比較して，OSブートでは33%，PowerPointの2回目起動では52.5%高速化されたという報告がされている．このような比較に意味があるかどうかはわからないが，堂々と高性能を謳わないところに先行きの不安を感じさせていた．

そのWebサイトの2003年12月17日付けの記事には，満を持して（?），Efficeon（シャープMURAMASA）のベンチマーク結果が載っていた．結果としては，やはり，900MHz動作のPentium Mと同等の性能である．その記事が電池の持ち時間をやたらにアピールしているところにうさん臭さを感じるが．

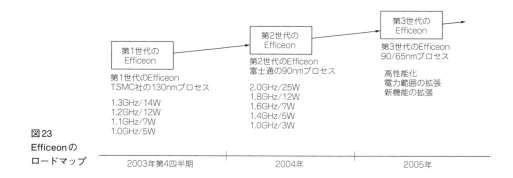

図23 Efficeonのロードマップ

● Efficeonのロードマップ

図23にEfficeonのロードマップを示す．最初の製品にはTSMCの130nmプロセスを利用するが，2004年の下半期には富士通の90nmプロセスに移行する．何故富士通なのか．それは時代は130nmから90nmに移行しようとしているが，Transmetaが各社の90nmプロセスをベンチマーキングしたところ富士通のものがもっとも性能がよかったためという．Efficeonの売りは低消費電力なので，富士通が気を利かしてスレッショルド(V_{th})の高いプロセスを提示したが，TransmetaはVthを制御する技術（LongRun2）があるので，できるだけV_{th}の低い高速プロセスを望んだというのは，業界では有名な話である．

Microprocessor Reportは，Transmetaが自社のロードマップどおりに製品を開発できれば，IntelのPentium Mに奪われた市場をいくらか取り戻せると報じている．130nmで製造する1.3GHz動作のEfficeonは，1.7GHz動作のPentium M（消費電力は25W）に比べると動作周波数が低い．しかし，90nmで製造する2GHz動作のEfficeonは，同じ90nmの次世代Pentium M（Dothan）に十分対抗できる．Crusoeに比べるとEfficeonは性能面で大きく飛躍した．Efficeonを搭載したシステムが登場してPentium M搭載システムと比較できれば，Transmetaの主張の正しさを検証できる．現在のところは，同社のロードマップと技術は極めて有望に見えると結んでいる．

● 余談

Crusoeの由来はいうまでもなく，ロビンソン・クルーソーである．世界中誰でも知っていて，数々の苦労を創意工夫で乗り越えて最後に目的（故郷に帰る）を達成したという点にならい，世界でもっとも一般的なMPUとなるべく命名されたという．その名称のとおり，Crusoeの前途には波乱万丈が予想される．

…と思っていたら，後継機種は「効率」をもじったEfficeonである．上述したように，Efficeonは8ウェイスーパースカラともみなせるので，Crusoeはよほど効率が悪かったのだろう．

● Crusoe（Efficeon）の終焉

アグレッシブなEfficeonのロードマップを掲げていたにもかかわらず，2005年1月，Transmetaはチップ製造業者から知的財産ライセンス企業へと方向転換を図る戦略を発表した．つまり，チップを売るのではなく技術を他のチップメーカーに売るということである．この時点でEfficeonの開発は事実上終わったと考えてよい．ライセンス事業の目玉は低消費電力技術であるLongRun2である．その技術はソニーなどが採用した．また，2008年8月，トランスメタは2500万ドルでNVIDIAにLongRun技術と低消費電力技術のライセンスを提供したと発表した．ここで，Transmetaの実質的な活動は終わった．そして2009年1月，Transmetaはビデオプロセッサを手掛けるNovaforaに買収された．そのNovaforaは，2009年7月に財政難などを理由に倒産した．

まとめ

VLIWは，PCの世界での普及はまずないと思われるが，組み込み制御用のプロセッサにはVLIW構造を採用するものが数多く見られる．汎用プロセッサでは，富士通のFR-Vや三菱電機のM32Rがある．MPEG-4など専用分野に特化したものは枚挙に暇がない．やはり，単純な構造でそこそこの性能を得られる点が魅力なのだろう．

Appendix III 高信頼性をサポートする機能

誤り検出/訂正符号やシステムの多重化など

　コンピュータの応用は，さまざまな分野に広がっている．その中でも，金融機関のオンライン処理，医療機器，ロケットや人工衛星，交通機関制御への応用は高い信頼性を要求される．これらの分野では，コンピュータが停止すると重大な事故を引き起こしてしまう．

　しかし，どんなに注意していても故障（フォールト）は発生する．その場合でも，被害を最小限に食い止めるしくみがコンピュータに求められる．このように，故障に強く無停止動作を実現するシステムを「フォールトトレラントシステム」という．

　また，大型計算機やEWSなどの一般的なコンピュータでも，ある程度の高信頼性は重要である．いったん故障が発生すれば，修復や保守のコストが高くついてしまう．それを避けるためのしくみは，RAS（信頼性：Reliability，可用性：Availability，サービス性・保守性：Serviceability）として，高性能コンピュータの特徴の一つとなっている．

　高信頼性は，MPU，メモリ，記憶装置，I/O装置など，システムのすべての構成要素に要求される．その本質は故障の検出にある．ここでは，MPUが提供するフォールトトレラントシステムのサポート機能について説明する．

● 誤り検出/訂正符号

　MPUに直接接続されている周辺機器には，メモリとI/Oがある．I/Oに関しては，同じアドレス（ポート）であっても入出力される値は場合によって異なるので，その値が正しいかどうかを判断する方法はない．しかしメモリに関しては，与えられたアドレスに対するメモリの内容は意図的に変更しないかぎり不変であるはずなので，その値が正しいか否かを判別するのは重要である．メモリに記憶されているデータは放射線やノイズによって破壊されることもあり，MPUがリードする値がいつも正しいとはかぎらない．高信頼化システムではメモリ内容の正当性を保証する必要がある．

　メモリの誤りを検出する方法として通常は以下のような作業が行われる．まずメモリライト時に，そのデータを加工した特殊な値（シンドロームと呼ばれる）をデータと一緒にメモリに格納しておく．その後のメモリリード時に，メモリからデータと同時にリードしたシンドロームとデータから新たに計算されるシンドロームを比較し，一致するか否かを検査する（図1）．シンドロームが一致すればそのデータは正しいとみなせる．この際，データからシンドロームを再計算する機構と比較する機構はMPU内部に備わっている．誤りを検出した場合は例外を発生する．

　このような誤り検出符号では，パリティとECC（Error Checking and Correcting）が有名である．ただ，パリティにしろECCにしろ，シンドロームを計算する機能が高速動作時においてクリティカルパスとなるため，組み込み用途などの安価なMPUでは採用されない．

▶もっとも単純なパリティ

　誤り検出符号でもっとも単純なものはパリティである．これは，データ内の全ビットの排他的論理和を取った1ビットの値である．パリティを含めて結果が0となるもの（つまり1の数が偶数）を偶数パリティ（even parity），結果が1となるもの（つまり1の数が奇数）を奇数パリティ（odd parity）と呼ぶ．

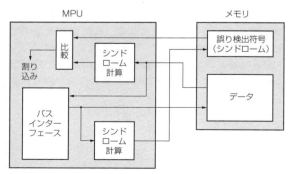

図1　誤り検出符号を使用するシステム

パリティは，その生成原理から，偶数個のビットが誤った場合でも正しいデータとみなしてしまう．その危険を少しでも低減するため，データをいくつかに分割して，それぞれをパリティで管理する．たとえば，32ビットデータであれば4分割して，8ビットずつにし，対する計4ビットパリティを用いる．

▶パリティより複雑なECC

ECCはパリティよりも複雑な符号化を用いる．パリティと異なり，データに誤りがあった場合それを訂正することができるのが特徴である．何ビットの誤りを訂正できるかにより，いろいろな符号化方法があるが，実現のしやすさとハードウェア規模を考慮してSEC-DED (Single-bit Error Correcting and Double-bit Error Detecting) コードが多用される．これは，その名のとおり，1ビットまでの誤りを訂正し，2ビットまでの誤りを検出することができるコードである．

SEC-DEDのシンドロームの計算方法は複雑なのでここでは言及しない．簡単にいうと，データの各ビットを数種類の係数列と積和することで数ビットのシンドロームを得ることができる．何種類の係数列が必要かはデータのビット長に依存する．たとえば，64ビットデータに対しては8系列が必要である．結果として，64ビットデータからは8ビットのシンドローム（ECCコード）が生成される．

メモリに保存されているECCコードと計算したECCコードの排他的論理和を取った場合，結果が0であればデータは正しいとみなせる．結果が0でない場合は，それをデコードすることでメモリデータ長に等しい値を得ることができる．もし，その値の中に1であるビットが一つだけあれば，メモリデータの対応位置のビットが誤りである．つまり，元のデータと排他的論理和を取ればデータを訂正できる．もし，1であるビットが複数あれば，メモリデータが誤りであることを表す．この場合は対応するビット位置が誤りというわけではない．

ECCコードを採用する場合，メモリリードと同時にデータを訂正するには厳しいタイミングが要求されるため，動作スピードに影響を与えることになる．そこで，MPUへの実装では，ECCコードの排他的論理和を取った時点で，その値が0でなければ例外を発生し，訂正処理をソフトウェアに任せることが多い．

● 冗長性による高信頼化

MPUの高信頼化では，共通の入力に対し複数のMPUを同時実行させ，各MPUの出力を比較し，その一致を検査する．これをロックステップ (lock-step) 操作という．図2のように外部回路で一致を検査する方式もあるが，回路規模が大きくなるため好まれない．通常はMPU自体が監視モードをもっている．

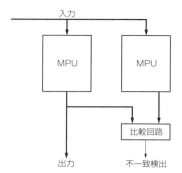

図2　冗長構成（外部回路で不一致検出）

監視モードでは，MPUの出力端子は入力端子に切り替わり，対応する端子の出力（これが監視モードへの入力）と自身の出力をMPU内部で比較する．もし，不一致が発生すれば，専用端子を活性化して，故障の発生を外部に通知する．

ロックステップ構成における注意点は，複数のMPUを完全に同期化して動作させる必要があるということである．とくに割り込みなどの非同期入力に関してはタイミングがずれないように注意をしないと，MPU間の動作がずれてしまうことがある．この場合，たとえ正常動作していても不一致が生じることがあるためである．このため，MPU間で定期的に同期を合わせる機構をもつMPUもある．たとえば，特定のMPUをストールさせて，待ち合わせを行うための入力信号が提供されるのである．

▶2重化システム

2重化システムでは，二つのMPUを並列に接続してロックステップ操作をする．一方が通常モード，片方が監視モードである．監視モードをもつMPUとしてはMIPSのR4400がある．R4400では2種類の2重化システムをサポートする．一方が通常動作をし，片方が監視動作をするMaster-Listener構成［図3(a)］と，一方がシステムインターフェースを駆動しながらL2キャッシュインターフェースを監視し，片方がシステムインターフェースを監視しながらL2キャッシュインターフェースを駆動するCross-Coupledチェック構成［図3(b)］である．つまり，通常モードを含めて4種類の動作モードをもつことになる．R4400はブート時に4種類の動作モードを指定できる．

最近は，1チップに複数のCPUコアを搭載することができるようになっており，1チップ内の2つのCPUでロックステップ構成を形成することもある．特に車載用のマイコンではロックステップ構成による誤り検出機能は必須とされている．

1チップ内でロックステップ構成を実現する場合，1チップ内の信号線は単方向なので，2つのCPUで入

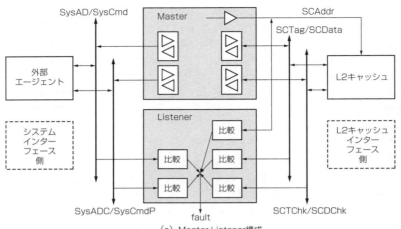

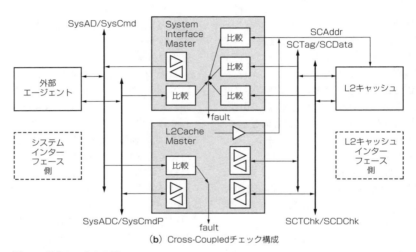

図3　2重化システムの例

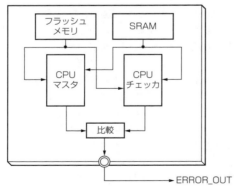

図4　1チップ内で実現されるロックステップ構成

力信号を共通にして，出力信号を比較すればよい．この構成を**図4**に示す．

▶3重化システム

2重化システムでは，通常モードと監視モードのどちらのMPUが故障したのか知ることができない．そこで，MPUを三つ並列接続して多数決で故障したMPUを特定する構成がある．一つが通常モードで，残りの二つが監視モードである．この構成は，一般にTMR（Triple Modular Redundancy）構成（**図5**）として知られている．

この構成では，監視モードの一つのMPUが故障した場合，構成を2重化システムに変更してある程度動作を継続できるという利点がある．その間に，部品の交換や修理を行うことができ，時間稼ぎができる．

宇宙開発事業団（NASDA，今のJAXA）が打ち上げを行ったH2Aロケットの姿勢制御，エンジン制御にはNECのV70が使用されている．V70もFRM（Function Redundancy Monitor）と呼ばれるロックステップ動作をサポートする．H2AロケットではV70の3重化システムが使われていたそうである．

Appendix Ⅲ 高信頼性をサポートする機能

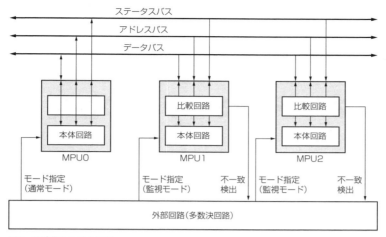

図5 3重化システムの例

● 監視タイマ

　複数のMPUで冗長構成を採らず，一つのMPUで故障検出を行う方法として監視タイマがある．これはウォッチドッグタイマ（Watchdog Timer）として知られている．

　これは単純なタイマである．初期値を設定し，それがカウントアップあるいは，カウントダウンされて，一定の値に達すると割り込みを発生する．

　プログラムでは，いくつかのチェックポイントで，ウォッチドッグタイマに初期値を設定し直す．プログラムの実行に何か不都合が発生し，ある時間内にウォッチドッグタイマを設定できなければタイマが規定値に達し，割り込みが発生して故障を通知するしくみである．故障発生時はMPUをリセットする必要があるので，ウォッチドッグタイマを専用にもつMPUでは割り込みの代わりにリセット例外を発生するものもある．

＊　　　＊

　フォールトトレラントシステムにおいて，MPUに要求される機能について説明してきた．使い捨て感がある組み込み機器やPCでは，低コスト化の要求が強いため高い信頼性を提供することは少ないが，こういう世界もあることを知っておいてほしい．

Chapter

_8_

処理性能を上げるための最後の切り札

マルチプロセッサの基礎

MPU単体での性能向上に限界が見え始め，さらなる処理性能向上のために，複数のプロセッサを使って並列実行する方法（マルチプロセッサ）が考え出された．マルチプロセッサには，いわゆるプロセッサを複数個並べたものから，1チップの中にコアを複数個実装したものなどがある．マルチプロセッサ時のメモリ共有やキャッシュについても考察している．

2001年，PCの世界ではAMDのAthlonMPやIntelのXeonが発表され，これ以降，デュアルプロセッサ構成がにわかに脚光を浴びてきた．これらは二つのプロセッサをSMP形態で構成するマルチプロセッサである．マルチプロセッサは，従来はワークステーションやサーバなどのハイエンド専用だったが，現在ではデスクトップ用の可能性も見えてきている．つまり，AMDやIntelの製品系列にはデュアルプロセッサだけではなく，4CPU以上のマルチプロセッサも標準的に組み込まれている．

MPUの高速化技術はもはや出尽くした感があり，マルチスレッディングやマルチプロセッサが最後の手段と考えられる．

本章ではマルチプロセッサ構成の基礎について説明する．マルチプロセッサ構成自体には多くの研究がなされており，最新の成果を説明することは難しい．しかし，その基本となる知識はそれほど多くはない．それらについてみていってみよう．

なお，ここではスーパーコンピュータのような超並列構造には言及しない．

1 マルチプロセッサの基礎

● マルチプロセッサ

MPUの実行速度を上げる手法としてパイプラインやスーパースカラが考案されてきたが，それらはプロセッサ自体の高速化であり，それ以上に性能を追求する場合，単一プロセッサでは限界がある．そこで，タスクをいくつかのプロセスに分割し，それぞれを別個のプロセッサで並列に実行するという方式が考えられた．これがマルチプロセッサである．

RISCの産みの親であるStanford大学のHennessy

総長は次のように言っている．「個別の技術でMPUの性能を向上する手法は行き詰まった．これからは，マルチプロセッサ構成のMPUを効率的に利用するソフトウェアの開発が性能向上のキーポイントである」と．もっとも，HennessyはR10000を発表した時点（1992年）で，性能向上の次の技術は1チップに複数のプロセッサを統合することだと主張していた．諦めるのが早すぎる感もあるが，それ以降登場してきた技術はチップマルチプロセッサとマルチスレッディング（ハイパースレッディング）のみ（その意味でHennessyの予言は的中している）であり，ここ10年以上飛躍的な技術革新がないのも事実である．

● マルチプロセッサの構成方式

一般に，タスクが異なれば，データ領域も異なる．特別な場合を除き，同一のメモリ領域をアクセスする場合の競合（順序の保証など）を考慮する必要はない．しかし，一つのタスクを分割しているプロセス（正確にはスレッド）間では共通のメモリ領域（変数領域）をアクセスすることは珍しくない．というより，メモリ領域はほとんどが共通といってもよい．

マルチプロセッサ構成では，複数のプロセッサが互いにアクセス可能な共有メモリを用いるのが普通である．このような構成を共有メモリ型マルチプロセッサ（Shared Memory Multi-processor）という．この共有メモリの構成方法によって，図1のように，マルチプロセッサの構成は2種類に分類できる．より一般的には，プロセッサと共有メモリを結合する方法は，共有バスとは限らず，相互結合網と呼ばれる．しかし，ここでは簡単のために，共有バスの場合を考える．

本書では共有メモリのあり方に注目して分類する．またマルチプロセッサには，密結合マルチプロセッサ

272

Chapter 8 マルチプロセッサの基礎

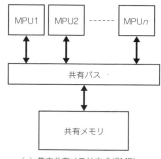
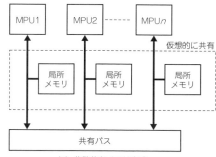

図1 マルチプロセッサの構成　(a) 集中共有メモリ方式(SMP)　(b) 分散共有メモリ方式

(Tightly Coupled Multi-Processor = TCMP)と疎結合マルチプロセッサ(Loosely Coupled Multi- Processor = LCMP)という分類もある．複数のプロセッサが一つのOSと一つのメモリを共有する形態がTCMP，個々のプロセッサがそれぞれのメモリとOSをもち(つまり独立したコンピュータシステムを形成し)，入出力ポートなどを通じて通信(ネットワークや高速バスで結合)を行うのがLCMPである．大型計算機では，密結合マルチプロセッサを疎結合することで性能を向上させている．以下に説明するSMPはTCMPと同一視されることが多い．

▶集中共有メモリ方式

これは，プロセッサから共有メモリへのアクセス時間が一定という構成である．すべてのプロセッサが時間的空間的に対称なので，対称型マルチプロセッサ(SMP=Symmetric Multi-Processor)とも呼ばれる．

SMPにおいて，複数のプロセッサは同等なものとして扱われる．また，共有メモリはすべてのプロセッサから同一のアドレスでアクセスできる．共有メモリが一つしかないので，SMPはUMA(Uniform Memory Architecture)とも呼ばれる．UMAとは，本来は異なる属性のメモリを同一のメモリ空間上に配置するアーキテクチャである．現在では，グラフィクス用のフレームバッファをメインメモリの一部として確保する方式を指すことが多い．

SMPの利点としては，各CPUが簡単にデータを共有でき，並列のプログラムが簡単に書けること，逐次処理のプログラムやプロセスを処理するのに優れている点が挙げられる．逆に弱点は，同時に一つのプロセッサしか共有メモリにアクセスできないので，CPUの数が増えるにしたがいアクセス権の調停が難しくなることである．しかし，その簡易性から，ほとんどすべてのマルチプロセッサではこの方式を採用している．このため，多数のCPUをマルチプロセッサ構成にすることが難しく，現実には4CPU程度が限界となっている．

キャッシュ内蔵のCPUをマルチプロセッサ構成で使用する場合，コヒーレンシの問題が発生する．後で説明するが，UMAでは，各CPUがアドレスバスを常に監視(スヌープ)して，自身のもつキャッシュ内のデータにそのアドレスが一致するかどうかチェックして，そこを無効化またはデータ更新することでコヒーレンシを維持する．

SMPの反意語として非対称型マルチプロセッサ(ASMP=Asymmetric Multi-Processor)というものもある．これは，次に説明する分散共有メモリ方式を示す場合もあるが，OSのカーネル用，ユーザープログラム用というようにCPUの役割を区別する方式を示す場合もある．SMPとは異なり，ASMPの定義ははっきりしていない．

▶分散共有メモリ方式

これは，プロセッサごとに局所メモリをもつ構成である．プログラムの実行には参照という局所性があるので，この構成なら共有バスの転送量を低減できる．プログラムを容易にするために，局所メモリに連続したアドレスを割り付け，論理的に単一の共有メモリとしてアクセスできるようにする．UMAと対応して，NUMA(Non-Uniform Memory Architecture)と呼ばれる．

バス速度，アクセス競合の点で，高並列マシンの集中共有メモリ方式は現実的でない．この場合，分散メ

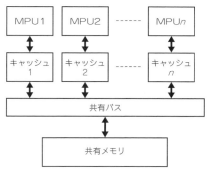

図2　マルチプロセッサとキャッシュ

273

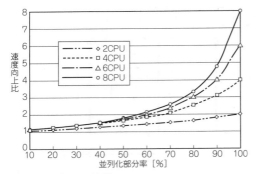

図3 アムダールの法則

モリ方式を採らざるをえない．現実としては，図2のように，SMP構成で各プロセッサにキャッシュをもたせる方式が一般的である．キャッシュはプログラムから意識されないため，SMPでありながら，バス速度，アクセスの競合の問題を解決できる．

NUMAにおいて，キャッシュのコヒーレンシを保証するシステムはccNUMA (Cache Coherent Non-Uniform Memory Architecture) と呼ばれる．たとえば，SunのEWSであるSunFire15Kでは，18組の4CPUからなるSMPモジュールをccNUMAで結合して性能を上げている．

NUMAでは，自分のメモリへのアクセス時間に比べて，他のCPUのメモリへのアクセスが遅くなる傾向があり，それが採用の妨げとなっていた．しかし，現在では技術革新により3～5倍かかっていたアクセス時間が平均で1.5倍，最悪でも3倍程度に縮まり，たいした問題ではなくなっている．

● 並列処理の割り当て

マルチプロセッサはOSの助けを借りて並列動作を行うことができる．CPUを複数並べただけでは性能向上は望めない．OSがプログラムをプロセスなりスレッドなりに分解して，各CPUに処理を割り当てて実行させるのである．

さて，SMPに対してOSがそれぞれのプロセッサに処理を割り当てる方法には2通りの方法がある．一つはプロセス単位での割り当て，もう一つはスレッド単位での割り当てである．

プロセスというのは一つのアプリケーションプログラムそのものであるから，これはアプリケーションプログラムごとに一つのプロセッサを割り当てるというイメージであろう．OSとしてはとくに特殊な処理は必要ない．この場合，各アプリケーションの実行が終了する時間は，それぞれのプログラムが一つのCPUで実行される場合と同じである．アプリケーションが複数ある場合には，それらが同時に実行されるので，すべてのアプリケーションの実行を終了する時間は早くなる．当然，アプリケーションが一つの場合には効果がない．この意味で，あるプロセスだけに限ってみれば，CPUが一つのときと実行速度になんら変わりはない．

スレッドというのは一つのプロセスを並列実行可能な部分に分割したもので，プロセスはいくつかのスレッドを寄せ集めたものである．たとえばこれは，複数のアプリケーションプログラムが複数のCPUで時分割に実行されるイメージである．スレッドの割り当ての運がよければ(?)，一つのアプリケーションの各部分が別個のCPUに割り当てられて実行されることになる．つまり，あるプロセスに限ってみれば，CPUがひとつの場合よりも高速に実行できることになる．

このように，マルチプロセッサ(SMP)において「処理が速い」というのには2通りの意味があるので注意が必要である．マルチプロセッサで速度を向上させようとしたらスレッド分割にせざるをえない．ところで，マルチプロセッサシステムでCPUの数をどんどん増やしていけばそれだけ処理速度が速くなるのか，という疑問がある．じつはそうならないことがアムダールの法則 (Amdahl's Law) によって示唆されている (図3) ．これは，

改良後の実行時間＝影響されない部分の実行時間
　　　　　　　　＋(影響される部分の実行時間／改良の度合)

というもので，上の式で「影響」を「並列実行」，「改良」を「プロセッサの個数」に当てはめればよい．つまり，どのようなアプリケーションプログラムでも並列に実行できない部分が存在する(前後関係の依存性がある)ので，並列化できる部分しか高速化できないというものである．並列処理を念頭に置く場合，性能向上は次の式で表される．

速度向上比 $= 1/((1-P) + P/N)$
　　　　　$=$ 旧実行時間／新実行時間
P：並列化部分率(元の実行時間のうち，並列処理可能な実行時間の割合)
N：並列化度(プロセッサの個数)

2 マルチプロセッサのキャッシュ制御

● マルチプロセッサのキャッシュ

マルチプロセッサにおけるキャッシュは単一プロセッサと比べると複雑である．共有メモリのコピーがそれぞれのキャッシュに存在するが，共有メモリと各キャッシュ間で一貫性(コヒーレンシ，またはコンシステンシという)を保証する必要があるからである．システムにおいてコヒーレンシが保たれている状態をコヒーレントという．コヒーレントにおいては，ある

プロセッサが任意のメモリ領域（共有メモリや他の
キャッシュ全体）をリードした場合，常に最新のデー
タがリードできることが保証されなければならない．
これは，通常，CPU自体のハードウェアで保証される．

　共有バスがバスネックにならないように，マルチプ
ロセッサ構成ではライトバック方式のキャッシュを採
用することが多い．この場合，各キャッシュにダー
ティなデータ（キャッシュだけで書き換えられていて
主記憶の内容と一致しないデータ）があることを許す
が，この場合でも他のキャッシュと矛盾しないように
キャッシュ全体の状態を管理する必要がある．これ
は，あるプロセッサのキャッシュ内容が書き換えられ
た場合に，そのことを他のキャッシュに通知すること
で実現する．この方式には次の2種類がある．

▶ライトアップデート方式

　あるキャッシュブロックの内容を書き換えた場合
に，システム全体のキャッシュにヒットすれば，その
最新のデータに更新する方式である．書き換えたブ
ロックのアドレスとデータを，共有バスを通じて他の
キャッシュに送る．これをアップデート要求という．
アップデート要求を受けたキャッシュは，自身がその
データを有していればそこを転送されてきたデータに
変更する．

▶ライトインバリデート方式

　あるキャッシュブロックの内容を書き換えた場合
に，自分以外のシステム全体のキャッシュがヒットす
れば，そこを無効化する方式である．この場合，書き
換えたブロックのアドレスを共有バスを通じて他の
キャッシュに送る．これをインバリデート要求とい
う．インバリデート要求を受けたキャッシュは，自身
にそのデータを有していればそこを無効化する．

　キャッシュへのライト時に共有バス上をデータが行
き来するという点で，これらの方式はライトスルー方
式と大差ないかもしれない．ライトスルー方式の場合
でも，他のキャッシュにアドレスを送り，それがヒッ
トすればそのブロックを無効化する必要があるのは同
様である．このような状況で，ライトバック方式とラ
イトスルー方式のどちらのキャッシュヒット率が高い
のかを考えると，はっきりいってよくわからない．こ
の二つでは，感覚的にはライトバック方式のほうが
ヒット率が高いとは思うのだが，それにも増して，ラ
イトアップデート方式では，キャッシュを無効化する
頻度が低い分，ヒット率が高いのは明らかである．た
だし制御は複雑である．

　ところで，キャッシュミス時にはキャッシュのリ
フィルが行われるが，コヒーレンシを保つために，コ
ヒーレントリードというバスサイクルを発生する．コ
ヒーレントリードの発生を共有バス上に発見すると，
各キャッシュはバススヌープ（キャッシュ状態ののぞ
き見）を行う．

　もし，キャッシュにヒットするダーティなブロック
があれば，そのデータが最新のデータなので，その
キャッシュがコヒーレントリードのデータを返さなけ
ればならない（これがオーナーである．詳細は後述）．
キャッシュにヒットするクリーン（主記憶とデータが
一致している状態）なブロックがあれば，そこを無効
化してもよいのだが，キャッシュの有効活用のため
に，その状態を「共有（シェアード）」に変更するだけ
でデータはそのまま残しておく．

　余談ではあるが，上記のキャッシュのスヌープ方式
は共有メモリ方式で使用される．共有メモリを使用し
ない分散メモリ方式では，キャッシュのコヒーレンシ
を保つためにディレクトリ方式が使用される．これ
は，分散されたメモリごとに各メモリのコピーがどの
プロセッサのキャッシュに存在するかをメモリ上の
テーブルに記録しておく方式である．この場合，
キャッシュをスヌープしなくても，ディレクトリの内
容を参照するだけでインバリデートやアップデート対
象のキャッシュを特定できる．しかしこの方式では，
主メモリ容量の増大にともなってディレクトリの容量
が大きくなるという欠点がある．そこで，バススヌー
プ方式とディレクトリ方式を融合して効率よくコヒー
レンシを保証する方法も研究されている．

● キャッシュの状態

　ライトバック方式でコヒーレンシを保つために，
キャッシュには次のような状態が定義されている．あ
る状態において，キャッシュに対してどのようなアク
セスが行われるかによって，コヒーレンシを保つため
にいろいろな挙動をする．

1) 無効（インバリッド）／有効（バリッド）
2) 不一致（ダーティ）／一致（クリーン）
3) 共有（シェアード）／排他（イクスクルーシブ）
4) 所有（オーナー）／非所有（ノンオーナー）

　オーナーとは，最新で有効なデータブロックが複数
存在している場合にデータを供給する責任のあるブ
ロックのことである．ダーティなラインが存在しなけ
れば主記憶，ダーティなラインが存在すればそのライ
ンがオーナーである．その意味で，オーナーという特
別な状態は不要である．

　ところで，キャッシュの状態にどのようなものがあ
るかによって，キャッシュの方式にもいろいろな呼び
名がある．ここでは，代表的なMOESI方式とMESI
方式について説明する．なお，キャッシュデータの共
有を許さないのはMEI方式と呼ばれる．これは，マ
ルチプロセッサ機能を提供しない，通常のMPUの
キャッシュ状態（ライトバック方式）を示すのに使用
される．

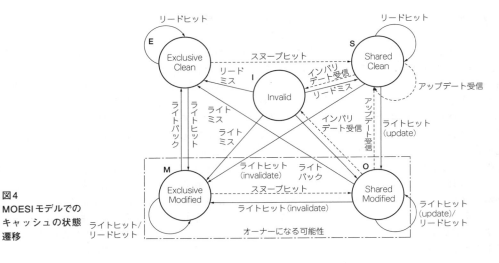

図4 MOESIモデルでのキャッシュの状態遷移

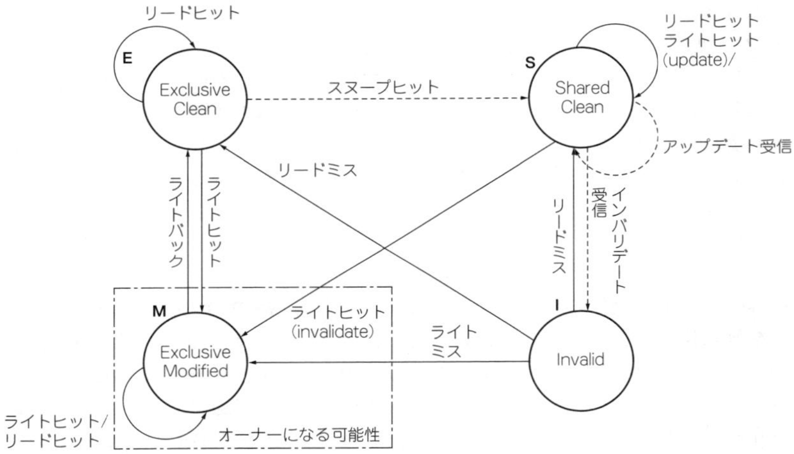

図5 MESIモデルでのキャッシュの状態遷移

▶ MOESI

この方式では，キャッシュコヒーレンシをM (Modified), O (Shared Modified), E (Exclusive), S (Shared), I (Invalid)，という五つの状態で制御する．この方式での状態遷移を図4に示す．

- M（モディファイド）
ダーティともいう．主記憶と一致が取れていない状態．同じブロックはほかのキャッシュには存在しない．
- O（シェアードモディファイド）
主記憶と一致が取れていない状態．ほかのキャッシュに同じブロックが存在する．Oの由来はOwnerか？
- E（イクスクルーシブ）
主記憶と一致が取れている状態．同じブロックはほかのキャッシュには存在しない．
- S（シェアード）
主記憶と一致が取れている状態．ほかのキャッシュに同じブロックが存在する．
- I（インバリッド）
無効な状態．

▶ MESI

この方式はMOESI方式からO状態を削除した方式である．シェアード状態のブロックにライトを行った場合，ライトインバリデート方式はインバリデート要求を発行し，自身はM状態に移行する．ライトアップデート方式はアップデート要求を発行して，他のキャッシュの内容も更新する．この方式での状態遷移を図5に示す．

MOSEI方式にしてもMESI方式にしても，ライトインバリデート，ライトアップデートの両方の方式を使用可能である．それぞれシェアード状態のブロックにライトヒットした場合に，アップデート要求，インバリデート要求が発生する．

Chapter 8 マルチプロセッサの基礎

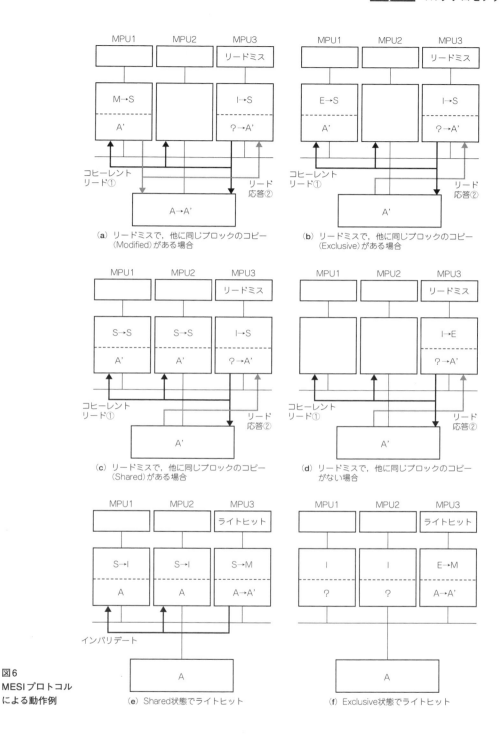

図6
MESIプロトコル
による動作例

(a) リードミスで，他に同じブロックのコピー (Modified) がある場合
(b) リードミスで，他に同じブロックのコピー (Exclusive) がある場合
(c) リードミスで，他に同じブロックのコピー (Shared) がある場合
(d) リードミスで，他に同じブロックのコピーがない場合
(e) Shared状態でライトヒット
(f) Exclusive状態でライトヒット

ところで，O状態を採用するとキャッシュの制御が複雑になるので，MESI方式のほうが多用されている．代表的な例では，MIPSのR4400ではMOESI方式とMESI方式を選択できたが，後継のR10000ではMESI方式のみとなっている．

● MESIプロトコルによる動作例

図6にMESIプロトコルによる動作例を示す．MESIプロトコルでは次のような状態遷移を行う．
(1) リードヒット
ブロックが有効 (M, E, S状態) ならリードするだけで状態は変化しない．

277

(2) リードミス

他のキャッシュにヒットし，そこがM状態（最新，排他）であれば，そのブロックを主記憶にライトバックする．同時にそのデータを（コヒーレント）リード応答として要求元に返す．状態はS状態に遷移する[**図6(a)**]．他のキャッシュにヒットし，そこがE状態またはS状態であれば，リード応答は主記憶によって返される．状態はS状態に遷移する[**図6(b)**，**図6(c)**]．他のキャッシュにヒットしない場合は，リード応答は主記憶によって返される．状態はE状態に遷移する[**図6(d)**]．

(3) ライトヒット

ブロックがM状態ならそのまま上書きする．状態はM状態のままである．ブロックがS状態なら上書きを行い，状態をM状態にする．同時にインバリデート要求（ライトインバリデート方式を仮定）を発行し，他のキャッシュにヒットすれば，そのブロックを無効化(I状態)する[**図6(e)**]．ブロックがE状態なら上書きを行い，状態をM状態にする．インバリデート要求は発行しない[**図6(f)**]．

(4) ライトミス

(2)のリードミスと同じ動作を行った後，(3)のライトヒット動作を行うのと等しい．

3 プロセス間の相互通信の方法

● **プロセス間通信の必要性**

マルチプロセッサシステムは互いにほとんど独立して動く多数のプロセスの集まりである．独立しているとはいえ，各プロセスは相互に直接・間接に連絡を取り合う必要が生じる．この場合，自由に動いているプロセスの動きをあるタイミングでそろえることを，同期を取るという．プロセスが連絡を取り合うには同期が必要で，連絡は次の二つの場合に必要となる．

(1) プロセス間の協力のため

あるプロセスがほかのプロセスに仕事を依頼する場合，依頼したいという信号と依頼の内容を示すメッセージを送受するしくみが必要である．これはプロセス間の待ち合わせであり，条件同期という．

(2) プロセス間の資源の競合を解決するため

各プロセスで共有する資源は，たかだか一つのプロセスでしか利用できないような排他制御が必要である．これを相互排除という．

● **同期のためのソフトウェア処理**

相互排除の問題をまず考える．マルチプロセッサシステムでは，共有バスが主記憶にアクセスする唯一のアクセス手段である．メモリの排他制御は，バスの使用権を獲得したプロセッサがメモリアクセスを独占し，ほかを締め出せばよい．この処理は不可分（アトミック）なスワップ命令で簡単に実現できる．

不可分とは，あるプロセスがメモリにアクセスしている間にほかのプロセッサからのメモリアクセスがないことをいう．実際には（バス）ロックという端子を活性化して外部回路に通知し，ハードウェア的にほかのプロセッサのアクセスを禁止する．

このため各共有資源に対し，ロック変数を用意する．ロック変数が0の場合は，それに対応する資源が未使用，0でない場合は，それに対する資源が使用中であることを示す．プロセスはロック変数に0以外の値を早い者勝ちで書き込むことで，その資源を使用する権利をもつ．それを実現するもっとも単純な処理が，テストアンドセットである．これは，ロック変数をリードしその値が0ならそこに1を書き込む．ロック変数が0でなければ何もしない．ロック変数の前の値が結果として返されるので，それが0ならロックが成功したことを示す．0でなければロックは失敗である（ほかのプロセスが使用中）．図7にテストアンドセットを利用した相互排除を示す．ここで，ロック変数が0になるのを待つループをスピンウェイト，またはビジーウェイトと呼ぶ．そのため，この方式をスピンロック方式と呼ぶ．

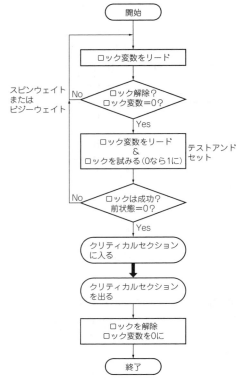

図7 スピンロック方式

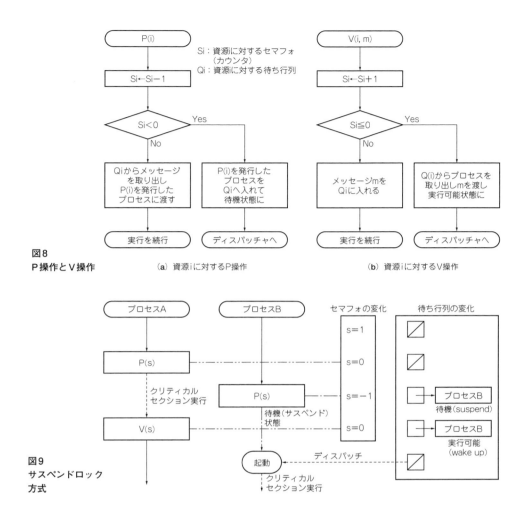

図8 P操作とV操作
(a) 資源iに対するP操作
(b) 資源iに対するV操作

図9 サスペンドロック方式

　スピンロック方式は，他のプロセスがクリティカルセクション（共有資源を独占できる時間的空間的領域）を実行中は，同じ資源を使用しようとするプロセスがループしながら待つ点が非効率である．スピンウエイトを行わない同期機構としてセマフォがある．

　セマフォとは，鉄道で用いられる腕木式信号機のことである．セマフォの実体は一種の共有フラグで，同期をとるプログラムどうしがこのフラグに注目し，フラグの変化に応じて処理を行って同期を実現する．構造化プログラミングの提唱者であるEdsger Wybe Dijkstraは，セマフォに対するP操作，V操作というものを定義した．P操作は事象の待ち合わせ，V操作は事象の発生（およびメッセージ）の通知を行う．セマフォを実現する操作はフェッチアンドアッドと呼ばれる．これはメモリに対する任意の数（負の数も可）の加算を不可分に行う．

　P操作，V操作のP，Vという名称の由来はDijkstraの母国語のオランダ語にある．Pは「prolagen」という「proberen（試みる）」と「verlagen（減じる）」の合成語

が語源である．また，Pには「passeren（渡す）」という意味も含まれているという．Vは「verhogen（増やす）」または「vrygeven（解放する）」が語源である．由来を知っていれば，以下に説明するそれぞれの動作も理解しやすいであろう．

　セマフォiは，共有資源iについて定義されており，負の値も取るカウンタSiと待ち行列Qiからなる．これに対するP操作，V操作の流れを図8に示す．簡単にいえば，P操作で資源が得られない場合は，そのP操作を行ったプロセスは待機状態となり，Qiに格納され，後で起動されるのを待つ．これをサスペンド状態という．V操作は待ち行列Qiの中にあるプロセスを起動する．

　相互排除はセマフォのカウンタの初期値を1に設定することで実現できる．図9に示すように，P操作でロックを行い，V操作でロック解除を行える．この場合，スピンウエイトは存在せず，プロセスをサスペンド状態にすることで待ち合わせを行う．この意味から，セマフォを利用した相互排除をサスペンドロック

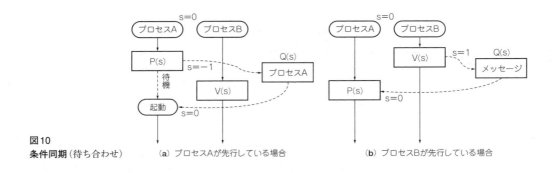

図10 条件同期（待ち合わせ）　(a) プロセスAが先行している場合　(b) プロセスBが先行している場合

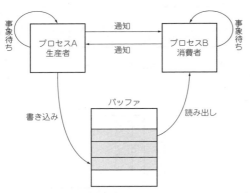

図11 生産者・消費者問題

と呼ぶ．相互排除では，一つのセマフォに対するP操作とV操作は同一のプロセス（プロセッサ）によって発行される．

　セマフォはカウンタの初期値を0に設定することで，条件同期にも使用できる．図10に示すように，二つのプロセス間で，同じ資源に対するP操作とV操作をそれぞれ発行することで待ち合わせができる．この場合は，一つのセマフォに対するP操作とV操作は別個のプロセス（プロセッサ）によって発行される．

　セマフォを使ったプロセス間の通信（待ち合わせ）を利用する代表例として，生産者・消費者問題（producer-consumer problem）がある．これは図11に示すように，生産者プロセスAが生産を行って次々に結果を主記憶に確保されたバッファに書き出していく．同時に，消費者プロセスBはバッファから結果を取り出して何らかの処理を行い，不要になったバッファを返却するというモデルである．このとき，生産と消費の速度が同じとは限らないので，バッファが一杯なのに結果を書き込んだり，バッファが空なのに結果を取り出したりしないような考慮が必要である．それをどうすれば実現できるのかが問題である．この問題を，セマフォを用いて解くと次のようになる．

- 生産者：P1：生産をする．
　P(e)で空きバッファを要求する．
　空きバッファに結果を格納する．
　V(r)でバッファに結果が入ったことを通知する．
　GOTO P1
- 消費者：C1：P(r)で結果入りバッファを要求する．
　バッファから取り出して処理する．
　V(e)でバッファを消費したことを通知する．
　GOTO C1

　ここで，eは空きバッファを制御するセマフォ，rは結果の入ったバッファを制御するセマフォである．eの初期値はバッファの段数，rの初期値は0である．

● 同期のためのハードウェア（命令セット）

　各MPUのアーキテクチャでは，これまで説明してきた，不可分な（アトミックな）アクセスを実現するための最小限の手段を命令として提供している．これらをアトミック命令という．以下に，これらアトミック命令について述べる．

　不可分なアクセスの基本は，データをリードして変更してライトする，といったリードモディファイライト（Read Modify Write=RMWと略す）が基本になる．CISCにおいてはRMWはポピュラな動作なのでそれを排他的に実行できればよい．具体的には，MPUの外部端子のLOCK信号（MC680x0ではRMC端子）をアクティブにして，それがアクティブの間は外部回路でほかのプロセッサからのバスへのアクセスを禁止することである．LOCK端子でバスの競合を防ぐことが目的なので，バスサイクルが常に共有バスに発生する必要がある．つまり，ロック変数は非キャッシュ領域に配置する必要がある．あるいはキャッシュ領域に置く場合は，そこがキャッシングされないようにモニタしなければならない．しかし，実際には，プログラマがそれを考慮する必要はない．

　たとえば，MC680x0アーキテクチャではTAS命令，CAS命令，CAS2命令のRMWアクセスにおいては，ハードウェアによって自動的にデータキャッシュが必ずミスするようになっている．このとき，バースト転送は行われないが，キャッシュの内容は更新される．

Chapter 8 マルチプロセッサの基礎

リスト1
テストアンドセット

```
Test-and-Set(address, bit_position)
{
    Lock();                                    // ロック端子をアクティブ
    temp ← Memory[address].bit_position;       // 共有変数から指定ビットをリード
    if(temp == 0) then
        Memory[address].bit_position ← 1;      // リード値が0なら1をセット
    endif
    UnLock();                                  // ロック端子をインアクティブ
    Condition_Code ← temp;                     // 前の値を返す
}
```

リスト2
コンペアアンドスワップ

```
Compare-and-Swap(address, cmp_data, new_data) {
{
    Lock();                                    // ロック端子をアクティブ
    temp ← Memory[address];                    // 共有変数をリード
    if(temp == cmp_data)then
        Memory[address] ← new_data;            // 比較値と等しければ新しい値をセット
    endif
    UnLock();                                  // ロック端子をインアクティブ
    cmp_data ← temp;                           // 前の値を返す
}
```

　x86アーキテクチャにおいて，Pentiumまでの P5 アーキテクチャではLOCK端子がアクティブなバスサイクルはキャッシングされない．つまり，最初がキャッシュミスを発生する領域（無効状態）では永久にキャッシングされず，常にバスサイクルが発生するわけである．PentiumPro以降のP6アーキテクチャでは，キャッシュ領域に対するアトミック操作はLOCK端子をアクティブにはせず，キャッシュロックという状態になる．これは，いわゆるキャッシュを追い出さないキャッシュロックとは異なるので注意が必要である．これはほかのプロセッサが同じキャッシュラインのライトバックを行うときにインバリデートされてコヒーレンシを保つものらしい（詳細はよくわからないが，キャッシュロック領域は自動的にバススヌープ対象となるということなのだろう）．非キャッシュ領域に対するアクセスではP5と同様にLOCK端子をアクティブにしたバスサイクルが発生する．資料には「P6以降はバスエージェント（チップセット）の制御により，ほかのプロセッサがバスをアクセスするのを制限する」とあるので，LOCKプリフィックスはあまり利用されないらしい．キャッシュへの排他アクセスはMESIプロトコルでコヒーレンシを保証する．

　一方，RISCではロードとストアを別個の命令で実現するので，1命令でのRMW操作は不可能である．これには，RMW専用のロード命令とストア命令を用意して対応する．後で説明するRISC方式の場合，ロック変数はキャッシュのコヒーレンシを利用するので，キャッシュ領域に置かなければならない．ただし，i860や88000などの初期のRISCでは，CISCと同様のRMWでアトミック操作を行う命令をもっていたようである．

▶**テストアンドセット（Test And Set）**

　通常，1ビットのロック変数に対するRMW命令である．共有変数のアドレスとビット位置を入力として次のように定義される．ビット単位ではなくワード単位にRMWを行う場合もある（**リスト1**）．

　この操作は，680x0アーキテクチャでは，

TAS <ea>

として提供されている．ただし，TASではデスティネーションの元の値にかかわらず，必ず1（デスティネーションのビット7）をセットする．元の値は条件フラグに反映される．元の値が0であろうが（ロックされていない場合），0でなかろうが（すでにロックされている場合），その結果は必ず0以外となるので，この動作で十分である．

▶**コンペアアンドスワップ（Compare And Swap）**

　この操作はテストアンドセットの発展形である．比較する対象が0ではなく任意の値となる．具体的には，1回前の共有変数の値を記憶しておき，それと今回の値と比較し，値が同じならば，ほかのプロセッサからのアクセスがないとみなされるので，新しい値を共有変数にセットする（**リスト2**）．

　この操作は，680x0アーキテクチャでは，

CAS.{B, W, L} Dc, Du, <ea>

として提供されている．なお，マニュアルでは同期操作のほかにリンクリストのポインタを付け替える操作がCAS命令の代表例として挙げられている．

▶**フェッチアンドアッド（Fetch And Add）**

　この操作は共有メモリに対する不可分な加減算を実現する．セマフォに対するP操作とV操作の一部を簡単に実現できる（**リスト3**）．

　この操作を命令として提供するアーキテクチャは少

281

リスト3
フェッチアンドアッド

```
Fetch-and-Add(address, e)
{
    Lock();                        // ロック端子をアクティブ
    temp ← Memory[address];        // 共有変数をリード
    Memory[address] ← temp + e;    // 値eを加える
    UnLock();                      // ロック端子をインアクティブ
    return temp;                   // 前の値を返す
}
```

リスト4
ロードリンクト/
ストアコンディショナル

```
Load-Linked(address)
{
    temp ← Memory[address];        // 共有変数をリード
    LLbit ← 1;                     // LLbitを1に設定
}

Store-Conditional(address, temp)
{
    if(LLbit == 1) then
        Memory[address] ← temp;    // LLbitが1なら値を共有変数にライト
    endif
    temp ← LLbit;                  // LLbitを返す
}
```

ない．しかし，これはコンペアアンドスワップ命令で実現できる．たとえば，680x0ではCAS命令を使用して次のように記述する．

```
 move.w 0(a0), d0
loop:
 move.w d0, d1
 add.w 1, d1
 cas.w d0, d1,0(a0)
 bne loop
```

この例はスピンロックになるのが気に入らないが，まあよしとしよう．

▶ロードリンクト (Load Linked)，ストアコンディショナル (Store Conditional)

これはMIPSアーキテクチャで導入された命令である．MIPSの産みの親であるHennessy教授によると，初期MIPSのアーキテクトであるEarl Killianの発案という．LL (Load Linked) 命令とSC (Store Conditional) 命令はキャッシュ領域への不可分なRMWのための基本操作を提供する．この機構はMPU内部のLLbitという特別な資源を介して，共有変数のリードを行ったという状態を記憶しておく（リスト4）．

つまり，あるプロセッサでのLL命令の実行それ自体では何も起こらず，同じ共有変数に対するほかのプロセッサからのSC命令の実行は失敗する．つまり，ライトは行われない．同じプロセッサからのSC命令には成功する場合と失敗する場合がある．SC命令のライトが行われる場合は不可分なRMWが成功したことを示す．SC命令が成功したか失敗したかはソースオペランドに格納される値（LLbitそのもの）が1であるか0であるかをテストすることで知ることができる．なお，LL命令とSC命令の実行の間に，次のいずれかの事象が発生するとSCは失敗する．

• 指定したメモリ領域への，他のプロセッサからのコヒーレントライト（インバリデート要求，またはアップデート要求が発行される）が行われた場合．

• LL/SCを実行するプロセッサに割り込み/例外が発生した場合．この実装は割り込みからの復帰命令（ERET）の実行によってLLbitをクリアするようになっていることが多い．

つまり，このような事象が発生するとLLbitが0にクリアされるようになっている．このようなRMWの実現方法は特異ではない．たとえば，PowerPCにおいても同期を実現するために，

LWARX (Load Word and Reserve Indexed)
STWCX (Store Word Conditional Indexed)

というロード命令とストア命令の組を提供している．PowerPCではLLbitの代わりにリザベーション (Reservation) というMPUの内部資源を利用する．考え方はMIPSとまったく同じである．これらの命令を使って，フェッチアンドアッドを実現すると次のようになる．

```
top
  lwarx r9=i(r2)   # iをロードして予約
  ai r9=r9+1       # iをインクリメント
  stwcx i(r2)=r9   # 条件付きストア
  bc top, cr0      # ストア失敗は分岐
```

▶バスロックプリフィックス

x86アーキテクチャでは不可分なアクセスを実現するための専用命令はない．しかし，LOCKというプリフィックスを提供し，（基本的にはすべての）命令のRMWのメモリアクセスをバスロック付きで行える．

ただし，アーキテクチャでLOCKプリフィックスの動作を保証しているのは**表1**の命令とアドレッシングの組み合わせのみである．

マニュアルによると，この組み合わせに違反した場合は例外が発生するとなっている．なお，XCHG命令に関してはLOCKプリフィックスなしでもバスロック信号をアクティブにする．Pentium以降で追加されたXADD（exchange and add），CMPXCHG（compare and exchange），CMPXCHG8B（Compare and exchange 8 bytes）は，LOCKプリフィックスと組で使用されることを前提とした命令である（単独でも使えるが）．

x86アーキテクチャにおいてLOCKプリフィックスを使用すれば，テストアンドセット，フェッチアンドアッドの実現は簡単で，それぞれ次のようになる．

```
LOCK:BTS    mem, imm
LOCK:ADD    mem, imm
```

なんのことはない．ビットセット命令や加算命令にLOCKプリフィックスを付加しただけである．

▶各アーキテクチャのアトミック命令

表2にMPUの各アーキテクチャでどのようなアトミック命令が定義されているのかをまとめておく．これをみると，最近の傾向はMIPSが提唱したLL/SC方式が主流になりつつあるように見える．それだけMIPSは偉大だったのかもしれない．

▶Armでの待ち合わせ命令

Armアーキテクチャでは，タスク間の同期を取るために待ち合わせを行う命令を導入している．それがWFE（Wait for Event：イベントを待つ）命令とSEV（Send Event：イベントを送る）命令である．

WFE命令を実行するとプロセッサは動作を停止する．その停止状態は，別のタスクがSEV命令を実行すると解除される．マルチコア構成の場合，SEV命令を実行するとすべてのコアにイベント（WFE命令の停止状態を解除しろという指示）を送る．ほかのコアにイベントを送らず，イベントを送るコアを自分自身

表1 LOCKプリフィックスの動作を保証している命令（x86）

ADC, ADD, AND, BT	mem, reg/imm
BTS, BTR, BTC, OR	mem, reg/imm
SBB, SUB, XOR	mem, reg/imm
XCHG	mem, reg
XCHG	reg, mem
DEC, INC, NEG, NOT	mem
XADD, CMPXCHG	mem, reg
CMPXCHG8B	mem

に限定したい場合はSEVL（Send Event Local）命令を使用する．1つのコアがWFE命令で止まっているのにSEVL命令を実行できるのかと思う人もいるかと思う．1つのコアは，マルチタスクで動作しており，WFE命令を実行するタスクとSEVL命令を実行するタスクが別であれば，このようなことは可能である．

4 マルチプロセッサを構築する技術

● ビッグリトル構成（big.LITTLE）

▶当初はマルチコア技術ではなかった

シングルコアの消費電力対策として注目されたマルチコアであるが，近年ではマルチコアでも消費電力が問題になっている．その対策として提唱されたのが，big.LITTLEという構成である．big.LITTLEという名称はArmが使い始めたものであり一般名詞ではない．一般的には，ハイブリッド構成などと呼ばれるが，ここではbig.LITTLEという名称で通す．

このbig.LITTLEとは，電力は高いが性能も高いbigコアと，電力は低いが性能はそこそこのLITTLEコアを1チップに集積して，CPUが扱うタスクの負荷に応じて，そのタスクをbigコアで実行するかLITTLEコアで実行するかを動的に切り替える方式である．もちろん，負荷が高いタスクはbigコアで実行し，負荷の低いタスクはLITTLEコアで実行する．現在では，bigコアとLITTLEコアは並行して動作す

表2 各アーキテクチャのアトミック命令

方式＼アーキテクチャ	x86	MIPS	Arm	RISC-V
TEST and SET	LOCK BTS			
COMPARE and SWAP	LOCK CMPXCHG XCHG		SWP	AMOSWAP.W/D AMOMAX.W/D AMOMIN.W/D
FETCH and ADD	LOCK ADD XADD			AMOADD.W/D AMOAND.W/D AMOOR.W/D AMOXOR.W/D
LOAD-LINKED STORE-CONDITIONAL		LL SC	LDREX STREX LDAXR STXR	LR.W/D SC.W/D

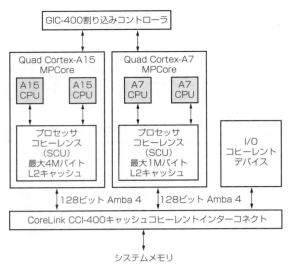

図13 big.LITTLE構成

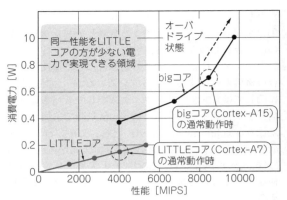

図14 Cortex-A7とCortex-A15の性能と電力
出展：Media Tek

ることもあり，big.LITTLEはマルチコア構成の一種として認識されている．しかし，Armが最初に提唱したのはマルチコア技術ではなかった．以下では，当初のbig.LITTLEから現在のbig.LITTLEへの変遷を説明したい．

▶当初のbig.LITTLE構成

big.LITTLE（bigを小文字でLITTLEを大文字で表記する）とは，2011年10月19日にArmがCortex-A7の発表と同時に発表した概念である．要するに，小型の省電力プロセッサ（Cortex-A7）とハイエンドのアプリケーションプロセッサ（Cortex-A15）を組み合わせて使用することで，高性能と低消費電力を実現するという発想である．

これは，高性能プロセッサと低性能（であるが低消費電力）プロセッサをヘテロジニアスマルチプロセッサとして構成し，負荷の高い処理は高性能プロセッサに任せ，負荷の低い処理は低性能プロセッサに任せるということに他ならない．その意味で，取り立てて新しい概念ではない．あえて新規な部分を挙げるとしたら，高性能プロセッサも低性能プロセッサも同一の命令セットアーキテクチャであるということである．

一見は当たり前の技術にみえるが，Armのbig.LITTLE概念の本質は別のところにある．すなわち，ソフトウェアに対しては，Cortex-A7とCortex-A15の組を1つのプロセッサとして認識させることが新機軸といえる．1つに見えるプロセッサ内部において，タスクの負荷に応じて，Cortex-A7とCortex-A15の間でタスクを実行する分担を交換しながら実行させる仕組みがbig.LITTLEの基本思想なのだ．これにより，Cortex-A7とCortex-A15から構成される（1つに見える）CPUを低消費電力なものとして使用する．これを

実現するために，Armでは2つのCortex-A15とCortex-A7をCoreLink CCI-400と呼ばれるキャッシュコヒーレントなバスで接続する構成を提案している（図13）．このような構成を採用してbig.LITTLEを実現した場合に，タスクの受け渡しに必要な時間は20～30μ秒といわれている．

▶Media Tek社が積極的に採用

Armが公表しているCortex-A7とCortex-A15の電力と性能の相関図を元にしたと思われる台湾のMedia Tek社のレポートの相関図を引用したものが図14である[注1]．これによると，約5000MIPS以下の処理性能ではLITTLEコア（Cortex-A7）をした方が消費電力が少なくなることがわかる．経験的に，ゲームなどの複雑な処理を実行する場合は高性能が必要だが，音楽再生やWEBサイトの閲覧時では低性能で十分である．

話の蒸し返しになるかもしれないが，2つのCPUをもちいて，一方をメイン，他方をサブとしてマルチプロセッサ的に使用することは従来でも一般的に行われていた．しかし，2つのCPUを同じ命令セットアーキテクチャ（種類）とし，それらを排他的に使用することで低消費電力を実現するという考えは新しかった．Corrtex-A15とCortex-A7の対はArmv7の構成であるが，Armv8でもCortex-A53とCortex-A57の対がアナウンスされていた．そもそもCortex-A53は，64ビットなのに低性能という不可解な代物であるが，Cortex-A57とbig.LITTLEを実現するためには必要なプロセッサと考えれば納得がいく（何て言ったら，後述するQualcomm社のSnapdragon610の例や，Cortex-A53だけを単一のCPUとして採用したRaspberry Pi 3の立場は…）．

注1：Media Tek社のレポートはMT8135に関するものなので，図14の性能と電力はCortex-A15，Cortex-A7それぞれ2個の合算値かもしれない．数値の絶対値を見ると1コアの値のような気もするが….

Chapter 8 マルチプロセッサの基礎

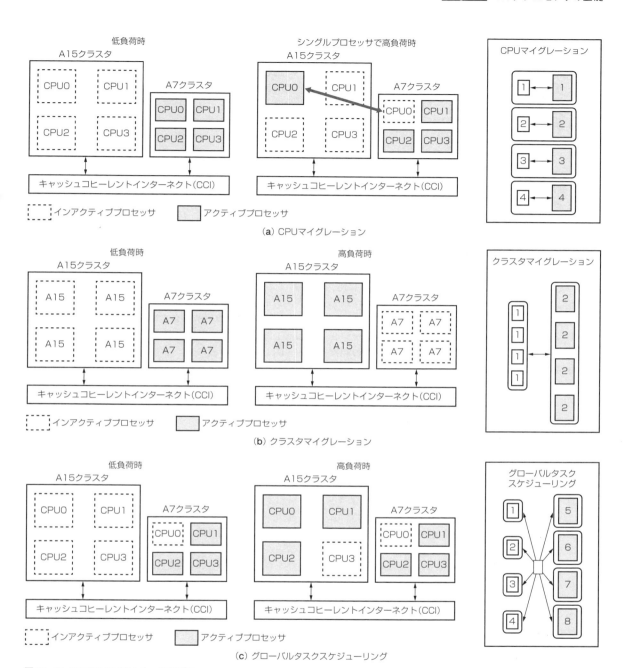

図15 big.LITTLEのソフトウェアモデル

▶3種類のbig.LITTLE

なお，今回紹介しているbigコアとLITTLEコアを1つのプロセッサに見せかけるbig.LITTLE動作は，ArmではCPUマイグレーションと呼ばれている．これは，big.LITTLEの後期に出てきた単語のように思う．

それはともかく，このCPUマイグレーションを含めて，big.LITTLEのソフトウェアモデルには3つの種類がある．残り2つはクラスタマイグレーションと呼ばれるモデルとグローバルタスクスケジューリングと呼ばれるモデルだ．グローバルタスクスケジューリングは，その名称が確定する前は，big.LITTLE MPまたはタスクマイグレーションと呼ばれていた．

図15(a)にCPUマイグレーションの動作例，図15(b)にクラスタマイグレーションの動作例，図15(c)にグローバルタスクスケジューリングの動作例を示す．

CPUマイグレーションでは，bigコアとLITTLEコ

285

アが組になっている．つまりCoatex-A15のCPU0とCortex-A7クラスタのCPU0，Cortex-A15クラスタのCPU1とCortex-A7クラスタのCPU1が対応するという具合である．そして，クラスタ内の各CPUの負荷に応じて，bigコアを使用するかLITTLEコアを使用するかをソフトウェアが指定する．これがbig.LITTLEの当初の意味だった．

クラスタマイグレーションでは，タスクの負荷に応じて，bigコアのクラスタかLITTLEのクラスタかの一方を使用する．ソフトウェア的にはもっとも単純な動作モデルである．これは，当初のbig.LITTLEの手抜き版と言えるかもしれない．

グローバルタスクスケジューリングでは，すべてのCPUコアに対してタスク処理を分割する．結局，これはすべてのCPUが見えているヘテロジニアスなマルチコア環境と区別がない．ソフトウェア的にも，もっとも複雑である．だが，この方式が現在のマルチコアでの主流になっている．

CPUマイグレーションやクラスタマイグレーションに対し，グローバルタスクスケジューリングの利点は，処理要求が非常に高い場合にシステムが同時にすべてのCPUの恩恵を受けられる点である．たとえばbigコア4つとLITTLEコア4つのシステムでは，要求がピークに達しているときには全部で8つのCPUを使用できる．これがCPUマイグレーションやクラスタマイグレーションの場合には実際に使用できるのは4つのCPUのみとなり，遊んでいるコアが生じる．

▶結局，普通のマルチコア技術に落ち着く

グローバルタスクスケジューリングは一般的なマルチコア技術という認識が強く，Arm以外でも，NVIDIAのTegraシリーズやAppleのAシリーズチップ，フリースケールのeMPU（Vybrid）がbig.LITTLEと類似した構成を採用している．これらの場合ではbigコアとLITTLEコアがまったく同一のアーキテクチャであるとは限らない．

グローバルタスクスケジューリング以外でのbig.LITTLEといえば，bigコアとLITTLEコアが同一のアーキテクチャであることが前提である．このため，bigコアとLITTLEコアの2種類のコアが必要と考えられるが，必ずしもそうではない．Qualcomm社のSnapdragon610では，1.8GHz動作のCortex-A53をbigコアとし，1GHzのCortex-A53をLITTLEコアとしてbig.LITTLE構成を実現している．NVIDIA社のTegraで採用しているvSMP構成も同じ発想である．これは同一の設計情報（RTL記述）をスピード最適化と電力最適化の2種類で実装したものである．この構成では2種類のコアの設計情報が不要であり，1度で2度美味しいという点で，かなり冴えたやり方といえる．

● Armのbig.LITTLEのセカンドステージ：DynamIQ

▶正式プレスリリース以前の情報からわかること

2017年3月21日，Armは次世代のマルチコアテクノロジ「Arm DynamIQ（ダイナミック）」を発表した．これは，今後の「Arm Cortex-A」プロセッサすべての土台となるマルチコアプロセッサ向けマイクロアーキテクチャであり，過去10年にわたるイノベーションの成果とされていた．発表資料に基づいてDynamIQを概説する．

DynamIQはArmの「big.LITTLE」テクノロジ上に構築される．big.LITTLEは低消費電力回路（LITTLE）と高性能回路（big）を組み合わせるテクノロジである．これによって携帯電話やタブレットの処理能力を犠牲にすることなく，バッテリ持続時間を延ばすことを目的とした構成であった．

DynamIQでは，「適切なタスクを適切なプロセッサで」というアプローチをさらに推し進めていく．従来のbig.LITTLEでは最大4個のbigコアのみのクラスタ，LITTLEコアのみのクラスタが存在し，基本的には，bigとLITTLEというクラスタ単位で処理の分担を切り替えていた．これは，従来は，1つのクラスタに異なる種類のコアを入れられなかったためでもある．

DynamIQは単一クラスタ内で（発表当初では）最大8個のコアをサポートする．クラスタ内の8個のコアは独立にbigコアとLITTLEコアを設定できるようになった．あるいは，bigとLITTLEの中間のコアを設定することも可能だ．つまりは，「クラスタ単位」のbig.LITTLEから「クラスタ内部」のbig.LITTLEへの変更と言える．換言すれば，1クラスタでbig.LITTLEが実現可能になった．こうすることで，機械学習や人工知能（AI）アプリケーションにおける応答性をさらに高められるようになっているとのことである．また，こういった柔軟性のほかに，メモリサブシステムを再設計し，データアクセスの広帯域化高速化とパワーマネジメント機能も強化している．

Armの発表では，一見すると，DynamIQは機械学習やAIを高速化する技術のように思えるが，それは副産物であり，サーバー＆ネットワークインフラからローコストモバイルまで，全方位展開を狙ったアーキテクチャ拡張らしい．

もっとも，新規に開発されるCortex-Aで加わる命令拡張は機械学習やAIをターゲットとしたものとなっている．その意味では，DynamIQ世代のCortex-Aは機械学習やAIに適したコアとなっている（機械学習やAIにおいては，最大で従来の50倍の性能を達成するといわれている）．ただし，機械学習やAIのワークロードを加速するアクセラレータコアやGPUコアなどは，DynamIQクラスタには統合されな

い．あくまでも，1クラスタは（bigやLITTLEといった性能や電力効率の違いはあれど）8個の同一アーキテクチャのCPUから構成される．

DynamIQでは，bigコアとLITTLEコアを組み合わせたbig.LITTLE構成のヘテロジニアスマルチコアの設計自由度が高まる．たとえば，3種類のCPUコアの組み合わせや，1個のビッグCPUコアと3個のリトルCPUコアといった小構成のbig.LITTLEシステムが容易になり，自由度が高まる．

また，big.LITTLEを使わない場合（8個がまったく同一の場合）は，クラスタサイズが大きくなるのを防ぐため，DynamIQクラスタを複数搭載することで，より大規模なマルチCPUコア構成を効率的に実現できる．これは，サーバやネットワークインフラストラクチャ向けのチップでは効果が期待される．

ところでDynamIQは，キャッシュ構造においては，従来のbig.LITTLEとは異なるものになるという触れ込みだった．つまり，従来のbigコア，LITTLEコアのクラスタ分割では，それぞれのクラスタ内にL2キャッシュを含んでいた．このため，bigとLITTLE間の切り替えではL2キャッシュの内容をクラスタ間で移動する手間がかっていた．

DynamIQでは，L2キャッシュ移動に係る処理のオーバヘッドを削減するために，クラスタ内にL2キャッシュを含めないという予想が説明がされていた[図16(b)]．これは，従来の「CPUコア（MPCore）にL2キャッシュが括り付け」という構成を否定するものになる．これで，CPUコアのフットワークが軽くなり，性能向上につながるということなのである．

しかし，クラスタ内から余分なトラフィックを外に出さないように，コアを1つのL2キャッシュが共有する構成になるという予想もあった[図16(c)]．

注意しないといけないのは，DynamIQはプレスリリース時点（2017年5月）のCortex-Aプロセッサではサポートされていないことである．その後発表されるCortex-Aプロセッサと新しい内部バスインタコネクトや新しいAMBA規格を使うことで可能になる技術ということで，最初は構想のみであった．

▶正式なプレスリリースの後で

2017年5月29日にDynamIQの詳細が明らかになった．同時に，DynamIQをサポートするプロセッサとして，bigコアのCortex-A75とLITTLEコアのCortex-A55が発表になった．

まず，上述のL2キャッシュの位置の予想だが，果たして，図16(c)が正しいことが判明した．ただし，DynamIQではL2キャッシュは各CPUに内蔵になるため，big.LITTLEのクラスタ内のL2キャッシュはL3キャッシュへと置き換わっている．

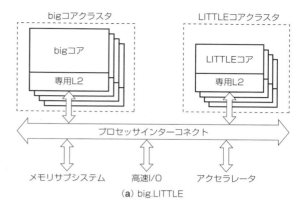

(a) big.LITTLE

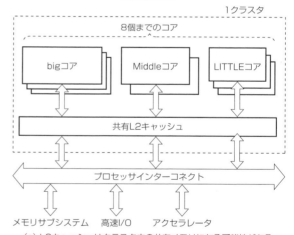

(b) DynamIQ

(c) L2キャッシュはクラスタ内の共有メモリになる可能性がある

図16　big.LITTLEとDynamIQのL2キャッシュの位置の違い

▶bigコアとLITTLEコアの配置方法は情報通り

big.LITTLEと同様に，DynamIQは，CPUをクラスタにグループ化し，システム内の他のプロセッサやハードウェアに接続する方法を提供する．しかし，いくつかの重要な変更点がある．

まず，bigとLITTLEのCortex-A CPUを同じクラ

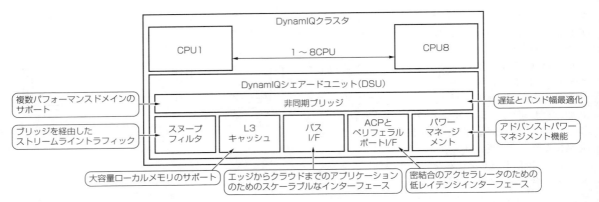

図17　DSUのブロック図

スタに配置することができる．big.LITTLEでは，別々のクラスタ内に異なるCPUを配置する必要があった．これは，コアの単純な再構成のように見えるが，実際にCPUのパフォーマンスと構成の柔軟性に影響する．

　もう1つの大きな変更点は，単一クラスタ内に最大8個のCPUを配置できることである（big.LITTLEの場合は4個まで）．CPUの合計数は32クラスタで最大256まで拡張できる．さらに，CCIXインターフェースを介して提供されるマルチチップサポートを利用すれば数千個を超える規模まで拡大可能という．

　クラスタ内でCPUは，電圧／周波数ドメインに分割され，ドメイン内では各コアがそれぞれの電源ドメイン内にある．これにより，同じドメイン内のすべてのCPUが同じ周波数で動作する必要があるが，各CPUの電源を個別にOFFすることができる．ただし，DynamIQでは，各クラスタは最大8つの電圧／周波数ドメインをサポートできるので，クラスタごとに単一の電圧／周波数ドメインをもつbig.LITTLEとは異なり，高い柔軟性を提供する．これは，理論的には，SoCベンダが各CPUをそれぞれの電圧ドメインに配置して，電圧／周波数をクラスタ内の8個のCPUごとにすべて独立して設定できることの可能性を意味する．ただし，各電圧／周波数ドメインには独自の電圧レギュレータが必要である．これはコストと複雑さを増すため，1つの電圧ドメインあたり2から4個のCPUが推奨される．

▶ドメイン内のコアは8個で十分

　Armは，DynamIQの発表後数年間はモバイル機器では8コア構成が採用されると考えている．big.LITTLEでは，通常は2つのクラスタをまたがった，4つのbigコアと4つのLITTLEコアと使用する「4＋4」の組み合わせだったが，合計が8つのLITTLEコアにするという実装も存在した．DynamIQを使用すると，8つのコアすべてを1つのクラスタに収めることができる．Cortex-A75コアとCortex-A55コアの組み合わせは，「0＋8」，「1＋7」，「2＋6」，「3＋5」，「4＋4」が考えられる．1クラスタ内でCortex-A55は8コアまで存在できるが，Cortex-A74は4コアまでしか存在できない．これはどういう機能的な制限があるのか不明であるが，bigコア（Cortex-A75）が4コア同時に動作する場合はかなり大きなワークロードを処理できると見込んで，4個以上のコア数は不要という考えからリミッタが設けられているのかもしれない．

　Armは，特に中規模な市場では「1＋7」の組み合わせが理想的と考えている．これは，Cortex-A75とCortex-A55のペアの場合，従来比で，最大2.41倍のシングルスレッド性能と，最大1.42倍優れたマルチスレッド性能を提供するという．この性能にかかる面積の増加は1.13倍に収まるそうだ．このときの従来製品とは，同一プロセス，同一周波数の8コアのCortex-A53の場合だそうだ．

▶DSU (DynamIQ Shared Unit：DynamIQ共有ユニット)

　DynamIQは従来は2つに分かれていたクラスタを1つにまとめただけに思われるかもしれない．しかし，上述のようなスケーラビリティを実現する鍵はDynamIQ共有ユニット（DSU）の存在にある．DSUは，各クラスタ内に存在し，クラスタ内のCPUに対する中央ハブ（交換機）として機能する．あるいは，システムの残りの部分とのブリッジにとなる．DSUのブロック図を図17に示す．

　DynamIQのクラスタ内の各電圧／周波数ドメインは，DSUと同期または非同期で実行するように設定できる．非同期ブリッジ（ドメインごとに1つ）を使用すると，異なるCPU（Cortex-A75やCortex-A55）が異なる周波数で動作することが可能になる．同期ブリッジを使用すると，そのドメイン内のすべてのCPUが同じ周波数で動作するようになってしまう．通常は非同期ブリッジが使用される．

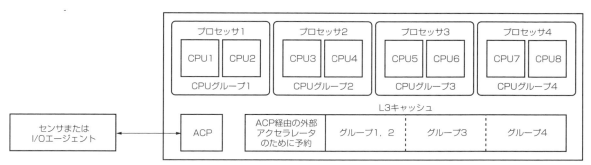

図18 L3キャッシュのパーティショニング例

　DSUは，1から2系統の128ビットAMBA 5 ACEポートまたは1つの256ビットAMBA 5 CHIポートを介してCCI，CCN，CMNといったキャッシュコヒーレントインターコネクトと通信する．また，CPUとのキャッシュ一貫性を必要とする特別なアクセラレータを接続するためのモニタポートであるACP（のAccelerated Coherency Port）も存在する．これは，DynamIQのキャッシュ隠蔽機能（stashing feature）を有効にするためにも使用される．キャッシュ隠蔽機能に関しては後述する．

▶L3キャッシュは排他的

　big.LITTLEでは，クラスタ内のCPUが共有L2キャッシュにアクセスできた．しかし，DynamIQではL2キャッシュは各CPUに専用のプライベートキャッシュになった．このプライベートキャッシュはCPUと同じ周波数で動作するので，各CPUのL1キャッシュの容量が増加したイメージである．当然，L2キャッシュのレイテンシは向上する．DynamIQはbig.LITTLEのL2キャッシュの代わりに各CPUが共有のL3キャッシュを提供する．これは，DSU内に位置し，16ウェイセットアソシアティブ構造になっている．キャッシュサイズは1Mバイト，2Mバイト，4Mバイトであるが，ネットワーキングなどの特定のアプリケーションではL3キャッシュを省略することもできる．

　ArmのL3キャッシュは排他的（exclusive）に近い．つまり，L3キャッシュの内容はL2およびL1キャッシュには含まれない．もし，L3キャッシュが包括的（inclusive）で，それがCPUのL2のコピーを含んでいた場合，そのパフォーマンス上の利点は大幅に低下し，多くの領域と電力が無駄になる．逆に，排他的でないとArmの考える性能目標には達しないのだそうだ．

▶L3キャッシュはパーティション化できる

　L3キャッシュはパーティション化することができる（図18）．これは，固定ワークロードを実行するネットワークまたは組み込みシステムに有用という，決定論的処理時間を保証するデータ管理を必要とするアプリケーションにも役立つらしい．そのためにはキャッシュミスが発生しないことが前提であるが，その理屈はよく分からない．

　L3キャッシュは，最大4つのグループに分割することができる．分割は不均一で構わなく，L3キャッシュが4Mバイトで8コアのクラスタ構成の場合，たとえば，1つのCPUが3Mバイトを占有し，残りの7つのCPUが1Mバイトを共有することが可能になる．各グループは，ACPまたは他のインターフェイス経由でDSUに接続された特定のCPUまたは外部アクセラレータに割り当てることができる．キャッシュグループに特に割り当てられていないプロセッサは，残りのL3キャッシュを共有する．パーティションは動的であり，実行時にOSまたはハイパーバイザによって作成または調整可能だ．

▶キャッシュスタッシング（隠蔽機能）が可能

　もう1つの新機能は，キャッシュスタッシング（隠蔽機能）である．これは，CPUやその他の特殊なアクセラレータやI/Oエージェントが，ACPやAMBA 5 CHIポート経由で，共有L3キャッシュや特定のCPUのL2キャッシュに対して直接データをリード/ライトする機能である．特徴的な例としては，TCP/IPオフロードエンジンを使用してパケット処理を高速化するネットワーキング機器が挙げられる．アクセラレータは，特定のCPUに対してデータをシステムメモリに書き込んでフェッチさせたり，キャッシュコヒーレンシを維持させたりする代わりに，キャッシュスタッシングを使って，その特定のCPUのL2キャッシュに直接データを書き込む．これにより，性能向上や消費電力の削減に寄与する．

　キャッシュスタッシングは，クラスタ外にあるプロセッサとのデータ共有に役立つが，クラスタ内のCPU間でデータを共有することも容易になる．これが，Armが同じクラスタに大量のCPUを搭載したかった理由の1つである．DynamIQクラスタ内でキャッシュラインを移動する方が，big.LITTLEのようにクラスタ間でキャッシュラインを移動するよりも

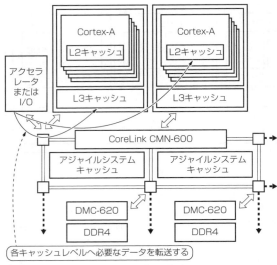

図19[(4)] キャッシュスタッシングのようす

高速で，bigコアとLITTLEコアの間でスレッドを移行するときの待ち時間を短縮できるからだ．

図19にキャッシュスタッシングの様子を示す．この図では，I/Oやアクセラレータがクラスタ内のL2キャッシュまたはL3キャッシュに直接データを転送できることしか示していない．キャッシュスタッシングには不明な点も多々ある．しかし，DynamIQの正式発表前に懸念されていた，bigコアからLITTLEコア，LITTLEコアからbigコアへのタスクスイッチ時のデータ転送に係るオーバーヘッドはキャッシュスタッシングで解決するという解法が示されたことになる．

▶電源管理機能も改善された

DynamIQには，改善された電源管理機能も含まれている．DSUがソフトウェアではなくハードウェアですべてのキャッシュおよびコヒーレンシ管理を実行すると，CPUの電源状態を変更するときのいくつかのステップを省略できる．このため，big.LITTLE使用時よりもCPUの電源のON/OFFを高速化できる．DSUは，L3キャッシュの一部の電源を切って，キャッシュの使用状況を自動的に監視し，完全ON，半分OFF，完全OFFの各状態を切り替えることで，リーク電力を削減することもできるという．

▶スヌープ制御ユニット（SCU）も新しくなった

DSUには，新しいキャッシュトポロジを処理するためのスヌープフィルタを内蔵したスヌープ制御ユニット（SCU）が含まれている．SCUの構造は公開されていないが，従来のCortex-AシリーズのMPCoreで採用されていたSCUと同じと推測される．クラスタ内のL1，L2データキャッシュのタグ部をDSU内にコピーして，スヌープするキャッシュラインを探す，いわゆる，ディレクトリ方式でキャッシュ管理を行

う．L1キャッシュが64Kバイト，L2キャッシュが256Kバイトの場合，キャッシュラインを64バイトと仮定すると，1つのコアに対して5Kラインのメモリが必要である．クラスタ内に8コア存在すると考えると40Kラインのメモリが必要となる．物理アドレスが40ビット（5バイト）として，キャッシュの状態ビットを無視しても，200Kバイトのメモリをコピーしてもつことになる（実際のタグはインデックス部があるので実際の容量はもう少し少ない）．これはMバイト単位のL3キャッシュに必要なメモリ量からみれば誤差ということなのであろう．

● マルチスレッド

マルチプロセッサは複数のMPUでプログラムを実行する方式であるが，一つのプロセッサをマルチプロセッサのように見せかける技術をもつ．それがマルチスレッドである．ソフトウェア（OS）からは二つ以上のプロセッサがあるように見えるので，従来のマルチプロセッサ用の処理をそのまま適用できるのがミソである．

マルチスレッドとは，MPUのレジスタファイルの組を複数用意し，複数のスレッドを同時実行させるしくみである．1チップマルチプロセッサとの違いは，キャッシュや演算器などのハードウェア資源が共通であるという点である．当然，複数のスレッド間でハードウェア資源の取り合いが生じるので，純然たるマルチプロセッサよりも効率は悪い．しかし，ハードウェア規模は小さくなる．

マルチスレッドでは，キャッシュミスなどの待ち時間を利用して別のスレッドを実行する．こうすることにより，プロセッサの待ち時間を最小に抑えることができる．もっとも，CPUコア単体では，命令ストリーミングやノンブロックキャッシュにより，キャッシュミスによるペナルティは少なくなっている．それよりも，周辺ユニットとの間のI/Oやメモリバスの割り当て待ちで浪費する時間のほうが多い．いずれにせよ，MPUのパイプラインはどこかで資源の待ち合わせが必要になる．その待ち時間を他のスレッドに割り当てるわけである．要するに，マルチスレッドは，マルチタスクOSがソフトウェアで実現している処理をMPUのハードウェアで実現するものなのである．

マルチスレッドの例を図20に示す．

たとえば，A，B，Cという3つのスレッドが存在する場合，A，B，Cの順序に直列に実行したのでは，Cの実行終了までの待ち時間が長くなってしまう．これを，A，B，Cを少しずつ交互に実行すると，A，B，Cがほぼ同時に終了したように見える．直列実行でも並列実行でも，基本的には，（空き時間を除く）トータルな実行時間は同じである．直列実行ではAをえ

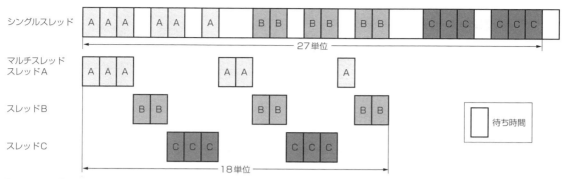

図20　シングルスレッドとマルチスレッド

こひいきしているイメージであるが，並列実行ではA，B，Cが平等に扱われているイメージとなる．

1つのCPUで複数のスレッドを並列実行する仕組みは，あるスレッドの実行をOSが時分割などの仕組みで定期的に中断し，代わりに別のスレッドを実行することによって実現される．このとき，スレッドに付属しているコンテキストの入れ替えが行われる．コンテキストとは，循環定義に聞こえるのをあえていうと，スレッドを形成するための情報である．具体的には，プログラムカウンタとレジスタ（汎用レジスタとステータスレジスタ）の組を指す．

このようなスレッド切り替えをハードウェアで自動的に行うのがハードウェアマルチスレッドなのである．スレッドの切り替えを従来通りにソフトウェアで実行すると，コンテキスト切り替え時にカーネルモードに遷移する必要があるし，コンテキストはメモリに退避され，メモリから回復されるため，メモリアクセスのために結構な時間がかかる．ハードウェアマルチスレッドの場合，スレッド切り替え時にカーネルモードに遷移する必要はなく，コンテキストはCPU内に保存されるので，ソフトウェアで実現する場合に比べて高速な処理が可能になる．ただし，ハードウェアマルチスレッドの場合はコンテキスト保存のためのレジスタファイルを1つのCPU内に複数組内蔵するため，面積的な制限が発生する．これは，並列に実行可能なスレッド数と直接関係する．これがハードウェアマルチスレッドの欠点といえる．一方，ソフトウェアによるマルチスレッドの場合，並列実行可能なスレッド数は論理上無限大である．それはともかく，ハードウェアマルチスレッドをサポートするコンピュータの内部構造を図21に示しておく．図21では4並列のハードウェアマルチスレッドを表している．

ハードウェアマルチスレッドには，スレッドを切り替えるきっかけによって2種類の方式がある．I/O待ちやキャッシュミスなどでCPUの待ち時間が発生することが予測される場合に切り替えを行う垂直式（VMT：Vertical Multi-thread）と，一定時間（あるいは一定命令数）が経過するごとに切り替えを行う同時式（SMT：Simultaneous Multi-thread）である．SMTではI/Oやキャッシュミスなどの待ち時間は期待しない．それならば，STMを実施する利点は何だろうか．それは，命令間のデータ依存に伴う待ち時間（ハザード）を排除できることにある．異なるスレッド間でデータ依存性が発生することは特別な場合を除いて存在しない．SMTではスレッドを切り替えることで，このデータ依存性が見えなくなるのである．ハードウェア構造はVMTのほうが簡単であるが，命令の実行効率はSMTのほうが勝っている．

マルチスレッドというと同時実行がクローズアップされることが多いが，本来の目的はCPU内のハードウェア資源を効率的に使用することである（と，Wikipediaには書いてある）．すなわち「単一スレッドでは完全には使われないプロセッサ内部資源を複数のスレッドに分配することで，プロセッサが本来持つ並列性を最大限に引き出してシステム全体のパフォーマンスを向上させようというのがSMTの本来の目的である．」（これもWikipediaから）とある．まあ，妥当な解釈だと言える．

ところで，スレッドはタスクと呼ばれることもある．タスクとは曖昧な言葉であり，場面によって微妙に意味合いが異なってくる．なので，スレッドとタスクが同じというと異議があるかもしれないが，組み込みOSの世界では同義として使用されているのが実際である．本節で「同時実行」ではなく「並列実行」と記載しているのは，真に同時に実行されるわけではないからである．英語でいえば，「同時」は「parallel」，「並列」は「concurrent」である．

マルチスレッド技術をプロセッサの製品ロードマップに載せているメーカーは多い．昔では，Alphaを有していたCompaqとPowerPCのIBMがマルチスレッドの最先端を行っていた．今でもIntelやAMDは，マルチプロセッサの技術に加えて，マルチスレッド

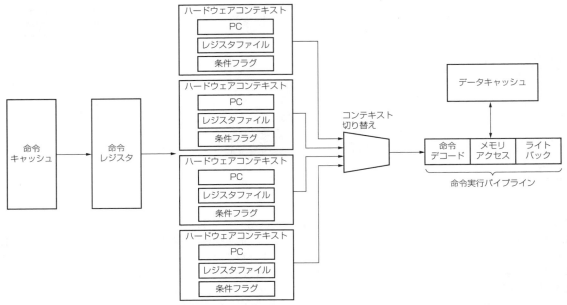

図21 ハードウェアマルチスレッドをサポートするコンピュータの内部構造

（ハイパースレッド）でプログラム実行の並列性を上げている．

1チップマルチプロセッサとマルチスレッドを比較すると，現実にはハードウェア構造を単純にするために1チップマルチプロセッサのほうが好まれる傾向にあるようだ．マルチスレッドにしろ，1チップマルチプロセッサにしろ，利用できるハードウェアの量から考えるとその並列度は2～4であると思われた．しかし，マルチスレッドの並列度は2でとどまっているが，1チップマルチプロセッサの並列度（コア数）は100を超えるものも現れている．

● ハイパースレッド（Intelのマルチスレッド）

2001年8月のIDFにおいてIntelは2002年に登場のPentium4（Foster）で2スレッドのSimultaneous Multi Threadingを実装予定と発表した．実際にデモも行われた（経験的にIDFのデモは当てにならないが）．この場合の性能向上は30％程度だという．Intelはこのマルチスレッディングをハイパースレッディング（Hyper-Threading）と呼んでいる．Intelの方式は命令デコード時にスレッドを切り替えるSimultaneous Multi Threading方式らしい．Xeonは基本的にSMP構成のデュアルプロセッサなので，それぞれのプロセッサがハイパースレッディングを行うと，ソフトウェアからは四つのマルチプロセッサに見える．

このマルチスレッディングはCompaqから譲渡されたAlpha技術の産物とみる専門家も多いようだ．噂によれば，じつはPentium4は最初のWillametteですでにハイパースレッディング機能を内蔵していたという．Pentium4のパイプラインが空きすぎてIPCが低いのはハイパースレッディング機構に備えてと推測するアナリストもいる．それが特許の問題で公表できなかったのだということらしい．Alpha技術とともにマルチスレッディングの特許を獲得したIntelが，晴れてFosterでの内蔵を表明したのだとか．この問題の答えはIntel自身によって明確にされている．Pentium4のNetBurstは約10年という期間を見据えたアーキテクチャであり，ハイパースレッディングもその一環である．Willametteではすでに実装されている（完動するか否かは不明）が実行できないようになっているらしい．FosterとWillametteは同一のダイ（キャッシュサイズは異なる）だという．Alpha技術との関連はアプローチが異なり無関係だそうだ．

Fosterの後継で2002年にOEM評価用に出荷されたPrestoniaコアのPentium4でのハイパースレッディングのベンチマークによる性能評価結果が某サイトに掲載されていた．それによるとハイパースレッディングを許可すると平均的に39％程度の性能向上である．DhrystoneやWhetstoneなどのベンチマークでは2倍程度の性能向上であるが，メモリのスループットに関しては33％程度性能が低下する．マルチメディア命令のベンチマークでは性能に変化はなかった．まあ，Intelが公表した程度の性能向上であるが，本当のところは正式なPrestonia版Xeonが登場するまではわからない．なお，IDF 2002 Springによると，Prestonia版Xeonはデュアルプロセッサ専用の廉価版

「Xeon DP」として，動作周波数1.8G，2GHz，2.2GHzの3種類が登場するという話だった．

一方，「本業」のPentium4（Foster）ベースの「Xeon MP」は2002年3月にドイツで開催されたCeBITで正式発表された．サーバ用ということでSMPサポートはもちろんであるが，512Kバイトまたは1Mバイトのレ3キャッシュとハイパースレッディング機能を内蔵する．動作周波数は，1.4，1.5，1.6GHzの3種類で，単体のPentium4（Northwood）が2.2GHzとなっているのに対して，控えめである．性能はPentium ⅢベースのXeon/900MHzに対して1.6GHz版で30％の向上らしい．実際のベンチマークでも同様の数値が出ている．フロントサイドバスの周波数も400MHzに向上し，動作周波数も78％向上しているのに，その程度の性能向上に留まるのは，Pentium4のIPCがPentium Ⅲに比べて低いためであると想像される．ただし，当時のソフトウェアもハイパースレッディングには未対応のようなので，将来的な性能向上を匂わせていた．

2002年11月14日，Intelはハイパースレッディングを（公式に）実装するPentium4/3.06GHzを発表した．ハイパースレッディングが利用可能なほかは，従来のPentium4のクロックアップ品とあまり変わらない．このPentium4-HTの発表と同時に，各Webサイトではベンチマークテストが積極的に行われた．その結果は，ハイパースレッディングをONにすると10％から18％程度の性能向上だった．当初の見込みよりはやや低めであるが，OS側の対応が完全でなかったせいもあるのだろう．また，定番の「SYSmark 2002」や「3Dmark 2001SE」では，ハイパースレッディングをONにしても，まったく性能向上しなかったという．ハイパースレッディングがまだまだ将来の技術であることを窺わせる結果だった．

当初，ハイパースレッディングとしてはPentium4の3.06GHz版のみを匂わせていたIntelであるが，2002年の11月中旬にはロードマップの変更を行っている．つまり，2003年の2Qには2.40/2.60/2.80/3.20GHzのハイパースレッディング対応のPentium4を投入するとしている．これはAMDのAthlon64の発表を受けて，Pentium4シリーズの性能面のてこ入れを図ったという見方が大勢である．つまり，Intelとしてはハイパースレッディングで性能向上が見込めると確信していたわけだ．

● チップレット

チップレットとは，従来は1チップに集積した大規模な回路を複数の小さなチップに分断化，インターポーザと呼ぶチップ間をつなぐ基板上に乗せて大規模化して，1パッケージに収める技術である．基本的に，

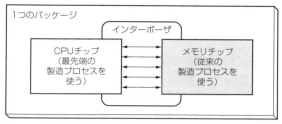

図22　チップレットのイメージ

異なる半導体製造プロセス技術で製造したチップをつなげて1つの機能を実現する．

チップレットの単純な例としては，CPUチップとメモリチップを結合することが考えられる．CPUチップは，より高性能を狙うために，最先端の製造プロセスで作りたい．多くの場合，SRAMは最先端のプロセスでも提供されることが多いが，面積を食う．集積度が高いDRAMや，マイコンなどで多用されるフラッシュメモリの製造プロセスは最先端のプロセスに追い付いてない場合が多い．そこで，最先端の製造プロセスで作ったCPUチップと，従来の製造プロセスで作ったメモリチップを1つのパッケージ内でつなげる手法が考えられる（図22）．

チップレットの存在意義は「歩留まり改善」にもある．歩留まりとは半導体チップを形成する1ウェハーの中で何個の良品チップを取り出すことができるかという良品率のことをいう．1ウェハーの中には確率的に欠陥となる部分が存在している．半導体チップは，1つのウェハーに数百個分のチップの回路データを，写真技術のような手法で，同時に転写することで製造される．つまり，1つのウェハーには数百個のチップが存在しており，それを1個1個切り分けて，実際のチップにする（図23）．ここで，切り分けられたチップがウェハーの欠陥部分に転写されていたら，それは不良品となる（転写された回路情報が完全でないため正常動作しない）．ここで，歩留まりを上げるコツは，

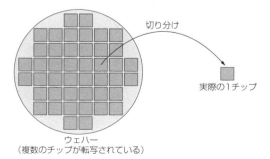

図23　1ウェハーには数百個分のチップが存在し，それを1チップに切り分けることで実際のチップになる

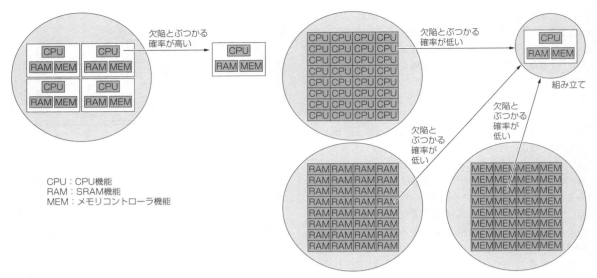

図24　1チップを機能別に分解して製造すれば，歩留まりが高くなる

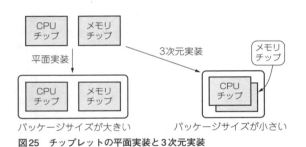

図25　チップレットの平面実装と3次元実装

チップが欠陥部分に存在する確率を低くすることである．それは，1チップの面積を小さくすることに他ならない．

単純な例で考えよう．1チップが，CPU，SRAM，メモリコントローラが集積されて構成されているとする．これを素直に製造すると，それなりに大きな面積になる．しかし，CPUチップ，SRAMチップ，メモリコントローラチップを別々に製造するとすると，それぞれのチップの面積は，大雑把に言って，1/3になる．それぞれのチップを作るウェハーでの歩留まりは3倍向上する．この様子を図24に示す．

また，チップレットにすれば，縦方向に各要素機能のチップを積み重ねて実装することも可能である（図25）．これを3次元（3D）実装とかスタック実装という．3次元実装お行うとパッケージのサイズを小さくすることが可能であり，SoCのコスト削減ができる．

チップレットにの利点はまだある．同一論理回路に異なる周辺回路，あるいは同一周辺回路に異なる論理回路といった派製品の製造が容易になるとか，単一

メーカー内だけでなく，異なるメーカーのチップレットの混在が可能になるといった点だ．

このチップレットの技術はマルチプロセッサにも適用できる．近年では，高性能コアと高効率コアを組み合わせて使うことが流行だが，高い動作周波数が要求される高性能コアは最先端の製造プロセスで製造し，動作速度よりも低消費電力が要求される高効率コアは枯れた安価なプロセスで製造して，その2つをチップレット技術で1チップに封入するという手法が考えられる．実際，Intelは2023年に登場したMeteor Lakeでこの技術を採用している．

5 マルチプロセッサの構造

● マルチコアプロセッサのいろいろ

性能向上のため，2〜4個のCPUコアをマルチプロセッサ構成にして1チップに集積することが最近の流行である．とくに，性能が要求されるネットワーク処理用途のプロセッサに多い．そもそも，このような1チップマルチプロセッサの発想は昔から存在する．有名なところでは，Intelが1989年に2000年のマイクロプロセッサの姿を予想したMicro2000であろう．これは，大容量のキャッシュの周りに4個の汎用プロセッサ，2個のベクトルプロセッサ，1個のグラフィック処理プロセッサを1チップに集積している．2000年時点で，現実はIntelの予想に追いついていないが，その姿は見え始めている．

● NEC MP98

2000年のISSCC（世界的権威のある国際固体素子回

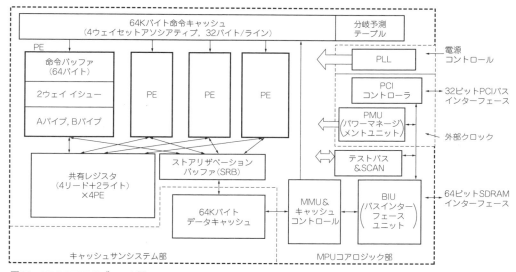

図26 NEC MP98のブロック図

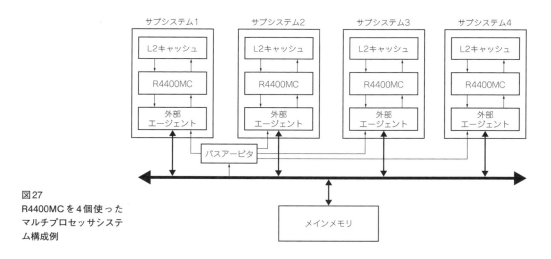

図27
R4400MCを4個使った
マルチプロセッサシステ
ム構成例

路学会）では，NECがV800プロセッサを1チップに4個集積したMP98を発表している（**図26**）．これは1GIPS（Giga Instructions per Second）の性能を達成するために，各プロセッサの性能を1/4の250MIPS程度として，消費電力を1Wに抑えている点が興味深い．各プロセッサは2ウェイスーパースカラなので，理論上は125MHz動作で大丈夫だ．MP98は低消費電力を実現するため，この分野にありがちなネットワーク処理よりも，モバイル端末を用いたインターネットへの接続，自動通訳，画像処理などを目的としている．専用並列化コンパイラによる音声認識プログラムを用いたベンチマークでは，1プロセッサ動作時と比較して，約3倍の性能向上を達成したという．なお，MP98はアーキテクチャをARMに変更して世界進出をねらっているらしい．

事実，NECエレクトロニクスとArm社は，2003年10月20日に業務提携を発表し，協同してArm11をマルチプロセッサ化することとなった．NECエレクトロニクスはSMP技術を提供するとなっているが，これはMP98で培われたものであることは想像に難くない．

● R4400MC

R4400MCは，MIPS社の開発したR4400のマルチプロセッサ対応版のMPUである．他のR4400と比べて，キャッシュのインタベンション（スヌープ）要求，インバリデート要求，アップデート要求，コヒーレントリード/ライト要求をサポートしている．

図27に4個のR4400MCを用いたマルチプロセッサシステムの構成例を示す．各R4400MCはL2キャッシュと外部エージェント（制御用ASIC）でサブシステ

ムを形成している．これが，システムバスを介してメインメモリを共有する．これは典型的なSMP構成である．

外部エージェントは，プロセッサからの要求をシステムバスのトランザクションとして転送し，システムバスからのトランザクションをプロセッサへの要求に変換する．外部エージェントがシステムバスを使用する場合は，まず，システムバスの使用権を獲得する必要がある．システムバスの使用権を獲得するまでの間，プロセッサからの要求は待機状態になる．

▶ロードおよびストア

プログラムのリード／ライト要求に対してL1キャッシュとL2キャッシュがミスすると，R4400MCはコヒーレントリード要求を発行する．それを受けて，外部エージェントは，システムバスに対してコヒーレントリード要求を発行する．残りの三つの外部エージェントは，そのリード要求を受けて，自身が接続するR4400MCへの外部インタベンション要求に変換する．そして，その結果（対応するキャッシュラインの状態とデータ）を，要求元の外部エージェントに返す．そのリード応答の状態がSharedであるか否かによって，L2キャッシュに格納するデータの状態を決定する．リードミスに対しては，Shared状態であればそのまま，そうでなければClean Exclusive状態で格納する．ライトミスに対しては，MESIアルゴリズムを採用する場合はDirty Exclusive状態で，MOESIアルゴリズムを採用する場合はDirty Shared状態で格納する．

プログラムのライト要求が，Shared状態のラインにヒットする場合は，R4400MCはインバリデート要求（MESI）またはアップデート要求（MOESI）を発行する．外部エージェントは，それを受けて，他のサブシステムへのインバリデート／アップデート要求に変換して，システムバスに転送する．その要求に対する受け付け応答が返ってくるとき，ライト要求は完了し，キャッシュラインはDirty Exclusive状態（MESI），またはDirty Shared状態（MOESI）となる．

▶コヒーレントリードとリード応答

外部エージェントは常にシステムバスを監視している．しかし，システムバス上にコヒーレントリードを検知してもすぐには応答を返さない．まず，自身が接続するR4400MCにインタベンション要求を発行し，キャッシュ内に要求されているデータが存在するか否かを調べる．データが存在すればシステムバス上にSharedを通知する．また，対象となるキャッシュラインがDirty Exclusive状態であれば，そのキャッシュラインのオーナーになることを示すため，Takeover（引き継ぎ）を通知する．Takeoverを通知する場合は，Shared状態だけではなく，リード要求に対する応答

データもシステムバスに出力する．要求元の外部エージェントは，その応答データを引き取って，R4400MCへ返す．同時に，応答データはメインメモリにライトバックされる．

なお，リード要求に対する応答データは，すべての外部エージェントが外部インタベンション要求を完了した後に返ってくる．

▶インバリデートとアップデート

R4400MCが発行するインバリデート／アップデート要求に対し，外部エージェントは，そのままインバリデート／アップデート要求をシステムバスに出力する．

他の外部エージェントは，システムバス上にインバリデート要求を検出すると，対応するキャッシュラインを無効化する．システムバス上にアップデート要求を検出すると，それに付随するデータを引き取り，対応するキャッシュラインにShared状態で格納する．

▶ライト

外部エージェントは，システムバス上のライトトランザクションに対しては，何も反応しない．ライトデータはメインメモリに格納されるのみである．

● Hammer

Hammer（K8）に内蔵されるNorth Bridgeの構成を**図28**に示す．1チップ内に，プロセッサ，APIC（割り込みコントローラ），システム要求キュー（SRQ：System Request Queue），DDR SDRAMインターフェース，3ポートのHyperTransportが集積されている．これにより，外付けのチップなしにマルチプロセッサ構成を可能にできる．

Hammerにおけるマルチプロセッサ構成時の接続を**図29**に示す．ここでは四つのチップを，2ポートのHyperTransportでリング上に双方向接続している（HyperTransportの残り1ポートはI/Oに使用）．プロセッサ間の通信はキャッシュコヒーレンシに対応したCoherent HyperTransportで行う．この構成は，基本的にはメモリの位置によってアクセス時間が異なるccNUMAである．しかし，AMDは全プロセッサのキャッシュのスヌープ結果を集めてコヒーレンス制御を行うアーキテクチャであり，実質SMPであると主張している．非公式資料によれば，AMDはHammerのメモリアーキテクチャをSUMO（相撲：Sufficiently Uniform Memory Organization）と呼んでいるらしい．NUMAは，スケーラビリティは高いがソフトでの管理が複雑であり，SMPはソフトは作りやすいがスケーラビリティが悪いということで，

(1) 単一のメモリ空間でキャッシュコヒーレンシが維持される
(2) ローカルとリモートメモリのアクセス時間の差がDRAMのページヒットとミスの差と同程度

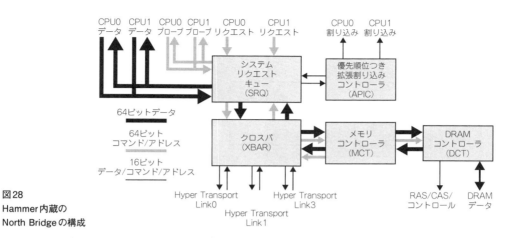

図28 Hammer内蔵のNorth Bridgeの構成

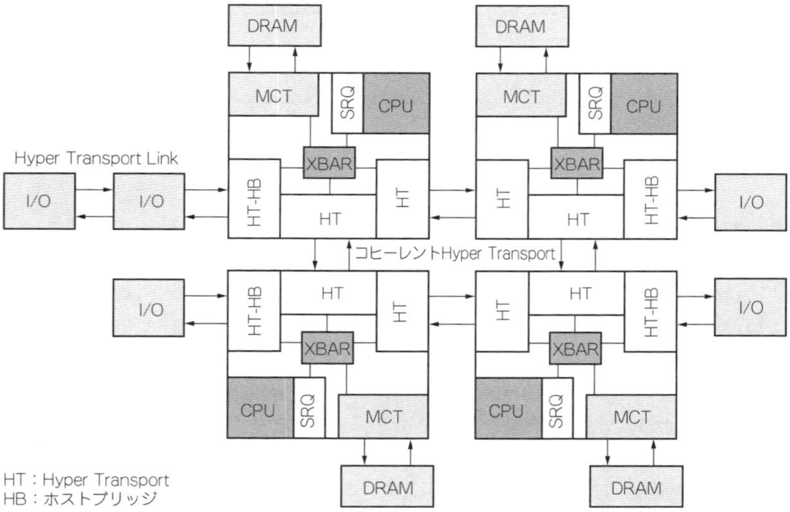

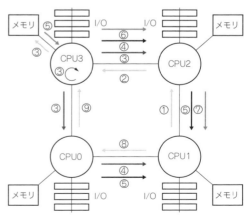

図29 Hammerにおけるマルチプロセッサ構成時の接続例
HT：Hyper Transport
HB：ホストブリッジ

を特徴としているらしい．現在のSMPではどこのメモリをアクセスしても完全に対称ということはないので，Hammerの方式はSMPと大差ないと思われる．

図30に，CPU1がCPU3のリモートメモリをリードする場合のトランザクションを示す．各チップのローカルメモリのコヒーレンシを保つために，要求を受けたCPU3は各CPUにProbe（スヌープ）要求を送り，それを受けたCPUは自身のProbe結果を要求元のCPU1に返す．この時点で，CPU1はどのCPUからデータを受け取るべきかを判断する．その後，CPU1に要求したメモリデータが返り，CPU1はデータを受け取ったという応答をデータの転送元（CPU3）に返す．

(1) CPU1が隣のCPU2に読み出し要求（Read Cache Line）を送る．
(2) CPU2がその要求をCPU3に中継する．
(3) CPU3は要求を受け取り，自身のキャッシュのProbe（スヌープ）とメモリのリードを行うと同

図30 CPU1がCPU3のリモートメモリをリードする場合のトランザクション例

297

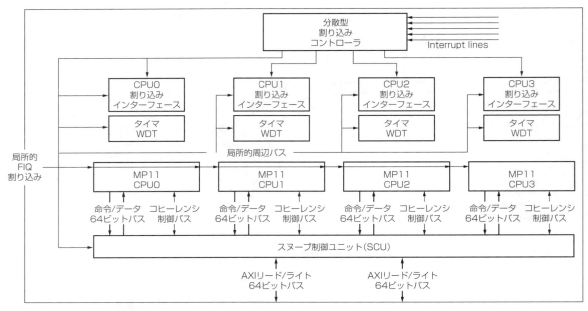

図31 Arm11 MPCoreのブロック図

時に，両隣のCPU0とCPU2にProbe Request（スヌープ要求）を送る．
(4) CPU0はProbe RequestをCPU1に中継する．CPU3は自身のProbe結果（Probe Response）をCPU2に送る．
(5) メモリからの応答（Read Response）がCPU3に返る．CPU0は自身のProbe結果をCPU1に送る．CPU2はCPU3のProbe結果をCPU1に送る．
(6) メモリからの応答がCPU2に中継される．CPU2のProbe結果がCPU1に返る．この時点で，リード要求を出したCPU1に全CPUのProbe結果が集まる．
(7) メモリからの応答がCPU1に返る．
(8) CPU1はメモリデータを受け取ったという応答（Source Done）をCPU0に送る．
(9) CPU0はSource Done応答をCPU3に中継する．

以上の動作は，CPU3の下のメモリに最新データがある場合，つまり，どのCPUのキャッシュもオーナーになっていない場合の話である．オーナーならば，DirtyまたはShared Dirty状態にある最新データをもっている．

CPU3からProbe結果を逆送していく過程で，どれかのCPUがオーナーであることが判明すれば，そのCPUからCPU1へのProbe Responseに続けて最新データを送ることが可能である．この場合，CPU3にはProbe Responseは返らないので，CPU3の下の（最新ではない）メモリデータもCPU1に返ってくる．CPU1は，全CPUのProbe結果を知っているので，古いデータは破棄すればよい．

これまでの説明は非常に単純な場合である．しかし，二つのCPUが同時にメモリリード要求を発行した場合のアービトレーションはどうなるのか，また同一のメモリに二つのCPUがライト要求を発行した場合に最新のデータがメモリに残るのか，などというコヒーレントアクセスの競合の問題がある．このような複雑な場合については不明であるが，明らかになったとしても，説明に文字数を費やすだけなので，ここでは言及しない．

● **Arm11 MPCore**

Arm11 MPCore（以下，MPCore）は2004年のEmbedded Processor Forumで公開された．これは，ArmがNECエレクトロニクス（現ルネサスエレクトロニクス）との提携により完成した4コア構成のMPUである．これは，2003年10月に，ArmとNECエレクトロニクスで結ばれた戦略的提携の産物である．穿った見方をすれば，当時のArmにはマルチコアを設計する技術が無く，MP98でマルチコアの実装を実証したNECエレクトロニクスに，今後（当時から見て）主流となるマルチコア化への道程を託したというところであろうか．少なくとも，Armv7-Aアーキテクチャの最初のマルチコアであるCortex-A9は，MPCoreのCPUコアをArmv7-A仕様に変更した（だけ？）のものになっている．

MPCoreのブロック図を図31に示す．4個のCPUコアのそれぞれがL1キャッシュを持ち，そのキャッ

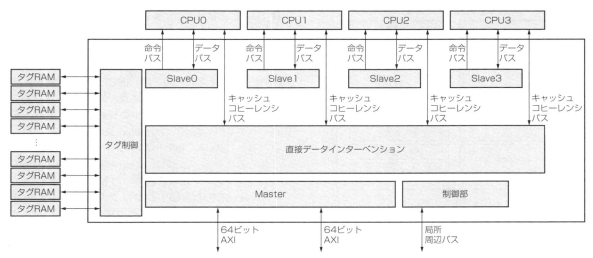

図32　スヌープ制御ユニット（SCU）のブロック図

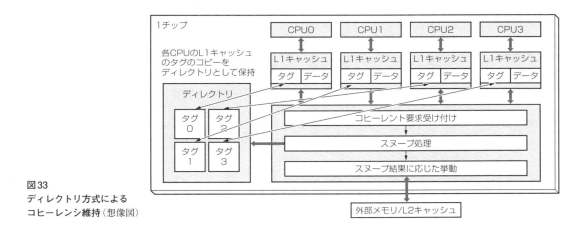

図33
ディレクトリ方式による
コヒーレンシ維持（想像図）

シュ間のコヒーレンシをSCU（スヌープ制御ユニット）が保つ構成である．割り込みは，それぞれのCPUコアに独立して供給できるようになっている．これによりコア間での同期を取る．また，WFE命令とSEV命令でCPUコア間の同期を取ることもできる．

タイマ/WDT（ウォッチドッグ）が各CPUで専用に設けられているのは，各CPUが別々の動作周波数で動作可能にしたり，別々に停止させたりできるようにしているためと思われる．

MPCoreの特徴の1つは，動的に動作するプロセッサの数を変えることができる点にある．不要なCPUは動的にシャットダウンしたり，必要になったら再起動したりという仕組みをソフトウェアから制御できる．このような動作はSMP（対照型マルチプロセッサ）ではありえないが，現在では普通に行われている技術である．

あるいは，3個のCPUでSMP動作をさせながら，残りのCPUをコプロセッサのように使用することも可能である．この場合は，共有メモリ領域を定義して，SMPとコプロセッサ間の通信を行うことになる．

MPCoreの要はスヌープ制御ユニット（SCU）である．SCUのブロック図を図32に示す．SCUは，各CPUコアが持つL1データキャッシュのコヒーレンシを保つための回路である．L2キャッシュとL1キャッシュのインターフェースも行う．各CPUコアのL1キャッシュのタグ部分を二重化して持っており，各CPUのL1キャッシュを参照しなくてもL1キャッシュの状態を知ることができる．このようなキャッシュのスヌープの方式をディレクトリ方式という．ディレクトリ方式でのコヒーレンシの維持を行う仕組み（想像図）を図33に示す．つまり，あるCPUコアからのL1キャッシュへのライト動作などでスヌープ要求が発生したら，SCU内のタグRAMをチェックし，TAGRAMにヒットしたら，それに応じたCPUのL1

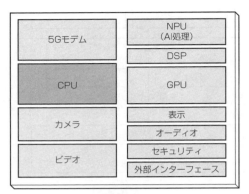

図34 Exynos 2100を構成する機能ブロック

● Samsung Exynos 2100

2020年，SamsungはG対応のモバイルプロセッサとしてExynos 2100をを発表した．これは，2020年に発表されたばかりの超高性能CPUであるArm Cortex-X1を1個，高性能CPUであるArm Cortex-A78を3個，2017年発表の高効率CPUであるArm Cortex-A55を4個，1つのSoCに集積する．それぞれのCPUはDSU（Dynamic Shared Unit）で結合される．DSUは，合計8基のCPUで，L3キャッシュを共有している．これは，Armの提唱するDynamIQというマルチコア技術に基づいたものである．

Exynos 2100は，CPUブロックだけでなく，5Gモデムブロック，GPUブロック，NPUブロックなどから構成される（図34）．このうち，CPUブロックを図35に示す．DSU（DynamIQ共有ユニット）が受け持つCPUコア数が，8個になっているだけで，基本的な考え方は，Arm11 MPCoreと変わらない．超高性能コア，高性能コア，高効率コアを場面場面で使い分けることで，性能と消費電力のバランスを最適に制御できるようになっている．

● 第4世代EPYC「Genoa」

AMDのZenアーキテクチャのMPUでは，サーバ向けMPU EPYCとハイエンドデスクトップ（HEDT）向けMPU Ryzen Threadrippler，デスクトップ向けMPU Ryzenに分類される．そして，そのどれもが

キャッシュの状態や内容を変更する．外部のL2キャッシュへのアクセスは，必要がない限り，行わない．これにより，MPCore内でのデータの流れが外部に出ないようにして，MPCore外部のデータの流れを最小限に抑える．

また，SCUは外部からのコヒーレンシ維持要求に応じて，各CPUのL1キャッシュを直接インターベンション（介入）する機能を備える．

MPCoreのSCUの機能は，基本的に，後続のCortex-Aシリーズのプロセッサでも変わらないと思われる．MPCoreのマルチコア構成を理解することはCortex-A全体のマルチコアを理解することになる．

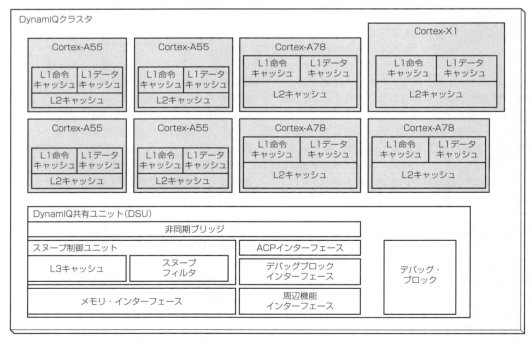

図35 Exynos 2100のCPUブロック

チップレット技術を採用している．CCD（CPU Compute Die，あるいは Core Complex Die の略）と呼ぶCPUコア内蔵ダイと，IOD（I/O Die）と呼ぶ入出力回路のダイを組み合わせてマルチコアチップを構成する．

Genoa は AMD の第4世代のサーバ向けMPUのアーキテクチャである．Zen 4 と呼ばれる新しいCPUアーキテクチャをベースにしている．Zen 4 は，前世代の Zen 3 よりも高い性能と効率を提供することができる．

図36にGenoaチップのレイアウトを示す．Genoa は12ダイのCCDとIODから構成される（13個のチップレット）．IODには，PCIe Gen5（PCI-Express Gen. 5），第3世代 Infinity Fabnic（バスブリッジ），DDR5 メモリコントローラ，セキュアプロセッサが含まれる．

図37にCCDのレイアウト図を示す．1つのCCDは 8個の Zen 4 アーキテクチャのCPUを含み，16スレッドで動作する．CCDの構成は，Armでいうところの DSUクラスタとよく似ている．恐らく，ArmのDSU と同様な手法でキャッシュ間のコヒーレンシを維持するのであろう．

● Meteor Lake

Meteor Lake は第14世代のIntel Coreプロセッサである．というより，Meteor Lakeからはブランド名が Core Ultra になった．従来のCoreプロセッサも名称からiが取れて，単に，Core 3/5/7と呼ばれるようになった．ということで，Meteor Lake は初代Core Ultraプロセッサとなる．

Meteor Lake は4種類のチップレットから構成される．Intelではチップレットをタイルと呼んでおり，4つのタイルは，それぞれComputeタイル，Graphics タイル，I/Oタイル，SoCタイルと呼んでいる．これらをベースダイの上に集積する．チップレットの利点を強調するように，それぞれのタイルは製造プロセスが異なっている．つまり，次のような具合だ．

```
ベースダイ      → 22nmプロセス
Computeタイル   → Intel 4 (7nmプロセス)
Graphicsタイル  → TSMC N5 (5nmプロセス)
I/Oタイル       → TSMC N6 (6nmプロセス)
SoCタイル       → TSMC N6 (6nmプロセス)
```

このうち，マルチプロセッサに関連するCompute タイルとSoCタイルについて説明する．ここは，第12世代のAlder Lakeに続いて，PコアとEコアのハイブリッド構成を採用する．

図38にComputeタイルのレイアウトを示す．Computeタイルは CPUダイに相当する．Meteor Lakeでは，高性能なPコア（開発コードネーム：

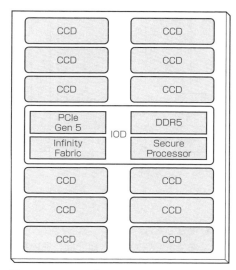

図36　Genoaチップのレイアウト

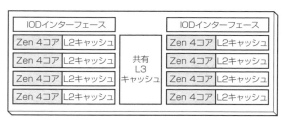

各L2キャッシュの容量は8Mバイト．
L3キャッシュの容量は32Mバイト

図37　CCDのレイアウト

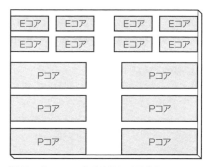

図38　Computeタイルのレイアウト

Redwood Cove）が最大6基，高効率のEコア（開発コードネーム：Crestmont）が最大6基搭載される．

図39にSoCタイルのレイアウトを示す．面白いことにSoCタイルにも2基のEコアが存在している．これは，Low Power Island E-Cores（LP Eコア）と呼ばれ，アーキテクチャ自体はCrestmontを採用する．ComputeタイルのEコアよりも動作周波数が低く，

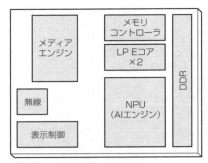

図39 SoCタイルのレイアウト

より低消費電力である．

　Intelによると，PCの利用場面では普通のEコアですら性能が高すぎることも少なからずあるらしい．LP Eコアだけが使用される場面は案外多いという．その間，Computeタイルを休ませることで低消費電力を実現する．

　Alder Lake/Raptor Lakeでは，実行するタスクの負荷を監視し，負荷が低いものはEコアに，負荷が高いものはPコアに移行する形で負荷分散を図っていた．これに対して，Meteor Lakeでは，まずすべての処理はSoCタイルのEコアで動かし，ここで負荷が大きい場合はComputeタイルのEコアに移行させ，それでも足りなければPコアに移行させる．この結果として，OSのタスク類は常にSoCタイルのEコアで動き，ComputeタイルのEコアやPコアはアプリケーションの処理に割り当てられることになるらしい．

　3種類のCPUコアというと，ArmのDynamIQを思い出す．Armの場合は，超高性能コア，高性能コア，高効率コアであるが，Intelの場合は，高性能コア，高効率コア，超高効率コアのバリエーションになっているのが対照的である．

まとめ

　マルチプロセッサ構成の基礎を説明した．今回はコンピュータアーキテクチャというよりもOSのアーキテクチャの説明のほうが多かった気もするが，最後まで読んでいただけたであろうか．いろいろな話題が詰め込まれて乱雑な気がしないでもない．初めから広く浅くの方針である．ところで一応，R4400MC，Hammer，Power4の構成例を紹介したが，具体的なマルチプロセッサの構成方法はMPUごとに異なるし，マルチプロセッサ構成をサポートしていないMPUもあるので，詳細を知りたい方は，各MPUのマニュアルを参照してほしい．

◆参考文献◆

(1) ARM11 MPCore Processor Technical Reference Manual.
https://developer.arm.com/documentation/ddi0360/latest/
(2) 大原雄介のEmbedded Processor Forum 2004レポート．
https://pc.watch.impress.co.jp/docs/2004/0521/epf02.htm
(3) CS 433 Mini-Project:ARM Cortex-A78.
https://courses.engr.illinois.edu/cs433/fa2020/slides/mini-project-arm-cortex-a78.pdf
(4) Samsung Exynos 2100 5G mobile SoC offers Cortex-X1 core, LPDDR5 memory and more.
https://www.cnx-software.com/2021/01/13/samsung-exynos-2100-5g-mobile-soc-offers-cortex-x1-core-lpddr5-memory-and-more/
(5) AMD、第4世代EPYC「Genoa」を発表 - Zen 4ベースで最大96コアのEPYC 9004シリーズ．
https://news.mynavi.jp/article/20221111-2509468/
(6) AMDが開発した「Zen4」CPUダイのメモリ構成．
https://eetimes.itmedia.co.jp/ee/articles/2212/02/news044_2.html
(7) Meteor Lakeで省電力なのはSoCタイルのEコアのみ　インテル CPUロードマップ．
https://ascii.jp/elem/000/004/159/4159842/
(8) 「Meteor Lake」はCPUコアが3種類!?　Intelが次世代CPUの詳細を発表（前編）．
https://www.itmedia.co.jp/pcuser/articles/2309/20/news063_3.html

Chapter 9

浮動小数点演算を高速にこなすための

FPUのしくみ

コンピュータでの浮動小数点演算はほとんどの場合IEEE標準規格（IEEE Std 754-1985）に基づいて行われていた（現在では，754-2008に基づく場合が多い）．この規格が制定される前は，コンピュータメーカーが各社独自の浮動小数点形式を定義して浮動小数点演算ユニット（Floating Point Unit：FPU）を実装していたが，プログラムを他のコンピュータに移植する場合，データの互換性のなさが問題となっていた．IEEE Std 754-1985（通常IEEE 754と呼ばれる）はIntelが提唱した浮動小数点の演算の仕様を叩き台として議論が重ねられ，1985年に制定された．そして現在，浮動小数点の標準規格といえばIEEE 754のことを指すようになった．ほとんどすべてのMPUのFPUもこのIEEE 754に準拠している．その意味でIEEE 754は必須の教養であるということもできる．

本章ではIEEE 754が定める浮動小数点のデータ型とその処理手順を解説する．基本的にIEEE 754-1985について解説するが，最後に最近のトピックスを追加する．

1 IEEE 754とは

● 2進数で浮動小数点演算を行う場合の標準規格

IEEE 754とは1985年3月21日にANSIで採択された『IEEE Standard for Binary Floating-Point Arithmetic』という2進数で浮動小数点演算を行う場合の標準規格である．規格書自体は20ページの薄い冊子で，具体的な浮動小数点演算の実装方式というよりも，実装方針を示している．この規格で規定されている項目は，

(1) 浮動小数点データの形式
(2) 加減乗除，平方根，剰余，比較演算
(3) 整数-浮動小数点データ間の形式変換
(4) 異なる浮動小数点形式間の変換
(5) 浮動小数点と10進ストリング間の形式変換
(6) 非数（NaN）を含む，浮動小数点例外と処理

である．しかし，一般に，浮動小数点演算の実装方式は確立されており，独自性を発揮する場は少ない．以降ではIEEE 754の内容と一般的な演算の実装方式に関して説明していく．

● 浮動小数点データの形式

IEEE 754標準は基本データ型として単精度（32ビット）と倍精度（64ビット）の浮動小数点データをサポートする．これ以外にもビット数の多い拡張精度（拡張単精度と拡張倍精度）が定義されているが，実装依存なので割愛する．拡張精度の一つの実装である80ビット（あるいは96ビット）形式は，なかばデファクトスタンダードだが，ここでは言及しない．

単精度の浮動小数点形式は図1(a)に示すように，24ビットの符号付き仮数部（s + f）と，8ビットの指数部（e）で構成される．

図1
浮動小数点のデータ形式

表1 ±1.0（ノーマル数の代表），QNaN，SNaN，±無限大，±ゼロの16進数表現

+ 1.0	0x3f800000 0x3ff0000000000000	（単精度） （倍精度）
− 1.0	0xbf800000 0xbff0000000000000	（単精度） （倍精度）
QNaN	0x7fbfffff 0x7ff7ffffffffffff	（単精度，一例） （倍精度，一例）
SNaN	0x7fffffff 0x7fffffffffffffff	（単精度，一例） （倍精度，一例）
+ ∞	0x7f800000 0x7ff0000000000000	（単精度） （倍精度）
− ∞	0xff800000 0xfff0000000000000	（単精度） （倍精度）
+ 0	0x00000000 0x0000000000000000	（単精度） （倍精度）
− 0	0x80000000 0x8000000000000000	（単精度） （倍精度

表2 丸めモード

RM	記号	意　味
00	RN	表現可能なもっとも近い値に結果を丸める．もっとも近い値が二つある場合は，最下位ビットが0の値のほうを選ぶ
01	RZ	ゼロの方向に丸める．いわゆる切り捨て
10	RP	＋∞の方向に丸める
11	RM	−∞の方向に丸める

倍精度の浮動小数点形式は**図1（b）**に示すように，53ビットの符号付き仮数部（s＋f）と，11ビットの指数部（e）で構成される．浮動小数点データは，次の三つの領域により成り立っている．

(1) 符号ビット：s
(2) 指数部：e＝E＋バイアス値
　　　　（単精度→0x7f；倍精度→0x3ff）
(3) 仮数部：f＝.$b_1b_2b_3b_4$…
　　　　（小数点以下第1位以下の値）

これらの情報で，

±1.$b_1b_2b_3b_3$…×2^E（2のE乗）

のデータを表す．浮動小数点のデータ形式では整数部の1を省いて表現している．このような形式で表現できる数を正規化された数（ノーマル数）と呼ぶ．この1を省く表現をケチ表現ということもある．80ビット以上の拡張精度はケチ表現ではないが，ここでは説明しない．

一方，整数部が0である，

±0.$b_1b_2b_3b_3$…×2E（2のE乗）

のようなデータ形式を非正規化数（デノーマル数またはサブノーマル数）と呼ぶ．また，この他に，IEEE 754では非数（NaN），無限大，ゼロという特殊なデータ型を定義している．

NaN（Not a Number）とは，指数部（e）が最大値で，仮数部（f）が0以外のデータである．さらに，fの最上位ビット（小数点以下第1位）が1のときをSignaling-NaN（SNaN），0のときをQuiet-NaN（QNaN）と呼ぶ．NaNは浮動小数点演算において無効な演算を行った場合の結果として用意された記号で数ではない．QNaNを用いた演算の結果はQNaNとなり，一度QNaNが発生するとのちのちの演算を通じて伝播していく．SNaNはユーザーが意図的に与える

ことのできるNaNであり，それを用いた演算は無効浮動小数点演算例外（後述）を発生する．もし無効浮動小数点演算例外の発生が禁止されている場合はQNaNを結果とする注．

無限大とは，指数部（e）が最大値で，仮数部（f）が0のデータである．数学でいうところの無限大と同様の意味をもつ．無限大には，符号（s）によって正の無限大と負の無限大がある．

ゼロとは，指数部（e）と仮数部（f）が0のデータである．数学でいうところの0と同様の意味をもつ．符号（s）によって正のゼロと負のゼロがある．比較演算においては，正のゼロと負のゼロは等しいものとされる．以上の，±1.0（ノーマル数の代表），QNaN，SNaN，±無限大，±ゼロを16進数で表現すると，それぞれ**表1**のようになる．

● 丸めモード

丸めとは，表現する数値があるデータ範囲内に入るように仮数部のLSB（Least Significant Bit）に対して切り上げまたは切り捨てを行い，近似値を求めることである．IEEE 754はRN（Toward Nearest），RZ（Toward Zero），RP（Toward Plus Infinity），RM（Toward Minus Infinity）の4種の丸めモードを定義している．丸めモードの意味を**表2**に示す．

ただし，IEEE 754では丸めの実装方式は規定していない．しかし，一般的には，FPU内で丸めを実現するために，浮動小数点データに丸め用の補助ビットを3ビット追加して演算を行う．それがGuard，Round，Stickyビットである．GuardとRoundについては単に演算精度を増やすだけであるが，Stickyには特別な意味がある．演算の途中結果で右シフト（桁合わせのため）を行った場合，シフトアウトされるあふれビットのすべての論理和（つまり蓄積した値）がStickyになる．

IEEE 754において浮動小数点の仮数部を扱う時，あたかも無限の精度があるかのように扱うことが要請される．その具体的な手法には言及されていないが，

注：SNaNとQNaNを区別する形式はIEEE 754では規定されていない．ここでは，一般的な形式にしたがった．

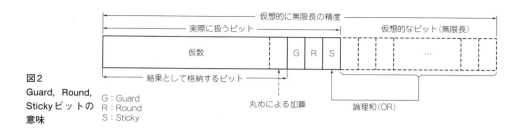

図2
Guard, Round,
Stickyビットの
意味

G：Guard
R：Round
S：Sticky

図3
丸めの実現　×：don't care

Guard, Round, Stickyビットがそれを実現する一つの手法である．この場合，物理的には3ビットしか余分なビットがないが，Sticky以下の重みの（右にある）ビットはすべてStickyビットに代表される．それは図2のようなイメージである．Guard, Round, Stickyビットは，演算前の仮数を3ビット左シフトして生成する．したがって，これらのビットの初期値は0であり，桁合わせなどで右シフトが発生するときに変化する（上位の値が繰り下がってくる，ただしStickyビットはシフトアウトされる値との論理和）．

丸めは，結果の符号，仮数の最下位ビット，Guard, Round, Stickyビットの値と丸めモードとの関係で行われる．具体的には図3に示すような関係を見て，仮数の切り上げ，切り捨てを決定する．

なお，実装によっては，GuardビットとStickyビットのみで精度を維持する場合もある．

● 符号ビットに関する注意

IEEE 754では結果がゼロになる場合の符号について厳密な規定がある．比較演算において，-0と$+0$は同じものとみなされるので，ここまで神経質になる理由はよくわからない．ともかく，IEEE 754では次のように記述されている．

『異符号である2つのオペランドの和（あるいは同符号のオペランドの差）は正確にゼロである．和（あるいは差）の符号は，ほとんどの丸めモードでプラス（+）となる．ただし，$-\infty$方向の丸めモードにおいてはマイナス（-）となる．しかし，$x+x=x-(-x)$の場合は，xがゼロであっても，結果はxの符号と同じになる．また，$\sqrt{-0}$の結果は-0である．』

これは，オペランドがゼロでない場合，丸めモードが$-\infty$方向以外の結果は$+0$，$-\infty$方向では-0となることを意味する．ただし，加減算の両方のオペランドがゼロの場合は，丸めモードにかかわらず，第1オペランドの符号が結果の符号になる．つまり，

$(+0) + (+0) = +0$
$(+0) - (-0) = +0$
$(-0) + (-0) = -0$
$(-0) - (+0) = -0$

である．

2 浮動小数点演算命令の処理手順

● 浮動小数点演算に共通する処理手順の概略

ここでは，浮動小数点演算全体に共通する処理手順の概略を示す．FPUは次に示す手順をハードウェア

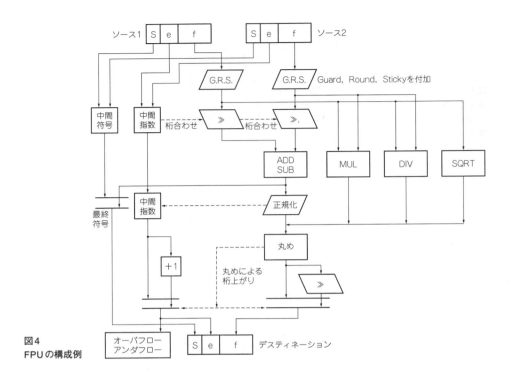

図4 FPUの構成例

で実現する．ハードウェアの概略を図4に示す．
(1) オペランド処理
　命令によって指定された，一つまたは二つのソースオペランドを，符号，指数，仮数の部分に分解するとともに，特殊データ型のいずれに属するかを判定する．もし，無限大またはNaNと判定された場合は，そのための処理(後述)を行う．もし，デノーマル数と判断された場合は，指数の精度を無限大と考えて，演算前に正規化が実行される．

(2) 演算処理
　(1)で得られたオペランドを基に演算が実行される．演算はGuard-Round-Stickyと呼ばれる表現形式上での最下位ビットよりも小さな位取りのビット群を含めて実行される．無効浮動小数点演算例外(Invalid Floating Operation Exception)，浮動小数点ゼロ除算例外(Floating Point Zero Divide Exception)は，例外が検出された時点で例外処理が実行される．
　比較演算は，「<」，「=」，「>」，「比較不能」というフラグを生成する．比較不能とは片方，または両方のソースオペランドがNaN(SNaNまたはQNaN)である場合である．

(3) 結果の正規化
　(2)で得られた結果を正規化する．正規化の結果，仮数部(Guard-Round-Stickyを含めて)が0となった場合は，(8)の処理を実行する．

(4) 結果の丸め
　(3)で得られた結果を，丸めモードにしたがって丸める．(3)で得られた結果も(6)の処理で使用する可能性があるので保存しておく．

(5) 結果の分類
　(4)の結果，得られた指数部の値が0以下の場合は(6)，最大値より大きい場合は(7)の処理を実行する．このいずれでもない場合，結果は正規化数とみなされ，(9)の処理を実行する．

(6) アンダフロー処理
　(3)で得られた結果を，指数部の値が1となるようにスケーリング(指数部の値を1増加すると，仮数部は1ビット右シフトされる：非正規化)し，その結果を丸めモードにしたがって丸める．この丸めで，結果が正規化数またはゼロになることがある．正規化数の場合は(9)，ゼロの場合は(8)の処理を実行する．それ以外の場合は表現可能な最小値より小さいことになり，アンダフロー処理が実行される．その後，(9)の処理を実行する．

(7) オーバフロー処理
　結果は表現可能な最大数を越えており，オーバフロー処理が実行される．その後，(9)の処理を実行する．

(8) ゼロ処理
　結果はゼロになる．指数部，仮数部を0に設定する．その後，(9)の処理を実行する．

(9) 精度落ち処理と結果格納

(4)または(6)における丸め処理で精度落ちが発生した場合，あるいはオーバフローした場合に「精度落ち」が発生する．符号，指数，仮数の三つの部分に分かれている結果が組み立てられ，デスティネーションオペランドに格納される．

(10) トラップ発生の判定

(6)，(7)，(9)においてトラップが発生すると判断された場合（トラップ条件を満たし，かつトラップが許可されている）は，所定の例外ハンドラに制御を移す．

以上が演算の処理手順であるが，現実の実装においてはハードウェアの簡略化のために詳細な処理を省略することもある．たとえば，

- ソースオペランドがデノーマル数，無限大，NaNの場合は例外を発生させて例外ハンドラでのソフトウェアによる処理に任せる．
- 演算結果がデノーマル数になる場合は無条件にゼロに丸める．
- 演算の途中の指数の値でオーバフローやアンダフローを検出する．たとえば，丸めの直前や直後の指数の値でオーバフローやアンダフローを決定してしまう．

などが普通に行われる．具体的にどうなっているかを知るには，各MPUのマニュアルを参照する必要がある．

● オペランドが無限大またはNaNの場合の処理

IEEE 754は無限大やNaNに対する演算も規定している．これは次のような点を考慮して行われる．

(1) 演算結果の格納

IEEE標準規格では，いかなる種類のソースオペランドが与えられても，例外が発生しなければ，何らかの結果がデスティネーションオペランドまたはステータスフラグに格納される．とくに，無限大とNaNに関しては，IEEE標準規格の定める演算結果（定数値）を格納しなければならない．

(2) 無効浮動小数点演算例外の発生

無限大およびNaNに対する演算は，無効浮動小数点例外の発生を伴うことが多い．この点の考慮も必要である．

(3) 無限大の取り扱い

Draft1.0以前のIEEE標準規格では，無限大の取り扱いに2種類のモードをもたせている．

- Projectiveモード
  正の無限大と負の無限大は区別されず等価なものとして扱う．
- Affineモード
  正の無限大と負の無限大を区別する．

現在の実装では，Affineモードをサポートすること

を前提としていることが多い．

無限大との演算は数学的なイメージと同じ結果になる．つまり，無限大に有限値を加減算しても無限大であるし，正の無限大に正の無限大を加算しても正の無限大である．ただし，正の無限大から正の無限大を減算するような，数学的にも意味のない演算は，無効浮動小数点演算となる．

3 浮動小数点演算で発生する例外

● IEEE 754での例外の定義

IEEE 754は次の5つの例外が「検出されるべき」として定義されている．

- 無効浮動小数点演算例外
  （Invalid Floating Operation Exception）
- 浮動小数点ゼロ除算例外
  （Floating Zero Divide Exception）
- 浮動小数点オーバフロー例外
  （Floating Overflow Exception）
- 浮動小数点アンダフロー例外
  （Floating Underflow Exception）
- 浮動小数点精度落ち例外
  （Floating Precision Exception）

これらの例外について，次の点を考慮しなければならない．

(1) 例外発生条件

5つの例外事象の発生条件が定められている．

(2) 例外事象通知

5つの例外事象の各々に対し，それらを独立に通知することのできる5つの条件フラグが必要である．

(3) トラップ発生指定

5つの例外事象の各々に対し，それらの発生に伴いトラップを発生させるか否かを独立に指定することのできる5つのマスクフラグが必要である．例外事象が発生しても，マスクフラグによってトラップの発生が禁止されている場合は例外にならず，所定の値がデスティネーションオペランドに格納されて，演算は続行される．

(4) 結果格納

5つの例外事象の各々に対し，トラップの有無に対応した値をデスティネーションに格納する．

(5) トラップ命令

5つの例外事象の発生に伴うトラップを，保存された例外事象の履歴とトラップ発生の指定に基づいて発生させる専用命令をもつ．

● 例外の内容

次に5つの例外について説明する．

(1) 無効浮動小数点演算例外 (Invalid Floating Operation Exception)

この例外は無限大やNaNとの演算，数学的に意味のない演算（0/0など）を行った場合や，整数への形式変換時の変換不正の場合に発生する．具体的には以下のような場合がある．

- $(+\infty)+(-\infty)$, $(-\infty)-(-\infty)$
- $\pm 0 \times \pm \infty$
- $\pm 0 \div \pm 0$, $\pm \infty \div \pm \infty$
- オペランドに順序付けがない場合での大小比較
- オペランドにSNaNを含む算術命令
- オペランドがSNaNの場合の比較と浮動小数点への変換（オペランドがQNaNの場合はその値を伝播するだけで例外にはならない）
- オペランドが負の平方根

この例外において，トラップが発生する場合はデスティネーションは変化しないが，トラップが発生しない場合はデスティネーションにはNaN（QNaN）が格納される．

(2) 浮動小数点ゼロ除算例外 (Floating Zero Divide Exception)

ゼロ除算例外は，正規化数あるいはデノーマル数（ゼロでない有限値）を0で除算する場合に発生する．

トラップが発生する場合，デスティネーションは変化しないが，トラップが発生しない場合，デスティネーションには無限大が格納される．

(3) 浮動小数点オーバフロー例外 (Floating Overflow Exception)

オーバフロー例外は，演算命令や変換命令において，結果の丸め後の値が有限であり，デスティネーションで表現可能な最大数よりも大きくなった場合に発生する．

トラップが発生する場合はデスティネーションは次のようになる．

- 変換命令の場合は変化しない
- 演算命令の場合は補正された指数部（後述）と仮数部が格納される

トラップが発生しない場合にはデスティネーションには次の値が格納される．

- 丸めモードがToward Zeroのとき，表現可能な絶対値が最大の正規化数
- 丸めモードがToward $-\infty$で，かつ結果の符号が＋のとき，正の表現可能な最大数
- 丸めモードがToward $+\infty$で，かつ結果の符号が－のとき，負の表現可能な最大数（絶対値が）
- その他の場合は無限大

(4) 浮動小数点アンダフロー例外 (Floating Underflow Exception)

アンダフロー例外は，転送命令，演算命令，変換命令において，結果を丸めた値が，デスティネーションで正規化数として表現可能な最小数より小さくなった場合に発生する．

トラップが発生する場合，デスティネーションは次のようになる．

- 変換命令の場合は変化しない
- 演算命令の場合は補正された指数部（後述）と仮数部が格納される

トラップが発生しない場合，デスティネーションは丸めモードによってデノーマル数またはゼロが格納され，その丸めによって精度落ちがあった場合のみアンダフローフラグがセットされる．

- 丸めモードがToward Zeroのときゼロ
- 丸めモードがToward $-\infty$で，かつ結果の符号が－のとき，正の表現可能な最小数
- 丸めモードがToward $+\infty$で，かつ結果の符号が＋のとき，負の表現可能な最小数（絶対値が）
- その他の場合はゼロ

(5) 浮動小数点精度落ち例外 (Floating Precision Exception)

精度落ち例外は，演算命令や変換命令における結果の丸めにおいて，その値が不正確（Inexact）になった場合に発生する．精度落ち例外は，ほかのすべてのトラップが発生しなかった場合に発生する．

トラップの発生の有無にかかわらず，精度落ちフラグがセットされ，デスティネーションには丸めた結果が格納される．

精度落ち例外は，丸め前または丸め後のGuard, Round, Stickyビットのいずれかが1であった場合に発生する．ということは，ほとんどの演算（仮数部の右シフトがある場合）において精度落ち例外となる．あるいは，演算においてオーバフローやアンダフローが発生する場合や，型変換で結果が目的のビット数に収まらない場合に精度落ち例外となる．

● オーバフロー例外，アンダフロー例外発生時の結果

IEEE 754では，オーバフロー例外，アンダフロー例外，精度落ち例外発生時には，結果を正しく丸めて返すことが要請される．これは，結果がデスティネーション形式に合致するか否かを示す情報が付加される．精度落ち例外に関しては，結果は自明である（得られた結果が精度落ちしていると表明しているだけ）．

表3　オーバフロー／アンダフロー例外発生時の補正値

	単精度	倍精度
オーバフロー	-192 ($-0xC0$)	-1536 ($-0x600$)
アンダフロー	$+192$ ($+0xC0$)	$+1536$ ($+0x600$)

しかし，オーバフロー例外，アンダフロー例外に関しては，なるべく精度を保持するためにいろいろな手法が考案されている．

たとえば，初期の実装には**表3**に示す補正バイアス値を加算して指数部を補正した値を返すものもあった．ここで示された値によって指数部を補正すると，結果は必ず正規化数として表せる．

しかし，実際のFPUでは補正した値ではなく近似値がほしい場合が多いので，オーバフロー時は無限大または最大ノーマル数，アンダフロー時は負の無限大またはゼロを結果とすることが最近の流行である．これは，いわゆる飽和処理である．

● 遅延トラップ発生

上述の5つの例外事象の発生にともなうトラップは，例外の発生した命令の直後に発生する．MPUによっては，保存された例外事象の履歴とトラップ発生の指定に基づいて例外を発生させる命令がある．つまり，その命令を実行した時点で例外が発生していればトラップする．これによりトラップを命令単位より大きな単位（たとえば手続き単位）で発生するように制御できる．

● 例外の発生

通常のプロセッサでは，上述の5つの例外の発生を示すための5種のフラグと，それに対応する5種のマスクがある．たとえば，

- 無効浮動小数点演算例外　　　…V
- 浮動小数点ゼロ除算例外　　　…Z
- 浮動小数点オーバフロー例外　…O
- 浮動小数点アンダフロー例外　…U
- 浮動小数点精度落ち例外　　　…I

というフラグが定義されているとし，対応するマスクを，それぞれMV，MZ，MO，MU，MIとする．この場合，実際に例外によるトラップが発生するのは
（V and MV）or（Z and MZ）or（O and MO）
and（U and MU）and（I and MI）
の値が1になる場合である．なお，各フラグとマスクはソフトウェアで値を設定できる．また，V，Z，O，U，Iの各フラグは演算結果によって設定し直されるのではなく，それまでの値を蓄積していく．つまり，
新フラグ ← （旧フラグ）OR（演算結果のフラグ）
というイメージである．したがって，フラグの値がいったん1になると，ソフトウェアで0にクリアするまで1のままである．

4 演算精度について

● 演算精度

IEEE 754における浮動小数点演算は，浮動小数点データが無限の精度をもっているように行われる．このため中間の演算の精度をどのような精度で行おうとも結果は同じにならなければならない．

たとえば，単精度の浮動小数点演算をそのままの精度で実行しても，倍精度で実行しても，あるいは内部的に80ビット（拡張精度）で実行しても，結果を丸めて単精度にした場合はすべて同じ結果にならなければならない．これは，Guard，Round，Stickyビット（特にStickyビット）を付加することで実現できるとされている．ただし，積和演算のように，乗算の後に加算という2回以上の演算を実行するときは，実行速度を上げるために，1回目の演算結果を丸めずにそのまま2回目の演算を行う場合がある．このような場合は，内部の演算精度によって結果が異なることがある．

また，逆数を計算する場合も，データを1.0から除算するだけなので，どのように計算しても同じ結果になるはずであるが，実装では結果の一致性を保証しないことが多い．これは逆数の高速近似アルゴリズムで演算を実行する場合を考慮してのものである．

● （a＋b）＋c≠a＋（b＋c）の話

浮動小数点演算には丸め誤差が付き物である．このため，演算順序を変更すると結果が異なることがある．数値演算の理論によれば，丸め誤差を最小にするために演算は加算をまとめ，位の大きさの似た数値から（それも小さいものから）順次加えていくこと推奨される．位の大きさの似た数値どうしの減算は，有効数字が大幅に減少するので，できるだけ避けなければならない．あるいは，丸め誤差を最小にするために，ピボットと呼ばれるオフセットをわざわざ減じて位の大きさを揃えることも常識である．このような意図をもって書かれたプログラムの順序を変更することは許されない．

しかし，これは浮動小数点演算をコンパイラが最適化するときに問題になってくる．整数には丸め誤差がないので，自由自在に順序の入れ替えが可能だったが，浮動小数点演算の順序を入れ替えるとプログラマの意図しない結果を生じることがある．このへんは最適化を行うに際してのトレードオフとなっている．

5 浮動小数点演算処理の実際

● 実際の計算方法

以降では，加算，減算，乗算，除算，平方根，32

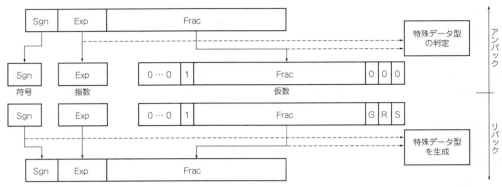

図5 アンパック/リパック処理

ビット整数から単精度浮動小数点への変換，32ビット整数から倍精度浮動小数点への変換，単精度浮動小数点から32ビット整数への変換，倍精度浮動小数点から32ビット整数への変換，比較に関して処理を実現する手順を示す．簡単のため，多くの場合は入力はノーマル数であることを仮定している．特殊データ型の処理はここでは言及しない．

浮動小数点演算の手順を大雑把に示すと，
- アンパック（符号，指数部，仮数部に分解）
- 演算
- 丸め
- リパック（符号，指数部，仮数部を結合）

という流れになる．アンパック，丸め，リパックについてはほとんどの演算について共通である．アンパックとリパックの処理を**図5**に示す．

以降の処理では，アンパック後のソース1，ソース2の符号，指数，仮数（1を付加したもの）を，それぞれ，

fs_sgn, fs_exp, fs_man,
ft_sgn, ft_exp, ft_man

と仮定する．また，リパック直前の符号，指数，仮数を，それぞれ，

fd_sgn, fd_exp, fd_man

と仮定する．また，仮数（fs_man，ft_man，fd_man）にはGuard，Round，Stickyの3ビットが下位に付加されているものとして読んでほしい．指数はバイアス（倍精度：0x3ff，単精度：0x7f）付きである．

● 加算

まず，10進数で加算のアルゴリズムを検討しよう．二つの浮動小数点を，

$a.bbbb \times 10^c \, (a \neq 0)$
$d.eeee \times 10^f \, (d \neq 0)$

とする（小数点以下は4桁と仮定）．数学で習ったように，指数形式で表現された数の加算は指数部を等しくして行う．指数の大きいほう，小さいほうのどちらに合わせてもいいのだが，結果は指数の大きいほうと，オーダー的に，ほぼ等しくなるので，大きいほうに合わせる．指数の小さいほうを大きいほうに合わせるためには指数の差だけ仮数部を右シフトする．いまの場合，10進数なので，

$10^{-(c-f)} \, (c > f と仮定)$

を仮数部に乗算することに等しい．その結果，二つの数は，

$a.bbbb \times 10^c$
$0.eeee \times 10^c$

となる．これにより加算結果は，

$g.gggg \times 10^c \, (g.gggg = a.bbbb + 0.eeee)$

となる．また，仮数が異符号（今は両方とも正としているが）の場合は，

$0.0hhh \times 10^c \, (0.0hhh = a.bbbb - 0.eeee)$

という結果になる．この場合は正規化するために，仮数部を10^2倍（これは左シフトに相当）して，

$h.hh00 \times 10^{(c-2)}$

という結果になる．10進数の場合はこれで終わりである．

しかし，2進数の場合は，加算後の仮数の整数部（小数点の左）が桁上がりする可能性がある．つまり，無理やり10進数でいえば，

$ii.jjjj \times 10^c$

という形式になることがある（10進数で計算する場合はあり得ない）．この場合，正規化するためには仮数部を10^{-1}倍することになり，結果は，

$i.jjjj \times 10^{(c+1)}$

となる．以上の計算を2進数で行う（**リスト1**）．

加算のアルゴリズムは，指数部の値が大きいほうに，小さいほうを桁合わせして加算するものである．アンパックとリパックを除く手順を次に示す．特殊データ型の処理や，オーバフロー，アンダフローの検出処理は省略してある．

Chapter 9 FPUのしくみ

リスト1　加算処理

```
if(fs_exp < ft_exp) then
    fd_exp = ft_exp;
    ts_man = Sticky付き右シフト fs_man を (ft_exp-fs_exp) ビット;
else
    fd_exp = fs_exp;
    ft_man = Sticky付き右シフト ft_man を (fs_exp-ft_exp) ビット;
endif
```

（a）桁合わせ

```
if(fs_sgn == 1) then /* 負なら */
    fs_man = -fs_man;
endif
if(ft_sgn == 1) then /* 負なら */
    ft_man = -ft_man;
endif
fd_man = fs_man + ft_man;
if(fd_man < 0) then /* 絶対値 */
    fd_sgn = 1;
    fd_man = -fs_man;
else
    fd_sgn = 0;
endif
```

（b）加算

```
fd_man = {0...0, fd_man} /* 64ビット長を仮定 */
clz    = fd_man をMSB(bit63)から下位に連続する0の数を計数;
                        /* 1の位置を検出 */
if(倍精度) then
    if(clz == 7) then /* 桁上がりした */
        fd_exp = fd_exp + 1;
        td_man = Sticky付き右シフト fd_man を 1ビット;
    else
        fd_exp = fd_exp - (clz-8);
        fd_man = 左シフト fd_man を (clz-8)ビット;
    endif
else
    if(clz == 36) then /* 桁上がりした */
        fd_exp = fd_exp + 1;
        td_man = Sticky付き右シフト fd_man を 1ビット;
    else
        fd_exp = fd_exp - (clz-37);
        fd_man = 左シフト fd_man を (clz-37)ビット;
    endif
endif
```

（c）正規化

```
fd_man = fd_man を丸めモードに従って丸める;
if(倍精度) then
    if(fd_man[56] == 1) then /* 桁上がりした */
        fd_exp = fd_exp + 1;
        td_man = 右シフト fd_man を 1ビット;
    endif
else
    if(fd_man[27] == 1) then /* 桁上がりした */
        fd_exp = fd_exp + 1;
        td_man = 右シフト fd_man を 1ビット;
    endif
endif
```

（d）丸め

　なお，加算においてはソースオペランドの順序を入れ替えても結果は変わらない．このため，たとえば第2ソースオペランドの仮数部のほうが小さくなるように，あらかじめソースオペランドを入れ替えておけば，桁合わせ用の右シフタは，第2ソースオペランド用に一つあればよい．**リスト1**の説明では，簡単のために，それぞれのソースオペランドごとに二つの右シフタがあるものとしている．

　また，仮数部の加算処理をまともに実装すると，ソースオペランドの符号の組み合わせによっては，1クロックで，

符号反転 →加算→符号反転

と，非常に重い処理をしなければならない．これは，二つのソースオペランドの符号と大小関係と結果の符号を考慮すると，1回の加算または減算で処理することが可能である．しかし，アルゴリズムをわかりにくくするので，今回はこの手法を説明していない．

　ところで，結果の符号は，基本的には仮数部の加算結果と同じでよいが，結果がゼロになる場合は，上述したような規則がある．ここではこの処理は省略してある．

● **減算**

　減算は，第2ソースオペランドの符号を反転して加算と同じ処理をするのみでよい．

● **乗算**

　例によって，10進数で乗算のアルゴリズムを検討しよう．二つの浮動小数点を，

$a.bbbb \times 10^c \, (a \neq 0)$

$d.eeee \times 10^f \, (d \neq 0)$

とする（小数点以下は4桁と仮定）．乗算の場合の結果は簡単で，

$(a.bbbb \times d.eeee) \times 10^{(c+f)}$

となる．このときの仮数部は，

g.ggggggggg

または，

hh.hhhhhhhh

となる．正規化をすると，それぞれ，

$g.gggg \times 10^{(c+f)}$

または，

$h.hhhh \times 10^{(c+f+1)}$

となる．つまり，結果の仮数部は仮数どうしの乗算結果の上位をそのまま取り出しただけである．仮数部を固定小数点として乗算すると考えると，5桁と5桁を

311

リスト2　乗算処理（乗算と正規化）

```
fd_sgn = fs_sgn xor ft_sgn;
fd_man = fs_man × ft_man;
if(倍精度) then
    fd_exp = fs_exp + ft_exp - 0x3ff;
    fd_man = Sticky付き右シフト fd_man を 55ビット;
    if(fd_man[56] == 1) then /* 桁上がりした */
        fd_exp = fd_exp + 1;
        td_man = 右シフト fd_man を 1ビット;
    endif
else
    fd_exp = fs_exp + ft_exp - 0x7f;
    fd_man = Sticky付き右シフト fd_man を 26ビット;
    if(fd_man[27] == 1) then /* 桁上がりした */
        fd_exp = fd_exp + 1;
        td_man = 右シフト fd_man を 1ビット;
    endif
endif
```

リスト3　除算処理

```
fd_sgn = fs_sgn xor ft_sgn;
if(倍精度) then
    fd_exp = fs_exp - ft_exp + 0x3ff;
    fd_man = fs_man ÷ ft_man(ループ56回);
    if(fd_man[56] == 1) then /* 桁上がりした */
        fd_exp = fd_exp + 1;
        td_man = 右シフト fd_man を 1ビット;
    endif
else
    fd_exp = fs_exp + ft_exp - 0x7f;
    fd_man = fs_man ÷ ft_man(ループ27回);
    if(fd_man[27] == 1) then /* 桁上がりした */
        fd_exp = fd_exp + 1;
        td_man = 右シフト fd_man を 1ビット;
    endif
endif
```

（a）除算と正規化

乗算して9桁または10桁になる乗算結果を，4桁または5桁分右シフトすることに等しい．

　乗算は，仮数部どうしを乗算して，結果を右シフト（Sticky付き）して正規化して丸めればよい．結果の符号は，ソースオペランドの符号の排他的論理和になる．結果の指数は，ソースオペランドの指数（バイアスを除く）を加算したものである．アンパックとリパックを除く手順を**リスト2**に示す．特殊データ型の処理や，オーバフロー，アンダフローの検出処理は省略してある．

　なお，丸め処理は加算の丸め処理と同じである．

● 除算

　まずは10進数で乗算のアルゴリズムを検討しよう．二つの浮動小数点を，

$a.bbbb \times 10^c \, (a \neq 0)$
$d.eeee \times 10^f \, (d \neq 0)$

とする（小数点以下は4桁と仮定）．除算の場合の結果は，

$(a.bbbb \div d.eeee) \times 10^{(c-f)}$

となる．このときの仮数部は，

g.ggggggg…

または，

0.hhhhhhhh…

となる．正規化をすると，それぞれ，

$g.gggg \times 10^{(c-f)}$

または，

$h.hhhh \times 10^{(c-f-1)}$

となる．仮数部の除算を引き戻し法などで計算する場合，繰り返し回数を多くすればいくらでも精度を得ることができる．しかし，今の場合は小数点以下4桁が求まればいいので5回の繰り返しになる．ただし，5回では，

0.hhhh

という結果（商）になったとき，正規化によって左シ

```
q=0;/* 商 */
r=0;/* 剰余 */
repeat 繰り返し回数 then
    r = fs_man - ft_man;
    if(tmp ≧ 0) then
        q = q + 1;
        fs_man = r;
    endif
    fs_man = 左シフト fs_man を1ビット;
    q      = 左シフト q      を1ビット;
endrep
if(r ≠ 0) then /* Stickyがある */
    q = q or 1;
endif
```

（b）除算のアルゴリズム

フトした場合，最下位の値がわからない．このため，必要な回数+1回の繰り返しを行い，商を，

i.iiii
jj.jjjj

という形式にしておくほうが正しい精度が求まる．除算を行った時の剰余が0でない場合は，割り算を繰り返すと0でない位の数が存在するということなので，Stickyが1になるということである．つまり仮数部の最下位を1とORしておく．

　除算は，仮数部どうしを除算（正規化できるまで繰り返す）して，結果を丸めればよい．結果の符号は，ソースオペランドの符号の排他的論理和になる．結果の指数は，ソースオペランドの指数を減算したものである．アンパックとリパックを除く手順を**リスト3（a）**に示す．特殊データ型の処理や，オーバフロー，アンダフローの検出処理は省略してある．また，除算のアルゴリズムの一例を別途示す[**リスト3（b）**]．

　加算の丸めと同じである．

● 平方根

　まずは10進数で平方根のアルゴリズムを検討しよう．与えられた浮動小数点を，

$a.bbbb \times 10^c \, (a \neq 0)$

Chapter 9 FPUのしくみ

リスト4 平方根の処理

```
fd_sgn = 0;
if(倍精度) then
    if((fs_exp-0x3ff)のビット0が1) then
        fs_man = 左シフト fs_man を1ビット;
    endif
    fd_exp = (fs_exp-0x3ff)/2 + 0x3ff;
    fd_man = fs_man を開平計算(ループ56回);
    if(fd_man[56] == 1) then /* 桁上がりした */
        fd_exp = fd_exp + 1;
        td_man = 右シフト fd_man を 1ビット;
    endif
else
    if((fs_exp-0x7f)のビット0が1) then
        fs_man = 左シフト fs_man を1ビット;
    endif
    fd_exp = (fs_exp-0x7f)/2 + 0x7f;
    fd_man = fs_man を開平計算(ループ27回);
    if(fd_man[27] == 1) then /* 桁上がりした */
        fd_exp = fd_exp + 1;
        td_man = 右シフト fd_man を 1ビット;
    endif
endif
```

（a）開平計算と正規化

```
b = 0;
q = 0;
r = 0;
repeat 56 then
    s = (右シフト fs_man を55ビット) and 3;
                            /* 下位2ビット */
    r = r + s;
    t = r - (b+1);
    if(t ≧ 0) then
        q = q + 1;
        r = t;
        b = b + 2;
    endif
    fs_man = 左シフト fs_man を2ビット;
    r      = 左シフト r      を2ビット;
    b      = 左シフト b      を1ビット;
    q      = 左シフト q      を1ビット;
endrep
if(r ≠ 0) then /* Stickyがある */
    q = q or 1;
endif
```

（b）開平計算のアルゴリズム（倍精度）

```
b = 0;
q = 0;
r = 0;
repeat 27 then
    s = (右シフト fs_man を26ビット) and 3;
                            /* 下位2ビット */
    r = r + s;
    t = r - (b+1);
    if(t ≧ 0) then
        q = q + 1;
        r = t;
        b = b + 2;
    endif
    fs_man = 左シフト fs_man を2ビット;
    r      = 左シフト r      を2ビット;
    b      = 左シフト b      を1ビット;
    q      = 左シフト q      を1ビット;
endrep
if(r ≠ 0) then /* Stickyがある */
    q = q or 1;
endif
```

（c）開平計算のアルゴリズム（単精度）

リスト5 32ビット整数から単精度浮動小数点への変換

```
if(fs < 0) then /* 絶対値 */
    fd_sgn = 1;
    fd_man = -fs;
else
    fd_sgn = 0;
    fd_man = fs;
endif
fd_man = {0...0, fd_man} /* 32ビット長を仮定 */
clz    = fd_man をMSB(bit31)から下位に連続する0の数を計数;
                        /* 1の位置を検出 */
if(clz == 32) then /* ゼロ */
    fd_exp = 0;
    fd_man = 0;
else if(clz < 5) then
    fd_exp = 0x7f + (31-clz);
    fd_man = Sticky付き右シフト fd_man を(5-clz)ビット;
else /* clz ≧ 5 */
    fd_exp = 0x7f + (31-clz);
    fd_man = 左シフト fd_man を(clz-5)ビット;
endif
```

とする（小数点以下は4桁と仮定）．平方根の場合の結果は，

$$(a.bbbb)^{(1/2)} \times 10^{(c/2)}$$

となる．指数部が2で割りきれないと困るので，指数部が奇数の場合は，あらかじめ仮数部を10倍しておいて（指数部は1少なくなる），

$$ab.bbb0 \times 10^{(c-1)} (a \neq 0)$$

の平方根を求めればよい．仮数部の平方根が，

d.dddddddd…

であるとすれば，結果は，

$$d.dddd \times 10^{(c/2)}$$

となる．平方根も除算と同様に繰り返し計算で求めることができ，繰り返し回数を多くするほど多くの精度を得られる．このときの剰余に相当する値がStickyの元になる．

平方根は，仮数部を開平計算（正規化できるまで繰り返す）して，結果を丸めればよい．結果の符号は0でなければならない．結果の指数は，ソースオペランドの指数（バイアスなし）を1/2したものである．アンパックとリパックを除く手順を**リスト4**に示す．特殊データ型の処理や，オーバフロー，アンダフローの検出処理は省略してある．また，2進数での開平計算のアルゴリズムの一例を別途示す．

平方根はNewton法などで求める場合もあるが，開平計算による場合が一番高速である．

また開平計算のアルゴリズムは，除算と同様，倍精度と単精度で共通化できるがあえて二つに分けてある[**リスト4（b）**，**（c）**]．丸め処理はこれも加算と同様である．

リスト6　倍精度浮動小数点から単精度浮動小数点への変換

```
fd_sgn = fs_sgn;
fd_exp = fs_exp - 0x3ff + 0x7f;
                          /* バイアス値を変えるだけ */
fd_man = Sticky付き右シフト fs_man を29ビット;
```

リスト7　32ビット整数から倍精度浮動小数点への変換

```
if(fs < 0) then /* 絶対値 */
    fd_sgn = 1;
    fd_man = -fs;
else
    fd_sgn = 0;
    fd_man = fs;
endif
fd_man = {0...0, fd_man} /* 32ビット長を仮定 */
clz    = fd_man をMSB(bit31)から下位に連続する0の数を計数;
                          /* 1の位置を検出 */
if(clz == 32) then /* ゼロ */
    fd_exp = 0;
    fd_man = 0;
else
    fd_exp = 0x3ff + (31-clz);
    fd_man = 左シフト fd_man を(clz+24)ビット;
endif
```

リスト8　単精度浮動小数点から倍精度浮動小数点への変換

```
fd_sgn = fs_sgn;
fd_exp = fs_exp - 0x7f + 0x3ff;
                          /* バイアス値を変えるだけ */
fd_man = 左シフト fs_man を29ビット;
```

リスト9　単精度浮動小数点から32ビット整数への変換（シフト処理）

```
cnt = fs_exp - 0x7f - 23;
if(cnt < 0) then
    fd_man = Sticky付き右シフト fs_man を -cnt ビット;
else if(cnt < 8) then
    fd_man = 左シフト fs_man を cnt ビット;
else if((cnt==8)&&fs_sgn) then
    fd_man = 左シフト fs_man を cnt ビット;
endif
else
    /* オーバフロー */
endif
```

リスト10　倍精度浮動小数点から32ビット整数への変換（シフト処理）

```
cnt = fs_exp - 0x3ff - 52;
if(cnt < -21) then
    fd_man = Sticky付き右シフト fs_man を -cnt ビット;
else if((cnt== -21)&&fs_sgn) then
    fd_man = Sticky付き右シフト fs_man を -cnt ビット;
endif
else
    /* オーバフロー */
endif
```

● 32ビット整数から単精度浮動小数点への変換

　32ビット整数を単精度浮動小数点に変換する場合は，整数（絶対値）の最上位の1があるビットを，ビット26になるように左または右にシフトすればよい（**リスト5**）．この位置は，Guard，Round，Stickyを含めた正規化数になる位置である．また，変換前の32ビット整数をfsとする．

● 倍精度浮動小数点から単精度浮動小数点への変換

　倍精度浮動小数点から単精度浮動小数点への変換は簡単である．右シフトをして正規化位置までもってくればいい（**リスト6**）．指数の値（バイアスなし）の値は変わらない．ゼロの場合は処理を分ける必要があるが，ここでは言及しない．

● 32ビット整数から倍精度浮動小数点への変換

　32ビット整数を倍精度浮動小数点に変換する場合は，整数（絶対値）の最上位の1があるビットをビット55になるように左シフトすればよい（**リスト7**）．この位置は，Guard，Round，Stickyを含めた正規化数になる位置である．また，変換前の32ビット整数をf_sとする．

● 単精度浮動小数点から倍精度浮動小数点への変換

　単精度浮動小数点から倍精度浮動小数点への変換は簡単である．左シフトをして正規化位置までもってくればいい（**リスト8**）．指数の値（バイアスなし）の値は変わらない．ゼロの場合は処理を分ける必要があるが，ここでは言及しない．

● 単精度浮動小数点から32ビット整数への変換

　単精度浮動小数点を32ビット整数に変換するには，指数の値（バイアスなし）が0になるように，仮数を左または右シフトすればよい（**リスト9**）．

　次に丸め処理であるが，浮動小数点から整数への変換は通常切り捨て（RZ）で行われる．これはTruncate（切り捨て）変換と同じである．この他にも，整数の変換方式には，丸めモードによってCeiling（RP），Flooring（RM），Rounding（RN）という処理がある．最後に，結果に符号を付ける処理は，丸められた整数は正の数なので，fs_sgnにしたがって，符号を付け直す．つまり，fs_sgnが1ならば，符号反転（0から引き算）する．

● 倍精度浮動小数点から32ビット整数への変換

　倍精度浮動小数点を32ビット整数に変換するには，指数の値（バイアスなし）が0になるように，仮数を右シフトすればよい（**リスト10**）．

　次に丸め処理であるが，浮動小数点から整数への変換は通常切り捨てで行われる．これはTruncate（切り

捨て）変換と同じである．この他にも，整数の変換方式には，丸めモードによってCeiling, Flooring, Roundingという処理がある．

最後に，結果に符号を付ける処理は，丸められた整数は正の数なので，fs_sgnにしたがって，符号を付け直す．つまり，fs_sgnが1ならば，符号反転（0から引き算）する．

● 比較

浮動小数点の比較とは，「<（less）」，「=（equal）」，「比較不能（unordered）」という情報を確定することである．結果の表現方式は，プロセッサのアーキテクチャによってまちまちである．

普通に考えれば，浮動小数点の減算を行って，その結果を調べればいいが，浮動小数点の比較は，符号，指数，仮数を独立して比較することで，簡単に行うことができる（リスト11）．

● FPUのパイプライン処理

以上述べてきた浮動小数点の演算はパイプライン処理により操作をオーバーラップさせることができる．たとえば，MIPS R4000のFPUパイプラインは次のようなステージから構成される．

リスト11 比較処理

```
if(ソース1またはソース2の片方または両方がQNaNまたはSNaN) then
    less = 0;
    equal = 0;
    unordered = 1;
else
    unordered = 0;
    equal_1 = (fs_sgn == ft_sgn);
    equal_2 = (fs_exp == ft_exp) and (
                                fs_man == ft_man);
    tmp = {fs_sgn, fs_exp, fs_man} - {ft_sgn,
                                ft_exp, ft_man};
        /* 単にソース1からソース2を（整数として）減算 */
    less_1 = (fs_sgn==1)and(ft_sgn==0);
    less_2 = ((fs_sgn==1)and(ft_sgn==1)and(tmp≧0))
                                                 or
             ((fs_sgn==1)and(ft_sgn==0)and(tmp<0));
    less  = (less_1 or less_2) and (not equal);
    equal = （ソース1またはソース2の片方または両方がゼロ）?
                                               equal_2 :
           (equal_1 and equal_2);
        /* -0 と +0 は等しいことに注意 */
endif
```

U …アンパック
S …シフト
A …仮数部の加算
EX…実行ステージ
M …乗算の第1ステップ
N …乗算の第2ステップ

Column 開平計算

平方根を求める方法は開平計算として知られている．開平法ともいう．図Aを参照して，1234.56789（10進数）の平方根を求める方法を示す．

(1) まず，小数点を境に2桁ずつに区切る．
(2) 最初の12に関して同じ数を掛け合わせて，それを越えない一番近い数を求めると3になる．これが平方根の最上位の値である．また，12から3×3を引くと3が残る．
(3) 差の3に次の2桁である34から1桁追加して33を作る．これを，先の掛け合わせた数の3の和（=6）で割り，5を得る．これが平方根の次の位の値である．
(4) 33にさらに1桁追加して334を作る．これから3+3=6に5を追加した65に5を掛けた325を引くと9が残る．
(5) 差の9に次の2桁である56から1桁追加して95を作る．これを先の掛け合わせた数の和である70（=65+5）で割り，1を得る．これが平方根の次の位の値である．
(6) 95にさらに1桁追加して956を作る．これから

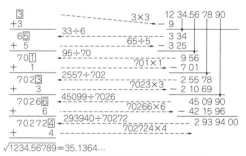

$\sqrt{1234.56789} = 35.1364...$

①小数点を境に2桁ずつに分ける
②掛け合わせた値を引く
③差に1桁追加して，足し合わせた値で割る
④もう1桁追加して，掛け合わせた値を引く

図A 開平計算（10進数）の例

65+5=70に1を追加した701と1を掛けた701を引くと255が残る．

(7) 以下，同様に繰り返す．言葉だけではわかりにくいので図を見てほしい．

以上の開平計算を2進数で行えば，状況はもっと単純である．そこに登場する数値は0か1しかない．

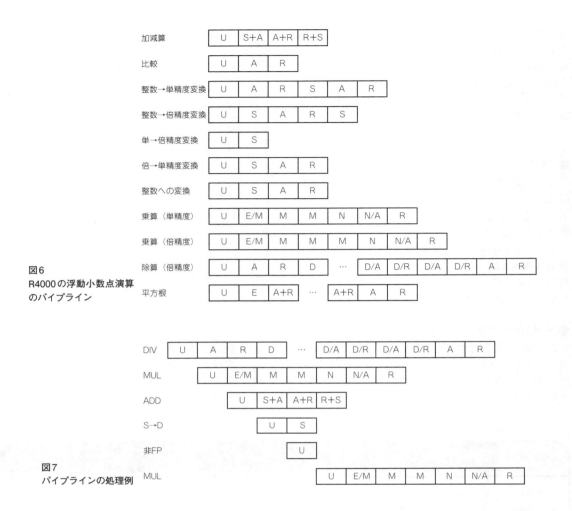

図6 R4000の浮動小数点演算のパイプライン

図7 パイプラインの処理例

D …除算
E …例外のテスト
R …丸め

それぞれの命令のパイプライン構成を図6に示す．また，パイプライン処理による演算のオーバーラップ実行の例を図7に示す．

浮動小数点演算は，大まかにアンパック，演算，丸め＆リパックに分類できる．それらは，通常，ハードウェア資源を共有しないので，スループット1クロックで浮動小数点の演算を開始できる．演算の時間は加減算で1クロック，乗算で2クロック，除算で数10クロックが普通である．もし，すべての演算時間が1クロックになれば，浮動小数点演算も整数演算と同様にパイプライン的に1クロック実行になる．これが理想だが，現実はそこまでいっていない．

なお，浮動小数点演算，とくに3次元グラフィックにおいては，除算の性能はシステム性能に依存する．たとえばグラフィックに特化したPlayStation2のEmotionEngineは専用の除算器を用意して，除算を数クロックで行う（これができるのも単精度演算のみに割りきったことが一因ではあるが）．PlayStation2の発表当時，除算器の採用は実に画期的であった．

6 浮動小数点に関する最近の話題

● データ形式

▶ 半精度浮動小数点形式（binary16, s10e5, half, fp16などと呼称される）

浮動小数点演算をMPUで実行する場合，一般的には，倍精度浮動小数点のデータ型より，単精度の浮動小数点のデータ型を使った方が処理時間が短い．たとえば，コンピュータ・グラフィックスの分野では，人間の目では細かい精度の違いを認識できないという特性を利用して，もっぱら単精度浮動小数点のデータ型を使って処理が行われる．しかし，単精度浮動小数点のデータ形式も32ビット長を占め，大量の単精度浮動小数点データを保存するための容量は馬鹿にならない．

316

そこで，IEEE 754-2008では，データ保存用に16ビット長の半精度浮動小数点のデータ型が策定された．つまり，32ビット長の単精度浮動小数点データを保存する場合は16ビット長の半精度浮動小数点データに変換し，32ビット長の単精度浮動小数点データを使用する場合は，格納されていた16ビット長データの半精度浮動小数点データから復元するという使い方である．

図8に単精度浮動小数点のデータ型を示す．つまり，1ビットの符合ビット，5ビットの指数部，11ビットの仮数部という構成を取る．ただし，仮数部は「ケチ表現」で10ビットしか実際のデータには表れない．指数部のバイアスは0xfであり，

0x3c00

という16ビットデータが1.0を表す．特殊な数としては，

0x0000，0x8000

が，それぞれ，+0，−0を表し，また，

0x7c00，0xfc00

が，それぞれ，正の無限大（+∞），負の無限大（−∞）を表す．

現在では，単精度浮動小数点データではなく，半精度浮動小数点データを直接コンピュータグラフィックスに用いる場面も増えている．これは，ハードウェアで浮動小数点演算を実現する場合に，回路規模が小さくなるためである．つまり，たとえばモバイル向けGPUでは，消費電力と性能と精度のバランスの観点から，単精度浮動小数点データよりも半精度浮動小数点が使われることが多くなっている．

半精度浮動小数点データがにわかに脚光を浴びたのは，2010年ごろから着目されるようになったディープラーニング（深層学習）で使用するデータとしてであろう．ディープラーニングとは，機械学習の一種で，大量のデータをもとにして自動で特徴量を抽出したり，精度を向上（学習という）させたりするAI（人工知能）技術である．基本的には3層以上からなる，多層のニューラルネットワークによって構成されるデータ構造の出力を検査してある特徴があるかどうかを判断する．その基本は，重みづけの係数と特徴データの積和演算である．つまり，ディープラーニングの実行においては大量の乗算と加算が行われる．重みづけ係数の格納場所が大量に必要なこと，演算精度はそれほど重要でないことから，この分野では半精度浮動小数点データが多用される．

▶ bfloat16（BF16）

コンピュータグラフィックスやディープラーニングにおいて，それ程の精度は必要ないということで半精度浮動小数点のデータ型が使われてきたが，もう少しダイナミックレンジ（数値が表せる範囲）を単精度浮

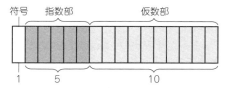

図8　半精度浮動小数点のデータ形式

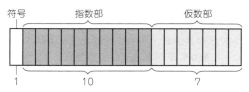

図9　bfloat16（BF16）のデータ形式

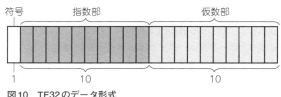

図10　TF32のデータ形式

動小数点並に広くし，しかもデータ長は16ビットを維持したいという目的で提唱されている浮動小数点のデータ型がbfloat16（BF16）である．

bfloat16は，1ビットの符号ビット，8ビットの指数部，7ビット（ケチ表現なので実質8ビット）の仮数部で構成される．bfloat16のデータ形式を図9に示す．ここで，指数部が10ビットというのは単精度浮動小数点のデータ型と同じであり，それが最大の特徴である．すなわち，bfloat16は単精度浮動小数点データと同じダイナミック・レンジを持つ．また，単精度浮動小数点のデータ型からbfloat16への変換は，32ビット長の単精度浮動小数点データの下位16ビットを削除することで容易に変換ができる（丸めを行わない場合）．

GoogleのAIチップであるTPUでbfloat16が最初に採用されたとされる．

▶ TENSOR FLOAT32（TF32）

TF32形式は，NVIDIAのGPUでテンソル計算を行うデータ型として導入された．BF16で仮数部が7ビットから10ビットに増えた．TF32のデータ型を図10に示す．すなわち，1ビットの符号ビット，8ビットの指数部，10ビット（ケチ表現なので実質11ビット）の仮数部で構成される．コンピュータが扱うデータ長としては変則的な19ビット長のデータ形式である．

TF32の利点は，その精度にある．NVIDIAのテンソル計算は単精度浮動小数点データで行われるが，そ

での積和演算を考えた場合，BF16形式で行っていては精度落ちが発生する．つまり，BF16の仮数部は8ビット（7ビット＋ケチ表現の1ビット）なので，乗算結果の精度は16ビットになる．一方，単精度浮動小数点データでの仮数部は24ビット（23ビット＋ケチ表現の1ビット）である．つまり，8ビット分の精度の違いがある．NVIDIAはこれを良しとしなかった訳だ．仮数部が11ビット（10ビット＋ケチ表現の1ビット）であれば乗算結果の精度は22ビットであり，単精度浮動小数点の場合にくらべて2ビットの差しかない．つまり，乗算結果が単精度浮動小数点の場合とほぼ同等の精度になる．NVIDIAはこの効果を期待してTF32形式を考案した．

積和演算の精度は，ディープラーニングにおける，学習の収束精度（収束までの時間）に関係すると言われている．NVIDIAは，最も負荷の高い対話型AIモデルの1つであるBERTの学習において，単精度浮動小数点データを使う場合に比べてTF32を使用した場合は6倍の高速化を達成したと言っている．

● 最近傍（Nearest）への丸めモードのいろいろ

最近，Round to Nearestという丸めモードに関して，「ties round away from zero（ゼロから遠い方に丸める）」と「ties round to even（偶数になるように丸める）」という2種類のモードを聞くことがある．これについて簡単に解説する．

本章で説明したRound to Nearestは「もっとも近い値が二つある場合は，（仮数部の）最下位ビットが0の値のほうを選ぶ」ということで，ties round to evenのことを示している．それでは，ties round away from zeroとは何であろうか．単純に考えれば「もっとも近い値が二つある場合は，（仮数部の）最下位ビットが1の値のほうを選ぶ」となるが，これはties round to

odd（奇数になるように丸める）ということらしい．この丸めモードは，あまり聞く機会がない．

ties round away from zeroはIEEE 754-2008で規定された．これは四捨五入丸めとも呼ばれる．「もっとも近い値が二つある場合は絶対値が大きい方を選ぶ」という丸めモードである．もっと簡単に言えば，正の値ならより大きい方，負の値ならより小さい方の値を採用するということである．ただし，IEEEでの推奨の丸めモードはties round to evenである．

推測であるが，ties round away from zeroが策定された背景には，IEEE 754-2008で定義されている10進形式の浮動小数点演算が影響していると思われる．10進形式の場合も，ties round to evenの丸めモードが推奨であるが，これは実生活での四捨五入と同じ結果になるとは限らない．それに違和感をもつ人のために策定されたのではないかと思われる．ties round away from zeroの結果は10進数の四捨五入と一致する．

まとめ

FPUの概要について述べてきた．浮動小数点演算のアルゴリズムを示したが，それらはすべて整数命令で実現可能である．しかし，その処理を専用ハードウェアによって，10倍から50倍の性能を実現できる．パイプライン処理を行うことで実質的な実行時間を短縮することもできる．現在，浮動小数点の演算の処理時間は，整数演算の処理時間とますます変わらなくなってきている．この進歩が，3Dグラフィックの応用分野を飛躍的に広げたのは疑いようがない．また，MPUの開発においても整数性能は飽和してきているが，浮動小数点性能は確実に向上している．その基本となるFPUの原理を知っておくことは必須の教養であろう．

Appendix IV 高速演算器の実際

演算回路をいかに高速に処理するか

高速な整数演算や浮動小数点演算を行うためには，高速な演算器が必要である．ここでは，高速演算器の実際について説明する．CPUやFPUを設計する場合（は，あまりないと思うが）の参考になれば幸いである．

● **加算器の実際**

加算器においては，まず1ビットの加算を考える．2進数では，

0 + 0 = 0 桁上がり 0
0 + 1 = 1 桁上がり 0
1 + 0 = 1 桁上がり 0
1 + 1 = 0 桁上がり 1

を実現できればいいので，

$S = A$ xor B（和）
$C = A$ and B（桁上がり）

で示すことができる．これが半加算器（Half Adder）の論理である．しかし，半加算器は下位からの桁上がり（キャリ）を足し込めないので現実的でない．実際には図1(a)に示す真理値表を実現する論理が必要である．それが全加算器（Full Adder）で，図1(b)または図1(c)で示される．1ビットの全加算器があれば，それを直列に組み合わせて任意のビット数の加算器を構成することができる．図2の加算器はキャリが1ビットずつ，さざ波のように伝播していくので，リプル（さざ波）キャリ加算器（Ripple Carry Adder）と呼ばれる．

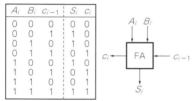
(a) 1ビット全加算器の真理値表

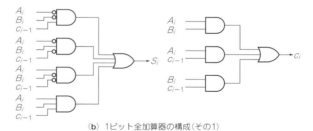
(b) 1ビット全加算器の構成（その1）

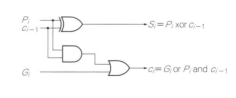
(c) 1ビット全加算器の構成（その2）

図1 1ビット加算器

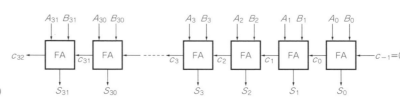

図2 32ビットRCA（Ripple Carry Adder）

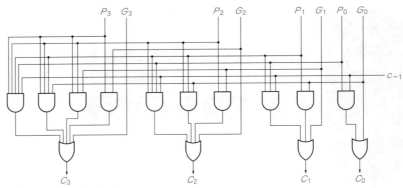

図3 CLA (Carry Look Ahead) 回路

リプルキャリ加算器の欠点は，下位のキャリが決定しないと，そのビットの和が求まらない点である．図1(b)から1ビットのキャリを生成するためには2段のゲートを通らなければならない．一つのゲート遅延をΔとすれば，nビットのリプルキャリ加算器の計算時間は$2n\Delta$となる．図1(c)では1ビットの和を計算するのに4段のゲートを通過しているように見えるが，現実には図1(b)のように3段（キャリの反転に1段必要）で構成可能である．これを見ると和の計算のほうが律速段階に思えるが，キャリが伝播するうちに和は計算できるので，和を3段で計算する場合には$(2n\Delta + 1)$でnビットの計算が終わる．+1は誤差ともみなせるので，実際にはキャリの伝播のほうが計算速度を支配している．

加算を高速化するためにはキャリの生成を高速化しなければならない．実はキャリは入力の値から予測（というか先読み）することができる．それを行うのがキャリ先見(Carry Look-ahead：CLA)回路である．それを図3に示す．なお，図3では，

$G_i = A_i$ xor B_i
$P_i = A_i$ and B_i

である．このG_iとP_iを使用すれば，その加算でのキャリC_iは，

$C_i = G_i$ or P_i and C_{i-1} $(= G_i + P_i C_{i-1})$

で示すことができる．この式より，G_iはビットiでのキャリの生成(Generate)を示し，P_iはビットiでの下位ビットからのキャリの伝播(Propagate)を示す意味があることが分かる．ついでにいえば，A_iとB_iの和S_iはP_iと下位からのキャリC_{i-1}を用いて，

$S_i = P_i$ xor C_{i-1}

と表せる．本来，図3の回路は，

$C_i = G_i + P_i C_{i-1}$
$\quad = G_i + P_i(G_{i-1} + P_{i-1}C_{i-2})$
$\quad = \cdots$
$\quad = G_i + P_i G_{i-1} + P_i P_{i-1} G_{i-2} + \cdots$
$\quad\quad + P_i P_{i-1} \cdots P_1 G_0 + P_i P_{i-1} \cdots P_0 C_{-1}$

で$i = 4$の場合をゲートで表したものである．G_iやP_iを生成するのにゲート1段，キャリの先見に2段（図3），和に3段で6Δの時間で計算可能である．この時間は加算するビット数にかかわらず一定である．この結果，CLAを使用すれば，

$(2n\Delta)/(6\Delta) = n/3$

倍の高速化が実現できる．一般には（nが大きい場合），

$n/\log(n)$

倍程度の高速化になっているという．

CLAは万能のように思えるが，ビット数が増えるとゲートの入力数(fan-in)やゲートからの出力数(fan-out)が大きくなり過ぎて実現不可能になる．現実としては4ビットまたは8ビットの単位に切り分けて計算する．この方式をブロックキャリ先見(Block Carry Look Ahead：BCLA)という．図4が4ビットのブロックキャリ先見回路で，ここではC_3を計算する代わりに，新しいG^*とP^*を生成している．ここで，

$P^* = P_3 P_2 P_1 P_0$
$G^* = G_3 + P_3 G_2 + P_3 P_2 G_1 + P_3 P_2 P_1 G_0$

となっており，G^*とP^*の意味から，

$C_3 = G^* + P^* C_{-1}$

という関係が成り立つ．つまり4ビットのBCLAを1ビットの生成(G^*)，伝播(P^*)，下位からのキャリ(C_{-1})とみなせる．これに注目し，四つの4ビットBCLAと一つの4ビットCLAを使用して16ビットの加算器を構成できる（図5）．

実際にMPUなどの設計に用いられる加算器は図5と同じような構成をしている．ただし，32ビットの加算器は8つの4ビットBCLAと一つの8ビットCLA，64ビットの加算器は8つの8ビットBCLAと一つの8ビットCLAで構成される．CLAはBCLAで代用される場合もある．

なお，ここで紹介した加算機はキャリを伝播して計算する方式を採るので一般的にキャリ伝播加算器(Carry Propagation Adder：CPA)と呼ばれる．加算

Appendix Ⅳ 高速演算器の実際

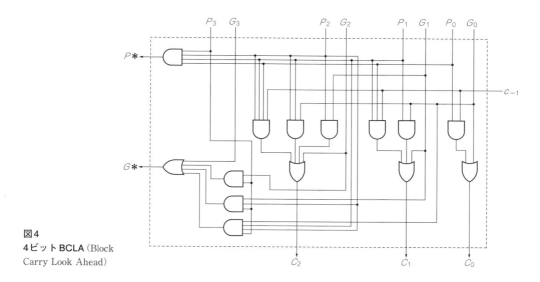

図4
4ビットBCLA (Block Carry Look Ahead)

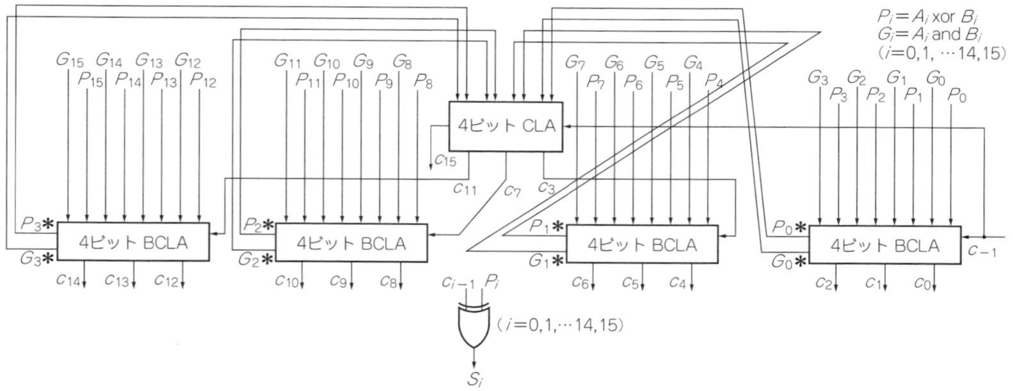

図5 BCLAとCLAを組み合わせた加算器

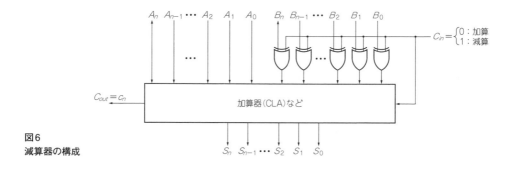

図6
減算器の構成

器の構造に言及したい場合は，同じCPAでもRCA（Ripple Carry Adder）とかCLAとかBCLAと呼んで区別する．

● 減算器の実際

　減算器は加算器の第2入力を負の数に変換して入力することで実現する．つまり，第2入力の2の補数を取って加算する．2の補数はビットを反転して1を加算することで実現できるので，この1を最下位からのキャリ入力にしてやれば，第2入力は反転するだけでよい．これは1と排他的論理和を取ることで計算できる．結局，加減算器の構成は図6のようになる．

321

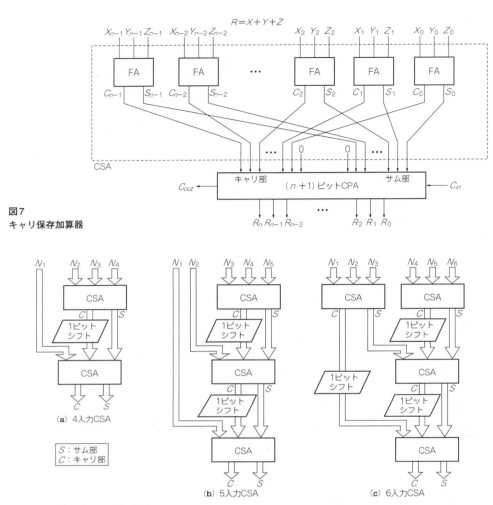

図7 キャリ保存加算器

図8 多入力CSAの構成例

● 多入力の加算器

キャリの伝播が加算時間の律速段階になることはすでに述べた。それならば逆の発想で、キャリを伝播させずに加算を行うことが考えられる。これは特に3入力の加算で多用される。全加算器(FA)において、キャリ入力を第3の入力に見立てればよい。この三つの入力を加算しておいて、キャリの集まりと和(サム)の集まりを別個に計算しておく。これをキャリ保存加算器(Carry Save Adder：CSA)と呼ぶ。つまり、まずCSAでキャリ部とサム部を計算しておき、最後にそれらをCPAで足し込む(図7)。このとき、キャリ部は1ビット左シフトされた格好になり、最下位は0となる。

もし、三つの入力のどれかを反転(1と排他的論理和)してキャリ部の最下位に1を入れておくと減算を行うことになる。

CSAが一つだけではありがたみも少ないが、図8のようにCSAを木構造に結合すると高速な多入力の加算器を構成できる。多入力の加算を行う場合は3入力単位に分けてCSAに入力する方法が好まれる。図8も右側から3入力をなるべく組み合わせた構成になっている。

この木構造をWallaceツリーと呼ぶ。CSAの組み合わせ論理をVLSI上に集積する場合は、配線の規則性が問題となる。Wallaceツリーはその要求に応える構造になっている。Wallaceツリーは乗算器において部分積を足し合わせる場合には特に多用される。

● 乗算器の実際

乗算の原理は掛けられる数(被乗数)を掛ける数(乗数)の数だけ加算することである。単純には乗数の数だけ被乗数をCSAで加算してやればいいが、これでは効率が悪い。そこで、乗数をビット列に分解することを考える。

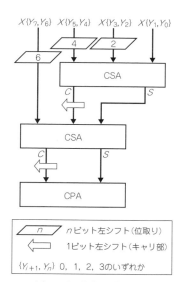

(a) $n=8$ の場合の乗算器の例

(b) $3X$ を作るために余分な加算が必要

図9 2ビット単位に処理する乗算器の例

$X \times Y$

を計算する場合,
$Y = Y_{n-1}Y_{n-2}\cdots Y_2 Y_1 Y_0 \, (Y_i は 0 か 1)$
とすると,
$Y = (Y_{n-1} << (n-1)) + (Y_{n-2} << (n-2))$
$\quad + \cdots + (Y_2 << 2) + (Y_1 << 1) + Y_0$

と n 個の和に分解できる(<<は左シフトを表す).このとき積も,
$X \cdot Y = (X \cdot Y_{n-1} << (n-1))$
$\quad\quad + (X \cdot Y_{n-2} << (n-2))$
$\quad\quad + \cdots + (X \cdot Y_2 << 2) + (X \cdot Y_1 << 1) + X \cdot Y_0$

と n 個の和になる.これをCSAで加算する.たとえば,$n=6$ の場合,
$N_1 = X \cdot Y_5 << 5$
$N_2 = X \cdot Y_4 << 4$
$N_3 = X \cdot Y_3 << 3$
$N_4 = X \cdot Y_2 << 2$
$N_5 = X \cdot Y_1 << 1$
$N_6 = X \cdot Y_0$

として,図8(c)の6入力CSAに入力してキャリ部とサム部を得て,それらをCPAで加算すれば積が求まる.

今は乗数に関して1ビットずつ処理を行ったが,これは1ビットずつ部分積を計算して足し合わせた.これを2ビットずつ処理すれば,部分積の加算回数が半分になる.Y を2ビットずつ処理するとき,その組み合わせには次の4種類があり,その値に応じて0,X,$2X$,$3X (= X + 2X)$ を選択してCSAで加算していけばいい.

$\{Y_{i+1}, Y_i\} = 00\cdots 0$ を加える
$\quad\quad\quad\quad\quad 01 \cdots X$ を加える
$\quad\quad\quad\quad\quad 10 \cdots 2X (X の1ビット左シフト)を加える$
$\quad\quad\quad\quad\quad 11 \cdots X と 2X を同時に加える$

この方式の乗算器($n=8$ の場合)を図9(a)に示す.この方式の欠点は,図9(b)に示すように,$3X$ を作るために余分な加算が必要なことである.被乗数を加える際にシフトするだけで目的の部分積が得られることがゲート数を削減するためにも望ましい.これを満たす方法としてBoothのアルゴリズムがある.

Boothのアルゴリズムは,処理単位のビットの他にさらに下位の1ビットを見て足し込む部分積を決定する.具体的には乗数のビットを3ビットずつ見ていくが,ビットを走査する開始位置を2ビットずつずらしていく.このとき部分積は,

$\{Y_{i+1}, Y_i, Y_{i-1}\} = 000 \cdots 0$ を加える
$\quad\quad\quad\quad\quad\quad 001 \cdots +X$ を加える
$\quad\quad\quad\quad\quad\quad 010 \cdots +X$ を加える
$\quad\quad\quad\quad\quad\quad 011 \cdots +2X$ を加える
$\quad\quad\quad\quad\quad\quad 100 \cdots -2X$ を加える
$\quad\quad\quad\quad\quad\quad 101 \cdots -X$ を加える
$\quad\quad\quad\quad\quad\quad 110 \cdots -X$ を加える
$\quad\quad\quad\quad\quad\quad 111 \cdots 0$ を加える

となる.これなら被乗数のシフトと符号反転(減算)だけで実現できる.ただし,Y_{-1} は0である.

具体例を示そう.$X = \text{0x34}$,$Y = \text{0x56}$ として $XY = \text{0x1178}$ を手計算してみる.いま8ビット×8ビットの乗算を規定しているので,結果は16ビットとなる.まず図10(a)のように $+X$ と $+2X$ を計算する.2倍

323

する場合は1ビット左シフトするだけである．

次に，$-X$と$-2X$を計算する．これは2の補数なので0と1を反転して1を加えればよい[**図10(b)**]．

次にYのビットを走査する．3ビットずつ見ていくが，ビットを走査する開始位置を2ビットずつずらしていく．この例では最後にビットが足りなくなるので最下位に0を追加すると，
$$-2X + 2X + X + X$$
を加算すればよいことになる[**図10(c)**]．以上を**図10(d)**のように足し合わせると0x1178という結果が得られる．これをもとにして，8ビットの乗算器をCSAを用いて構成すると**図11**のようになる．一番右上の，
$$0 + 0 + X\{Y_1, Y_0, Y_{-1}\}$$
を計算するCSAは冗長である．0を加算しても同じ値になるからだ．しかし対称性がいいのでそのままにしておく．

乗算器の基本は以上のようなものである．乗算器は，一言でいえば，並行に計算可能な部分積を足し合わせるだけであるが，CSAのつなぎ方に種々のバリエーションがある．そして，それが乗算器を特徴づけているのだが，ここではこれ以上言及しない．回路に

```
  +X =0000 0000 0011 0100
 +2X =0000 0000 0110 1000 ← 1ビット左シフト
```
(a) $+X$と$+2X$の計算

```
  -X =1111 1111 1100 1011 + 1
     =1111 1111 1100 1100
 -2X =1111 1111 1001 0111 + 1
     =1111 1111 1001 1000
```
2の補数なので0と1を反転して1を加える

(b) $-X$と$-2X$の計算

```
Y = 0101 0110 0   ゼロを加える
         100(0)   … -2X & 0ビット左シフト
         011      … +2X & 2ビット左シフト
        010       … +X  & 4ビット左シフト
        010       … +X  & 6ビット左シフト
```
(c) ビットの走査

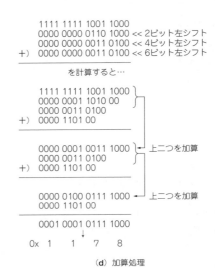

(d) 加算処理

図10　$X = 0 \times 34$，$Y = 0 \times 56$として$XY = 0 \times 1178$

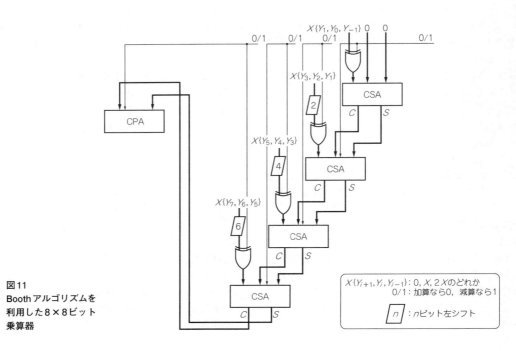

図11
Boothアルゴリズムを
利用した8×8ビット
乗算器

落とす場合には正方形になるような配置が好まれる．なお，実際の乗算器ではシフト処理は配線の付け替えで行うので，一般にいうシフタは不用である．乗算器はシステムの性能を決定づけるため，回路構成や配置法がいろいろ研究されている．そのケースとして54ビット×54ビットの無符号乗算器の研究が多い．これは浮動小数点の乗算を高速に計算する需要がもっとも多いからである（精度はGuardとStickyの2ビットを想定している）．

● 除算器の実際

除算器は，乗算器とは異なり被除数から除数の減算で構成される．しかし，部分商といったものを並列に計算することはできず，必ず一つ前の結果に依存して次の処理を決定しなければならない．事実，除算器というものは存在するが，これが決定版というものはない．それだけ多くの研究があるのも事実であるが，こ

リスト1　引き戻し法のアルゴリズムによる減算処理

```
q = 0;/* 商 */
r = 0;/* 剰余 */
b = 0;/* ボロウ */
repeat 繰り返し回数 then
    if(b==0)then
        r = fs_man - ft_man;
        b = 減算のボロウ;
    else
        r = fs_man + ft_man;
        b = 加算のキャリの反転;
    endif
    q = q or NOT(b);
    fs_man = r;
    fs_man = 左シフト fs_man を1ビット;
    q     = 左シフト q      を1ビット;
endrep
if(b!=0)then
    r = r + ft_man;
endif
```

こでは簡単な除算器の例（引き戻し法と引き放し法をそれぞれ一つ）を述べるに留める．

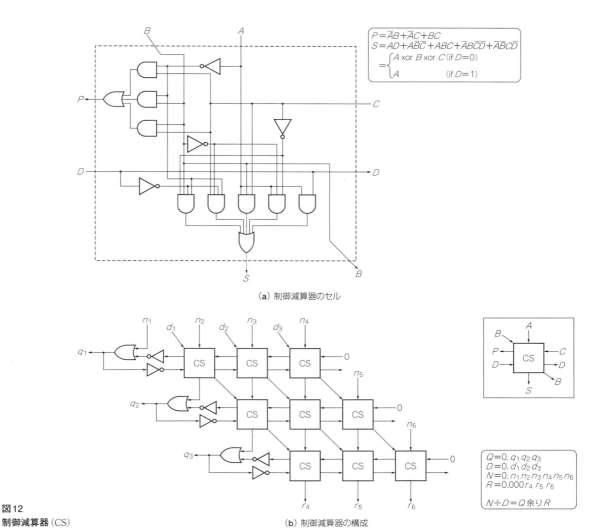

図12
制御減算器（CS）

（a）制御減算器のセル

（b）制御減算器の構成

なお，ここで紹介する除算器では，被除数，除数ともに正の数であることと仮定している．本来，浮動小数点の仮数部は符号と小数部の絶対値からなるので，これで十分である．

除算においては，被除数から除数が引ける（ボロウが出ない）場合に1が立ち，逆の場合に0が立つ．このときの差が部分剰余として新たな被除数になる．引き戻し法とは，引けない（ボロウが出る）場合には部分剰余に除数を加えて元の値に戻す方法である．本Appendixで除算のアルゴリズムとして上述してあるのが引き戻し法である．一方，引ける/引けないに無関係に必ず差を部分剰余とするのが引き放し法である．引き放し法で商として1が立つ（引ける）場合は，次の回は加算を行い，商として0が立つ（引けない）場合は次の回に減算を行う．引き戻し法のアルゴリズムに倣って手順を示すとリスト1のようになる．

さて，引き戻し法による除算器では図12(a)のようなセルを用意し，図12(b)のように構成する．図12(a)は制御減算器(Controlled Subtractor：CS)と呼ばれ，二つの数の減算によるボロウ(P)と部分剰余(S)を組み合わせ回路で生成する．このとき制御抑止信号(D)によって，Sの値は，

$$S = \begin{cases} A & (D=1) \\ A - B & (D=0) \end{cases}$$

となる．つまり，PをDに直結することで正しい部分剰余が得られる．

また，引き放し法による除算器では図13(a)のようなセルを用意し，図13(b)のように構成する．図13(a)は制御加減算器(Controlled Adder or Subtractor：CAS)と呼ばれ，ボロウ(P)の値によって加算または減算を行う．つまり，

$$S = \begin{cases} A + B & (P=0) \\ A - B & (P=1) \end{cases}$$

である．全加算器(FA)を使用するため，図13(b)の各行でキャリの先見を行い，次の行へのボロウ（キャリの反転）を早期に生成することも可能である．

上述のように，乗算と同じく組み合わせ回路で除算器を構成することも可能であるが，現実のMPUに適用されている例は稀である．除算の出現頻度に比して回路規模が大きくなり過ぎるのがその理由であろう．多くのMPUでは，除算のアルゴリズムで示した繰り返し計算によって除算を実現している．

繰り返しによる除算の場合，1回のシフト量を1ビットより大きくする手法がある．これはSRT法と呼ばれる．シフト量がnビットの場合，1ビットの場合に比べてn倍の計算速度を得られる．MPUの多くはこのSRT方が採用されていることが多いが，これについては別の機会に説明したい．

● **バレルシフタの概念**

演算器の中で忘れていけないものにシフタがある．昔はフリップフロップで構成されたシフトレジスタを

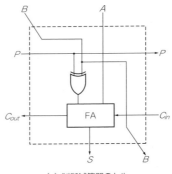

(a) 制御減算器のセル

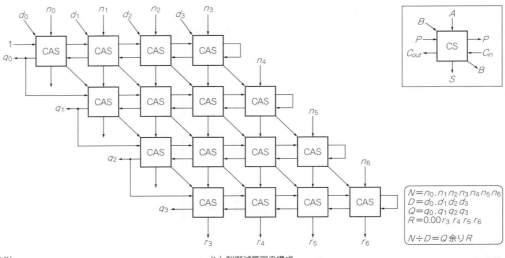

図13
制御加減算器(CAS)

(b) 制御減算器の構成

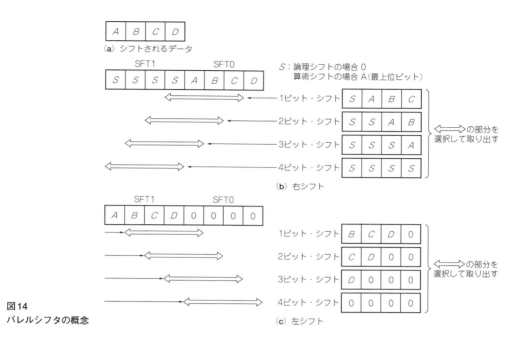

図14 バレルシフタの概念

利用してシフタを実現していた．この場合，1クロックに1ビットしかシフトできないので，nビットシフトをするためにはnクロックの時間がかかる．これをシフト量にかかわらず，1クロックでシフト操作を実現するのがバレルシフタである．最近は，シフトと言えばバレルシフタのことを指す．バレルシフタの構造は非常に単純であり，あえて解説する必要もないと思うのだが，一応概念だけ示しておこう．

バレルシフタとはセレクタである…という一言では説明にならないので，もう少し説明しよう．簡単のために4ビットのバレルシフタを考える．図14に示すように，4ビットのデータを格納するレジスタ（ここでは右側をSFT0，左側をSFT1と呼ぶ）を2組用意し，シフトするデータを次のように格納する．

(1) 右論理シフト：SFT0にシフトするデータ，SFT1にオール0
(2) 右算術シフト：SFT0にシフトするデータ，SFT1にシフトするデータの符号ビットをデータ長だけコピーしたデータ．つまり，オール1かオール0である
(3) 左（論理/算術）シフト：SFT0にオール0，SFT1にシフトするデータ
(4) ローテート：SFT0とSFT1の両方にシフトするデータ

このようにシフトするデータを設定した後，SFT1とSFT0を連続する8ビット（データ長の2倍）のレジスタとみなし，右シフトなら右側（最下位ビット）のシフト量の位置からデータ長（4ビット）だけ取り出す．左シフトなら左側（最上位ビット）のシフト量の位置からデータ長（4ビット）だけを取り出す．左シフトの場合で，最下位ビットを基準にする場合は（データ長－シフト量）の位置からの選択でも同じ結果になる．これでシフトが実現できる．図14にはローテートの場合を図示してないが同じことなので考えてみてほしい．

…ともっともらしく説明してきたが，バレルシフタはHDL（Verilog-HDL）で書くとリスト2のように簡

リスト2 バレルシフタの記述例（Verilog-HDL）

```
reg [3:0] in;      // シフトされるデータ
wire[3:0] sft;     // シフトした結果
reg [3:0] lsft;    // 左シフトの結果
reg [3:0] rsft;    // 右シフトの結果
reg [1:0] cnt;     // シフト量
reg       ls;      // シフト方向：左→1，右→0

always@ (in or cnt)
case (cnt)
2'd0: lsft = in;
2'd1: lsft = {in[2:0],1'd0};
2'd2: lsft = {in[1:0],2'd0};
2'd3: lsft = {in[0],3'd0};
default: lsft = 4'd0;
endcase

always@ (in or cnt)
case (cnt)
2'd0: rsft = in;
2'd1: rsft = {1{in[3]},in[2:0]};
2'd2: rsft = {2{in[3]},in[1:0]};
2'd3: rsft = {3{in[3]},in[0]};
default: rsft = 4{in[3]};
endcase

assign sft = (ls)? lsft : rsft;
```

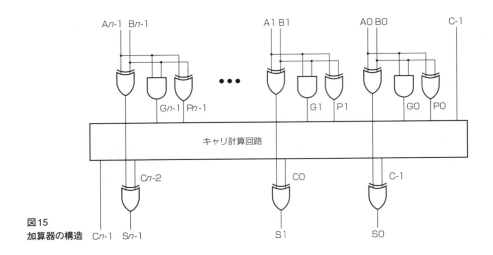

図15 加算器の構造

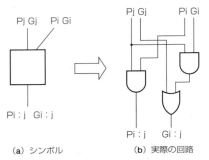

(a) シンボル　　(b) 実際の回路
図16 キャリ計算のためのプリフィックス回路

単に記述できる．これを論理合成すればその構造など気にする必要はない．ただ，高速性を考慮するとなると，1度に選択するビット数を少なくするなど，いろいろ工夫が必要ではあるが…．

● **並列プリフィックス加算器**（PPA：Parallel Prefix Adder）

加算器の話題を追加する．加算にはCLA（Carry Lookahead Adder）で実現すると説明したが，CLAの種類にもいろいろある．ここでは，並列プリフィックス加算器について説明する．nビットからなる2つの2進数を

$A_{n-1}A_{n-2}\cdots A_2A_1A_0$
$B_{n-1}A_{n-2}\cdots B_2B_1B_0$

とする場合，これらの値からnビットのキャリを求めた結果が

$C_{n-1}C_{n-2}\cdots C_2C_1C_0$

となると，2つの2進数の和（加算結果）である

$S_{n-1}S_{n-2}\cdots S_2S_1S_0$

は，

$S_0 = A_0$ xor B_0 xor C_{-1}
$S_1 = A_1$ xor B_1 xor C_0
$S_2 = A_2$ xor B_2 xor C_1
$\vdots$
$S_{n-2} = A_{n-2}$ xor B_{n-2} xor C_{n-3}
$S_{n-1} = A_{n-1}$ xor B_{n-1} xor C_{n-2}

と表せる．ここで，C_{-1}というのはキャリ入力であり，加算回路の場合は通常0である．この関係は**図15**のようになる．

既に述べたCLAでも**図15**と同様な構成になっている．ここで重要なのはキャリをどう計算するかである．いかに回路のバランスよくキャリ計算回路を構成するかが重要になる．このキャリ計算回路に関してはさまざまな研究が行われている．そのキャリ計算回路の構成例を以下に示す．

なお，以下のキャリ計算回路では，最下位ビットへのキャリ入力が無い構成について述べている（加算器では0なので）．また，nビット目の発生信号G_nとキャリであるC_nは同じものである．キャリ入力を必要とする場合は，G_0の代わりに

G_0 xor $(P_0$ and $C_{-1})$

をキャリ計算回路に入力すればよい．

ここで，**図16**のようなモジュール（プリフィックスボックス）を考える．キャリ計算回路はこのプリフィックスを用いて構成される．

16ビットのキャリ計算回路の例を，**図17**から**図20**に示す．それぞれ，提唱者の名前をとって，Sklansky Adder, Kogge-Stone Adder, Ladner-Fischer Adder, Han-Carlson Adderと呼ばれている．図の見方であるが，図の上端の数字は，各ビットのP信号とG信号のペアである．1という数字はP_1とG_1のペアを意味する．つまり，

各ボックスは左側の入力を右側の入力にプリフィックスする演算を行う．一般に，各ボックスは，2つのP号とG信号のペア入力とし，2つのP信号とG信号

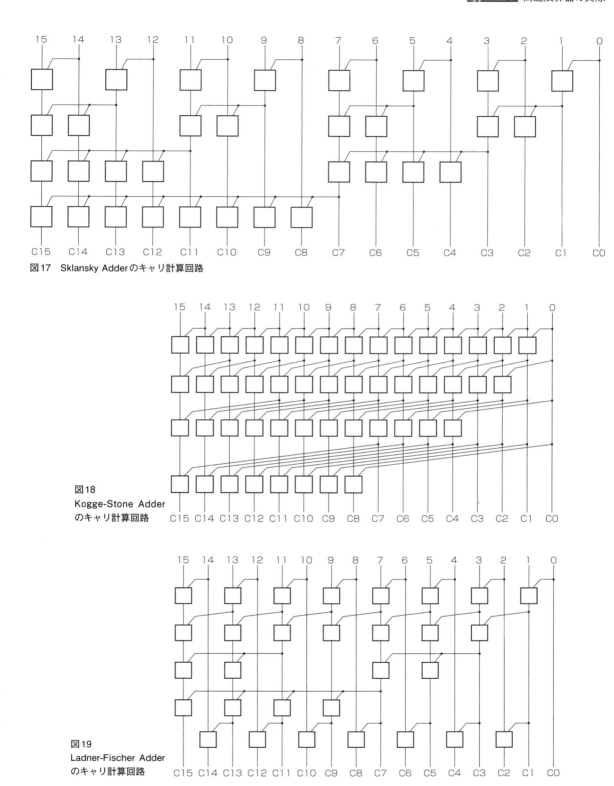

図17 Sklansky Adderのキャリ計算回路

図18 Kogge-Stone Adderのキャリ計算回路

図19 Ladner-Fischer Adderのキャリ計算回路

のペアを出力するが，出力が次のボックスに接続されていない場合（出力が直接キャリになっている場合）は，G信号がその段のキャリとなる．

図17から図20に進化するにしたがって，各回路の

329

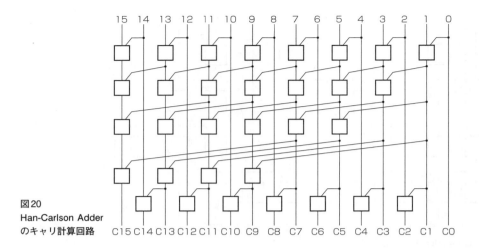

図20 Han-Carlson Adder のキャリ計算回路

リスト3 4ビットのSklansky Adder（C言語）

```
int Sklansky_adder(int A, int B)
{
  int A0,A1,A2,A3;
  int B0,B1,B2,B3;
  int C0,C1,C2,C3;
  int S0,S1,S2,S3;

  int P00, P10, P20, P30;
  int G00, G10, G20, G30;

  int G11; /* C1 */
  int P21, P31;
  int G21, G31;

  int G22; /* C2 */
  int G32; /* C3 */
// Prepare
  A0 = (A &1);
  A1 = (A>>1) & 1;
  A2 = (A>>2) & 1;
  A3 = (A>>3) & 1;
  B0 = (B &1);
  B1 = (B>>1) & 1;
  B2 = (B>>2) & 1;
  B3 = (B>>3) & 1;
// Step 0
  P00 = A0 ^ B0;
  G00 = A0 & B0;
  P10 = A1 ^ B1;
  G10 = A1 & B1;
  P20 = A2 ^ B2;
  G20 = A2 & B2;
  P30 = A3 ^ B3;
  G30 = A3 & B3;
// Step 1
  G11 = G10 | (P10 & G00);
  P21 = P20 & P10;
  G21 = G20 | (P20 & G11);
  P31 = P30 & P20;
  G31 = G30 | (P30 & G20);
// Step 2
  G22 = G21;
  G32 = G31 | (P31 & G11);
// Sum
  S0 = P00;
  S1 = P10 ^ G00;
  S2 = P20 ^ G11;
  S3 = P30 ^ G22;

  return (S3<<3)|(S2<<2)|(S1<<1)|S0;
}
```

リスト4 4ビットのKogge-Stone Adder（C言語）

```
int Kogge_Stone_adder(int A, int B)
{
  int A0,A1,A2,A3;
  int B0,B1,B2,B3;
  int C0,C1,C2,C3;
  int S0,S1,S2,S3;

  int P00, P10, P20, P30;
  int G00, G10, G20, G30;

  int G11; /* C1 */
  int P21, P31;
  int G21, G31;

  int G22; /* C2 */
  int G32; /* C3 */
// Prepare
  A0 = (A &1);
  A1 = (A>>1) & 1;
  A2 = (A>>2) & 1;
  A3 = (A>>3) & 1;
  B0 = (B &1);
  B1 = (B>>1) & 1;
  B2 = (B>>2) & 1;
  B3 = (B>>3) & 1;
// Step 0
  P00 = A0 ^ B0;
  G00 = A0 & B0;
  P10 = A1 ^ B1;
  G10 = A1 & B1;
  P20 = A2 ^ B2;
  G20 = A2 & B2;
  P30 = A3 ^ B3;
  G30 = A3 & B3;
// Step 1
  G11 = G10 | (P10 & G00);
  P21 = P20 & P10;
  G21 = G20 | (P20 & G10);
  P31 = P30 & P20;
  G31 = G30 | (P30 & G20);
// Step 2
  G22 = G21 | (P21 & G00);
  G32 = G31 | (P31 & G11);
// Sum
  S0 = P00;
  S1 = P10 ^ G00;
  S2 = P20 ^ G11;
  S3 = P30 ^ G22;

  return (S3<<3)|(S2<<2)|(S1<<1)|S0;
}
```

Appendix IV 高速演算器の実際

リスト5 4ビットのLadner-Fischer Adder（C言語）

```c
int Ladner_Fisher_adder(int A, int B)
{
    int A0,A1,A2,A3;
    int B0,B1,B2,B3;
    int C0,C1,C2,C3;
    int S0,S1,S2,S3;

    int P00, P10, P20, P30;
    int G00, G10, G20, G30;

    int G11; /* C1 */
    int P21, P31;
    int G21, G31;

    int G22; /* C2 */
    int G32; /* C3 */
// Prepare
    A0 = (A &1);
    A1 = (A>>1) & 1;
    A2 = (A>>2) & 1;
    A3 = (A>>3) & 1;
    B0 = (B &1);
    B1 = (B>>1) & 1;
    B2 = (B>>2) & 1;
    B3 = (B>>3) & 1;
// Step 0
    P00 = A0 ^ B0;
    G00 = A0 & B0;
    P10 = A1 ^ B1;
    G10 = A1 & B1;
    P20 = A2 ^ B2;
    G20 = A2 & B2;
    P30 = A3 ^ B3;
    G30 = A3 & B3;
// Step 1
    G11 = G10 | (P10 & G00);
    P21 = P20 & P10;
    G21 = G20 | (P20 & G11);
    P31 = P30 & P20;
    G31 = G30 | (P30 & G20);
// Step 2
    G22 = G21;
    G32 = G31 | (P31 & G11);
// Sum
    S0 = P00;
    S1 = P10 ^ G00;
    S2 = P20 ^ G11;
    S3 = P30 ^ G22;

    return (S3<<3)|(S2<<2)|(S1<<1)|S0;
}
```

リスト6 4ビットのHan-Carlson Adder（C言語）

```c
int Han_Carson_adder(int A, int B)
{
    int A0,A1,A2,A3;
    int B0,B1,B2,B3;
    int C0,C1,C2,C3;
    int S0,S1,S2,S3;

    int P00, P10, P20, P30;
    int G00, G10, G20, G30;

    int G11; /* C1 */
    int P21, P31;
    int G21, G31;

    int G22; /* C2 */
    int G32; /* C3 */
// Prepare
    A0 = (A &1);
    A1 = (A>>1) & 1;
    A2 = (A>>2) & 1;
    A3 = (A>>3) & 1;
    B0 = (B &1);
    B1 = (B>>1) & 1;
    B2 = (B>>2) & 1;
    B3 = (B>>3) & 1;
// Step 0
    P00 = A0 ^ B0;
    G00 = A0 & B0;
    P10 = A1 ^ B1;
    G10 = A1 & B1;
    P20 = A2 ^ B2;
    G20 = A2 & B2;
    P30 = A3 ^ B3;
    G30 = A3 & B3;
// Step 1
    G11 = G10 | (P10 & G00);
    P21 = P20 & P10;
    G21 = G20 | (P20 & G11);
    P31 = P30 & P20;
    G31 = G30 | (P30 & G20);
// Step 2
    G22 = G21;
    G32 = G31 | (P31 & G11);
// Sum
    S0 = P00;
    S1 = P10 ^ G00;
    S2 = P20 ^ G11;
    S3 = P30 ^ G22;

    return (S3<<3)|(S2<<2)|(S1<<1)|S0;
}
```

欠点を修正するものになっている．Sklansky Adder
はファンアウトが大きいボックスが見受けられる．
Kogge-Stone Adderではファンアウトの問題は解決
されたが，ボックスの数が異様に大きい．Ladner-
Fischer AdderはSklansky Adderに似ているがファ
ンアウトが大きくなる箇所が半分になっている．
Han-Carlson Adderは，回路量が大きいという
Kogge-Stone Adderの欠点を解消する．ボックス数
はSklansky Adderとほぼ同等で，Kogge-Stone
Adderよりかなり少ない．各ボックスのファンアウ
トも2（P信号とG信号が伝わるので）のままで最小で
ある．

　図を見るだけでは接続が分かりにくいので，それぞ
れの4ビット長加算器をC言語で書き下したものを

リスト3からリスト6に示す．4ビットの範囲で見れ
ば，Ladner-Fischer AdderとHan-Carlson Adderは
同じ回路構成なので，**リスト5とリスト6は同じもの**
になっている．

◆参考文献◆

(1) Hisa Ando：コンピュータアーキテクチャの話，パラレルプ
　　リフィックスアダー.
　　https://news.mynavi.jp/techplus/article/
　　architecture-73/
(2) Hisa Ando：コンピュータアーキテクチャの話，パラレルプ
　　リフィックスアダー（2）.
　　https://news.mynavi.jp/techplus/article/
　　architecture-74/
(3) Hisa Ando：コンピュータアーキテクチャの話，パラレルプ
　　リフィックスアダー（3）.
　　https://news.mynavi.jp/techplus/article/
　　architecture-75/

Chapter 10

MPUの新たな用途

AIチップの概要

AI専用チップに注目が集まる背景

AIチップの歴史

● ディープラーニングの元祖は1980年代から

歴史をたどると，1980年代には既に（論理学の観点ではなく），脳の動きをまねるハードウェアを構築するという動きがあった．それが「パーセプトロン」である（コラム1）．人工的に脳内のニューロンやニューラルネットワークを構築しようとするものだ．パーセプトロンは，使用しているAIのモデルを見ても明らかなように，現在のディープラーニングの基礎となる技術である．当時もパーセプトロンで深いニューラルネットワークを構築すれば人間の推論や学習の仕組みを計算機上に構築できるという予測はあった．しかし，いかんせん計算機の能力が低くて論理をハードウェアで実行できなかった．現在のディープラーニングの隆盛は計算機能力の多大な向上と無縁ではない．

● 計算の仕方は確立しているのだから専用AIチップを作りたくなる

現在，AIと呼ばれているもののほとんど全てはディープラーニング技術であり，（パーセプトロンをはじめとする）約60年の技術の蓄積を高速計算機で実現できるようになり，実用化にこぎつけている．その利用方法は確立しており，高速化のためにはソフトウェアよりもハードウェアでという動きが当然起こってきている．半導体メーカがディープラーニングを処理する，いわゆるAIチップの開発に乗り出すのも自然の流れである．

AIチップで行う基本計算

AIチップとは脳の動きをまねるチップである．これは，ニューロンとシナプスを模式化したモデルを使って人間の知能を再現することを目的とする．

● 脳の動き

脳には数多くの神経細胞が存在していて，その結び付きによって情報が伝達されたり，記憶が定着したりする．この役割を持つ神経細胞が「ニューロン」である．また，ニューロン同士の結合間に電気信号が送られることで，情報を伝達するが，この接合部にあるのが「シナプス」である．つまり，脳の神経細胞がニューロンで，そのつなぎ目がシナプスである（図1）．

● 脳神経細胞「ニューロン」の信号処理

このままでは概念に過ぎない．ニューロンをソフトウェアなりハードウェアで扱いやすくする必要がある．そのためにニューロンを模式化したものが「形式ニューロン」[図2(a)]である．その入出力の関係が図2(b)である．

w_kはシナプスの特性を示す「重み」である．重みが正の場合は，シナプスは興奮性を示し，重みが負の場合はシナプスが抑制性であることを示す．

x_kは他のニューロンからの出力である．θはニューロンが活性化（発火：出力を後段に伝えること）する

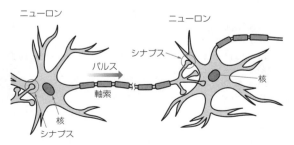

図1 脳の基本構造…脳神経細胞「ニューロン」とネットワーク結合「シナプス」

ための閾値である．また，関数$f(x)$には図3(a)〜(c)のようなものが考えられている．図3(c)のシグモイド関数は以前からよく使われてきたのであるが，バック・プロパゲーション（単純にいうと学習）が難しいため，最近では図3(a), (b), (d), (e)の線形関数が好まれるようである．特に図3(d)のReLU関数(Rectified Linear Units；整流化線形ユニット)は有名である．

● 脳の動きを模擬した「ニューラルネットワーク」で行う計算

形式ニューロンをつないだものが神経ネットワーク（ニューラルネットワーク）である（図4）．AIチップは，ニューラルネットワークの入力から出力までの計算を高速に行うチップである．ここで重要なのは図4(b)の関数をどうやって高速化するかである．着目点は，

$\sum w_k \cdot x_k$

の部分である．これを書き下せば，

$w_0 \times x_0 + w_1 \times x_1 + w_2 \times x_2 + \cdots\cdots + w_n \times x_n$

という積和算になる．積和とくれば従来，DSP（Digital Signal Processor）やArmプロセッサのNEONなどのSIMD命令で行うと高速計算ができた．

上述の計算式は，以下の2つのベクトルの内積とみなすこともできる．

$(w_0, w_1, w_2, \cdots, w_n)$
$(x_0, x_1, x_2, \cdots, x_n)$

ベクトルを集めたものは行列である（テンソルともいう）．つまり，行列と行列の乗算，行列とベクトルの乗算が高速に処理できれば，多くの積和算を同時に

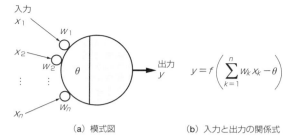

(a) 模式図　　　　　(b) 入力と出力の関係式

図2　脳神経細胞ニューロンのモデル

行えることになる．

● 基本的に並列計算できる

行列と行列の乗算や行列とベクトルの乗算は，行ごと列ごとに並列に計算が可能であるから，マルチプロセッサによる並列処理に適した計算といえる．さらに，ニューラルネットワークにおいて，特定の形式ニューロンの計算には，1つ前の層の結果（ニューロン値）のみが関係し，同層のニューロン計算には依存しないので，その意味でもある層におけるニューロンの値を並列に求めるという処理が可能である．これらから，AIチップの神髄は「テンソル処理の高速処理と並列処理」ということになる．

● GPUが有利な理由

行列と行列の乗算，行列とベクトルの乗算が得意なのはGPU（Graphics Processing Unit）である．GPUでは3次元座標の変換にこれらの乗算を多用する．GPUは数百から数千の積和コアを備えており，テン

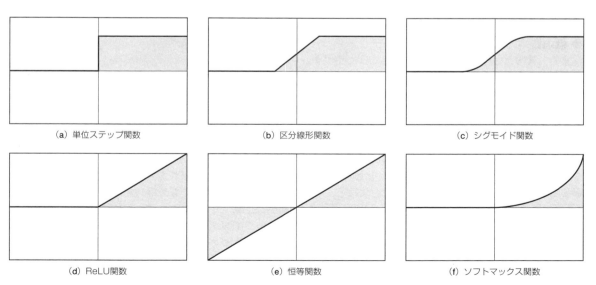

図3　脳神経細胞のON/OFFを表す活性化関数あれこれ

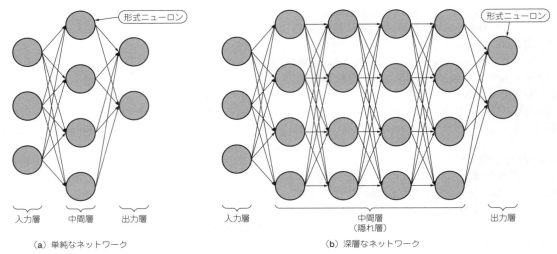

図4 脳神経ネットワークの基本構造
(a) 単純なネットワーク
(b) 深層なネットワーク

ソル処理には適している．NVIDIAのGPUがAI処理チップとして一躍有名になったのはそういう経緯があると思われる．もちろん，DSPやSIMD命令を備えたプロセッサでも同様な処理は可能であるが，GPUに匹敵するコア数や並列処理数を備えたものはほとんど存在しないと思う．

● GPUではないAIチップが開発される理由

ただし，本来GPUはグラフィックス処理を目的としたプロセッサであるから，テンソル処理には無駄な機能も含んでいる．これは消費電力の高騰につながる．そこで，テンソル処理機能のみに特化した構造のチップが開発されるようになった．これがAIチップである．

● 低消費電力なアナログ的アプローチ

また，AIチップには，ディジタル的ではなくアナログ的に人間の脳の動きをより正確にまねようという動きもある（実際はディジタル回路で実装することが多い）．このようなアプローチで開発されたAIチップを「ニューロモーフィック」チップという．ニューロモーフィックチップでは，基本的にクロックが存在せず，イベント駆動型で動作するので，DSP，SIMDやテンソル処理と比べて消費電力が極端に少ないのが特徴である．

AIチップの利点の考察…
端末側にメリットがある気がする

さて，AIチップの利点は何であろうか．それは従来複雑な論理で実現していた機能を，比較的単純な構成のディープニューラルネットワークで実現できてし

まうことではないかと思っている．超解像や音声認識などがそれに当たる．例えば，正弦（sin）は，一般的には、テーラー展開などでその値を計算する．次のような対応表を作成しておけば，0から9に対する正弦の値は一瞬でその値が求まる（ニューラルネットワークの学習とは，単純にいえば，このような対応表を作ることに等しいといえる）．

sin (0) = 0.000000
sin (1) = 0.841471
sin (2) = 0.909297
sin (3) = 0.141120
sin (4) = − 0.756802
sin (5) = − 0.958924
sin (6) = − 0.279415
sin (7) = 0.656987
sin (8) = 0.989358
sin (9) = 0.412118

ニューラルネットワーク化によって，複雑な論理で計算するよりも回路規模を小さくできるから，消費電力は小さくなるし，結果は，何層かの，ネットワークを通過するだけで得られるので，スループットの改善にもなる．層の追加で精度も簡単に高品質化できる．しかも，このディープニューラルネットワークは「重み」を変えることでさまざまな機能に対応できる．つまり，1つで何度でもおいしい回路になっていると思う．近年，インターネットのエッジ側でデータ量を減らしてインターネットの負荷を低減するエッジコンピューティングが注目を集めている．AIチップはこのようなエッジコンピューティングに適すると思われる．

Chapter 10 AIチップの概要

Column1	筆者と人工知能の関わり

筆者がハードウェア開発の道に進む前，1980年代初頭は人工知能のソフトウェアに興味を持っていた．当時はLISPというコンピュータ言語で人間の認知機能を模倣するのが流行りで，LISPといえば人工知能処理言語とみなされることもあった．日本では1982年に始まる「第5世代コンピュータ」がコンピュータ言語としてPrologを採用したこともあり，一躍Prologが人工知能処理言語として脚光を浴びた．実際，LISPやPrologの処理系（実行環境）をハードウェア化するのも流行りだった．

当時のハードウェアは，現在では，数百円程度のマイコンで実装できると思われる．そのような技術が生き残っていれば，LISPなりPrologマシンがAIチップの最初となったと思われる注A．しかし，現在ではそのようなチップを見ることはない．早々にそのような技術は廃れてしまった．その大きな理由としては，AIのモデルが論理学であったためといわれている．人間の明確な推論処理はともかく，画像認識などの微妙な判断の処理を記述するには無理があった．

しかし，1980年代には既に，論理学観点ではなく，脳の動きをまねるハードウェアを構築するという動きもあった．「パーセプトロン」がそれである．人工的に脳内のニューロンやニューラルネットワークを構築しようとするものである．

パーセプトロンの歴史は古く，1958年に最初の論文が発表されている．しかし，その技術は脈々と受け継がれ，筆者などは某大学の研究室でパーセプトロンを使ってお札の種類の認識を行う実験を行っていた．

注A：実際，1988年ごろにLIPSチップやPrologチップが開発されている．前者は(A)を，後者は(B)を参照してほしい．
(A) 32ビットAIチップELISのアーキテクチャ．
http://www.nue.org/nue/tao/bitao/elis-ai-chip.html
(B) Pegasus Prologプロセッサ −VMEbusボードによる評価−
http://ci.nii.ac.jp/naid/170000021500/

AIチップの基礎知識

これからはDSA（ドメイン固有アーキテクチャ）に注目が集まる

● 半導体の微細化は続いてはいるものの…

半導体の集積密度は，「半導体回路の集積密度は1年半〜2年で2倍となる」という経験則に従って進歩を続けていた．これはインテルの創設者の1人であるゴードン・ムーア氏が1965年に提唱したムーアの法則というものである．

2010年代の後半から半導体の集積密度の進歩には鈍化が始まり，ムーアの法則は終わったと言われることがある．しかし，ムーアの法則はまだ終わっていないと言わんばかりに，現在でも半導体の微細化が推し進められていることも事実である．

ムーアの法則によるコンピュータの演算速度の向上は，言ってみればシングルコアを前提としたものである．集積密度が増えるということは，使用できるトランジスタの数が増えるということである．さらにトランジスタの数を増やそうとして1つのCPUのチップ面積はどんどん肥大化していった．それにつれて，1つのCPUの消費電力も大きくなっていった．

そうなると，チップの全領域を最高周波数で動作させると，消費電力が大きくなりすぎて，チップが動作しなくなるという現象が発生する．そこで，チップのある部分（ほとんどの部分）は動作周波数を下げた空き地にしておかなければならないという制限が生じる．

● 動作周波数が頭打ちなのでマルチコアになってきた

これは，いわゆるダークシリコンという問題である．ダークシリコン問題を解決するための手法の1つがマルチコアである．つまり，ダークシリコン領域に（動作周波数を下げた）複数のコアを詰め込んで，それらを並列に動作させることで，空き地を有効活用するのである．

こうすることで，ムーアの法則→ダークシリコン問題→マルチコアという，マルチコア成立に至る，三題話が成立するのだが，これはムーアの法則の終焉を示すものではない．

しかし，なぜか世間ではムーアの法則終焉後（ポス

トムーア）の世界では，どのようなアーキテクチャが流行するのかが話題になっている．これは，要するにマルチコアで何をするのかという話になるのであるが，その急先鋒がDSA（Domain Specific Architecture：ドメイン固有アーキテクチャ）なのである．

DSAというのはドメイン，つまり，応用分野に適したアーキテクチャを提供するという意味である．

● DSAはRISC-Vの登場とともに意識され始めた

DSAという言葉は，新進気鋭のRISC-Vの登場とともに着目されるようになった気がする．RISC-Vは，2010年に発表された新しいコンピュータのアーキテクチャである．命令セットがコンポーネント方式になっていて，コンポーネントの組み合わせでどのような応用分野にも対応できるとしている．つまり，DSAに最適な命令セットはRISC-Vという主張である．

● 特に注目されているプロセッサはAI処理向け

現在着目されているDSAといえば，AI向けのアーキテクチャである．簡単に説明すると積和演算や行列演算を命令セットに組み込んだコアを作って，それをマルチコアで並列動作させるようなものである．

AIに求められる処理に積和演算や行列演算が有利な理由は，脳の神経細胞であるシナプスの挙動を効率良くシミュレーションするためには，それらの演算が有利だからである．

積和演算や行列演算と言えば，一昔前は3Dグラフィックス処理で多用されていた．このグラフィックス処理のアーキテクチャがAI処理にも適用できるというのは，1つの発見である．

グラフィックス処理の専用プロセッサであるGPUの老舗NVIDIAは，自社のGPUボードでいち早くAI処理の分野に乗り出し，今ではAI用のハードウェアと言えばNVIDIAという称号を得ていると筆者は勝手に思っている．

対してグーグルは，積和演算を効率的に処理できるTPUというプロセッサを開発して，AI分野に参入してきた．また，AI向けのプロセッサを開発するベンチャ企業が雨後のたけのこのように生まれては消えていっている昨今である．

● AIチップではなるべくコアの数を増やしたい

AIチップにおいては，1つのコアが人の脳神経細胞のシナプスのように働くと考えられる．人間の脳のシナプス数は約860億個と言われているが，いくら半導体の集積密度が上がったといっても，1チップに860億個のコアを搭載するのは無理な話である．1チップのコア数が，たとえ1万個としても，860万個のチッ

プを並列に接続しないと人間の脳のシミュレーションはできない．これも物理的な大きさから無理な話である．

ということは，現在のAI処理では人間の脳のサブセット程度の処理しかできない．できるだけ人間の脳の挙動に近くするためには，できるだけたくさんのコアを1チップに詰め込みたくなるわけである．

昨今のプロセッサ技術では，AI処理実現のための発表が花盛りである．つまり，超メニーコアや，1チップ内のコア数がそこそことしても，それらを複数個接続して，総体として，超メニーコアに見せかける技術が数多く発表されている．

● 半導体の世界の注目株「AIチップ」

Microprocessor Reportを発行しているLinleyグループが主催した2019年の「Linley Fall Processor Conference 2019」ではAIチップが競って紹介された．また，最先端半導体についての学会Hot Chips 31（2019年）でも，論文の約1/3は機械学習やAIがテーマだった．

半導体の世界でAIチップは今1番旬なトピックスといえる．

● 特にエッジ用の低価格AIチップが注目

世の中のAIチップは大きくデータセンタ用とエッジ用に分類できる．

ビッグデータ（≒データセンタ）の時代といわれたのはもはや昔のこと．現代ではエッジからデータセンタの通信コストもばかにならず，エッジで処理できることはエッジで処理して，データセンタとの通信量を削減するということが必須の命題のようになっている．ということで，エッジで使用する低価格なAIチップが注目されている．

とはいえ，データセンタ用のAIチップがなくなるかといえば，そうではない．エッジでの処理は推論処理に限定されることが多いのであるが，学習処理やエッジで処理できないほどの大規模な推論処理はデータセンタ用のAIチップに頼ることになる．

● 実際に普及するかどうかはソフトウェア対応次第

本章では，筆者が着目しているAIチップを紹介しているが，各社いろいろ工夫を凝らしたAIチップを開発している割には，NVIDIAのGPUの性能を超えられないような気がしている．各社のチップのアーキテクチャが独特すぎてTensorFlowなどのフレームワークにうまく対応できていないのであれば，ハードウェアが高性能でもソフトウェアの対応がなければ粗大ごみというういい例になってしまう．

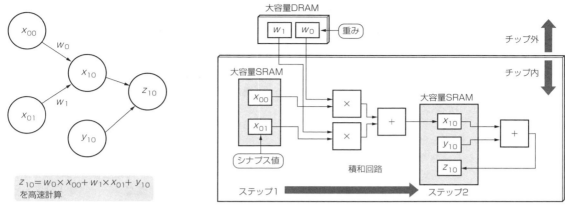

図5 AIチップには高速で効率のよい積和演算が求められる
AIチップは，要は積和演算アクセラレータ

逆に，TensorFlowやTensorFlow Liteなどにうまく対応して初めてAIチップとして認知されるという傾向もあると思う．そのために，AIチップの開発元はなんらかのフレームワークに対応できるソフトウェアを提供していることがほとんどである．

AIチップに求められる計算機能

AIチップの中心機能は積和演算である．以下に解説する．

AIの信号処理では，脳の神経細胞をまねた「形式ニューロン」をつなぎ合わせて形成した神経ネットワーク（ニューラルネットワーク）において，ある入力を与えたときの出力値を求める．この出力値を高速に求めることに特化したのがAIチップである．

この計算においては，前段階の出力値に「重み」を掛け算して，次の段階に伝達する．つまり，脳神経細胞の動作は，形式ニューロンのもつ値（シナプス値，最近ではアクティベーションという言葉が定着している）と重みを乗算した値を足し合わせたものと同じである．

AIチップでこの積和機能を高速に実現することで脳の動作をまねるのである（図5）．

● AIチップで差がつくポイント

本来なら脳細胞の個数（約千億）だけ積和演算器が欲しいところであるが，現実的なところ（数万個程度？）で終わっている．その積和演算器をどれだけ効率よく実行できるか（高速な積和アクセラレータの実現）が各社の腕の見せ所である．

● 計算規模によってAI演算器の数を選べるのが便利

ところで，AIチップはコプロセッサなのであるが，年々大規模になるニューラルネットワークに対処すべく，計算規模もどんどん大きくなっている．この状況に追従するためには，プロサッサのスケーラビリティが重要になる．要するにマルチコア化である．

マルチコアを容易に拡張できるように，最近では積和演算器をタイルに押し込んで，そのタイルを2次元のメッシュ構造に配置する手法が主流である．この様子を図6に示す．よりエンドポイント寄りのセンサ制御などではタイル1個，中規模のエッジ処理では4～16個程度のタイル，データセンタなどの応用では64個以上のタイルと同一のアーキテクチャで全方位展開ができるので，開発する側としては効率がよい手法である．

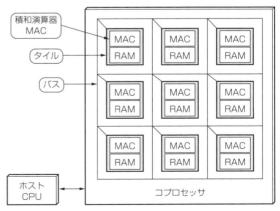

図6 AI演算用タイルを必要な量だけ2次元にスケーラブルに敷き詰めるのが最近主流の構成

Column2　これからのAIチップのゆくえ

　AIチップの多くは，ホストコンピュータのコプロセッサという形式で使用されることが多いようだ[図A(a)]．あるいは，それがホストCPU込みで1チップされてSoCの形態になっている場合もある[図A(b)]．

　しかし，浮動小数点コプロセッサの基本命令がCPUに内蔵されるのは昨今では普通である．ゆくゆくは，積和アクセラレータもCPUの命令セットの一部として，通常の整数演算命令や浮動小数点演算命令と同等になる日が来るかもしれない(図B)．特に，AIチップがエッジ分野に進出するためには，AI機能をCPUに内蔵することが求められるだろう．スマートフォンのCPUにはなんらかのAIチップ(AIアクセラレータ)が内蔵されている．AIチップのSoCへの実装方法としては，NPU(Neural network Processing Unit)として，GPUと同じような位置付けでCPUと並列に配置されることが多いようだ．図A(b)の形態だ．

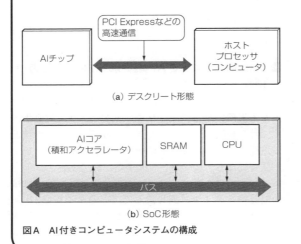

図A　AI付きコンピュータシステムの構成

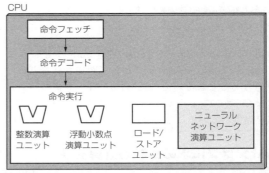

図B　最終的には積和アクセラレータ(ニューラルネットワーク処理ユニット)を命令として内蔵する場合もあるかも

推論用AIチップと学習用AIチップのちがい

　AIチップの機能は推論用と学習用に大別される．どちらも高速な積和演算が必要なことは同じであるが，学習は推論に比べて膨大な数の積和演算を実行しなければならない．現在では，推論と学習でAIチップのアーキテクチャを同じにして(ただし，学習用は高いバンド幅をもつメモリコントローラを採用する)，推論チップをアップスケールすることで学習チップにすることは珍しくない．

　エッジ(エンドポイントを含む)のAIチップ(基本的に推論重視)とデータセンタのAIチップ(学習も推論もできる)の違いは，アップスケールして大規模な構成が可能かどうかにある．また，学習には浮動小数点演算が必要という「定説」があるので，浮動小数点演算をサポートするかどうかも推論と学習を分ける基準となる．

● 増えたコアをつなぐためのネットワーク

　システムのコア数が多くなると，コア間の配線が複雑に絡み合って実装には適さなくなる．そこで考えられたのが，多くのコアをネットワーク(NoC：Network on Chip)で規則正しくつなぐという手法である[注1]．

　つまり，X軸方向，Y軸方向に伸びた配線の交差点に交通整理をするルータを置き，ルータに1つのコアがつながるという構成である．コア間のデータのやり取りはパケットによって行われる．パケットとはタグ(行き先：X座標とY座標で表される)とデータを含んだ一塊のビット列である．このビット列がネットワーク上のルータからルータを走り回って1つ(ある

注1：NoCといえば，通常はプロセッサのバス・ファブリック(インターコネクト)を実現するマクロの一種を指す．システムバスにつながるバスマスタとバススレーブの間で，基本的にはパケット通信でデータをやり取りする．別にメッシュ状になっている必要はない．パケットで通信するというのが本質である．

いは複数)のタスクを実現する．この様子を図7に示す．図7では，

座標(0, 0)から座標(3, 0)へ
座標(2, 1)から座標(0, 3)へ
座標(1, 3)から座標(3, 1)へ

と，3つのパケットが並列に転送されている．もちろん，このような動作を実現するためには，各コアに対して初期値を与えてやらねばならない．それは，全体を束ねる高性能プロセッサが行うのであるが，図7には示していない．このようなネットワーク構成(メッシュ構成)は，最近はやりのAIチップでよく見受けられる．逆に言うと，メッシュ構成でプロセッサ間を接続しないと，プロセッサ(コア)の数を増やすのが難しくなっている．コアの数を増やすのは既定路線であるから，接続も自然とメッシュ構造(これは2次元の場合で，3次元の場合はトーラス構造と言う)が必須となる．

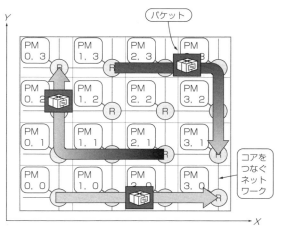

図7[3]　NoC(ネットワーク)でつながれたマルチコア
PMはプロセッサモジュール，Rはルータの略

AIプロセッサ3つの実例

DSAの実例として，AI処理，あるいはそれをハードウェア化したAIチップとして，Esperanto社のET-SoC-1とTesla社のD1チップ，およびインテルのXe-HPC GPUについて紹介する．それぞれのコア数は，約250万，約100万，1024となる．

AIプロセッサ①：EsperantoのET-SoC-1

世の中はRISC-Vがちょっとしたブームになっているが，SiFive社のプロセッサを除き，RISC-Vのコアでサーバ(あるいはハイエンド)を目指したものは存在しなかった(性能が圧倒的に足りないため)．しかし，RISC-Vでサーバ分野を狙おうとしているのがEsperantoというスタートアップである．Esperantoを創業したのは(あのTransmetaで有名な)David Ditzel氏である．

Esperantoは，ET-MaxionというハイエンドのプロセッサとET-Minionという高いスループットを持つ並列プロセッサ(4096コア構成を想定)を開発した．

● シングルスレッド性能の高いET-Maxion

ET-Maxionは最高のシングルスレッド性能を持つ64ビットのRISC-Vプロセッサである．ハイエンドのRISC-Vコアがないという世間の要望に応えることを目的としている．

このプロセッサの存在でEsperantoは，高性能から高効率のラインアップをRISC-Vで統一することが可能になるそうである．同社いわく，結果としてMaxionはハイエンドのArmコアと競争できる初めてのRISC-Vコアだとのことだ．

ET-MaxionコアはRISC-Vの最初のアウトオブオーダ実行コアである)BOOMコアをベースにして開発されており，次のような改良を行っている．

- 動作周波数の引き上げ
- 分岐予測とプリフェッチを最先端のものに改良
- 命令のフェッチ，デコード，発行の幅の拡大
- 命令，データキャッシュとTLBのサイズの拡大とECCの付加
- 圧縮命令の追加をサポート
- フロントエンドとロード／ストアユニットの再設計
- デバッグ回路の改良
- パフォーマンスモニタの改良

ET-Maxionは，4命令(5命令という説もある)同時発行，アウトオブオーダなパイプライン構造を持つ高性能コアである．TSMCの7nmプロセスを使い2GHz程度の動作周波数となるという触れ込みである．

● エネルギー効率の高いET-Minion

ET-Minionは高い浮動小数点演算スループットで，かつ高いエネルギー効率を持つ64ビットのプロセッサである．具体的には，64ビットのRISC-Vコア(Rocketか?)に，1サイクルで複数の浮動小数点演算を発行するためにベクタ拡張を行い，テンソル計算やその他のマシンラーニング用の拡張命令，グラフィックス用の命令も追加するものである．

● 2種類のコアを組み合わせて使う

最終的には，ET-MaxionとET-Minionを搭載するチップは4096個のメニーコア構成にして，AI処理やグラフィックスなどの浮動小数点集約型分野での応用を目指しているということだった．

339

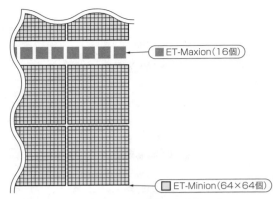

図8[(4)]　ET-MaxionとET-Minionを使ったAIチップ

　WikiChipというウェブサイト[(4)]では4096個のET-Minionを構成するチップ（AIチップ）を，スーパーコンピュータPEZY-SC2（PEZY社）と比較することで，次のようなアーキテクチャになると予測していた（図8）．256個のET-Minionから構成されるクラスタを1個のET-Maxionによって制御する．それを1チップ上に16組搭載する．

　PEZYの場合は，16個のプロセッサエレメントが128組で構成される"City（市）"を6個の高性能なMIPSコアで制御するアーキテクチャだそうである（図9）．

　コア数は，16 × 128 = 2048個であり，Esperantoのチップのコア数4096個に対して半分である．制御コアの数は6個なので，16個に対して約半分であり，EsperantoのAIチップはPEZY-SC2の2倍の規模を持つことになる．

　またWikiChipでは，PEZYのプロセッサエレメントは，さまざまなレイテンシを隠蔽するため，8ウェ

イのマルチスレッドになっているということで，ET-Minionがマルチスレッド（スレッド数は不明だったが，結果は2スレッドということになった）構造になると断言していた．

　そのような予想の下，2021年4月のCool Chips 24で，ついにその実体が発表された．ET-MaxionとET-Minionは，別々のチップとしての供給ではなく，1つのメニーコアチップの構成要素としての位置付けになっている．まさに，WikiChipの予想通りだった．このET-MaxionとET-Minionを搭載するチップがET-SoC-1である．

　1チップを36区画に分け，34区画がET-Minionの領域（Minion Shire：ミニオン州），2区画がET-Maxionの領域になっている．Minion Shireには32個のET-Minionコアが存在するので，チップ全体で32 × 34 = 1088個のコアがあることになる．ET-Maxionは，1チップ当たり4コアの搭載である．

　WikiChipの予想の約1/4の規模である．最終的には4096コアに近づけていくのであろう．あるいは，チップを複数個つなげてコア数を稼ぐのかもしれない．実際，1チップ当たり20WとGPUとしては低電力なので，6チップを並列動作させるボードを想定しているとのことである（図10）．

● **消費電力当たりの性能が高い**

　Esperantoの説明によれば，6558［(ET-Minion1088個 + ET-Minion1個 + ET-Maxion4個) × 6］コア搭載で，一般的なGPU相当の消費電力とのことだ．動作周波数が1GHzの場合，INT8の演算性能で800TOPSの性能，約150Wの消費電力だそうである．AIチップとしては，最近の流行の1000TOPSのものよりは低いが，電力当たりの性能は世界一かもしれない．

　ET-Minionは，RISC-VのコアとL1データキャッシュ（またはスクラッチパッドRAM），256ビットの浮動小数点演算を行う16本のベクタ/テンソルユニットと，512ビットの整数演算を行う16 × 2本の整数のベクタ/テンソルユニットを持つ．要するに，浮動小数点数と整数の積和演算ユニットである．

　RISC-V仕様の策定が間に合わないので，ベクタ/テンソルユニットは独自仕様ということである．

　ET-SoC-1は6チップをひとまとめとしたボードの形態で供給されるとしているが，2021年に開催されたHotChips 33では，スケーラビリティに関しての情報が公開された．

　6チップ搭載のボードを2枚集めたものをSled（小さなそり）という名前で定義する．これは取り扱いやすいように直方体の箱状にしたものである．このSledを4組集めたものをCubby（隠れ部屋）という名前で定義する．これはラックに格納する1単位である．そ

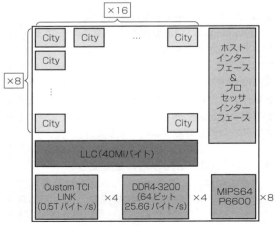

図9[(5)]　PEZY-SC2のブロック図

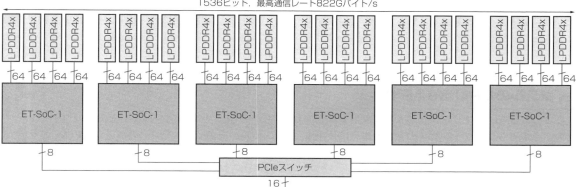

図10⁽⁶⁾ ET-SoC-1を6個搭載するボード

して，このCubbyを8台格納した筐体（ラック）がデータセンタなどに納入される．すなわち，1台のラックには384個（約250万コア）が搭載されることになる．

ET-SoC-1は，データセンタ向け推論チップであるが，将来的にはMinion Shireを減らしたエッジ向けチップや，ET-SoC-1チップを多数つなげた学習用のシステムを開発する予定ということである．

AIプロセッサ②：Teslaが自社設計したD1チップ

Tesla社といえば自動運転で有名な会社である．自動運転にもAI技術が生かされているので，TeslaがAIチップを開発するのは不思議ではない．

AI処理の大変さは，ニューラルネットワークの学習処理にある．製品の開発を加速するためには，AIの学習処理の高速化が必須である．Teslaは，他社製のコンピュータで学習処理をしていることに満足できず，自分たちの方がもっとうまくやれると，現時点でまだ誰もなしえていないエクサスケール（1ExaFLOPSを超える性能を持つことを意味する）のスーパーコンピュータの開発に乗り出した．スーパーコンピュータの性能を競うTOP500で3期連続4冠を達成した日本のスーパーコンピュータである「富岳」の性能は442.01PFLOPSであるので，その約2倍の性能が出ないとエクサスケールに達しない．

そして2021年8月，TeslaはD1というAIチップを発表し，その開発状況が明らかになった．

500億個のトランジスタを集積した7nmプロセスで製造される2GHzで動作するチップだそうだ．4ウェイの64ビットスーパースカラCPUをベースにした354個のノード（学習ノードと呼ばれる）が搭載されている．各ノードに含まれるスイッチファブリックによって上下左右に並ぶ他のノードと通信する．

● AIの学習処理を意識した設計

このCPUはAIの学習処理が可能なように，8×8行列の乗算機能とFP32，BF16，CFP8，INT32，INT16，INT8形式のデータをサポートするSIMD機能を内蔵する．

D1チップの性能は，FP32で22.6FLOPS，BF16，CFP8で362TFLOPSの性能だそうである．消費電力は400Wである．

▶ 25個の学習ノードで1個の学習タイル

このチップの特徴はスケーラビリティである．最初に紹介するのは，25個の学習ノードで1個の学習タイルとする構成だ．

演算性能はD1チップ1つの25倍となるので，BF16，CGP8で9PFLOPSを超える性能になる．電力も25倍になるとすると10000Wである．冷却をどうするのかが気になる．

▶ 120個の学習タイルでスーパーコンピュータを作る

その次は，6個の学習タイルを1つのトレイに内蔵する学習マトリクスという形態である．この学習マトリクスのトレイを2つキャビネットに格納して，スケーラビリティの核となる計算クラスタを形成する．そして，おそらく（現実的な）最終形態は，120個の学習タイル（10個の計算クラスタ）から構成されるExa PODというスーパーコンピュータだと思われる．

このスーパーコンピュータはDojoと呼ばれているようだ．このときの演算性能は，BF16，CFP8で，9×120 = 1080PFLOPS ≒ 1.1ExaFLOPSと，もしかしたら世界初のエクサスケールのコンピュータの誕生になるかもしれない．

ExaPODは2022年に稼働するという話である．Exa Podは，Teslaが現在使っているNVIDIAベースのスーパーコンピュータよりも4倍高性能で，1.3倍の電力効率，1/5のフットプリントとなる見込みである．

なおTeslaは，学習タイルはDojo Interface

Processorというプロセッサを介して，最大50万個まで並列に接続できると豪語している．この実現性はよく分からないが，夢はでっかくということなのだろう．

AIプロセッサ③：インテルのGPU Xe-HPC

ここではGPU，つまりグラフィックス専用プロセッサの話をする．グラフィックスの計算の基礎は積和演算なので，AI処理と同様である．つまりGPUはAI処理にも応用が利く．

実際，GPUの老舗のNVIDIAはTuring，Ampereという高性能GPUを開発，販売しており，それらのGPUは高性能なAIチップとして認知されている．グーグルのように，AIに必要な最低限の機能だけに絞り込んでAIチップを開発しているメーカもあるが，NVIDIAの方針は違う．GPUの場合，グラフィックス用途とAI用途の両方で販売できるため，AI処理用のハードウェアをGPUで開発することは，1粒で2度おいしいことなのである．

● インテルも単体のGPUを出してきた

そこで，2021年8月に発表された，インテルのディスクリートなGPUであるXe-HPCを紹介する．インテルというと，言わずと知れたCPUメーカの老舗である．ライバルのAMDと性能競争を続けていることは有名である．そのAMDはRadeonというディスクリートなGPUを開発/販売している．それに対抗するインテルは，1998年に740というGPUを発表しているが，GPUはCPUに内蔵するものというスタンスを取り続けているように見えた．

しかし，GPUの老舗NVIDIAの好調な業績に影響されたのか，2020年10月に22年ぶりにディスクリートなGPUの発表を行った．それが，Iris Xe MAXである．これは，Tiger LakeというCPUの内蔵GPUであるIris Xeを抜き出して単体チップにしたようなものだ．

そのGPUのコア部分はXe-LPと呼ばれている．インテルの発表では，Xe-LPの開発意図の1つとしてAIアプリケーションの性能向上を挙げていることから，NVIDIAに対する対抗意識が透けて見える．

そして，2021年の8月に発表されたのが，Xe-LPの後継とも言えるXe-HPG（開発コードネームはAlchemist）とXe-HPC（開発コードネームはPonte Vecchio）である．Xe-HPGはゲーミングPCで使われるGPUで，Xe-HPCがAI処理を含む高速コンピューティングに使用されるGPUである．ここでは，Xe-HPCを紹介する．

● AI処理もできる高性能GPUそれがXe-HPC

Xe-HPCの根幹はXeCoreである．これは，NVIDIAのGPUでいうところのSM（Streaming Multiprocessor）に相当する．

SMとは，積和演算器の化け物であるCUDAコアを複数個集め，それにベクタやテンソルの演算機能を追加したものである．

NVIDIAのGPUは，このSMを100個程度ネットワーク接続することで構成されている．つまり，SMはスケーラビリティの最小単位である．

● 柔軟な設計が可能なスケーラビリティを持つ

図11にXeCoreのブロック図を示す．各XeCoreには8個のベクトルユニットが含まれており，各ユニットは，1サイクル当たり512ビットのベクトル処理，4096ビットの行列計算ができる．これはベクトルエンジンでFP32を16並列で処理できることになる．

XeCoreコアごとに8個のベクトルエンジンが存在するため，1つのXeCoreではクロックごとに8×16=128個のFP32演算を処理できる．これは，NVIDIAの最新GPUであるAmpereのSMとほぼ同性能である．ただし，インテルの発表では，ベクトルエンジンの性能は，1サイクル当たり256個のFP32演算となっており，計算が合わない．何かカラクリがあるのだろう．

また，これら8個のベクトルユニットは8個の行列/テンソル演算器ともペアになっている．Xe-HPCではなく，Xe-HPGの場合であるが，コンピュータハードウェアの解説では定評のある情報サイトであるAnandTechの解説[9]によれば，この行列演算はシス

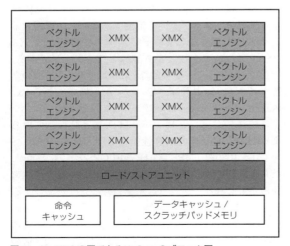

図11 Xe-HPGの要であるXeCoreのブロック図
8個のベクトルエンジンと行列エンジンのXMX（Xe Matrix eXtensions）を持つ

トリックアレイによって実現されており，シストリックアレイの採用はグーグルのTPUに続き世界で2番目だそうである（Xe-HPCでも同じだと思われる）．

スケーラビリティの次の段階は，16個のXeCoreを接続したスライスである．

▶ Xe-HPCを構成する最小単位：スライス

スライスとは，Xe-HPCを構成する最小の基本単位である．ハードウェア設計を行う場合は，このスライス単位で配置や配線が行われます．これでGPUの基本的な処理を実現できる．しかし，外部とのインターフェース機能がないので，それを追加してやる必要がある．それが，次で説明する"スタック"ということになる．

Xe-HPCの場合，スライスには16個のXeCore，16個のレイトレーシングユニット，1個のハードウェアコンテキストスイッチが含まれる．AI処理とは無関係なレイトレーシングユニットを内蔵する点は，NVIDIAのTuringやAmpereを強く意識してのことだろう．

▶ メモリやインターフェースを含めた：スタック

スライスは，XeCoreをマルチコア化して最小限のGPU機能を提供する"部品"である．スタックは，スライスに対して，共有メモリ（L2キャッシュ），メモリコントローラ，通信機能などを追加して，1つのGPU製品として独り立ちができるようにした単位である．しかし，インテルではスタックを2個つなげたものをGPU製品の単位としているようである．

スタックはL2キャッシュと，4個のHBM2eコントローラ，1個のメディアエンジン，8個のXeLink（通信用インターフェース）により構成される．このスタックの数により，GPUのデザインをスケールアップしたり，スケールダウンしたりできる．実際には2個のスタックを1つの単位として扱うようだ．

インテルの発表では，このスタック（2個分）を8個相互接続してHPCとしている．

Xeリンクで接続できるのは最大で8個のようである．この構成では，XeCoreの個数は16×4×2×8＝1024個になる．このときの性能はインテルの公称値であるが，FP32の処理性能では1サイクル当たり262114演算，行列計算ではINT8で8388608演算となっている．1GHzで動作すると仮定すると，FP32で262TFLOPS，INT8で8388TOPSという計算になる．まさにモンスターである．

● NVIDIAのGPUに対抗できるか

さて，肝心のXe-HPC（Ponte Vecchio）は，参考文献(10)によると，スタック2個で構成される．しかし，実装に1チップに組み込む単位は，8個のXeCoreを集積した計算タイルである．

インテルの発表資料では47タイルの文字が目につくが，これは他のメモリインターフェースや通信用のタイルなどを含んだ数で，GPUは16タイルということである[11]．となると，1チップに含まれるXeCoreの個数は，16×8＝128個ということになる．これはまさに2スタック分である（タイルに分割するのなら，わざわざスタックを構成する意味は疑問）．

さて，1024コア当たりの性能が26とすると，128コアでは262×（128/1024）＝32.75TFLOPSである．しかし，Xe-HPCの公称性能は45TFLOPSであるから，この計算結果と食い違う．もしかしたら，Xe-HPCの動作周波数は，1GHzではなく1.3GHzなのかもしれない．それならつじつまが合う．

とにかく，最初に45TFLOPSありきである．NVIDIAのAmpere（A100）はFP32の性能が19.5TFLOPSなので，その2倍以上の性能を実現できているのが売りなのだと思われる．

将来的にインテルは，Xe-HPCの4チップを1枚のボードに載せる計画のようである．また，Xe-HPCは，2021年に同社が米国エネルギー省へ納入予定のスーパーコンピュータAuroraにも搭載される見込みである．Auroraは米国初のエクサスケール（秒間100京回の演算性能）システムとなると予想されている．Auroraでは，6チップのXe-HPCを採用するようである．なお，2021年の納期に間に合わず，インテルが違約金を払ったという話は余談である．実際のAuroraの稼働は2023年6月である．

● まだまだコア数は増え続ける

並列処理の行き着く先はAIチップなのではという観点で，本稿を書いてきた．時代は100万コアのシステム（チップではない）を構築できるようになっている．100万個のコアが並列に動作する様を想像すると壮観である．でも，人間の脳神経細胞の860億個をシミュレーションするにはまだまだである．AIチップは860億コアを目指して，どんどん進化していくものだと楽観視している．

● 現代SoCの三種の神器：CPU，GPU，そしてNPU

AI機能のアクセラレータには様々な名称が付けられていたが，最近ではNPU（Neural network Processing Unit）という呼称に定まってきたようだ．

NPUは、その名称の通り，「神経細胞のネットワークを処理するプロセッサ」である．これは，とりも直さず，ディープラーニングの推論処理を高速に実現する回路要素ともいえる．その処理の実体は多数の積和演算の並列処理である．その意味で，GPU（Graphics Processing Unit）と似ている．

343

GPUメーカの雄と言えばNVIDIAだが，NVIDIAのGPUは，本来の役割のグラフィック用途だけでなく，ディープ・ラーニング用途でも存在感を示している．昔からあるディープ・ラーニングが普通に使えるようになったのはNVIDIAがGPUでその有効性を実証したからであるといっても過言ではない．

ということで，GPUがあればディープ・ラーニングを高速に処理することが可能である．

しかし，GPUは3D/2Dのグラフィックスの描画機能が専門なので，ディープ・ラーニングに使用するためにはレンダリングなどの機能は邪魔になる．

そこで，GPUからディープ・ラーニングには不要な機能を取り去ってコンパクトにまとめたプロセッサが必要になった．それがNPUだ．NPUの機能の基本は積和演算なのだが，もっと大きな範囲でいえば，テンソル行列の処理である．GPUはグラフィックスが主たる用途なので3次元の行列計算ができれば十分だ．しかし，ディープ・ラーニングでは神経細胞の動きをエミュレーションするため，3次元以上の巨大な次元の行列（テンソル）の計算が必要になる．ここに，GPUとNPUを別々に開発する意味がある．

最先端のSoCといえば，スマートフォンやPCに使われるSoCだが，そこには，CPUやGPUと並んで，NPUが独立して内蔵されている．NPUの役割は，画像データや音声データの加工をディープ・ラーニング処理で行うことだ．某スマートフォンで有名な「消しゴムマジック」も，切り取られた背景画面の空白部分を補完するためにNPUが活用されている．

聞くところによると，スマートフォンのOSであるAndroidにはNPUを呼び出すAPIがあるそうだ．このAPIを使うとNPUが呼び出されるのだが，NPUを搭載していないスマートフォンではNPUの機能をCPUがエミュレーションするのだそうだ．NPUは専用回路なのでCPUでエミュレーションするとなると効率は格段に低下する．このように最近のスマートフォンではNPUの存在が当たり前のようになっている．

NPUを利用する場面は，スマートフォンやPCを超えて広がっていくと予想されている．たとえば，ロボット，スマートホーム，自動運転などの幅広い分野での活用が期待されている．

◆参考・引用＊文献◆

(1) 算数＆ラズパイから始める人気AIディープ・ラーニング，Interface，2017年8月号，CQ出版社．

(2) *Leveraging OCP for Cache Coherent Traffic Within an Embedded Multi-core Cluster.
http://www.design-reuse.com/articles/18620/ocp-embedded-multi-core-cluster.html

(3) *コンピュータアーキテクチャ 14. マルチプロセッサ、マルチコア．
http://www.ocw.titech.ac.jp/index.php?module＝General&action＝DownLoad&file＝201802443-570-0-15.pdf&type＝cal&JWC＝2018024 43

(4) *Esperanto exits stealth mode, aims at AI with a 4,096-core 7nm RISC-V monster.
https://fuse.wikichip.org/news/686/esperanto-exits-stealth-mode-aims-at-ai-with-a-4096-core-7nm-risc-v-monster/

(5) *The 2,048-core PEZY-SC2 sets a Green500 record.
https://fuse.wikichip.org/news/191/the-2048-core-pezy-sc2-sets-a-green500-record/

(6) *Esperantoの低電力高性能・推論エンジン - COOL Chips 24
https://news.mynavi.jp/article/20210420-1874739/

(7) Tesla boosts its AI efforts with D1 Chip.
https://videocardz.com/newz/tesla-d1-chip-features-50-billion-transistors-scales-up-to-1-1-exaflops-with-exapod

(8) NVIDIA A100の倍以上の性能となるIntelのモンスターGPU「Ponte Vecchio」．FP32で45TFLOPSを実現．https://pc.watch.impress.co.jp/docs/news/1345051.html

(9) Intel Architecture Day 2021: A Sneak Peek At The Xe-HPG GPU Architecture.
https://www.anandtech.com/show/16895/a-sneak-peek-at-intels-xe-hpg-gpu-architecture?utm_source＝twitter&utm_campaign＝socialflow&utm_medium＝social

(10) Intelの次期CPU「Alder Lake」，2種類のCPUコアを積む構造と性能 - Intel Architecture Day 2021レポート．
https://news.mynavi.jp/article/20210820-1951586/

(11) 47個のタイルで構成される Intel Ponte Vecchio.
https://www.coelacanth-dream.com/posts/2021/03/26/intel-pvc-47-tiles/

(12) *過去・現在・未来: TPU論文の翻訳．
http://maruyama097.blogspot.jp/2017/04/tpu.html

Column3 大規模な行列同士の掛け算を効率的に行うハードウェア「シストリックアレイ」

シストリックアレイは，大規模な行列同士の掛け算を効率的に行うハードウェアである．$N \times N$行列同士の掛け算を行うにはN^2回の積和演算が必要だ．その際，個々のALU（積和演算器）からの演算結果をレジスタに書き戻さず，次の演算の入力としてそのまま隣のALUに渡せば演算を高速化できる．

これは，多数のALUをメッシュ状に数珠つなぎにした単純な回路構成で実現できる．シストリックアレイの模式図を図Cに示す．左のバッファ（行列Aの出力）からデータ（例えば，シナプス値）がクロックサイクルごとに入力され，行列積ユニットにあらかじめ格納されているデータ［例えば，重み（行列Bの出力）］と乗算が行われ，クロックサイクルごとに加算ユニットに送り出されて積和演算を成立させていく．このとき，データ（シナプス値）は左と下に流れていく．この流れが心臓のドクドクと収束と拡張を繰り返す挙動に似ているのでシストリックと言われる．シストリックとは本来"収縮"という意味なのだが，ここでは収縮と拡張という意味を連想させているのだと考えられる．

もう少し詳細に，シストリックアレイの動作を示したものが図Dである．ここでは，データの流れは右方向で，行列は1×2行列に限定してある．左側からデータが，X_1，X_2，X_3，X_4の順にシストリックアレイ（行列積ユニット）に押し込まれ，部分積，$X(n) \times W_1$と$X(n-1) \times W_2$が同時に計算され，次のクロックサイクルで，活性化ユニットに2つの部分積が送られて，2つを加算する．一般的には，これを$N \times N$行列に拡張したものがシストリックアレイのハードウェアになる．

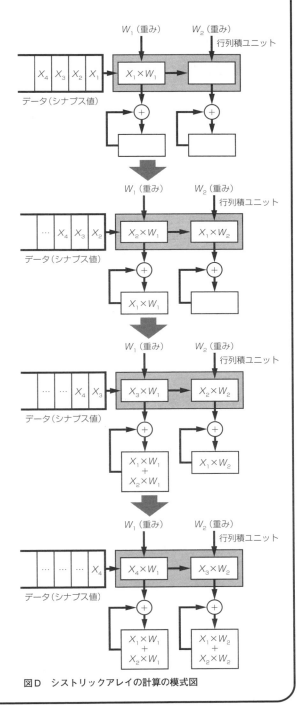

図C(12)　シストリックアレイの概念図

図D　シストリックアレイの計算の模式図

Chapter

11

CISC の反省から RISC へ，そして RISC もまた複雑化し，その将来は…

命令セットアーキテクチャの変遷

コンピュータの誕生以来，さまざまなアーキテクチャのMPUが登場してきた．本章では，究極のCISCと呼ばれるV60/70やTRONチップ，そしてRISCの代表であるMIPS，Arm，i860，88000，SPARC，PowerPC，PA-RISC，Alphaの命令セットアーキテクチャについて解説する．豊富な命令数とアドレッシングモードを備え複雑化したCISCの反省からRISCが生まれ，そしてRISCもまた複雑化していくようすがわかるだろう．

CISC（Complex Instruction Set Computer＝複雑な命令セットのコンピュータ）という言葉は，命令セットが複雑な昔のコンピュータの命令セットを揶揄した，RISC（Reduced Instruction Set Computer＝縮小された命令セットのコンピュータ）の研究者が創造した言葉である．CISCとRISCの**命令セット**には，どのような違いがあるのだろう．本章では具体的なMPUの命令セットについて解説することで，それぞれの特徴をみていきたい．そして，MPUの進化や変遷につれて命令セットがどう変わっていったのかを知っておこう．それは，とりもなおさずMPU自体の歴史ともいえる．

1 コンピュータアーキテクチャとは

● IBM System/360 の時代

コンピュータアーキテクチャとは何だろうか．実はコンピュータアーキテクチャという言葉が初めて使われたのは，それほど古くない．1964年，Gene M. Amdahl氏らがIBM Journalに寄稿した論文である "Architecture of the IBM System/360" の中なのである．

そこでの定義は，プログラマから見たコンピュータということ．つまり，命令セットと命令セットの実行モデルということだった．その本質は，アーキテクチャの設計と特定の実装方式を切り離して考えることにある．同じアーキテクチャをもつコンピュータは「ファミリ」と呼ばれ，同じファミリ内であれば，ハードウェアの実装方法やファームウェアが異なっても，プログラムに互換性がある．プログラマは命令セットだけを気にしていればよい．この概念はファミリという考え方を一般的にし，IBM System/360やSystem/

370だけでなく，PDP-11やVAX，680x0，x86アーキテクチャの開発に大きな影響を与えた．

● コンピュータの方式を示す大きな概念

しかし技術の発展により，Amdahl氏らの定義は古くなってきた．プログラムの実行はライブラリ，OS，システム構成に影響され，命令セットが同じであっても互換性があるとは限らない．いまや互換性というのは，OSとのインターフェースやさまざまな規格を統一しないと実現できない．また，アドレス空間のビット数，仮想記憶やキャッシュの構成などの実装方式も互換性に影響を与えることがある．

この意味でアーキテクチャという言葉は，現在ではコンピュータの方式を示す非常に大きな概念になっている．そのため，特定の方式に言及する場合は，命令セットならば**命令セットアーキテクチャ**，実装方式ならば**マイクロアーキテクチャ**（ハードウェアアーキテクチャ），システム構成ならば**システムアーキテクチャ**などと，固有の名称を使用するようになっている．

さて，本書の第1章から第6章までは，おもにコンピュータのマイクロアーキテクチャについて解説してきたが，ここでは命令セットアーキテクチャに注目する．

● 基本的な命令機能はどれも同じ

MPUの命令セットアーキテクチャの基本はどれも同じである．データの移動，データの加減乗除，論理演算（AND，OR，XOR，NOT），比較と条件分岐命令である．これらは，整数データや浮動小数点データを処理する演算として必ず定義されている．場合によってはNOTがNORであったり，比較と条件分岐が一つの命令になっていたりするが，実現できる操作は同じである．これを基本として，手続き呼び出し命令

346

Chapter 11 命令セットアーキテクチャの変遷

や，割り込み，動作状態を操作するシステム制御命令が付加される．

MPUの種類によっては，整数と浮動小数点以外のデータ型をサポートしているものもある．それら新しいデータ型に対しては，専用の演算命令が用意される．たとえば，連続する整数データを文字列またはビット列とみなして，それらに特殊な処理を施す命令（文字列の転送，文字列の比較，文字やビットのサーチ）が考えられる．

また，いくつかの命令機能を一つの命令で実現させるようにすると，命令数はどんどん増加していく．その極端な例がCISCであろう．

● 2オペランド形式と3オペランド形式

MPUの命令は，命令コード（オペコード）とオペランドからなる．このオペランドの個数が，命令セットアーキテクチャを特徴付ける一要素となっている．これには，オペランドを2個もつ**2オペランド形式**と，オペランドを3個もつ**3オペランド形式**がある．

一般的なデータ処理を考える場合，転送はソースオペランドとデスティネーションオペランドの二つが決まれば実現できる．しかし，演算には二つのソースオペランドと一つのデスティネーションオペランドが必要である．つまり，ソース1とソース2を演算して結果をデスティネーションに格納する．よって，オペランドの個数としては3個がもっとも自然であろう．

しかし，世の中のMPUは2オペランド形式を採用しているものも多い．この形式は，演算において片方のソースをデスティネーションと兼用する．また，片方のソースが破壊されるという意味で，3オペランド形式よりもプログラミングの自由度が低い．では，なぜ2オペランド形式が採用されるのかというと，それは命令長を節約できるからである．

● 命令長について

たとえば，アーキテクチャ的に32本のレジスタを使用できる場合を考えると，レジスタを指定するためにはオペランドに5ビット分の領域が必要である．一つの命令内でレジスタを指定する総ビット数は，2オペランド形式では5×2=10ビット，3オペランド形式では5×3=15ビットである．もし，命令長が固定されていると考えると，3オペランド形式では2オペランド形式に比べて5ビット分もオペコード指定に使えるビット数が減ってしまう．つまり，命令の種類が制限されてしまう．逆に考えると，同じ数の命令を実現するには，3オペランド形式は2オペランド形式よりも命令長が長くなるのだ．

一般的に，RISCは命令デコードのしやすさとの兼ね合いから32ビット固定長の命令を採用する場合が多い．しかし，x86に代表されるCISCは，バス速度が遅かった昔の名残で，命令コードを短時間に取り込む工夫，つまり，命令長を短くする工夫をしている．その一環が2オペランド形式である．さらにCISCでは，多様なアドレッシングモードを指定可能とするために，ただでさえ長くなりがちな命令長をバイト単位の可変長にすることで対応している．

● アキュムレータ形式／スタック形式

オペランド形式としては，2オペランド形式，3オペランド形式のほかに，演算可能なレジスタをアキュムレータ（特殊レジスタ）に限定する**アキュムレータ形式**，演算をスタック上で行う**スタック形式**がある．

アキュムレータ形式は，演算器に直結するレジスタをアキュムレータに限定する．オペランドの一つがアキュムレータであることがわかっているので，その分だけ命令コードを短くできる利点がある．これは，トランジスタの集積規模が小さく，すべてのレジスタを演算器に接続できなかった昔のMPU，たとえば，8080やZ80によく見られる．

演算をスタック上でしか行わない点で，スタック形式はアキュムレータ形式の特殊なものとみなすこともできる．しかし，アキュムレータが，通常は一つしかないのに対して，スタックは理論上無限の個数があり，複数の中間結果を同時に格納できるという点で，式の計算を実現するのに便利である．

2 CISCの命令セット

● 複雑な命令セットのコンピュータ＝CISC

当然のことながらRISC誕生以前は，いわゆるCISCしかないわけで，CISC命令セットがコンピュータの命令セットの原点である．

CISCの命令セットは，一部に簡単な処理を行う命令もあるが，大半は複雑な処理を行う命令の集合である．複雑とは，一つの命令で多くの処理を行うためである．これはメモリのアクセス時間が遅かった時代にコンピュータの実行性能を高めるために行った自然な選択である．プログラミング言語のコンパイラやインタプリタで行う処理を少ない命令で効率的に実現したり，OSの操作を効率的に行ったりするための工夫が盛り込まれている．

その特徴をV60/V70（NEC）とTRONチップで見ていこう．これらのMPUの命令セットが完成した時期はCISCの後期に属し，その意味からも，ほかのCISCの命令セットの「いいとこ取り」であり，究極のCISCともいえるからだ．

347

表1 V60/V70の命令の種類

- 転送
- 整数演算
- 比較
- 論理演算
- シフト/ローテート
- 実効アドレス計算
- 単一ビット操作
- ビットフィールド（挿入，抽出，比較）
- ビットストリング転送
- 文字ストリング転送
- 10進演算
- 浮動小数点演算
- 手続き呼び出し
- 分岐
- PSW (Program Status Word) 操作
- MMU制御
- 入出力
- タスク制御
- アトミック（不可分）命令

● V60/V70の命令セットの特徴

V60/V70の命令の種類を**表1**に示す．命令長は1バイトから22バイトまで存在し，2オペランド方式である．そして，ソースとデスティネーションは21種のアドレッシングモードを独立して指定できる．これをV60/V70では「対称性」と呼んでいる．なお，命令長を短縮するために，片方のオペランドがレジスタの場合は短縮型の命令形式が用意されている．また，データ型は次に示す14種で，それぞれのデータ型に関してすべての演算（意味がある場合）が定義されている．これを「直交性」と呼んでいる．

- 整数（バイト，ハーフワード，ワード，ダブルワード）
- ポインタ
- ビット
- ビットフィールド
- ビットストリング
- 10進数（パック，アンパック）
- 文字ストリング（バイト，ハーフワード）
- 浮動小数点データ（単精度，倍精度）

このように，V60/V70の命令セットの特徴は対称性，直交性に優れていることである．これはプログラムの書きやすさはもちろんだが，コンパイラの作成を容易にするという意図がある．

● 命令の特徴

V60/V70で特色のある命令を見ていこう．その項目を検証することで，CISCの命令セットがどのような項目を重要と考えていたかが推測できる．

▶手続き呼び出し関連

手続き呼び出し命令は，高級言語のコンパイラを実現するための要である．Cコンパイラにおいて，手続き呼び出しは一般に次のようなシーケンスをとる．

- 引き数をスタックに積む（PUSH命令）
- 手続きを呼び出す（CALL命令）
- ローカル変数のためのスタックフレームを作成する（PREPARE命令）
- レジスタ変数に使用するレジスタを一括して退避する（PUSHM命令）
- 手続きの実行
- 退避したレジスタを一括して回復する（POPM命令）
- スタックフレームを解放する（DISPOSE命令）
- 手続きから復帰する（RET命令）
- 引き数領域を開放する（POP命令またはADDによるスタックの補正）

このようにV60/V70では，それぞれの処理に対応する専用命令が用意されている．V60/V70の手続き呼び出しで特徴的なのは，アーギュメント（引き数）ポインタという概念である．これは引き数を参照するためのベースレジスタであり，CALL命令によって値が設定される．アーギュメントポインタは，CコンパイラではCALL命令実行時のスタックのトップだが，FORTRANやCOBOLでは別の場所になる．それらに対処したわけである．ローカル変数に関しては，ほかのアーキテクチャと同じくフレームポインタをベースとして参照する．またRET命令は，オペランドの値でスタックポインタを補正することもできる．つまり，スタックにある引き数領域をRET命令実行時に解放することもできるわけだ．Cコンパイラでは呼び出し側で引き数領域を解放するので，これはPASCALコンパイラ用である．

なお，これらの手続き呼び出しシーケンスは，VAXのそれに非常に強い影響を受けていることを付け加えておく．

▶ビットストリング操作/ビットフィールド操作

この命令はビットマップグラフィックのデータ処理に用いる．この命令により，メモリ中の任意のビット位置から任意のビット長のビット列どうしにNOT，AND，OR，XOR，AND-not，OR-not，XOR-notなどの論理演算を施すBitBlt処理を行える．ビットストリング操作のうち，ビット列の連続する0または1を計数する命令は，現在でもFAX処理や画像の圧縮伸張に応用できる．

ビットストリング命令に似た命令にビットフィールド命令がある．これはメモリの任意の位置から指定したビット長のフィールドを抽出/比較したり，メモリの任意の位置から指定したビット長のフィールドにデータを挿入したりできる．この命令も画像の圧縮伸張に使用可能だ．

Chapter 11 命令セットアーキテクチャの変遷

▶**文字ストリング操作**

　C言語でいうところのstrcpy，strcmp，strlenなどのライブラリ関数の機能を1命令で実行できるものだ．転送の単位は8ビットと16ビットがあり，漢字コードの転送にも考慮している．ソースとデスティネーションの文字ストリングがオーバーラップする場合も正常な転送ができるように，逆方向から転送する命令もある．これらの命令は大型計算機のACOSのデータ転送命令を参考にしたといわれている．

▶**10進演算**

　COBOLなどでの使用を考慮し，10進数の文字コードを直接加減算する命令がある．BCD形式（パック型）の10進数も演算できる．現在は不明だが，以前，世界でもっとも多く使われているコンピュータ言語はCOBOLだった．10進演算命令は，COBOLにおける数値処理を高速に処理するためのものである．

▶**MMU制御**

　ATE（Area Table Entry）や，PTE（Page Table Entry）といったアドレス変換テーブルの内容を，その各エントリに関連する仮想アドレスによる指定で直接リード/ライト可能なUPDATE，GETATE，UPDPTE，GETPTE命令や，仮想アドレスと対になる物理アドレスを得るGETRA命令などがある．また，各実行レベルからのアクセスの可否を判断するCHKAR/CHKAW/CHKAE命令，実行レベルを変更するCHLVL命令がある．TLBの操作に関しては，指定した仮想アドレスにヒットするエントリを無効化するCLRTLB命令と，すべてのエントリを無効化するCLRTLBA命令がある．TLB内容の入れ替えは自動的に行われるため，TLBの内容を直接操作する命令はない．

▶**コンテキスト切り替え**

　マルチタスク環境下でのタスク切り替えを1命令で実行する，コンテキスト切り替え命令（LDTASK/STTASK）がある．この命令は，V60/V70のレジスタセットや仮想記憶情報を選択的にメモリ中にあるタスク制御ブロックの内容と入れ替えることができる．

▶**アトミック命令**

　マルチプロセッサ環境でのセマフォを実現するためのテストアンドセット命令（TASI）と，コンペアアンドスワップ命令（CAXI）がある．これらの命令はバスをロックして操作を行うアトミック命令である．

▶**非同期トラップ**

　これは命令ではなく，OSの機能をサポートするしくみである．非同期というのは，トラップが発生する条件があってもただちに例外処理に移行するのではなく，あと（RETI命令の実行時）まで遅延させることを意味する．つまり，条件の成立と発生が同時でないことを示す．V60/V70では，OSのための非同期シス

テムトラップとユーザタスクで使用できる非同期タスクトラップが提供される．

● **V80での高速化項目**

　V60/V70の後継機種であるV80の命令セットは，基本的にV60/V70と同一である．機能的にはV60で完成していると考えられたからだ．V60/V70の命令セットを見ると，コンパイラの作成しやすさ，OSの書きやすさを第一に考えているのがわかる．V80ではこれをさらに高速化することに注力している．具体的には，次に示すような項目である．

- 基本命令のハードワイヤードロジック化
- SP（Stack Pointer）のフォワーディング
- CALL/RETの高速化，RETIの高速化
- 文字ストリング操作のハードウェア化
- ビットフィールド操作の高速化
- ビットストリング操作の高速化
- TLB入れ替えのハードウェア化
- FPUの高速化，乗算器
- 分岐予測機能の採用
- キャッシュの採用
- アトミック命令の追加（ADDI/SUBI/ANDI/ORI）

表2　V80での高速化の実際（実行クロック数）

機　能	命令，条件など	V70	V80
転送	MOV.W reg, mem	4	2
	MOV.W mem, reg	4	2
整数演算	ADD.W reg, mem	2	2
	ADD.W mem, reg	4	2
	ADD.W mem, mem	8	4
整数乗算	MUL.W	23	9
整数除算	DIV.W	43	39
シフト	SHA.W	17	3
分岐	Branch Taken	11	2
	Not Taken	4	4
手続き関連	CALL & RET	44	21
ビットフィールド	EXTBFZ	30	10
	INSBFZ	28	10
文字列操作	MOVCU.B(n bytes)	$30 + 5n$	$19 + 1.25n$
浮動小数点（単精度）	ADDF.S	120	36
	MULF.S	116	44
	DIVF.S	137	75
浮動小数点（倍精度）	ADDF.L	78	75
	MULF.L	270	110
	DIVF.L	590	553
割り込み復帰	RETIS	80	22
コンテキスト切り替え	LDTASK（44words）	347	157
	STTASK（44words）	200	121
TLBミス処理	異なるエリア	58	11
	同一エリア	58	6
割り込み応答	ハンドラ実行まで	165	27

349

これらの機能の導入により，**表2**に示すような性能向上が得られたという．現在のMPUの実行クロック数からみればかなり低性能であるが，当時としてはかなり高速だった．

● **TRONチップの命令セットの種類**

TRONチップの命令セットで提供される命令の種類を**表3**に示す．これはどう晶眉目に見てもV60/V70の命令セットの2番煎じの感を免れない．基本的な命令セットはほぼ同じで，あえて新規性を見い出すとすればキュー（待ち行列）操作命令くらいだろうか．これを好意的に考えれば「目指すところは誰でも同じ」といえるだろう．

V60/V70のほうがTRONチップよりも歴史が古いのだが，V60/V70は歴史の中に埋もれ，官民一体となった研究の強みなのか，TRONチップは日本オリジナルのMPUとして今だに言及されることがある．

TRONチップの命令セットの特徴は基本命令の高速実行と命令の対称性の実現ということに尽きる．高速実行とは短い命令長のことを指し，命令フェッチが高速に行えることを意味する（命令キャッシュのない状況では）．算術演算命令についていえば，V60/V70では最小の命令長が3バイトだったのに対し，TRONでは2バイトである．ただし，これは汎用レジスタの本数がV60/V70では32本であるが，TRONでは16本なので命令の符号化が少ないビット数で行えることも一因であろう．

このように，短い命令長を実現しながら命令の対称性も両立させている．そして，この対称性こそがTRONチップの命令セットの本質である．TRONチップが発表された時代はソフトウェア危機が真剣に議論された時代であり，ソフトウェアの生産性を高める命令セットが最善とされていた．つまり，それはソフトウェアの作りやすい命令セットであり，取りも直さず

表3　TRONチップの命令の種類

- 転送命令
- 比較命令
- 算術演算命令
- 論理演算命令
- シフト命令
- ビット操作命令
- 固定長ビットフィールド操作命令
- 任意長ビットフィールド操作命令
- 10進演算命令
- ストリング命令
- キュー操作命令
- 分岐命令
- マルチプロセッサ命令（アトミック命令）
- 制御空間，物理空間操作命令
- OS関連命令
- MMU関連命令

対称性のよい命令セットである．この考えはコンパイラを作りやすい命令セットへと行き着く．TRONチップの提唱者である坂村健氏による命令セットの解説を，参考文献（3）より以下に引用する．

「高級言語でプログラミングを行う場合には，プログラマから直接プロセッサのアーキテクチャが見えるわけではないので，質のよいコンパイラさえできれば，アーキテクチャがどうなっていてもかまわないという考えがある．しかし，プロセッサのアーキテクチャが悪いと，質のよいコンパイラを作るのが非常に難しくなり，実用的なコンパイラができるまで何年もかかってしまう場合がある．したがって，コンパイラが作りやすいことは，チップを普及させるための重要な要素である．」

対称性が良く短い命令長を実現するために，TRONチップでは，命令の対称性が良く機能の高い「一般形」の命令形式と，機能は制限されるが命令長の短い「短縮形」の命令形式の2種類を用意している．MOV（転送）命令やCMP（比較）命令のように出現頻度の高い命令に対してはより多くの種類の短縮形が用意されている．この考え方はV60/V70も同じである．しかし，TRONチップではこのほかに命令の対称性を高めるために，「多段間接アドレッシングモード」と「異種サイズ間の演算機能」を用意している．一般にアドレッシングは，スケーリング，加算，間接参照の組み合わせであるが，TRONチップはこの3種の演算を自由に複数回組み合わせることができる（実装上の回数制限はある）．坂村氏は，上述の文献でこの理由を次のように述べている．

「多段間接モードは，非常に汎用性の高い間接アドレッシングの機能である．（中略）この機能は，AI応用やモジュール化プログラミング等に特に効果がある．従来のプロセッサの場合は，間接参照の機能があったとしても，インデックス用レジスタを加算するのは間接参照後に限られるとか，2個のインデックス用レジスタを加算することはできないとかいった制限が多く，コンパイラがそれを利用できる場合は限られていた．」注1

「一般に，アドレス演算やレジスタ上での演算はそのプロセッサの基本サイズ（レジスタのサイズ）で行われるのが普通であるが，メモリにデータを格納するときには，データの範囲に合わせた最小限のサイズを使用することが多い．したがって，データのサイズ変換を行う頻度はかなり高い．TRONチップ

注1：筆者の意見…説明が的を射ていない気がする．メモリ間接の意義は合目的なものではなく，ポインタ処理の高速化にある．しかしメモリを1回以上参照すると，パイプラインが乱れるのであまり効果はない．とはいえ，命令コード（バイト数）の節約にはなる．

の異種サイズ間演算機能を利用すると，整数データのサイズ変換と演算を同時に行えるため，効率のよいプログラミングが可能である.」注2

● TRONチップの命令セットの特徴

さて，TRONチップの命令セットの特徴は（坂村健氏が提唱するリアルタイムOSである）ITRON，BTRONをサポートするために便利な機能を命令として提供することである．さすがにTRONというOSを動かすために提唱された命令セットである．これらについて以下に説明する.

▶分岐命令

これはOS用の命令ではないが，特に取り上げておく．TRONチップではループ処理の終端で現れる命令列の加算／比較／分岐（ACB命令），減算／比較／分岐（SCB命令）といった命令列を1命令で提供する．これは一般的な減算＆分岐命令（Decrement and Branch）を拡張したものであるが，いかにもCISCという感じである．多分，当時のアーキテクチャ設計者は誰でも導入を考えたはずだ.

▶コンテキスト切り替え命令

これはV60/V70におけるコンテキスト切り替え命令と同じである．ITRONにおけるタスク切り替えを高速に行うため，コンテキストのロード（LDCTX）／ストア（STCTX）命令を提供する.

▶キュー操作命令

ITRONにおけるタスクのレディーキュー管理のための，双方向リンクキューに対する挿入（QINS），削除（QDEL），サーチ（QSCH）命令がある．この命令は割り込みが入ってからそれを処理するタスクが起動するまでの時間を高速化し，リアルタイム応答性を向上させる.

▶可変長ビットフィールド命令

これはV60/V70におけるビットストリング操作命令と同じである．ビットマップディスプレイでのウィンドウ操作のための命令だ．任意長のビットフィールド間でのビットマップ演算命令（AND，ORなど16種類），ビットマップ転送（BVCPY），同一パターンとの演算（BVMAT），0または1のサーチ（BVSCH）のための命令を用意している.

▶ストリング操作命令

これはV60/V70における文字ストリング操作命令と同じである．文字（テキスト）処理を高速に実行す

るためのストリングのコピー（SMOV），比較（SCMP），サーチ（SSCH），フィル（SSTR）がある．BTRON向けの命令セットである.

▶マルチプロセッサ命令

バスをロックした状態で，指定したアドレス中の指定ビットをセット（BSETI），クリア（BCLRI），比較とストア（CSI）を実行する.

▶MMU関連

アドレス変換テーブルのエントリの内容の更新（LDATE），参照（STATE），TLBのパージ（PTLB），仮想アドレスの論理アドレスへの変換（MOVPA），4レベルの実行レベルから指定のアドレスをアクセスできるかどうかのチェック（ACS）を行う命令がある．TRONチップにおいてもTLB入れ替えは自動的に処理されるため，TLBの内容を直接操作する命令は用意されていない.

● 実チップでの実装

当時の文献を読むと，TRONチップの命令セットを実チップに実装する場合，V80の場合とは異なったアプローチが採られていることに気付く．V80では性能のキーポイントとなる命令や操作を高速化することでプログラム自体の性能を向上させようとしている．それに対し，TRONチップはパイプライン処理をいかに効率的に行うかに注力している．チップの実装としてはTRONチップの方式のほうが王道という気もするが，命令処理の実行クロック数が一定にならないCISCにおいて，本当に効率的なパイプライン処理を実現できたか否かは疑問である.

TRONチップの後期を飾ったGmicro/100/300/500で採用された高速化手法を，とりあえず列挙しておく．Gmicro/300のアプローチはV80のそれに近いかもしれない．表4にV60/V70/V80と各TRONチップの性能比較（公称値）を示す．Gmicro/500は別格としても，V80やGmicro/300での高速化はそれなりに成功しているといえよう．Gmicro/500に関しては，Pentium（無印）と同時期に登場し，同性能の性能を

注2：筆者の意見…この機能はメモリと直接演算する場合は便利かもしれない．しかしたいていの最適化コンパイラは，データをレジスタに引き上げてから演算するので無意味ではないか．ロード／ストアアーキテクチャの対極にあるような機能だと思われる．当時のコンパイラの最適化技術を考えれば，当然の帰結だったかもしれないが….

表4　V60/V70/V80とTRONチップの性能比較

MPU	性能	開発元	発表時期[年]
V60	3.5MIPS@16MHz	NEC	1986
V70	6.6MIPS@20MHz	NEC	1987
V80	16.5MIPS@33MHz	NEC	1989
Gmicro/100	5MIPS@20MHz	三菱電機	1989
Gmicro/200	6MIPS@20MHz	日立製作所	1988
TX1	5MIPS@25MHz	東芝	1988
Gmicro/300	17MIPS@25MHz	富士通	1989
Gmicro/400	80MIPS@40MHz	三菱電機	1994
Gmicro/500	132MIPS@66MHz	日立製作所	1993

リスト1　V60/V70のスタック操作命令

```
    PUSHM  0m<r1-r3>
/* 命令置き換えその1（PUSHMは余分な前処理と後処理が
                   必要なので遅いためそれぞれPUSHする） */
    PUSH  r1
    PUSH  r2
    PUSH  r3
/* 命令置き換えその2（PUSH の連続はスタックポインタが
      レジスタハザードになるので，spをインデックスにしてストア） */
    MOVE.W  r1,-4[sp]
    MOVE.W  r2,-8[sp]
    MOVE.W  r3,-12[sp]
    ADD.W  #-12,sp
```

（a）Push Multiple（複数レジスタの同時プッシュ）

```
    PREPARE #12
/* 命令置き換え */
    MOVE.W  fp,-4[sp]
    ADD.W  #-4,sp
    MOVE.W  sp,fp
    ADD.W  #-12,sp
```

（b）Prepare Stack Frame（スタックフレームの生成）

```
    DISPOSE
/* 命令置き換え */
    MOVE.W  0[fp],fp
    ADD.W  #4,sp
```

（c）Dispose Stack Frame（スタックフレームの破棄）

得ることができたと，少し前の坂村氏の論文に書いてあったが，Gmicro/500は実際に出荷されたのだろうか．日立製作所と三菱電機が製造して1994年（?）に出荷予定という新聞記事は見たことあるが….

▶ Gmicro/100における高速化
- 分岐予測
- 分岐バッファ（分岐先命令のキャッシュ）

▶ Gmicro/300における高速化
- 基本命令の1クロック実行
- 10進命令の高速化
- キャッシュ
- ストアバッファ

▶ Gmicro/500における高速化
- スーパースカラ
- 分岐命令キャッシュ（無条件分岐のみ）
- 分岐復帰バッファ（8レベル）
- ストアバッファ

3 崩れた神話 ── RISCへ至る道

● 直交性に優れた命令を用意したが…

　コンパイラに優しいCISCの命令セットは，良質のコンパイラの登場を約束するはずだった．しかし，現実はその思惑どおりには進まなかった．多種多様な命令とアドレッシングモードがあればコンパイラを作りやすいのは確かである．しかし，コンパイラが生成する命令コードの性能という観点から見ると，パイプラインを有効活用できないような複雑な命令は不利だということがわかってきた．

　CISCの時代にはまだバス速度が遅く，複雑な1命令がよいか，単純な複数命令がよいかということは一概にはいえなかった．しかし，内蔵キャッシュが一般的になると，単純な複数命令のほうが有利となった．また，パイプライン処理を前提とすると，一つの命令で多くの処理を行うよりも，単純な命令に分解して実行するほうがスループットも高い．さらに，コンパイラの最適化技術が進むと，ロード/ストア以外ではメモリ参照を行わなくなる．つまり，命令のオペランドはレジスタだけで事足りる．そして，パイプラインを乱すメモリ間接アドレッシングはほとんど使用しなくなったのだ．

● 単純な命令に置き換えて性能向上

　バス速度がある程度速いという条件で，CISCの専用命令を単純な命令に置き換えることにより，パイプラインがスムーズに流れるようになり，結果として性能が向上する例をいくつか示す．

▶ V60/V70のスタック操作命令

　時代の経過とともに，この置き換えと同様な処理は，x86のコンパイラでも積極的に採用されるようになった．つまり，ENTER/LEAVE命令はPUSH/POPとADD/SUB命令に置き換えられ，PUSHA/POPAが使用されることはほとんどなかった（リスト1）．

▶ 一般的な手続き呼び出し

　この置き換えの発想は，RISCのJAL（Jump And Link）命令にある．これは，手続き呼び出しに（できるだけ）スタックを使わないというものである．もちろん引き数はレジスタ渡しする．この場合，従来の手続き呼び出し命令はジャンプ命令を用いてリスト2のように置き換えられる．戻りアドレスはレジスタに格納する．

　さすがにここまで割り切ったコンパイラは少なかったが（せっかく用意されているCALL命令やJSR命令を使わないのは心苦しかったのだろう），引き数のレジスタ渡しは積極的に行われるようになった．RISCコンパイラの技術を受けてCISCのコンパイラもそれなりに進化したのである．

● TRONでは逆の主張もあったが…

　TRONチップのWebサイトで次のようなプログラム例を見つけたので紹介しておく．ここでの趣旨は，いわゆるCISC命令は単純なRISC命令で置き換えても性能は向上しないというものだ．

　実例がキャッシュを搭載していない（分岐バッファを命令キャッシュに割り当てることはできるが）

Chapter 11 命令セットアーキテクチャの変遷

リスト2 一般的な手続き呼び出し

```
        JSR target
/* 命令置き換え */
        LoadAddr next,ra
                    /* 戻りアドレスをレジスタ (ra) に入れて */
        JUMP target /* targetへジャンプ */
next:
```

（a） Jump to Subroutine

```
        RSR
/* 命令置き換え */
        JR ra /* レジスタ間接ジャンプ */
```

（b） Return from Subroutine

Gmicro/100での話なので，Gmicro/300やGmicro/500では事情は異なると思うが，一応掲載されたままの性能値を紹介しておく．

▶ダブルリンクトキューの挿入命令

リアルタイムOSにおいて，QINS命令はタスク切り替え時のレディーキューの操作に使用される．TRONアーキテクチャでは，これを1命令で実現でき，12バイト長で18クロックの実行時間である．これを単純な命令で置き換えるとリスト3のようになる．これには36バイトが必要で，実行時間は26クロックである．これでは各命令が1クロック実行になると性能が逆転するのではないだろうか．

▶可変長ビットフィールド内のビット検索

これは最高の優先順位を持つタスクを見つけるために，リアルタイムOSのタスクスケジューラで使われる．この操作はTRONアーキテクチャのビットフィールド操作命令を使用してリスト4のように記述できる．これは14バイトのコード長で，実行に62クロックかかる．

これを単純な命令で置き換えると，78バイトのコード長で実行に244クロックかかる．

このプログラムはうまく書けば2回目のループは不要であり，メモリ参照の回数を削減できる．最後の2個のシフト命令も不要になる．実際は244クロックより短い時間で実行可能と思われる．

▶結局は効果がないのでは…

上の二つの例は，複雑な命令の有利性が確かだとしても，OS内処理の高速化の話である．たしかに，リアルタイムOSでは重要かもしれない．しかし，これがアプリケーションプログラムの性能向上に直結するとは考えにくい．

また，これらの命令が出現する頻度はほかの命令に比べると非常に低いものであろう．たとえそうでないとしても，さらにプロセッサのRISC化が進んで命令実行が1クロック処理になり，スーパースカラなどが導入されると性能差はなくなってくると思われる（3倍程度の性能にはなる?）．

リスト3 ダブルリンクトキューの挿入命令

```
        QINS @(R1,FOR)<@(RDQ_TBL,R2*8)

/* 命令置き換え */
        MOV @(RDQ_TBL+4,R2*8),Rn
        MOV R1,@(RDQ_TBL+4,R2*8)
        MOVA @(RDQ_TBL,R2*8),@(R1,FOR)
        MOV Rn,@(R1,BACK)
        MOV R1,@(Rn,FOR)
```

リスト4 可変長ビットフィールド内のビット検索

```
        MOVA @RBQ_BIT,R0
        MOV #0,R1
        MOV #272,R2
        BVSCH/F/1
/* 命令置き換え */
        MOVA @RDQ_BIT,R0
        MOV #0,R1
        MOV #0,R2
        MOV #7,R3
        MOV #0,R4
SRCH1:
        CMP.W #0,@R0
        BNE FOUND1
        ADD #4,R0
        ACB #1,R1,#8,SRCH1
FOUND1:
SRCH2:
        CMP.B #0,@R0
        BNE FOUND2
        ADD #1,R0
        ACB #1,R2,#3,SRCH2
FOUND2:
        MOV.B @R0,R4
        MOV.W #H'FE,R5
SRCH3:
        AND.B R5,R4
        BEQ FOUND3
        SHL.B #1,R5
        SCB #1,R3,#0,SRCH3
FOUND3:
        SHL #5,R1
        SHL #3,R2
        ADD R2,R1
        ADD R3,R1
```

● 単純命令を高速に実行

CISC命令の高速化の過程で生まれてきた考え方の一つは，使用頻度の高い命令を高速に実行することである．性能にクリティカルな命令を高速に実行するためにワイヤードロジック化したり，専用のハードウェアを導入することが考えられた．しかし，複数の処理を1度に実行する命令を高速に実現するためには大規模な専用のハードウェアが必要になり，チップ面積も大きくなってしまう．

この状況に新たな道を見い出したのがRISCの研究である．統計をとると，単純な命令ほど使用頻度が高く，かつ性能に効いてくる．単純な命令を高速化するためには大規模なハードウェアは不要であり，また少し単純なハードウェアが全体の性能に効くのである．そして単純な構造のため動作周波数も上げやすい．

表5
CISCとRISCの命令セットの比較

	CISC			RISC		
	IBM370	VAX11/780	V60	IBM801	RISC I	MIPS
発表時期	1973	1978	1986	1980	1981	1983
命令数	208	303	273	120	23	55
マイクロコード量	54K	61K	23K?	0	0	0
命令長（バイト）	2～6	2～57	1～22	4	4	4
演算対象	reg-reg reg-mem mem-mem	reg-reg reg-mem mem-mem	reg-reg reg-mem mem-mem	reg-reg	reg-reg	reg-reg

表6 RISCの特徴

- 命令の1サイクル実行
- メモリインターフェースは単純なロード／ストアのみ
- レジスタ間での演算
- 単純な形式の固定長命令
- 単純なアドレッシングモード
- 多数の汎用レジスタまたはレジスタウィンドウ
- 遅延分岐
- キャッシュ
- 高級言語コンパイラへの依存

4 誕生初期のRISC

● ロード／ストアアーキテクチャと単純なアドレッシングモード

初期のRISCとして有名なものはIBM801，バークレー RISC I，スタンフォード MIPS である．これらの命令セットの特徴を以下に説明する．しかし，その前に，いわゆるCISCとその命令の特徴を表5に示しておく．一見すると，RISCの命令数は「縮小命令セットコンピュータ」の名のとおり，CISCの命令数よりもかなり少ない．しかし，これは，CISCでは同じ種類の命令であっても処理するデータサイズによって異なる命令とみなされるためである．そのため命令数が多く見える．

一方RISCでは，ロード／ストア以外は，レジスタ間で演算が行われるため，演算に関してデータサイズという概念がない．後述の命令セットの具体例を見ると，CISCとRISCの命令数（種類）には大差がないことがわかる．RISCをRISCたらしめている特徴は，ロード／ストアアーキテクチャと単純なアドレッシングモードであるといえよう（表6）．

● パーシャル（部分）レジスタライト

CISCからRISCへの移行の間に，多くのユーザーが忘れてしまった特徴にパーシャルレジスタライトがある．これは，たとえばレジスタが32ビット長の場合，8ビットまたは16ビットの演算に対して，それぞれのビット長に対応する部分だけしか変更されないという

ものである．つまり，8ビット演算なら，レジスタの上位のビット31～8は変更されない．

・これはx86のHIレジスタ，LOレジスタへの独立アクセスあたりにルーツがあるように思える．x86と同程度に古いアーキテクチャであるMC68000も，同様の特徴を有していた．

このパーシャルレジスタライトの概念をくつがえしたのがRISCアーキテクチャである．演算自体にデータ長というものがなく，必ずレジスタ全体が変更される．データ長という概念をもっているのはロード／ストア命令のみである．

ロード命令に関しては，レジスタ長にゼロ拡張／符号拡張されて格納される．つまりレジスタ全体が変更される．ストア命令に関しては，メモリに対して部分ライトされる．これはCISCと同じである．

現在のMPUではx86以外にはパーシャルレジスタライトの特徴は見受けられない．x86でさえ，パイプラインがストールするので，パーシャルレジスタライトの使用は推奨されていない．

● 条件フラグと条件分岐

CISCのユーザーがRISCのアーキテクチャを最初に見て奇異に思うのは，条件フラグが存在しないということだろう．CISCでは，ほとんどすべての命令で条件フラグが変化する．そして，条件分岐は最終的な条件フラグを参照して分岐するか否かを決定する．

一方RISCには，原則として条件フラグがない．条件分岐はレジスタの値が「0であるか」，「正であるか」，「負であるか」，あるいは二つのレジスタの値が「等しいか」，「等しくないか」という簡単なテストで，分岐するか否かを決定する．

RISCで条件フラグをなくした理由は，「フラグハザード」というパイプラインハザードをなくしてパイプライン処理をスムーズに行うためであろう．フラグハザードとは，条件フラグが確定するまで条件分岐命令の分岐先フェッチができずに，パイプラインが停止する状況を指す．

CISCにおいて，条件分岐が参照する条件フラグは，原則的に条件分岐命令の直前の命令で確定する．その

命令が加減算のように1クロックで実行できるものなら，それほど害はない．しかし，乗除算命令のように演算に数クロックを要する場合は，その分だけパイプラインがストールする．また，条件分岐命令の前方にある命令列は，条件フラグの値が変わってしまうので，気楽に並び替えることはできない．

RISCにおいて，命令の並び替えは，レジスタの依存性をなくすために日常茶飯事である．この目的のために条件フラグは邪魔になる．単にレジスタの値を参照するだけであれば，レジスタの値はフォワーディングされることもあり，レジスタの値が確定するまでの間のストールを最小限に抑えることができる．もし，RISCで条件フラグを採用するとすれば，その値を予測しフォワーディングすることが必要になり，ハードウェア量の増加を招く．このため，RISCでは条件フラグを用いないことが多い．

● バークレー RISC I/RISC II

カリフォルニア大学バークレー校のRISCの研究は，高級言語コンパイラが複雑な命令を有効に使えないことに着目することから始まった．プログラム実行時の命令の出現頻度，アドレッシングモード，変数の使われ方などの統計を採って，新しい命令セット設計の指針とした．この研究結果は，同大学のPattersonとDitzelによる初めてのRISCに関する論文『The Case for the Reduced Instruction Set Computer』として1980年に発表された．

この論文は，シングルチップコンピュータにとって最適なアーキテクチャはRISCであると主張し，次のような利点があると指摘した．

▶ チップサイズの縮小

単純なプロセッサなら，少ないトランジスタ数で設計できる．このためCISCに比べて相対的に多くの機能を集積できる．さらに空いた面積を使って，キャッシュやMMU，FPUなどを1チップに内蔵できる．

▶ 開発期間の短縮

単純なプロセッサは，設計にかける労力やコストが少なくて済む．

▶ 高性能化

単純な論理ゆえ，高い動作周波数で実行できる．CISCと比べると同じ動作周波数でもIPC（1クロックで実行する平均命令数）が高いので相対的に高性能である．

この論文の理論をバークレー校の大学院生が実践したのが，RISC IとRISC IIである．RISC IIの命令セットを表7に示す．これらは当時のCISCよりも単純で，設計の労力も少なかったが，CISCに匹敵する性能を発揮していた．

かくしてバークレーRISCは，後のArmやSPARC

表7　RISCIIの命令セット

整数算術命令	
ADD	加算
SUB	減算
SUBI	減算（逆方向）
S	シフト
論理演算命令	
AND	論理積
OR	論理和
XOR	排他的論理和
ロード/ストア命令	
LDR	ロード
LDX	インデックス付きロード
STR	ストア
STX	インデックス付きストア
フロー制御命令	
JMPX	条件ジャンプ（インデックス付き）
JMPR	条件ジャンプ
CALLX	条件コール（インデックス付き）
CALL	条件コール
RET	条件リターン
RETI	割り込みからの復帰
CALLI	割り込みハンドラをコール
特殊命令	
LDHI	レジスタの上位に値を設定
GETLPC	PCを得る
GETPSW	PSWを得る
PUTPSW	PSWを変更する

アーキテクチャの基礎となるのである．またRISCという言葉は，バークレー校によって初めて使用された．

● スタンフォードMIPS

バークレーRISCと同時期，スタンフォード大学でもHennessyを中心にRISCの研究が行われていた．それがMIPSである．MIPSではハードウェアを簡単にするために，メモリアクセスはワードアクセスのみとし，バイト単位の操作が必要な場合は専用命令を使ってレジスタ上で処理するとした．また，汎用レジスタは16本だった．

MIPSは2レベルの命令セットをもつ．一つはユーザーレベルの命令で，これはより通常（CISC）に近い抽象的な命令である（表8）．この命令セットではレジスタの依存関係を考慮する必要はない．もう一つはマシンレベルの命令で，ALUピース，ロード/ストアピース，制御フローピース，特殊命令（手続き呼び出し）といった部分的な命令コードからなり，リオーガナイザはこれらのピースを組み合わせて実行可能な命令を生成する．このとき，レジスタの依存関係が考慮され，インターロックしなくて済むように命令の入れ

表8　MIPSのユーザレベルの命令セット

整数算術命令	
ADD	加算
SUB	減算
SUBR	減算（逆方向）
IC	バイト挿入
XC	バイト抽出
RLC	レジスタ対のローテート
ROL	左ローテート
S	シフト
MEMSETUP	乗算準備
MSTEP	乗算の1ステップ（2ビット単位）
UMEND	符号なし乗算終了
DSTEP	除算の1ステップ
SET	条件のテスト結果をセット
論理演算命令	
AND	論理積
OR	論理和
XOR	排他的論理和
ロード／ストア命令	
LD	ロード
ST	ストア
MOV	即値またはレジスタの転送
フロー制御命令	
BRA	分岐
JMP	ジャンプ
TRAP	トラップ

替えを行う．

　最初のMIPSプロセッサは実用的といえるものではなかった．しかし，スタンフォード大学の研究者たちは，その研究を推し進め，2Kバイトの内蔵命令キャッシュと256Kバイトの外付けユニファイドキャッシュインターフェース，32本の汎用レジスタ，乗除算用の特殊レジスタ，ゼロレジスタ，5段パイプラインを特徴とする，MIPS-Xというプロセッサを設計した．

● 乗除算命令の処理

　MIPSでは，ほとんどすべての命令を1クロックで処理することを目標としている．しかし当然例外もある．浮動小数点演算と一部のシステム制御命令を除けば，乗除算命令がそれにあたる．乗除算命令は，一般には，1クロックで処理できない．これを通常のパイプラインに組み込むと，パイプラインが乱れて性能低下につながる．

　これを回避するため，MIPSでは乗除算を通常のパイプラインとは切り離し，ほかの演算と並列に処理するようになっている．このため，乗除算の出力（ディスティネーションオペランド）として汎用レジスタとは別の専用レジスタを用意している．こうすることで汎用レジスタとの依存性を解消する．その専用レジスタが，HIレジスタとLOレジスタである．

　32ビット×32ビットの乗算では積は64ビットであり，上位32ビットがHIレジスタに，下位32ビットがLOレジスタに格納される．一方，32ビット÷32ビットの除算では32ビットの商がLOレジスタに，32ビットの剰余がHIレジスタに格納される．プログラムでは，乗除算命令の後，数命令後に（乗除算の計算が終了したのを待って），HIレジスタまたはLOレジスタから結果を汎用レジスタに転送することになる．こうすることにより，パイプライン処理に乱れを生じさせない．

● 非整列データ転送命令

　MIPS命令セットには非常に特徴的な命令がある．それが**非整列データ転送命令**である．これは，メモリ内の非整列ワード（misaligned words）データを処理する．CISCでは普通にサポートされている機能であるが，たいていのRISCでは非整列なアドレスに対するワードアクセスは例外事象としてトラップを発生する．もちろん，バイト単位でデータを処理すれば，アドレスが整列されていようがいまいが関係ない．しかし，複数のバイトをひとまとめに転送したほうが処理速度が上がる．

　MIPSはRISCでありながら，ワードに整列されていないアドレスに対するロード／ストアをサポートする．これはMIPS社の特許であり，かつて互換メーカーのLexra社と訴訟になっていた（現在は和解）のは，この機能の無断使用に関してである．具体的には，次の8命令が用意されている．

(1) LWL（Load Word Left）
　ワード内の有効データをレジスタに左詰めする．ロードしたデータでレジスタを部分的に変更する．
(2) LWR（Load Word Right）
　ワード内の有効データをレジスタに右詰めする．ロードしたデータでレジスタを部分的に変更する．
(3) SWL（Store Word Left）
　レジスタ内に左詰めされたデータをワード内の有効領域にストアする．
(4) SWR（Store Word Right）
　レジスタ内に右詰めされたデータをワード内の有効領域にストアする．
(5) LDL（Load DoubleWord Left）
　ダブルワード内の有効データをレジスタに左詰めする．ロードしたデータでレジスタを部分的に変更する．
(6) LDR（Load DoubleWord Right）
　ダブルワード内の有効データをレジスタに右詰めする．ロードしたデータでレジスタを部分的に変更する．
(7) SDL（Store DoubleWord Left）

レジスタ内に左詰めされたデータをダブルワード内の有効領域にストアする.

(8) SDR (Store DoubleWord Right)

レジスタ内に右詰めされたデータをダブルワード内の有効領域にストアする.これらの命令を利用すれば,たとえば,R5(転送元アドレス)からR4(転送先アドレス)へのデータ転送をワード単位で行うためには,

```
loop: /*終了条件は省略 */
  lwr r8,0(r5)
  lwl r8,3(r5)
  addiu r5, r5,4
  swr r8,0(r4)
  swl r8,3(r4)
  addiu r4, r4,4
  b loop
```

のように記述できる(リトルエンディアンの場合).4とR5の値がワードに整列されている必要はない.

● Arm

ArmはバークレーRISCから,ロード/ストアアーキテクチャ,32ビット固定長の命令,3アドレス形式など,多くの特徴を採用した.しかし次の特徴は採用しなかった.

▶レジスタウィンドウ

レジスタの占める面積が多いためコスト面で不採用になったが,その概念は割り込み時のシャドウレジスタに受け継がれている.

▶遅延分岐

例外処理の実装を複雑にするため.

▶全命令の1クロック実行

ロード/ストアを1クロックで実行するには,命令とデータを格納するメモリが分離されている必要があり,Armが対象とするアプリケーションには高価すぎるため.

Armは命令セットの使いやすさよりも,ハードウェアでの実装を簡単に行えることを目標としている.この意味で,Armの命令セットは,RISCの指針を受け入れながらも,保守的(CISC的)であるといえる.これは単純なハードウェア構成でありながら命令のコード効率を引き上げようとしたためである.**表9**にArm(Arm2相当)の命令セットを示す.

Arm命令の特徴は,すべての命令で条件コードを設定できること,第2オペランドをシフトして演算できること,演算を条件実行できることなどである.これらの操作をうまく組み合わせれば最小限の命令数で目的の処理を達成することができる.しかし,条件コードがあるため,レジスタの依存性だけに注目して命令を並び替えると動作が異なる場合もあり,最適化コンパイラ泣かせである.

表9　Armの命令セット

データ処理命令	
ADD	加算
ADC	キャリ付き加算
SUB	減算
SBC	キャリ付き減算
RSB	減算(逆方向)
RSC	キャリ付き減算(逆方向)
AND	論理積
ORR	論理和
EOR	排他的論理和
BIC	ビットクリア
MOV	転送
MVN	ビット反転して転送
CMP	比較
CMN	否定して比較
TST	ビットテスト
TEQ	一致テスト
MUL	乗算
MLA	積和
データ転送命令	
LDR	ロード
STR	ストア
LDMIA	多重レジスタロード
LDMIB	多重レジスタロード
LDMEA	多重レジスタロード
LDMED	多重レジスタロード
LDMDA	多重レジスタロード
LDMDB	多重レジスタロード
LDMFA	多重レジスタロード
LDMFD	多重レジスタロード
STMIA	多重レジスタストア
STMIB	多重レジスタストア
STMEA	多重レジスタストア
STMED	多重レジスタストア
STMDA	多重レジスタストア
STMDB	多重レジスタストア
STMFA	多重レジスタストア
STMFD	多重レジスタストア
フロー制御命令	
Bcc	条件分岐
BL	分岐とリンク(サブルーチンコール)
SWI	ソフトウェア割り込み

5 過渡期のRISC

1989年当時,RISCという触れ込みで市場に出ていたアーキテクチャの代表を挙げれば,i860(Intel),88000(Motorola),SPARC(Sun Microsystems)であろう.これらは**表6**に示すRISCの特徴を満たしていた.これらの特徴に加え,i860はグラフィックとベク

タ処理の命令を，88000はビットフィールド命令を，SPARCはタグ付きデータ命令というCISC系の命令を有していた．このあたりに過渡期のアーキテクチャという性質を垣間見ることができる．

● i860

i860は，x86とは異なる新しいアーキテクチャを提供する目的で開発された．i386+80387の性能を上回る高性能を実現することができ，従来のスーパーコンピュータやミニコンが提供していた科学技術計算や各種のシミュレーションを，より小型で安価なシステムで実現できた．

i860は，現在でもDSPの代用品やRAID用のプロセッサとして生き残っている．

● 88000

88000というのは，MPUであるMC88100とキャッシュ，そしてMMUを内蔵するMC88200というチップの総称である．コードユニット，データユニット，整数ユニット，FPU（加減乗除と変換用の二つ）の計五つのユニットがあり，各自がパイプラインで並行動作するという意味でスーパースカラのはしりである．

MC88100は比較結果を反映させる条件コードレジスタをもっていない．比較命令は，ほかの演算命令と同じように3オペランド命令で，比較結果をデスティネーションレジスタに格納する．条件分岐命令はこのレジスタの値に基づいて分岐する．この構成により，比較命令と条件分岐命令間の命令を自由にスケジューリング（入れ替え）できる．条件コードを使用しないこの方式は，MIPSをはじめとする多くのRISCで採用されている．

● SPARC

SPARCの仕様はオープンアーキテクチャとして，

SPARC International社によって管理されている．SPARCにはいくつかのバージョンがあり，最新バージョンは9である．バージョン9は64ビットアーキテクチャであるが，（少し前の）典型的なSPARCチップは32ビットアーキテクチャのバージョン7または8の仕様に基づいている．

SPARCの最大の特徴は，レジスタウィンドウである．整数ユニットは32ビットの汎用レジスタを136個もっている．このうち8個はグローバルに参照できるが，残りは手続きごとに割り当てられ，引き数の授受を高速に行う．これがレジスタウィンドウで，一つのウィンドウは24個のレジスタからなる．内訳は，R24～R31が手続きの呼び出し元とオーバーラップする（引き数用）．R16～R23は手続き内でローカルに使用できる．R8～R15は手続きが呼び出す手続きとオーバーラップする．手続きの最初にレジスタウィンドウを切り替えることで，レジスタの値を退避することなく，レジスタを自由に使用できる．SPARCにおける手続き呼び出しのシーケンスは次のようになる．

- R24～R31に引き数をセットする
- CALL命令を実行する
- 呼び出された手続きはSAVE命令でレジスタウィンドウを切り替える
- 手続きを実行する
- RESTORE命令で元のレジスタウィンドウを回復する
- RET命令（JMPL命令の特殊形）で復帰する（実際はRET命令の遅延スロットにRESTORE命令を置く）

レジスタウィンドウに関しては，多くの利点があることがわかっている．一つ目は手続き呼び出しごとにレジスタの値の退避／回復を行う必要がない点である．二つ目は，高度なレジスタ割り付けを要求しないのでコンパイラがそれほど複雑にならない点である．

● i860/88000/SPARCアーキテクチャの比較

i860の命令セットに関しては，筆者の手元に詳細な資料がないので概要のみを**表10**に示す．また，88000とSPARCの命令セットを**表11**と**表12**に示す．

▶特殊命令

標準的な命令セットに加え，i860はグラフィック処理の命令，整数と浮動小数点演算の並列実行（VLIWの特色），FPUをサポートする．グラフィック処理にはZバッファ操作，Phongシェーディング，ピクセル間演算がある．これらは陰面消去と3D投影に効果的である．しかし，これらの特徴はグラフィック処理以外では効果的でない．整数と浮動小数点の並行処理は浮動小数点演算が支配的なアプリケーション以外では効果がないし，専用のプリフィクスが必要なため，当

表10　i860の命令セット

ロード／ストア	6種
浮動小数点-整数レジスタ間転送	2種
整数算術演算	4種
シフト	4種
論理演算	8種
分岐・コール・トラップ	13種
浮動小数点乗算	6種
浮動小数点加算	12種
デュアルオペレーション	4種
長整数加減算	4種
グラフィック	10種
I/O	3種
システム制御	6種

Chapter 11 命令セットアーキテクチャの変遷

表11　MC88100 の命令セット

整数算術命令	
ADD	加算
ADDU	符号なし加算
CMP	比較
DIV	除算
DIVU	符号なし除算
MUL	乗算
SUB	減算
SUBU	符号なし減算
浮動小数点算術命令	
FADD	浮動小数点加算
FCMP	浮動小数点比較
FDIV	浮動小数点除算
FLDCR	浮動小数点レジスタからのロード
FLT	整数→浮動小数点変換
FMUL	浮動小数点乗算
FSTCR	浮動小数点レジスタからのストア
FSUB	浮動小数点減算
FXCR	浮動小数点制御レジスタとの交換
INT	浮動小数点→整数変換
NINT	Nearest方向の整数変換
TRUNC	Zero方向の整数変換
論理演算命令	
AND	論理積
MASK	論理マスク即値
OR	論理和
XOR	排他的論理和

ビットフィールド操作命令	
CLR	ビットフィールドのクリア
EXT	ビットフィールドの抽出（符号拡張）
EXTU	ビットフィールドの抽出（ゼロ拡張）
FF0	0であるビットの検索
FF1	1であるビットの検索
MAK	ビットフィールドの生成
ROT	レジスタのローテート
SET	ビットフィールドのセット
メモリアクセス命令	
LD	ロード
LDA	アドレスのロード
LDCR	制御レジスタからのロード
ST	ストア
STCR	制御レジスタへのストア
XCR	制御レジスタとの交換
XMEM	レジスタとメモリの交換
フロー制御命令	
BB0	ビットクリア時に分岐
BB1	ビットセット時に分岐
BCND	条件分岐
BR	無条件分岐
BSR	サブルーチンへの分岐
JMP	ジャンプ
JSR	サブルーチンへのジャンプ
RTE	例外からの復帰
TB0	ビットクリア時にトラップ
TB1	ビットセット時にトラップ
TBND	境界チェック時のトラップ
TCND	条件トラップ

時のコンパイラは並列実行のための専用コードを生成しなかった．アセンブラの助けが必要である．

88000のビットフィールド命令はビットフィールドの中に対してセット／クリア，挿入／抽出をサポートする．ビットフィールド命令は最近のRISCにおける命令拡張では流行になっている．つまり，先祖返り的な傾向が見られる．

SPARCのタグ演算はデータとポインタに異なるタグを付け，データやポインタに関する不正演算を検出する．これは，LISPやSmalltalkの実装（動的なエラーチェック）に非常に有利である．

▶セマフォ

これらのMPUは，テストアンドセット操作を実現する命令をもち，セマフォをサポートする．i860にはロック／アンロックという命令の組がある．この間にある命令は割り込み受け付け不可となり，アトミック操作を実現できる．88000にはXMEM命令がある．これはコンペアアンドスワップ操作を実現する．またSPARCには2種類のセマフォ命令がある．ロードストア無符号バイト命令は，不可分にメモリをリードしてそこにオール1をライトする．SWAP命令はオール

1の代わりに特定のレジスタの値をライトする．

これらを比較すると，i860のロック／アンロック機構がセマフォの実現に適しているようにみえるが，実際にセマフォを実現するとなると複数の命令が必要であり，三つの間で大差はない．

▶乗除算

これらのMPUの中では，88000のみが乗除算命令をサポートする．i860には浮動小数点命令の乗算があり，これで代用することができるが，除算はない．SPARCには乗除算のためのステップ命令（部分積などを計算する）がある．i860とSPARCは，ますます乗除算が重要になる当時のアプリケーション状況においては不利な立場にあった．初期のRISCの多くに乗除算命令がなかったことは，半ば常識のようになっている．

しかし，現在では乗除算命令をサポートしないアーキテクチャはまずない．たとえばSPARCは，バージョン8で整数乗除算命令が定義された．

このように乗除算命令の有無が比較対象になるとい

表12 SPARCの命令セット

算術・論理・シフト命令	
ADD (ADDcc)	加算(と条件コードの変更)
ADDX (ADDXcc)	キャリー付き加算(と条件コードの変更)
SUB (SUBcc)	減算(と条件コードの変更)
SUBX (SUBXcc)	キャリー付き減算(と条件コードの変更)
TADDcc (TADDccTV)	下位の2ビットをタグとみなして加算
TSUBcc (TSUBccTV)	下位の2ビットをタグとみなして減算
MULScc	乗算と条件コードの変更
AND (ANDcc)	AND(と条件コードの変更)
ANDN (ANDNcc)	NAND(と条件コードの変更)
OR (ORcc)	OR(と条件コードの変更)
ORN (ORNcc)	NOR(と条件コードの変更)
XOR (XORcc)	排他的OR(と条件コードの変更)
XNOR (XNORcc)	排他的NOR(と条件コードの変更)
SLL	論理左シフト
SRL	論理右シフト
SRA	算術右シフト
SETHI	rレジスタの上位22ビットをセット
SAVE	呼び出し側レジスタウィンドウの退避
RESTORE	呼び出し側レジスタウィンドウの回復
特殊レジスタ操作命令	
RDY	Yレジスタのリード
RDPSR	PSRレジスタのリード
RDWIM	WIMレジスタのリード
RDTBR	TBRレジスタのリード
WRY	Yレジスタのリード
WRPSR	PSRレジスタのライト
WRWIM	WIMレジスタのライト
WRTBR	TBRレジスタのライト
UNIMP	未定義命令
IFLUSH	命令キャッシュの無効化

ロード/ストア命令	
LDSB (LDSBA)	符号付きバイトロード
LDUB (LDUBA)	符号なしバイトロード
LDSH (LDSHA)	符号付きハーフワードロード
LDUH (LDUHA)	符号なしハーフワードロード
LD (LDA)	ワードロード
LDD (LDDA)	ダブルワードロード
LDFSR	FSRレジスタへのロード
LDCSR	コプロセッサ状態レジスタへのロード
LDF	浮動小数点レジスタへのロード
LDDF	浮動小数点レジスタへのダブルワードロード
LDC	コプロセッサレジスタへのロード
LDDC	コプロセッサレジスタへのダブルワードロード
STSB (STSBA)	バイトストア
STSH (STSHA)	ハーフワードストア
ST (STA)	ワードストア
STD (STDA)	ダブルワードストア
STFSR	FSRレジスタからストア
STCSR	コプロセッサ状態レジスタからストア
STF	浮動小数点レジスタからストア
STDF	浮動小数点レジスタからダブルワードストア
STC	コプロセッサレジスタからストア
STDC	コプロセッサレジスタからダブルワードストア
STDFQ	FQレジスタからストア
STDCQ	コプロセッサキューレジスタからストア
LDSTUB (LDSTUBA)	アトミックなロードとストア
SWAP	レジスタのメモリとのスワップ
分岐命令	
Bicc	整数条件コードによる分岐
Fbfcc	浮動小数点条件コードによる分岐
Cbcc	コプロセッサ条件コードによる分岐
CALL	手続きの呼び出し
JMPL	現在のアドレスをレジスタに退避してジャンプ
RETT	トラップからの復帰
Ticc	整数条件コードによるトラップ
浮動小数点・コプロセッサ命令	
Fpop	浮動小数点命令群
Cpop	コプロセッサ命令群

うこと自体が,初期のRISCの特徴をよく表している.

▶分岐

これらのMPUにはいずれも遅延分岐の概念があり,遅延スロットを利用すると分岐のペナルティの60〜70%を削減できる.また,遅延スロットを無効化することも可能で,これはコードサイズの減少に役立つ.また,ハードウェアによる分岐予測をサポートする.

▶アドレッシングモード

これらのMPUで共通なオペランドのアドレッシングモードは,「ベース+オフセット」,「ベース+インデックス」であり,常にゼロを値とするゼロレジスタをもっている.これらを組み合わせると,次の五つのアドレッシングモードを実現できる.

- レジスタ:Rx
- レジスタ間接:(Rx)
- インデックス付きレジスタ間接:(Rx, Ry)
- オフセット付きレジスタ間接:offset(Rx)

- 即値

これらはCISCでもっとも頻繁に出現するアドレッシングモードでもある.

88000では,インデックスをデータサイズでスケーリングすることができる.しかし,そのような使用法は人工知能言語や科学技術計算では有用であるが,通常は使用されない.i860ではレジスタファイルのリードポート数を節約するためにインデックスアドレッシ

Chapter 11 命令セットアーキテクチャの変遷

ングがない．しかし，CISCマシンでもインデックスアドレッシングの出現頻度は低いので問題ない．

インデックスアドレッシングは，行列計算を効率的に行える．3次元グラフィック用途にはあったほうが望ましい．

▶レジスタ

これらのMPUはCISCよりも多くのレジスタを提供するが，実際に何本使用できるかはアーキテクチャによって異なる．この意味では88000のレジスタセットは立場が弱い．整数と浮動小数点に共通な32ビットレジスタが32本あるだけである．i860とSPARCは整数と浮動小数点用にそれぞれ32本の32ビットレジスタを提供する．

レジスタの本数が多いi860とSPARCのほうが実際に88000よりよい性能を達成することがわかっている．SPARCはこれに加えてレジスタウィンドウもサポートする．

6 少し前のRISC

RISCにも40年以上の歴史がある．その中で21世紀に入っても使われていたアーキテクチャは，Arm，MIPS，SPARC，PowerPC，PA-RISC，Alphaくらいであろうか．組み込み向けのMPUも実際にはRISCアーキテクチャを採用しており，その中で比較的有名なものは，SHとV850であろうか．

しかし，それらの命令セットをすべて説明することはあえてしない．どれもバークレーとスタンフォードのRISCを基礎とした発展形にすぎないからである．ここでは，これまでまだ詳しく説明していないPowerPC，PA-RISC，Alphaのアーキテクチャに関して簡単に説明しておこう．

● PowerPC

PowerPCは発表当時，RISCの中でも豊富な命令を備えた「Rich RISC」と呼ばれ，（今ではありふれているが）積和命令やレジスタ値に依存した分岐命令，OS専用命令が注目を浴びた．後々高性能化の妨げになるので遅延分岐は採用しないといったのは有名である．

しかもPowerPCのアーキテクチャは最初から完成されており，これまでその命令セットには大きな変更はない．PowerやPowerPCの進化は，命令セットをいかに高速化するかというマイクロアーキテクチャの実装方式の進化である．

最初のPowerPCであるPowerPC601は，次のような高速化技術を採用している．

- スーパースカラ
- 命令プリフェッチキュー
- アウトオブオーダー命令発行

- レジスタリネーミング
- ロード/ストアバッファ

これらは大型計算機の技術をいち早く採り入れたものといえる．

● PA-RISC

PA-RISC（Precision Architecture RISC）とはHP社のEWSであるHP9000シリーズのアーキテクチャであり，EWSの分野ではかなりの実績をもつ．それでいて，ビット操作命令，ビットフィールド命令，独自機能をサポートするSFU（Special Function Unit）を有し，組み込み制御分野にも適している．

PA-RISCの命令長は32ビット固定長で，140種の命令を提供する．その内訳は，メモリ参照命令，分岐命令，算術論理演算命令，システム制御命令，コプロセッサ命令である．命令の特徴は複合機能を有する分岐命令で，加算と条件分岐，比較と条件分岐，転送と条件分岐の機能を1命令で実現し，1クロックで実行する．そのほかにシフトと加算を1クロックで実行する．さらに，演算と分岐命令には次の命令を無効化する機能がある．これにより，遅延スロットを最適化したコードサイズの圧縮やループプログラムの高速化を行うことができる．

たとえば，

```
    ADD  r2,r3,r4
    Bcc Next
    命令1
Next:
    命令2
```

という命令列は，

```
ADD,= r2,r3,r4
命令1
命令2
```

と1命令少ない命令列で実現できる．また分岐命令は，前方（forward）分岐の場合は分岐が成立すると遅延スロットが無効化され，後方（backward）分岐は分岐が不成立のときに遅延スロットが無効化される．この機能を利用すると，

```
LOOP:
    ADD  r1,r2,r3
    ADD  r3,r4,r5
    CMP,<> r6,r5,LOOP
    NOP
```

というループを表す命令列は，

```
LOOP:
    ADD  r1,r2,r3
    ADD  r3,r4,r5
    CMP,<>,n r5,r5,LOOP+4
    ADD  r1,r2,r3
```

という命令列に置き換えられる．つまり，遅延スロットに分岐先の命令をもってくることができる．これにより，4クロックかかっていた1回のループを3クロックに縮小することができる．これはMIPSのBranch Likelyと同じ考え方である．

HP自体はEWS用のMPUをIntelのIA-64に移行することを表明しているので，PA-RISCが幻のアーキテクチャのまま終わってしまう可能性は大きい．とはいえ，IA-64の開発遅れに危機感をもっているのはHPも同様らしい．2000年に発表されたロードマップでは，2001年に800MHz動作のPA-8700，2002年に1GHz動作のPA-8800，そして将来的には1.2GHz動作のPA-8900の開発を行うことが明示されている．PA-8900以降は完全にIA-64に移行する予定であるが，これはItanium，Mckinleyに続く第3世代であるDeerfieldやMadisonのあとということになる．

HPはPA-RISCからIA-64への移行は非常に簡単だと言っている．なぜなら，IA-64の命令セットのほとんどはPA-RISCのものであり，バイナリレベルの互換性があるためという．これに加えて，データの互換性（エンディアンが同じということ？）もあることが特筆すべきこととして挙げている．

● Alpha

Alphaは当初から64ビットアーキテクチャを提供し，64ビットのロード/ストア命令を基本として命令セットが構築されている．8ビット/16ビットのロード/ストア命令はなく，必要な場合は専用命令でバイトの挿入/抽出を行う（2代目の21164ではこの制限はなくなった）．命令長は32ビット固定で，140種の命令がある．

Alpha AXPの特徴はPAL（Privileged Architecture Library）コードにある．PALコードとは，割り込み例外の処理と復帰，コンテキストスイッチ，メモリ管理，エラー処理など，従来はMPUのハードウェアで処理していた機能をMPUのハードウェアを直接操作するサブルーチンで実現する．OSやハードウェア構成の違いごとにPALコードを用意することで，基本となるアーキテクチャが異なるシステムにも共通にAlpha AXPアーキテクチャのMPUを搭載できるといわれている．PALコードは，MPUの実装別に定義されるPAL命令と通常命令で構成される．たとえば，1992年に発表された最初のAlpha21064は，次の3種5命令のPAL命令をサポートする．

- 内部レジスタのリード/ライト命令
- MMUを介さないロード/ストア命令
- PALコードからの復帰命令

PALコードによってアプリケーションプログラムの実行とOSの実行が分離されているため，ハード

ウェアはアプリケーションプログラムの命令セットを高速実行できるように最適化されている．

---

7 SIMD命令/暗号化処理命令

● マルチメディア対応命令

SIMD（Single Instruction Multiple Data）とは，一つの命令で複数のデータを処理することを意味する，演算方式を表す言葉である．各プロセッサメーカーは命令セットに独自性を出すために，マルチメディア対応や特定分野対応の命令を追加するのに躍起である．

Intelはi386アーキテクチャにMMX（MultiMedia eXtention）テクノロジーという命令セットを追加した．さらにPentium IIIからはSSE（Streaming SIMD Extension）を，Pentium4ではSSE2という命令群を追加している．AMDも同様に，3DNow!という命令群を追加している．

そしてMIPSでは，MDMX（MIPS Digital Media eXtension：マッドマックスと発音する）というマルチメディア系の命令セットを追加し，そのサブセットがR5432で実装された．また，単精度浮動小数点を並列実行するためのMIPS-3Dという命令セットも発表され，R20000で実装された．

PlayStation2のEmotionEngineのベクトルユニットに実装されているマルチメディア命令群も忘れてはいけないだろう．これは東芝のTX79コアに継承されている．

Armも2000年のMicroprocessor ForumでSIMD命令の追加（v6アーキテクチャ）を表明した．

SPARCは，64ビットアーキテクチャのバージョン9でマルチメディア系のVIS（Visual Instruction Set）を追加した．それはUltraSPARCで実現されている．

整数系ではなく浮動小数点系の強化をしたものには，PowerPCのAltiVecもある．

SH-4は最初から浮動小数点のSIMD命令を命令セットとして提供している．SH-5では整数系のSIMD命令も採用されるようだ．2003年6月のEmbedded Processor Forumでは，SH-5のSIMD命令の紹介が行われた．8ウェイのSIMD命令は，MPEG-4のエンコード時などに威力を発揮するという．このように，SIMD命令の採用は花盛りである．

ここでは基本をおさえるという意味で，MMXについて学んでおこう．あらためて見直すと，MMXが提供する機能は，ほかのプロセッサが採用するマルチメディア命令の機能とほとんど同じであることがわかる．そして最後に，ArmとMIPSのSIMD命令に関して少し言及する．

Chapter 11 命令セットアーキテクチャの変遷

Column	現在でも当てはまる（？）CISC命令セットの意義

● CISCとRISCのプログラムサイズ

RISC命令セットは，MPUの性能を追及してきた成果である．現在ではほとんどのMPUがRISCになっている．それでは，CISC的な命令セットに意義がなくなったのかというと，そうでもない．性能よりもプログラムサイズのほうが重要視されるROMベースの組み込み制御分野では，いまだにCISC的な命令セットが重宝されている．このような分野では限られた容量のROMにどれだけ多くの機能（＝命令）を詰め込むことができるか否かによって価値が決まる．つまり，プログラムサイズ至上主義である．

現在では，組み込み制御分野もCなどの高級言語を使ってプログラムが記述される．そしてそこで現われる命令機能はかなり定型的である．たとえば，スタックポインタを基準としたメモリ（変数）参照，スタックフレームの生成と破棄，そのスタックフレームへのレジスタの一括した退避と回復，データ型に応じた符号拡張やゼロ拡張などである．これらを複数の基本命令で，パイプライン的に，高速に実行するのがRISCであり，1命令で比較的低速に実行するのがCISCである．明らかにCISCのほうがプログラムサイズは小さい．また，RISCの分岐遅延スロットも，場合によっては命令数を増加させる傾向にあるので，プログラムサイズの観点からはなくてもかまわない．

● ArmのThumb命令セット

Armの命令セットは，このようなRISCとCISCの命令セットの中間点をうまくおさえているところに圧倒的な人気の秘密があるのかもしれない．とくにArmの命令長を16ビット化したThumb命令セットは，CISC化の傾向が強い．Arm社は，Thumbコードでは40%の性能低下だが，70%のプログラムサイズに圧縮できるとしている．この一見ネガティブな説明がまかり通っているということは，約半分の性能になってもプログラムサイズが重要になる場面があることの証明であろう．

● MIPS16命令セット

Armと同じように組み込み制御分野に注目しているMIPSも，MIPS16命令セットを定義している．そして，さらにコードサイズを縮小するためにMIPS16e命令セットを定義している．これはMIPS16のスーパーセットで，符号拡張／ゼロ拡張命令，遅延スロットのないジャンプ命令，レジスタの一括退避／回復命令，MIPS32命令の直接実行機能を追加している．ますますCISC色が強くなっている．MIPSライセンシである東芝はMIPS16eを拡張したMIPS16e+を発表し，さらなるコードサイズの削減を目指している．そのおもな拡張機能は，単一ビット操作，ビットフィールド命令，積和命令，飽和命令である．

● ArmのThumb-2

2003年6月，Arm社はThumb命令セットの改良版であるThumb-2を発表した．これは，従来16ビット長のみだったThumb命令セットに32ビット長の命令を混合したものである．Arm本来の32ビット命令とThumbの16ビット命令をモード切り替えする従来方式と異なり，それぞれのビット長の命令の混在を可能とする新しい命令アーキテクチャらしい．ところが，従来の開発ツールの使用が可能で，命令コード自体は従来の32ビット命令やThumbと互換性があると説明されている．これにより，16ビット命令のみの場合より25%の性能向上になるという．プログラムサイズは32ビット命令の74%になる．

Arm社によれば，性能が25%上がった分，動作周波数を下げられるので，低消費電力化が実現できるとしている．ほとんど詭弁（?!）のような説明ではある．しかし16ビット長と32ビット長の命令を混在させることで，Thumb-2はMIPS16により近くなったといえる．

● MMXテクノロジ

MMXの基本的な考え方は，8ビットまたは16ビットの要素を一つの比較的小さなデータにパックして並列に処理することである（**表13**）．具体的には次のような機能を有する．

▶パックされたデータ形式

MMXでは新しいデータ形式を定義する．マルチメディアアプリケーションで扱うデータの多くは，8ビットまたは16ビットとサイズが小さい．またマルチメディア処理は，多くの隣接するデータ要素を同時

363

表13 MMXの命令セット

オペコード	オプション	実行クロック	記述
PADD[B/W/D] PSUB[B/W/D]	ラップアラウンド 飽和	1	パック化データの加減算を並列に実行
PCMPEQ[B/W/D] PCMPGT[B/W/D]	一致より大	1	パック化データの比較を並列に行い, マスクを生成
PMULLW PMULHW	結果が下位 結果が上位	レイテンシ3 リピート1	パック化ワードデータの乗算を並列に行い, 結果の上位または下位を選択
PMADDWD	16ビットから 32ビットへの変換	レイテンシ3 リピート1	パック化ワードデータの乗算を並列に行い, 隣接する32ビットの結果を加算
PSRA[W/D] PSLL[W/D/Q] PSRL[W/D/Q]	シフト量が レジスタか即値か	1	パック化データの算術論理シフトを並列に 実行
PUNPCKL[BW/WD/DQ] PUNPCKH[BW/WD/DQ]		1	パック化データをインタリーブしながら混合
PACKSS[WB/DW]	常に飽和	1	パック化データを並列に生成
PLOGICALS		1	ビット単位の論理演算
MOV[D/Q]		1	転送
EMMS	実装依存		FPレジスタのタグを空にする

に扱うことが多い.MMXでは,これら二つの特色を
SIMD処理で実現する.いくつのデータ要素を並行処
理すればよいかはアプリケーションの特性に依存する
ので,1種類には決定できない.ただ,Intelのプロ
セッサは64ビットのデータパスをもっているので,
MMXのデータ型も64ビットと決められた.具体的
には,図1に示すように4種のデータ型がある.

▶条件付き実行

条件によって操作を切り分ける場合,分岐命令を使
用することが考えられる.しかし,分岐予測を誤る場
合の損失を考慮すると実行速度は遅い.さらに,従来
の手法を適用しようとすると,パックされたデータ型
をスカラ型(組になってない形式)に変換する必要が
ある.

これを解決するのが条件転送(条件に応じて転送す
るデータを切り分ける)である.しかし,このために
は三つの独立したオペランド(ソース,デスティネー
ション,各データ要素に対する条件の組)が必要なの
で,2オペランドを基本とするインテルアーキテク
チャではつごうが悪い.条件転送(条件代入)にはい
ろいろな実装方式があるが,MMXではマスク付きの
代入を採用する.しかし,これには三つのオペランド
(ソース,デスティネーション,マスク)が必要である.

そこで,MMXではマスク生成と代入を2段階に分
離した.専用の比較命令が各オペランドに対応する
ビットマスクを生成する.たとえば比較処理の場合
は,8つのバイトがパックされたオペランドに対して,
8つの8ビットのマスクを生成する.そのマスクを論
理演算と併用することで条件転送を実現できる.図2
に,4つのワード(32ビット)要素に対する比較操作を
示す.

▶飽和演算

マルチメディアで典型的に使用されるオペランドサ
イズは小さい.たとえば,RGBαという色の各要素は
8ビットで表現される.8ビットあれば256階調の色が
表示できる.これは人が認識できる解像度を超えてい

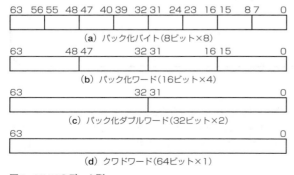

図1 MMXのデータ型

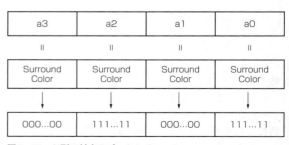

図2 ワード型に対するパックトイコール

るが，問題点もある．8ビットでは多くのピクセルの色を蓄積していくと，8ビットで表現できる上限を超えてしまうのだ．デフォルトの設定では，二つの数値の加算結果が上限値を超える場合はラップアラウンドする．つまり，結果が8ビットで表現できなくても，下位8ビットをそのまま値とする．しかし，メディアアプリケーションでは，そのようなオーバフローに対する防御策が必要となる．具体的にはラップアラウンドせず，最大値に留まることが望まれることもある．

▶固定小数点演算

メディアアプリケーションでは，フィルタ処理などにおける重み付け係数を扱うため，小数点処理が必要となる．これに対応するため，浮動小数点のSIMD処理を提供することも考えられる．しかし，浮動小数点処理はハードウェアの負担が大きいため，実際のメディアアプリケーションでは10〜12ビットの精度で，動的には4〜6ビットの範囲が表現できれば十分である．

このような状況を鑑み，MMXでは固定小数点演算をサポートすることとした．固定小数点演算は加減算に関しては整数演算と同一視できるが，乗除算に関しては整数演算を適当にスケーリング（右シフト）しなければならない．これらの機能をサポートしているわけである．

しかし，3D分野でのジオメトリ変換など，単精度浮動小数点の演算精度が必要なアプリケーションもあるのも確かである．これらは，後年，SSEやSSE2で実現される．

▶パックされたデータ型のデータ要素の並び替え

アプリケーションによっては，パックされたデータ内での要素の並び替えや，二つのパックされたデータのマージが必要である．一般的には二つのパックされたデータをオペランドとし，デスティネーションに任意の順序で各バイトを混合することを許す．

しかし，これでは実装が複雑になる．MMXでは，アンパック命令により，パックされたデータの要素の並び替えと結合を行うことができる．この命令の動作を図3に示す．この命令を使用すれば，ピクセルのパック型の形式をプレーン型の形式に変換できる．

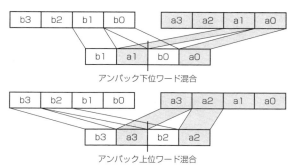

図3 MMXのアンパック命令

▶積和演算

マルチメディアや通信アプリケーションにおいて，もっとも頻繁に出現するのが積和演算である．これは行列の乗算やフィルタ操作の基本操作として使用されるためだ．積和演算を用いる行列-ベクタ演算の例を図4に示す．

● ArmのSIMD命令

Armは2000年秋のMicroprocessor Forumで，既存の命令セットに追加されるSIMD命令の概要を発表した．IntelのMMXと同じように互換性の維持を第一に考え，パイプラインの実行に影響を与えない18の命令を定義した．このため，命令機能は，加算，減算，選択，乗算，飽和に関するものに限られている．そのほかの命令機能はArmのコプロセッサインターフェースを通じて使用できる．これはStrongArm（またはXScale）のSIMD命令の実装と同じである．ただし，互換性はない．

ArmのSIMD命令の特徴的なところは，従来のハードウェア資源を利用して命令を拡張したことである．特殊レジスタの追加も，ベクタ処理をサポートするALUも追加していない．ただし，SIMD命令のために新しい状態フラグを定義する．それがGE[3:0]で，プログラムステータスレジスタのCPSR[19:16]にマップされている．図5はこの条件フラグを使う選択（SEL）演算の動作例である．

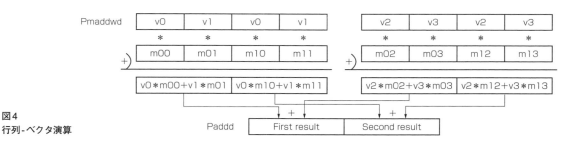

図4
行列-ベクタ演算

365

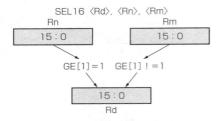

図5　新しい条件フラグを使う選択演算

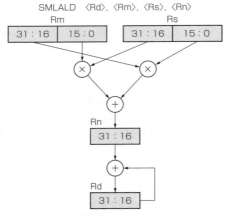

図6　積和演算の例

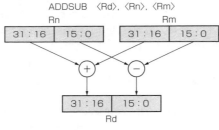

図7　SUBADD命令

● MIPS-3D ASE

MIPS-3D ASE（Application Specific Extension）は，MIPS社が提唱している3次元グラフィックアプリケーションを高速に処理するための拡張命令セットである．これは，3次元ジオメトリ処理のために，従来の命令セットに新たな13命令を追加したものになっている．従来の単精度，倍精度浮動小数点のデータ型のほかに，ペアドシングル（PairedSingle），ペアドワード（PairedWord）というデータ型が新設された．ペアドシングルとは，一つの64ビット浮動小数点レジスタに二つの単精度浮動小数点データを格納するものである．ペアドワードとは，一つの64ビット浮動小数点レジスタに二つの単精度固定小数点データを格納するものである．これらは2ウェイのSIMD方式での処理（要は並列実行）を可能にする．

MIPS社によれば，MIPS-3Dを用いると，もっとも内側の処理ループのコードサイズを30%削減できるので，1秒間に処理できるポリゴン数が45%増加するそうだ．頂点の座標変換での行列の乗算を高速化するために，ペアドシングルリダクション加算命令（ADDR）が定義された（図8）．リダクションとは，行列とベクトル間の乗算の部分的な乗算処理を指すらしい．画像のクリッピングは，ペアドシングル絶対値比較命令（CABS）と多重条件コード分岐命令（BC1ANYnx）によって簡略化できる（図9）．透視変換には逆数命令（RECIP1，RECIP2）が使用できる．また光源処理には逆数平方根命令（RSQRT1，RSQRT2）が使用できる．これらの逆数演算はMIPS64アーキテクチャにあるが，より高速に実行できる．

そして，ペアドシングルとペアドワード間でデータ変換を高速に行う命令（CVT.PS.PW，CVT.PW.PS）もある．

追加された13命令の概要を表14に示す．

● 暗号処理命令

暗号といえば，従来はICカードやスマートカードの機密保持に使用するものであった．しかし，ネットワークが普及するにつれて，ネットワークを介したデータ転送の暗号処理機能が重要になってきた．従来は外付けのコプロセッサで対応していたが，より高速な処理を達成するため，暗号処理の基本機能をMPUの命令として提供することが考えられている．

本来，暗号は自動化（ハードウェア化）が困難なように構成されるので，命令セットでサポートするのは無謀であるともいえる．しかし，純粋にソフトウェアで記述するよりも20～100倍の性能向上が期待できるので，MPUの特色を出すためには回路規模を犠牲にしても採用する意義がある．

SIMD命令では16×16ビットの積和演算をサポートするのが流行であるが，Armもその例にもれない．図6はArmの積和演算を示す．SMLA{X}D命令は二つのレジスタの上位16ビットと下位16ビットどうしをたすきがけに乗算し，その積を加算する．そしてその結果の上位または下位16ビットをもう一つのレジスタの上位または下位16ビットと加算する（交換処理）．これは，フィルタ処理や複素数の積の計算に有効である．

また，有用なSIMD命令として加算-減算（ADDSUB），減算-加算（SUBADD）命令がある．これは，図7に示すように，16ビットのデータどうしで行われる．この操作は，FFTやDCTの変換処理に使用できる．

Chapter 11 命令セットアーキテクチャの変遷

頂点の変換
$$[X', Y', Z', W']=[X, Y, Z, W]*\begin{pmatrix} m0 & m4 & m8 & m12 \\ m1 & m5 & m9 & m13 \\ m2 & m6 & m10 & m14 \\ m3 & m7 & m11 & m15 \end{pmatrix}$$

FP0=[m1 | m0]   FP8=[Y | X]
FP1=[m3 | m2]   FP9=[W | Z]
FP2=[m5 | m4]
FP3=[m7 | m6]

⇓

$$[X', Y']=[X, Y, Z, W]*\begin{pmatrix} m0 & m4 \\ m1 & m5 \\ m2 & m6 \\ m3 & m7 \end{pmatrix} \qquad [Z', W']=[X, Y, Z, W]*\begin{pmatrix} m8 & m12 \\ m9 & m13 \\ m10 & m14 \\ m11 & m15 \end{pmatrix}$$

行列の乗算を計算する命令列
```
MUL.PS    FP10,FP0,FP8        →  FP10 = [m1*Y | m0*X]
MADD.PS   FP11,FP10,FP1,FP9   →  FP11 = FP10 + [m3*W | m2*Z] = [m1*Y+m3*W | m0*X+m2*Z]
MUL.PS    FP12,FP2,FP8        →  FP12 = [m5*Y | m4*X]
MADD.PS   FP13,FP12,FP3,FP9   →  FP13 = FP12 + [m7*W | m6*Z] = [m5*Y+m7*W | m4*X+m6*Z]
ADDR.PS   FP14,FP11,FP13      →  FP14 = [m1*Y+m3*W+m0*X+m2*Z | m5*Y+m7*W+m4*X+m6*Z]
                                     = [m0*X+m1*Y+m2*Z+m3*W | m4*X+m5*Y+m6*Z+m7*W]
```

図8　ADDR命令の使用例

頂点が指定領域にあるかテスト
$$|X| \leq |W|$$
$$|Y| \leq |W|$$
$$|Z| \leq |W|$$

```
PUU.PS   [W|W]
NEG.PS   [-W|-W]
C.NGE.PS  !(Y ≧ -W)?  !(X ≧ -W)?  →条件コード CC0,CC1
C.NGE.S   !(Z ≧ -W)?               →条件コード CC2
C.LE.PS   (Y ≦ +W)?  (X ≦ +W)?     →条件コード CC3,CC4
C.LE.S    (Z ≦ +W)?                →条件コード CC5
BC1F   CC0, 範囲外   条件 (CC0) 不成立なら範囲外
BC1F   CC1, 範囲外   条件 (CC1) 不成立なら範囲外
BC1F   CC2, 範囲外   条件 (CC2) 不成立なら範囲外
BC1F   CC3, 範囲外   条件 (CC3) 不成立なら範囲外
BC1F   CC4, 範囲外   条件 (CC4) 不成立なら範囲外
BC1F   CC5, 範囲外   条件 (CC5) 不成立なら範囲外
```
(a) 従来方式での計算

```
CABS.LE.PS   (|Y| ≦ |W|)? (|X| ≦ |W|)?
             →条件コードCC0,CC1
CABS.LE.PS   (|W| ≦ |W|)? (|Z| ≦ |W|)?
             →条件コードCC2,CC3  (CC2は真)
BC1ANY4F     CC0,CC1,CC2,CC3,範囲外
             →  条件が一つでも偽なら範囲外
```
(b) 新しい命令での計算式

図9　CABSとBC1ANYnxの使用例

表14　MIPS-3Dで拡張された命令

ニーモニック	処理
ADDR	浮動小数点リダクション加算．組どうしの加算
MULR	浮動小数点リダクション乗算．組どうしの乗算
RECIP1	逆数．高速近似値．精度的には劣る
RECIP2	逆数．第2ステップ．精度を上げる処理
RSQRT1	平方根の逆数．高速近似値．精度的には劣る
RSQRT2	平方根の逆数．第2ステップ．精度を上げる処理
CVT.PS.PW	ペアワードからペアシングルへの型変換
CVT.PW.PS	ペアシングルからペアワードへの型変換
CABS	浮動小数点絶対値比較
BC1ANY2F	二つの条件コードのどれかが偽なら分岐
BC1ANY2T	二つの条件コードのどれかが真なら分岐
BC1ANY4F	四つの条件コードのどれかが偽なら分岐
BC1ANY4T	四つの条件コードのどれかが真なら分岐

2002年6月，Sun MicrosystemsはUltra SPARC V に，暗号処理機能やネットワークのプロトコルスタックの処理機能の搭載を検討していることを明らかにした．IBMのPower5でも同様の命令の導入が予定されている．

また，暗号処理機能をサポートするのは暗号エンジンの高速化だけでは不十分ということで，暗号を解く鍵や機器に固有のID番号などの情報を格納する特殊メモリ空間や，乱数生成をハードウェア機能として提供するMPUも登場し始めた．これらの機能は従来ならMPUの外部ロジックで実現されていたが，セキュリティを強化するためには，その機能をMPU内部に取り込む必要がある．

2003年1月にはTransmetaが従来からのTM5800 に，暗号化エンジンをはじめとするセキュリティ機能を組み込むことを表明した．具体的には，DESやDES-X，3DESのアクセラレータと，保護されたメモリ領域を内蔵するらしい．

2003年4月に出荷されたVIA Technologiesの新しいC3（Nehemiah）では**PadLock**と呼ぶセキュリティ機構（ノイズを利用したハードウェアによる乱数発生器と暗号化エンジン）を搭載している．

2003年5月には，Arm社がArm11以降のMPUでは**TrustZone**と呼ぶセキュリティ機能を内蔵することを表明している．これは，Monitorモードという新しい動作モードを定義し，この動作モードでのみ保護したアドレス空間へのアクセスを可能とする機能である．

367

8 命令セットアーキテクチャの行く末

▶命令セットは関係ない

　MPUというか，その中心的処理を担うCPUを設計した人は誰もが「命令セットなんて関係ないですよ」という．つまり，どのような命令セットでも命令デコーダを通過すれば，いわば共通言語のような，ハードウェア資源を操る「記号」に変換されてしまい，それから先の命令実行のハードウェア設計はどれも同じだということである．確かに，RISCの誕生初期には，命令セットが命令処理のハードウェアに大きく依存していた．命令セットの数だけハードウェア（マイクロアーキテクチャ）が存在していたといっても過言ではない．しかし，現在は，命令実行を司るハードウェアは似かよったものになっている．命令セットが関連するのは，命令フェッチから命令デコードまでの，いわゆる，フロントエンドの部分である．バックエンドと呼ばれる命令実行部は，RISCで提唱された，由緒正しき，ロード／ストアアーキテクチャを実現するパイプライン構造である．そのパイプラインが何本存在するかで，スカラパイプラインとかスーパースカラパイプラインかの区別は生まれるが，ハードウェアの設計手法は確立されており，新たな工夫を凝らす余地はほとんどない．

　そういう訳で，フロントエンドの設計がCPUの差別化の部分であるが，この部分の設計がもっとも進んでいるのがx86アーキテクチャを有するIntelとAMDであろう．CISC（複雑過ぎる命令セット）と揶揄されながらも性能が要求されるサーバ分野を寡占するほどの最高性能を叩き出すCPUを設計している技術力には感服するしかない．

▶CISC（x86）の一人勝ちの予測も

　本書の第1版の「命令セットアーキテクチャ」の章の終わりで，RISCは滅びCISCが復権するのではという話を書いたが，これはとりも直さず，x86以外のアーキテクチャは駆逐されてしまうのではという予測である．もっとも，その予測は半ば外れて，スマートフォンや組み込み制御の分野ではArmアーキテクチャが気を吐いている．しかし，高性能MPUということで第一に思い浮かぶのは，やはり，x86アーキテクチャであろう．対抗のArm自体も，スマートフォンで天下を取るまでの32ビットアーキテクチャの時代では，その命令セットは，純粋なRISCというよりもCISCに近かった（64ビットアーキテクチャになってからは普通のRISCになってしまったが…）．これらの事情を鑑みるに，MPUの命令セットはある程度複雑化（1命令が，単一ではなく，複数の機能を有する）し，それを枯れた技術のバックエンドの処理で高速に実行す

るというのが，今後のMPUの方向性ではないかと考える．

▶RISC-Vの存在価値

　その考え方に真っ向から反対するのがRISC-Vである．RISC-Vはその新規性と単純さをアピールしている「ザ・RISC」である．しかし，RISC-Vの最大の「売り」は命令セットアーキテクチャがオープンソースであり，誰でも自由に使えるということである．x86やArmの命令セットアーキテクチャはCPU設計メーカの所有物であり，ライセンス料を支払わないと使うことはできない．それに対して，ライセンス料が不要な分だけ，RISC-Vの命令セットアーキテクチャを使用することで，MPU（CPU）設計にかかる費用が安価になる．逆に言うと，その程度しかRISC-Vに価値を見出すことはできない．それに，RISC-V陣営は対抗をArmに置いている節がある．x86のことはあえて無視しているのかもしれない．これは，Armが対抗をIntelに置いているのと対照的である．

　RISC-Vが生き残る道としては，様々なアーキテクチャが群雄割拠している組み込み制御の世界か，これからの応用分野であるAI（人工知能）の分野ではないかと思われる．

　結局は，サーバやPC向けのx86，スマートフォン向けのArm，AI向けのRISC-Vというように，応用分野ごとに命令セットアーキテクチャが固定されてしまうのかもしれない．

▶皆がそろって64ビット化に向かう？

　ところで，命令セットアーキテクチャの最新の話題としては64ビット化への移行がある．Armでは，2018年発表のCortex-A65から32ビットモード（AArch32）のサポートとThumb命令のサポートを止めた．それでは，不便だと思ったのか，2019年のCortex-A77以降は32ビットモードやThumb命令はEL0（ユーザレベル）のみのサポートとなっている．つまり，アプリケーションレベルとしては32ビットコードも動かせるが，OSレベルとしては64ビットモード（AArch64）のみのサポートになった．これは，Cortex-Aシリーズの話であるが，2020年発表のCortex-R82でも32ビットモードやThumb命令のサポートを止めている．

　Intelも2023年には，従来の16ビットおよび32ビットモードを廃止し，64ビットモードでのみ動作する命令セットアーキテクチャ「X86-S」の情報を公開した．この新しいISAがいつから適用されるかは不明であるが，これで悪名の高かった「セグメント方式」がx86から消え去ることになる．これに対して，AMDがどう動くかは分かっていない．

まとめ

　過去から現在に至るMPUの命令セットアーキテクチャを見てきた．アーキテクチャには，CISCとかRISCという区別はあったものの，それらが提供する命令セットにはたいして違いがないことがおわかりになったと思う．MPUができることは昔も今も変わらない．ただ，SIMD命令やベクトル処理命令による並列処理が新たな潮流といえるかもしれない．この傾向は，他社との差別化のために，今後ますます強くなっていくだろう．

　また，一つのアーキテクチャを維持するのはたいへんなことである．システムの環境整備には莫大な金額がかかる．いきおい，ハードウェアは従来との互換性を維持しようとし，ソフトウェア（とくにOS）のサポートのないアーキテクチャは滅びていく．これは言うまでもないことである．

◆参考文献◆

(1) Massa POP Izumida, 「頭脳放談第27回RISCの敗因，CISCの勝因」．
http://www.atmarkit.co.jp/fsys/zunou houdan/027zunou/end_of_risc.html

(2) H. Kaneko et al., "Realizing the V80 and Its System Support Functions", IEEE Micro, April 1990, pp.56-69.

(3) R.S.Piepho et al., "A Comparison of RISC Architectures", IEEE Micro, August 1989, pp.51-62.

Chapter

12

現在の最新 MPU

Arm と RISC-V の命令セットアーキテクチャ

これまで，やや古いMPUの命令セットアーキテクチャを紹介してきたが，新しいところとして，ArmとRISC-Vの命令セットアーキテクチャを機能別に比較しながら説明する．

ここではArm32とかArm64という表現を使用しているが，実はそれらは正式名称ではない．Arm32はArmv7-Aアーキテクチャのネイティブ（Thumbでない方の）モードの命令セットまたはArmv8-AアーキテクチャのAArch32モードの命令セット，Arm64はArmv8-AアーキテクチャのAArch64モードの命令セットを示す．本稿では直感的な理解のために，これらの表現をあえて混同して使用している．

さらに，以下の説明では，アルファベットの大文字と小文字を適宜区別して使っているが，アセンブラ記述では大文字と小文字は，ラベル名以外は区別されない．たとえば，レジスタ名がX0とかx0とかになっているが，同じものとして見てほしい．

レジスタセット

まずは，データの保持や演算を行うレジスタの仕様を知っておくことが必要である．少なくとも使えるレジスタの本数を知らないと，存在しないレジスタを指定する恐れがある．使えるレジスタの本数を知ることは命令セットアーキテクチャを理解する第一歩である．

● Arm32（AArch32）の場合

図1にAArch32（Armv7-A）のレジスタセットを示す．通常のプログラミングにおいては，「アプリケーションレベルビュー」のレジスタを見ておけば十分である．

R0からR15までの16本のレジスタがある．このうち，R15はPC（プログラムカウンタ）である．R15に値を書き込むと，そのアドレスにジャンプできる．また，R15をロード命令のアドレッシングでベースレジスタに使用すればPC相対アドレッシングを行うことができる．

R15以外は，基本的に汎用のレジスタである．「基本的に」の意味は，R14はサブルーチンコールで戻りアドレスが自動的に設定されたり，R13はスタックポインタとして用途が限定されたりしているので，CPUの都合で値が勝手に変化する可能性がある．

APSRはCPUの動作状態を決定するステータスレジスタである．APSRへのアクセスは特殊な命令（MSR/MRS）を使って行う．

● Arm64（AArch64）の場合

図2にAArch64（Armv8-A）のレジスタセットを示す．R0からR30までの31本の汎用レジスタが存在し，それに加えて，SP（スタックポインタ），ZR（ゼロレジスタ），PC（プログラムカウンタ）が存在する．AArch32とは異なり，PCにプログラムで直接アクセスはできない．分岐命令の実行時に，その分岐先が書き込まれ，そこから命令フェッチが開始されるレジスタがCPU内部に存在するという以上の意味はない．SPとZRは，命令のエンコード的にはR31に相当する．それが使用される場面に応じて，SPとして機能したり，ZRとして機能したりする不思議なレジスタである．SPも，普通のMOVE命令や演算のソースやデスティネーションに指定できるので，汎用レジスタとみなすこともできる．つまり，AArch64の汎用レジスタの本数は32本であるといっても差し支えない．

なお，Rn（n = 0, …, 30）という名称は仮想的なものだ．アセンブリ言語の記述では，XnまたはWnを使用する．Xnは64ビットレジスタ，Wnは32ビットレジスタを示す．物理的にはXnの下位32ビットがWnとなる．また，SPやZRは，64ビット長と32ビット長で，それぞれ，XSP，WSP，XZR，WZRと記述する．また，サブルーチンコールで戻りアドレスが格納されるレジスタはX30/W30である．

ところで，Armv8-Aでは，AArch64の他にも，AArch32をサポートする．この場合，AArch64のW0からW14がAArch32のR0からR14とみなされる．それ以外のAarch64の汎用レジスタから

370

Chapter 12 ArmとRISC-Vの命令セットアーキテクチャ

アプリケーションレベルビュー				システムレベルビュー					
	User	System	Hyp	Supervisor	Abort	Undefined	Monitor	IRQ	FIQ
R0	R0_usr								
R1	R1_usr								
R2	R2_usr								
R3	R3_usr								
R4	R4_usr								
R5	R5_usr								
R6	R6_usr								
R7	R7_usr								
R8	R8_usr								R8_fig
R9	R9_usr								R9_fig
R10	R10_usr								R10_fig
R11	R11_usr								R1_fig
R12	R12_usr								R12_fig
SP (R13)	SP_usr		SP_hyp	SP_svc	SP_abt	SP_und	SP_mon	SP_irq	SP_fig
LR (R14)	LR_usr			LR_svc	LR_abt	LR_und	LR_mon	LR_irq	LR_fig
PC (R15)	PC								
APSR	CPSR								
			SPSR_hyp	SPSR_svc	SPSR_abt	SPSR_und	SPSR_mon	SPSR_irq	SPSR_fig
			ELR_hyp						

図1(1) **Armv7-Aのレジスタセット**

AArch32の汎用レジスタの割り当ては**図3**のようになっている．**図3**では，R15(PC)にはレジスタの割り当てが存在していないように見える．これは，どこのドキュメントにも書かれていないので想像であるが，AArch32のR15はAArch64のPCに割り当てられていると考えられる．そうでないと，任意のAArch32のプログラムを動作させることができないからである．

● **RISC-V (RV32)の場合**

図4にRISC-Vのレジスタセットを示す．RISC-Vは，X0からX31の32本の汎用レジスタを持つ．X0が，値が常にゼロの，ゼロレジスタであるほかは，残りの31本のレジスタは真に汎用である．サブルーチンコールの戻りアドレスは，プログラムで指定する．戻りアドレスを格納するレジスタを省略すると，アセンブラはX1を戻りアドレスの格納先として指定する．

図4でXLENというのはアーキテクチャのビット長を示す．32ビットアーキテクチャ(RV32)なら32，64ビットアーキテクチャ(RV64)なら64となる．本稿では，RISC-Vは32ビットアーキテクチャを取り上げる．

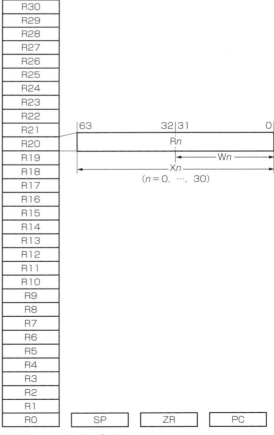

図2(2) **Armv8-Aのレジスタセット**

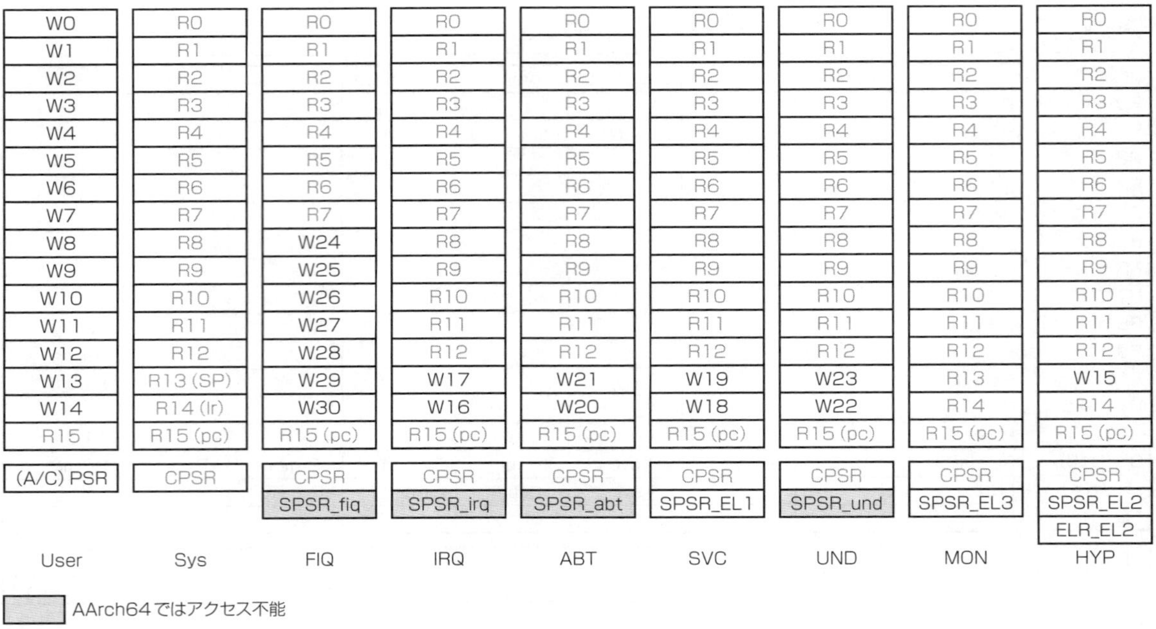

W0	R0	R0	R0	R0	R0	R0	R0	R0
W1	R1	R1	R1	R1	R1	R1	R1	R1
W2	R2	R2	R2	R2	R2	R2	R2	R2
W3	R3	R3	R3	R3	R3	R3	R3	R3
W4	R4	R4	R4	R4	R4	R4	R4	R4
W5	R5	R5	R5	R5	R5	R5	R5	R5
W6	R6	R6	R6	R6	R6	R6	R6	R6
W7	R7	R7	R7	R7	R7	R7	R7	R7
W8	R8	W24	R8	R8	R8	R8	R8	R8
W9	R9	W25	R9	R9	R9	R9	R9	R9
W10	R10	W26	R10	R10	R10	R10	R10	R10
W11	R11	W27	R11	R11	R11	R11	R11	R11
W12	R12	W28	R12	R12	R12	R12	R12	R12
W13	R13 (SP)	W29	W17	W21	W19	W23	R13	W15
W14	R14 (lr)	W30	W16	W20	W18	W22	R14	R14
R15	R15 (pc)	R15 (pc)	R15 (pc)	R15 (pc)	R15 (pc)	R15 (pc)	R15 (pc)	R15 (pc)
(A/C) PSR	CPSR	CPSR	CPSR	CPSR	CPSR	CPSR	CPSR	CPSR
		SPSR_fiq	SPSR_irq	SPSR_abt	SPSR_EL1	SPSR_und	SPSR_EL3	SPSR_EL2
								ELR_EL2
User	Sys	FIQ	IRQ	ABT	SVC	UND	MON	HYP

AArch64ではアクセス不能

図3[(3)] **Armv8-A の AArch32 時のレジスタセット**

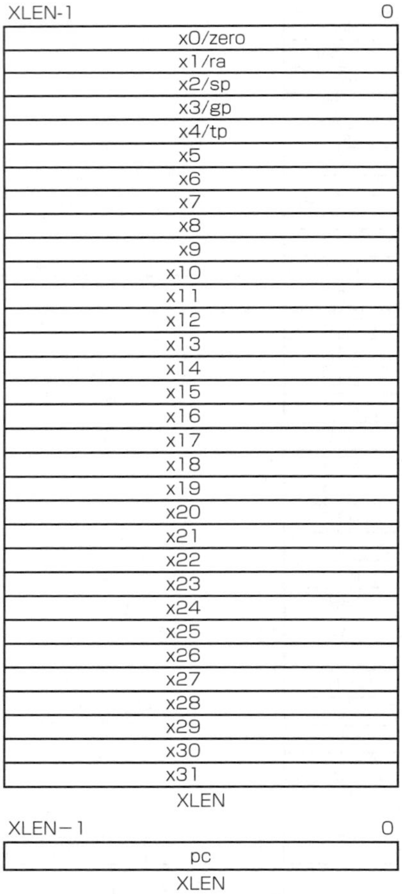

図4[(4)]
RISC-Vの
レジスタセット

XLEN-1 ... 0

x0/zero
x1/ra
x2/sp
x3/gp
x4/tp
x5
x6
x7
x8
x9
x10
x11
x12
x13
x14
x15
x16
x17
x18
x19
x20
x21
x22
x23
x24
x25
x26
x27
x28
x29
x30
x31

XLEN

XLEN−1 ... 0

pc

XLEN

MOVE（移動）命令

この節で登場する命令を**表1**にまとめる.

● Arm32（AArch32）の場合

　Arch32において，MOVE命令のニーモニックはMOVである．ビット反転した値をMOVEする時はMVN命令を使用する．MOV命令の最大の用途は，あるレジスタから別のレジスタに値をコピーすることである．たとえば，

`MOV R0, R1`

はレジスタR1の内容をレジスタR0にコピー（移動）する．Armの場合，右側のオペランドから左側のオペランドに値を移動するように記述する.

表1　MOVE命令

機能	AArch32	AArch64	RISC-V
定数値設定（特殊）	MOV	ORR XRZ	ORI X0
16ビット定数の設定	MOVW	MOVZ	ORI X0 (ADDI X0)
32ビット定数の設定（その1）	MOV ORR	MOVZ	LUI+ADD
32ビット定数の設定（その2）	MOVW MOVT	MOVK	
32ビット定数の設定（その3）	LDR (PC)	LDR (PC)	
ラベルのアドレスを設定	ADR	ADR	AUIPC ADD

Chapter 12 ArmとRISC-Vの命令セットアーキテクチャ

▶定数値をレジスタに格納する方法

さて，問題は定数値（イミディエート値）のレジスタへのMOVEである．Armの命令長は32ビットである．この32ビット内には，オペレーションコードやレジスタ番号が含まれるので，32ビット長の命令の中に32ビットの定数値を埋め込むのは不可能である．

Armアーキテクチャでは，伝統的に，8ビット定数と，偶数ビットの右ローテート（回転）により32ビットの定数を表現する．ということは，8ビットのローテートで表現できない定数は指定できないということになる．でも，安心してほしい，Armには任意の32ビット定数をレジスタに転送する必殺技がある．これについては後述する．

8ビットのローテートに話を戻す．まず，8ビット長以内の定数はそのままレジスタに格納できる．その記法は低数値の前に「#」を付けて，

```
MOV r0,#0x12
```

などのようになる．nビットの右ローテートは(32 − n)ビットの左ローテートに等しいので，上述の定数を，24ビット，16ビット，8ビットだけ右ローテートした，

```
MOV r0,#0x1200
MOV r0,#0x120000
MOV r0,#0x12000000
```

という定数も使用可能である．逆に考えれば，0xFFという8ビットのデータからは，2ビット，4ビット，6ビット，8ビット，…，の右ローテートにより，

```
0xC000003F
0xF000000F
0xFC000003
0xFF000000
……
```

といった定数が作れることになる．さて，こんな定数を使う場面があるのかは，よく分からない．ただし，8ビットの定数を24ビット，16ビット，8ビットで右ローテートすることを考えれば，ORR（論理和）命令と組み合わせることで，任意の32ビット定数を生成することが可能である．つまり，32ビット低数値である0x12345678をR0に格納するためには，

```
MOV r0,#0x12000000
ORR r0,r0,#0x00340000
ORR r0,r0,#0x00005600
ORR r0,r0,#0x00000078
```

という4命令を実行すればいいことになる．しかし，32ビット定数のレジスタ代入のために4命令も使うのはコードサイズが増えてもったいない．

▶Armv7-Aでの32ビット定数のレジスタ格納

そんな考えをArmのアーキテクトが持ったのかどうかは定かではないが，Armv7-Aでは，MOVW，

MOVTという新規のMOVE命令が導入された．MOVWの「W」はWide Immediate（8ビットよりビット幅が広い16ビット定数）を意味し，MOVTの「T」はTop（上位）を意味する．MOVW命令はレジスタの下位16ビットに16ビット定数を直接格納する命令である．MOVTはレジスタの上位16ビットに16ビット定数を直接格納する命令である．このとき，レジスタの下位16ビットは保存される．

まず，MOVW命令を使えば，任意の16ビット定数をレジスタに格納できる．たとえば，

```
MOVW r0,#0x1234
MOVW r0,#0x5aa5
MOVW r0,#0xbeef
MOVW r0,#0xcafe
```

といった具合である．さらに，MOVT命令と組み合わせれば

```
MOVW r0,#0x5678
MOVT r0,#0x1234
```

というように，2命令で0x12345678という32ビット定数をR0に格納することができる．

ここでの注意点はMOVW命令を先に実行することである．MOVW命令は格納先のレジスタの上位16ビットを0にしてしまうので，MOVW命令とMOVT命令の実行順序が逆の場合は，下位16ビットしか格納されないことになる．

▶さらに便利な32ビット定数のレジスタ代入方法

さて，ここで必殺技の紹介だ．実は，1命令で32ビット定数をレジスタに格納可能な命令がある．正確にはArmの命令ではなく，アセンブラの疑似命令である．それは，真のArm命令であるロード命令と同じニーモニックを使うのだが，第2オペランドが定数値であることが異なる．この場合，定数値の頭には「#」ではなく「=」をつける．つまり，

```
LDR r0,=0x12345678
```

といった具合である．通常は，32ビット定数をレジスタに格納する場合は，この疑似命令を使用する．この疑似命令はアセンブラにより，PC相対ロード命令（ロード命令に関しては後述するが，メモリからデータをレジスタに読み込む命令と思ってほしい）に変換される．つまり，上述の命令は

```
LDR r0,[pc, #disp]
```

というArmの命令に変換される．ここでディスプレースメントであるdispは0x12345678というデータが格納されているデータのアドレスを示すように決定される．たとえば，上述のLDR（疑似）命令が0x100番地にあり，0x1000番地に0x12345678という値が格納されているとすると，dispの値は0x1000番地からPCの値（ArmでのPCは2命令先を指しているので，0x100番地を実行時のPCは0x108番地になる）を引い

373

た0xEF8がdispの値になる．PC相対ロード命令は
もっと汎用的に使用することができる．この場合，
LDR命令の第2オペランドにはラベルを直接指定でき
る．たとえば，

```
LDR  r0,mem
......
......
......
mem:
  .word  0x12345678
```

というアセンブリ言語の記述に行き当たると，アセン
ブラはPC相対ロード命令を生成し，そのディスプ
レースメントの値も自動的に計算する．「＝」で定数値
を指定する場合も，「ラベル」で定数値を指定する場
合も同じ結果である．しかし，ラベルで指定する場合
は，ラベルのメモリが書き換え可能な場合は，PC相
対ロード命令の実行時にロードする値を決定できるの
で，応用範囲が広がる．

▶メモリのアドレスをレジスタに格納する方法

定数値をレジスタに格納する命令列を示した．今度
は，メモリのアドレスをレジスタに格納する方法を示す．

メモリのアドレスが確定している場合は定数値をレ
ジスタに格納する場合と同じである．メモリのアドレ
スがアセンブル結果のリンク後まで決定しない場合は
ADRという疑似命令を使用する．

```
ADR  r0,mem
```

のように使うが，この表現の実体はPC相対の加減算
である．memというラベルがADR命令より後方（大き
いアドレス）にある場合は，

```
ADD  r0,r15,#disp
```

memというラベルがADR命令より前方（小さいアドレ
ス）にある場合は，

```
SUB  r0,r15,#disp
```

というようにアセンブラが命令を置き換える．ここ
で，R15はPCを示している．

● Arm64（AArch64）の場合

AArch64の場合のMOVE命令もAArch32と同様
である．

```
MOV  W0, W1
```

は，32ビットレジスタW1を32ビットレジスタのW0
にコピーすることを示す．

```
MOV  X0, X1
```

は，64ビットレジスタX1を64ビットレジスタのX0
にコピーすることを示す．

しかし，32ビットのMOV命令にしろ，64ビットの
MOV命令にしろ，AArch64には真のMOV命令は存在
しない．アセンブリ言語でMOVと記述すると，それ
は，ゼロレジスタとのOR命令に変換される．つまり，

```
MOV  W0, W1
MOV  X0, X1
```

の実体は，

```
ORR  W0, WZR, W1
            // W1と0のORをW0に格納する
ORR  X0, XZR, Z1
            // X1と0のORをX0に格納する
```

となる．

▶定数値をレジスタに格納する方法

AArch64になっても命令長は32ビットを維持して
いる．今度は，32ビットの命令長の中で（最大）64
ビットの定数を埋め込む必要がある．AArch64では，
AArch32における「8ビット定数の右ローテート」以
上にトリッキーな方法で64ビット定数を表現する．

AArch64では，13ビットの情報から64ビット定数
を生成する．説明を聞くと，まるで錬金術みたいであ
る．そのカラクリを一言でいえば，

「2ビット，4ビット，8ビット，16ビット，32ビッ
ト，64ビットを単位とし，その単位ビット内で，連
続する1を右ローテートした値を，64ビット長にな
るまで繰り返して定数を生成する」

という方式となる．簡単な例でいうと，まずは8ビッ
ト長の要素を考える．この中で，連続した1で作れる
定数は

```
0x01, 0x03, 0x07, 0x0F, 0x1F, 0x3F,
0x7F, 0xFF
```

がある．ここでは，一例として，0x07を選ぶ．これ
を1ビットだけ右ローテートすると

```
0x83
```

となる．これを（64÷単位ビット長＝8）回だけ繰り返
して64ビット長にすると，

```
0x8383838383838383
```

という64ビット定数が生成できる．

AArch64では，この方式を実現するために，32ビッ
ト固定長の命令コードの中で13ビットの情報を使う．
つまり，1ビットのN，6ビットのimms，6ビットの
immrという情報である．

immrは右ローテートのローテート量を示す．これ
は，特にエンコーディングされていなくて，ローテー
トする量そのものである．複雑なエンコーディングは
Nとimmsにある．Nとimmsで上述の単位ビット長
と連続する1の個数を示す．

Nが1の場合は単純である．単位ビット長は64ビッ
トとなり，immsは連続する1の数−1を示す．Nが0
の場合はimmsが単位ビット長と連続する1の数−1
を示す．これは，6ビットのimms内で最も左側にあ
る0の位置で単位ビット長が決まる．つまり，imms
のエンコーディングは

```
32ビット：0xxxxx（xは任意の0または1）
```

```
16ビット  :10xxxx（xは任意の0または1）
8ビット   :110xxx（xは任意の0または1）
4ビット   :1110xx（xは任意の0または1）
2ビット   :11110x（xは任意の0または1）
```
という具合となる．ここで，xの部分が連続する1の数−1になる．たとえば，

N = 0, immr = 0x02, imms = 0x3A

の場合，右ローテート数は2，単位ビットは4ビット，連続する1の数−1は2になるので，64ビット定数は，0x7（3ビットの1の連続）を4ビット内で2ビットだけ右ローテートした値である0xDを（64/4）＝16回繰り返した

```
0xDDDDDDDDDDDDDDDD
```
となる．

なお，お察しの通り，この方法では，0という定数値は作り出せない．0はゼロレジスタで簡単に作り出せるので，その必要はない．

このようにして生成される定数をArmv8-Aアーキテクチャでは「ビットマスクイミディエート」と呼んでいる．1が連続しているのでビットフィールドのマスクとして使えるという意味だと思うが，特定のパターンを繰り返す定数値を作り出すのに有効である．アセンブリ言語では，

```
MOV x0,#0xDDDDDDDDDDDDDDDD
```
のように書けるはずであるが，これは便宜的な表現に過ぎない．本来，このビットマスクイミディエートはANDやORなどの論理演算を行う場合に使用される．実際，上述の表現は，

```
ORR  x0,xrz,#0xDDDDDDDDDDDDDDDD
```
と同一である．つまり，ゼロレジスタと定数0xDDDDDDDDDDDDDDDDの論理和（OR）をレジスタX0に格納するという命令コードとみなされる．

▶定数格納のもう1つの方法

しかし，このビットマスクイミディエートによる表現方法では指定できる定数の種類に限界がある．AArch32における，MOVW/MOVT命令のような命令がほしいところだ．もちろん，AArch64にもそのような命令が存在する．それがMOVK命令である．MOVKの「K」は「Keep（保持）」の意味だと推測される．AArch32のMOVW命令やMOVT命令のように16ビット定数を直接レジスタに格納するのであるが，格納先のレジスタの中で格納しない部分は前の値を保持する．MOVKと同様な機能を持つが，格納先のレジスタの中で格納しない部分をゼロにするMOVZという命令もある．16ビット定数のみを格納する場合は，格納しない部分にゴミ（前の値）を残さないという点で，MOVKよりもMOVZの方が便利である．

さて，MOVK命令はMOVW命令とMOVT命令の2つの機能を兼ね備える．その意味は，レジスタに格納す

る16ビットの定数値を，0ビット，16ビット，32ビット，48ビットだけ左シフトしてレジスタに格納できるということだ．デフォルトは0ビットのシフトである．0ビット以外のシフトの場合はLSL（Shift Logical Left = 左論理シフト）という修飾子を付加する．つまり，0x1234という16ビット定数を0ビット，16ビット，32ビット，48ビットだけ左シフトしてX0レジスタに格納する場合は次のようになる．

```
MOVK x0,#0x1234
MOVK x0,#0x1234, lsl #16
MOVK x0,#0x1234, lsl #32
MOVK x0,#0x1234, lsl #48
```
もちろん，格納先のレジスタが32ビット長の場合は，32ビットや48ビットのシフト量は指定できない．MOVK命令を使えば，0x123456789abcdef0という64ビット定数をX0に格納する場合は次のように表現できる．

```
MOVK x0,#0xdef0
MOVK x0,#0x9abc, lsl #16
MOVK x0,#0x5678, lsl #32
MOVK x0,#0x1234, lsl #48
```
今は，下位の16ビットから順番にX0レジスタに格納してきたが，格納する（書き換える）16ビットの領域以外は前の値が保存されているので，4命令の順番はどうでも構わない．

さて，AArch64でも，PC相対ロード命令で64ビットまたは32ビットの定数値をレジスタに格納することが可能である．Armv8-Aのアーキテクチャリファレンスマニュアルを見る限りは，

```
LDR x0, [pc, #disp]
```
というアセンブリ言語の形式は許されてないように見える．その代わり，

```
LDR x0, = 0x123456789abcdef0
```
とか

```
LDR x0, mem
……
……
……
mem:
.dword  0x123456789abcedf0
```
という形式は可能なようである．

▶メモリのアドレスをレジスタに格納する方法

さて，AArch64でラベルのアドレスをレジスタに格納する方法であるが，このためにはADR命令を使用する．AArch64ではPCの値がプログラマに見えないため，AArch32では疑似命令だったものが，AArch64では正式な命令として採用されたようだ．ADR命令の他に，ラベルに対する4Kバイトのページサイズのページ番号をPC相対でレジスタに格納する

ADRP命令もありうる．これらは，

```
ADR x0,mem
```

のように使用する．ADRP命令を強引に使用すれば，

```
ADRP x0,mem
ADD x0,x0,#mem[11：0]
            // memのアドレスの下位12ビット
```

という感じであろうか．1つのADR命令で済むところを，わざわざ，2命令に分ける意味があるのかどうか筆者には分からない．

それよりも，ADRPの使い道として，PC相対ストアが実現できる．Armのアーキテクチャでは，歴史的には，定数値をメモリからロードするためのPC相対ロード命令しかサポートされていなかった．しかし，ADRP命令を使用すれば，

```
ADRP x0,mem
STR x1,[x0,#mem[11：0]]
```

のように，PC相対で，レジスタX1の値をmemというラベルで示されるアドレスにストアできるようになる．もっとも，AArch64では，ディスプレースメントは符号付きで9ビットなので，PC相対ストアが実現できるのは，mem[11：0]が9ビットの範囲で表現できる場合に限られる．

● RISC-V（RV32）の場合

RISC-Vの場合も，AArch64と同様に，MOV命令は存在しない．MOVというニーモニックを書いてもアセンブラが認識してくれない．たとえば，レジスタX2の値をレジスタX1にコピーする場合は，素直に，

```
OR X1, X2, X0
// X2とX0（ゼロレジスタ）のORをX1に格納する
```

または，

```
ADD X1, X2, X0
// X2とX0（ゼロレジスタ）の加算値をX1に格納する
```

と書くしかない．

▶定数値をレジスタに格納する方法

RISC-Vにおける32ビット定数値をレジスタに格納する方法は単純である．上位20ビットを格納するLUI命令と，下位12ビットを格納するADD（またはOR）命令で実現する．つまり，X4に0x12345678という32ビット定数を格納する場合は，

```
LUI x4, 0x12345
ADD x4, x4, 0x678
```

のように記述する．レジスタに格納する定数値が12ビットで表現される数値より大きい場合はこの2命令を使う．それでは，12ビット以下の場合はどうするのだろうか．そこはゼロレジスタ（X0）の出番である．たとえば，8ビット定数の0xa5をレジスタX4に格納する場合は，

```
ADD x4, x0, 0xa5
```

という命令になる（ADDの代わりにORでも可）．

RISC-Vの場合は，32ビット定数値を直接レジスタに格納する必殺技みたいなものはない．ただし，アセンブラにはLI（Load Immediate）という疑似命令が存在する．これは，与えられた定数値のビット長に応じて，LUI/ADDの組を使用するかADD/X0の組を使用するかを自動的に判断してくれる疑似命令である．たとえば，以下のような具合である．

```
LI x4, 0x12345678
→LUI x4, 0x12345
  ADD x4, x4, 0x678

LI x4, 0x1234
→LUI x4, 0x0001
  ADD x4, x4, 0x234

LI x4, 0x123
→ADD x4, x0, 0x123
```

▶メモリのアドレスをレジスタに格納する方法

RISC-Vにおいてメモリのラベルのアドレスをレジスタに格納するためには，LA（Load Address）という疑似命令を使用する．この疑似命令は，ラベルのアドレスが確定している場合はLUI命令とADD命令の組に置き換え展開（32ビット定数値の場合と同じ），ラベルのアドレスがアセンブル結果のリンク後まで決定しない場合はAUIPC命令とADDI命令の組に置き換える．AUIPC命令は，ラベルに対する4Kバイトのページ番号をPC相対でレジスタに格納する命令である．ちょうど，AArch64のADRP命令と同一の機能を持っている．つまり，

```
LA x4, mem
→AUIPC x4, mem[31:12]
  ADDI x4, x4, mem[11：0]
```

というように置き換えられる．ArmのADR命令に相当する命令がないのが残念であるが，AUIPC命令を使えば，Armでいうところの

```
LDR x4, mem
```

といった，PC相対ロード命令を，RISC-Vでも，

```
AUIPC x4, mem[31:12]
LW x4, mem[11：0](x4)
```

のようにして実現できるようになる．PC相対ストアが可能なのもAArch64の場合と同じである．

ロード/ストア命令

さて，レジスタに対する定数値の格納の仕方が分かったら，次はメモリ空間に存在するI/Oポートなどにアクセスする方法を知らなくてはならない．それ

が，ロード命令とストア命令である．ロード命令はメモリやI/Oポート内の特定のアドレスからデータを読み出し，ストア命令はメモリやI/Oポート内の特定のアドレスにデータを書き込む．読み出したデータはレジスタに格納され，書き込むデータはレジスタから取り出される．

メモリやI/Oポート内のアドレスを指定する方法は，どのアーキテクチャでもほぼ同一である．つまり，ベースレジスタの値にディスプレースメント（オフセットともいう）を加えた（引く場合もある）結果が読み出しや書き込みを行うアドレスになる．ここで，ベースレジスタとは普通のレジスタのことである．アクセスする基準（ベース）となるレジスタという意味でベースレジスタと呼んでいるだけである．ディスプレースメントは定数値にほかならない．

具体例をそれぞれのアーキテクチャに応じて説明する．ここで登場する命令を表2にまとめる．

● Arm32（AArch32）の場合

アドレスの指定方法（アドレッシングという）は，

`[Rn, #disp]`

という表現を使用する．この意味は，

（Rnの内容）+ disp

となる．もっと具体的には，次の例を参照してほしい．R0に0xFE000000という値が格納されているとする．このとき，

`[R0]` あるいは `[R0,#0x00]` は0xFE000000番地，
`[R0, #0x04]` は0xFE000004番地，
`[R0, #0x256]` は0xFE000256番地，
`[R0, #-0x12]` は0xFDFFFFEE番地，

を指し示す．AArch32の場合，ディスプレースメントのビット長は12ビットなので，

`[R0, #0x1234]`

などと，12ビット長を超えるディスプレースメントは指定できない．この場合は，ベースレジスタであるR0の値を0xFE001000として，

`[R0, #0x234]`

とするしかない．しかし，現実問題として，ディスプレースメントは12ビットもあれば十分である．

また，AArch32では，ディスプレースメントの代わりにレジスタを指定することができる．これは，アドレスオフセットを可変にしたい場合に使用する．

`[Rn, +Rm]`
`[Rn, −Rm]`

という表記において，前者はレジスタRnの値にレジスタRmの値を加えたアドレスにアクセスすること，後者はレジスタRnの値からレジスタRmの値を減じたアドレスにアクセスすることを示す．このようなレジスタRmをインデックスレジスタと呼ぶ．このアド

表2　ロード／ストア命令

機 能	AArch32	AArch64	RISC-V
バイト長のロード命令	LDRB LDRSB	LDURB LDURSB LDRB LDRSB	LB LBU
ハーフワード長のロード命令	LDRH LDRSH	LDURH LDURSH LDRH LDRSH	LH LHU
ワード長のロード命令	LDR	LDUR LDR LDURSW LDRSW	LW
ダブルワード長のロード命令	−	LDUR LDR	−
バイト長のストア命令	STRB	STURB STRB	SB
ハーフワード長のストア命令	STRH	STURH STRH	SH
ワード長のストア命令	STR	STR Wt	SW
ダブルワード長のストア命令	−	STR Xt	−

レッシングは，配列やテーブルの要素を順番に（あるいはランダムに）アクセスするのに便利である．

さて，アドレッシングが分かったら，次は，実際のロード／ストア命令の説明の番である．CPUが扱えるデータのサイズはバイト（8ビット），ハーフワード（16ビット），ワード（32ビット）があるので，それぞれのデータサイズに応じたロード命令とストア命令が存在する．つまり，下記のような命令になる．

▶ロード命令

バイト…
　LDRB：指定されるアドレスから8ビットデータを読み出し，ビット7で32ビットにゼロ拡張してレジスタに格納
　LDRSB：指定されるアドレスから8ビットデータをビット7で32ビットに符号拡張してレジスタに格納

ハーフワード…
　LDRH：指定されるアドレスから16ビットデータをビット15で32ビットにゼロ拡張してレジスタに格納
　LDRSH：指定されるアドレスから16ビットデータをビット15で32ビットに符号拡張してレジスタに格納

ワード…
　LDR：指定されるアドレスから32ビットデータをレジスタに格納

▶ストア命令

バイト…
　STRB：レジスタの下位8ビットを指定されるアド

リスト1　Arm32のロード／ストア命令と意味

```
LDRB   r1,[r0,#0x01]   // レジスタR0の内容に0x01を加えたアドレスから8ビットのデータを読み込んで，ゼロ拡張し，レジスタR1に格納する（ロードする）
LDRH   r1,[r0,#0x02]   // レジスタR0の内容に0x02を加えたアドレスから16ビットのデータを読み込んで，ゼロ拡張し，レジスタR1に格納する（ロードする）
LDR  r1,[r0,#0x04]     // レジスタR0の内容に0x04を加えたアドレスから32ビットのデータを読み込んで，レジスタR1に格納する（ロードする）
STRB   r1,[r0,#0x03]   // レジスタR0の内容に0x03を加えたアドレスにレジスタR1の内容の下位8ビットを書き込む（ストアする）
STRH   r1,[r0,#0x04]   // レジスタR0の内容に0x04を加えたアドレスにレジスタR1の内容の下位16ビットを書き込む（ストアする）
STR  r1,[r0,#0x08]     // レジスタR0の内容に0x08を加えたアドレスにレジスタR1の内容を書き込む（ストアする）
```

リスト2　AArch64のロード／ストア命令

```
STRB   <Wt>, [<Xn|SP>{, #<pimm>}]
LDRB   <Wt>, [<Xn|SP>{, #<pimm>}]
LDRSB  <Wt>, [<Xn|SP>{, #<pimm>}]
LDRSB  <Xt>, [<Xn|SP>{, #<pimm>}]
STRH   <Wt>, [<Xn|SP>{, #<pimm>}]
LDRH   <Wt>, [<Xn|SP>{, #<pimm>}]
LDRSH  <Wt>, [<Xn|SP>{, #<pimm>}]
LDRSH  <Xt>, [<Xn|SP>{, #<pimm>}]
STR <Wt>, [<Xn|SP>{, #<pimm>}]
STR <Xt>, [<Xn|SP>{, #<pimm>}]
LDR <Wt>, [<Xn|SP>{, #<pimm>}]
LDRSW  <Xt>, [<Xn|SP>{, #<pimm>}]
```

レスに書き込む

ハーフワード…

　STRH：レジスタの下位16ビットを指定されたアドレスに書き込む

ワード…

　STR：レジスタの値を指定されたアドレスに書き込む

　命令とアドレッシングを組み合わせると，**リスト1**のようなアセンブリ言語での表現になる．

　個人的には，

```
[Rn, #disp]
```

というアドレッシングを知っていれば十分と思うのだが，AArch32ではちょっと便利なアドレッシングがある．それは，プレインデックスとポストインデックスである．プレ（前）とポスト（後）の意味が示すように，ロード／ストア命令の実行の前，または後に，ベースレジスタの値にディスプレースメントの値を加算する．プレインデックスのアドレッシングの表記は，

```
[Rn, #disp]!
```

ポストインデックスのアドレッシングの表記は

```
[Rn], #disp
```

である．たとえば，

```
LDR  r1,[r0],#4
```

は，

```
LDR   r1,[r0,#4]
ADD   r0,r0,#4
```

と同義,

```
STR r1,[r0,#-4]
```

は，

```
SUB   r0,r0,#4
STR   r1,[r0, #0x00]
```

と同義といった具合である．アセンブリ言語のプログラミングで，命令数を減らしたい（ちょっとでも高速に実行したい）ときに使うと便利である．

● **Arm64（AArch64）の場合**

　AArch64のロード／ストア命令は，基本的には，AArch32と同じである．大きな違いは，

・ベースレジスタは64ビット長のもの（X0 〜 X30，SP，XRZ）でなければならないこと

・ディスプレースメントがロード／ストアされるデータサイズでスケーリングされること

である．データサイズのスケーリングとは，

64ビットの場合…ディスプレースメントが8倍（3ビット左シフト）されてベースレジスタに加算または減算される

32ビットの場合…ディスプレースメントが4倍（2ビット左シフト）されてベースレジスタに加算または減算される

16ビットの場合…ディスプレースメントが2倍（1ビット左シフト）されてベースレジスタに加算または減算される

8ビットの場合 …ディスプレースメントが1倍（そのまま）されてベースレジスタに加算または減算される

という意味だ．つまり，この場合は，ディスプレースメントはオフセットではなく，何番目のデータであるかを指定するようになる．命令の種類を書き出すと**リスト2**のようになる．

　<Wt>とはレジスタW0 〜 W30を表し，32ビットレジスタに対するロード／ストアを意味し，<Xt>とはレジスタX0 〜 X30を表し，64ビットレジスタに対するロード／ストアを意味する．ニーモニックの最後がBの命令は8ビットサイズでロード／ストアが行われることを意味し，ニーモニックの最後がHの命令は16ビットサイズでロード／ストアが行われることを意味する．LDRやSTRに関しては，ロード／ストアを行うレジスタが<Wt>の場合は32ビットサイズでのロード／ストア，<Xt>の場合は64ビットサイズのロード／ストアとなる．その他は，説明しなくても意

Chapter 12 ArmとRISC-Vの命令セットアーキテクチャ

リスト3　AArch32と互換性のあるAArch64のロード/ストア命令

```
STURB  <Wt>, [<Xn|SP>{, #<simm>}]
LDURB  <Wt>, [<Xn|SP>{, #<simm>}]
STURH  <Wt>, [<Xn|SP>{, #<simm>}]
LDURH  <Wt>, [<Xn|SP>{, #<simm>}]
STUR   <Wt>, [<Xn|SP>{, #<simm>}]
STUR   <Xt>, [<Xn|SP>{, #<simm>}]
LDUR   <Wt>, [<Xn|SP>{, #<simm>}]
LDUR   <Xt>, [<Xn|SP>{, #<simm>}]
LDURSW <Xt>, [<Xn|SP>{, #<simm>}]
```

リスト4　AArch64のインデックスレジスタによるアドレッシング

```
STRB   <Wt>, [<Xn|SP>, (<Wm>|<Xm>){, <extend> {<amount>}}]
LDRB   <Wt>, [<Xn|SP>, (<Wm>|<Xm>){, <extend> {<amount>}}]
LDRSB  <Wt>, [<Xn|SP>, (<Wm>|<Xm>){, <extend> {<amount>}}]
LDRSB  <Xt>, [<Xn|SP>, (<Wm>|<Xm>){, <extend> {<amount>}}]
STRH   <Wt>, [<Xn|SP>, (<Wm>|<Xm>){, <extend> {<amount>}}]
LDRH   <Wt>, [<Xn|SP>, (<Wm>|<Xm>){, <extend> {<amount>}}]
LDRSH  <Wt>, [<Xn|SP>, (<Wm>|<Xm>){, <extend> {<amount>}}]
LDRSH  <Xt>, [<Xn|SP>, (<Wm>|<Xm>){, <extend> {<amount>}}]
STR    <Wt>, [<Xn|SP>, (<Wm>|<Xm>){, <extend> {<amount>}}]
STR    <Xt>, [<Xn|SP>, (<Wm>|<Xm>){, <extend> {<amount>}}]
LDR    <Wt>, [<Xn|SP>, (<Wm>|<Xm>){, <extend> {<amount>}}]
LDR    <Xt>, [<Xn|SP>, (<Wm>|<Xm>){, <extend> {<amount>}}]
LDRSW  <Xt>, [<Xn|SP>, (<Wm>|<Xm>){, <extend> {<amount>}}]
```

味は分かると思う.

LDRSWが新顔であるが, これは, 指定されたアドレスから32ビットデータを読み込み, ビット31で符号拡張して, 64ビットの<Xt>レジスタに格納するという命令である. それならば, ゼロ拡張をするためのLDRW命令や, 32ビットデータをストアするSTRW命令がないのが不思議に思われるが, それらは,

```
LDR <Wt>, [<Xn|SP>{, #<pimm>}]
STR <Wt>, [<Xn|SP>{, #<pimm>}]
```

と同一である. ここでディスプレースメントがpimmとなっているのはポジティブ(正)な定数値を意味する. それは「負のディスプレースメントは認めない」ことにほかならない. アドレッシングがデータサイズでスケーリングされることを考えると, マイナス方向へのアクセスはほとんどないので, 妥当な仕様だと思われる.

しかし, それではAArch32のロード/ストア命令と互換性がないじゃないかと思う人もいると思う. 心配はご無用. AArch32と互換性のあるロード/ストア命令も用意されている(**リスト3**).

LDURやSTURというニーモニックのUはUnscaled(スケーリングしない)を意味する. つまり, これらの命令では, ディスプレースメントは左シフトされることなく, そのままベースレジスタに加算または減算されてアクセスするアドレスを指定する. ディスプレースメントがsimmとなっているのはSigned(符号付き)の定数という意味で, これらの命令では「負のディスプレースメントも許可されます」ということである. つまり, これらの命令は, AArch32と完全に互換性がある.

さて, AArch32ではインデックスレジスタによるアドレッシングがあったが, AArch64でも同じものが存在している. それらの命令は**リスト4**の通りである.

XnまたはSPがベースレジスタでWmまたはXmがインデックスレジスタになる.

```
{, <extend> {<amount>}}
```

という修飾子がついているが, これは基本的には, イ

ンデックスレジスタのスケーリングに使われる. たとえば,

```
LDR  x2,[x0, x1, LSL #3]
```

という記述は, レジスタX0の内容に, レジスタX1の内容を3ビット左シフト(8倍)して加算して生成されるアドレスから64ビットのデータを読み込み, レジスタX2に格納するという意味である. 上述の<amount>としては, データのスケーリングに使われる0(8ビットのスケーリング, またはスケーリングしない), 1(16ビットのスケーリング), 2(32ビットのスケーリング), 3(64ビットのスケーリング)しか指定することができない.

また, <extend>の種類としてはLSLのほかに,

UXTW…インデックスレジスタのビット31でゼロ拡張してベースレジスタに加算してロード/ストアするアドレスを生成する

SXTW…インデックスレジスタのビット31で符号拡張してベースレジスタに加算してロード/ストアするアドレスを生成する

SXTX…インデックスレジスタのビット63で符号拡張してベースレジスタに加算してロード/ストアするアドレスを生成する(つまり減算する)

が指定できる. このときは, <amount>を指定しない.

AArch64では, AArch32で存在していたプレインデックスやポストインデックスも健在である. それらの命令を**リスト5**に示す.

これらは, AArch32と同じ形式なので意味は分かると思う. ディスプレースメントがsimmとなっているので負の定数値も指定可能である. プレインデックスやポストインデックスのディスプレースメントもデータサイズでのスケーリングは行われない.

● RISC-V(RV32)の場合

RISC-Vのロード/ストア命令のアドレッシングは, ベースアドレスにディスプレースメントを加えた(あ

リスト5 AArch64のインデックス

```
STRB  <Wt>, [<Xn|SP>, #<simm>]!
LDRB<Wt>, [<Xn|SP>, #<simm>]!
LDRSB <Wt>, [<Xn|SP>, #<simm>]!
LDRSB <Xt>, [<Xn|SP>, #<simm>]!
STRH  <Wt>, [<Xn|SP>, #<simm>]!
LDRH  <Wt>, [<Xn|SP>, #<simm>]!
LDRSH <Wt>, [<Xn|SP>, #<simm>]!
LDRSH <Xt>, [<Xn|SP>, #<simm>]!
STR   <Wt>, [<Xn|SP>, #<simm>]!
STR   <Xt>, [<Xn|SP>, #<simm>]!
LDRSW <Xt>, [<Xn|SP>, #<simm>]!
```

（a）プレインデックス

```
STRB  <Wt>, [<Xn|SP>], #<simm>
LDRB  <Wt>, [<Xn|SP>], #<simm>
LDRSB <Wt>, [<Xn|SP>], #<simm>
LDRSB <Xt>, [<Xn|SP>], #<simm>
STRH  <Wt>, [<Xn|SP>], #<simm>
LDRH  <Wt>, [<Xn|SP>], #<simm>
LDRSH <Wt>, [<Xn|SP>], #<simm>
LDRSH <Xt>, [<Xn|SP>], #<simm>
STR   <Wt>, [<Xn|SP>], #<simm>
STR   <Xt>, [<Xn|SP>], #<simm>
LDRSW <Xt>, [<Xn|SP>], #<simm>
```

（b）ポストインデックス

リスト6 RISC-Vのロード/ストア命令

```
LBx11,0x01(x10)   // レジスタX10の内容に0x01を加えたアドレスから8ビットのデータを読み込んで，符号拡張し，レジスタX11に格納する（ロードする）
LHx11,0x02(x10)   // レジスタX10の内容に0x02を加えたアドレスから16ビットのデータを読み込んで，符号拡張し，レジスタX11に格納する（ロードする）
LWx11,0x04(x10)   // レジスタX10の内容に0x04を加えたアドレスから32ビットのデータを読み込んで，レジスタX11に格納する（ロードする）
SBx11,0x03(x10)   // レジスタX10の内容に0x03を加えたアドレスにレジスタX11の内容の下位8ビットを書き込む（ストアする）
SHx11,0x04(x10)   // レジスタX10の内容に0x04を加えたアドレスにレジスタX11の内容の下位16ビットを書き込む（ストアする）
SWx11,0x08(x10)   // レジスタX10の内容に0x08を加えたアドレスにレジスタX11の内容を書き込む（ストアする）
```

るいは減じた）ものになる．Armでは

[Rn, #disp]

と表記したが，RISC-Vでは，

disp(Xn)

という表記になる．dispは12ビットの符号付きの定数である．さて，Arm（AArch32）と同様に，CPUが扱えるデータのサイズはバイト（8ビット），ハーフワード（16ビット），ワード（32ビット）があるので，それぞれのデータサイズに応じたロード命令とストア命令が存在する．つまり，下記のような命令になる．

▶ロード命令

バイト…

　LB：指定されるアドレスから8ビットデータを読み出し，ビット7で32ビットに符号拡張してレジスタに格納

　LBU：指定されるアドレスから8ビットデータをビット7で32ビットにゼロ拡張してレジスタに格納

ハーフワード…

　LH：指定されるアドレスから16ビットデータをビット15で32ビットに符号拡張してレジスタに格納

　LHU：指定されるアドレスから16ビットデータをビット15で32ビットにゼロ拡張してレジスタに格納

ワード…

　LW：指定されるアドレスから32ビットデータをレジスタに格納

▶ストア命令

バイト…

　SB：レジスタの下位8ビットを指定されるアドレスに書き込む

ハーフワード…

　SH：レジスタの下位16ビットを指定されたアドレスに書き込む

ワード…

　SW：レジスタの値を指定されたアドレスに書き込む

　Armでは，ロード/ストアのデフォルトがゼロ拡張だったのに対して，RISC-Vでは符号拡張になっているのが興味深いところである．

　命令とアドレッシングを組み合わせると，リスト6のようなアセンブリ言語での表現が可能になる．

　以上がRISC-Vのロード/ストア命令である．アドレッシングが1種類しかないので非常に単純なものになっている．何か特別なこと（それが何であるか筆者は知らない，悪しからず）をしない限り，これだけで十分というアーキテクチャ設計者の意思が伺える．

論理演算とビット操作

　周辺ユニットのレジスタ（CPUのレジスタではないので注意）に対して，8ビット/16ビット/32ビットの単位でデータを書き込むことは多くない．ほとんどの場合，特定のビットをセットしたりクリアしたりといった操作を行って周辺ユニットを制御する．CPUによっては，アドレスの特定ビットをセットしたりクリアしたりする命令を備えているものもあるが，なぜか，ArmにもRISC-Vにも，そのような命令は存在し

Chapter 12 ArmとRISC-Vの命令セットアーキテクチャ

表3
論理演算と
ビット操作
命令

機　能	AArch32	AArch64	RISC-V
論理積	AND ANDS	AND ANDS	AND ANDI
論理和	ORR ORRS	ORR	OR ORI
排他的論理和	EOR EORS	EOR	XOR XORI
ビットクリア	BIC BICS	BIC BICS	−
ビットセット	−	ORN	−
ビット反転	MVN MVNS	−	−

リスト7
AArch32の
ビット演算

```
LDR Rm,[Rn]
ORR Rm,Rm,#(1<<x)
STR Rm,[Rn]
```

（a）単一ビットのセット（Rnで示されるアドレスに
　　格納されたデータのビットxをセット）

```
LDR Rm,[Rn]
BIC Rm,Rm,#(1<<x)
STR Rm,[Rn]
```

（b）単一ビットのクリア（Rnで示されるアドレスに
　　格納されたデータのビットxをクリア）

```
LDR Rm,[Rn]
LDR Rd,=(1<<x)|(1<<y)
ORR Rm,Rm,Rd
STR Rm,[Rn]
```

（c）Rnで示されるアドレスに格納されたデータの
　　ビットxとビットyをセット

```
LDR Rm,[Rn]
LDR Rd,=(1<<x)|(1<<y)
BIC Rm,Rm,Rd
STR Rm,[Rn]
```

（d）Rnで示されるアドレスに格納されたデータの
　　ビットxとビットyをクリア

```
LDR Rm,[Rn]
LDR Rd,=(1<<x)|(1<<y)
ORR Rm,Rm,Rd
EOR Rm,Rm,#(1<<y)
STR Rm,[Rn]
```

（e）Rnで示されるアドレスに格納されたデータの
　　ビットxをセットしビットyをクリア

ない．

　しかし，プログラムにおいて，ビットの操作は必須である．この操作をどうやって実現するのだろうか．基本的には，

ロード→論理演算→ストア

という操作で実現する．論理演算とは，AND（論理積），OR（論理和），XORまたはEOR（排他的論理和）を行うことを意味する．以下では，ArmとRISC-Vについて，論理演算の種類とビット操作の行い方を説明する．

　この節で登場する命令を表3にまとめる．

● Arm32（AArch32）の場合

　以下にAArch32における論理演算を示す．論理演算はレジスタ同士で行うものとレジスタと定数値で行うものがある．

▶論理積

AND <Rd>,<Rn>,<Rm>{, <shift>}
　…<Rn> & SHIFT（<Rm>）→<Rd>

AND <Rd>,<Rn>,#<const>
　…<Rn> & <const>→<Rd>

▶論理和

ORR <Rd>,<Rn>,<Rm>{, <shift>}
　…<Rn>｜SHIFT（<Rm>）→<Rd>

ORR <Rd>,<Rn>,#<const>
　…<Rn>｜<const>→<Rd>

▶排他的論理和

EOR <Rd>,<Rn>,<Rm>{, <shift>}
　…<Rn> ^ SHIFT（<Rm>）→<Rd>

EOR <Rd>,<Rn>,#<const>
　…<Rn> ^ <const>→<Rd>

▶ビットクリア（Not-AND）

BIC <Rd>,<Rn>,<Rm>{, <shift>}
　…<Rn> & NOT（SHIFT（<Rm>））→<Rd>

BIC <Rd>,<Rn>,#<const>
　…<Rn> & NOT（<const>）→<Rd>

▶ビット反転（Not）

MVN <Rd>,<Rm>{, <shift>}
　…NOT（SHIFT（<Rm>））→<Rd>

MVN <Rd>,#<const>
　…NOT（<const>）→<Rd>

　ここで，<shift>は次のいずれかを指定する．

指定なし…シフトしない
LSL #<n>…<n>ビットだけ左論理シフトする
LSR #<n>…<n>ビットだけ右論理シフトする
ASR #<n>…<n>ビットだけ右算術シフトする
ROR #<n>…<n>ビットだけ右ローテートする
RRX…1ビット右シフトし，ビット0からあふれた
　　　ビットはキャリフラグとなり，実行前のキャ
　　　リフラグがビット31に格納される

　また，<const>は，定数値のMOVEのところで説明した，8ビットの定数を偶数ビットだけ右ローテートした値である．

　レジスタ同士の論理演算は，複数ビットを同時にセットする場合やクリアする場合に使用するが，シフト操作を使う場面を想像できない．定数値との論理演算は，単一ビットのセットやクリアで多用される．

381

リスト8　AArch64のセットとクリア

```
LDR  Xm,[Xn]
ORR  Xm,Xm,#(1<<x)
STR  Xm,[Xn]
```

（a）単一ビットのセット（Xnで示されるアドレスに
　　　格納されたデータのビットxをセット）

```
LDR  Xm,[Rn]
AND  Xm,Xm,#(1<<x)^0xffffffffffffffff  // 注
STR  Xm,[Xn]
```

（b）単一ビットのクリア（Xnで示されるアドレスに
　　　格納されたデータのビットxをクリア）

注：64ビットの定数で，特定の1ビットのみが0でほかのビッ
　　トが1であるような定数は，63ビットの連続する1のロー
　　テートで表現可能．

```
LDR  Xm,[Xn]
LDR  Xd,=(1<<x)|(1<<y)
ORR  Xm,Xm,Xd
STR  Xm,[Xn]
```

（c）Xnで示されるアドレスに格納されたデータの
　　　ビットxとビットyをセット

```
LDR  Xm,[Xn]
LDR  Xd,=(1<<x)|(1<<y)
BIC  Xm,Xm,Xd
STR  Xm,[Xn]
```

（d）Xnで示されるアドレスに格納されたデータの
　　　ビットxとビットyをクリア

```
LDR  Xm,[Xn]
LDR  Xd,=(1<<x)|(1<<y)
ORR  Xm,Xm,Xd
EOR  Xm,Xm,#(1<<y)
STR  Xm,[Xn]
```

（e）Xnで示されるアドレスに格納されたデータの
　　　ビットxをセットしビットyをクリア

リスト7に例を示す．

　まあ，こういった具合だろうか．論理演算を組み合
わせれば種々のビット操作に対応できると思う．

● Arm64（AArch64）の場合

　AArch64の論理演算命令も，基本的には，
AArch32と同じである．しかし，大きな違いは，
AArch32の場合はオペランドの最後にSを付ける
（ANDS，ORRS，EORSなど）と結果に応じて条件フ
ラグが変更されたのだが，AArch64の論理演算命令
では条件フラグは変更されない．ただ，AND命令と
BIC命令のみ，条件フラグを変更する．また，レジ
スタ同士の論理演算では，ソースオペランドのシフト
が可能だが，シフトの種類からRRXが削除されてい
る．RRXの使用頻度が低い（というか，なくても困ら
ない）ためと思われる．

　AArch64の論理演算を以下に列挙する．

▶論理積

AND <Wd>, <Wn>, <Wm>{, <shift>}
　…<Wn> & SHIFT（<Wm>）→<Wd>
AND <Xd>, <Xn>, <Xm>{, <shift>}
　…<Xn> & SHIFT（<Xm>）→<Xd>
ANDS <Xd>, <Xn>, <Xm>{, <shift>}
　…<Xn> & SHIFT（<Xm>）→<Xd>条件フラグの
　変更を伴う
AND <Wd>, <Wn>, #<const>
　…<Wn> & <const>→<Wd>
AND <Xd>, <Xn>, #<const>
　…<Xn> & <const>→<Xd>
ANDS <Xd>, <Xn>, #<const>
　…<Xn> & <const>→<Xd>条件フラグの変更を伴
　う

▶論理和

ORR <Wd>, <Wn>, <Wm>{, <shift>}
　…<Wn> | SHIFT（<Wm>）→<Wd>
ORR <Xd>, <Xn>, <Xm>{, <shift>}
　…<Xn> | SHIFT（<Xm>）→<Xd>
ORR <Wd>, <Wn>, #<const>
　…<Wn> | <const>→<Wd>
ORR <Xd>, <Xn>, #<const>
　…<Xn> | <const>→<Xd>

▶排他的論理和

EOR <Wd>, <Wn>, <Wm>{, <shift>}
　…<Wn> ^ SHIFT（<Wm>）→<Wd>
EOR <Xd>, <Xn>, <Xm>{, <shift>}
　…<Xn> ^ SHIFT（<Xm>）→<Xd>
EOR <Wd>, <Wn>, #<const>
　…<Wn> ^ <const>→<Wd>
EOR <Xd>, <Xn>, #<const>
　…<Xn> ^ <const>→<Xd>

▶ビットクリア（Not-AND）

BIC <Wd>, <Wn>, <Wm>{, <shift>}
　…<Wn> & NOT（SHIFT（<Wm>））→<Wd>
BIC <Xd>, <Xn>, <Xm>{, <shift>}
　…<Xn> & NOT（SHIFT（<Xm>））→<Xd>
BICS <Wd>, <Wn>, <Wm>{, <shift>}
　…<Wn> & NOT（SHIFT（<Wm>））→<Wd>
BICS <Xd>, <Xn>, <Xm>{, <shift>}
　…<Xn> & NOT（SHIFT（<Xm>））→<Xd>

▶ビットセット（Not-OR）

ORN <Wd>, <Wn>, <Wm>{, <shift>}
　…<Wn> | NOT（SHIFT（<Wm>））→<Wd>
ORN <Xd>, <Xn>, <Xm>{, <shift>}
　…<Xn> | NOT（SHIFT（<Xm>））→<Xd>

　ここで，<const>は定数値のMOVEで説明したビッ
トマスクの定数である．しかし，AArch64では，ビッ

トマスク定数を使えるのはAND命令，ORR命令，EOR命令のみのようである．BIC命令がレジスタ同士のみになったのは不便な気がする．ORN命令はWnやXnをゼロレジスタとすることでAArch32でのMVN命令を実現する．

さて，AArch64では，単一ビットのセットやクリアや，複数ビットのセットやクリアはどのように実現できるのだろうか．それをリスト8に示す．

まあ，こういった具合である．BIC命令がレジスタ同士の演算しかなくてもどうにかなるものである．AArch64においても，論理演算を組み合わせれば種々のビット操作に対応できると思われる．

● RISC-V（RV32）の場合

RISC-Vの論理演算命令は，レジスタ同士の演算と，レジスタと定数値の演算で，命令が分かれている．以下にRISC-Vでの論理演算を列挙する．

▶論理積

AND <Xd>, <Xn>, <Xm>
　…<Xn> & <Xm> → <Xd>
ANDI <Xd>, <Xn>, #<const>
　…<Xn> & <const> → <Xd>

▶論理和

OR <Xd>, <Xn>, <Xm>
　…<Xn> <Xm> → <Xd>
ORI <Xd>, <Xn>, #<const>
　…<Xn> | <const> → <Xd>

▶排他的論理和

XOR <Xd>, <Xn>, <Xm>
　…<Xn> ^ <Xm> → <Xd>
XORI <Wd>, <Wn>, #<const>
　…<Wn> ^ <const> → <Wd>

ここで，<const>は素直な12ビットの定数である．これらの命令を使って，単一ビットのセットやクリア，複数ビットのセットやクリアをする方法を考えてみる（リスト9）．

まあ，こういった具合だろうか．命令数が結構多くなる．RISC-Vはビットの扱いは不得手といえる．

シフト命令

ビット操作といえば，すぐに思いつくのがシフト命令である．組み込み制御のプログラミングにおいて，シフト命令の使い道は，2のべき乗の乗除算を高速に実現する以外思いつかない．複数のデータを数ビットずつずらして結合する場合などには必要な命令である．

ArmとRISC-Vに関して，シフト命令を見ておく．この節で登場する命令を表4にまとめる．

リスト9 RISC-V64のセットとクリア

```
// x＜12 の場合
LW Xm,0x00(Xn)
ORI Xm,Xm,(1<<x)
SW Xm,0x00(Xn)
// x≧12 の場合
LW Xm,0x00(Xn)
LUI Xd,(1<<(x-12))
OR Xm,Xm,Xd
SW Xm,0x00(Xn)
```

（a）単一ビットのセット（Xnで示されるアドレスに格納されたデータのビットxをセット）

```
// x＜12 の場合
LW Xm,0x00(Xn)
ANDI Xm,Xm,(1<<x)^0xfff
SW Xm,0x00(Xn)
// x≧12 の場合
LW Xm,0x00(Xn)
LUI Xd,(1<<(x-12))^0xfffff
OR Xd,Xd,0xfff
AND Xm,Xm,Xd
SW Xm,0x00(Xn)
```

（b）単一ビットのクリア（Xnで示されるアドレスに格納されたデータのビットxをクリア）

```
LW Xm,0x00(Xn)
LI Xd,(1<<x)|(1<<y)
OR Xm,Xm,Xd
SW Xm,0x00(Xn)
```

（c）Xnで示されるアドレスに格納されたデータのビットxとビットyをセット

```
LW Xm,0x00(Xn)
LI Xd,((1<<x)|(1<<y))^0xffffffff
AND Xm,Xm,Xd
SW Xm,0x00(Xn)
```

（d）Xnで示されるアドレスに格納されたデータのビットxとビットyをクリア

```
LW Xm,0x00(Xn)
LI Xd,(1<<x)
OR Xm,Xm,Xd
LI Xd,(1<<y)^0xffffffff
AND Xm,Xm,Xd
SW Xm,0x00(Xn)
```

（e）Xnで示されるアドレスに格納されたデータのビットxをセットしビットyをクリア

● Arm32（AArch32）の場合

AArch32の場合，専用のシフト命令は存在しない．アーキテクチャ的に，ソースオペランドをシフトして演算するので，単純なMOV命令がシフト命令に相当する．以下にシフト命令の実際を列挙する．シフト命令はアセンブラでの疑似命令である．

▶算術右シフト

レジスタ<Rm>の値を<n>または<Rs>[4：0]で指定されるビット数だけ，符号ビット（ビット31）を維持しながら，右方向（LSB側）シフトする

383

表4 シフト命令

機能	AArch32	AArch64	RISC-V
算術右シフト	ASR ASRS	ASR ASRV SBFM EXTR	SRA SRAI
論理左シフト	LSL LSLS	LSL LSLV UBFM EXTR	SLL SLLI
論理右シフト	LSR LSRS	LSR LSRV UBFM EXTR	SRL SRLI
右ローテート	ROR RORS	ROR RORV EXTR	–
キャリ込み ローテート	RRX RRXS	–	–

```
ASR{S} <Rd>, <Rm>, #<n>
  ←MOV{S} <Rd>, <Rm>, ASR #<n>
ASR{S} <Rd>, <Rm>, <Rs>
  ←MOV{S} <Rd>, <Rm>, ASR <Rs>
```

▶論理左シフト

レジスタ<Rm>の値を<n>または<Rs>[4:0]で指定されるビット数だけ，左方向（MSB側）にシフトする

```
LSL{S} <Rd>, <Rm>, #<n>
  ←MOV{S} <Rd>, <Rm>, LSL #<n>
LSL{S} <Rd>, <Rm>, <Rs>
  ←MOV{S} <Rd>, <Rm>, LSL <Rs>
```

▶論理右シフト

レジスタ<Rm>の値を<n>または<Rs>[4:0]で指定されるビット数だけ，符号ビット（ビット31）には0を格納しながら，右方向（LSB側）にシフトする

```
LSR{S} <Rd>, <Rm>, #<n>
  ←MOV{S} <Rd>, <Rm>, LSR #<n>
LSR{S} <Rd>, <Rm>, <Rs>
  ←MOV{S} <Rd>, <Rm>, LSR <Rs>
```

▶右ローテート

レジスタ<Rm>の値を<n>または<Rs>[4:0]で指定されるビット数だけ，右側（LSB側）にローテート（回転）する

```
ROR{S} <Rd>, <Rm>, #<n>
  ←MOV{S} <Rd>, <Rm>, ROR #<n>
ROR{S} <Rd>, <Rm>, <Rs>
  ←MOV{S} <Rd>, <Rm>, ROR <Rs>
```

▶キャリ込み1ビット右ローテート

レジスタ<Rm>の値を1ビットだけ，ビット31にはキャリフラグを格納しつつ，右側（LSB側）にシフトする

```
RRX{S} <Rd>, <Rm>
  ←MOV{S} <Rd>, <Rm>, RRX
```

<n>は0～31のシフト量を示す定数，<Rs>はシフト量が格納されたレジスタで下位5ビットがシフト量になる．シフト命令に関してはこれ以上言うことはない．

● Arm64（AArch64）の場合

AArch64のシフト命令も，AArch32と同様に，ソースオペランドがシフトされる仕様なので，MOV命令で置き換えられる…というのは嘘である．AArch64には16ビットの定数をシフトせずに格納するMOV命令（MOVZ，MOVK，MOVN）しか存在しない．MOV命令でシフト命令を代替することはできない．

それでは，どうやってシフト命令を実現するのだろうか．そのためにはビットフィールド命令（UBFM，SBFM，EXTR命令）を使用する．しかし，ビットフィールド命令を使用するのはシフト量が定数値で与えられる場合に限られる．シフト量をレジスタで与える場合は（仕方がなかったのか）専用のシフト命令（ニーモニックの最後が「V」で終わる）が用意されている．ビットフィールド命令の挙動については後述する．いまは，定数シフト量のシフト命令はビットフィールド命令で実現されていることを覚えておいてほしい．下記はアセンブラの表記レベルでシフト命令を説明する．

▶算術右シフト

レジスタ<Xm|WRm>の値を<n>または<Rs>[(5|4):0]で指定されるビット数だけ，符号ビット（ビット63|ビット31）を維持しながら，右方向（LSB側）シフトする

```
ASR <Xd>, <Xm>, #<n>
  ←SBFM <Xd>, <Xn>, #<n>, #63
ASR <Wd>, <Wm>, #<n>
  ←SBFM <Wd>, <Wn>, #<n>, #31
ASR <Xd>, <Xm>, <Xs>
  ←ASRV <Xd>, <Xn>, <Xs>
ASR <Wd>, <Wm>, <Ws>
  ←ASRV <Wd>, <Wn>, <Ws>
```

▶論理左シフト

レジスタ<Xm|Wm>の値を<n>または<Rs>[(5|4:0]で指定されるビット数だけ，左方向（MSB側）にシフトする

```
LSL <Xd>, <Xm>, #<n>
  ←UBFM <Xd>, <Xn>, #(64-<n>),
                         #(63-<n>)
LSL <Wd>, <Wm>, #<n>
  ←UBFM <Wd>, <Wn>, #(32-<n>),
                         #(31-<n>)
```

```
LSL <Xd>, <Xm>, <Xs>
  ←LSRV <Xd>, <Xn>, <Xs>
LSL <Wd>, <Wm>, <Ws>
  ←LSRV <Wd>, <Wn>, <Ws>
```

▶論理右シフト

レジスタ $<Xm | Wm>$ の値を $<n>$ または $<Rs>$ [(5|4)：0] で指定されるビット数だけ，符号ビット(ビット 63 | ビット 31)には0を格納しながら，右方向(LSB側)にシフトする

```
LSR <Xd>, <Xm>, #<n>
  ←UBFM <Xd>, <Xn>, #<n>, #63
LSR <Wd>, <Wm>, #<n>
  ←UBFM <Wd>, <Wn>, #<n>, #31
LSR <Xd>, <Xm>, <Xs>
  ←LSRV <Xd>, <Xn>, <Xs>
LSR <Wd>, <Wm>, <Ws>
  ←LSRV <Wd>, <Wn>, <Ws>
```

▶右ローテート

レジスタ $<Xm | Rm>$ の値を $<n>$ または $<Rs>$ [(5|4)：0] で指定されるビット数だけ，右側(LSB側)にローテート(回転)する

```
ROR <Xd>, <Xm>, #<n>
  ←EXTR <Xd>, <Xm>, <Xm>, #<n>
ROR <Wd>, <Wm>, #<n>
  ←EXTR <Wd>, <Wm>, <Wm>, #<n>
ROR <Xd>, <Xm>, <Xs>
  ←RORV <Xd>, <Xn>, <Xs>
ROR <Wd>, <Wm>, <Ws>
  ←RORV <Wd>, <Wn>, <Ws>
```

ビットフィールド命令を使う場合，命令に与える定数値の計算が面倒であるが，素直に，ASR/LSL/LSR/RORと記述すれば，アセンブラが「よきにはからって」くれる(自動的に計算してくれる)．なお，AArch64では，AArch32に存在した「RRX」という変態的なシフト命令は存在しない．

これらのシフト命令の元になっているUBFM命令，SBFM命令，EXTR命令に関して，簡単に説明しておく．

```
[U|S]BFM  <Xd>, <Xn>, #<n>, #<s>
[U|S]BFM  <Wd>, <Wn>, #<n>, #<s>
```

という命令は，$<Xn>$ または $<Wn>$ の下位 $(<s>+1)$ ビットのビット幅のデータ(ビットフィールド)を，$<n>$ ビットだけローテートした位置に移動する (BFMとはBit Field Moveの意味)．その際，デスティネーションレジスタは0クリアされてから移動される．そして，UBFM命令の場合は，移動する $(<s>+1)$ ビットのデータの最上位ビットでゼロ拡張が行われ，SBFM命令の場合は，移動する $(<s>+1)$ ビットのデータの最上位ビットでゼロ拡張が行わ

れる．

```
X1:0x123456789ABCDEF5
```

の場合，

```
UBFM X2,X1,#36,#23
SBFM X2,X1,#36,#23
```

の実行結果(X2の値)は次のようになる．

```
X2:0x000BCDEF50000000(UBFMの実行結果)
X2:0xFFFBCDEF50000000(SBFMの実行結果)
```

つまり，この場合，移動するビット列(ビットフィールド)は $(23 + 1)$ ビットになるので0xBCDEF5である．このとき，移動時に最上位ビット(今は0xBCDEF5のビット23)は1である．このため，ゼロ拡張(UBFM)の場合は0x000BCDEF5，符号拡張(SBFMの場合)の場合は0xFFFBCDEF5がデスティネーションレジスタの指定されたビット位置に格納される．このときのシフト量は，36ビットの右ローテートなので，実質 $(64 - 36) = 28$ ビットの左シフトとなる．

EXTR命令は，ソースオペランドの2つのレジスタの値を結合(演算結果が128ビットまたは64ビットのデータになる)して，その値から演算長(64ビットまたは32ビット)のデータを，指令されたビット位置から，抜き取る．EXTR命令の形式は，以下のようになっている．

```
EXTR <Xd>, <Xn>, <Xm>, #<n>
```

ここで，

```
X1:0x5555555555555555
X2:0xAAAAAAAAAAAAAAAA
EXTR X0, X1, X2, #16
```

と仮定すると，結合されたデータは

```
0x5555555555555555AAAAAAAAAAAAAAAA
```

となり，EXTR命令は，このデータの下位16ビットの位置から64ビットを抜き出す(64ビット演算の場合)ので，デスティネーションレジスタX0の値は

```
X0:5555AAAAAAAAAAAA
```

となる．レジスタX1とX2の値が同じ場合は，X1(またはX2)を16ビットだけ右ローテートした場合と同じになる．

また，EXTR命令を使うと，UBFM命令やSBFM命令を使わなくても，LSR，ASR，LSL操作を実現できる．つまり，次のような実現方法である．

- LSR操作：X1に0x0000000000000000を格納し，X2にシフトされるデータを格納する．ここで，EXTR命令のシフト量に右シフトする値を指定すればLSR操作が実現できる．
- ASR操作：X1には，X2に格納するビット63のデータに従い，1の場合は0xFFFFFFFFFFFFFFFFを，0の場合は0x0000000000000000を格納する．ここで，EXTR命令のシフト量に右シフトす

リスト10 AArch64のシフト命令

```
    LSR  X0, X1, #8
//  →EXTR X0, XZR, X1, #8
    ASR  X0, X1, #8
//  →ANDS   X0, X1, #0x8000000000000000
    B.NE  1f
    MOV  X0,#0
    B    2f
1:  MVN  X0,#0
2:  EXTR  X0, X0, X1, #8

    LSL  X0, X1, #8
//  →EXTR X0, X1, XZR, #(64-8)
```

リスト11 RISC-Vのシフト命令

```
RORI<Xd>,<Xm>,<n>…
OR<Xn>,<X0>,<Xm>
SLLI<Xn>,<Xn>,(32-<n>)
SRLI<Xd>,<Xm>,<n>
OR<Xd>,<Xd>,<Xn>

ROR<Xd>,<Xm>,<Xs>…
OR<Xn>,<X0>,<Xm>
ANDI<Xu>,<Xs>,0x1f
OR<Xt>,<X0>,32
SUB<Xt>,<Xt>,<Xu>
SLL<Xn>,<Xn>,<Xt>
SRL<Xd>,<Xm>,<Xu>
OR<Xd>,<Xd>,<Xn>
```

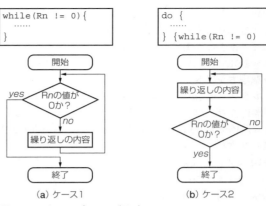

図5 whileループのアルゴリズム

る値を指定すればASR操作が実現できる．
- LSL操作：X1にシフトされるデータを格納し，X2に0x0000000000000000を格納する．ここで，EXTR命令のシフト量に右シフトする値として64から引いた値を指定すればLSL操作が実現できる．

以上の説明を例示すると，リスト10のような格好になる．

このEXTR命令の機能は，ハードウェア的にはバレルシフタ（1サイクルでシフトを行う機構），ソフトウェア的にはファンネルシフトを命令セットに取り込んだものである．

● RISC-V（RV32）の場合

RISC-Vの場合は，普通に，シフト命令が用意されている．本当に素直な命令セットである．それを以下に示す．

▶算術右シフト

レジスタ<Xm>の値を<n>または<Xs>[4:0]で指定されるビット数だけ，符号ビット（ビット31）を維持しながら，右方向（LSB側）シフトする．

```
SRAI  <Xd>, <Xm>, <n>
SRA   <Xd>, <Xm>, <Xs>
```

▶論理左シフト

レジスタ<Xm>の値を<n>または<XRs>[4:0]で指定されるビット数だけ，左方向（MSB側）にシフトする

```
SLLI  <Xd>, <Xm>, <n>
SLL   <Wd>, <Wm>, <Xs>
```

▶論理右シフト

レジスタ<Xm>の値を<n>または<Xs>[4:0]で指定されるビット数だけ，符号ビット（ビット31）には0を格納しながら，右方向（LSB側）にシフトする．

```
SRLI  <Xd>, <Xm>, <n>
SRL   <Wd>, <Wm>, <Xs>
```

RISC-Vには，右ローテート命令は存在しない．これは使用される頻度が低いためと思われる．右ローテートは既存のシフト命令を使ってリスト11のように実現できる．

どんな複雑な処理も命令を組み合わせれば実現できるという例である．出現頻度が低い命令は複数命令で実現するというのがスマートな考え方なのだろう．

繰り返し処理と条件判断の実現

極端な話をすると，レジスタへ定数値を格納する命令，ロード／ストア命令（と，ビット操作のための論理演算命令）を押さえておけば，大抵の組み込み制御向けプログラムは書けてしまう．

しかし，同じ処理を繰り返す場合など，繰り返し回数だけ，同じ命令列を延々と描き続けるのはコードサイズと労力の無駄である．そんな無駄をしないように繰り返し処理を覚えよう．これは，C言語でいうところの，whileループやforループの実現にほかならない．

図5にwhileループを実現するアルゴリズム，図6にforループを実現するアルゴリズムを示す．以下では，図5や図6のアルゴリズムを，それぞれのアーキテクチャの命令セットでどう実現していくかを説明する．

この節で登場する命令を表5にまとめる．

386

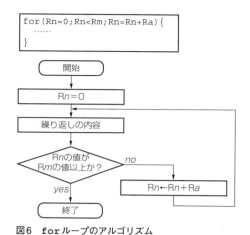

図6 forループのアルゴリズム

表5 繰り返し処理と条件判断を行う命令

機能	AArch32	AArch64	RISC-V
条件分岐命令	B Bcond	B B.cond	BEQ BNE BLT BGE BLTU BGEU
比較&分岐命令	−	CBZ CBNZ	−
比較命令	CMP CMN	CMP (SUBS X0)	
テスト命令	TST TEQ	TST (ANDS X0)	
テスト&分岐命令	−	TBZ TBNZ	
その他	ADDS SUBS	−	ADD ADDI

● Arm32（AArch32）の場合

▶条件分岐命令と条件判断

　図5や図6を見ると分かるように，whileループやforループを実現するためには，条件を判断して，その条件に基づいて処理の方向を変更する条件分岐命令が必要になる．まずは，条件分岐命令について覚えておこう．

　Armのアーキテクチャでは条件フラグというものが存在する．これは最後に行った演算結果の状態を保持しておくレジスタのようなものである．これには，Z（ゼロフラグ），N（ネガティブフラグ），C（キャリフラグ），V（オーバフローフラグ）の4種類のフラグが存在する．

- Zフラグ：演算結果が0の場合に1となり，0でない場合は0となる．
- Nフラグ：演算結果が負の場合に1となり，0または正の場合に0となる．これは，演算結果のビット31の値に等しくなる．
- Cフラグ：演算実行時にキャリが出た場合に1となり，キャリが出なかった場合（ボロウが出た場合）に0となる[注1]．
- Vフラグ：演算実行時にオーバフロー（桁あふれ）が発生した場合に1となり，オーバフローが発生しなかった場合に0となる．

　この条件フラグの状態に従って，分岐するか分岐しないかを決定する命令が条件分岐命令である．分岐とは，命令実行において，次の命令を実行せず，特定のアドレスから命令実行を行うことをいう．もっと記号的に言えば，Armの命令は4バイト長なので，PC（プログラムカウンタ）は通常は4ずつ増えていくが，PCの増加量が+4以外（負の数の場合もある）になるのが分岐と言える．

　AArch32では，15種類の条件分岐命令が存在する．条件フラグがどういう状態にある場合に分岐が発生するかを示した表が表6である．アセンブリ言語の表記としては，分岐（Branch）の「B」に条件を表す「EQ」とか「GE」とかを付加して，条件が成立した場合の分岐先のラベルを示す．たとえば，

`BEQ TARGET`

という表記は，この命令を実行するときに，Zフラグの値が1ならば，TARGETで示されるラベルを持つアドレスから命令を実行する．Zフラグの値が0ならば，BEQ命令の次の命令から実行を続ける．

　ところで，条件フラグはどういう場合に更新されるのだろうか．基本的には比較命令を実行した場合に更新される．このような命令として，AArch32にはCMP命令とTST命令が存在する（リスト12）．

　ここで，<c>は条件実行の指定なので，とりあえず

注1：キャリやオーバフローという概念は演算するデータが有限のビット長である場合に発生する．無限のビット長を持つ場合には，キャリやオーバフローは発生しない．32ビット同士の演算を考えるとき，加算時にビット31から桁あふれする1ビットがキャリである．
　また，32ビット同士の計算結果が，無限長同士の計算結果と一致しない場合はオーバフローとなる．キャリの反転がボロウである．ボロウとは「借りる」という意味で，32ビット同士の減算を行う場合に，引かれる数が引く数より小さい場合は，1つ上の桁（ビット32）から1を借りてきて減算を行う．このような借りが発生する場合がボロウである．つまり，キャリが発生すればボロウが発生せず，キャリが発生しなければボロウが発生する．キャリは，多倍長計算や無符号数の大小比較に用いられる．オーバフローが発生する場合には，その演算自体の結果は無意味なのであるが，最近のアーキテクチャでは，得られた結果をそのまま使用する場合が多いようだ．演算でオーバフローが発生した場合に例外が発生するアーキテクチャもある（MIPSなど）．

表6 条件分岐命令で使われる分岐条件と条件フラグの組み合わせ

条件コード	ニーモニックに付加される記号	意味	条件フラグの状態
0	EQ	等しい（ゼロである）	Z==1
1	NE	等しくない（ゼロでない）	Z==0
10	CS/HS	キャリがセット（符号なしで以上）	C==1
11	CC/LO	キャリがクリア（符号なしで小さい）	C==0
100	MI	負の数	N==1
101	PL	正の数，またはゼロ	N==0
110	VS	オーバフロー	V==1
111	VC	オーバフローしていない	V==0
1000	HI	符号なしで大きい	C==1 & Z==0
1001	LS	符号なしで以下	C==0 | Z==1
1010	GE	符号ありで以上	N==V
1011	LT	符号ありで小さい	N!=V
1100	GT	符号ありで大きい	Z==0 & N==V
1101	LE	符号ありで以下	Z==1 | N!=V
1110	(AL)	無条件（必ず実行）	条件フラグに影響しない

リスト12 AArch32のCMP命令とTST命令

```
CMP<c> <Rn>, #<const>
CMP<c> <Rn>, <Rm>{, <shift>}
CMP<c> <Rn>, <Rm>, <type> <Rs>
CMN<c> <Rn>, #<const>
CMN<c> <Rn>, <Rm>{, <shift>}
CMN<c> <Rn>, <Rm>, <type> <Rs>
```

（a）CMP（比較）命令のバリエーション

```
TST<c> <Rn>, #<const>
TST<c> <Rn>, <Rm>{, <shift>}
TST<c> <Rn>, <Rm>, <type> <Rs>
TEQ<c> <Rn>, #<const>
TEQ<c> <Rn>, <Rm>{, <shift>}
TEQ<c> <Rn>, <Rm>, <type> <Rs>
```

（b）TST（テスト）命令のバリエーション

リスト13 AArch32のwhileループ命令

```
LOOP:
    CMP   Rn,#0
    BEQ   EXIT
    // 繰り返し処理を行う命令列
    B     LOOP
EXIT:
```

（a）ケース1の場合

```
LOOP:
    // 繰り返し処理を行う命令列
    CMP   Rn,#0
    BNE   LOOP
```

（b）ケース2の場合

は無視してほしい．<const>は8ビット定数を右ローテートして生成される「例の」定数である．<shift>は<Rm>を5ビットの定数値で指定してASR/LSL/LSR/ROR/RRXのいずれかのシフトを実行する指定である．<type>もシフトの種類であり，ASR/LSL/LSR/RORのみを指定する（RRXはない）．

CMP命令は，<Rn>から定数値または<Rm>をシフトした値を減算した結果でZフラグ，Cフラグ，Nフラグ，Vフラグを更新する．CMN命令は，CMP命令と似ているが，引く値をビット反転して減算する．

TST命令は，<Rn>と定数値または<Rm>をシフトした値の論理積（AND）を取った結果でZフラグ，Cフラグ，Nフラグを更新する（Vフラグは変化しない）．

TST命令は，<Rn>と定数値または<Rm>をシフトした値の排他的論理和（EOR）を取った結果でZフラグ，Cフラグ，Nフラグを更新する（Vフラグは変化しない）．論理演算では，通常は，キャリフラグは0になるのだが，AArch32（Armv7-A）の場合は，アーキテクチャリファレンスマニュアルを見る限り，ソースオペランドをシフトした結果によってキャリフラグが変化するようである．

▶whileループ

以上の知識があると，図5のwhileループはリスト13のようにして実現できる．

▶forループ

図6のforループの実現のためには，もう1つ登場人物が必要である．それは，加算（減算）命令である．

AArch32では（整数の）加減算のために次の命令が用意されている．

・加算命令

ADD{S}<c> <Rd>, <Rn>, #<const>
ADD{S}<c> <Rd>, <Rn>, <Rm>{, <shift>}
ADD{S}<c> <Rd>, <Rn>, <Rm>, <type>
　　　　　　　　　　　　　　　　　<Rs>

・減算命令

SUB{S}<c> <Rd>, <Rn>, #<const>
SUB{S}<c> <Rd>, <Rn>, <Rm>{, <shift>}
SUB{S}<c> <Rd>, <Rn>, <Rm>, <type>
　　　　　　　　　　　　　　　　　<Rs>

ここで，<const>や<shift>，<type>はCMPやTSTと同じ意味である．ADDは，<Rn>に<const>で示される定数や<Rm>をシフトした結果を加算し，<Rd>に格納する．SUBは，<Rn>から<const>で示される定数や<Rm>をシフトした結果を減算し，<Rd>に格納する．Sというのは演算結果を条件フラグに反映させるという指定である．Sという指定は論理演算でも指定可能だ．

話は少し横に逸れるが，CMPやTST，TEQは，そ

Chapter 12 ArmとRISC-Vの命令セットアーキテクチャ

リスト14 AArch32のforループ命令

```
      B    NEXT
LOOP:
      // 繰り返し処理を行う命令列
NEXT:
      CMP  Rn, Rm
      BGE  EXIT
      ADD  Rn, Rn, Ra
      B    LOOP
EXIT:
```

（a）forループ

```
      MOV Rn, #<n>
LOOP:
      // 繰り返し処理を行う命令列
      SUB Rn, Rn, #1
      CMP Rn, #0
      BGT LOOP
```

（b）<n>回ループ（その1）

```
      MOV Rn, #<n>
LOOP:
      // 繰り返し処理を行う命令列
      SUBS Rn, Rn, #1
      BGT LOOP
```

（c）<n>回ループ（その2）

リスト15 AArch64のwhileループ命令

```
LOOP:
      CMP Xn,#0
      B.EQ  EXIT
      // 繰り返し処理を行う命令列
      B    LOOP
EXIT:
```

（a）ケース1の場合

```
LOOP:
      // 繰り返し処理を行う命令列
      CMP Xn,#0
      B.NE  LOOP
```

（b）ケース2の場合

リスト16 AArch64のforループ命令

```
      B    NEXT
LOOP:
      // 繰り返し処理を行う命令列
NEXT:
      CMP  Rn, Rm
      BGE  EXIT
      ADD  Rn, Rn, Ra
      B    LOOP
EXIT:
```

（a）forループ

```
      MOV  Xn, #<n>
LOOP:
      // 繰り返し処理を行う命令列
      SUB  Xn, Xn, #1
      CMP  X, #0
      B.GT LOOP
```

（b）<n>回ループ（その1）

```
      MOV Xn, #<n>
LOOP:
      // 繰り返し処理を行う命令列
      SUBS Xn, Xn, #1
      B.GT LOOP
```

（c）<n>回ループ（その2）

れぞれ，SUBS，ANDS，EORSで置き換えることもできる．たとえば，

```
SUB  Rd, Rm, #<const>
CMP  Rd, #0
```

と

```
SUBS  Rd, Rm, #<onst>
```

は，ほぼ同義である．「ほぼ」の意味は，0との比較では，オーバフローは発生しないが，任意の減算ではオーバフローが発生する恐れがある．見ての通り，CMPやTSTは結果を格納するデスティネーションレジスタ<Rd>の指定がない．このため，減算結果や論理積の結果を後で流用する場合は，SUBSやANDSを使った方が便利である．最新のコンパイラはどうなっているか知らないが，昔の最適化があまり進んでなかったコンパイラでは，条件フラグへの反映を意味する「S」を使った加減算命令や論理演算命令は出力しなかったと記憶している．命令に「S」を使うことは，アセンブリ言語を使用する醍醐味と言える（上級者に見える）．

閑話休題．**図6**のforループは**リスト14（a）**のような命令列で実現できる．

forループの場合，単純な定数回数のループであることも多い．この場合は，もっと単純に実現できる．たとえば<n>回ループしたい場合は**リスト14（b）**のように，あるいは，先ほどのSUBSを使って，**リスト14（c）**のように表現できる．実際には，BGTでなくても，Rnの値が0になるまで繰り返し処理を

すればよいので，BNEで十分とも言える．

以上，whileループとforループの実現方法を示してきた．

● **Arm64（AArch64）の場合**

AArch64の繰り返し処理と条件判断は，基本的に，AArch32と同じである．これを**リスト15**，**リスト16**に示す．特に説明することはないが，注意点が1つある．条件分岐命令の表記では，Bと条件の間に「．（ピリオド）」を付ける．

ここで，CMP命令は，本来のAArch64の命令ではない．

```
CMP <Wn|WSP>, #<imm>{, <shift>}
CMP <Xn|SP>,  #<imm>{, <shift>}
```

リスト17　AArch64のwhileループをより少ない命令数で実現する

```
LOOP:
    CBZ  Xn,EXIT
    // 繰り返し処理を行う命令列
    B    LOOP
EXIT:
```

（a）ケース1の場合

```
LOOP:
    // 繰り返し処理を行う命令列
    CBNZ  Xn,LOOP
```

（b）ケース2の場合

```
CMP  <Wn>, <Wm>{, <shift> #<n>}
CMP  <Xn>, <Xm>{, <shift> #<n>}
```
は，それぞれ，
```
SUBS WZR, <Wn|WSP>, #<imm>{, <shift>}
SUBS XZR, <Xn|SP>, #<imm>{, <shift>}
SUBS WZR, <Wn>, <Wm>{, <shift> #<n>}
SUBS XZR, <Xn>, <Xm>{, <shift> #<n>}
```
が実体である．つまり，減算した結果をゼロレジスタ（XZRやWZR）に書き捨てる．実は，AArch64では，演算命令のニーモニックの終わりに「S」が付くのはADDS，SUBS，ANDS，BICSくらいである．AArch64の命令では条件フラグを変更する命令は限られている．AArch64でも，アセンブリ言語的には，CMN命令，TST命令があるが，それぞれの実体は，ADDS命令，ANDS命令である．なぜか，TEQ命令は，AArch64の真の命令として存在している．

　AArch64で特徴的な条件分岐命令はCBZ/CBNZ（比較＆分岐）命令である．その命令形式は，次のようになっている．

```
CBZ  <Wt>, <label>
CBZ  <Xt>, <label>
CBNZ <Wt>, <label>
CBNZ <Xt>, <label>
```

　これは，レジスタ<Wt>またはレジスタ<Xt>の値がゼロの場合（CBZ），またはゼロでない場合（CBNZ）に<label>で示されるアドレスに分岐する．この命令を使えば，上述のwhileループを，より少ない命令数で実現できる．これをリスト17に示す．

　なお，AArch64ではCBZ命令やCBNZ命令に似た，TBZ命令やTBNZ命令がある．これは次のような形式を取る．

```
TBZ  <Wt>, #<imm>, <label>
TBZ  <Xt>, #<imm>, <label>
TBNZ <Wt>, #<imm>, <label>
TBNZ <Xt>, #<imm>, <label>
```

　ここで，レジスタ<Wt>やレジスタ<Xt>のtは0か

ら30に限られる．つまり，ゼロレジスタやSP（スタックポインタ）は指定できない．これらの命令は，<imm>で示されるビット位置をテストして，その値に従って，<label>で示されるアドレスに分岐するかしないかを決定する．TBZ命令は<imm>で示される位置のビットの値が0のとき，TBNZ命令は<imm>で示される位置のビットの値が1のときに分岐する．これは，ビット操作を頻繁に行う組み込み制御のプログラムでは非常に有用だと思われる．

● RISC-V（RV32）の場合

　RISC-Vには条件フラグは存在しない．条件フラグがあると，条件フラグが確定するまで条件分岐命令が実行できないという制限もあり，条件フラグの存在は，CPUの設計ではあまり歓迎されていない．Armは特別な存在であるが，1980年代に生まれたRISCアーキテクチャでは，条件フラグを採用しないものがほとんどである．RISC-Vもその風潮に従っている．

　それでは，どうやって分岐条件を指定するのだろうか．実は，分岐命令にレジスタの大小比較が組み込まれている．RISC-Vの条件分岐は次の6種類がある．

```
BEQ  <Xn>,<Xm>,<label>
    <Xn>と<Xm>の値が等しいときに分岐
BNE  <Xn>,<Xm>,<label>
    <Xn>と<Xm>の値が等くないときに分岐
BLT  <Xn>,<Xm>,<label>
    <Xn>＜<Xm>の場合（符号付きで比較）に分岐
BGE  <Xn>,<Xm>,<label>
    <Xn>≧<Xm>の場合（符号付きで比較）に分岐
BLTU <Xn>,<Xm>,<label>
    <Xn>＜<Xm>の場合（符号なしで比較）に分岐
BGEU <Xn>,<Xm>,<label>
    <Xn>≧<Xm>の場合（符号付なし比較）に分岐
```

　まあ，これだけ種類がそろっていれば不自由はない．ゼロとの比較を行いたい場合は，<Xm>をX0とすれば実現できる．なお，「GT」条件と「LE」条件がないが，その場合は，「BLT」と「BGE」において，<Xn>と<Xm>を入れ替える．

　これらの分岐命令を使えば，whileループは**リスト18**，forループは**リスト19**のように実現できる．

　ここで，Armでは，SUBSとなっていたところがADDIになっていることに注意してほしい．RISC-Vでは，定数値の減算は存在しない（レジスタ同士のSUB命令は存在する）．この場合は，定数値の加算であるADDI命令で，負の定数値を加算する．

Chapter 12 ArmとRISC-Vの命令セットアーキテクチャ

リスト18　RISC-Vの`while`ループ命令

```
LOOP:
    BEQ Xn,X0,EXIT
    CMP Xn,#0
    // 繰り返し処理を行う命令列
    BEQ X0,X0,LOOP
EXIT:
```

（a）ケース1の場合

```
LOOP:
    // 繰り返し処理を行う命令列
    BNE Xn,X0,LOOP
```

（b）ケース2の場合

リスト19　RISC-Vの`for`ループ命令

```
    B    NEXT
LOOP:
    // 繰り返し処理を行う命令列
NEXT:
    BGE Xn, Rm, EXIT
    ADD Xn, Xn, Xa
    BEQ X0, X0, LOOP
EXIT:
```

（a）`for`ループ

```
    MOV  Xn, #<n>
LOOP:
    // 繰り返し処理を行う命令列
    ADDI Xn, Xn, -1
    BLT  X0, Xn, LOOP (BGT Xn, X0, LOOP)
```

（b）`<n>`回ループ

サブルーチンと関数

読者のみなさんは「構造化プログラミング」という言葉を聞いたことがあるだろうか．これは，プログラムを読みやすくするために，プログラミングに「構造」を持たせることを意味する．「構造」を分かりやすくいえばモジュール分割のことである．しかし，何でもかんでもプログラムを分割すればいい訳ではない．それぞれのモジュールが意味を持った分割にすることが肝要である．たとえば，UART（Universal Asynchronous Receiver/Transmitter：非同期の送受信）で，入力された文字を画面にエコーバックすることを考える．この場合のプログラミングは

① UARTユニットを初期化する
② 1文字を読み取る（受信）
③ 読み取った1文字を画面に表示する（送信）
④ ①から処理を繰り返す

といった具合になる．この場合は，UARTユニットを初期化するモジュール，1文字を読み取るモジュール，1文字を表示するモジュールを独立に作成し，それぞれのモジュールを順次実行することになる．

ここで，各モジュールはサブルーチンまたは関数と呼ばれる．サブルーチンと関数の違いは，戻り値を返すかどうかなのだが，これはC言語など高級言語の概念である．アセンブリ言語の場合は，どちらの場合も，どこかのアドレスから定義されているサブルーチン（関数）を呼び出し（サブルーチンコール）て，サブルーチンの内容を実行し，その後，そのサブルーチン（関数）から呼び出した次の命令に戻ってくる（リターン）処理にほかならない．

戻り値を返すというのは，あらかじめ決められたレジスタにサブルーチン（関数）で実行した結果を格納して戻ってくるということに過ぎない．要するに，戻り値をどうするかは，コンパイラを作成する場合の決め事なのである．しかし，この決め事はアセンブリ言語でも順守するように推奨されている．これは，C言語などにおいて，サブルーチンや関数をアセンブリ言語で記述する場合に，アセンブリ言語で書いたサブルーチンや関数とC言語からそのサブルーチンや関数の呼び出し方法が不整合を起こさないようにするためである．

本章では，まず，サブルーチン（関数）をコールする方法とサブルーチン（関数）からのリターンする方法を示し，その後で，コンパイラなどとのリンクのために定められている呼び出し規則と呼び出され規則を説明する，

この節で登場する命令を表7にまとめる．

● Arm32（AArch32）の場合

AArch32におけるサブルーチンの呼び出し命令はBL（Branch and Link）命令である．その命令形式は次のようになっている．

`BL<c> <label>`

この命令は，無条件（正確には`<c>`で示される条件が成立するときのみに実行されるのだが，あまり気にしないでほしい）に`<label>`で示されるアドレスに分岐する．このとき，サブルーチンから戻ってくるために，戻りアドレスをR14に格納する．

サブルーチンからの戻りは，R14に格納されたアドレスに分岐する．レジスタの保持する内容（アドレス）に分岐する命令としては，BX命令がある．BX命令の

表7　サブルーチン（関数）に係る命令

機　能	AArch32	AArch64	RISC-V
サブルーチン（関数） 呼び出し	BL BLX	BL BLR	JAL JALR
サブルーチン（関数） 復帰	BX MOVPC	BR RET	JALR （RET）

391

表8 AArch32のレジスタの役割分担

レジスタ	別名	特殊用途 (別名)	役 割
r15	–	PC	プログラムカウンタ
r14	–	LR	リンクレジスタ
r13	–	SP	スタックポインタ
r12	–	IP	相互プロシージャコール用の中間レジスタ
r11	v8	FP	フレームポインタ, または一時レジスタ8
r10	v7	–	一時レジスタ7
r9	–	v6 SB TR	一時レジスタ6 場合によっては,位置独立プログラムのためのスタティックベース(SB),あるいはスレッドレジスタ(TR)として使用される
r8	v5	–	一時レジスタ5
r7	v4	–	一時レジスタ4
r6	v3	–	一時レジスタ3
r5	v2	–	一時レジスタ2
r4	v1	–	一時レジスタ1
r3	a4	–	引数レジスタ4
r2	a3	–	引数レジスタ3
r1	a2	–	引数レジスタ2, または結果格納レジスタ2
r0	a1	–	引数レジスタ1, または結果格納レジスタ1

形式は次の通りである.

```
BX<c> <Rm>
```

つまり,サブルーチンからの戻りには,

```
BX R14
```

を実行することになる.

ところで,AArch32ではPC(プログラムカウンタ)はプログラマが扱えるレジスタであるR15として存在する.ということは,

```
MOV R15, R14
```

でもサブルーチンからのリターンを実現できる.コンパイラによっては,サブルーチンからの戻りに,BX命令ではなく,R15へのMOV命令を使うものもある.BX命令とPCへのMOV命令の違いは(通常での使用時には)ない.BX命令のXとはeXchange(交換)の意味

リスト20 AArch32でC言語のサブルーチン(関数)コールをアセンブリ言語に翻訳した例

```
    LDR  a1,x
    LDR  a2,y
    BL   func
    STR  a1,z

func:
    // 関数の処理
    MOV  a1,#<戻り値>
    BX   lr
```

なので,BX命令の真の使用方法は動作モードを「交換する」ことである.つまり,Armの他の動作モードであるThumbモードやJazelleモードへの遷移に使う.しかし,これらについては説明を省略する.

ところで,BX命令はレジスタの内容に分岐する命令であるが,このとき,BX命令の次のアドレス(戻りアドレス)がR14に格納されたら便利である.AArch32ではそのような命令も存在する.それがBLX命令である.その形式は次のようになっている.

```
BLX<c> <Rm>
```

この命令は,サブルーチンの分岐先が命令実行時にしか確定しない場合に使用する.まあ,大は小を兼ねるということで,BX命令の代わりにBLX命令を使っても構わない.ただし,BLX命令ではR14が破壊される(戻りアドレスが自動的に格納される)ことに注意が必要である.

さて,C言語などの高級言語とリンクして使うための決め事の説明に入る.この場合,(R15を含めて)16本の汎用レジスタを好き勝手に使うことはできない.表8のような役割分担が定められている.

ここで,r4〜r9(v1〜v6)は,サブルーチンの中で使用するローカルレジスタとして割り当てられている.これらのレジスタは,サブルーチンの呼び出しの前後で値が変わってはいけない.サブルーチンの中でr4〜r9を使用する場合は,使用するレジスタをスタックなどに退避しておいて,サブルーチンからのリターンの直前に退避した値を回復する必要がある.

r0〜r3は,サブルーチンを呼び出す際の引数を格納するために使用される.また,r0とr1には,サブルーチン(関数)からの戻り値が格納される.r0〜r3は,サブルーチンコールによって値が破壊される可能性がある.その意味は,サブルーチン側では,r0〜r3は退避することなく,一時レジスタとして使用することができるということだ.

例として,次のようなC言語のサブルーチン(関数)コールを考える.

```
z = func(x, y);
```

この記述は,リスト20のようなアセンブリ言語に翻訳される.

● Arm64(AArch64)の場合

AArch64のサブルーチン呼び出し命令は,AArch32と同様である.BL命令と(BX命令の代わりに)BR命令が用意されている.BLX命令に対応する命令はBLR命令である.それぞれの形式は次のようになっている.

```
BL <label>
BR <Xn>
BLR <Xn>
```

汎用レジスタの数が，AArch32の16本から，AArch32では32本（スタックポインタを含む）に増加された関係から，サブルーチンの戻りアドレスを格納するレジスタはX30となっている．AArch64では，PC（プログラムカウンタ）はプログラマには直接は見えないので，X30をPCにMOVEしてサブルーチンからリターンするという手法は使えない．

BRやBLRはBranch RegisterとBranch and Link Registerである．AArch32ではXであったところが素直な（レジスタの頭文字の）Rとなった背景は，XにはExchange（交換）という意味があるからだと推測できる．AArch32では，BX命令やBLX命令を使うと通常のArm32モードからThumbモードやJazelleモードに移行できる．その意味での動作モードの「交換」だった．AArch64では分岐によって，Arm32モードやThumbモードなどには移行できないのでRなのである．

ところで，サブルーチンからのリターンに使う命令はBR命令で十分と思うが，AArch64では，なぜか，サブルーチンからのリターン専用としてRET命令が存在する．次にRET命令の形式を示す．

`RET {<Xn>}`

これは，機能的には

`BR <Xn>`

と同一である．RET命令の記述で<Xn>を省略した場合はX30（LR）が指定されたものとみなされる．徹底的に命令コードの節約を行い，1つの命令に複数の命令機能を持たせることの多いAArch64では，RET命令は稀有な存在といえる．筆者には，なぜBR命令だけではいけなかったのか，理由が分からない．

さて，AArch64において，アセンブリ言語で記述されたプログラムをC言語などとリンクして使う場合のレジスタの役割を**表9**に示す．汎用レジスタの数が増えた分だけ，自由に使える（自由に値を壊せる）一時レジスタの本数が増えている．プログラミングの自由度が上がる．

もはや自明と思うが，次のような，C言語のサブルーチン（関数）コールを考える．

`z = func(x, y);`

この記述は，**リスト21**のようなアセンブリ言語に翻訳される．見た目は，レジスタの名前が変わっているほかは，AArch32の場合と同じである．

● RISC-V（RV32）の場合

RISC-Vにおけるサブルーチンを呼び出す命令はJAL（Jump And Link）命令である．サブルーチンからリターンする命令はJALR（Jump And Link Register）命令である．それらの命令の形式は次のようになっている．

表9　AArch64のレジスタの役割分担

レジスタ	特殊用途 （別名）	役割分担
SP	－	スタックポインタ
r30	LR	リンクレジスタ
r29	FP	フレームポインタ
r19...r28	－	サブルーチンで退避／回復する一時レジスタ
r18	－	プラットフォームレジスタ，または一時レジスタ
r17	IP1	プロシージャ間コールに使用される第2の一時レジスタ．あるいは通常の一時レジスタ
r16	IP0	プロシージャ間コールに使用される第1の一時レジスタ．あるいは通常の一時レジスタ
r9...r15	－	一時レジスタ
r8	－	間接的に戻り値の値を示すポインタ
r0...r7	－	引数または戻り値の格納に使用

```
JAL  <Xn>,<label>
JALR  <Xn>,disp(<Xm>)
```

つまり，JAL命令は，レジスタXnに戻りアドレス（JAL命令の次の命令のアドレス）を格納して<label>で示されるアドレスに分岐する．JALR命令は，レジスタXnに戻りアドレス（JAL命令の次の命令のアドレス）を格納して，レジスタXmの内容にdispを加えて生成されるアドレスに分岐する．サブルーチンからのリターン時にも戻りアドレスをレジスタに格納するなど，一見，無駄に見えるが，これらの命令はいろいろなバリエーションを生み出す．

サブルーチンからの戻りアドレスは慣習的にレジスタX1に格納する．また，サブルーチンからのリターン時に，JALR命令の次のアドレスは不要なので，ゼロレジスタ（X0）に格納する．アセンブリ言語では，サブルーチンのコールとサブルーチンからのリターンを，便宜的に，次のように記述する．

```
JAL   <label>
RET
```

しかし，これらの命令（疑似命令）の実体は，次のようになる．

リスト21　AArch64でC言語のサブルーチン（関数）コールをアセンブリ言語に翻訳した例

```
    LDR  x0,x
    LDR  x1,y
    BL   func
    STR  x0,z

func:
    // 関数の処理
    MOV  x0,#<戻り値>
    BR   lr
```

表10 RISC-Vのレジスタの役割分担

レジスタ	別名	機能	レジスタを退避/回復する側
x0	zero	ゼロ固定	–
x1	ra	戻りアドレス	呼び出し側
x2	sp	スタックポインタ	呼び出され側
x3	gp	グローバルポインタ	–
x4	tp	スレッドポインタ	–
x5	t0	一時レジスタ，あるいはもう1つのリンクレジスタ（戻りアドレス）	呼び出し側
x6-7	t1-2	一時レジスタ	呼び出し側
x8	s0/fp	呼び出し前後で不変なレジスタ，またはフレームポインタ	呼び出され側
x9	s1	呼び出し前後で不変なレジスタ	呼び出され側
x10-11	a0-1	サブルーチンの引数/戻り値	呼び出し側
x12-17	a2-7	サブルーチンの引数	呼び出し側
x18-27	s2-11	呼び出し前後で不変なレジスタ	呼び出され側
x28-31	t3-6	一時レジスタ	呼び出し側

```
JAL  X1, <label>
JALR   X0, 0x00(X1)
```

ここで，JALR命令でディスプレースメントが指定できる点は重要である．通常の場合は，<label>は21ビット長なので，「JAL命令のアドレス±1Mバイト」の範囲にしか分岐できない（というか，この範囲に分岐できるなら十分という感じもする）．しかし，JALR命令を使用すれば，32ビット（4Gバイト）の空

表11 四則演算

機能	AArch32	AArch64	RISC-V
加算	ADD ADDS	ADD ADDS	ADD ADDI ADDIW
減算	SUB SUBS	SUB SUBS	SUB
乗算	MUL MULS UMULL UMULLS SMULL SMULLS	MADD UMADDL SMADDL	MUL MULH MULHSU MULHU MULW
除算	SDIV UDIV	SDIV UDIV	DIV DIVU DIVW DIVUW
剰余	–	–	REM REMU REMW REMUW

リスト22 RISC-VでC言語のサブルーチン（関数）コールをアセンブリ言語に翻訳した例

```
    LW    x10,x
    LW    x11,y
    JAL   func
    SW    x10,z

func:
    // 関数の処理
    MOV   x10,<戻り値>
    RET
```

間のどこにでもサブルーチンコールが可能である．すなわち，

```
AUIPC X1,(<label>[31:12]+
                    <label>[11])
JALR   X1,<label>[11;0](X1)
```

という命令列が使える．レジスタX1はJALR命令で破壊されるので，一時レジスタとして使用している．AUIPCで<label>[11]を加えているのは，JALR命令のディスプレースメントを符号拡張するためのテクニックである．

さて，RISC-Vにおいて，アセンブリ言語で記述されたプログラムをC言語などとリンクして使う場合のレジスタの役割を表10に示す．サブルーチンへの引数を渡すレジスタが8本，戻り値を格納するレジスタが2本というのはAArch64と同じである．

ここでも，C言語のサブルーチン（関数）コールを考える．

```
z = func(x, y);
```

この記述は，リスト22のようなアセンブリ言語に翻訳される．

四則演算

これまで見てきたように，MOVE命令とロード/ストア命令，ビット操作と条件分岐命令があれば組み込み制御のプログラムを書くことができる．しかし，高度な判断を行うためには，各種アルゴリズムを実現することが必須である．そのためには数式をアセンブリ言語で書けなければならない．このとき必要になるのが，加減乗除の演算である．

少なくともコンピュータを名乗るなら四則演算は出来て当たり前という気がする．ArmやRISC-Vのアーキテクチャはどのような加減乗除をサポートしているのか，それぞれについて簡単に説明する．Armに関しては，繰り返しの実現のところで，加減については既に説明した．しかし，RISC-Vとの比較を行うために改めて説明する．

この節で登場する命令を表11にまとめる．

Chapter 12 ArmとRISC-Vの命令セットアーキテクチャ

● Arm32（AArch32）の場合

AArch32における加減乗除の命令を以下に列挙する.

▶加算命令

```
ADD{S}<c> <Rd>, <Rn>, #<const>
ADD{S}<c> <Rd>, <Rn>, <Rm>{, <shift>}
ADD{S}<c> <Rd>, <Rn>, <Rm>, <type>
                                    <Rs>
```

加算命令に関しては，既に説明したので，説明は省略する.

▶減算命令

```
SUB{S}<c> <Rd>, <Rn>, #<const>
SUB{S}<c> <Rd>, <Rn>, <Rm>{, <shift>}
SUB{S}<c> <Rd>, <Rn>, <Rm>, <type>
                                    <Rs>
```

減算命令に関しても，既に説明したので，説明は省略する.

▶乗算命令

```
MUL{S}<c> <Rd>, <Rn>, <Rm>
UMULL{S}<c> <RdLo>, <RdHi>, <Rn>,
                                    <Rm>
SMULL{S}<c> <RdLo>, <RdHi>, <Rn>,
                                    <Rm>
```

加算命令と減算命令は，片方のソースオペランド（入力）が定数のものもあったが，乗除算命令のオペランドはレジスタのみに限定される．レジスタと定数の乗算を使う場合は多いと思うが，乗算命令や除算命令は，（加減算命令に比べると）使用頻度が少ないので，定数との演算を定義するのは，命令セットの設計上，もったいないと思ったのであろうか．真相はわからない．組み込み制御の場合は，2倍とか8倍といった定数値の乗算を使う場面は多いと思うが，これらはシフト演算で代用できる.

MUL命令とSMULL命令は，<Rn>と<Rm>を32ビットの符号付き整数とみなして，乗算を行う．UMULL命令は，<Rn>と<Rm>を32ビットの符号なし整数とみなして，乗算を行う．一般的に，32ビット整数同士の乗算は64ビットの結果になる．これに対応するため，UMULL命令とSMULL命令は，第1オペランドに乗算結果の下位32ビットを，第2オペランドに乗算結果の上位32ビットを格納する．MUL命令は，デスティネーションレジスタの第1オペランド（<Rd>）に，乗算結果の下位32ビットを格納する．上位32ビットの結果はどこにも格納されない.

C言語などにおいては，32ビット整数（int型）同士の乗算結果は32ビット整数（int型）の変数に格納する．その意味で，乗算結果の下位32ビットのみを得る乗算命令を特別に用意するのは妥当である．しかし，C言語に慣れた人なら，32ビット整数には無符号（unsigned int型）も存在することを知っている

はずだ．しかし，AArch32では無符号同士の32ビット整数の乗算結果の下位32ビットのみを得る命令はない．これは不便ではないかと思われても仕方ない．でも問題はない．32ビット整数同士の乗算においては，下位32ビットに着目する限り，符号付きの乗算でも，符号なしの乗算でも，結果は同じなのである．ということは，下位32ビットの乗算結果のみを得る場合，符号なしの乗算命令は不要なのである.

▶除算命令

```
SDIV<c> <Rd>, <Rn>, <Rm>
UDIV<c> <Rd>, <Rn>, <Rm>
```

SDIV命令は，<Rn>と<Rm>を32ビットの符号付き整数とみなして，除算を行い，結果を<Rd>に格納する．UDIV命令は，<Rn>と<Rm>を32ビットの符号なし整数とみなして，除算を行い，結果を<Rd>に格納する.

Armアーキテクチャは，歴史的には，除算命令をサポートしていなかった．その理由は，除算の出現頻度がプログラムの中では低い（すなわち，性能は求められない）ので，除算処理は複数の命令を組み合わせてエミュレーションすれば十分と考えられたからだ．しかし，プログラムのコードサイズが重要な組み込み制御プログラムにおいては，除算のエミュレーション処理のコードサイズが問題となる．そのためか，Armv7-Aアーキテクチャを実装するCPU（の途中の製品）からは，除算専用の命令がサポートされるようになった.

歴史的には，組み込み制御用のArmv7-MアーキテクチャのThumb-2命令セットで先に除算命令がサポートされ，それが上位アーキテクチャのArmv7-AやArmv8-Aに輸入された格好になる.

● Arm64（AArch64）の場合

AArch64における加減乗除の命令を以下に列挙する.

▶加算命令

```
ADD <Wd|WSP>, <Wn|WSP>, #<imm>{,
                                    <shift>}
ADD <Xd|SP>,  <Xn|SP>, #<imm>{,
                                    <shift>}
ADD <Wd>, <Wn>, <Wm>{, <shift> #<n>}
ADD <Xd>, <Xn>, <Xm>{, <shift> #<n>}
ADDS <Wd>, <Wn|WSP>, <Wm>{, <extend>
                                 {#<n>}}
ADDS <Xd>, <Xn|SP>, <Xm|Wm>{,
                        <extend> {#<n>}}
```

ここで，<imm>は12ビットの正の定数である．<imm>を加算する命令の<shift>は，

```
LSL  #0
LSL  #12
```

395

のいずれかしか指定できない．<Wm>または<Xm>を加算する命令の<shift>は，

```
LSL
LSR
ASR
```

すなわち，ROR以外の任意のシフト操作を指定できる．シフト量<n>も32ビットのシフトの場合は0から31の値，64ビットのシフトの場合は0から63の値を取ることができる．<extend>は次のいずれかになる．

```
UXTB    <Xm|Wm>をバイトサイズでゼロ拡張
UXTH    <Xm|Wm>をハーフワードサイズでゼロ拡
張
UXTW    <Xm|Wm>をワードサイズでゼロ拡張
LSL     <Wd|Xd>がSP（スタックポインタ）のとき
のみ有効な，<Xm|Wm>を，0ビット，1ビット，
2ビット，3ビットのいずれかの左シフト
UXTX    <Xm|Wm>をダブルワードサイズでゼロ拡
張（無意味？）
SXTB    <Xm|Wm>をバイトサイズで符号拡張
SXTH    <Xm|Wm>をハーフワードサイズで符号拡
張
SXTW    <Xm|Wm>をワードサイズで符号拡張
SXTX    <Xm|Wm>をダブルワードサイズで符号拡
張（無意味？）
```

ADD命令は条件フラグを変更しないが，ADDS命令は条件フラグを変更する．

▶減算命令

```
SUB  <Wd|WSP>, <Wn|WSP>, #<imm>{,
                           <shift>}
SUB  <Xd|SP>,   <Xn|SP>, #<imm>{,
                           <shift>}
SUB  <Wd>, <Wn>, <Wm>{, <shift>
                        #<amount>}
SUB  <Xd>, <Xn>, <Xm>{, <shift>
                        #<amount>}
SUBS <Wd>, <Wn|WSP>, <Wm>{, <extend>
                           {#<n>}}
SUBS <Xd>, <Xn|SP>, <Xm|Wm>{,
                    <extend> {#<n>}}
```

<imm>，<shift>，<extend>に関してはADD命令やADDS命令と同じ意味である．

加算命令と同様に，SUB命令は条件フラグを変更しないが，SUBS命令は条件フラグを変更する．

▶乗算命令

```
MADD  <Wd>, <Wn>, <Wm>, <Wa>
MADD  <Xd>, <Xn>, <Xm>, <Xa>
UMADDL <Xd>, <Wn>, <Wm>, <Xa>
SMADDL <Xd>, <Wn>, <Wm>, <Xa>
```

AArch64には，純粋な乗算命令は存在しない．上に挙げた命令は積和命令である．つまり，<Xn|Wn>と<Xm|Wm>を乗算した結果に<Xa|Wa>を加算して<Xd|Wd>に結果を格納する．この積和命令で乗算をどう実現するか．答えは加算する<Xa|Wa>をゼロレジスタにすればいい．実は，AArch32にも積和命令は存在するのだが，ゼロレジスタが存在しないので，乗算命令と積和命令が別物になっている．AArch64では，ゼロレジスタが存在するので，乗算命令と積和命令を同一にできる．まさにエコである．

このように，<Xa|Wa>をゼロレジスタである<XZR|WZR>に置き換えると，上述の積和命令は，AArch32の乗算命令と同一になる．すなわち，

```
MUL <Wd>, <Wn>, <Wm>
  →MADD <Wd>, <Wn>, <Wm>, WZR
MUL <Xd>, <Xn>, <Xm>
  →MADD <Xd>, <Xn>, <Xm>, XZR
UMULL <Xd>, <Wn>, <Wm>
  →UMADDL <Xd>, <Wn>, <Wm>, WZR
SMULL <Xd>, <Wn>, <Wm>
  →SMADDL <Xd>, <Wn>, <Wm>, XZR
```

という対応になる．アセンブリ言語の記述としては，上の左側の記述も許されている．そのような記述を行った場合は，加算する値がゼロレジスタである積和命令がアセンブラによって出力される．

UMADDL命令やSMADDL命令は，ソース側のレジスタが32ビット（<Wn|Wm>），デスティネーション側のレジスタが64ビット（<Xd>）になっていることに注意してほしい．AArch32では64ビットの乗算結果を格納するために，<RdLo>と<RdHi>という2つのレジスタが必要だったが，AArch32では64ビットレジスタを使えるので，乗算結果を格納するレジスタは1つで済む．

▶除算命令

```
SDIV <Wd>, <Wn>, <Wm>
SDIV <Xd>, <Xn>, <Xm>
UDIV <Wd>, <Wn>, <Wm>
UDIV <Xd>, <Xn>, <Xm>
```

AArch64の除算命令は，AArch32と同一である．SDIVが符号付きの除算，UDIVが符号なしの除算である．<Xn|Wn>を<Xm|Wm>で割り算して<Xd|Wd>に格納する．

● RISC-V（RV32）の場合

RISC-Vにおける加減乗除の命令を以下に列挙する．RISC-Vに関しては，RV32（32ビットアーキテクチャ）の命令を説明してきたが，本節では，例外的に，RV64（64ビットアーキテクチャ）の命令も説明する．

Chapter 12 ArmとRISC-Vの命令セットアーキテクチャ

▶加算命令

```
ADDI  <Xd>, <Xn>, <const>
ADDIW <Xd>, <Xn>, <const>
ADD   <Xd>, <Xn>, <Xm>
```

ここで，<const>は12ビットの符号付き定数である．ADDI命令やADDIW命令で<const>という定数のビット11が1の場合は，負の数の加算ということになり，実際には減算を実行する．

加算命令は，<Xn>に<const>または<Xm>を加算して，加算結果を<Xd>に格納する．RV32ではレジスタ<Xd>，<Xn>，<Xm>は32ビット長となり，RV64では64ビット長となる．

ADDIW命令はRV64専用の命令である．ADDI命令との違いは，加算結果（RV64なので64ビット）の下位32ビットに対し，ビット31で64ビットまで符号拡張を行って<Xd>に格納する．64ビットアーキテクチャにおいて，32ビット同士の加算を実現したいときに使用する．ADDIW命令のもう1つの使用方法は<const>を0とした場合である．つまり，

```
ADDIW <Xd>, <Xn>, 0
```

は，<Xn>の内容をワード（32ビット）サイズでダブルワード（64ビット）サイズに符号拡張を行う命令として使用できる．

▶減算命令

```
SUB <Xd>, <Xn>, <Xm>
```

減算命令は，<Xn>から<Xm>を減算して，減算結果を<Xd>に格納する．RV32ではレジスタ<Xd>，<Xn>，<Xm>は32ビット長となり，RV64では64ビット長となる．

<const>との減算がないのは奇異に思えるが，ADDI命令で代用できる．

▶乗算命令

```
MUL     <Xd>, <Xn>, <Xm>
MULH    <Xd>, <Xn>, <Xm>
MULHSU  <Xd>, <Xn>, <Xm>
MULHU   <Xd>, <Xn>, <Xm>
MULW    <Xd>, <Xn>, <Xm>
```

RISC-Vにおいて，乗除算命令は基本命令セット（RV32I/RV64I）には存在しない．しかし，乗除算をサポートするためのM拡張という命令セットが存在する．RISC-Vの命令セットの策定方針は，最小限のもの（RV32I/RV64I）に，必要な機能（M拡張など）を加えていくようになっている．

組み込み制御のプログラムにおいて，乗除算の使用頻度は少ないと考え，乗除算命令を削除しても命令セットとして「独り立ち」できる構成にしてあるのだ．その意味は，コンパイラに対して，RV32IまたはRV64Iオプションを付けた場合は，乗除算命令を使用しない命令コードを生成しろという正式な要請であ

る．ここで注意しなければならないのは，乗除算命令がないからといって，プログラムで乗除算の処理が使えないわけではない．その場合に乗除算は，加減算やシフト命令を使ってエミュレーションされる．そのエミュレーション処理はライブラリ関数として呼び出して使われる．しかし，（コンパイラではなく）アセンブリ言語でプログラミングを行う場合は，RV32IやRV64Iという命令セットでは，乗除算命令を使用できないという厳然とした現実がある．このような場合に乗除算の処理が行いたい場合は，乗除算のエミュレーションプログラムを自作しないといけない．しかし，大抵のRISC-Vのアーキテクチャの実装は，このM拡張を含んだ，RV32IMまたはRV64IMとなっている．RISC-Vのプログラムを書く場合，乗除算命令がないということは稀なので，安心していい．

前置きが長くなったが，RISC-Vの乗算命令は，<Xn>と<Xm>を乗算して，乗算結果（積）を<Xd>に格納する．RV32においては，32ビット同士の乗算を行い，64ビットの乗算結果の下位32ビットをデスティネーションレジスタ（<Xd>）に格納する．RV64においては，64ビット同士の乗算を行い，128ビットの乗算結果の下位64ビットをデスティネーションレジスタ（<Xd>）に格納する．

MULH命令，MULHU命令，MULHSU命令は，乗算結果の上位ビット（RV32の場合は上位32ビット，RV64の場合は上位64ビット）をデスティネーションレジスタに格納する命令である．MULH命令は符号付き同士の乗算結果，MULHU命令は符号なし同士の乗算結果，MULHSU命令は符号付きと符号なしの乗算結果の上位ビットを格納する．

ここで，符号付き整数と符号なし整数との乗算というのは目新しい概念である．なぜこのような命令機能が必要なのかよくわからない．考えるに，A×Bという乗算はAという値をB回加算することにほかならない．つまり，Aという数値には正の場合も負の場合もある（つまり，符号付き）が，加算回数という意味で，Bは正の数に限られる．このような現実に即した乗算を行う場合のために導入されたのではないかと推測する．これは穿ちすぎかもしれない．符号付き同士，符号なし同士の乗算があるのだから，「符号付きと符号なしの乗算もあったら便利じゃない？」という軽い「ノリ」で採用された可能性もある．一般的に，乗算においては，被乗数と乗数を入れ替えても，乗算結果は同じである．しかし，MULHSUでは被乗数と乗数を入れ替えると異なる乗算結果になる．

乗算の上位ビットを計算する命令は豊富なのに，下位ビットを計算する命令はMUL命令しかない．これは，符号付きであろうが，符号なしであろうが，その乗算結果の下位ビット（RV32の場合は下位32ビット，

RV64の場合は下位64ビット）は同じになるという事実を思い出せば，それで十分だと分かる．

▶除算命令

```
DIV   <Xd>, <Xn>, <Xm>
DIVU  <Xd>, <Xn>, <Xm>
DIVW  <Xd>, <Xn>, <Xm>
DIVUW <Xd>, <Xn>, <Xm>
```

除算命令は，<Xn>を<Xm>で割り算して，その乗算結果（商）を<Xd>に格納する．DIV命令は符号付き整数同士の除算，DIVU命令は符号なし整数同士の割り算である．

それでは，DIVW命令やDIVUW命令は何なのだろうか．これは，RV64IM命令セットにおいて，32ビット同士の除算を行う命令である．つまり，<Xn>と<Xm>の下位32ビットを，それぞれ，符号付き（DIVW命令の場合）や符号なし（DIVUW命令の場合）とみなして除算を行い，その32ビットの除算結果をビット31で64ビットに符号拡張を行って<Xd>に格納する．DIVW命令でもDIVUW命令でも（ゼロ拡張ではなく）符号拡張を行うので注意が必要である．

▶剰余算命令

```
REM   <Xd>, <Xn>, <Xm>
REMU  <Xd>, <Xn>, <Xm>
REMW  <Xd>, <Xn>, <Xm>
REMUW <Xd>, <Xn>, <Xm>
```

RISC-Vの命令セットには，Armには存在していなかった，剰余算命令が存在する．これは除算命令と同じ処理をおこなって，除算結果の商ではなく剰余を結果として得るものである．組み込み制御のプログラムでは，商を求めるより，剰余が必要になる場面が多いような気もする．その意味で，剰余を求める専用命令を備えるのは理に適っている．

もちろん，Armアーキテクチャにおいても，剰余は計算できる．A÷Bの剰余は

A − （A÷Bの商）× B

で計算できるので，その関係を使用する．すなわち，AArch32において，

`SREM <Rd>, <Rn>, <Rm>`

という剰余算命令が存在したとすれば（実際には存在しない），

```
SDIV <Rd>, <Rn>, <Rm>
MLS  <Rd>, <Rm>, <Rd>, <Rn>
```

という2命令で剰余を計算できる．ここで，MLS命令は積和命令のバリエーションの1つである．

`MLS<c> <Rd>, <Rn>, <Rm>, <Ra>`

という命令は，<Rn>と<Rm>を乗算して，<Ra>から減算する．まさに剰余を求めるために存在するような積和（正確には積差）命令である．AArch64においても，同様に剰余を求めることができる．

高級言語サポート命令

一昔前（1980年台）のコンピュータは，C言語などの高級言語の記述を以下に簡単にアセンブリ言語に変換できるかを「売り」にしているものが多くあった．極端な話をすると，C言語の記述が，ほぼ1対1に，アセンブリ言語に置き換えられることが正義だった．その場合，C言語のコンパイラ自体がアセンブラの役割を果たすことになる．これは便利である．

しかし，C言語の記述をそのままコンピュータの命令に変換できたとしても，それが高性能を実現できるとは限らない．命令をもっと単純な機能に分解して，それらの組み合わせで高級言語のプログラムの内容を実現した方が高速であるというのがRISCアーキテクチャ誕生の発端である．

ArmもRISC-VもRISCアーキテクチャであるが，スタックという概念に，高級言語のサポート機能の名残を見ることができる．

スタックは読み書き可能なメモリ領域に配置される．そして，そのメモリ領域の先頭アドレスは，SP（スタックポインタ）というレジスタに保持されている．偶然か必然かはわからないが（いや，必然だろう），ArmのアーキテクチャにもRISC-Vのアーキテクチャにも SPは存在する．**表8**，**表9**，**表10**を参照されたい．

スタックに対しては，レジスタをスタックに退避するPUSH操作と，レジスタをスタックから取り出して回復するPOP操作がある．これらの操作は，ロード／ストア命令の変種である．SPは，スタック領域を示すアドレスの最上位（上限）のアドレスを保持している．PUSH操作は，SP（が保持するアドレス）が指し示すアドレスからデータサイズ分のバイト数を減算してSPを更新し，更新されたSPのアドレスに退避するレジスタをストアする．POP操作は，SP（が保持するアドレス）が指し示すアドレスからロードを行い，値を回復するレジスタにロード結果を格納する．その後，ロードしたデータサイズ分のバイト数をSPに加算する．つまり，スタックとは先入れ後出し（First In，Last Out）のデータ構造を有している．

PUSH操作はSPを減算し，POP操作はSPを加算するが，先入れ後出し構造を実現するためには，PUSH操作でSPを加算，POP操作でSPを減算しても構わない（その場合，SPの初期値はスタック領域の最下位（下限）アドレスを示していなければならない）．しかし，PUSH操作でSPを減算し，POP操作でSPを加算するのは，一般的な慣習である．それに逆らっても得なことは何一つない．

このようにスタックは，破壊してはいけないレジス

Chapter 12 ArmとRISC-Vの命令セットアーキテクチャ

表12 スタック操作命令

機　能	AArch32	AArch64	RISC-V
スタックの単体 PUSH/POP	STR LDR	STR LDR	SW LW
スタックの連続 PUSH/POP	STMDB SP! LDMIA SP!	STP LDP	－

リスト23 `LDMIAEQ SP!, {R4-R7, PC}`を単純な命令で書き下した例

```
  BNE  EXIT // Zフラグが1でないと実行しない
  LDR  R4,[SP,#0]
  LDR  R5,[SP,#4]
  LDR  R6,[SP,#8]
  LDR  R7,[SP,#12]
  ADD  SP,SP,#16  //SPを自動更新
  LDR  PC,[SP,#16]  //ロードした値に分岐
EXIT:
```

タの退避や回復に用いられる．本節では，Armや
RISC-Vが，スタック（PUSH操作，POP操作）をどう
実現しているかを説明する．

この節で登場する命令を**表12**にまとめる．

● **Arm32（AArch32）の場合**

PUSH操作，POP操作の意味から考えると，それぞ
れの操作はロード/ストア命令を使って，

```
STR <Rt>, [SP, #-4]!  ←PUSH
LDR <Rt>, [SP], #4    ←POP
```

というようにして実現できる（アドレッシングの説明
は，ロード/ストア命令の節を参照のこと）．これら
の命令は1個のレジスタ<Rt>をPUSH/POPできるだ
けであるが，AArch32では，複数のレジスタを一括
してロード/ストアできる多重ロード/ストア命令
（LDM命令とSTM命令）が備えられている．たとえば，

```
STMDB  SP!, {R0-R4, R12, R14}
```

というSTM命令は，レジスタR0，R1，R2，R3，R4，
R12，R14をスタックにPUSHする．ここで，SP!とい
う表記はSPが変更されることを示し，DBというニー
モニックの最後についている記号は実行前に減算
（Decrement Before）意味する．つまり，この命令は，
退避するレジスタ6本の占めるメモリサイズである4
バイト（32ビット）×6＝24バイトをSPから減算し，
その減算結果で示されるアドレスから，R0，R1，
R2，R3，R4，R12，R14をストアする．なお，|…|
はレジスタリストと呼ばれる．その中にはPUSH/
POPするレジスタを明示して指定する．レジスタ番
号が連続する場合は「－」という記号を使って，先頭
レジスタと最後尾レジスタの番号をR0-R4のように指
定できる．レジスタリストはAArch32の汎用レジス
タのどれでも指定できる．しかし，SPであるR13を
指定する場合は注意が必要である．命令実行時にSP
が変更されるので，退避されるSPの値がどうなるか
は不明（多分，実装依存）だからである．

逆にPOP操作はLDM命令を使って，

```
LDMIA  SP!, {R0-R4, R12, R14}
```

などと記述できる．ここで「IA」というニーモニック
に付いている記号は「実行後に加算（Increment
After）」を意味する．つまり，この命令は，SPが指し
示すアドレスから，6個の32ビットデータを読み出し，

それらをレジスタR0，R1，R2，R3，R4，R12，R14
にロードする．その後，回復するレジスタ6本の占め
るメモリサイズである24バイトをSPに加算する．

PUSH/POP操作で興味深いのは，サブルーチンの
先頭で，戻りアドレスが格納されたR14をPUSHし，
サブルーチンの最後で，それをPC（R15）にPOPする
と，戻りアドレスに分岐できるということである．つ
まり，リターン命令であるBX命令やPCへのMOV命
令が省略できる．

ところで，RISC-V陣営から，Armの複雑な（醜
い？）命令の一例として挙がっているのが，ここで説
明したLDM命令である．

```
LDMIAEQ SP!, {R4-R7, PC}
```

という命令を単純な命令で書き下せば（なお，ニーモ
ニックの最後のEQは，条件実行の指定で，このLDM
命令は条件フラグが「EQ」条件の場合のみ実行され
る），**リスト23**のようになる．RISC-V陣営は「これ
が，関数呼び出しから戻るたびに発生するのですよ」
と皮肉っている．筆者にしてみれば，書き下した7命
令分の機能を，7命令実行するのとほぼ同じ時間で，
しかも1命令で実行できるArmの方が「すげーっ」と
思ってしまう．ここら辺は見解の相違であろう．

● **Arm64（AArch64）の場合**

AArch64においても，1つのレジスタに対する
PUSH/POP操作は，AArch32と同じである．それぞ
れの処理は，次のように書ける．

```
STR <Xt>, [SP, #-8]!  ←PUSH
LDR <Xt>, [SP], #8 ←POP
```

さて，AArch32には複数のレジスタをPUSH/POP
するためのLDM/STM命令があったが，AArch64では
そのような命令はない（その理由として，32ビットの
命令長に，32本分のレジスタリストを格納するのは
無理だからという説もあるが，真偽は不明）．その代
わり，任意の2個のレジスタに対するロード/ストア
命令がある．スタック操作に関するそれらの命令の形
式を次に示す．

▶ **PUSH操作**

```
STP <Xt1>, <Xt2>, [SP, #-16]!
```

399

リスト24　全レジスタをPUSH/POPする

```
STP X0, X1, [SP, #-16]!
STP X2, X3, [SP, #-16]!
STP X4, X5, [SP, #-16]!
STP X6, X7, [SP, #-16]!
STP X8, X9, [SP, #-16]!
STP X10, X11, [SP, #-16]!
STP X12, X13, [SP, #-16]!
STP X14, X15, [SP, #-16]!
STP X16, X17, [SP, #-16]!
STP X18, X19, [SP, #-16]!
STP X20, X21, [SP, #-16]!
STP X22, X23, [SP, #-16]!
STP X24, X25, [SP, #-16]!
STP X26, X27, [SP, #-16]!
STP X28, X29, [SP, #-16]!
```

（a）全レジスタのPUSH操作

```
LDP X0, X1, [SP], #16
LDP X2, X3, [SP], #16
LDP X4, X5, [SP], #16
LDP X6, X7, [SP], #16
LDP X8, X9, [SP], #16
LDP X10, X11, [SP], #16
LDP X12, X13, [SP], #16
LDP X14, X15, [SP], #16
LDP X16, X17, [SP], #16
LDP X18, X19, [SP], #16
LDP X20, X21, [SP], #16
LDP X22, X23, [SP], #16
LDP X24, X25, [SP], #16
LDP X26, X27, [SP], #16
LDP X28, X29, [SP], #16
```

（b）全レジスタのPOP操作

▶ POP操作

LDP <Xt1>, <Xt2>, [SP], #16

複数のレジスタをPUSH/POPするためには，この命令を並べる．たとえば，全レジスタをPUSH/POPするためにはリスト24のようになる．まあ，面倒くさいといえば面倒くさい．

上述のPUSH/POP操作は，SPに対するプレインデックスとポストインデックスを示しており，

[<Xn|SP>{, #<imm>}]

というアドレッシングは，これまで紹介していないが，LDP/STP命令ではこのアドレッシングが有効に利用できる．それ以外の命令では，このアドレッシングの使い道をあまり考え付かないので紹介していない．

ところで，LDP/STP命令に似た命令でLDNP/STNP命令がある．もっとも，これらの命令では，アドレッシングは，

[<Xn|SP>{, #<imm>}]

のみしか使えない．LDP/STP命令とLDNP/STNP命令の違いが気になる人もいると思うので簡単に説明する．LDNP/STNP命令の「N」は「No Allocate（アロケートしない）」の頭文字である．「アロケートしない」とは，キャッシュにエントリを作らないという意味である．使用頻度の低いロード/ストア命令はキャッシュ

表13　割り込み処理関係の命令

機　能	AArch32	AArch64	RISC-V
システムレジスタ関連	MSR MRS CPS	MSR MRS	CSRR CSRW CSRS CSRC CSRWI CSRSI CSRCI
割り込みからの復帰	MOVS PC SUBS PC LDMIA SP!. {}^ ERET	ERET	MRET SRET URET

に入れても無駄なので，キャッシュをスルーさせる（キャッシュにヒットすれば，もちろんキャッシュに書き込む）．ただし，これは非キャッシュのアクセスという意味ではなく，キャッシュにヒットすれば，キャッシュからデータを取り出す．

● RISC-V（RV32）の場合

RISC-Vには，スタックを操作する命令はない．しかし，レジスタX2はスタックポインタとして定義されている．何か不思議な感じだ．しかし，高級言語とのインターフェースを行う場合はスタックポインタを定義しておく必要がある．ということで，PUSH/POP操作は次のように実現でる．

▶ PUSH操作

```
ADDI SP, SP, -4
SW <Xt>, 0(SP)
```

▶ POP操作

```
LW <Xt>, 0(SP)
ADDI SP, SP, 4
```

非常に単純だ．まさに，これに尽きる．

通常では，SPは普通の32ビットの汎用レジスタX2としての意味しかない．ただし，16ビット長命令セットであるC拡張の命令セットでは，SPの参照を前提とした命令が存在する．具体的にはSPをベースとするロード/ストア命令なのだが，ここでは説明しない．

● 割り込み

割り込みに関しては「割り込み」の章で詳しく説明する．ここでは，割り込みに関係する命令を表13に示すにとどめる．

● その他

これまで，説明してきた命令を知っていれば一般的なプログラミングには困らないと思う．本節では，ArmやRISC-Vで特徴的な命令やアセンブリ言語のTipsを説明する．

Chapter 12 ArmとRISC-Vの命令セットアーキテクチャ

表14 ビット操作命令と多倍長計算に係る命令

機　能	AArch32	AArch64	RISC-V
ビット操作命令			CMOV CMIX PEXT PDEB CLMUL CLMULH CLMULR
多倍長計算	ADC　SBC	ADC SBC	SLTU SLTIU SLT SLTI

リスト25 ローカルラベルを使った場合

```
1:   // このラベルはbgt命令で参照される
     ........
     cmp r1,#0
     bgt 1b
     beq 1f
     blt 2f
     ........
1:   // このラベルはbeq命令で参照される
     ........
2:   // このラベルはblt命令で参照される
```

リスト26 AArch32での条件実行

```
if(r0==0){
  r1=1;
}else{
  r1=2;
}
```
（a）C言語ソース

```
CMP  r0,#0
MOVEQ r1,#1
MOVNE r1,#2
```
（b）アセンブリ言語に
変換した例

この節で出てくる命令を**表14**にまとめる.

▶ローカルラベル

GCCが呼び出すアセンブラのアセンブリ言語ではローカルラベルが使用できる. これは1以上(恐らく, 256以下?)の整数で指定するラベルである. ローカルラベルの定義は整数値に「:」を付けて行う. ローカルラベルの参照には整数値に「f」または「b」を付けて行う. ここで,「f」は「前方(forward)」を意味し, ローカルラベルを参照する命令よりも(アドレスの値として)後方のラベルを参照する.「b」は「後方(backward)」を意味し, ローカルラベルを参照する命令よりも(アドレスの値として)前方のラベルを参照する. 感覚的には「前方」と「後方」が逆なのだが, 慣れの問題である.

たとえば, ローカルラベルを使用して, 無限ループを作りたいときには,

```
1:
    j 1b
```

と記述することができる. ローカルラベルの利点は, 多重定義を許すということである. たとえば, **リスト25**のような記述が可能である. 分岐先のラベルとして適当な名前が思いつかない場合に重宝する. ローカルラベルがもっとも威力を発揮するのはマクロ内で使用する場合なのであるが, 詳細は割愛する.

● AArch32での条件実行

AArch32の最大の特徴といっていいのが条件実行である. ほとんどすべての命令のニーモニックに続けて, **表6**で示す, EQとかGTといった記号を付加することが可能である. たとえば, ADDEQ命令は, 条件フラグがEQ条件, つまり, Zフラグが1の場合のみ, ADDという機能が実行されることを意味する. この機能を使えば, **リスト26**(a)のif文は, **リスト26**(b)のように条件分岐命令を使わずに記述できる. 条件分岐命令の分岐条件が成立するとPC(プログラムカウンタ)の値が不連続に切り替わるので, CPUの命令処理に(命令フェッチ先を切り替えるための)待ち時間が生じてしまい, 性能低下につながる. このため, プログラミングにおいては, なるべく条件分岐命令を使わないことが推奨されている. AArch32の条件実行機能は, 条件分岐命令をなるべく使用しないという要件に合致した機能なのである.

なお, BEQやBGTという条件分岐命令は, Bという無条件分岐命令を指定された条件で条件実行するものとして理解することもできる.

● AArch64とArm64の違い

本稿では, AArch64とArm64を区別せずに使用している. しかし, この2つのアーキテクチャには違いがあるようだ.

参考文献(8)によると, AArch64はArmのオリジナル, Arm64はアップル社がArmアーキテクチャを64ビットに改造したもののようだ. LLVMのバックエンド(コード生成部)では, AArch64とArm64では, 異なる命令が生成されているようである. Arm64の方が高性能なのだが, AArch64よりも機能的に限定されていたとか. 具体的にどういう差分があったのか(筆者には)よくわかってない. 最終的には, Arm64をベースにAArch64をマージして, 現在のAArch64となったということらしい.

この話を聞いて, 筆者は, x86の64ビットアーキテクチャは当初AMDが開発し, それを後追いしてインテルがYamhillテクノロジで64ビット拡張を行った話を思い出した. 最終的に両者は, x64アーキテクチャとして統一されたのであろうか. Wikipediaによると, インテルがAMD互換になるように設計したとあるので, 両社は実質的には同じ物なのであろう. x86の64ビット拡張を呼称する場合は, x86-64とかx64という

401

表15 .insn疑似命令の使用例

タイプ	新規の追加命令
R	.insn r opcode, func3, func7, rd, rs1, rs2
R注	.insn r opcode, func3, func2, rd, rs1, rs2, rs3
R4	.insn r4 opcode, func3, func2, rd, rs1, rs2, rs3
I	.insn i opcode, func3, rd, rs1, simm12
S	.insn s opcode, func3, rd, rs1, simm12
SB	.insn sb opcode, func3, rd, rs1, symbol
SB	.insn sb opcode, func3, rd, simm12(rs1)
B	.insn s opcode, func3, rd, rs1, symbol
B	.insn s opcode, func3, rd, simm12(rs1)
U	.insn u opcode, rd, simm20
UJ	.insn uj opcode, rd, symbol
J	.insn j opcode, rd, symbol
CR	.insn cr opcode2, func4, rd, rs2
CI	.insn ci opcode2, func3, rd, simm6
CIW	.insn ciw opcode2, func3, rd, uimm8
CA	.insn ca opcode2, func6, func2, rd, rs2
CB	.insn cb opcode2, func3, rs1, symbol
CJ	.insn cj opcode2, symbol

注:4レジスタオペランド

共通の名称が使われる.

● **RISC-Vの.insn疑似命令**

RISC-Vの命令セット(ISA)の特徴は,仕様書では基本命令のみ定義されており,その他に必要な自分好みの命令を定義できることである.もちろん,既に販売されているRISC-Vアーキテクチャのマイコン/SoCに命令を追加することはできない.しかし,RISC-Vはオープンソースであるため,ハードウェア記述言語(Verilog-HDLなど)で記述されたCPUのソースコードがインターネット上にはごろごろ転がっている.それを改造して新たな命令を追加しFPGAに焼いて動作させることが可能である.

そのような場合,一般的には,新規の追加命令をアセンブリ言語で記述することはできない.しかし,RISC-Vのアセンブラには「.insn」という疑似命令が存在する.この疑似命令を使用すれば,任意の命令をアセンブラで生成することができる.「.insn」命令は,RISC-Vの命令形式(R,R4,I,S,SB,B,U,UJ,CR,CI,…)の全てに対応している.それらの記述方法を表15に示す.詳細は参考文献(9)を参照

していただきたい.

命令を追加して「オレオレCPU」を作るのがRISC-Vの醍醐味である..insn疑似命令は,そのための大きな助けとなる.

● **RISC-Vのビット操作命令:「B拡張」**

RISC-Vの命令セットをみて思うところは,ビット操作が弱いところである.それは,RISC-Vの命令セットの命令策定者も思っているようで,命令のB拡張,すなわちビット操作(Bit Manipulation)が検討中である.2019年6月にチューリッヒで開催されたワークショップで「RISC-V Bit Manipulation Spec 0.90」が発表されている(12-3).細かい内容は発表資料を見ていただくこととして,追加される主な命令を以下に記す.

①単純な命令
- MSB側から,またはLSB側から0であるビットが何ビット連続するか計数(CLZ,CTZ)
- 1であるビットの数を計数(PCNT)
- 符号付き/符号なし整数同士の最大値と最小値(MIN[U],MAX[U])
- 第2オペランドを反転しての論理演算(ANDN,ORN,XNOR)
- 1ビットシフト(SLO[I],SRO[I])
- ローテートシフト(ROL,ROR[I])
- 単一ビット操作(SBSET,SBCLR,SBINV,SBEXT)
- 2つの16ビット整数(RV32の場合)を32ビットにパック(PACK)

②ビット列の入れ替え

③3オペランド命令
- 条件付きMOVE(CMOV)
- 条件付き混合:CMIX,
  (例)RD := (RS1 & RS2)|(RS3 & ~RS2)
- ファンネルシフト(FSL,FSR,FSRI)

④ビットフィールド操作命令
- X86のPEXT/PDEBと同じ機能(BEXT/BDEP)

⑤その他
- キャリなし乗算(CLMUL,CLMULH,CLMULR)
- 専用のCRC計算命令(CRC32_{b|h|w|d},CRC32c_{b|h|w|d})
- 64ビットの並びを8×8行列とみなす,行列の操作

これらの命令が追加されるとなると,RISC-Vの命令セットはAArch64も足元に及ばないほどリッチなものになる.

● **ArmやRISC-Vにおける多倍長計算のやり方**

32ビットのアーキテクチャで64ビット以上の計算をしたいという場合がある.これを多倍長計算と言

Chapter 12 ArmとRISC-Vの命令セットアーキテクチャ

う．多くのアーキテクチャでは多倍長計算を行うための仕組みが用意されている．多倍長計算では，多倍長の加減算が主体となる．ここでは，32ビットのアーキテクチャで64ビットの計算を行う方法に関して説明する．

多倍長の加減算のために，主として用いられるのが，条件フラグであるキャリフラグだ．

Armのアーキテクチャではキャリフラグが存在するので，32ビットの演算機能で64ビットの演算を行うのは可能である．今，32ビットレジスタを2本組にして64ビット長のデータを表しているとする．分かりやすいように，C言語などの変数名で示すと，

Xという64ビット変数をレジスタR0，R1（R0が下位32ビット，R1が上位32ビット），
Yという64ビット変数をレジスタR2，R3（R2が下位32ビット，R3が上位32ビット），
Zという64ビット変数をレジスタR4，R5（R4が下位32ビット，R5が上位32ビット），

と仮定する．このとき，

Z = X + Y

や

Z = X − Y

は，アセンブリ言語の命令でどう実現するのかを説明しよう．

加算の場合は，ADC（Add with Carry：キャリ込みの加算）命令を使う．これは，キャリを含めた加算である．64ビットの加算を行う場合，下位32ビットの計算は，32ビット幅で加算した場合でも64ビット幅で加算した場合でも同じなので，ADD命令で構わない．上位32ビットの計算は，ADC命令を使って実現する．キャリフラグが，文字通り，桁上がりの印として用いられる．つまり，

Z = X + Y

は，

```
ADDS R4,R2,R0
ADC  R5,R3,R1
```

で計算できる．ここで，ADD命令がADDSとなっているのがミソである．下位32ビットの計算でキャリフラグを生成しないといけないので「S」の記号が付いている．

それでは，減算の場合はどうだろうか．そのためにはSBC命令を使う．これはキャリを含めた減算である．SBCの名称はSubtract with Carry（キャリ込みの減算）なのであるが，その実態はSubtract with Borrow（ボロウ込みの減算）だ．64ビット加算の場合と同様に，下位32ビットは，そのまま減算する．このとき，上位32ビットの計算は，ボロウ，つまり，キャリフラグの反転を含めて減算する．つまり，

Z = X − Y

リスト27　RISC-Vの多倍長計算

```
// X0はゼロレジスタとみなさないでください
ADD  X4,X2,X0
SLTU X6,X4,X2
ADD  X5,x3,X1
ADD  X5,X5,X6
```

（a）多倍長加算

```
// X0はゼロレジスタとみなさないでください
SUB  X4,X2,X0
SGEU X6,X4,X2
SUB  X5,X3,X1
SUB  X5,X5,X6
```

（b）多倍長減算

は，

```
SUBS R4,R2,R0
SBC  R5,R3,R1
```

で計算できる．ここで，SUB命令がSUBSとなっているのは加算の場合と同じ理由である．

それでは，RISC-Vで多倍長計算を行う場合はどうなるのだろうか．RISC-Vにはキャリフラグは存在しない．RISC-Vでの多倍長計算の方法は実にトリッキーである．加算される数値より，加算した結果が小さくなったらキャリが出たとみなす．このためには，SLTU（Set Less Than Unsigned）命令を使用する．その形式は，

SLTU <Xd>,<Xn>,<Xm>

となっている．レジスタ<Xn>とレジスタ<Xm>を符号なし32ビットデータとみなして比較して，<Xn>の値が<Xm>の値より小さい場合はレジスタ<Xd>に1を格納する．<Xn>の値が<Xm>の値以上の場合はレジスタ<Xd>に0を格納する．この結果は，そのまま，キャリフラグとみなせる．ということは，（X6という）作業レジスタが1つ必要になるが，

Z = X + Y

は，リスト27（a）のように表現できる．ここで，RISC-Vのアーキテクチャ的にはX0はゼロレジスタなのだが，Armの場合と記述を統一するために，通常の（ゼロレジスタではない）レジスタとしている．混乱しないように願いたい．同様に減算である，

Z = X − Y

は，リスト27（b）のように表現できる．SGEU（Set Greater than or Equal to Unsigned）は，SLTUの逆条件である．実際には，このような命令はRISC-Vには存在しない．その実体はSLTU命令である．2つあるソースオペランドの順番を入れ替えることで逆条件が作れる．キャリの反転がボロウなので，SGEUはボロウを求める命令といえる．さすが，RISC-Vの命令セットでの命令の選定はよく考慮されているといえる．

ちなみに，RISC-Vの命令セットを使えば，Z（ゼロ）フラグ，N（負）フラグは，V（オーバフロー）フラグは，それぞれ，次のようにして求めることができる．

▶Zフラグ

SLTIU <Xd>,<Xn>,1

▶Nフラグ

SLTI <Xd>,<Xn>,0   ==

SLT <Xd>,<Xn>,<X0>

// この場合はX0はゼロレジスタ

▶Vフラグ（加算時）

ADD <Xd>,<Xn>,<Xm>

SLTI <Xt>,<Xm>,0

// <Xm>の正/負を<Xt>に格納

SLT <Xt2>,<Xd>,<Xn>

// 加算結果のCフラグ相当

（符号が考慮されているので厳密なキャリではない）

XOR <Xt2>,<Xt2>,<Xt>

// 負数の加算でキャリ（相当）が出なければオーバフロー

▶Vフラグ（減算時）

SUB <Xd>,<Xn>,<Xm>

SLT <Xt>,<X0>,<Xm>

// <Xm>の正/負を<Xt>に格納

SLT <Xt2>,<Xn>,<Xd>

// 減算結果のボロウフラグ相当

（符号が考慮されているので厳密なボロウではない）

XOR <Xt2>,<Xt2>,<Xt>

// 正数の減算でボロウが出なければオーバフロー

Vフラグの，加算時の検出方法はRISC-VのISA仕様書[4]にも起算されているので間違いはないと思うが，減算時の検出方法には（多分，正しいと思うが）自信がない．

ここで，Zフラグの検出方法が，「符号なし比較で1より小さい場合」というのは技巧的でしびれる．

RISC-Vは，命令数は少ないのだが，命令の種類は厳選されていて，噛めば噛むほど味の出るスルメイカのような存在だと思う．

◆参考・引用＊文献◆

(1) ＊ARM Architecture Reference Manual, ARMv7-A and ARMv7-R edition, ARM DDI 0406C.d（ID040418）.

(2) ＊ARM Architecture Reference Manual, ARMv8, for ARMv8-A architecture profile, ARM DDI 0487F.c（ID072120）.

(3) ＊ARMv8-A Architecture Overview
https://armkeil.blob.core.windows.net/developer/Files/pdf/graphics-and-multimedia/ARMv8_Overview.pdf

(4) ＊The RISC-V Instruction Set Manual, Volume I: User-Level ISA, Document Version 2.2.
https://riscv.org//wp-content/uploads/2017/05/riscv-spec-v2.2.pdf

(5) Procedure Call Standard for the Arm Architecture - ABI 2020Q2 documentation
https://developer.arm.com/documentation/ihi0042/j/?lang＝en#id20

(6) Procedure Call Standard for the ARM 64-bit Architecture（AArch64）-AArch64 ABI 2018Q4
https://developer.arm.com/documentation/ihi0055/d

(7) Igniting the Open Hardware Ecosystem with RISC-V
https://riscv.org/wp-content/uploads/2018/05/13.15-13-50-Talk-riscv-base-isa-20180507.pdf

(8) 組み込みの人：LLVMのバックエンドのaarch64とarm64の違い.
https://embedded.hatenadiary.org/entry/20140427/p2

(9) Using as, 9.38 RISC-V Dependent Features, 9.38.3 Instruction Formats
http://www.rowleydownload.co.uk/arm/documentation/gnu/as/RISC_002dV_002dFormats.html#RISC_002dV_002dFormats

(10) Better Living Through Bit Manipulation Higher Performance at Lower Power
https://riscv.org//wp-content/uploads/2019/06/17.10-b_wolf.pdf

Chapter

13

複数の OS を動かすための支援機構

仮想化とハイパーバイザ

仮想化とは

　仮想化（Virtualization）とは，存在しないものをあたかもそこに存在するように見せかける技術のことである．Virtualization の Virtual の意味は，「実際の」とか「実質的な」という意味がある．例えば，あるアプリケーションソフトウェアがあるとして，そのソフトが見えている世界が現実のものであり，それが Virtual なのである．

　ちょっと話が観念的になり過ぎた．これをもっとかみ砕くと，x86 アーキテクチャの命令で構成されたアプリケーションが動作するとしたらそれは x86 アーキテクチャの MPU の上であり，Arm アーキテクチャの命令で構成されたアプリケーションが動作するとしたらそれは Arm アーキテクチャの MPU の上であるということである．当たり前のことだと思うかもしれないが，どちらの場合も，MPU を動作させている OS が Arm アーキテクチャの命令で構成されていたとしたらどうだろう．Arm アーキテクチャの OS 上で Arm アーキテクチャのアプリケーションが動くのは当然だが，Arm アーキクチャの OS 上で x86 アーキテクチャのアプリケーションは動くのかという疑問が出てくる．実際に，動かない．しかし，それを動くようにするのが仮想化なのである．

　Arm アーキテクチャの OS 上で x86 アーキテクチャのアプリケーションを動かすためには，OS に x86 の命令を実行するエミュレーション機能を持たせればよい．こうすることで，Arm アーキテクチャの OS は x86 アーキテクチャのアプリケーションも Arm アーキテクチャのアプリケーションも動作させることが可能になる．OS を動かしている MPU は Arm アーキテクチャのものが 1 つであるが，遠目に見ると，x86 アーキテクチャの MPU と Arm アーキテクチャの MPU の 2 つが動作するように見える．このように，1 つの MPU を複数の MPU が存在するように見せかける技術が仮想化の本質である．

マルチタスクと何が違うのか

　上述の説明では，x86 と Arm の例を示した．これが Arm と Arm の場合もあり得る．しかし，それでは単なるマルチタスクなのではと思われるかもしれない．実際に，あまり違いはない．マルチタスクと異なるのは，仮想的な MPU は OS とは異なる動作環境で動いているということである．コンピュータシステムにおけるハードウェア資源は OS が管理している．仮想的な MPU は，原則的に，OS の管理するハードウェア資源には直接はアクセスできない．仮想的な MPU が I/O 空間へのアクセスを行ったり，システムコールを発行したりしようとすると，それらの処理は全てトラップされ，OS の管理下に入ってしまう．つまり，仮想的な MPU は，それが動いている OS の動作環境を知ることはできない．自分自身の世界に閉じ込められている．

　Virtual は「実際」と説明したが，それは仮想的な MPU（アプリケーション）にとっての「実際」であり，コンピュータシステムにおける「実際」ではない．「真実」は人の数だけあるが，「事実」はつねに 1 つだけという話に似ている．仮想的な MPU の動作環境は，仮想的な MPU の数だけあるが，それを動かす OS の動作環境は 1 つしかないのである．

ハイパーバイザとスーパーバイザ

　これまでの説明では，コンピュータシステムの動作環境をアプリケーションと OS という 2 つの要素で説明してきた．実は，この OS というものが曲者である．実際には，これまで述べてきた OS というのはゲスト OS とハイパーバイザをごちゃ混ぜにしたものになっている．

　ハイパーバイザとは，物理的なコンピュータシステムのハードウェア上に仮想化技術を実行させるための制御プログラム全般のことを指す．これに対して，

405

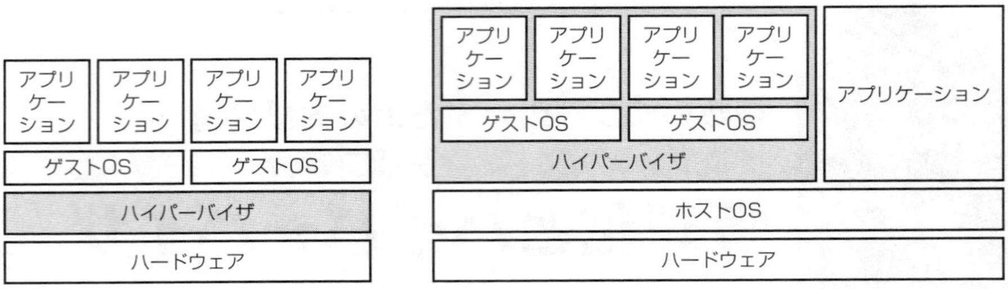

図1
2つのタイプの
ハイパーバイザ

(a) Type1ハイパーバイザ　　　　　(b) Type2ハイパーバイザ

スーパーバイザという言葉がある．これは，ハードウェアを制御するOSのことを指す．「ハイパー」とは「スーパー」の上位の概念であることを示している．ハイパーバイザが存在しない場合は，ハイパーバイザの役割をスーパーバイザが行う．この場合のスーパーバイザはホストOSと呼ばれる．

ハイパーバイザには2つのタイプが存在する．それを図1に示す．

Type 1ハイパーバイザは，スーパーバイザを兼ねる．ゲストOSがハイパーバイザのアプリケーションのように見える．ホストOS（そもそも存在しない）を介せずに直接仮想環境からハードウェアを制御することが可能なので，ハードウェアの能力を有効に活用できる．狭義では，ハイパーバイザといえば，Type 1のことを指す．

Type 2ハイパーバイザは，ハイパーバイザ自体がホストOSのアプリケーションのように見える．既に稼働しているハードウェアとホストOSにインストールすることが可能であり，手軽に導入できる．しかし，ゲストOSからのハードウェア制御には，ホストOSを経由することが必要であり，余分な負荷がかかる．このため，ハードウェアの持つ本来の性能を十分に活用できない場合がある．

ハイパーバイザのための ハードウェア要件

ハイパーバイザはソフトウェアであるが，ハイパーバイザが本来の機能を発揮するためには，それを補助するハードウェア機能が必要である．具体的には，アプリケーションを含むゲストOSとハイパーバイザの動作環境（アドレス空間）をハードウェア的に分離する機能である．これにより，アプリケーションやゲストOSからハイパーバイザを隠ぺいする．このための機能が，センシティブ命令のトラップ機構とハイパーバイザ専用のアドレス変換とメモリ保護機能である．

Armを例にする．センシティブ命令とはMPUの動作環境を変えるような命令である．メモリマップの切り替え命令がそれに該当するが，Armにそのような

命令は存在しないと思う．仮想化においては，ハイパーバイザは普通の命令をMPUに直接実行させ，センシティブ命令だけを検出して（トラップさせて）エミュレーションすればよい．センシティブ命令が存在しなければ，ハイパーバイザはゲストOSがアクセスするメモリ空間のアドレスだけに着目するだけでよい．

ハイパーバイザ用のアドレス変換とメモリ保護機能はMMUで実現する．ArmのMMUはステージ1とステージ2という分類がある．まずゲストOSが仮想アドレスのアドレス変換要求を出す．ここで，ステージ1でのアドレス変換は，普通に，仮想アドレスから物理アドレスへの変換が行われる．ここで見える物理アドレスはゲストOS（正確には仮想マシン）が認識する物理アドレスである．ハイパーバイザはゲストOSに対して真の物理アドレスは見せないようにしている．仮想化に当たっては，ハイパーバイザが，ステージ1での物理アドレスを仮想アドレスとみなして，ステージ2のアドレス変換を行う．ここで得られる物理アドレスが，ゲストOSがアクセスする真の物理アドレスになる（ゲストOSからは見えないが）．この様子を図2と図3に示す．

このように2段階のアドレス変換が必要な理由は，ゲストOS（の仮想化されたMPU）からは，許可されていない周辺ユニット（I/O装置）に直接アクセスさせないようにするためである．これにはMMUのメモリ保護機能を利用する．許可されてない周辺ユニットは仮想化されており，ゲストOSがそこ（のレジスタ）にアクセスしようとするとメモリフォールトが発生する．メモリフォールトが発生すると，ハイパーバイザは仮想化された周辺ユニットの挙動をエミュレーションして，ゲストOSに返す．この様子を図4に示す．このような手段でゲストOSからI/O装置へのアクセスはエミュレーションされる．

ここでは「許可されてない」という表現を使ったが，実際には「仮想化されている」ということである．例えば，UARTの実体が1つしかないと仮定する．その場合，仮想化を行うことで複数のUARTが存在するように見せかけることができる．この場合，ゲスト

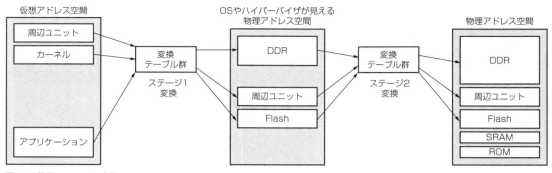

図2 2段階のアドレス変換

OS上で動作する複数のアプリケーションが同時に1つのUARTを取り合ったのではUARTが正常に動作しない．そこで，UARTへのアクセスは，ハイパーバイザがいったん引き取る．そして，アプリケーションの要求に従って，順番に，ハイパーバイザがUARTの処理を実現するのである．

まとめ

仮想化とは1つしか存在しないMPUや周辺ユニットを複数個あるように見せかける技術である．そのためにはハイパーバイザというソフトウェアを動作させる．基本的に，ハイパーバイザはスーパーバイザ（ホストOS）を置き換えるものである．ハイパーバイザはMPUが提供する2段階のアドレス変換機能を利用して仮想化を実現する．MPUから見たハイパーバイザ支援機能とは2段階のアドレス変換であるといっても過言ではない．

なお，ここでは，話を簡略化するために仮想マシンの話を省略している．仮想マシンは複数の仮想MPUを含み，同一の動作環境を共有するものである．本稿で説明したゲストOSは仮想マシンのことである．仮

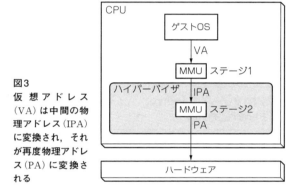

図3 仮想アドレス（VA）は中間の物理アドレス（IPA）に変換され，それが再度物理アドレス（PA）に変換される

想マシンを含めた仮想化の詳しい概要を知りたい人は参考文献(1)や(2)を参照して欲しい．

◆参考文献◆
(1) Learn the architecture - AArch64 virtualization.
https://developer.arm.com/documentation/102142/0100/Introduction-to-virtualization
(2) AArch 64の仮想化支援機構．
https://logmi.jp/tech/articles/323992

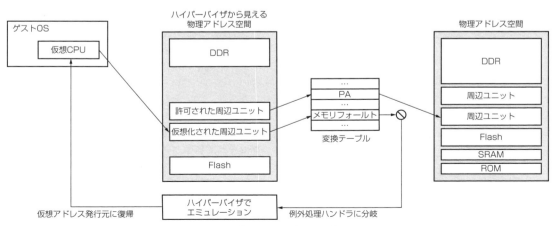

図4 仮想化された周辺ユニットへのアクセスはトラップされ，ハイパーバイザでエミュレーションされる

Chapter 14 セキュリティ機能

MPUによる情報保護機能の実装

情報保護への必要性の高まりから，最近のMPUにはセキュリティ機能の搭載が進んでいる．本章では，Armのセキュリティ機能であるTrustZoneと，MIPS及びRISC-Vのセキュリティ機能について解説する

Armのセキュリティ機能であるTrustZone

Armv7-A（Armv8-A）でのTrustZone

● TrustZoneとは何か

TrustZoneとはTrust（信頼できる）なZone（領域）である．つまり，アドレス空間の中にセキュア（秘密）な空間を設ける機構を意味する．TrustZoneの歴史は古く，既に20年以上前のArm11の時代には実装が始まっている．現在提供が行われているCortex-Aファミリでは標準機能の1つとなっており，Cortex-A15以降の世代ではリソース共有機能も強化され，より実用的なものとなっている．

TrustZoneの特徴は，実行環境を2つに分離することである．その1つは通常の実行環境であるノーマルワールド（Normal World）あるいはノンセキュアワールド（NonSecure World）という領域で，ここでAndroidなどの汎用OSが動作する．この領域では，アプリケーションのインストールやデータの読み書き，インターネットへの接続など，通常の動作を行う．

もう1つの環境はセキュアワールド（Secure World）と呼ばれる．この領域は，いわゆる秘密の領域である．ある特定の特権モードでしかアクセスできない．セキュアワールドではTrusted OSと呼ばれる専用OSが動作する．そして，システムのバックエンドでセキュアな情報管理を行う．セキュアワールド側から通常の汎用OSの動作は見える一方，ノーマルワールドにある汎用OS側からはセキュア領域を認識できない．この仕組みにより，マルウェアなどの外部からの攻撃や，Jailbreak（ソフトウェアを改造するアプリケーション）のように意図的にセキュアな仕組みを解除して仕掛けを施そうとする行為を防ぐことが可能になる．この様子を図1に示す．

TrustZoneの構築にはセキュアワールドで動作するTrusted OSを開発することが必要である．このOS開発がTrustZone普及のネックになっていたといわれている．そんな時，GlobalPlatformがTEE（Trusted Execution Environment）を定義したことにより，TrustZoneがより注目されるようになった．TEEは，大々的に普及が始まっているモバイルOSなどのセキュア領域をいかに活用するかということを目指したものである．これにより，Trusted OSの開発が容易になった．

● 領域保護を行う具体的な仕組み
▶セキュア状態とノンセキュア状態

TrustZoneはCPUに新たな状態を定義する．それがセキュア状態とノンセキュア状態である．また，メモリ空間もセキュアワールドとノンセキュアワールド（ノーマルワールド）に分離する．そして，セキュア状態ではセキュアワールドとノーマルワールドで動作

図1　セキュアワールドとノーマルワールド

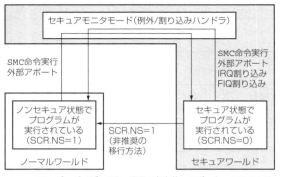

図2 セキュアワールドとノーマルワールドの切り替え
スーパーバイザ，FIQ，IRQ，未定義，アボート，システムは，CPUの動作モードを示している

表1 IRQ，FIQ，外部アボートでモニタモードに移る場合のSCRの設定

ビット	名称	意味
3	EA	0：外部アボートをアボートモードで実行 1：外部アボートをモニタモードで実行
2	FIQ	0：FIQ割り込みをFIQモードで処理 1：FIQ割り込みをモニタモードで処理
1	IRQ	0：IRQ割り込みをFIQモードで処理 1：IRQ割り込みをモニタモードで処理

できるが，ノンセキュア状態ではノーマルワールドでしか動作できないようにする．同じように，セキュア状態では，セキュアワールドとノーマルワールドの資源にアクセスできるが，ノンセキュア状態ではノーマルワールドの資源にしかアクセスできない．このような動作環境を構築するのがTrustZoneである．

▶セキュアワールドからノーマルワールドに移行する方法

ノーマルワールドとセキュアワールドの切り替えはSCR（セキュア構成レジスタ）のNSビット（ビット0）で行う．リセット直後はSCR.NS＝0なので，セキュアワールドにいる．2つのワールド間の切り替えは，SMC（セキュアモニタコール）命令またはIRQ，FIQ，外部アボートを用いてセキュアモニタモードに移行して行う．なお，セキュアワールドでSCRのNSビットを書き換えてノーマルワールドに切り替えることは非推奨である．この様子を図2に示す．

具体的には，SMC命令を実行するとCPUの実行モードがセキュアモニタモードに移行する．セキュアモニタモードでは，SCRのNSビットの値にかかわらず，セキュアワールドにいることになる．セキュアモニタモードは，セキュアワールドとノーマルワールドを橋渡しするモードである．セキュアモニタモードからノーマルモードに移行する場合は，SMC命令例外からのリターンの前に，ソフトウェアでSCRのNSビットを1（ノンセキュア）に設定する．

なお，SMC命令の実行以外にも，IRQ割り込みやFIQ割り込み，あるいは外部アボートでモニタモードに移行することができる．割り込みや例外によるモニタモードへの移行が可能かどうかはSCRの設定によって行う．モニタモードに移行する場合のSCRの設定を表1に示す．

モニタモード（それぞれの要因の例外/割り込みハンドラ）では次のような処理が行われる．これらは全てソフトウェアで実現される．

1. セキュア状態で使っていたレジスタの値をセキュア領域のメモリに退避
2. レジスタに適当な値を格納して，セキュア状態での値を隠す（ノーマルワールドのレジスタを退避している場合は，それを回復する）
3. 分岐先の例外レベルに対応したELRにノーマルワールドのアドレスを設定する
4. SCRレジスタのNSビットを1に設定する
5. ERET命令を実行して，ELRが示すアドレスに分岐する

▶ノーマルワールドからセキュアワールドに移行する方法

ノーマルワールドからセキュアワールドに移行するためにはSMC命令の実行一択である…といいたいところだが，SCRレジスタのEAビットが1の場合は外部アボートでもモニタモードに遷移できる．IRQ割り込みやFIQ割り込みではモニタモードには遷移しない．これが，セキュアワールドからノーマルワールドへ移行する場合との違いである．

ここで，セキュアモニタ（例外/割り込みハンドラ）では次のような処理が行われる．これらは全てソフトウェアで実現される．

1. ノーマルワールドで使っていたレジスタの値をノーマルワールドのメモリに退避
2. 分岐先の例外レベルに対応したELRにセキュアワールドのアドレスを設定する
3. SCRレジスタのNSビットを0に設定する
4. ERET命令を実行して，ELRが示すアドレスに分岐する

また，セキュアモニタモードで例外が発生すると自動的にSCRのNSビットが0になる．つまり，自動的にセキュアワールドに移行する．

▶アドレス空間の分離

TrustZoneの本質は，アドレス空間をセキュアワールドとノーマルワールドに分離することである．つまり，メモリ空間をセキュアとノーマル（ノンセキュア）に分離することが必要となる．

Cortex-AにはMMU（Memory Management Unit：

	31	30	29	28	27	26	25	24	23	22	21	20	19	18	17	16	15	14	13	12	11	10	9	8	7	6	5	4	3	2	1	0
フォルト	無視 0 0
ページテーブル	第2レベルテーブルの先頭アドレス [31:10] / ドメイン / NS / 0 1
セクション	セクション(1Mバイト)のベースアドレス [31:20] / NS / nG / S / AP[2] / TEX[2:0] / AP[1:0] / ドメイン / NX / C / B / 1 0
スーパーセクション	スーパーセクション(16Mバイト)のベースアドレス [31:24] / 拡張ベースアドレス[39:36] / NS / nG / S / AP[2] / TEX[2:0] / AP[1:0] / 拡張ベースアドレスY[39:36] / NX / C / B / 1 1
予約	予約 1 1

図3　セキュアとノーマルな空間はアドレス変換テーブルのNSビットで区別する
この図は，Armv7-Aのアドレス変換デスクリプタである．Armv8-Aでは形式が少し異なるが，デスクリプタの中にNSビットを含むことは同じである

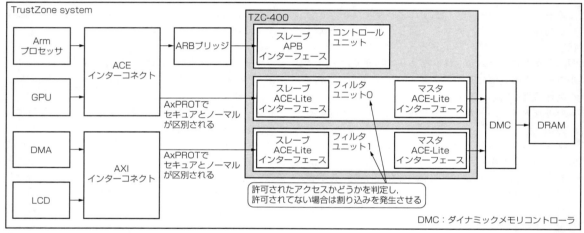

図4　TrustZoneでのメモリ分離

メモリ管理ユニット）が内蔵されている．メモリ空間がセキュアであるかノーマル（ノンセキュア）であるかはMMUで指定する．正確にいえば，MMUが管理するアドレス変換テーブルの中にNS（NonSecure）ビットが存在（図3）し，このNSビットを1に設定してあるメモリ空間はノーマル（ノンセキュア）ということになる．逆に，NSビットを0に設定してあるメモリ空間はセキュアである．このため，Cortex-Aでは，最小では，ページ単位（4Kバイト単位）で，そのメモリ領域がセキュアワールドであるかノーマルワールドであるかを指定できる．

CPUの外部のアドレス空間の分離は，CPUから出力されるACEまたはAXIバスの制御信号であるAxPROT[1]（リード用がARPROT，ライト用がAWPROT）信号とTZPC（トラストゾーンプロテクションコントローラ：TZC-400など）というIPを使って実現される（図4）．AxPROT[1]はアドレス変換テーブルのNSビットの値が反映されている．

TZC-400は，ACE-LiteまたはAXI信号によるリードまたはライト要求を受けて，それらがTZC-400内のレジスタ設定で許可されたアクセスならばアクセスをそのまま通過させ，許可されてないアクセスならばエラー応答または割り込みを発生させる．そして，その旨をマスタ（CPU）に通知する．図4でいうフィルタユニットがその役割を果たす．フィルタユニットは，TZC-400に入力されるアドレスを監視し，特定の領域で指定されたアドレス範囲に対しセキュアなアクセス（AxPROT[1] = 0）であれば許可するという単純な構成になっている．なお，1つのTZC-400の中にフィルタユニットは4個存在する．

ところで，ノーマルワールドのメモリ空間とセキュアワールドのメモリ空間は異なる空間である．例えば，セキュアワールドのメモリ空間の0x8000番地とノーマルワールドのメモリ空間の0x8000番地は，別

Chapter 14 セキュリティ機能

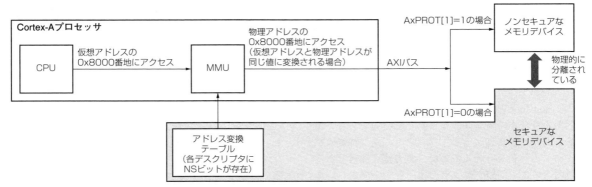

図5 MMUを使ってセキュア領域とノンセキュア領域を分離する

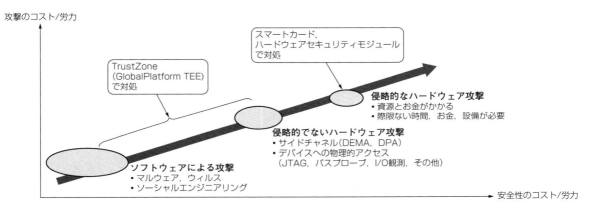

図6[8] セキュリティのプロファイル

アドレス空間として扱う．セキュアワールドはセキュアワールドのメモリ空間とノーマルワールドのメモリ空間へのアクセスができるが，ノーマルワールドはノーマルワールドのメモリ空間にしかアクセスできない．このようにしてセキュアな領域を生成する．

図5にMMUを使ってセキュアワールドとノーマルワールドのメモリ領域を分離するイメージ図を示す．図5の場合，CPUが仮想アドレスの0x8000番地をアクセスしようとしていて，これがMMUで物理アドレス0x8000番地に変換されると仮定している．このとき，仮想アドレス0x8000番地に対応するアドレス変換デスクリプタ（ページテーブルエントリ）のNSビットがAXIバスのサイドバンド信号であるAxPROT[1]に出力される．AxPROT[1]の値でメモリデバイスの選択を分離する場合，セキュアワールドの0x8000番地とノーマルワールドの0x8000番地は別物ということになる．

ある識者の話によると，セキュリティを完全に担保するためには，メモリ空間をセキュアワールドとノーマル（ノンセキュア）ワールドを物理的に分離してしまうことが必要という．Cortex-AではMMUとAxPROT[1]信号で，物理的に，メモリ空間をセキュアワールドとノーマルワールドに分離することが可能になっている．

● **TrustZoneの限界**

図6は，ArmがTrustZoneの説明を行うときに多用する図である．この図は，システム（ここではSoC）をハッキングする際のセキュリティの強さとハッキングの労力の関係を示している．

この図でTrustZoneの守備範囲は「（悪意のある）ソフトウェアによる攻撃」と「侵略的でない（デバッグツール等を使った）ハードウェア攻撃」である．侵略的な（タンパなどの）ハードウェア攻撃には無力であることを示す．

TrustZoneの役割は秘密鍵や重要なデータを安全なメモリ空間において簡単には外部から見えないようにすることである．ただし，これらはソフトウェア的な仕組みで実現されている．ソフトウェアによる攻撃やデバッグツールなどを使った解析には威力を発揮する

411

Column	ハッキングされた TrustZone[9], [10]

2017年9月27日，Armの TrustZone がハッキングされたというニュースがネットを賑わせた．ニューヨークのコロンビア大学の研究者が，Armの TrustZone 技術は，電力消費と時計データを使用したサイドチャネル攻撃に対して脆弱であることを示した．報告によると，プログラム側で特定のパターンの負荷を与えることで，電力管理機構であるDVFSによる回路ブロックの電圧変動が発生し，その結果プロセッサの回路に意図しない動作を起こさせることができるそうだ．その結果，TrustZoneで保護された領域から秘密鍵を抽出して，TrustZone領域に自己署名コードをロードして権限昇格ができるとしている．つまり，ハードウェア攻撃なしで，デバイスの特権性を上げることができて，CPUに備えられているセキュリティ機構を突破できるという話である．

研究チームは，Googleの Nexus 6 スマートフォンや Samsung Galaxy Note 4 でハッキングを実証済みと語った．なお，TrustZone だけでなく，Intel SGX（ソフトウェア保護拡張）でも同様の問題があるといわれている．

ArmとSoCメーカはこの暴露に対して非常に敏感であるとチームは述べているが，簡単な修正方法はないとのことだ．1つの軽減戦略として保護されるコードを実行時にランダムに変化させることを提案している．

まあ，この手法はArmのCPUコアというよりSoCのシステム設計の問題なので，Armがどこまで対処するかは不明である．

が，高いコストと労力を使ってもチップの中身を見たいというタンパなどの物理攻撃には対応できない．これが TrustZone の弱点である．システム設計者は，TrustZone が万能でないことを認識し，ほかのハードウェア的なセキュリティ対策の考慮も必要である．

Armv8-MのTrustZone

TrustZone は Armv7-A（Armv8-A）アーキテクチャの専売特許のように思われていたが，Cortex-Mシリーズでも Armv8-A アーキテクチャから TrustZone が導入されるようになった．Cortex-Mはマイコンであり，Cortex-Aのプロセッサとは異なるので，その実装は少々異なっている．ここでは，Armv8-Mの TrustZone について説明する．

● セキュアとノンセキュアのメモリ分離の方法

Armv8-Mの TrustZone は Coetex-M マイコンの実行状態にセキュアとノンセキュアという新しい状態を追加して実現する．これらの状態は，従来のスレッド，ハンドラ状態と直交する．つまり，

- セキュアハンドラ
- セキュアスレッド
- ノンセキュアハンドラ
- ノンセキュアスレッド

の4状態が定義される．正確には，スレッド状態には特権と非特権の2種類があるので6状態である（ハンドラ状態は特権のみ）．

Cortex-Aの TrustZone と同じように，セキュア状態からはセキュアな情報とノンセキュアな情報の両方をアクセスできるが，ノンセキュア状態からはノンセキュアな情報しかアクセスできない．

Armv8-Mの TrustZone はオプション機能である．TrustZone が実装されている場合，デフォルト状態では，システムはセキュア状態から開始される．TrustZone が実装されていない場合，システムは常にノンセキュア状態となる．

Cortex-Aの TrustZone と異なり，セキュア世界とノンセキュア世界はメモリマップで定義されており，それらの世界の移行は自動的に行われる．Cortex-Aではセキュアモニタ例外ハンドラから切り替えていたが，Cortex-Mではそのオーバーヘッドがなくなる．

セキュリティ属性ユニット（Security Attribution Unit, SAU）は，ソフトウェアによって，領域の属性を定義する．あるいは，デバイスで事前に決められた実装定義属性ユニット（Implementation Defined Attribution Unit, IDAU）で属性が定義されることもある．この概念を図7に示す．

SAUはMPU（メモリ保護ユニット）と同様な手法でプログラム可能であるが，セキュア状態でプログラムする必要がある．SAUは（TrustZone が存在する場合は）常に存在するが，その実装は設計依存である．固定なメモリ・マップで十分な場合はIDAUでセキュリティ属性を定義できる．その上で，SAUにより，部分的な属性をオーバーライド（上書き）することも可能である．

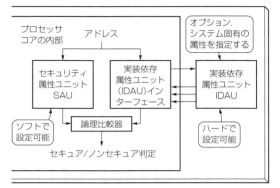

図7[11] メモリ領域のセキュリティ属性（セキュア／ノンセキュア）はソフトでもハードでも定義できるようになっている

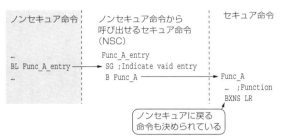

図8[11] Armv8-MのTrustZoneではノンセキュアなプログラムがセキュアなソフトウェアを呼び出すことを許している
セキュアからノンセキュアに戻る手順も決められている

● ノンセキュアからセキュアへの遷移

　CPUの状態はメモリ空間の属性定義に依存する．セキュア領域で動作している場合はセキュア状態にあり，ノンセキュア領域で動作している場合はノンセキュア状態にある．アプリケーション・コードは他の属性領域に対して分岐や関数呼び出しを行うことが可能である．このとき，セキュア，ノンセキュア状態は自動的に切り替わる．この直接他の領域をアクセスできるという機能がArmv8-MのTrustZoneに柔軟性を持たせている．

　セキュアメモリ空間には次の2種類がある．
1．セキュア領域…セキュアなプログラムのコードとデータが含まれる
2．ノンセキュア呼び出し可能（Non-Secure Callable, NSC）領域…APIの入り口などの関数を含む．これはノンセキュアなプログラムがセキュアな機能をアクセスするために使われる．

　典型的なNSC領域は少数の関数入口のテーブルで構成される．ノンセキュアなアプリケーションが不正な領域に分岐するのを防ぐために，SG（Secure Gateway）命令が追加された．ノンセキュアなプログラムがセキュア領域にある関数を呼び出すためには，次の要件を満たさなければならない．
1．APIの最初の命令はSG命令でなければいけない
2．そのSG命令はSAUまたはIDAUで定義されるNSC領域になければいけない

　NSCという領域を定義している理由は，セキュア状態に移行する関数の中に，たまたま，SG命令と同じ命令コードの値をもつデータがある場合を阻止するためである．NSCとセキュアメモリを分離してNSC内の有効な入口のみからアクセス可能にすることで，ノンセキュア世界に直接さらすことなく，セキュアなプログラムとデータをセキュアなメモリに安全に格納できるのである．

　もし，ノンセキュアなプログラムが，有効な入口を経由せずに，セキュアな空間にアクセスした場合は，フォールト事象（例外）が発生する．Armv8-Mのメインラインでは例外番号7にセキュアフォールトが新たに定義された．Armv8-Mアーキテクチャのサブセットであるベースラインではハードフォールトと同じように扱われる．

　セキュア状態からノンセキュア状態に移行するため，BXNSとBLXNSという2つの命令が追加された．ノンセキュアプログラムからセキュアなAPIを呼び出した場合，APIの最後はBXNS命令でノンセキュアプログラムに戻らなければならない．

　ノンセキュア世界からセキュア世界のプログラムを実行させる手順を図8に示す．

● セキュアからノンセキュアへの遷移

　Armv8-MのTrustZoneではセキュアなプログラムがノンセキュアなソフトウェアを呼び出すことを許している．その場合は，セキュア空間からBLXNS命令を実行する．BLXNS命令が実行されると戻りアドレスとセキュアな情報（プロセッサの実行状態など）がセキュアスタックに積まれ，通常の関数では戻りアドレスが格納される．LR（R14）にはFUNC_RETURNという特殊な値が格納される．ノンセキュア状態からFUNC_RETURNで示される値（戻りアドレスに相当）に分岐すると，セキュアスタックからBLXNS命令で格納した情報が取り出され，呼び出し元のセキュア空間に復帰する．

　この仕組みは，例外発生時のスタックプッシュと，例外復帰時のEXE_RETURNに分岐することによるスタックポップと同様である．

　なお，セキュアなソフトウェアはノンセキュアな空間に渡すデータをレジスタ内の引数で指定できる．ノンセキュアに渡したくないレジスタの内容はレジスタバンクの中でクリアしておかなければならない．セキュア世界からノンセキュア世界のプログラムを実行させる手順を図9に示す．図9から分かるように，

413

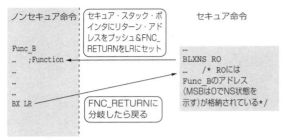

図9[11]　セキュア世界からノンセキュア領域のプログラムを実行させる手順

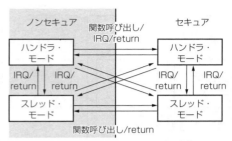

図10[11]　セキュア-ノンセキュア間の状態遷移 IRQ/return

Cortex-AではThumbステートかArmステートかをPCの最下位ビットで示していたが，ThumbしかサポートしないCortex-MのArmv8-MではPCの最下位ビットをセキュア，ノンセキュアの区別に使っているようである（1の場合がセキュア）．

セキュア，ノンセキュアへの状態遷移は例外や割り込みの発生によっても行われる．各割り込みは，NVICの割り込みターゲットノンセキュア・レジスタ（Interrupt Target Non-Secure，NVIC_ITNS）の設定に従って，セキュア状態に遷移するか，ノンセキュア状態に遷移するかが定義される．NVIC_ITNSレジスタはセキュア状態からのみプログラム可能である．

セキュアハンドラ，セキュアスレッド，ノンセキュアハンドラ，ノンセキュアスレッド間の状態遷移を図10に示す．

例外や割り込みの発生時，ノンセキュア状態→ノンセキュア状態，あるいは，セキュア状態→セキュア状態への遷移時には従来のCortex-Mの例外/割り込み処理と同じように低レーテンシで遷移する．しかし，セキュア状態→ノンセキュア状態の遷移では，BLXNS命令実行時と同様なスタックプッシュが発生するので，最低8サイクルのオーバヘッドが発生する．

● セキュア⇔ノンセキュア間の遷移は簡便化された

Armv8-MのTrustZoneはArmv8-AのTrustZoneとは異なり，セキュア世界，ノンセキュア世界間の遷移が便利になっている．Armv8-Aではセキュアモニタという関所を通らないとそれぞれの世界の間を遷移できなかった．

しかし，Armv8-Mでは，NSCというゲートウェイは存在するが，基本的に直接お互いの世界を行き来できる．この様子を図11に示す．

● Armv8-MのTrustZoneを実現するためのシステム構成

TrustZoneを実現するためには，プロセッサ以外のサポートも必要である．つまり，システムレベルでのセキュリティ構築が必要である．そのためのシステムバスとしてAMBA5 AHB5仕様が定義された．これはAMBA3.0のAHB Liteを拡張したものである．

AHB5では，バス転送の属性を示すHNONSEC信号が追加になった．HNONSEC＝0がセキュア，HNONSEC＝1がノンセキュアを示す．

AHB5では次のような信号も拡張されている．

1. 排他アクセスを示すサイドバンド信号（HEXCLとHEXOKAY）が追加された．
   これにより，Cortex-Aを含むシステムのTrustZoneと同時使用が可能になる．AXIバスでは，AxPROT[1]がセキュリティ状態を示すので，それと組み合わせて使用できる
2. マスタ番号を示すHMASTER
3. HPROTは7ビットに拡張され，追加のメモリ属性（主としてキャッシュ関連）を示すことができるようになった．
4. ECCなどのサイドバンドを示すためのUSER信号（使い方は自由）が追加できるようになった
5. 異なるアドレスからアクセスされた場合にアドレスごとの処理を切り分け可能にするために，スレーブ選択ビット（HSEL）が複数持てるようになった．

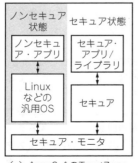
(a) Armv8-AのTrustZone

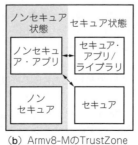
(b) Armv8-MのTrustZone

図11[12]　Cortex-MマイコンけTrustZoneは従来のCortex-Aプロセッサ向けより便利になっている

AHB5を使用したシステム構成例を図12に示す．この図の例ではバスマスタの1つであるCPUはセキュア，ノンセキュア状態に応じて，それぞれ，「信頼された領域」と「信頼されない領域」の全資源，あるいは「信頼されない領域」の資源にアクセス可能である．（さらにこの図の構成では）もう1つのバスマスタであるDMAは「信頼されない領域」の資源にしかアクセスできない．

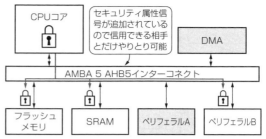

図12(13) マイコン内部バスとしてセキュリティ属性信号を追加したAHB5が用意された

● 結局，Armv8-MのTrustZoneとは何なのか

Armv8-Mの「売り」はTrustZoneである．幾つかの命令拡張が行われているが，それらのほとんどはTrustZoneの実現を前提としたものである．Cortex-A（Armv7-A/Armv8-A）のTrustZoneは構想が大き過ぎて，説明を聞いても「モヤモヤ」したものが残るが，ハイパーバイザ不要のArmv8-MのTrustZoneは感覚的に理解のしやすいものになっている．

筆者の感想としては，Armv8-MのTrustZoneではもはやOSを性善説とは考えず，性悪説と考えており，セキュア世界に引き籠っている人が時々ノンセキュアな世界にお出かけするイメージである．外の世界には危険が一杯なので，できるだけ心を許さないという….

Cortex-AとCortex-MのTrustZoneの違い

● ArmのTrustZoneの実装方針

Cortex-AとCortex-MのTrustZoneの実装方針は似ている．具体的には次の6点である．

1. 全アドレス空間を，セキュア領域とノンセキュア領域（ノーマル領域とも言う）に分離する
2. CPUの状態をセキュア状態とノンセキュア状態に分離し，セキュア領域はセキュア状態でのみ実行可能，ノンセキュア領域はノンセキュア状態でのみ実行可能とする
3. セキュア状態からノンセキュア状態に遷移する仕組みを提供する
4. ノンセキュア状態からセキュア状態に遷移する仕組みを提供する
5. ノンセキュア状態ではセキュア領域のアドレス空間をアクセスできない
6. セキュア状態ではセキュア領域/ノンセキュア領域のアドレス空間をアクセスできる

これらの方針に従っているのだが，TrustZoneの実装方式は，Cortex-AとCortex-Mで異なる．実装が異なる理由としては，次の2点が考えられる．

1. Cortex-AはMMU（Memory Management Unit：メモリ管理ユニット）を持つが，Cortex-MはMMUを持たない
2. Cortex-Aが使用するOS（Operating System）ではリアルタイム性がそれほど重視されないが，Cortex-Mが使用するOSではリアルタイム性が重視される

Armが出しているCortex-AとCortex-Mの実装の違いを示す図を図13に示しておく．図13を見て，Cortex-AとCortex-Mの実装方針が同じだとは気づく人はほとんどいないかもしれない．

しかし，Cortex-AとCortex-MのTrustZoneの比較をすると見えてくるものがある．その実装は異なり，別物に見えるのだが，TrustZoneの目的（方針）を考えるとCortex-AもCortex-Mも同じものであることが分かる．プロセッサの世界でのセキュリティ担保の方

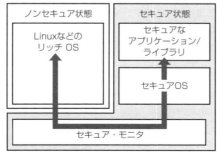

図13
Cortex-A（Armv8-A）と
Cortex-M（Armv8-M）
のTrustZoneの実装

(a) Cortex-A　　(b) Cortex-M

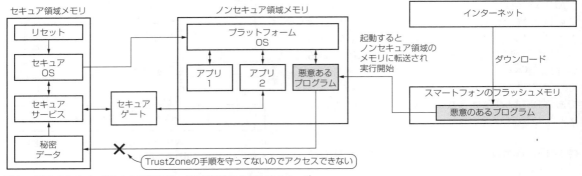
図14 悪意のあるプログラムから秘密データを保護する仕組みのイメージ

針をマイコンの世界に素直に持ってくると，現在のArmv8-Mの実装方式になるのは必然といえる．

それならば，Cortex-AとCortex-Mにおいて，同一のソースコードでTrustZoneが実装できると考える人がいるかもしれない．セキュア領域とノンセキュア領域の分離に，Cortex-AはMMUを使っているが，Cortex-MではSAU/IDAUを使用する．TrustZoneのハードウェア要件が異なるので，同じソースコードにはならない．あしからず．

TrustZoneで何を護るのか？

● TrustZoneの前提

TrustZoneでの不正アクセスの保護は，悪意を持ったソフトウェアがノンセキュア領域で実行されるというのが大前提である．

TrustZoneを使用したシステムにおいて，セキュア領域はプログラムのブート処理に使われる程度で，いったんブート処理が終わったら，その後はノンセキュア領域でのみのプログラムの実行がほとんどであろう．ただし，パスワードや暗号の秘密鍵などの重要なデータは，ノンセキュア領域から簡単にはアクセスできないように，セキュア領域のメモリに保存されている．ノンセキュア領域で動作しているプログラムはセキュア領域に格納されている秘密データが必要になれば，TrustZoneの手続きを利用して，セキュア領域からの秘密データを入手する．悪意のあるプログラムはTrustZoneの手続き（具体的にはどのようにしてセキュア状態に遷移するか）を知らないので，セキュア領域の秘密データを入手することができない．

● Cortex-Aの場合

それでは，悪意のあるプログラムはどのようにしてシステムのノンセキュア領域に侵入するのだろうか．Cortex-Aの場合は容易に想像できる．Cortex-Aの最大のアプリケーションはスマートフォンなどのインターネットに接続している情報端末である．悪意のあるプログラムは，新規のアプリケーションのダウンロードに紛れ込んでスマートフォンのメモリに格納される．それを実行する段階では，そのプログラムはノンセキュア領域のメモリ領域に転送されて実行される．TrustZoneの機能があれば，悪意のあるプログラムであっても，セキュア領域の秘密データを盗み取ることはできない．図14に悪意のあるプログラムから秘密データを保護する仕組みのイメージ図を示す．

● Cortex-Mの場合

上述のシナリオは容易に想像できる．筆者が疑問に思うのはCortex-Mの場合である．Cortex-Mのプロセッサはマイコンに搭載される．しかし，マイコンで動作させるプログラムはマイコンに内蔵のフラッシュメモリに搭載されているので，悪意を持ったプログラムなどの新たなアプリケーションを組み込む余地がないはずである（図15）．いうなれば，悪意のあるプログラムは存在しないということになる．

こう考えると，マイコンにはTrustZoneは不要だという結論になってしまう．しかし，Armv8-Mアーキテクチャを採用するCortex-M23やCortex-M33にはTrustZoneが搭載されている（オプション機能であるが）．これは何故なのだろう．

1つ考えられるのは，ノンセキュア領域のフラッシュメモリが書き換えられてしまうという脅威である．確かに，実行されるプログラムはフラッシュメモリの中に固定されているとはいえ，そのプログラム自体が書き換えられてしまってはマイコンの制御が乗っ取られてしまう．車載マイコンを例にすれば，ハンドルが勝手に操作されたり，ブレーキが効かなくなったり，エアバッグが起動しなくなったりする恐れがある．

では，マイコンのフラッシュメモリはそうも簡単に書き換えられるのだろうか．実はOTA（Over The Air）という機能を使えばフラッシュメモリの書き換えができてしまう．OTAとは，組み込みプログラム

Chapter 14 セキュリティ機能

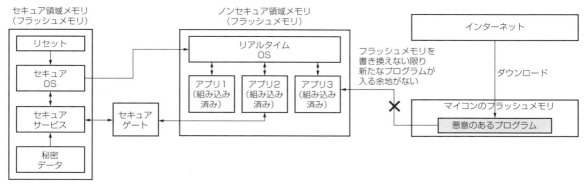

図15 マイコンの世界では新たなプログラムを組み込む余地がない

に何らかのバグが発見されたり機能拡張したりする場合に，無線を通じてフラッシュメモリを更新する機能である．車載マイコンなどは，多かれ少なかれ，このOTAが利用できるようになっている．想像してみて欲しい．何か車載のプログラムにバグが発見されたときに修正プログラムをディーラーで1つ1つフラッシュメモリに書き込むのは現実的ではない．対象となるクルマは何万台もあるはずだから．そこにOTAの存在意義がある．

また，車載の例であるが，1つのクルマの中に車載マイコンは複数存在し，車内LANで相互につながっている．車載マイコンの1つ1つは閉じた世界だとはいえ，閉じてない世界のマイコン（というかプロセッサ）も車内LANにつながっている．その1つの例がカーナビなどのインフォテイメントシステムである．カーナビのプロセッサではCortex-MというよりはCortex-Aが採用されている．OSもLinuxなので，イ

ンターネット経由で悪意のあるプログラムが入り込んでしまう恐れがある．つまり，カーナビのアプリケーションが乗っ取られ，車内LANを通じて，そこにつながるマイコンのフラッシュメモリが書き換えられてしまうシナリオは十分考えられる（図16）．

● 実際の事例

実際には次のような事例が報告されている[15]．2015年にアメリカのセキュリティ専門家が，クルマに搭載されたインフォテイメントシステムにつながる無線Wi-Fi回線の脆弱性を利用して車内ネットワークに侵入する公開実験が行われた．外部からインフォテイメントシステムに侵入した後，ECU（マイコンが搭載された電子制御ユニット）のソフトウェアを不正に書き換えて，クルマ全体の制御を司るCAN通信ネットワークへデータ送信できるように改変されたということである．これにより，車内LANへ不正データが

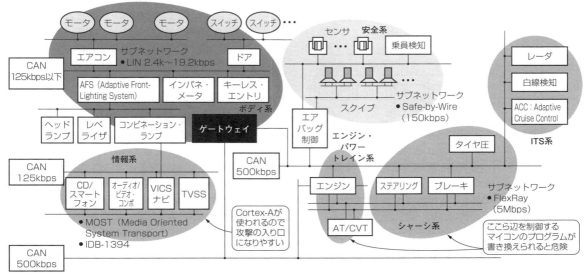

図16[16] 自動車のECUをつなぐCAN通信

417

送り付けられ，自動車制御が乱された．

　もっとも，この事例をみなくても，CAN通信の脆弱性についてはいろいろなところで議論されている．「車載 CAN 脆弱性」で検索すると約70万件がヒット

する．それでも車載LANにCANが使われ続けるのは不思議である．しかし，そこにTrustZoneが機能する意義があるのかもしれない．

そのほかのMPUのセキュリティ機能

MIPSでのセキュリティ機能

　MIPSでもArmのTrustZoneに似たセキュリティ機能が考えられている．それについて簡単に説明しておく．

● 仮想化機能とOmniShield
▶セキュリティの砦：ハイパーバイザ

　仮想化とは，プロセッサやメモリ，ディスク，通信回線など，コンピュータシステムを構成する資源（および，それらの組み合わせ）を，物理的構成に拠らず柔軟に分割したり統合したりすることである．わかりやすい例では，プロセッサやシステム評価ボードの動作をソフトウェアでエミュレートするエミュレーションプログラムも仮想化の一種である．

　仮想化とは，早い話が保護機能の提供である．あるアプリケーションが誤動作しても他のアプリケーションに影響を与えないようにするという意味で，OSそのものみたいなものである．多くの場合，その下で動作するアプリケーションがさらに別のOSというソフトウェアであるという点が一般的なOSとは異なる．

　IoTの時代では，全ての物はインターネットにつながるようになった．ここで必須となるのがセキュリティ機能である．セキュリティにはいろいろな段階が

あるが，SoCのレベルでの安全性確保は最終関門である．そこを突破されると元も子もない．そこで，SoC自体がセキュリティ機能を内蔵する傾向が高まってきた．

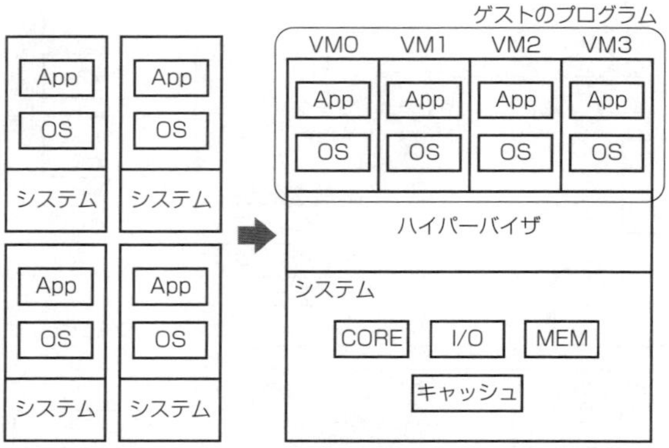

　セキュアなSoCでは，セキュアな資源とセキュアでないアプリケーションを隔離することが重要である．セキュアなパーティションを実装するには，セキュアとノンセキュアで別のコアを使用するか，またはシングルコアを仮想化し，複数のセキュアなパーティションとノンセキュアなパーティションを作成する．仮想化は，こういう隔離機能を実現する．仮想化の種類としては，ソフトウェアのみで実現する準仮想化と，ハードウェアの支援を利用する完全仮想化がある．準仮想化ソリューションは，早い段階からMIPSベースのコア上で動作していた．さらに進んで，MIPSではハードウェア支援仮想化を実現するためのアーキテクチャを提供していた．

　仮想化の中核的要素は，ハードウェアの上層で動作して信頼性の高い実行環境を提供するハイパーバイザと呼ばれる比較的コードサイズの小さいプログラムである（図17）．ハイパーバイザは，個々の実行環境またはゲストのアクセスポリシを定義して，特権リソースを管理する．要するにゲストのプログラムはハイパーバイザ上で，しかも非特権モードでエミュレーションによって実行され，特権的な資源が必要な場合はハイパーバイザに処理を依頼する格好である．このようにして，SoCという最終関門であるハードウェアの上にもう1つのセキュリティの関門を設けるのだ．

　仮想化環境では，ゲスト（OSやその上で動作するアプリケーション）は互いに隔離されるが，セキュアな階層であるハイパーバイザと通信することも可能になっている．さらにセキュアなAPIを経由（当然，ハイパーバイザを経由）してゲスト同士で通信できる．故意または偶然でも，悪意をもったアクセスはハイパーバイザで阻止されるので，これによりシステムの信頼性が保証される．例えば，あるゲストがクラッシュしても，他のゲストはその影響を受けずに，信頼性の高い動作を継続できる．ハイパーバイザは，サブシステムの全てのメモリ，I/O，特権状態を管理する．

（a）仮想化なし

（b）仮想化（ハイパーバイザがハードウェアとゲストのプログラム（VM0〜VM3）をエミュレーションする）

図17[(17)]　**仮想化を行なわない場合と行う場合のシステム構成**

Chapter 14 セキュリティ機能

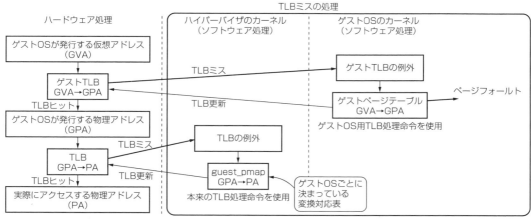

図18(18) 2段階のアドレス変換

● セキュリティのための仮想化

　ゲストのプログラムは，ハイパーバイザによってエミュレーションされるので，核となるハードウェアやハイパーバイザのプログラムと異なる命令セットアーキテクチャでも構わない．しかし，セキュリティを強調する使い方では，多くの場合，ハードウェアと同一の命令セットアーキテクチャのゲストプログラムが動作することを前提とする．

　その仕組みは単純である．エミュレーションプログラムはユーザモードでそのまま動作し，特権命令を実行しようとすると特権命令違反例外が発生し，制御はハイパーバイザに移る．ハイパーバイザは特権モードで動作しているので，ハイパーバイザがゲストの実行しようとした特権命令を実行して，その結果をゲストに返す．

　ゲスト間の隔離はMMUにより，ゲストプログラムのコードがロードされているメモリ空間を別空間とすることで実現する．仮想化をサポートするプロセッサでは，特権モードで動くプロセスが使用する「真の」MMUと，ゲストのプログラムが利用する「仮想的な」MMU（ゲストMMUという）が用意されている．ゲストMMUはゲストのプログラムが動作する仮想空間のアドレスをハイパーバイザ用の仮想アドレス（ゲスト物理アドレス）に変換し，その仮想アドレスは真のMMUによって，最終的な物理アドレスに変換される（図18）．なお，仮想化対応のMMUでは，Guest IDというものを定義してあり，TLBの無効化時に他のゲストOSが使っているTLBエントリは無効化しないような工夫がなされている．

● ハードウェアによる絶対的なセキュリティを担保するOmniShield

　上述した，MIPSの仮想化は，保護例外と2段階のアドレス変換で，ゲストプログラム間がお互いに干渉しないように隔離するものであった．一応，「ハードウェア支援」を謳っているが，厳密にいえば，ソフトウェア（実行レベルとプロテクション機能）の実行でお互いの隔離を実現している．これをハードウェアの接続で物理的に隔離するというアイデアがOmniShieldなのである．

　カーネルにしろゲストにしろ，プログラムの実行はメモリへのアクセスを介して行われる．メモリはメモリコントローラに接続され，そのメモリコントローラ自身がアクセス対象になっていることを示す信号（イネーブル信号とか選択信号とか）をもっている．このイネーブル信号をある条件下でハードウェア的にマスクする仕組みがOmniShieldだと推測される．

　MIPSの資料では概念的で，具体的にどういう仕組みで隔離を行うのかは分からないのだが，Anand Techの記事(20)によると，2015年当時，MIPSが提供するIPにはOmniShieldを実現する機構は備わっており，最大8個の物理的に隔離した領域を作り出せると解説されていた．つまり，図19のように，メモリ，インターコネクト，ハードウェア（CPUやGPU），ハイパーバイザ，ゲストOSを含んだハードウェア的な囲いが（最大8領域）実現できると考えればいい．それぞれの囲い（パーティション）はお互いにハードウェア的に隔離されている．

　MIPSの想定するシステム構成では，セキュアOSとその他のゲストOSがハイパーバイザ上に存在することを仮定している．セキュアOSもOmniShieldで分離されるので，ゲストOS用に使えるシールドは最大7個である．ただし，この隔離された領域間の通信方法は不明だった．OmniShieldはセキュリティ関連なのでNDA案件である．このため，詳細は伏せられているのだと想像できる．NDAゆえ，OmniShieldが

419

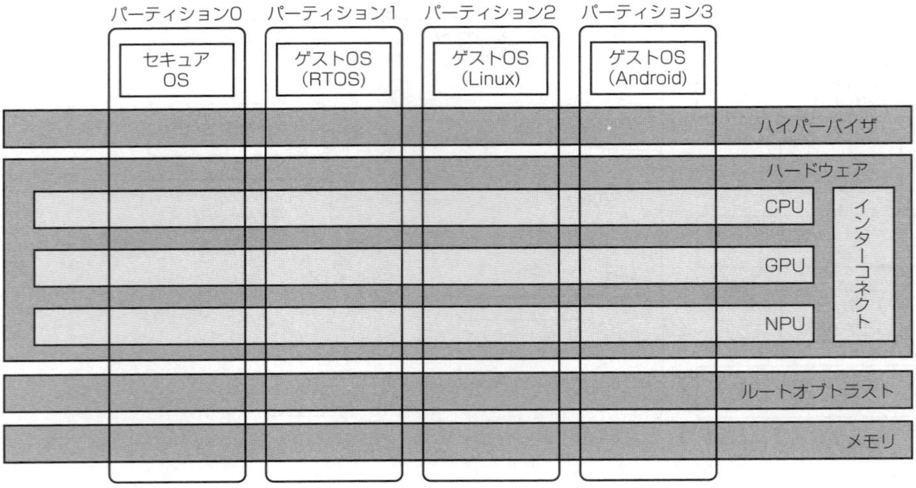

図19[20]　OmniShield によるパーティショニング

実際に採用されたのかどうかは分からない.

● SiFive 社製セキュリティソリューション SiFive Shield

　SiFive 社は RISC-V アーキテクチャの SoC を数多く製造している. もともと, RISC-V 発祥の UC バークレー校の関係者がスピンアウトして設立した企業なので, RISC-V メーカの急先鋒といっても過言ではない. その SiFive のセキュリティソリューションが SiFive Shield である.

　SiFive Shield は RISC-V 命令アーキテクチャを壊すことなく Arm TrustZone アーキテクチャをエミュレートし, TrustZone で実現するセキュアワールドとノーマルワールドの概念を構築する.

　SiFive Shield の実体は, Worldguard という仕組みらしい. しかし, SiFive Shield の説明では, Worldguard しか登場せず, SiFive Shield と Worldguard の関係はよく分からない.

　Worldguard には, コア ID（CID）ドライブモードとプロセス ID（PID）ドライブモードの 2 種類がある. 名称のとおり, CID モードはコア間でメモリ空間を分離し, PID モードは各 CPU のプロセスごとにメモリ空間を分離する. そのために, ワールド ID（WID）というものを使用する. ここまではいいのだが, この先の仕組みは不明な点が多い.

　WID はマシンモード（特権モード）で動作しているコアあるいはプロセスが生成するらしい. この WID と CID や PID を比較することでメモリ保護を実現するのではないかと推測する. 図20 に SiFive が例示している SoC のモデルの図を示す. 図20 には WG（Worldguard）マーカ, WG フィルタ, WG PMP が存在する. ここで, WG マーカはバスマスタに付随し, WG フィルタや WG PMP はバス・スレーブに付随するのが分かる.

　WG マーカは, おそらく, CID や PID を生成する. WG マーカーに WID が入力されているのは, 許可されていないアクセス要求をマスクするためであろう. L1 キャッシュや LLC（Last Level Cache）には WID チェッカが内蔵される. これは, キャッシュ内でメモリ空間を分離するための機構だと推測される. WG フィルタは周辺ユニット用, WG PMP はメモリ用である. どちらも許可されてないアクセスをその先の周辺ユニットやメモリに見せない機能があると思われる.

　このように, 謎が多い SiFive Shield と Worldguard だが, いつの日か詳細が明らかになることを期待したい.

◆参考文献◆

(1) IoT 時代のセキュリティを守る ARM の「TrustZone」とは何か
https://the01.jp/p0002745/
(2) Security on ARM TrustZone
https://www.arm.com/products/security-on-arm/trustzone
(3) アプリケーションプロセッサ向けの TrustZone テクノロジー（Cortex-A）TrustZone（セキュリティ拡張機能）
https://www.aps-web.jp/academy/ca/15/
(4) ARM Architecture Reference Manual ARMv7-A and ARMv7-R edition, ARM DDI 0406C.c（ID051414）.
(5) ARM CoreLink TZC-400 TrustZone Address Space Controller Technical Reference Manual Revision: r0p1, ARM 100325_0001_02_en.
http://infocenter.arm.com/help/topic/com.arm.doc.100325_0001_02_en/arm_corelink_tzc400_trustzone_address_space_controller_trm_100325_0001_02_en.pdf

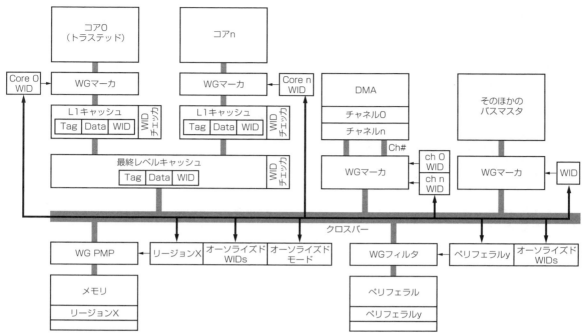

図20 SiFive Worldguardを説明するSoCの模式図

(6) Can non-secure cache maintenance operations evict secure lines from the data cache?
http://infocenter.arm.com/help/index.jsp?topic＝/com.arm.doc.faqs/ka16369.html
(7) Cortex-A9 Technical Reference Manual Revision: r4p1, ARM DDI 0388I (ID091612).
(8) 注目のセキュリティ技術「TrustZone」「TEE」についてARMが解説.
http://news.mynavi.jp/articles/2013/12/09/arm_tee/
(9) 電力管理システムを悪用してARM系CPUのTrustZoneをハックする手法が報告される.
http://www.excite.co.jp/News/it_g/20170927/Slashdot_17_09_27_0611200.html
(10) Team attacks ARM TrustZone via power management software
http://www.eenewspower.com/news/team-attacks-arm-trustzone-power-management-software
(11) Joseph Yiu：ARMv8-M Architecture Technical Overview, 10 Nov 2015.
https://community.arm.com/cfs-file/__key/communityserver-blogs-components-weblogfiles/00-00-00-21-42/8461.Whitepaper_2D00_-ARMv8_2D00_M-Architecture-Technical-Overview.pdf
(12) EETimesのウェブ・サイトのArmv8-M命令に関する記事.
(13) Ryan Smith;ARM Announces ARMv8-M Instruction Set For Microcontrollers ? TrustZone Comes to Cortex-M, 10 Nov 2015.
http://www.anandtech.com/show/9775/arm-announces-armv8m-instruction-set
(14) 【後藤弘茂のWeekly海外ニュース】ARMの新セキュリティアーキテクチャ「ARMv8-M TrustZone」- PC Watch (impress.co.jp)
https://pc.watch.impress.co.jp/docs/column/kaigai/1029104.html
(15) 車載セキュリティ, サニー技研.
https://sunnygiken.jp/innovation/automotive-security/
(16) 中森 章, CAN通信の基礎知識, Interface 2021年12月号, pp.42-45, CQ出版社.
(17) MIPS Technologies,"Hardware-assisted Virtualization with the MIPS Virtualization Module", MD00994 Revision 01.00, December 3, 2012.
(18) MIPS by Imagination,"KVM on MIPS", KVM Forum, 14th October 2014.
(19) MIPS,"MIPS64 Architecture for Programmers Volume IV-i: Virtualization Module of the MIPS64 Architecture", MD00847 Revision 1.06, December 10, 2013.
(20) Imagination Announces OmniShield: Hardware Security Zones For MIPS + PowerVR Ecosystem
http://www.anandtech.com/show/9273/imagination-announces-omnishield
(21) SiFive Shield: An Open, Scalable Platform Architecture for Security.
https://www.sifive.com/blog/sifive-shield-an-open-scalable-platform-architecture
(22) The SiFive Open Secure Platform Architecture.
https://riscv.org/wp-content/uploads/2019/12/12.10-14.20-SiFive-Shield-RISC-V-Summit-FINAL3.pdf

研究段階から実用化へ，そして残っているのは…

Epilogue

マイクロプロセッサ変遷史 /2000年代～現代

2000年代は淘汰の時代である．「ザ・RISC」と目されていたMIPSが姿を消し，CISCとRISCを折半したようなアーキテクチャのx86とArmが生き延びている．そのような状況で突如登場したのがRISC-Vだ．2000年代以降は，x86，Arm，RISC-Vの動向を押さえておけば十分と言える．さらに本章では，これまでの解説で漏れていたもう1つの「ザ・RISC」であるSPARCについても少しだけ言及する．

2000年代のCPU事例1：インテルx86

● インテル＝Coreだった2000年代

2000年代のインテルのCPUはCoreアーキテクチャ（正確にはマイクロアーキテクチャ）一色である．Coreアーキテクチャは2023年時点でで13世代目であり，第14世代を開発していた．Coreアーキテクチャの発表年とコードネームを表1に示す．

ここでは，それぞれのアーキテクチャの個別の解説はしない．特徴のあるものをかいつまんで説明する．

表1 Coreアーキテクチャの発表年とコードネーム

世 代	コードネーム	発表年
第1世代	Nehalem	2008
第2世代	Sandy Bridge	2011
第3世代	Ivy Bridge	2012
第4世代	Haswell	2013
新第4世代	Haswell Refresh	2014
第5世代	Broadwell	2015
第6世代	Skylake	2015
第7世代	Kaby Lake	2017
第8世代	Coffee Lake	2017
第9世代	Coffee Lake Refresh	2018
第10世代	Comet Lake	2020
第11世代	Rocket Lake	2021
第12世代	Alder Lake	2021
第13世代	Raptor Lake	2023
第14世代	Meteor Lake	2023

▶第1世代 Nehalem

第1世代のNehalemはNetburstアーキテクチャの反省から誕生した．シングルコアで動作周波数を上げるというアプローチは消費電力の増大から破綻し，Netburstの前のP6アーキテクチャに近い構造になった．ここからがインテルの新しいステージの始まりである．

2010年には，Nehalemのデュアルコア版のClarkdale/Arrandaleが発表された．インテルの公式な歴史では，Clarkdale/Arrandaleが第1世代のCoreプロセッサということになっている．

▶第4世代 Skylake

次の大きな進歩は第4世代のSkylakeである．新しいAVX2（Advanced Vector Extensions 2）という新しいSIMD（Single Instruction, Multiple Data）命令セット拡張を導入し，ベクトル演算のパフォーマンスを向上させたのが特徴だ．性能と消費電力のバランスが優れたアーキテクチャでもあった．

インテルのデスクトップ向け10nmプロセスルールの開発が難航し，新世代への移行が進まなかった中で，その後継のKaby Lake, Coffee Lake, Comet Lakeなどに採用され続け，なんと6年にもわたってSkylakeマイクロアーキテクチャが使われ続けられた．同じアーキテクチャということはGHzあたりの性能も同じということである．しかし，前世代とまったく同じ性能では世間が相手をしてくれない．Kaby Lake以降では，Skylakeの14nm製造プロセスからの小変更を行った製造プロセスが用いられており，動作周波数は向上している．具体的には次の通りである．

- Kaby Lakeは14nmプロセスを使用し，最大動作クロックは約4.2GHzから4.5GHzまでのモデルがある
- Coffee Lakeは14nm++プロセスを採用し，最大動作クロックは4.0GHzから4.7GHz以上までさまざまである
- Comet Lakeは14nm+++プロセスを使用し，最大動作クロックは4.1GHzから5.3GHz以上までのモデルがある

422

Epilogue マイクロプロセッサ変遷史/2000年代～現代

また，コア数やスレッド数を増加させることでも性能向上を図っている．例えば，Kaby Lakeはデュアルコアおよびクアッドコアモデルが一般的だったが，Coffee LakeおよびComet Lakeは6コア，8コア，さらには10コア以上のモデルも存在する．

▶第12世代 Alder Lake

次に特徴的なのは第12世代のAlder Lakeである．高性能コア（Pコア；Performance Core）と高効率コア（Eコア；Efficient Core）を利用したハイブリッドアーキテクチャ（ヘテロジニアスマルチコア）構成を初めて採用した．シングルコア性能のさらなる向上，および前世代で低下したマルチコア性能の挽回を図っている．これはArmのbig.LITTLE構成と同じである．高性能コアの性能を高めようとすると消費電力が問題となるので，負荷の小さい処理は高効率コアに任せて，本当に性能が必要な場合に高性能コアを使うという方針である．また，インテルの「Intel 7」という10nmの製造プロセスが使われたことでも有名になった．

Pコアは Golden Cove，EコアはAtom系のGracemontというコードネームを持つCPUである．PコアとEコアの個数はモデルによって異なる．Pコアの数は1～8個，Eコアの数は0から8個となっている．

● 製品としての棲み分け

インテルのCoreアーキテクチャは，アーキテクチャ自体の開発コードネームの他にCPUのコードネーム，そしてプロセッサの正式名称があるので素人には区別が難しい．製品として見えてくるのは，Core i9，Core i7，Core i5，Core i3という製品名（ブランド名）だけである．第14世代からはCore iのiが消えて単にCoreという名称になった．それぞれの棲み分けは次のようになっている．

▶ Core i9
- 最高性能のハイエンドモデル．
- 通常，コア数（コア数が多いバージョンもあり）が多く，それに対応してスレッド数も多く持っており，マルチスレッド処理に優れている．
- 動作周波数が高く，オーバークロックにも適している．
- グラフィック性能が向上しており，一部のモデルには統合グラフィックスも含まれている．
- 最新テクノロジと機能をサポートしている．

▶ Core i7
- 高性能なモデルで，多くの場合，Core i9と類似の性能を持っている．
- 動作周波数，コア数，スレッド数が大きめで，マルチスレッド性能が高い．
- グラフィック性能が向上しており，一部のモデルに

は統合グラフィックスも含まれている．
- プロフェッショナルなタスクやゲーム向け．

▶ Core i5
- ミッドレンジのモデルで，バランスの取れた性能を提供する．
- 動作周波数は高めで，多くのモデルで4つ以上のコアを持っている．
- マルチスレッド性能はそれなりに高いが，Core i7やi9ほどではない．
- ゲームや一般的なタスクに適している．

▶ Core i3
- エントリレベルのモデルで，基本的なタスク向け．
- 動作周波数は中程度で，通常，2つのコアと4つのスレッドを持っている．
- マルチスレッド性能は制限されている．
- 安価な価格帯で提供されている．

第1世代（Nehalem）のCore i7とか第13世代（Raptor Lake）のCore i7など，ほとんどのCoreアーキテクチャにCore i9，Core i7，Core i5，Core i3の実装を持っている．ただし，Coreアーキテクチャの登場時期によってはすべての実装を持っているとは限らない．

Core i3，Core i5，Core i7は第1世代のNehalemから存在している．Core i9は第9世代のCoffee Lakeから存在している．途中から登場しただけあって，Core i9は，その時点のCoreプロセッサの最高地点を示すものになっている．

2000年代のCPU事例2：AMDのx86

● K8アーキテクチャ

AMD（Advanced Micro Devices）にとって，2000年代はK8アーキテクチャ（またはHammerアーキテクチャ）とともに発展した．これは，同社が2003年に導入したCPUのマイクロアーキテクチャである．これは，Athlon 64やOpteronプロセッサに使用され，多くの点で同社のプロセッサに革新的な進歩をもたらした．

K8アーキテクチャの主な特徴は次の通りである．

- x86の64ビットアーキテクチャのAMD64を採用
- メモリコントローラを内蔵
- HyperTransportテクノロジの採用
- 低消費電力のためのCool'n'Quiet（CnQ）テクノロジの採用

K8アーキテクチャを採用したプロセッサとしては表2のものがある．

K8アーキテクチャの構想が発表されたのは，1999年のMicro Processor Forum（MPF）である．2002年には性能の説明があった．この発表はライバルのイン

423

表2　K8アーキテクチャを採用したプロセッサ

名　　称	発表年	解　　説
Athlon 64	2004	K7の64ビット版
Athlon 64 FX	2003	Opteronのダウンサイジング
Athlon 64 X2/ Athlon x2	2005	Athlon 64のデュアルコア版
Opteron	2003	メモリ周りを強化したサーバ向け

表3　K10アーキテクチャを採用したプロセッサ

名　　称	発表年	解　　説
Phenom	2007	最初のK10アーキテクチャの実装
Phenom II	2009	Phenomのシュリンク版

テルに対して大きな影響を与えた．インテルは2002年にNorthwoodコアのPentium 4を小改良してHyper Threading Technology対応とした．2003年にはFSBを533MHzから800MHzに引き上げた．さらに，Pentium 4の次世代製品であるPrescottの開発を加速した．こうして，AMDのK8の登場に備えたのである．

しかし，K8ベースの製品の開発が順調に遅れたことにより，急ごしらえのインテルの対抗策にほころびが出てしまった．結果としてインテルはその後の製品展開が面倒なことになり，おまけにPrescottの発熱問題でさらに足をすくわれた結果として，数年間デスクトップ向け製品の迷走が始まったとされている．もしインテルが，K8の登場を意に介さず，Coreアーキテクチャの投入を進めていたら，AMDのK8は成功しなかったかもしれない．

● K10アーキテクチャ

K8の成功を受けて，AMDは2007年にK10アーキテクチャを導入する．K10アーキテクチャの主な特徴は次の通りである．

- 4コアプロセッサ（3コアの製品もあり）
- HyperTransport 3.0テクノロジの導入
- PowerNow!の採用

K10アーキテクチャを採用したプロセッサには**表3**のようなものがある．

K10も，K8の立ち上げ時と同様に黒歴史がある．K10はコア数の増加やL3キャッシュの採用でK8世代

のAthlon 64 X2から大きく性能を伸ばしたが，インテルのCore 2 Quadと比較すると，同一動作周波数で見た場合わずかに性能が及ばなかった．問題は消費電力である．デュアルコアのAthlon 64 X2より当然増えたが，その増え方が尋常ではなかったのである．2.6GHz駆動で登場予定だったPhenom 9900は平均消費電力でTDPの140Wを使い切るほどのものだったという．結果，実製品では動作周波数を下げることを余儀なくされ，2007年のサーバ向けのクアッドコアOpteronの動作周波数は1.8GHz〜2GHz，デスクトップ向けのPhenom 9500，Phenom 9600は，それぞれ2.2GHz，2.3GHzだった．Core 2と同一動作周波数ならば同性能という周囲の評判に対して，同一動作周波数にまで持って行くことができなかったのである．

こういった状況は，45nm SOIプロセスで低消費電力を実現したPhenom IIで改善され，再び競争力を高めることに成功した．Phenom IIでは最高3.7GHz動作の製品が発売されている．

K10はある意味，それ以前のK8の延長にあるコアだった．その次世代製品であるBulldozerでは処理できるスレッドの数を多くすることを目指していた．こころ辺からシングルスレッド性能のインテル，マルチスレッド性能のAMDという風評のルーツがあるように思われる．

● Bulldozerアーキテクチャ

Bulldozerアーキテクチャは，2011年に導入された．これはAMDのフュージョン製品ファミリにおいて，主にデスクトップおよびサーバ向けプロセッサに使用された．

表4　Bulldozerアーキテクチャの主要な特徴

特　徴	解　説
モジュール化アーキテクチャ	Bulldozerアーキテクチャは，モジュールと呼ばれる2つのコアを組み合わせたユニットを基本的なビルディングブロックとして使用する．各モジュールには，2つのコア，共有L2キャッシュ，および共有コア間通信インターフェースが含まれる．これにより，コアの数を増やすのに比較的効率的な方法を提供した
クラスタードマルチスレッディング（CMT）	インテルのハイパースレッディングとデュアルコアの中間のような技術．2つのCPUコアを密接に結合させたプロセッサモジュールで，マルチスレッディングを実現する手法を採用した
AMD Turbo Coreテクノロジ	Bulldozerプロセッサは，負荷が軽い場合にはクロック速度を自動的に上げるAMD Turbo Coreテクノロジをサポートした．これにより，シングルスレッドアプリケーションの性能を向上させた
AVX拡張	Bulldozerアーキテクチャは，高度なベクトル演算をサポートするAdvanced Vector Extensions（AVX）命令セットを導入した．これは，浮動小数点演算とベクトル演算の性能向上に役立った
Dynamic Speed Boost	Bulldozerプロセッサは，アクティブなコアにパワーとリソースをダイナミックに割り当てるDynamic Speed Boost技術を使用した．これにより，アクティブなコアに最適なリソースが提供され，パフォーマンスが最適化された

フュージョン製品ファミリとは，主に統合型のプロセッサとグラフィックスを提供するプロセッサ製品ファミリを指す．これらの製品ファミリは，CPU（中央処理装置）とGPU（グラフィックス処理装置）を1つのチップに統合し，全体のパフォーマンスを向上させることを目的としている．

表4はBulldozerアーキテクチャの主要な特徴である．実際にBulldozerアーキテクチャを採用したプロセッサは**表5**の通りである．

AMD FXは4モジュール構成（8コア相当）だが，インテルの4コア/4スレッドのCore i5に性能で及ばないという結果が出てしまった．動作周波数は，定格3.6GHz，Turboで4.2GHzと4GHz超えを果たしていたが，それでも性能はいまひとつという具合だったそうである．

2003年には内部構造を若干見直して，性能向上を図ったPiledriverアーキテクチャのコアを投入したが，同世代のインテルのHaswellに性能は遠く及ばなかった．その後も，2014年にSteamroller，2015年にExcavatorというアーキテクチャを発表したが，AMDの存在感は徐々に薄れていった気がする．一説によれば2011年からAMDの暗黒時代が始まったとの見方もある．つまり，インテルの寡占状態の復活である．

● ZENアーキテクチャ

そんな状況を打破したのが，2017年に登場したZENアーキテクチャだ．ZENアーキテクチャは，AMDのRyzenおよびEPYCシリーズなどのプロセッサで使用され，競合のインテル製品を圧倒した．ZENアーキテクチャの主な特徴は**表6**の通りである．

ZENアーキテクチャを実装するRyzenデスクトッププロセッサは，最大8コア16スレッドで動作するハイエンドCPUで，動作クロックは3.4GHz以上，合計20Mバイトものキャッシュを備え，AM4プラットフォームをサポートする．従来のExcavatorアーキテクチャのプロセッサと比較して40%のIPC向上を達成した．大幅に性能を高めたことにより，ユーザから高い評価を得ることができ，AMDの信頼回復に役立った．

表5 Bulldozerアーキテクチャを採用したプロセッサ

名　称	発表年	解　説
AMD FX	2011	デスクトップ向け
Opteron 6200/4200	2011	サーバ向け

2017年には，業界初の16コアハイエンドデスクトッププロセッサであるRyzen Threadripperを投入した．これはハイエンドデスクトップ市場で高く評価された．

2018年にはZEN+アーキテクチャを採用した第2世代Ryzenシリーズが発表され，動作周波数が大きく向上した．

2019年にはZEN2アーキテクチャを採用した第3世代Ryzenシリーズが発表された．世界初で，インテルよりも先に7nmの製造プロセスを採用している．ZEN+からの最大の変更点は，CPUとI/Oの2種類のChipletを組み合わせる設計になったことである．CPU Chiplet「CCD（CPU Complex Die）」は最大8コア16スレッドのプロセッサを搭載する．

このとき，新たなブランドとしてRyzen 9シリーズが新設され，メインストリーム向けCPUでは初めてとなる12コア24スレッドを搭載するRyzen 9 3900Xが2019年7月に，2019年6月には上位モデルとなる16コア32スレッドのRyzen 9 3950Xが発表された．

ZEN2アーキテクチャに続くZEN3アーキテクチャを採用するVermeerは，Ryzen 5000 Series Desktop Processorsとして，2020年10月に発表された．モデル名は4000番台がスキップされ5000番台となり，世代と数字にズレが生じたため「第4世代Ryzen」とは呼ばれず，もっぱら「Ryzen 5000シリーズ」と呼ばれている．

Ryzen 5000シリーズは，第3世代と同じ7nm製造プロセスを採用しながら，内部構造の改良によって，同一動作周波数で19%のIPCの向上を実現している．特に，第1世代から続くL3キャッシュ周りの構造が一新されており，大きな改良点とされている．

最新より一世代前のZEN4アーキテクチャは，2022年8月にRyzen 7000 Series Desktop Processorsとして発表された．

表6 ZENアーキテクチャの主な特徴

名　称	特　徴
SMT (Simultaneous Multi-Threading)	1つの物理コアで複数のスレッドを同時に実行できる．これにより，マルチスレッドアプリケーションでの性能が向上し，効率的なマルチタスク処理が可能になった
モジュール化アーキテクチャ	2つのコアを1つのモジュールに統合する．各モジュールは独自のL2キャッシュを共有し，複数のモジュールが1つのチップに配置される
AMD Infinity Fabric	コア，キャッシュ，メモリコントローラ，I/Oコントローラなどの要素を結ぶ高速通信インターコネクト．これにより，異なる部分間のデータ転送が高速化された

Ryzen 7000シリーズでは，チップレット構造を踏襲し，TSMCの5nm製造プロセスを採用している．CCD（CPU Complex Die）はL2キャッシュ増加などの内部構造の改良により同一動作周波数で13%のIPCの向上を実現している．TDPの向上と引き換えにクロック周波数も最大5.7GHzと大幅に向上し，IPCの向上と合わせ全体としては29%の性能向上を果たした．

このようにインテルのCoreシリーズとAMDのRyzenシリーズは性能的には肉薄しているので，どちらを選ぶかは悩ましい問題である．一般的に言われているのは，シングルコア性能と有力ソフトウェアのパフォーマンス最適化に優れるのがインテルで，マルチコア性能と低消費電力に優れるのがRyzenということになっている．後はユーザが使用する目的に応じて選択するしかない．

なお，インテルのCore i9に相当するのがRyzen 9，Core i7に相当するのがRyzen 7，Core i3に相当するのがRyzen 3となっており，ユーザとしてはCoreとRyzenの比較がしやすくなっている．

2000年代のCPU事例3： MIPSのその後

● 消滅の前の一瞬の閃きか？

MIPS社 は2007年5月 のMicroprocessor Forum 2007でMIPS32 74Kを発表した．これは，論理合成可能な32ビットCPUコアとして初めて1GHzの壁を超えたというのが売りだった．これは，TSMCの65nmプロセスを想定した場合の動作周波数である．最低でも1.04GHz動作で，命令／データ各32KバイトのL1キャッシュを搭載する場合の面積は2.5mm^{2}という触れ込みだった．Out-of-Orderのスーパスカラ構成の17段パイプラインを採用し，性能は1.8DMIPS/MHzだった．

74Kの元になった24Kは8段のシングルパイプライン構成で，TSMCの130nmプロセスでは400MHzの動作周波数だった（公称では最大動作周波数は625MHz）．性能は1.44DMIPS/MHzである．これを一気に（90nmプロセスをスキップして）1GHzまで引き上げてArmのCortex-A8との差別化を行う戦略に出たのだった．

MIPSには24KをSMT（Simulateous Multi-Thread）化した34Kがあるが，74Kは34Kではなく24Kを元にしている．MIPS社は74KをSMT対応にする計画はあるというものの，当時は組み込みソフトウェアがマルチスレッドを前提としておらず，それに対応するには，まだ時間がかかると見ているからだという理由だった．

MIPS社は，2007年の時点で民生機器ではArm社に対して優位性を保っていた．アプリケーション変更の手間を考えると，Arm社がこれらの分野に参入するのは難しいと見ていたようだ．また，ベンチマークにおいても，74KはCortex-A8に対して，性能的，面積的に優位性を保っているとしていて優位性を強調していた．

しかし，公平な目で見れば，74KがCortex-A8に勝っているのは動作クロックと面積のみであり，MHz当りの性能（DMIPS）は劣っているのは明らかだった．Cortex-A9の出現によって，その優位性も揺らいでしまった．ただ，ソフトウェアの移行に難があるのは事実であり，現行システムがMIPSの場合は，MIPSからArmへの切り替えという事態は，当面の間は，ほとんど発生しないと思われていた．その逆も真なりで，現状Armが成功している分野へのMIPSでの切り込みは難しいと思われていた．

MIPS社はマルチスレッドに進む用意はあると言うものの，マルチコアには興味がないように思えた．しかし，MIPSのアーキテクチャライセンスを有するベンダはマルチコア製品を当たり前のように投入した（動作クロックは600～800MHz）．また，L2キャッシュの搭載も当然のようになっていた．事実，組み込み制御分野のマルチコア化は急速に進みつつあり，これらマルチコア製品とMIPS純正の24Kや34Kを比べると本家製品の方が見劣りする感があるのも事実だった．MIPS社がアーキテクチャ提唱者としての存在感を誇示するために1GHzの74K開発は必然だったのかもしれない．MIPSがマルチコア化にいつ進むかが注目されていた．R18000の夢を再びという感じだろうか．

2007年8月，MIPS社は，アナログIPコアを提供するポルトガルChipidea Microelectronica社を買収した．これにより，MIPS社は，無線用PHYやMAC，USBなどのアナログIPも供給できる強みが生まれた．アナログIPコアとMIPS32コアの組み合わせにより，より一般的なSoCを短期間で開発できるようになった．また，MIPS社はこれを契機に32ビットマイコン市場に本格参入すると表明し，Cortex-M3に対抗して，組み込み向けM4Kコアに改良を加えた．具体的にはレジスタバンクの増加，動作周波数の動的変更機能，回路規模の少ないオンチップデバッグ機能の追加である．

● MIPSは流浪の民に

MIPS社 が開発していたのは，基本的には，MIPS32と呼ばれる32ビットチップである．64ビットのMIPS64アーキテクチャのチップも存在していたが（5Kなど），64ビット版のMIPSチップはCavium，SiByte，Alchemy，NECエレクトロニクスなどのアーキテクチャライセンスをもつベンダが開発を行ってい

たのが実情である．MIPS社の，いわゆる「宝石シリーズ」の製品は，2010年に発表されたマルチスレッドでマルチコアのMIPS32 1074Kで打ち止めになった．まるでマルチコア化が開発の最終目的のような感がある．

2012年に，MIPSテクノロジは，アーキテクチャを一新し，Aptivシリーズを発表した．microAptivがマイコン向け，interAptivが産業向け，proAptivが高性能サーバ向けである．頭文字が「m」，「i」，「p」とMIPSという単語の一部なのは，明らかにArmのCortexシリーズの「A」，「R」，「M」の真似と思われる．これは基本的には，製品ラインナップの整理で，34KをinterAptiv，M14KをmicroAptivと改名しただけの感も無きにしも非ずである．ただし，1074KをベースにしたproAptivに関しては，日の目を見ずに終わったと記憶している．

MIPS社がAptivアーキテクチャを発表してから約半年後（2012年12月），同社はイマジネーションへの身売りを発表した．イマジネーションのPowerVRは，アップル，サムスン，インテルなどが使う組み込みGPUとしてはトップシェアで，これにCPUを加えたセット商売でArmに対抗するという意図が透けて見える．

新生のイメージを強調するためか，2013年にイマジネーションは，Aptivシリーズを放棄し，新たに「Warrior」シリーズを発表した．Aptivシリーズは，どちらかというと32ビットコアの印象が強かったのだが，Warriorシリーズでは64ビットコアにも重点を置いていた．そのラインナップには「M」，「I」，「P」の3種のクラスがあり，それぞれ，Aptiveの「m」，「i」，「p」の後継を意味していた．意味付けもAptivシリーズと同様である．MクラスのコアはマイクロチップのPIC32に，Iクラスのコアは（後にインテルに買収される）モービルアイの自動運転チップに採用された．もっとも，Warriorシリーズの最初の製品はPクラスのP5600だったのだが，サーバ用途では需要がなかったのか，その実績は不明のままである．

2017年，イマジネーションは，最大の顧客であるアップルからGPUの取引の終了を宣言された．アップルが自社のスマートフォン向けのGPUコアを独自開発品に切り替えることを決定したためである．これを契機にイマジネーションの売り上げは減少して行き，同年の9月には，中国資本のアメリカ企業であるCanyon Bridgeに，MIPS事業を除くすべての事業を売却すると発表した．Canyon Bridgeは，MIPS事業を含めたイマジネーションのすべてを一括して買収したかったのだが，米国の対中国政策を懸念して，米国を本拠とするMIPS事業についてはあきらめた模様だった．

残ったMIPSは，米国資本のTallwoodに売却された．Tallwoodに売却されたのも束の間，MIPSは2018年にAIのスタートアップ企業であるウェーブコンピューティングに買収された．

ウェーブコンピューティングのMIPS社買収の背景は，同社のAIチップ（DPU）のCPUコアとしてMIPSの64ビットマルチスレッドコアを採用するためと思われた．ただし，ウェーブコンピューティングがMIPSを独占する訳ではなく，MIPSのIPライセンス事業は継続されるとしていた．

しかし，そのウェーブコンピューティングは2020年に経営破綻した．同社のDPUはデータフロー方式を採用した画期的なAIチップだったが，データフロー方式が商売にならなかった前例を1つ増やしただけに終わった格好である．

ウェーブコンピューティングの手を離れたMIPSの動向は中国企業に買収されると噂された．ウェーブコンピューティングの破産手続きの結果として，MIPSライセンス権はPrestige Century Investmentと呼ばれる新興企業に譲渡されたという話である．このPrestigeは中国企業であるCIP Unitedの100%子会社だった．これによって中国企業がMIPSコアに自由にアクセスできる権利が発生したと考えられる．

● RISC-Vに方向転換したMIPS

米国の対中国政策の一環で，米国製のCPUコアを自由に利用できない中国企業としてはオープンソースのRISC-Vが注目を集めている．MIPSアーキテクチャはRISC-Vと酷似していることもあり，加えてMIPSの設計資産はRISC-Vが足元に及ばないほど豊富なこともあり，MIPSアーキテクチャがArm対抗として復権する日も近いのではないかと思う向きもあった．MIPSは中国資本になってしまったとの憶測にもかかわらず，MIPS社自体は独立状態のまま残っていた．そして，その後の動向が気になるところだった．

と，思っていた矢先の2020年11月，MIPS陣営がMIPSチップでRISC-Vのサポートを表明した．その発表の中で気になることがある．それは，RISC-Vの命令セットや実装がMIPSの特許に抵触しているとの匂わせである．もしかしたら，特許を盾にして，MIPSがRISC-Vを飲み込むという事態が発生するかもしれなかったのだが，MIPS社がRISC-Vに染まってしまった現状では，それは杞憂に終わっている．

MIPS社は2022年5月，高性能プロセッシングをターゲットとするRISC-Vベースの新製品を発表した．マルチプロセッサIPコアeVocore P8700とeVocore I8500を提供するという．その詳細は，イスラエルで2022年5月10日（現地時間）に開催されたChipEx 2022において発表された．同時に，MIPSの

フラグシッププロセッサであるeVocore P8700は既に，自動車分野のデザインウィンを獲得しているとのMIPS社からのリークもあった．eVocore P8700は，2022年第4四半期に提供開始予定とされていたが，実際に発売されたかどうかは発表がないので不明である．ただし，2022年11月に東京で開催されたRISC-V Daysにおいて，eVocoreファミリの詳細が発表された．MIPSはまだ死んでいなかったのだ（RISC-Vに姿を変えたが…）．

2000年代のCPU事例4：もう1つの典型的RISC SPARC

● バークレーRISCの直系のSPARC

SPARCとはScalable Processor ARChitecture（拡張性のあるアーキテクチャ）を意味する．それ自体は命令セット，アドレッシング，MMUのソフトウェアのみの規格であり，実装は半導体メーカに任されている．このこと自体は後年にUBバークレー校が発表するRISC-Vでのスタンスによく似ている．バークレーRISCの特徴なのだろうか．

現在のSPARCは，バークレーRISCの研究成果を基に1992年にSun Microsystemsが自社のEWSであるSUN4用のMPUのアーキテクチャとして提唱し開発したものである．その仕様はオープンアーキテクチャとしてSPARCインタナショナル社によって管理されている．そのメンバには，Sunの他に，富士通，TI（Texas Instruments），LSI Logic，Rossなどが所属し，各社独自にSPARCチップの開発を行っていた．

SPARCにはいくつかのバージョンがあり，バージョンは9まで続いた．バージョン9は64ビットアーキテクチャだが，（それより少し前の）典型的なSPARCチップは32ビットアーキテクチャのバージョン7または8に基づいている．

2001年ごろから，SUN OS（Solaris）の64ビット化が急速に進行中で，そのMPUもバージョン9を実装するUltraSPARC IIIの750MHz品を搭載したマシンがSUNの稼ぎ頭になってきていた（なお，UltraSPARCシリーズの製造はTIが担当している）．またサーバやEWS分野だけでなく，組み込み向け分野では，低消費電力版SPARCとしてSPARCLite（富士通）などもシェアを持っていた．

SunはIA-64のItaniumをライバルと考えている節があった．しかしIA-64同様，実際の製品出荷は発表したロードマップからは遅れぎみであった．Sunでは，別々の開発チームが並行してUltraSPARC IVとUltraSPARC Vの開発に従事していた．UltraSPARC Vの動作周波数は1.5GHzを匂わせていたが，1GHz動作のUltraSPARC IVも出荷されてない状況では，まだ海のものとも山のものともわからない製品だった．

なお，2003年のMicroprocessor ForumでSunは，UltraSPARC IVは2004年6月までに1.2GHzで登場すると発表していた．UltraSPARC IVは，UltraSPARC IIIを2個内蔵するチップで，UltraSPARC IIIと端子互換になるとしている．

なお，富士通はSunとは別個に，自社のサーバに搭載するためにSPARC V9を実装するSPARC64シリーズを開発した．2003年に出荷したチップは1.35GHz動作のSPARC64 Vである．Vというのは第5世代のSPARCチップを示している．

富士通のロードマップによると，2004年後半には2CPUコアで2.4GHz動作のSPARC64 VI，2006年には4CPUコアで5GHz以上の動作のSPARC64 VIIを出す予定だった．これは，Sunのロードマップとほぼ一致している．ただ，技術的には，Sunよりも富士通の方がやや進んでいると思われていた．

2003年10月22日付の日経新聞に富士通とSunがハイエンドUNIXサーバの開発に関して協力し，将来的には事業統合も視野に入れているというニュースが一面に掲載された．両者とも否定のコメントを出しているが，富士通もSunも赤字続きであり，事業統合は当然の流れであると思われた．

2003年10月のMicroprocessor Forumでも，Sunと富士通はなぜ別々にSPARCチップを開発しているのかという質問があったそうである．それに対するSunの回答は，「IntelとAMDに合併しろというようなもの」だとはぐらかしたという．

● スループットコンピューティングに方針転換

2004年4月，SunはUltraSPARC Vの開発をキャンセルした．新たなアーキテクチャであるスループットコンピューティングを加速するためである．Sunは，2004年8月に8コア（32スレッド）構成のNiagaraを発表し，2005年の7月にはNiagaraが1.2GHzで実際に動作していることを公表した．そして，このNiagaraは2006年UltaraSPARC T1として登場した．IntelのXeonやIBMのPOWERの半分の消費電力である点が特徴だった．

Niagaraの後継としては2008年に出荷のRockがある．Rockは4個の処理エンジンを集積する4個のプロセッサから構成され，各処理エンジンは2スレッドを同時実行する製品だった．合計32スレッドの同時実行はNiagaraと同じである．またSunは，2006年4月にNiagaraの後継になる年Ultara SPARC T2（Niagara II）をテープアウトしたと発表した．これは64スレッドを同時実行するる．Niagaraは1CPUチップ構成だけだが，Niagara IIはマルチチップのサーバを構成できると言われていた．Niagara IIの出荷は2007年中旬という話だった．

Sunによると，Niagara IIはローエンド，RockはハイエンドのCPUという位置付けである．Rockはヘテロジニアスなマルチコアになるという話もあった．

そしてRockは，2008年のISSCCで発表された．16コアを1チップに集積するが，1コア当たりの実行可能スレッド数が2に減少したので，最大では32スレッド同時実行である．Niagaraに比べると性能低下のようだが，Rockは2.3GHz動作なので，CPUコア1個当たりの性能は1.6倍に性能向上している．しかし，Rockは諸事情から開発をキャンセルされてしまった．それよりも，SunはNiagaraをマルチコア化したVictoria Fall，Rainbow Fallというプロセッサシリーズの開発をしていくようである．

UltraSPARC Tシリーズに関しては，SunがSPARCアーキテクチャを改良したUltraSPARC Architectureを採用している．これには2005年版と2007年版がある．

2000年ごろは，ワークステーションやサーバ分野にも，x86やPOWERの進出が激しく，SPARCは取り残された感があるのは否めない．それを打開するため，UltraSPARC Architectureにもっと親しみ易くなれるように，2005年12月に，サンはUltraSPARC T1のRTLをオープンソース化した．2007年12月には，UltraSPARC T2のRTLも公開された．これらをOpenSPARCと呼ぶ．

2007年8月7日，SunはNiagara 2の開発コード名で呼ばれていたプロセッサUltraSPARC T2を正式発表した．プロセッサ内に最大8コアを内蔵し，コア間をクロスバスイッチで結合する．CoolThreads chip multithreading（CMT）と呼ばれるSMT技術を用いることで，コアごとに8つのスレッドを同時実行できるため，1つのプロセッサで合計64スレッドを同時実行できた．CMTは1スレッド当りの電力が2W以下の低消費電力であることを特徴とする．とはいえ，サーバに組んだ場合の消費電力は70～80Wということから，組み込み制御向けではない．

UltraSPARC T2の発表で特徴的なことは，最初からプロセッサの外販を念頭に置いている点だ．ライバル他社に製品の採用を積極的に訴えていくだけでなく，ネットワーク機器などの他のデバイスにも用途を広げていくことを検討しているという話だった．

NiagaraやNiagara 2はシングルチップの構成しか取れず，小規模なサーバへの適用に留まっていた．そこで，Sunは2007年8月のHot Chips19にて，マルチコア構成のVictoria Fallsを発表した．これは，大雑把にいうと，Niagara 2プロセッサ4個をSMP構成で使用可能にしたプロセッサである．新たに2領域の2次キャッシュのコヒーレンシを維持するCLC（coherence & link controller）という回路を4個集積

している．これにより，クロスバスイッチの帯域を使わずにキャッシュのコヒーレンシを維持できるようになる．サーバ機向けのベンチマークテストでは，2プロセッサ構成のシステムのスループットが，1プロセッサ構成のシステムに比べて1.8～1.9倍程度になったという話である．

Niagara 2の後継に当たるRockに関しては新しい情報はあまりない．Rockを搭載するサーバは2008年発売予定であり，競合各社のチップが最大で8コア搭載になることを受けて，16コアでの登場になるということが公表された程度である．

2007年12月11日に，SunはNiagara 2チップのオープンソース化を発表した．これはNiagaraのオープンソース化に続くものである．オープンソース化により，NiagaraやNiagara 2をサーバチップのデファクトスタンダードにしたい意向と思えるが，オープンソースのソフトウェアとは異なり，ハードウェアはLSI開発に膨大なコストがかかるので採用する大学や企業はあるのか心配である．手っ取り早くFPGAで実装して動作確認することも可能だが，本来はサーバやワークステーション向けのチップをFPGAに搭載する意義はよく分からない．

● 富士通セミコンダクターのSPARC

2008年，富士通の半導体部門が分離されて富士通マイクロエレクトロニクス株式会社が設立された．2010年には富士通セミコンダクターに名称を変更した．

富士通のプロセッサといえばSPARC64である．最初のSPARC64は1995年に開発された．富士通セミコンダクターの設立された2008年ごろにはSPARC64 VIIが開発されている．SPARC64は，基本は，UNIXサーバ向けのプロセッサであるが，SPARC64 VIIを境にしてUNIXサーバとスーパーコンピュータの路線に枝分かれする．有名なスーパーコンピュータ「京」のプロセッサはSPARC64 VIIIfxである．

しかし，「京」の後継である「富岳」はArmアーキテクチャに変更になった．2011年に，富士通セミコンダクターは，Arm社と包括的ライセンス契約を締結している．その一環であろうか．それはともかく，これを契機にSPARCの存在感が低下した感は否めない．しかし，SPARC（というかUNIXサーバ）は，ビジネス用途で顧客ニーズ（COBOLマシン？）が大きいため，SPARC64を使用したサーバの開発は継続されているらしい．しかし，2017年のSPARC64 XIIを最後に新規のSPARC64プロセッサは登場していないと思われる．実質的な，SPARC64の終焉である．

● SPARCチップの本当の終焉

　ワークステーション分野でx86アーキテクチャに敗れた巻き返しとして，SunがNiagaraを初めとする「滝」シリーズの新生SPARCを誕生させたのは上述の通りである．これらのシリーズは，UltraSPARC T1，T2（Niagara 2），として知られている．これも上述の通りである．これらのシリーズは，T3（Rainbow Falls）からはUltraの名称が取れて，単に，SPARC T3という名称になった．ちなみにT4，T5の開発コードネームは，それぞれ，Yosemite Falls，Cascade Fallsとして広く知られていた．

　そんな矢先の2009年，データベースを始めとするソフトウェアメーカとして知られていたオラクルはSunを買収すると発表した（買収の完了は2010年）．オラクルはSunの買収に当たり，IBMやHPに遠慮して開発を中止するのかと思いきや，動作検証を含めたハードウェアとソフトウェアの統合ソリューションのハードウェアコンポーネントとしてSPARCチップをベストなものに成長させていくと表明したのである．オラクルブランドのSPARCチップとしては，2013年にSPARC M5とSPARC M6が発表された．M5もM6も同時期に発表されたSPARC T5のダウンスケール版という感じだった．しかし，「滝」シリーズはSPARC T5で打ち止めになってしまった．また，富士通とSunのSPARCチップの相互供給も終わり，その後は，富士通とオラクルでSPARCを独自開発するようになった．

　2017年，オラクルのハードウェア部門が芳しくなく，SPARCサーバ部門を切り捨てるのではないかという観測が流れた．実際，SPARC部門やSolaris部門の従業員の大部分がレイオフされた模様である．この時期，オラクルはSPARC M8の強化版であるM8+を開発中だったが，設計エンジニアは残っておらず，SPARCチップは本当に終焉を迎えてしまった．

　偶然か必然かは不明だが，富士通のSPARCチップの開発も2017年のSPARC XIIで止まっている．

　2017年にオラクルと富士通は，「世界最高性能」のSPARC M12を共同開発して2019年に登場させると発表している．これは，明らかに，顧客の他社への流出を防ぐマーケティング戦略でしかなかった．富士通のサイトでは，SPARC M12は「世界各国で採用が進む魅力」と題した記事を載せていたが，それが空しく響く．

2000年代のCPU事例5：Armの躍進

　Armの飛ぶ鳥を落とす勢いは2023年になっても続いている．Armが売れた理由は多くの人が分析している．ここでは，Armからの発表を引用するに留める．

　2006年にArmコアは24億個出荷され，そのおよそ3分の2が携帯電話機向けだった．つまり，16億個前後のArmコアが携帯電話機に搭載されたことになる．

　さらに2009年のArm Forumでは，Armコアを内蔵した半導体チップの出荷数量は2008年末まで順調に伸びており，Armコア数に換算した出荷数量で2008年第4四半期には，過去最高となる12億個を記録したと公表した．ただし，2009年の第1四半期と第2四半期は世界同時不況の影響で出荷数が7億個強まで落ち込んだものの，2009年第3四半期には10億個まで回復したとある．何とも凄まじい量の出荷数である．

　しかし，Armが爆発的な躍進を始めたのはiPhone 4が発表された2010年ごろからだと記憶しているので，2010年以降のArmコアの出荷量は，上述の個数を遥かに超えてることは想像に難くない．

● Cortex-A

　Cortex-Aは，何といっても携帯電話（スマートフォン）向けのプロセッサである．ほぼ毎年のペースで新製品が発表されるのだが，ここでは特徴的なものに絞って紹介する．なお，Cortex-A9以前の製品については，ここでは割愛する．

　今ではArmの代名詞になっているといっても過言ではないbig.LITTLE対応のプロセッサが発表になったのは2010年のことである．2010年にbigコア用のCortex-A15が発表され，2011年にLITTLEコア用のCortex-A7が発表された．big.LITTLE対応のプロセッサの登場は世間に「低消費電力のArm」との認識を強くした出来事だった．

　2012年には64ビット（Armv8-A）アーキテクチャのCortex-A57とCortex-A53が発表になった．Cortex-A57がbigコアでCortex-A53がLITTLEコアである．Cortex-A57では性能不足という要望に応えるように，2015年にはCortex-A72が発表されている．

　Cortex-A72は，インテル社のCore M（Broadwellコア）対抗のArmコアである．プレスリリースでは，Cortex-A72は1コアでの比較ではBroadwellの20％以下の面積で，クアッドコア構成で，2MバイトのL2キャッシュを付加した場合にBroadwellと同等になるとしている．

　Cortex-A72自体での意義としてはCortex-A57の置き換え版ということになる．Cortex-A72はCortex-A57と同一プロセス技術で，動作周波数の向上自体はないが，性能はCortex-A57に対して35％向上する．これはマイクロアーキテクチャの改良によるものと思われる．パイプライン構造もCortex-A57とほとんど同じといわれている．

　Cortex-A53はRaspberry Pi3，Cortex-A72は

Epilogue マイクロプロセッサ変遷史/2000年代〜現代

Raspberry Pi4に搭載されているSoCのプロセッサとしても有名である.

2017年にはbig.LITTLE技術の後継となるDynamIQ技術に対応するCortex-A75とCortex-A55が発表になっている. Cortex-A75がbigコアでCortex-A55がLITTLEコアである.

Cortex-A75は, Cortex-A72の後継であるCortex-A73の改良版だが, Armの売りである低消費電力はひとまず置いておいて, 高性能を追求したプロセッサである. DynamIQ対応のプロセッサで, 1クラスタ内には最大4個のCortex-A75を実装できるが, 消費電力を考えると, 1クラスタ内には, Cortex-A75が1コアの構成が普通と思われる.

Cortex-A55は, Cortex-A53の後継となるべく開発されたプロセッサである. 基本的には, Cortex-A53と同等の消費電力を維持しつつ, 分岐予測とメモリ性能の改善で性能を向上させている. DynamIQ対応のLITTLEコアだが, 1クラスタに8個のCortex-A55を配置することもできるため, bigコアが不要な構成にもできる. これは, Cortex-A55のオクタコアがかなりの性能を発揮することを意味している.

次のブレークスルーは, 2020年のCortex-A78とCortex-X1の発表である. どちらもbigコアで, LITTLEコアとしてはCortex-A55を使用することを前提としている.

Cortex-A78は, 世代ごとの性能向上約20%というArmのロードマップに基づいて開発されたプロセッサである. しかし, それにはCortex-X1のベースとなるという重要な使命を持っていた.

Cortex-X1はCortex-A78で電力と面積という制約を取り払えば, こんなに高性能なコアができるということを実証するプロセッサである. 前世代のCortex-A77に対して約30%の性能向上を達成する.

Cortex-X1の開発以降, Armはその時点での技術をフルに詰め込んだCortex-Xシリーズと, Cortex-Xをダウンサイジングして適度な消費電力に落ち着かせたbigコアと, それに対応するLITTLEコアをペアで発表するのが基本になった.

2021年には, 最高性能のCortex-X2とbigコアのCortex-A710とLITTLEコアのCortex-A510が発表されている. このCortex-X2の発表で, DynamIQの構成にちょっとした変化が生じる. 従来はクラスタ内にbigコアとLITTLEコアを配置していたが, extra-bigコアという概念が生まれた. つまり, 超高性能なCortex-X2を1個と高性能なCortex-A710を数個と電力効率の高いCortex-A510の3種のコアをクラスタ内に配置できるようになった. これにより, より柔軟な性能と消費電力の管理ができるようになる.

その後も2022年にはCortex-X3とbigコアの

Cortex-A715（LITTLEコアはCortex-A510を使う）, 2023年にはCortex-X4とbigコアのCortex-A720とLITTLEコアのCortex-A520が発表されている. Cortex-Aシリーズはどこまで性能を向上させるのだろうか. まあ, インテルのプロセッサを陵駕するまでなのだろうが.

● **Cortex-R**

Cortex-MシリーズとCortex-Rシリーズのプロセッサは組み込み分野をターゲットとしているといわれている. これはArm社も認めているところである. このためCortex-Rシリーズとアプリケーション分野をターゲットとしたCortex-Aシリーズに関連があると思っている人は少ないと思っている.

実は, 知っている人は知っていて, 知らない人は全く知らないと思うが, Armv7-Aのアーキテクチャ・リファレンス・マニュアルはArmv7-R, すなわちCortex-Rと共通になっている.

つまり, Cortex-AシリーズのプロセッサとCortex-Rシリーズのアーキテクチャは基本的に同じである. Cortex-Aシリーズでいえることは, Cortex-Rシリーズにもいえる.

それでは, Armv7-AとArmv7-Rの違いは何かというと, それはリアルタイム性にある. Cortex-Rの「R」はRealtimeのRである. このリアルタイム性の差異を一言でいうと, MMUがあるかないかである.

MMUが存在すると, MMU用のキャッシュ（TLB）ミスが発生した場合, ページ入れ替えのためのメモリアクセスが発生する. これにより, プログラムの処理時間や応答時間が変動してしまう. モータ制御などの厳格なリアルタイム性を要求される応用分野では, プログラムの処理時間の変動が処理の遅れに直結し, 致命的な事態を生じる恐れがある.

そのために, Cortex-RシリーズではCortex-AシリーズからMMUが削除され, 代わりにMPU（Memory Protection Unit）というメモリ保護機能が搭載されている.

ところで, キャッシュミスの場合もキャッシュラインの入れ替えのために処理時間の変動が発生する. Cortex-Rでは, 処理時間が変動すると困るプログラムは, TCM（Tightly Coupled Memory）と呼ばれる, CPU直結のSRAMに格納する.

Cortex-Rでは, このTCMとキャッシュをうまく使い分ける処理が必要である. また, キャッシュを独立にOFFする機能は当然あるし, キャッシュコントローラを介さずに周辺デバイスに高速アクセスするLLPP（Low Latency Peripheral Port）も備えている.

さらに, Cortex-Rシリーズのプロセッサでは, 割り込み応答を高速化するために, 除算命令やLDM/

STM命令など，1サイクルで実行が終了しない場合でも，1サイクルで命令を中断して割り込みハンドラへ分岐する実装がされている．

Cortex-Aシリーズでは命令の中断はない（Armv7-Aのアーキテクチャ的には定義されているが，中断を実装しているプロセッサは筆者の知る限りない）．

ところが，Cortex-Rシリーズが汎用プロセッサに採用された実績は，筆者はHercules（テキサス・インスツルメンツ）という機能安全を目的としたSoCに搭載されたCortex-R4Fしか知らない．

もっとも，Cortex-Rシリーズはカスタムチップのコアでの採用があるので実態はわからない．Arm社も2014年にはCortex-Rシリーズは75億台の売り上げを見込んでいるといっている（2011年時点）．

とはいえ，2011年時点でのCortex-Rシリーズの採用実績は21社と公表している．これは，Cortex-Aシリーズの77社，Cortex-Mシリーズの144社（いずれも2011年時点）の採用実績と比べると少ないといわざるをえない．

Arm社としては，Cortex-Rシリーズを，Arm9やArm11の置き換えと考えている節がある．しかし，現実には，Arm9やArm11の後継は，Cortex-A5に流れているように筆者は感じている．

性能だけでいえば，2011年に発表のCortex-R7は2.5DMIPS/MHzで1GHzで動作するが，Cortex-A5の性能は1.57DMIPS/MHzで800MHz動作である．Cortex-R4/R5でも1.66DMIPS/MHzの性能で600MHz以上の動作が可能である．性能だけを見れば，Cortex-A5よりもCortex-Rに軍配が上がる．

ではなぜ，Cortex-Rが選択されないのだろうか．厳密なリアルタイム性を要求しない用途であれば，MMUを備えたCortex-A5でLinuxを採用すれば済む．Cortex-Rが期待されたようなリアルタイム性の分野には，Arm社の意図に反して，Cortex-Mシリーズが使われているのだと筆者は考える．

Arm社は，Cortex-Rの主たる応用分野として，センサ分野や車載マイコンを想定したようである．一見，機能的（信頼性的）には最適と思われるCortex-Rシリーズが，車載分野での採用が進まない理由は不明である．個人的な推測では，決定打は，特に例外処理において，Cortex-MとCortex-Rにソフトウェア互換性がないため，Cortex-MからCortex-Rへの乗り換えはないのだと思っている．

Cortex-Rの方が高性能だとはいえ，同じ組み込み系では，使い勝手の面でCortex-Mの方に分がある．Arm社としては，同じ組み込み制御分野を狙うなら，Armv7-Rの仕様は，Armv7-Aよりも，Armv7-Mの方に近づけるべきだったのかもしれない．

Cortex-Rシリーズは，Cortex-AシリーズとCortex-Mシリーズのはざまで存在意義を見いだせずにいるのではないだろうか．まさに宙に浮いた状態である．

Arm社もそのことを認識しているのか，2013年の11月に発表された，Armv7-Rの次期バージョンである，Armv8-Rでは，さらなるリアルタイム性をことさら強調していた．複数のリアルタイムOSを仮想マシン上で動作させることも可能である．

最初にArmv8-Rを実装するプロセッサは，2016年に発表されたCortex-R52である．その発表時には性能よりも，機能安全の面が強調されていたように思える．Cortex-R7やCortex-R8ではアウトオブオーダなスーパースカラ構造を採用していたのに，Cortex-R52ではインオーダなスーパースカラ構造に変更になっている．同一動作周波数での性能を比べたら前製品より劣っていたのかもしれない．Armでの公式資料では，Cortex-R8の性能は4.62CoreMark/MHz，Cortex-R52の性能は4.3CoreMark/MHzと，両者に性能差がないことを示している．

Armv8-Rの第2段が，2020年に発表されたCortex-R82である．Cortex-Rファミリとしては初の64ビットアーキテクチャをサポートする．最大8コアで設計でき，Cortex-R8と比較して性能は最大2倍に向上した．しかし，Cortex-R82はMMUをサポートする［ユーザモード（EL1）のみだが］．それに，命令セットは64ビットだけのサポートである．Cortex-RはCortex-Aに吸収されてしまったと思うには十分の出来事だった．

● Cortex-M

Cortex-Mシリーズは，従来の重装備なArm7やArm9といったプロセッサから余分な機能を削ぎ落して組み込み制御向けに絞ったことが成功の秘訣ではないかと思う．Cortex-Mも2009年には組み込み制御市場でそれなりのシェアを確保していた．

2010年前後には，フリースケール社（現NXP）が同社の32ビットマイコンのコアであるColdFireをCortex-Mに置き換え，Atmel社（現マイクロチップ）は自社開発のAVR32マイコンに加えてCortex-M3ベースのSAM3シリーズの提供を始め，それに続いて，東芝を初めとする日本の半導体メーカもCortex-Mの採用を始めている．特に，2010年11月，富士通セミコンダクターがCortex-M3コアを内蔵したマイコンであるFM3ファミリを発表した．これが，Cortex-M3の日本での最初の採用と言われている．顧客がなぜCortex-Mに興味をもったのかは判然とはしないが，半導体メーカがCortex-M3に着目するようになったのは顧客からの要望が理由だという．これ

が時代の雰囲気（あるいは，マーケティングの勝利）というものだろうか.

かくして，Cortex-M3は，Arm7/Arm9を置き換えるマイコンとなったことは周知の事実だ．しかし，これは組み込み制御分野での32ビットマイコンを置き換える存在としてである．8ビット/16ビットの分野に対してはCortex-M3は「帯に短し襷に長し」の感もあった．もう少し「軽い」マイコンが必要とされていた.

そのような要望に応えたのが，2012年のCortex-M0+の発表だ．Cortex-M0+は早々にKinetis L（フリースケール）に採用された．フリースケール社は2012年6月にアメリカで開催されたフリースケール・テクノロジ・フォーラム（FTF）でKinetis Lのデモを行い，Cortex-M0+は，既存の8/16ビットマイコンに対して，1/3の消費電力，2～40倍の性能を発揮することを実演した.

これで，既存の8/16ビットマイコンの置き換え品として，Cortex-M0+の採用を渋る半導体メーカーはほとんどなくなったと言える．言いだしっぺ（？）のフリースケール社はKinetisシリーズのほぼ全製品にCortex-M0+を採用したし，Cortex-M0を全面採用していた（フリースケール社を買収前の）NXP社のマイコンもCortex-M0+への切り替えが目立つようになった．今やCortex-M0+は超低消費電力マイコンの代名詞となっているといっても過言ではない．また，その面積の小ささから8ビット/16ビットとの比較という議論も既にどこかに吹き飛んでいると思われる.

Cortex-M3とそれに続くCortex-M4（2010年）とCortex-M0+の登場で，Armのマイコン全方位戦略の駒が揃った．そして，そのCortex-M0+とCortex-M4が，2016年のCortex-M23とCortex-M33に繋がっていくのである.

遅まきながら，CQ出版のInterface誌でも2016年4月号で『世界制覇！最強Arm2016』というCortex-Mの特集をやっている．特集のイントロダクションでは「Armマイコンは世界制覇状態」との説明がある．既に7年前には（2023年を基準として）Cortex-Mマイコンがマイコンの定番になっていたことが分かる．その後もCortex-Mマイコンは独走状態といっても過言ではないだろう.

この特集の中で，筆者は『Cortex-M4マイコン最強説』という記事を書いた．筆者はCortex-M4が当時の32ビットマイコンの中では最高傑作と思っていたからである．興味のある人は見て欲しい．Cortex-M4がいかに素晴らしいマイコンか分かると思う．Cortex-M4とCortex-M3の基本的な違いは浮動小数点演算をサポートするかどうかなので，Cortex-M3も最強ということになる.

さて，Cortex-M23はCortex-M0+に，Cortex-M33はCortex-M4にTrustZoneというセキュリティ機能を付加したマイコンである．しかし，TrustZoneはソフトウェアで実現されているのでタンパなどの外部からの物理攻撃に弱いという性質がある．この弱点を補完するため，2018年には耐タンパ性を持ったCortex-M35Pが発表されている.

ところで，Cortex-Mシリーズには超高性能を狙った製品も存在する．それが2014年発表のCortex-M7と2022年に発表のCortex-M85である．Cortex-M85を一言でいえば，Cortex-M7にTrustZoneを追加したものということになる．なので，以下ではCortex-M7に話を絞って紹介する.

Cortex-M7の発表時の「売り」はインオーダなスーパースカラ構造を採用し，5CoreMark/MHzの性能を発揮するというものである．CoreMarkとは組み込みマイコンではDhrystoneベンチマークと並んで標準になっているベンチマークテストである．Cortex-M7以前のマイコンではCoreMark/MHzは2.0程度なので，これは驚くべき性能向上である.

Cortex-M7は，Cortex-Mシリーズというより，Cortex-Rシリーズが担っている性能レンジに入り込んでいる．となると問題はCortex-Rとの棲み分けである.

Cortex-M7とCortex-Rシリーズの違いの本質は，Cortex-M7は「あくまでも」Cortex-Mシリーズであり，Cortex-Rシリーズとは異なるという点である（これだけ聞くと禅問答のようだ）．これをもっと単純にいうと，Cortex-M7はマイコン（MCU）であり，Cortex-Rはプロセッサ（MPU）であるということだということである.

Cortex-Mシリーズのもっとも本質的な特長は，C言語での開発を意識し，MCUに必要な機能に特化したプロセッサであるということである．その中で最たるものはCortex-Mでは割り込みハンドラをC言語の通常の関数で記述できるということである．この敷居の低さはマイコン開発に新規参入する人や企業にとっては大きな利点である.

一方のCortex-Rシリーズは伝統あるArmの系譜ということが重要である．従来のArmの開発で培われたソフトウェアやノウハウがそのまま利用できるという点が最大の利点である．おそらく，Cortex-RのユーザはCortex-Aシリーズからのダウンサイジングでの採用が多いと思うが，Cortex-Aシリーズの手法がそのまま適用できるところが，Cortex-Mシリーズとは根本的に異なる．Cortex-RシリーズはCortex-Aシリーズが存続する限り消滅することはないと思う．いや，その時点では思っていた.

実際のところは，Arm社の説明を受ければ受けるほど，Cortex-M7とCortex-Rの棲み分けは不透明になっ

ている．筆者はCortex-Rの意義としては，安全性確保のためのデュアルコアによるロックステップ監視機構やISO 26262やIEC 6158といった機能安全規格に従った設計手法で信頼性を向上させていることだと思っていた．しかし，2014年のArm Tech SymposiumでのArm社副社長の講演では，Cortex-M7でもロックステップ構成は可能だし，設計手法も機能安全規格に従っていると説明された．これでは，本当にマイコンかプロセッサであるかというタイトル（呼び名）しかCortex-M7とCortex-Rを区別するものはないことになる．実際，この疑問を2014年のArm Tech SymposiumでFPGAによるCortex-M7のデモを行っていたArm K.K.（Armの日本法人）の説明員にぶつけてみた．その人の説明では，棲み分けは使う側（半導体ベンダ）が決めることと，まさにマニュアル的返答だった．

Arm Tech SymposiumのArm K.K.の説明に納得が行かなかったので，Cortex-Mシリーズに関しては数々の著書があるJoseph Yiu氏に棲み分けを聞いてみた．この質問への回答は難しいのか回答を得るまでに2週間程度を要した．その回答を以下に示す．

その書き出しは「Cortex-M7はCortex-R4やCortex-R5から多くの機能を引き継いでいるのは確かだが，Cortex-R7を忘れてはいけない」というものだった．Cortex-R7はアウトオブオーダ，スーパースカラ方式の11段パイプラインで高速動作（1GHz）を実現し，AMP，SMPというマルチコア構成でさらなる性能向上が期待できる．Cortex-R7は別格として，Cortex-M7とCortex-R5の利点は次のようになっている．

▶ Cortex-M7の利点
- IPCが高い（Cortex-R7とほぼ同等）
- 低レイテンシの割り込みとNVICの内蔵で割り込み処理が便利
- プログラミングが容易（すべてC言語で記述できる）

▶ Cortex-R5の利点
- 高い動作周波数（1GHz）
- ACPポートによりDMAとのキャッシュコヒーレンシを保つことが可能
- TCMやキャッシュだけでなく，内部バスインターフェースもECC保護できる
- 昔ながら（Arm7やArm9など）のArmプロセッサからの移植が容易

以上がJoseph Yiu氏の回答である（筆者なりに少しの説明を追加してある）．

ということは，Cortex-Rシリーズを使う意義は，高速動作，高信頼性ということになる．2014年ころには400MHz動作のCortex-R4を採用したSoCの発表が相次ぐが，低速のCortex-Rシリーズには意味がないということかもしれない．400MHz動作の

Cortex-M7が登場する頃には，当初の予定通り，800MHz動作のCortex-R4の製品が登場していないといけない．2023年時点では，Cortex-Mの動作周波数は400MHzを超えているが，Cortex-Rの動作周波数ははっきりしない．Arm社のサイトでは1.6GHz以上となっているが，実際に製品化を行っているルネサスエレクトロニクスのサイトでは，200/400MHzとなっている．

2000年代のCPU事例6：V850の変遷

● 32ビット製品にもオール・フラッシュ宣言

2007年，NECエレクトロニクスは，V850ESのオール・フラッシュ宣言を行った．

オール・フラッシュとは，応用製品のライフサイクルの短小化による新機能要求や，仕向け地ごとに異なる微妙な仕様の差を内蔵フラッシュメモリを変更することで迅速に対応することを目指し，すべてのマイコンにフラッシュROMを搭載することである．今ではマイクロコントローラがフラッシュメモリを搭載しない方が珍しいが，フラッシュメモリはアクセススピードが遅く，高い動作周波数で動作する32ビットマイコンに内蔵するのは無理があると言われていた．その風評をNECエレクトロニクスは打破したのである．

NECエレクトロニクスは2004年11月からオール・フラッシュ宣言を行っているが，その対象は8ビットや16ビットのマイクロコントローラのみだった．今回はその宣言を32ビットまで拡充したことになる（32ビットのオールフラッシュ製品の第一弾は2005年だが）．

V850ESは，V850に最大1Mバイトのフラッシュメモリや最大60KバイトのRAMを内蔵している．さらにNECエレクトロニクスは，2007年10月30日にはフラッシュメモリにアクセスする時のみ電源をONする回路を内蔵した低電力版V850ESを発表している．

ただ，NECエレクトロニクスはハイエンド分野ではArm（特にMPCore）の採用を全面的にアピールしていた．当面，ローエンドのV850とハイエンドのArmの2本立てになると思われていた．NECエレクトロニクスもやはりArmなのかと思ったものである．

NECエレクトロニクスがルネサス テクノロジと合併したときにはArmの積極的な採用は下火になった．しかし，合併で誕生したルネサス エレクトロニクスでは，後年の2019年にRAシリーズとしてArmの正式な採用を発表する．それ以前にも，ルネサス エレクトロニクスは2013年のRZ/AシリーズでArmコアの採用を表明していたが，それは「見なかった」ことにしているのかもしれない．2015年には，ArmのCortex-Mコアを中心とするシナジープラットフォームも発表している．このときは，CPUがCortex-Mで

あることは積極的には言及していない．何だったのだろうか．

● ルネサス エレクトロニクス時代のV850

2009年に，日本半導体ベンダの代名詞ともいえるルネサス テクノロジとNECエレクトロニクスは未曾有の営業赤字になった．どこの誰が絵を描いたのか知らないが，なぜか，この大赤字の半導体ベンダ同士が2010年に合併してルネサス エレクトロニクスが誕生した．「ルネサス」という名称が残ったことからも，合併後は日立系の勢力が幅を利かせていたことが伺い知れる．NECエレクトロニクスが持っていたマイコンやSoCは淘汰されると思った人もいるはずである．しかし，マイコンやSoCのラインナップは，顧客との関係上，劇的には減らすことはできない．

その中でV850シリーズは生き残った．一方，MIPSアーキテクチャであるVRシリーズは陰を潜めた．V850の応用分野は車載である．その顧客は「お殿様」であるトヨタ，ボッシュ，コンチネンタルであり，車載向けのNECエレクトロニクスのチップは亡き者にすることはできなかった模様である．もっとも，NECエレクトロニクスは，合併前からArmコアを内蔵するSoCやマイコンを製造しており，その灯も消すことはできなかった．Armアーキテクチャが，ルネサスのオリジナルアーキテクチャであるV850，RX，SHを侵食して行っているという雰囲気は否めない．もしかしたら，車載に採用されて盤石と思われたV850やSHは，ガソリン車から電気自動車への転換点で消えていく運命なのかもしれない．この時に採用されるのがArmなのだろうか．やはり車載分野でもArmなのであろうか．

● V850の後継はRH850

2012年2月29日，ルネサス エレクトロニクスは次世代車載マイコンRH850ファミリを発表した．RH850ファミリは，製造プロセスに40nmを採用する車載用のフラッシュマイコンである．2012年秋にサンプル出荷，2014年に量産を開始する予定という話だった．

RH850はV850の機能拡張版である．命令はオブジェクトコードレベルでV850と互換性がある．世間的に見れば，製造プロセスが90nmまでがV850で，40nm以降はRH850というように名称が変わっただけと思っても，あながち間違いではない．

RH850の新しい動きは2019年にあった．28nmプロセス採用のフラッシュメモリ内蔵車載制御マイコンの新製品RH850/U2Aを開発したとの発表である．RH850/U2Aは，フラッシュメモリ内蔵のシングルチップマイコンとして世界初となる仮想化を実現し

た．サンプル出荷は2020年1Qから順次開始予定というので，少なくとも，2020年までRH850が消滅することはないと思われた．

事実2021年11月には，エヌエスアイテクス社は，ベクトル拡張を採用したRISC-VベースのパラレルプロセッサIPであるDR 1000 Cをルネサスが開発した最新の車載用マイクロコントローラであるRH850/U2B向けにライセンス供与したことを発表した．RH850/U2Bは，複数のアプリケーションを1つのチップに統合し，進化する電気/電子（E/E）アーキテクチャ用の統合電子制御ユニット（ECU）を実現するために設計されている．2021年になってもRH850は健在であり，それがRISC-Vアーキテクチャのコプロセッサを導入することも驚きだ．

2024年時点で車載マイコンとしてのRH850は健在だが，世間の注目は，これがArmに変わることがあるのかということではないだろうか．そういう噂は聞こえてくるが，RH850シリーズの新製品が着々と開発されているようであり，真偽は不明である．

2000年代のCPU事例7：SuperHの終焉

● ルネサス エレクトロニクス時代のSuperH

2010年のルネサス テクノロジとNECエレクトロニクスの合併で，SuperHは同社の車載分野を独占すると思われたが，そうはならなかった．逆に，車載分野はNECエレクトロニクスのV850が優遇され，SuperHの開発はSH2AとSH4Aの段階で止まっているようだった．加えて言うならば，SH-4の陰が薄くなった．SH-2は車載用マイコンとして売れ続けているが，SH-4は，カーナビ向けのSoCであり，ArmのハイエンドCPUが搭載されているR-Carシリーズの中でI/Oコントローラとしてひっそりと生き残っているだけである．

WindowsCEを契機に開発されたSH-3は知らないうちに消息不明となってしまった．本来，SH-3やSH-4はMMUを搭載するMPU（プロセッサ）であり，SH-2は制御向けのMCU（マイコン）という位置づけである．MPUとしてのSuperHは「死んだ」といっても過言ではないと思われる．

ルネサス エレクトロニクスのサイトでの製品情報によると（2023年8月現在），SuperHのページでは「このファミリのすべての製品は生産中止となっているか，新規のデザインには推奨されていない製品です」とある．これは，V850ファミリのページでも同様である．つまり，SH-4だけでなく，車載マイコンでは現役を続けているSH-2やV850も，もはや，「死に体」だということになる．これは，車載マイコンはRH850に集約されたということを意味する．

2000年代のCPU事例8：
RISC-Vの胎動

● 自由に変更できる命令セットの必要性から誕生

RISC-Vの「V」はローマ数字で5を表す。つまり、RISC-Vとは、カリフォルニア大学バークレー校（以下UCバークレー）で開発された5番目のRISCという意味である。

もともと、RISC-Vは、UCバークレーのKrste Asanovic教授の研究プロジェクトのRavenというプロセッサに搭載された命令セットである。Ravenプロジェクト（2010年〜）では、プロセッサ設計で極端なエネルギー効率を実現するための集積回路とアーキテクチャの研究を計画していた。このために、自由に変更できる命令セットを用意する必要があった。ところが、x86やArmは特定の企業が命令セットの管理を行っているために、自由に改変を行うことはできない。それならば、フルスクラッチで命令セットを開発したほうが早いということでRISC-Vの命令セットが開発された。もっとも、UCバークレーといえばRISC開発のメッカであり、それ以前に4種のRISCコアが開発されていた。RISC-I, RISC-II, RISC-III（SOAR）、RISC-IV（SPUR）ときて、最新がRISC-Vなのである。

RISC-Vの命令セットは、Asanovic教授と学生たちにより、2010年の「夏の3ヶ月の短期間プロジェクト（short, three-month project over the summer）」の中で開発され、オープンソースとして公開することが決められた。RISC-IやRISC-IIの開発により「RISCの父」と呼ばれているUCバークレーのDavid Patterson教授も後に計画に参加し、Asanovic教授と共同で「命令セットはフリーでなくてはならない：RISC-Vの場合（Instruction Sets Should Be Free: The Case For RISC-V）」という論文を2014年に発表している。これがきっかけでRISC-Vは研究者や企業に広まっていった。

また、UCバークレーの実装したRISC-Vアーキテクチャのコア（RocketコアやBOOMコア）はBSDライセンスで自由に使用できることもRISC-Vの浸透に一役買っている。

さらに言えば、オリジナルなISAで高性能なプロセッサを開発していたメーカにはRISC-Vは朗報である。自社の高性能なプロセッサの命令デコード部のみの変更で、オリジナルアーキテクチャが世界標準のアーキテクチャになるのである。RISC-Vアーキテクチャの供給メーカとして有名なAndes Technologyも他のアーキテクチャからの乗り換え組である。

● RISC-Vが注目される理由

RISC-Vはx86（x64）、Armに続く第3の命令セットとして脚光を浴びている。なぜ命令セットにここまで着目されるのだろうか。RISC-Vが注目されている理由は次の5点である。

(1) フリーでオープンなアーキテクチャ
(2) シンプルなアーキテクチャ
(3) 信頼性の高いアーキテクチャ
(4) 教育用としてのアーキテクチャ
(5) 最新のアーキテクチャ

(1) フリーでオープンなアーキテクチャ

RISC-Vの最大の特長は、無償で自由に誰でも使えるオープンソースハードウェアである。しかもBSDライセンスのため、GPLとは異なり、ソースコードの開示や派生物のライセンス継承を求めてない（派生物はライセンス適用外）ので、商用でも使い易いという点が考えられる。

(2) 進化したシンプルなアーキテクチャ

RISC-Vの命令セットは、RISCの良いところたけを集めたシンプルなアーキテクチャである。MIPSもシンプルなアーキテクチャと言われているが、発表から40年が経過している。その40年の間にいろいろな命令が追加され重装備になってしまった。その点、RISC-Vは生まれたばかりで最小限の装備しかもっていない。つまり、MIPSの教訓をベースに進化したアーキテクチャと言える。シンプルがゆえ、動作周波数を上げやすいという利点があり、さらに、論理が単純ということは、低消費電力であり、また、面積も小さいといえる。

RISC-Vがどのくらいシンプルかというと、GitHubに登録されている実際のチップのコード量（行数）の少なさからわかる。たとえば、Rocketチップのソース行数は6975行、アウトオブオーダ実行を実現するBOOMチップでも13924行という短さである。高性能CPUとしては、行数が少ないと思える。少し気合いを入れれば、全てを理解できそうである。

(3) 信頼性の高いアーキテクチャ

RISC-Vは、UCバークレーで開発され、UCバークレーの授業でも使われている。なので、突然、開発がなくなる状況にならない。そのために、信頼性が高いと思われる。さらに、アーキテクチャの管理は、RISC-Vインターナショナルという標準化団体が行っている。

(4) 教育用としてのアーキテクチャ

かつては、CPUの設計手法の授業は、MIPSを参考にする場合が多くあった。現在では、それがRISC-Vに置き換わりつつある。この現状を裏付けるように、CPUアーキテクチャを解説した通称「ヘネパタ本」やCPUの実装方法を解説する通称「パタヘネ本」は、MIPSベースから始まり、現在はRISC-Vベースになっている。これらの理由により、現状、教育用のアーキ

テクチャはRISC-Vであると言えると思う.

さらに,論理がシンプルであるため,誰でも簡単にFPGAに実装して性能を体験することができる.また,BSDライセンスなので,RocketコアやBOOMコアなどを独自に改造することも可能である.

(5) 最新のアーキテクチャ

半導体業界には「ムーアの法則」という経験則があった.経験則を簡単にいうと,半導体の集積度(≒微細化)は年率40%で上がっていくというものである.しかし,2010年以降,この年率が低下してきている.2021年をもってムーアの法則は終焉したということが半導体関係者の間で言われている.

そこで,ムーアの法則の後(ポストムーア)に何が来るのかが話題となり,ポストムーアとしてよく話題に上るのがDSA(Domain Specific Architecture:ドメイン固有アーキテクチャ)である.これは,コンピュータを使用する場面ごとに適したアーキテクチャを提供するということである.

DSAという言葉は,RISC-Vの登場とともに着目されるようになった気がする.RISC-Vは,2010年に発表された新しいコンピュータのアーキテクチャである.命令セットがコンポーネント方式になっていて,コンポーネントの組み合わせでどのような応用分野にも対応できるとしている.つまり,DSAに最適な命令セットはRISC-Vという主張である.自画自賛の感もあるが,RISC-Vは将来性のあるアーキテクチャなのである.

● RISC-Vアーキテクチャの実際

RISC-VはバークレーRISCの5代目である.しかし,RISC-Vのアーキテクチャは,バークレーRISCというよりもMIPSに似ている.というか,「ヘネパタ本」の初版で紹介されたDLX(「デラックス」と発音する.またその意味は「560」である.何が560なのかは「ヘネパタ本」を参照のこと)プロセッサのアーキテクチャに非常によく似ている.DLX自体はスタンフォード大学のRISC研究に基づく仮想プロセッサだが,そのアーキテクチャはMIPS R2000/R3000と瓜二つである.

しかし,MIPSは,分岐遅延スロット,複雑な命令,HI/LOレジスタという複雑なレジスタ構造という過去の古い資産を含み過ぎているとして,RISC-Vでは簡略化が図られた.また,研究に使うためには,ライセンスなどの問題で自由に使えるものがあまり無いということから,誰もが自由に使用することができる,新しいデファクトスタンダードとしてのプロセッサアーキテクチャが必要だったこともRISC-V開発の動機である.最初は別に産業界に普及することは目指してなかったのではないかと推測する.いわば,初期の

DLXの思想(マイクロプロセッサの基本の啓蒙)の復権といえる.

DLXを参考にしたといわれるRISC-Vは(UCバークレーの生まれにもかかわらず)スタンフォード大学で生まれたMIPSの系譜といっても過言ではない.もっと端的にいえば分岐遅延スロットのないMIPSがRISC-Vといえる.もっとも,RISC-Vとは命令セットアーキテクチャ(ISA)であり,プロセッサではない.RISC-V ISAを実装したものがプロセッサである.そのためには,いろいろ検討する事項があるがそれは別の話である.

RISC-Vのアーキテクチャで,個人的に面白いと思ったのは,MIPSでのJ命令とJAL命令を,RISC-VではJAL命令に集約させたことである.どちらも指定したアドレスにジャンプする命令だが,JAL命令は指定したレジスタに戻りアドレスを格納する.レジスタは32本(RV32E以外)あるので,その指定に5ビットを消費する.ジャンプ先のアドレスを示すのに,この5ビットの違いをMIPSでは重要視している.つまり,J命令はJAL命令より32倍遠い距離までジャンプできる.それを,RISC-VではJAL命令で戻りアドレスをゼロレジスタ(x0 = 値が常にゼロのレジスタ)に書き捨てることでJ命令の機能を実現する.これは,RISC-Vの「できるだけ単純な命令セット」の典型的なものだと思える.

それともう1つ.MIPSでは32ビットのイミディエート値を汎用レジスタに格納する場合,上位16ビットと下位16ビットの2回に分けて汎用レジスタに転送する.しかし,RISC-Vにおいては,上位20ビットと下位12ビットに分ける.なぜこうなっているのかよく分からないが,12ビットというと仮想記憶の1ページが表す大きさである.仮想記憶を扱うのに便利なのかなと「何となく」思ったりする.たとえば,AUIPCという命令がRISC-Vにはある.これは,指定するアドレスの上位20ビットをPC相対で汎用レジスタに取り込むものだ.アドレスの下位12ビットはイミディエートの加算命令で確定させる.このとき,アドレスの下位12ビットは,1ページ内なので,アドレス変換時には変換されず,そのまま使用される.アドレスの上位20ビットはアドレス変換によって仮想アドレスと物理アドレスが異なる場合があるが,下位12ビットは仮想アドレスと物理アドレスで同一である.ここら辺の仕組みと何か関連があるのではと思ったりしている.

RISC-Vの命令は「できるだけ単純」を目指している.これは命令エンコードにも見受けられる.ArmとRISC-Vを比較するのは適切ではないかもしれないが,NVIDIAのホワイトペーパ [1] によれば,Cortex-A15の消費電力のうちの50%が,命令実行よりも手前の,

いわゆるフロントエンド部で消費され，さらにその中の1/4が命令デコードで消費される．命令実行処理の実装方式は一般的な方法が確立されているから，だれが設計してもほとんど同じになる．プロセッサの構造で独創性を発揮できる余地は命令セットにしかない．つまり，命令デコードの論理回路を「軽く」することが低消費電力に寄与することを示している．逆に言えば，論理が「軽い」ため，高い動作周波数での実行も可能になっている．

RISC-Vでの命令エンコードでの工夫は，汎用レジスタフィールドの固定化と即値のデコードの簡易化に見受けられる．32ビット長の命令コードの中で，2つのソースレジスタと1つのデスティネーションレジスタの位置は全命令で固定の位置にある．即値に関しては，基本的に（できるだけ）命令コードの一部が32ビット即値の同じ位置を示すようになっている．また，即値の符号ビット（符号付きで扱う場合）は命令コードのビット31にあり，符号拡張の論理を簡単にしている．

● 代表的なRISC-Vプロセッサ

(1) UCバークレー校のRocketとBOOM

本家本元のUCバークレー校で開発されたRISC-Vコアで有名なのはRocketとBOOMである．RISC-Vという命令セット自体がUBバークレー校で開発されたものであるため，RocketとBOOMはすべてのRISC-Vの実装のお手本であるといっても過言ではない．

Rocketコアの開発年度ははっきりしない．ただし，2016年には，Rocketチップのジェネレータが発表になっている．RocketコアとRocketチップの違いは，RocketコアがCPUの部分だけであるのに対して，Rocketチップは，Rocketコアにキャッシュメモリやシステムバスなどを追加してSoC形式としたものということである．FPGAなどでRISC-Vチップを動作させるためには，このRocketチップ環境を使用する．

Rocketコアは5ステージのパイプラインをもつスカラプロセッサである．命令フェッチ，命令デコード，命令実行，メモリアクセス（データキャッシュ），ライトバックという5ステージのパイプライン構成は，かの「ヘネパタ本」で紹介された仮想プロセッサDLXと同じ構成である．さすがRISCの本場のバークレーというか，まさに由緒正しきRISCに仕上がっている．

BOOM（Berkeley Out-of-Order Machine）は，RISC-Vの命令をアウトオブオーダで実行する高性能なコアである．開発開始は2010年ごろという話なので，Rocketコアと並行して開発された感がある．BOOMは2015年のRISC-Vのワークショップで公開された．命令の発行数，発行ウィンドウサイズ，

キャッシュの構成などがパラメータ化され，用途に合わせて構成を変更可能なRISC-Vコアとなっている．2017年にテープアウトされ，2018年のHotChips30で最新情報が公開された．BOOMにはv1とv2があり，v2はv1に比べてより高い周波数で動作するように改良されている．HotChips30での発表はBOOMv2のものだった．BOOMv1とBOOMv2の最大の違いは，そのパイプライン構造にある．BOOMv1は，命令発行ウィンドウが，集中ウィンドウ＋ROB（リオーダバッファ）型だったが，BOOMv2は演算器ごとに発行キューをもつリザベーションステーション型に変わっている．これは，奇しくもBOOMが，アウトオブオーダな実行を行うプロセッサの典型的な2種類の実装方式を経て現在に至っていることを示している．大袈裟にいえば，BOOMの歴史を知ることはアウトオブオーダ実行プロセッサの実装の歴史を知ることにもなるのである．

BOOMv2の絶対的な性能が気になるところだが，件のHotChips30で示されたコアの性能比較では，BOOMv2の性能はArmのCortex-A9程度の性能とされている．Cortex-A9はArmで初めてのアウトオブオーダ実行のプロセッサなので，比較対象を昔のプロセッサにしている時点で，BOOMの性能はそれほどのものではないと宣言しているようなものである．BOOMに関しては，その開発をEsperanto社が引き継いだ．Esperanto社はBOOMを改良して，Armを凌ぐプロセッサを開発しようとしている．

しかし，UCバークレー校でもBOOMの開発は継続しており，2020年には，BOOMの第3世代であるBOOMv3（またの名をSonicBOOM）を発表した．BOOMv2の欠点を改良して性能を向上させたプロセッサである．具体的には，BOOMの実行パスの最適化と命令フェッチユニットの再設計が行われている．

また，BOOMv3の性能向上の施策で興味深いのは，データ依存の条件分岐命令（これは，if ～ else文や，switch ～ case文で出現する）の高速化である．これは，命令デコード時に，データ依存の条件分岐命令を条件MOVE命令に変換して分岐処理をなくす処理で実現される．筆者的には，これは反則ではないかと思う．RISC-VのオリジナルなISA（命令セット）に条件MOVE命令が存在しないのに，条件MOVE命令を新規導入したのに等しいである．このデータ依存条件分岐の最適化機能を許可すると，許可しない場合に4.9CoreMark/MHzの性能が，6.15CoreMark/MHzに向上するそうである．これは2020年6月の時点では，利用可能な最速のオープンソースコアという触れ込みだった．

なお，条件MOVE命令は2023年に提唱された

Zicondという RISC-V の命令拡張でサポートされるようになった.

BOOMv3のパイプライン構造は,インテルのHaswell 世代の Core プロセッサと酷似している.単純に考えると,Haswell と同じ性能を達成できるということになる.ここで思い出されるのは,Arm 社がCortex-A72の発表時に Haswell をシュリンクしたコアである Broadwell をライバル視していたことである.つまり,BOOMv3の性能は,Arm Cortex-A72相当ということになる.ということは「最速のオープンソースコア」というのは言い過ぎという気もする.これは,同じ RISC-V の実装である,SiFive 社の U84や Alibaba 社の XT C910と同程度の性能ということになる.同程度の性能なら「最速」というのも間違いではないが,みんな横並びということだ.

(2) Freedom (SiFive 社)

SiFive 社は,UC バークレー校の RISC-V 研究者によって2015年に設立された.Wikipedia によると世界で最初に RISC-V の ISA を商用のために実装した会社だそうである.その所有する CPU コアの数の多さもさることながら,そのビジネスモデルは,RISC-V を顧客のユースケースに合わせて廉価にカスタマイズすることだそうである.まさに RISC-V 普及のための急先鋒である.創立当初は,用途に合わせて32ビットの省電力プロセッサ Freedom Everywhere (どこでも自由) と,データセンタでの利用を目指した64ビットマルチコアの高性能プロセッサ Freedom Unleashed (解放された自由) を用意し,必要に応じて,自社やサードパーティの周辺機器を組み合わせて SoC の実装を行えるとのことだ.SiFive には ChipDesigner というカスタム SoC を設計できるプログラムがあり,量産が必要になるまで IP の初期費用はかからないのが売りになっている.

SiFive 社の CPU コアで興味深いのは,それぞれ,対抗する Arm のコアが設定されていることである.Arm コアからの乗り換えを先導する目的なのかもしれない.

ところで,SiFive の最初の CPU コアの実装である E31は UC バークレー校で開発された Rocket コアであるといわれている.しかし,SiFive 社は,E31は Rocket コアをベースにしているが,完全に検証され,多くのオープンソースプロジェクトの成果を取り入れた別物と主張している.これは E31コアや U54コアは Rocket コアをベースにして最適化を行ったものであると認めているようなものである.なお,Rocket コアは SiFive 社によってメンテナンスされている.

どうも RISC-V には超高性能を謳うコアが少ないと思っていたら,やはり SiFive 社がやってくれた.SiFive 社は2019年10月,Arm Cortex-A72より10%高性能と主張する U84コアを発表した.これは,同社で初めてのアウトオブオーダ構造,3命令同時発行の10〜12ステージパイプラインのプロセッサである.U84の関連機種としてベクタ拡張をサポートした U87も開発された.U87は U54と比べると5.3倍高性能(同一製造プロセス)で,製造プロセスを考慮すると,U84 (7nm) は U54 (28nm) の7.2倍高性能という.また,Arm Cortex-A72と比べると,半分の面積で,電力当たりの性能は1.5倍だということである.

また,U84を含む U8シリーズは「Mix+Match」という異種コアを1チップに集積する機能を有している.たとえば,U8シリーズと低消費電力の U7シリーズおよび S2シリーズのコアを組み合わせ,適材適所で使用するコアを切り替えることが可能だ.オクタコアのSoC を構成することができる.これは,Arm 社が提供する big.LITTLE 構成の DynamIQ 拡張に対抗するものであることは明らかである.

RISC-V にもようやく Arm Cortex-A72の性能を超える CPU コアが登場したが,Arm 社はその4年先を行っている.Cortex-A72に続く Cortex-A76やCortex-A77に対抗できる CPU コアの登場が待たれていた.

SiFive 社は,2021年6月に Performance P550コアを発表し,2021年12月には Performance P650コアを発表した.P650は,RISC-V のハイパーバイザ拡張を実装することで,仮想ソフトウェア環境をサポートする.また,P550コアよりもさらに最先端のプロセス技術で実装できる.P650は,P550よりクロックあたりの性能を40%引き上げただけでなく,最大クロックも向上させたことにより50%の性能向上を実現したそうである.面積あたりの性能は,Arm のCortex-A77を上回るという.

そして,2022年11月には Performance P670コアとPerformance P470コアを発表している.2023年9月現在,P670が SiFive 社の最高性能の CPU コアのようである.Arm コアでいうと,P670は Cortex-A78相当,P470は Cortex-A55相当の性能みたいである.この時点で,Arm との差が2年遅れに縮まった.

(3) PULP の RI5CY,Zero-riscy と Ariane

PULP とはオープンソースのプラットフォームで,Parallel Ultra-Low-Power の略である.つまり,並列実行を行い,超低消費電力で動作する CPU やプラットフォームを作ることを目的とした団体である.その中で,チューリッヒ工科大学の IIS (Integrated Systems Laboratory) とボローニャ大学の EEES (Energy-efficient Embedded Systems) が共同で,オープンでスケーラブルなハードウェアやソフトウェアの並列で超低電力なプラットフォームを研究している.当然,CPU コアのアーキテクチャは RISC-V を採

用している．そのラインナップとしては，32ビットのRI5CY（5をSと見立ててリスキーと発音する），Zero-riscy（Ibexともいう），64ビットのArianeがある．

RI5CYは，4ステージのスカラパイプラインを採用する32ビットのRISC-Vコアである．まあ，無難な実装である．いたって普通の構造だが，演算器として積和ユニット（DotP）があるのが特徴といえる．

Zero-riscyは，小さなコアを作るために，RI5CYの内部構造を簡略化することで設計された．Zero-riscyは，2ステージのスカラパイプラインを採用する32ビットのRISC-Vコアである．

Arianeは，6ステージのスーパースカラパイプラインを採用する64ビットのRISC-Vコアである．Arianeのパイプラインは1サイクルに1命令をインオーダに発行する．命令実行は，ロード／ストア，ALU，制御レジスタ参照，乗除算，分岐を同時に処理することが可能で，命令実行の完了はアウトオブオーダである．

RI5CYやZero-riscyはマイクロコントローラ（MCU）であるが，ArianeはLinuxを動作させることを目的としたプロセッサ（MPU）である．

ところで，Zero-riscyは，Ibexと名称を変え，lowRISC社が開発と保守を引き継いでいる．また，RI5CYとArianeはOpenHWという団体が保守を受け継ぎ，それらをCORE-Vファミリとして市場に展開している．OpenHWにより管理されるようになり，RI5CYはCV32E40P，ArianeはCVA6と名称が変更された．

さて，RI5CYはいろいろな場面で流用されているが，グーグル社が自社製品に組み込もうと検証した結果，乗算器やロード／ストアユニットにバグがあることが報告された．RISC-Vはオープンソースなので個人や企業が気軽に実装できるが，論理検証がしっかり行われていないと使い物にならないという不安もある．これはすべてのRISC-Vの実装に関していえることである．やはり，オープンソースとはいえ，実績ある企業の製品を使わないといけないということなのだろう．RI5CYはOpenHWに保守が引き渡されたが，そこで十分な論理検証が行われることを望む．

(4) SweRV（スワーヴ，Western Digital社）

RISC-Vが一躍脚光を浴びたのは，2018年にWD社が同社のストレージのコントローラにRISC-Vを採用したと発表したことも一因である．それが功を奏したのかどうかわからないが，Microchip（Microsemi）やNXPも積極的にRISC-V搭載製品のプロモーションを行うようになった．2016年にエヌビディアが，GPUに内蔵するコントローラをRISC-Vにすると発表した時にもかなりの反響があった．

2018年のWD社のCTOの発言によれば，コン

ピュータが扱うデータは日々生み出されている．近年ではビッグデータに対して，データを高速に処理し，即時にそのデータを活用するファストデータ（Fast Data）という考え方も生まれたという．ビッグデータ解析とファストデータ解析を簡単にいえば，IoTのクラウドとエッジでのデータ処理を意味する．この両極端なニーズに応るためには，それぞれにマッチした専用のプロセッサが必要になる．このために，RISC-Vが選ばれたそうである．そのココロは，RISC-Vは，目的別に特化する形で構築することが可能であり，高い柔軟性を持って対応することが可能になるということである．要するに，オープンソースであるがゆえに，目的別のちょっとした改造を行うことができるということなのだろう．

WD社は年間10億個のコントローラを使用しているということなので，何やかんやいっても，そのためのライセンス料が馬鹿にならないということの裏返しである．WD社は，7年程度の時間をかけてすべての製品をRISC-Vベースに移行させていくという計画だという．

その第一弾として登場したのが「SweRV」である．2019年1月には，そのRTLがGitHubで公開され，誰でも見られるようになった（プレスリリースは2018年12月）．

SweRV EH1は32ビットのRISC-Vコアで，SweRV EH1は，9ステージ，2命令同時発行のスーパースカラ構成で，一部の命令はアウトオブオーダ実行できるが，ほとんどはインオーダなパイプラインを採用しているそうである．

28nmプロセスで製造した場合1.8GHz動作を期待していたのだが，実際は1GHz止まりだった．CoreMarkの予想性能は4.9CoreMarks/MHzとかなりの高性能である．DMIPS/MHzは2.9だという．マイクロコントローラの場合，多くの場合は，DMIPS/MHzは2程度なので，2.9はかなり高速な部類である．

2019年12月のRISC-VサミットでWD社は，SweRV EH2とEL2を発表した．EH2はEH1をデュアルスレッド化して性能を向上させたコアであり，EL2はパイプラインを4ステージとして面積縮小化をねらったコアである．SweRV EH2の性能は6.3Coremark/MHz，EL2の性能は3.6Coremark/MHzとなっている．

WD社によると，SweRV EH2は業界初の商用マルチスレッドRISC-Vコアということである．デュアルスレッド化でシステム内のCPUコアの数を（1/2に？）削減できてデータ中心のアーキテクチャにさらなる柔軟性が追加されるとしている．

SweRV EL2は，16nmプロセスで0.23mm^{2}で超小面積が特徴である．コントローラSoCのシーケンシャ

Epilogue マイクロプロセッサ変遷史/2000年代～現代

ルロジックおよびステートマシンを置き換えることを
目的としている.

(5) ET-Maxion と ET-Minion (Esperanto Technologies)

これまで見てきた通り,SiFive社の製品を除き,
RISC-Vのコアでサーバ(あるいは,ハイエンド)を目
指したものは存在しない(性能不足のため).しかし,
RISC-Vでサーバ分野を狙おうとしているのが
Esperantoというスタートアップである.Esperanto
社を創業したのは(あのTransmetaで有名な)David
Ditzel氏である.Ditzel氏は,1980年にDavid
PattersonがRISCのアイデアを提示した有名な論文
の共著者であることでも有名である.RISC誕生の初
期から,その設計に係わってきたので,それが
RISC-Vに結び付くのは必然といえる.

Esperanto社では,2018年ごろから,ET-Maxionと
いうハイエンドのプロセッサとET-Minionという高
いスループットをもつ並列プロセッサ(4096コア)を
開発中と噂されていた.

ET-MaxionコアはUCバークレー校が開発した
BOOMコアをベースにして開発されている.
Esperanto社は,このBOOMコアをベースに様々な
改良を行った.Ditzel氏は,ET-Maxionはハイエンド
のArmコアと競争できるレベルの初めてのRISC-Vコ
アだと表明していた.

果たして,ET-Maxionは2021年のHotChips33で発
表されることになった.それは,当初の予定とは異な
り,4個のET-Maxionと1088個のET-Minonを集積す
るET-SoC-1としての発表であった.この,「お殿様」
が大勢の「家来」を従えるという構成は,高性能な汎
用AIチップの構成そのものである.それが理由かど
うかは定かではないが,2022年ごろには,Esperanto
社はAIアクセラレータ企業として認知されるように
なっている.

(6) 個人が設計したRISC-VコアであるPicoRV32と VexRiscv

RISC-Vはオープンなアーキテクチャなので,その
実装を個人が行うことも可能である.しかも,個人が
実装を行ったCPUコアが商用になるという夢のよう
な話もある.そんなコアを2つ紹介する.

PicoRV32は,Clifford Xenia Wolf氏が2015年に開
発したRISC-Vアーキテクチャの小面積のコアであ
る.RTLは3044行と非常にコンパクトである.サ
ポートする命令セットはRV32IMCだが,コンフィグ
レーションにより,RV32E,RV32I,RV32IC,
RV32IM,RV32IMCに変更できる.Xilinxの7シリー
ズFPGAで実装した場合は400MHz以上の周波数で
動作するそうである.しかし,1命令の実行サイクル
は3～5サイクルであり,お世辞にも高性能とは言え
ないが,その手軽さが世間に受け入れられている.こ

のコアは,RavenRV32というSoCとしても供給され
ている.個人でRISC-Vのコアを開発する人は多いが,
それが,商用のSoCにまでなった例は稀ではではない
だろうか.このSoCは100MHzで動作するようであ
る.

VexRiscvは,RISC-V財団が主催する2018年の
RISC-VのソフトCPUコアのコンテストで最優秀賞を
受賞しているコアである.作者はCharles Papon氏で
ある.このVexRiscvはRV32IMCA(M,C,Aはオ
プション)をISAとするRISC-Vコアである.ベンダ
に特化したIPやプリミティブを使用せずFPGAに最
適な構造になっている.また,FPGAでの実装向け
に,面積や性能が用途に対して最適になるようにコン
フィグレーションできるようになっているのも特徴で
ある.

オリジナルでは,命令フェッチ×N(Nは整数),命
令デコード,命令実行,メモリアクセス,ライトバッ
クという5ステージ以上のパイプライン構造で実装さ
れていたが,最終版では,命令フェッチ,メモリアク
セス,ライトバックといったパイプラインステージを
削除する設定も可能になった.パイプラインのステー
ジ数の最小は2である.ステージ数を少なくすると面
積も小さくなり,(分岐命令のレイテンシが短くなる
ので)IPCの改善にもなる.ただし,パイプラインの
ステージ数を少なくすることは動作周波数的に不利に
なる(低速でしか動作しないようになる).コントロー
ラなどで使用する場合は高い動作周波数は必要ないの
で,2ステージのパイプラインでの設定にも使い道が
ある.

VexRiscvの特長は,その高性能さにある.筆者は独
自にRISC-Vコアの実装のベンチマークを行っている
のだが,公開されている実装では断トツの性能だっ
た.

● RISC-Vの変遷

RISC-VはISAのみでの提供である.基本ISAに対
して特定応用分野に必要な命令を追加することで,
様々な用途に対応できる.その追加可能な命令群(命
令拡張)は2023年9月現在(ISAのバージョン
20191213),表7のようになっている.

これらの命令拡張はフィックスしたものもあるが,
策定中や名前だけ仮置きしてあるものもあり,内容の
確定度合いはまちまちである.

RISC-Vでの変遷とは,これらの策定中の拡張命令
をフィックス(完全版にする)させていくことに他な
らない.

2021年ごろから活発になっているのがベクタ拡張
(V)の制定である.ISAのバージョン20191213では,
V拡張はまだバージョン0.7で現在進行形で策定が進

441

表7 RISC-Vの命令拡張

拡 張	内 容
M	乗除算命令
A	アトミック命令
Zicsr	制御ステータスレジスタ
Counters	性能カウンタ
F	単精度浮動小数点演算
D	倍精度浮動小数点演算
Q	4倍精度浮動小数点演算
RVWMO	メモリコンシステンシモデル
L	10進浮動小数点演算
C	圧縮命令（16ビット長命令）
B	ビット操作命令
J	動的に翻訳される言語
T	トランザクションメモリ
P	パックドSIMD命令
V	ベクタ処理命令
Zam	整列されていないアトミック命令
Ztso	ストア順序

められている．しかし，RISC-VのチップベンダはV拡張（RVVという）を実装したプロセッサを次々と発表している．V拡張をRISC-Vの「売り」にしようとする意気込みが感じられる．

● RISC-Vの目指す先

RISC-Vは，x86，Armに続く第3のアーキテクチャとして注目されている．しかし，その登場時期が遅いので，普及しているという実感はない．開発環境などのエコシステムの充実度もまだまだという感じである．そのような状況でRISC-Vの進むべき道はどこにあるのかを考える．

まず考えられるのはI/Oコントローラとしての使い道である．プロセッサには多くのI/Oが繋がる．そして，そのI/Oにはインテリジェントが求められる．イ

ンテリジェントなI/Oを実現するために，I/Oの傍にいてI/O処理を手助けする（小型の）マイコンが必要になる．従来は8ビットや16ビットのマイコンがこの役割を担っていた．それを置き換える手段としてRISC-Vは期待できる．WD社での使われ方は，まさに，これである．I/O装置の1つ1つがI/Oコントローラを持っていても不思議ではないので，RISC-VがI/Oコントローラに使われるようになれば，大量の出荷が見込める．

その次に考えられるのがAI/機械学習の分野である．ET-SoC-1（Esperanto社）を例にするまでもなく，RISC-Vチップベンダのベクトル拡張の実装はそれを予感させるものである．AI分野ではさまざまな独自システムが提唱され，それの予測を実証することが必要になる．オープンソースであり，自由に改変ができるRISC-Vはそのような目的には最適である．それに，RISC-Vは独自命令の追加も許可している．AI研究者にとって痒いところに手が届くアーキテクチャだと思われる．

2023年8月には，Bosch，Infineon Technologies，Nordic Semiconductor，NXP Semiconductors，そしてQualcomm Technologiesという世界的大企業5社が共同で新会社を設立するというリリースが流れてきた（Qualcomm Technologiesのプレスリリース）．集まっている企業は，Boschを除き，みな半導体メーカである．Boschが絡んでいることから，この新会社が車載向けのRISC-Vチップを開発しようとしているのは明らかである．車載はオープンソースという言葉が一番似合わない分野だと（個人的に）思っているので，この動きが今後どうなるか，要ウォッチである．

◀参考文献▶
(1) NVIDIA Tegra 4 Family CPU Architecture 4-PLUS PLUS -1 Quad core.
http://www.nvidia.com/docs/IO//116757/ NVIDIA_Quad_a15_whitepaper_FINALv2.pdf

参考文献

参考文献を明示した章もあるが，ほかの章でも以下の文献を適宜参考にしている．このほかにも，特に挙げてはないが，インターネット上の各Webサイトで行われているコンピュータ関連の種々の解説には大いにインスパイアされるものがあった．

▶アーキテクチャ全般

1) 馬場 敬信；コンピュータアーキテクチャ（改訂2版），オーム社，2000年．
2) 神保 進一；最新マイクロプロセッサテクノロジ増補改訂版，日経BP社，1999年．
3) マイク・ジョンソン；スーパースカラ・プロセッサ，日経BP社，1994年．
4) ヘネシー＆パターソン；コンピュータ・アーキテクチャ設計・実現・評価の定量的アプローチ，日経BP社，1992年．
5) Stephan B. Furber；比較研究RISCアーキテクチャ基礎から学ぶプロセッサ設計とVLSIチップの実例，日経BP社，1992年．
6) Harold S. Stone；高性能コンピュータアーキテクチャ，丸善，1989年．
7) コンピュータアーキテクチャ 14．マルチプロセッサ、マルチコア，2018．
   `http://www.ocw.titech.ac.jp/index.php?mo dule=General&action=DownLoad&file=201802 443-570-0-15.pdf&type=cal&JWC=201802443`

▶x86系

1) i486 MICROPROCESSOR HARDWARE REFERENCE MANUAL，Intel，240552-001，1990．
2) 蒲地 輝尚；はじめて読む486，アスキー，1994．
3) J.H.Crawford and P.P.Gelsinger；80386プログラミング，工学社，1988年．
4) Robert Franklin Krick and et al.："TRACE BRANCHPREDICTION UNIT"，US Patent 6,014,742．
5) S.Gochman, R.Ronen, I.Anati, A.Berkovits, T. Kurts, A.Naveh, A.Saeed, Z.Sperber and R. Valentine；The IntelR PentiumR M Processor: Micro architecture and Performance.，Intel Technology Journal．
   `http://developer.intel.com/techno logy/ itj/2003/volume07issue02/` (May 2003)．
6) 元麻布春男；IT管理者のためのPCエンサイクロペディア──基礎から学ぶ PC アーキテクチャ入門──（第7回～第15回）．
   `http://www.atmarkit.co.jp/ fsys/rensai/ indexpage/index.html`
7) Intel Architecture Day 2021：AlderLake, Golden Cove, and Gracemont Detailed.
   `https://www.anandtech.com/show/16881/ a-deep-dive-into-intels-alder-lake- microarchitectures/3`
8) Intel64 and IA-32 Architectures Optimization Reference Manual.
   `https://www.intel.com/content/www/us/en/ developer/articles/technical/intel-sdm. html`
9) Zen 4 Execution Pipeline：Familiar Pipes With More Caching
   `https://www.anandtech.com/show/17585/amd- zen-4-ryzen-9-7950x-and-ryzen-5-7600x- review-retaking-the-high-end/8`

▶680x0系

1) モトローラ，MC68030 ユーザーズ・マニュアル，1990年．
2) モトローラ，M68000 マイクロプロセッサ ユーザーズ・マニュアル 第4版，1984年．
3) モトローラ，MC68020 ユーザーズ・マニュアル 第2版，1986年．
4) MOTOROLA，M68000 FAMILY REFERENCE，1990．
5) MOTOROLA，PROGRAMMER's REFERENCE MANUAL，1992．
6) MOTOROLA，MC68040 32-BIT MICROPROCEOOSR USER'S MANUAL，1989．

▶Crusoe系

1) Alexander Klaiber, The Technology Behind Crusoe Processors Low-power ─x86-Compatible Processors Implemented with Code Morphing Software─，Transmeta Corporation，January 2000．
2) David R. Ditzel, Transmeta's Crusoe：Cool Chips for Mobile Computing，Transmeta Corporation，Hot Chips 2000 プレゼンテーション資料．
3) Robert F. Cmelik and et al., Combining hardware and software to provide an improved microproces sor, US Patent 6,031,992．

▶IA-68系

1) Harsh Sharangpani, Intel Itanium Processor Microarchitecture Overview，Microprocessor Forum 1999 プレゼンテーション資料．
2) Inside the Intel Itanium2 Processor: an Itanium fami-ly member for balanced performance over wide range of applications, a Hewlett Packard Technical White Paper, July 2002．

▶PowerPC系

1) MPC750 RISC Microprocessor User's Manual，Motorola，1997．
2) 石井 孝利，「パワー PC」巨大連合の逆襲，東洋経済新報社，1995年．
3) IBM RS/6000とPOWERアーキテクチャの10年間．
   `http://www-6.ibm.com/jp/servers/aix/ developer/feature/power10/b01.html`

▶Alpha系

1) Shrewsbury, Massachusetts；Alpha 21264/EV6 Microprocessor Hardware Reference Manual，Compaq Computer Corporation，DS-0027B-TE．

▶SPARC系

1) The SPARC Architecture Manual Version 8 Revision SAV080SI9308，PARC International Inc．

▶MIPS系

1) Darren Jones, The MIPS64 5Kc Processor：The First Synthesizable 64-bitCore，MIPS Technologies Inc.，Microprocessor Forum 1999 プレゼンテーション資料．
2) Tom R. Halfhill, Jade Enriches MIPS Embedded Family ── First Synthesizable Cores From MIPS Implement New 32-Bit Architecture ──，Micro processor Report Volume 13，Number 07．
3) MIPS R10000 Microprocessor User's Manual Version 2.0，MIPS Technologies Inc.，1996．
4) 日経データプロ・マイクロプロセサ，製品概要レポート μPD30400（V_R4000PC），μPD30401（V_R4000SC），MC1-404-301 ～ 314，1993年．

5) 日経データプロ・マイクロプロセサ，製品概要レポート μ PD30410（V$_R$4400PC），μ PD30411（V$_R$4400SC），μ PD30412（V$_R$4400MC），MC1-404-351~362，1993年．

6) An Architecture Extension for Efficient Geometry Processing（www.mips.com より）

▶ SuperH 系

1) SuperH プロセッサ，CQ 出版社，1999年．

2) 日立SuperH RISC engine SH-4ハードウェアマニュアル SH7750，ADJ-602-148A，日立製作所，1998年．

3) 日経エレクトロニクス，開発ストーリ「SHマイコン開発」

▶ Arm 系

1) Steve Furber；ARM プロセッサ，CQ 出版社，1999年．

2) Steve Furber；改訂 ARM プロセッサ，CQ 出版社，2001年．

3) SimonSegars；ARM1136J-SandARM1136JF-SFirst ARMv6 Architecture Cores，October 2002，Microprocessor Forum 2002のプレゼンテーション資料．

4) M. Levy，ARM EMBRACES SIMD SUPPORT，MICROPROCESSOR REPORT，Jan.2，2001．

5) Arm，ARM11 MPCore Processor Technical Reference Manual，2008．
https://developer.arm.com/documentation/ddi0360/latest/

6) Arm，ARM Architecture Reference Manual，ARMv7-A and ARMv7-R edition，ARM DDI 0406C.d（ID040418），2018．

7) Arm，ARM Architecture Reference Manual，ARMv8，for ARMv8-A architecture profile，ARM DDI 0487F.c（ID072120），2020．

8) Arm，ARMv8-M Architecture Reference Manual，2024．

▶ Athlon 系

1) QuantiSpeed Architecture，AMD，January30，2002．

2) The AMD Athlon XP Processor，AMD，June 10，2002．

3) AMD Athlon Perfect Book，ソフトバンクパブリッシング，1999年．

▶ Hammer 系

1) Fred Weber，AMD's Next Generation Microprocessor Architecture，October 2001，Microprocessor Forum 2001のプレゼンテーション資料．

▶ x86-64 系

1) x86-64 Technology White Paper，AMD．

2) The AMD x86-64 Architecture Programmers Over view，AMD，Publication # 24108 Rev：C，January 2001．

▶ Power4 系

1) J. M. Tendler and et al.，POWER4 system microarchitecture，IBM Journal of Research and Development，Volume 46，Number 1，2002．

▶ FPU 系

1) 数値演算プロセッサ，別冊インターフェース，CQ 出版社，1987年．

▶ 高速演算器系

1) Kai Hwang；コンピュータの高速演算方式，近代科学社，1980年．

▶ V$_R$4131 系

1) 正木 他；携帯情報端末・組み込み用周辺機能内蔵64ビット MIPS プロセッサ V$_R$4131，NEC術報Vol.54，No.3，pp.19-24，2001．

▶ V810 系

1) 山畑他；2.2V 動作を可能にしたV810個人向け通信機器や家庭用マルチメディア機器などをねらう，日経エレクトロニクス，No.568，pp.113-122，1992年．

▶ V60/V70 系

1) V60，V70ユーザーズ・マニュアルアーキテクチャ編，IEM-949G（第8版），August 1991 P，日本電気．

▶ Xtensa 系

1) Xtensa 製品概要．
http://www.kumikomi.net/archives/2003/11/31et03/tensilic/Xtensa.pdf

2) Xtensa Pipeline and Memory Performance．
https://blog.csdn.net/pc153262603/article/details/118195601

▶ RISC-V 系

1) The RISC-V Instruction Set Manual, Volume I：User-Level ISA, Document Version 2.2．
https://riscv.org/wp-content/uploads/2017/05/riscv-spec-v2.2.pdf

2) The RISC-V Instruction Set Manual, Volume II：Privileged Architecture Document Version 1.12-draft．

3) BOOMv2：an open-source out-of-order RISC core．
https://www2.eecs.berkeley.edu/Pubs/TechRpts/2017/EECS-2017-157.pdf

4) SonicBOOM：The 3rd Generation Berkeley Out-of-Order Machine．
https://carrv.github.io/2020/papers/CARRV2020_paper_15_Zhao.pdf

▶ AIチップ系

1) Esperanto exits stealth mode, aims at AI with a 4,096-core 7nm RISC-V monster．
https://fuse.wikichip.org/news/686/esperanto-exits-stealth-mode-aims-at-ai-with-a-4096-core-7nm-risc-v-monster/

2) The 2,048-core PEZY-SC2 sets a Green500 record．
https://fuse.wikichip.org/news/191/the-2048-core-pezy-sc2-sets-a-green500-record/

3) Tesla boosts its AI efforts with D1 Chip．
https://videocardz.com/newz/tesla-d1-chip-features-50-billion-transistors-scales-up-to-1-1-exaflops-with-exapod

▶ その他の情報

1) IC Collection．
http://www.st.rim.or.jp/~nkomatsu/ICcollection.html

2) Chip Architect．
http://www.chip-architect.com/news/2003_03_06_Looking_at_Intels_Prescott.htm

3) 旧ZDNN（現ITmedia）．
http://www.itmedia.co.jp/

4) PC Watch．
http://pc.watch.impress.co.jp/

5) Hisa Ando 氏の個人ページ．
http://www.geocities.co.jp/SiliconValley-Cupertino/6209/

6) 組み込みの人；LLVMのバックエンドのaarch64とarm64の違い，2014．
https://embedded.hatenadiary.org/entry/20140427/p2

7) Better Living Through Bit Manipulation Higher Performance at Lower Power，2019．
https://riscv.org//wp-content/uploads/2019/06/17.10-b_wolf.pdf

索　引

【数字・アルファベット】

1次キャッシュ	134
2オペランド方式	31, 347
2次キャッシュ	134
2重化システム	269
3オペランド方式	31, 347
4004	13
8008	14
ABCマシン	11
AIチップ	332
ALU	28
AMD x86	423
Arm	430
ASMP (Asymmetric Multi-Processor)	273
big.LITTLE	283
Booth のアルゴリズム	323
CAS (Controlled Adder or Subtractor)	326
CISC (Complex Instruction Set Computer)	346
CLA (Carry Look-ahead)	320
CPA (Carry Propagation Adder)	320
CPI	43, 64
CS (Controlled Subtractor)	326
CSA (Carry Save Adder)	322
Dedicated Stack Engine	108
Dhrystone MIPS	64
DSA (Domain Specific Architecture)	335
DynamIQ	286
EDVAC	12
ENIAC	10
FIFO方式	130
FPU (Floating Point Unit)	303
Full Adder	319
GPU (Graphics Processing Unit)	333
Guardビット	304
Han-Carson Adder	328
I/Oポート	30
ICE	145
IEEE 754	303
IPC	64
JTAG	148
Kogge-Stone Adder	328
Ladner-Fisher Adder	328
LRU方式	130
MESI	276

MIPS	426
MIPS値	43, 64
MMU	33, 152
MOESI	276
MOVE命令	372
MPU (Memory Protection Unit)	189
NUMA (Non-Uniform Memory Architecture)	273
nウェイセットアソシアティブ方式	125, 155
OmniShield	419
PC (プログラムカウンタ)	27
PC相対アドレッシング	30
PPA (Parallel Prefix Adder)	328
PTE	158
RAM	25
Ripple Carry Adder	319
RISC-V	436
RISC (Reduced Instruction Set Computer)	346
ROM	25
Round ビット	304
SiFive Shield	420
Sklansky Adder	328
SMP (Symmetric Multi-Processor)	273
SPARC	428
Sticky ビット	304
SuperH	435
SWD	150
TLB	154
TrustZone	409
UMA (Uniform Memory Architecture)	273
V850	434
VLIW	244

【あ行】

アウトオブオーダ	65
アキュムレータ方式	30, 347
アセンブラ	34
アセンブリ言語	34
アドレス	25
アドレス変換	153
アドレッシングモード	30
誤り検出	268
イクスクルーシブキャッシュ	139
インオーダ	65
インターロック	38

インテルx86	422
ウェイ予測	136
ウェーブパイプライン	62
エミュレーション機能	145
演算器	28
エンディアン	27
多入力の加算器	322
オペランド	30
オペランドアドレスレジスタ	27
オペランドフェッチ	27
オペランドリード	27
オペレーションコード	30

【か行】

階差機関	10
解析機関	10
外部割り込み	207
開平計算	315
加算器	319
仮想化	405
仮想記憶	33, 152
仮想アドレス	153
監視タイマ	271
関数	391
機械語	34
キャッシュ	33
キャッシュ可能領域	136
キャッシュメモリ	33, 123
キャッシュロック	135
キャリ伝播加算器	320
キャリ先見回路	320
キャリ保存加算器	322
グラジュエート	89
繰り返し処理	386
クリティカルワード	132
クロック	28
減算器	321
高級言語	34
高級言語サポート命令	398
コピーバック方式	131
コンペアアンドスワップ	281

【さ行】

サブルーチン	391
シーケンサ	28
自己書き換え	45
システムアーキテクチャ	346
シストリックアレイ	345

445

四則演算 …………………… 394
実行トレースキャッシュ ……… 104
自動スケーリング ……………… 30
シフト命令 …………………… 383
集中共有メモリ方式 ………… 273
冗長性 ………………………… 269
条件判断 ……………………… 386
乗算器 ………………………… 322
除算器 ………………………… 325
スーパースカラ ………………… 65
スーパーバイザ ……………… 405
スーパーパイプライン ………… 43
スタック形式 ………………… 347
ステージ ……………………… 35
ステートマシン ………………… 28
ストアコンディショナル ……… 282
ストアスルー方式 …………… 130
ストール ……………………… 35
スピンロック方式 …………… 278
制御加減算器 ………………… 326
制御ハザード ………………… 39
制御減算器 …………………… 326
セキュアワールド …………… 409
セグメント方式 ………… 153, 170
全加算器 ……………………… 319
ソフトウェアパイプライニング … 245
ソフトウェア割り込み ……… 206

【た行】
対称型マルチプロセッサ …… 273
ダイレクトマップ方式 …… 125, 155
多重割り込み ………………… 211
遅延ロード …………………… 39
遅延分岐 ……………………… 39
チックタック (Tick-Tock) 戦略 … 21
チップレット ………………… 293
ディープラーニング ………… 332
低消費電力 …………………… 196
訂正符号 ……………………… 268
データキャッシュ …………… 134
デカップル方式 ……………… 44
テストアンドセット ………… 281
同期 …………………………… 278
投機実行 ……………………… 71
ドメイン固有アーキテクチャ … 335
トレーススケジューリング …… 245

【な行】
内部割り込み ………………… 207
ニーモニック ………………… 34

ニューラルネットワーク …… 333
ニューロン …………………… 332
ノーマルワールド …………… 409
ノンセキュアワールド ……… 409
ノンブロッキングキャッシュ … 133
ノンマスカブル割り込み …… 207

【は行】
ハードウェア割り込み ……… 206
ハーバードアーキテクチャ … 134
バイトアドレス ……………… 25
ハイパースレッド …………… 292
ハイパーバイザ ……………… 405
パイプライン ……………… 32, 35
パイプラインストール ……… 38
バグ …………………………… 12
ハザード ……………………… 35
パスカリーヌ ………………… 10
バススヌープ ………………… 136
バックグラウンドモニタ …… 145
バレルシフタ ………………… 326
汎用レジスタ ………………… 29
汎用レジスタ方式 …………… 29
ビクティムキャッシュ ……… 138
非対称型マルチプロセッサ … 273
ビッグエンディアン ………… 26
ビッグリトル構成 …………… 283
ビット操作命令 ……………… 380
フェッチアンドアッド ……… 281
フェッチバイパス …………… 135
フォアグラウンドモニタ …… 145
フォン・ノイマン型 ………… 25
符号ビット …………………… 305
物理アドレス ………………… 153
浮動小数点演算ユニット …… 303
プリフェッチ ……………… 44, 135
プリンストンアーキテクチャ … 134
フルアソシアティブ方式 … 124, 155
プログラム内蔵方式 ………… 24
プロセス間通信 ……………… 278
分岐予測 …………………… 40, 70
分散共有メモリ方式 ………… 273
並列プリフィックス加算器 … 328
ページ ………………………… 153
ページスワップ ……………… 153
ページング方式 ……………… 153
ポーリング …………………… 215

【ま行】
マイクロアーキテクチャ …… 346

μOP ………………………… 100
μOP フュージョン ………… 106
マイクロ TLB ……………… 157
μPD700 ……………………… 14
マスカブル割り込み ………… 207
マルチスレッド ……………… 290
マルチプロセッサ …………… 272
丸めモード …………………… 304
命令キャッシュ ……………… 134
命令形式 ……………………… 31
命令コード …………………… 30
命令スケジュール …………… 38
命令セットアーキテクチャ … 31, 346
命令デコーダ ………………… 27
命令フェッチ ………………… 27
命令レジスタ ………………… 27
メモリ ………………………… 25
メモリ間接アドレッシング …… 30
メモリ保護 …………………… 161
メモリマップト I/O …………… 30

【ら行】
ライトスルー方式 …………… 130
ライトバック方式 …………… 131
ラウンドロビン方式 ………… 130
ランダム方式 ………………… 130
リオーダバッファ …………… 71
リタイア ……………………… 89
リトルエンディアン ………… 27
リフィルサイズ ……………… 132
リプル (さざ波) キャリ加算器 … 319
例外 …………………………… 207
レジスタセット ……………… 370
レジスタリネーミング ……… 70
ロード/ストア命令 ………… 376
ロード遅延 …………………… 38
ロードリンクト ……………… 282
ロックステップ操作 ………… 269
論理演算命令 ………………… 380

【わ行】
割り込み ………………… 34, 206
割り込みコントローラ ……… 210
割り込みハンドラ …………… 207
割り込みベクタ ……………… 207
割り込みベクタテーブル …… 208

446

著者略歴

中森 章　（なかもり・あきら）

1959年，岡山生まれ．1年間の予備校生活を経て，1979年に東京大学に入学．
大学での化学実験で使用したプログラミング電卓が，初めてのプログラミング経験となる．
1983年，東京大学工学系大学院に進学．
1985年に大学院を中退し，某電気メーカーに就職．
そこでマイクロプロセッサの開発に従事し，初めてハードウェア設計を学ぶ．
その後，約30年間にわたり，CPU設計や車載用SoCの設計に携わった後，早期退職．
現在は，マイコン関連会社の契約社員として，マイコン返却品の故障解析と品質改善を行う日々を過ごしている．

- ●**本書記載の社名，製品名について** ── 本書に記載されている社名および製品名は，一般に開発メーカーの登録商標です．なお，本文中では ™，®，© の各表示を明記していません．
- ●**本書掲載記事の利用についてのご注意** ── 本書掲載記事は著作権法により保護され，また産業財産権が確立されている場合があります．したがって，記事として掲載された技術情報をもとに製品化をするには，著作権者および産業財産権者の許可が必要です．また，掲載された技術情報を利用することにより発生した損害などに関して，CQ出版社および著作権者ならびに産業財産権者は責任を負いかねますのでご了承ください．
- ●**本書に関するご質問について** ── 文章，数式などの記述上の不明点についてのご質問は，必ず往復はがきか返信用封筒を同封した封書でお願いいたします．勝手ながら，電話での質問にはお答えできません．ご質問は著者に回送し直接回答していただきますので，多少時間がかかります．また，本書の記載範囲を越えるご質問には応じられませんので，ご了承ください．
- ●**本書の複製等について** ── 本書のコピー，スキャン，デジタル化等の無断複製は著作権法上での例外を除き禁じられています．本書を代行業者等の第三者に依頼してスキャンやデジタル化することは，たとえ個人や家庭内の利用でも認められておりません．

JCOPY〈出版者著作権管理機構委託出版物〉

本書の全部または一部を無断で複写複製（コピー）することは，著作権法上での例外を除き，禁じられています．本書からの複製を希望される場合は，出版者著作権管理機構（TEL：03-5244-5088）にご連絡ください．

マイクロプロセッサ・アーキテクチャ教科書

本書は，中森章 著「マイクロプロセッサ・アーキテクチャ入門」（2004年4月1日初版発行）の各章を加筆／再編集したものです．

2024年12月1日　初版発行
2025年 2月1日　第2版発行

© 中森 章　2024
（無断転載を禁じます）

著　者　中　森　　　章
発行人　櫻　田　洋　一
発行所　ＣＱ出版株式会社
（〒112-8619）東京都文京区千石4-29-14
電話　編集　03-5395-2122
　　　販売　03-5395-2141

ISBN978-4-7898-4556-4

定価は表四に表示してあります
乱丁，落丁本はお取り替えします

編集担当　山口 光樹
DTP　クニメディア株式会社
表紙デザイン　竹田 壮一朗
印刷・製本　三共グラフィック株式会社
Printed in Japan